内蒙古農業大學

年鉴 2019

◉《内蒙古农业大学年鉴》编委会 编

中国农业科学技术出版社

图书在版编目(CIP)数据

内蒙古农业大学年鉴.2019/《内蒙古农业大学年鉴》编委会编.--北京：中国农业科学技术出版社，2022.9

ISBN 978-7-5116-5926-2

Ⅰ.①内…　Ⅱ.①内…　Ⅲ.①内蒙古农业大学-2019-年鉴　Ⅳ.①S-40

中国版本图书馆CIP数据核字(2022)第174317号

责任编辑　倪小勋　续维国
责任校对　王　彦
责任印制　姜义伟　王思文

出 版 者　中国农业科学技术出版社
北京市中关村南大街12号　　邮编：100081
电　　话　（010）82105169（编辑室）　（010）82109702（发行部）
（010）82109709（读者服务部）
网　　址　https://castp.caas.cn
经 销 者　各地新华书店
印 刷 者　北京建宏印刷有限公司
开　　本　185 mm×260 mm　1/16
印　　张　34.5
字　　数　750千字
版　　次　2022年9月第1版　2022年9月第1次印刷
定　　价　98.00元

《内蒙古农业大学年鉴（2019）》

编纂委员会

编写人员

目　录

·内蒙古农业大学概况·

·机构与干部·

·党建与思想政治工作·

·教育教学·

· 学科建设 ·

· 师资和人才队伍建设 ·

· 科学研究与社会服务 ·

·学生工作与招生就业工作·

·交流与合作·

·管理与服务·

· 表彰与奖励 ·

· 2019 年毕业生、学位获得者名单 ·

· 大事记 ·

· 附　　录 ·

内蒙古农业大学概况

学校简介

内蒙古农业大学是一所以农林为主，以草原畜牧业为优势和特色，具有农、工、理、经、管、文、法、艺等8个学科门类的多科性大学，具备高职高专、学士、硕士及博士的完整人才培养体系。学校现设动物科学学院等23个院（部），职业技术学院是全国高等职业教育示范院校建设单位。2001年成为国家西部大开发“一省一校”重点支持建设的大学，2012年成为国家林业局（现国家林业和草原局）和内蒙古自治区人民政府“省部共建”高校，2013年进入国家“中西部高等教育振兴计划”支持院校行列，是“全国绿化模范单位”，被誉为塞外“花园式高等学府”。

历史沿革

1952年，经当时的国家政务院批准，由原河北农学院、平原农学院的畜牧兽医系和山西农学院的兽医专业合并迁至归绥（现呼和浩特市），创办了内蒙古自治区第一所本科高等学校——内蒙古畜牧兽医学院，毛泽东主席签署任命了第一任院长。1958年，原内蒙古林学院成立。1959年，内蒙古呼和浩特农业学校、内蒙古农业干部学院、内蒙古牧业干部合作学院3所学校并入内蒙古畜牧兽医学院。1960年，内蒙古畜牧兽医学院更名为内蒙古农牧学院。1971年，内蒙古林学院并入内蒙古农牧学院。1978年，内蒙古自治区党委决定，恢复内蒙古林学院，从此，农林两校进入了各自的恢复期、发展期和振兴期。1999年，内蒙古农牧学院和内蒙古林学院合并组建内蒙古农业大学。

办学规模

学校现有全日制在校学生31 827人，其中博士、硕士研究生3 067人。外国留学生186人。学校由呼和浩特市校区、职业技术学院校区和海流图科技园区3部分组成，形成了一校三区的办学格局。学校总占地面积15 053.52亩（1亩≈666.7平方米，全书同），校舍建筑总面积113.58万平方米，标准田径场（馆）4个，教学科研仪器设备总值11.27亿元。学校图书馆是内蒙古自治区农、林、牧等行业重要的文献信息资源中心，馆藏纸质文献207.68万册（含职业技术学院），电子图书194万册/种，中外文期刊1 122种。拥有74个中外文数据库，其中包括Nature、Science Online、Cell Press、Springer、Web of Science（SCI/CPCI科学引文索引）等世界知名外文数据库及3个自建特色数据库。

学科专业

学校现有国家重点学科1个、国家重点（培育）学科3个、农业农村部重点学科1

个、国家林业和草原局重点学科2个、自治区重点一级学科5个、自治区重点学科22个、自治区重点（培育）学科4个。现有博士后科研流动站12个，一级学科博士学位授权点13个，一级学科硕士学位授权点24个，硕士专业学位授权类别13种。现有普通高等教育本科专业82个，拥有国家卓越农林人才教育培养计划试点项目2类共8个专业，有国家级特色专业7个、国家级综合改革试点专业1个。

师资队伍

学校现有教职工2 656人（校本部2 151人），其中专任教师1 704人（校本部1 351人），具有高级职称教师861人（校本部761人），占专任教师总数的51.16%（校本部56.32%）；具有硕士及以上学位教师1 431人（校本部1 195人），占专任教师总数的85.02%（校本部88.45%），其中博士学位教师占42.72%（校本部52.11%）。有“长江学者奖励计划”特聘教授和“国家杰出青年科学基金”资助1人，“国家优秀青年基金”资助2人，中共中央组织部“万人计划”科技创新领军人才2人，国家“百千万人才工程”一、二层次人选8人，享受国务院政府特殊津贴专家91人，国家突出贡献的中青年专家4人、自治区有突出贡献的中青年专家47人，国家、自治区优秀留学回国人员15人，全国劳动模范、先进工作者3人，自治区深入工农牧业生产第一线作出突出贡献的科技人员18人，中国青年女科学家1人，自治区“333人才工程”首席专家3人，“新世纪321人才工程”一、二层次人选22人，入选自治区“草原英才”102人、“草原英才”创新团队38个，内蒙古自治区杰出人才奖10人。有全国林业教学名师2人、自治区级教学名师28人、自治区级教坛新秀18人，高等学校专业教学指导委员会副主任委员3人、委员9人。

教学工作

学校现有国家级教学团队1个、自治区级教学团队23个。有国家级精品课程4门、国家级精品资源共享课程2门。有国家人才培养模式创新实验区1个、国家级实验教学示范中心2个、国家级大学生校外实践教育基地1个、国家大学生文化素质教育基地1个、教育部和农业农村部首批农科教合作人才培养基地3个。教育部产学合作协同育人项目9项、自治区级36项。有自治区级品牌专业32个、重点建设专业5个、本科专业综合改革试点项目1个、实验教学示范中心9个，有自治区级精品课程72门、优质精品课程4门。获国家级教学成果奖8项、自治区级教学成果奖73项（其中一等奖26项）。获全国生态文明信息化教学成果2项。

科学研究

全年推荐申报各级各类科技项目800余项，获批431项，其中国家自然科学基金62项、国家社会科学基金2项，国家重点研发计划重点专项1项，科技部国际合作专项2项；自治区重大专项5项。2019年科研经费进账总额为2.48亿元。2017年、2018年、

2019 年农业科学学科进入 ESI 全球前 1%，获得自治区科学技术特别贡献奖 3 人、何梁何利科学与技术创新奖 1 人；近 5 年，作为第一完成单位获得省部级科技奖和社科奖 67 项，其中一等奖 14 项，作为主要完成单位获国家技术发明二等奖 1 项。依托“国际科技合作基地”，主持承担国家国际合作重点项目 13 项。立项建设校级科技创新（培育）团队 30 个，其中入选科技部重点领域创新团队 2 个、教育部科技创新团队发展计划团队 3 个、农业农村部创新团队 2 个、国家林业和草原局创新团队 1 个、自治区科技创新团队 9 个、内蒙古自治区高校创新团队 6 个，建成省部级科研平台 67 个。

社会服务

2013 年“内蒙古农业大学新农村发展研究院”被列入第二批国家高等学校新农村发展研究院建设计划。入选“十三五”国家现代农业产业技术体系相关岗位教师 13 人。近年来，学校先后与呼和浩特市、阿拉善盟等盟市和土默特右旗、清水河县、和林格尔县等旗县以及伊利、蒙牛、蒙草抗旱、内蒙古金宇、赛诺羊业、民丰薯业等大型企业签订产学研合作协议 20 余项，推广新成果、新技术 60 余项。自主培育研制的益生菌菌种、兽用疫苗等成果实现了转化，签约金额累计 5 000 余万元。

开放办学

学校重视对外交流与合作，先后与英国、美国、加拿大、澳大利亚、俄罗斯、日本和蒙古国等二十几个国家的 70 多所大学和科研机构建立了校际合作及学术交流关系，成立了“中加可持续农业研究与发展中心”“马利克管理中心内蒙古农业大学分中心”“教育部出国留学培训与研究中心”。近 5 年，学校选派教师到国外访学交流 359 人次，国外来校开展学术交流、访问讲学等活动的专家教授 800 余人次。加强国外留学生培养，从 2005 年开始接收自治区政府奖学金本科层次留学生，2008 年开始接收中国政府奖学金硕士和博士留学生，2017 年开始接收“丝绸之路”国家政府奖学金留学生，截至目前，共招收来自蒙古国、俄罗斯、加拿大、巴基斯坦、吉尔吉斯斯坦等 12 个国家的留学生 407 人。2012 年学校成为商务部援外培训项目承办单位，至今已成功承办商务部援外培训 25 期，累计培训了来自 54 个国家的 603 名农牧林业相关人员。

社会荣誉

学校党委荣获“全国先进基层党组织”荣誉称号，学校获得“雷锋大学”称号、被授予“全区五一劳动奖章”，职业技术学院获得“全国教育系统先进集体”荣誉称号，教务处获得全国普通高等学校“先进教务处”和“优秀教务处”等称号，校团委被评为“全国五四红旗团委”，学校多次获得“全国大中专学生志愿者暑期‘三下乡’优秀单位”“全区高校学生工作和毕业生就业工作先进集体”等称号。动物科学学院被授予“全国五一劳动奖章”，兽医学院被评为“全区民族团结先进集体”，校史展览馆被确定为“内蒙古大学生德育基地”。

学校基本数据情况一览表

在校学生人数 单位：人

普通教育学生						在职攻读硕士学位研究生	成人教育学生	外国留学生
本专科生			研究生					
普通本科	普通专科	合计	博士生	硕士生	合计			
28 924（职院 3 679）	2 903（职院 2 840）	31 827（职院 6 519）	639	2 428	3 067	1 516	1 745	186

全校教职工人数 单位：人

校本部教职工数											职院教职工数	其他人员	总计
专任教师						管理人员	教辅人员	工勤人员	科研机构人员	合计			
正高级	副高级	中级	初级	无职称	合计								
318	443	507	1	82	1 351	345	255	0	200	800	505	0	2 656

学科专业情况 单位：个

博士后科研流动站	博士学位授予权一级学科	硕士学位授予权一级学科	硕士专业学位类别	本科专业	省部级以上重点实验室
12	13	24	13	82	30

资产情况

固定资产（万元）	校舍面积（平方米）	占地面积（亩）	学校藏书（万册）	教学科研仪器设备（万元）
262 820.61（职院 42 707.42）	1 135 760.7（职院 233 785.3）	15 053.52（职院 3 271.9）	207.68（职院 31.57）	112 672.98（职院 9 815.65）

学院（部）简介

动物科学学院

概况

动物科学学院成立于1952年11月，前身为畜牧系，是学校成立最早的两个院系之一，现设有动物科学、水产养殖学、马业科学3个本科专业。学院有国家级重点（培育）学科1个、自治区一级重点学科1个、自治区二级重点学科2个。畜牧学一级学科博士点下设动物遗传育种与繁殖学、动物营养与饲料科学、动物生产学3个二级学科博士学位授权点，畜牧学一级学科设博士后科研流动站；有动物遗传育种与繁殖学、动物营养与饲料科学、动物生产学、农业推广（畜牧领域）4个硕士学位授权点。学院现有农业农村部“肉羊遗传育种重点实验室”1个，农业农村部“马属动物遗传育种与繁殖科学观测实验站”1个，内蒙古自治区重点实验室3个，自治区蒙古马遗传资源保护及马产业工程实验室1个，内蒙古自治区工程技术研究中心4个；有国家级教学团队1个，自治区级教学团队2个，自治区“草原英才”创新团队8个；有国家“百千万人才工程”入选者2人、自治区教学名师2人，自治区突出贡献专家1人、自治区“草原英才”7人；有国家级精品课程1门，国家级精品资源共享课1门，自治区在线开放课程2门，自治区精品课程7门；有国家级大学生校外实践教育基地1个。学院现有教职工79人，具有博士学位的教师51人，其中教授21人、副教授20人，博士生导师16人，硕士生导师34人。在校生1 448人，其中，本科生1 185人，硕士研究生197人，博士研究生66人。

党建与思想政治工作

2019年，动物科学学院党委切实增强“四个意识”、坚定“四个自信”、做到“两个维护”，始终在思想上行动上与党中央保持高度一致。一是狠抓政治理论学习。深入学习宣传贯彻党的十九大精神和习近平总书记系列重要讲话精神，贯彻落实中央重大决策部署和自治区党委工作部署，认真开展“不忘初心、牢记使命”主题教育，继续深入推进“两学一做”学习教育常态化制度化，全年领导干部每人讲党课2次，党员集中学习34次。二是坚持民主集中制原则。学院严格执行“三重一大”、党政联席会等决策议事制度，保证决策的民主化、科学化，提高决策水平和办事效率。三是领导班子成员认真履行“一岗双责”要求，带头做党风廉政建设的标杆，切实落实廉洁从政的各项制度。四是积极探索党建创新，着力提升精品党日活动质量，不断健全完善管理制度机制。五是调整了研究生党支部设置，实现了双带头人全覆盖，加强党支部工作与教研室工作的有机结合。李金泉教授获2019感动内蒙古十大人物奖，获国家产学研创新奖1项；动物科学学院荣获“不忘初心、牢记使命”主题教育知识竞赛优秀组织奖和三等奖。

教学工作

动物科学专业获批国家一流本科专业建设点，马业科学成为教育部新增备案本科专业。学院获批自治区在线开放课程2门；申报了农业农村部“十三五”规划教材3部；获批校级“新农科”建设教学综合研究重大项目1项（资助30万元）、重点项目2项（每项资助9万元）。荣获自治区“教学名师”称号1人、校级“教学名师”称号1人，校级“教坛新秀”称号1人；8名学生的毕业论文被评为内蒙古农业大学2019届毕业生优秀学士学位论文。

学科建设

学院顺利完成毕业答辩工作。年内，SCI/EI收录论文29篇，CSCD收录论文13篇；出版专著7部；获国家发明专利4项；获自治区优秀硕士论文1篇。畜牧学学科在国家第四轮学科评估中获评B。获自治区“双一流”学科建设经费支持700万元；设立院内青年基金、标志性基金46项，经费共计300万元。

科研工作

2019年获批国家级项目4项，其中国家自然科学基金国际合作项目1项，地区基金2项，青年基金1项；自治区重大专项1项，自治区关键技术攻关项目2项，内蒙古自治区自然科学基金4项，获经费支持共计3 000余万元；获得全区第七届民族教育优秀科研成果一等奖1项，优秀奖1项。

学生工作

动物科学学院党委开展了“不忘初心跟党走，牢记使命勇担当”“青春心向党，建功新时代”“爱祖国，担大任，做新人”、献礼祖国70华诞的“爱我中华，亮丽内蒙”“促学风，严考风”等主题团日活动，以及系列民族团结教育活动。举办了2次班主任培训会。2019届毕业生就业率达到80.93%，考研率18.68%。荣获校级就业工作先进集体，团委工作实绩突出单位，学生工作先进集体。获全国水族箱大赛特等奖1项，一等奖2项；获得2019学生军训优秀组织单位，优秀连队；获第33届“金马杯”文艺会演三等奖。

重要事件

1. 动物科学学院团委获全区“五四”红旗团委荣誉称号。

2. 动物科学学院与世界500强企业联想集团、正大集团联合设立企业研发中心2个。

3. 动物科学学院与唐人神集团设立博士后工作站并成立反刍动物饲料研发中心。

4. 动物科学学院齐景伟教授团队与包头北辰饲料科技股份有限公司签约科技成果转让协议。

兽医学院

概况

兽医学院始建于1952年。学院设有基础兽医学、预防兽医学、临床兽医学3个系，在兽医学一级学科下拥有基础兽医学、预防兽医学、临床兽医学3个内蒙古自治区重点学科；拥有基础兽医学、预防兽医学、临床兽医学博士和硕士学位授权点以及兽医硕士专业学位授权点，建有兽医学科博士后流动站。学院下设动物医学（马兽医和宠物方向）、动物药学、动植物检疫（动物检疫方向）3个本科专业。学院拥有农业农村部动物疾病临床诊疗技术重点实验室，动物医学专业国家级实验教学示范中心，财政部与地方共建实验室——草食家畜诊断实验室，兽用疫苗国家工程实验室——工艺技术研究室；设有基础兽医学、预防兽医学和临床兽医学3个实验室，其中基础兽医学实验室为自治区重点实验室。学院拥有教学兽医院和马医院等校内教学实习基地，内蒙古正大集团、内蒙古富川饲料科技股份有限公司、呼和浩特市犬类留检所、天津瑞普生物技术股份有限公司、金宇保灵生物药品有限公司等校外教学实习基地和研究基地。7月，兽医学院从校西区搬迁至新校区兽医楼。成立了内蒙古农业大学马医院，是国内第一个马医院。

2019年，学院在职教职工83人，其中专任教师76人，其中：教授26人、副教授24人，博硕士研究生导师44人，硕士以上学历教师75人。本年毕业生342人，其中研究生65人（博士研究生4人、硕士研究生61人），本科生277人。招生475人，其中研究生119人（博士研究生10人、硕士研究生109人），本科生356人。在校生1 626人，其中研究生98人（博士研究生10人、硕士研究生88人），本科生1 528人。

党建与思想政治工作

年内，完成兽医学院党委换届工作。兽医学院党委坚持和加强党的全面领导，落实全面从严治党主体责任，把党建工作与学院的人才培养中心工作有机结合起来，不断增强“四个意识”，坚定“四个自信”，做到“两个维护”。

加强思想政治工作，扎实推进“两学一做”常态化制度化。组织教职工周四下午集中政治学习12次，邀请全国人大代表宣讲全国“两会”精神2次，十九届四中全会专题辅导1次。班子成员讲党课7次。开展爱国主义教育，组织师生参观内蒙古博物馆革命历程主题馆和中华人民共和国成立70周年成就网上展馆。利用“学习强国”“法宣在线”、网站、微信公众号、党员微信群等平台，创新“互联网+”党建模式。

开展“不忘初心、牢记使命”主题教育。开设“开门纳谏”“整改进行时”“整改台账”专栏，学院领导听课、座谈会、调研会等20余次。收集意见建议124条。召开解决问题协调会8次。各党支部集中学习47次。重点学习《习近平关于“不忘初心、牢记使命”论述摘编》《中国共产党章程》等内容。观看了《榜样4》等视频4次。组织党员摆放自行车、清扫道路积雪等志愿活动165人次。召开“不忘初心、牢记使命”领导班子专题民主生活会和党支部组织生活会。

加强领导班子建设，认真履行“一岗双责”工作职责。认真落实廉政建设责任制，带头遵守八项规定，坚持党务、政务公开制度；严格贯彻《关于党员领导干部婚丧嫁娶的有关规定》。持续强化班子清正廉洁建设，定期对班子成员廉政谈话，做到防微杜渐。组织党委中心组学习12次，坚持民主集中制原则，在教研室调整、人才引进、人才招聘、学科经费分配等方面，召开党政联席会议30余次。

加强基层组织建设。现有9个党支部，243名党员。选强配齐一线“双带头人”教师党支部书记3位。整顿软弱涣散党支部1个。通过落实“三会一课”、政治学习、党日活动、支委培训等形式加强支部建设。开展党课培训15次。培养积极分子125人，转正预备党员36人，发展党员78人。开展了到呼和浩特市犬类留检所为流浪狗爱心义诊、“我与国旗合个影”、观看中华人民共和国成立70周年影片等主题党日活动。探索“集中学习、集中部署、分散执行”的党日活动新模式。师生党员足额交纳党费39 487元。与组织（统战）部党支部开展“1+2”支部共建活动2次。

学科建设

学院拥有享受国务院政府特殊津贴专家3人，教育部“新世纪优秀人才”1人，内蒙古自治区“草原英才”创新团队2个，“草原英才”工程滚动团队1个，“草原英才”工程个人5人，“草原英才”工程柔性引进1人，内蒙古自治区“321人才工程”第一层次人选1人及第二、第三层次人选4人。编写完成《内蒙古农业大学兽医学学科建设成果与规划（2015—2019年度）》和《兽医学院兽医学科全国第五轮学科评估参评学科建设方案》。完成聘任兽医学院新一任学科带头人、各学科负责人及助理。新进优秀博士1人。晋升副教授2人。通过导师遴选成为博士研究生导师3人，遴选成为硕士研究生导师4人。

教学工作

学院组织申报完成“大动物马体解剖”国家级虚拟仿真实验工作。获批2019年度校级虚拟仿真实验教学项目1项，教育教学改革研究一般项目2项。“宠物养护与美容”课程获得2019年第4批预建设示范课程资格。“家畜病理学”“家畜生理学”两门课程，获批2019年自治区高等学校在线开放课程。荣获校级优秀毕业论文8篇，推荐面试攻读研究生9人；3套试卷被评为校级优秀试卷。圆满完成了2019年本科教学基本状态数据采集工作。学院继续将实习实践作为教学重点，2016级动物医学专业在2019年9—10月到赛科星集团、正大集团及巴彦淖尔市富川饲料科技有限责任公司完成了兽医临床实习。2017级动植物检疫专业和2017级动物药学专业学生完成了相应的实习实践。对2019届毕业生进行了毕业生产实习大会动员和生物安全专业知识培训后，安排277名毕业生赴18家企业进行毕业生产实习，实习效果得到基地单位的广泛称赞。承担并完成2019年度蒙古国兽医行政人员疫病防控培训任务，组织12位专业教师进行了为期1个月的培训。

科研工作

2019年度新获国家自然科学基金项目3项、内蒙古自治区科技应用项目2项、内蒙古自然科学基金项目5项、教育厅项目1项，新增科研经费400万元。全年度发表科技论文150篇，其中SCI收录论文25篇，授权发明专利3项。

学院本着“专业对接地方产业，培养人才服务当地经济”的工作方针，大力推进校企合作与对外服务工作。学院与内蒙古伊利实业集团股份有限公司液态奶事业部签订了奶牛疾病研究中心的合作协议，伊利集团每年出资20万元的科研协作费。马违禁药物监测中心承担了2019年7月河北丰宁满族自治县中国马业协会“中华民族大赛马2019传统耐力赛”采集样本及检测工作。

学生工作

年内，评选出国家奖学金3人，国家励志奖学金48人，国家助学金469人，英才奖学金99人，“勤则通”助学金1人，“何康”奖学金1人，“校友”奖学金5人，“应善良”奖学金2人，“蒙草抗旱”励志奖学金2人，“乌兰夫”奖学金1人，校级专业奖学金559人。表彰学业标兵12人，社团优秀骨干12人，零挂科优秀班集体3个，优良学风标兵班集体2个，优良学风优秀班集体4个，优良学风进步班集体1个。1名毕业生获评“学校十佳优秀毕业生”。

获得自治区“互联网+”大学生创新创业大赛三等奖1个，“挑战杯”项目获得自治区一等奖1个，并在中文核心期刊《中国兽医杂志》上发表了1篇论文。荣获“金马杯”文艺会演二等奖。荣获全国雄鹰杯小动物医师大赛第二名。学院组建了6支直属队，开展暑期社会实践活动，分别到内蒙古自治区伊金霍洛旗、陕西省灵丘县等地开展本次暑期实践。

学院领导班子多次走访和调研就业单位和就业市场。学院组织企业开展12次招聘宣讲。开设天骄企业精英培训班并设置奖学金提升企业知名度。11月，学院召集全国知名校友举办了兽医学院第一届校友论坛，并聘请3位优秀企业家为学院企业导师。2019届毕业生就业率达到81.51%，其中升学深造占40.72%。考研率达到34%。

农学院

概况

农学院现有在职教职工57人，其中教授19人（含研究员1人），副教授14人，高级实验师2人，具有博士学位教师43人。学院设有农学、植物科学与技术、种子科学与工程3个本科专业。设有作物学一级学科博士学位授权点（农学门类，自治区“双一流”建设学科）、植物学（理学门类）二级学科博士学位授权点。学院有作物学、生物学2个博士后科研流动站。拥有农业农村部华北黄土高原地区作物栽培科学观测实验站、内蒙古自治区作物栽培与遗传改良重点实验室、内蒙古自治区农田土壤肥料工程技术研究中心、内蒙古自治区燕麦工程实验室、内蒙古杂粮工程技术研究中心等科学研究与人才培养平台。

党建与思想政治工作

学院党委深入学习贯彻党的十九大精神和习近平总书记系列重要讲话精神，持续推进“两学一做”学习教育常态化制度化。加强领导班子自身建设作为提升基层党建工作的重要抓手，着力加强政治、思想、组织、作风、党风廉政和制度建设，营造浓厚党建工作氛围。健全意识形态工作责任制，加强教学常规管理，把思想教育工作贯穿于教学全过程。学院召开分党委会、党政联席会议、领导班子会议和中心组会议68次。进行了内蒙古干部培训网络在线学习，完成了法律知识在线学习，持续进行“学习强国”学习。组织召开“大学习大讨论”，开展了“不忘初心，牢记使命”主题教育，查找并整改问题12件。全年培养积极分子54人，培养发展对象56人；新发展党员47人；转正党员27人。

学科建设

学院新增博士研究生导师4人。作物学申请新设“作物生理学与种子学”学科方向（二级学科）。招收博士研究生14人、学术硕士研究生27人、专业硕士研究生28人，毕业博士研究生9人、学术硕士研究生20人、专业硕士研究生15人、在职硕士研究生2人。组织完成了2019年度博士、硕士研究生国家奖学金、自治区奖学金及学校奖学金与学业奖学金工作。

教学工作

学院收藏归档毕业论文175篇，整理两学期考试试卷共237门次，两学期实验报告共23门次；基本完成本科教学实践基地建设工作；完成了专业建设及教学状态数据收集、整理上报。组织农学专业申请并获批国家一流本科专业建设点，并获得自治区100万元一流本科专业建设经费支持；组织教师申请并获得国家教学改革项目1项，获批校级涉农专业教学改革重大项目1项，重点项目1项；获批线上线下混合教学示范课程1门。组织申报国家社会实践类一流本科课程1门，自治区虚拟仿真一流本科课程各1门。

科研工作

农学院立项科研项目25项，经费支持1 386万元，其中国家国际合作项目1项，国家自然科学基金项目3项，内蒙古自然科学基金项目6项，自治区及其他来源项目15项。获2019年度内蒙古自治区杰出人才奖1项；获批2018年度自治区科学技术进步奖一等奖3项；新入选自治区“新世纪321人才工程”第一层次人选1人，第二层次人选3人；新增现代农业产业技术体系岗位科学家1人。发表学术论文79篇，其中SCI/EI收录14篇。

学生工作

农学院的学生工作以理想信念及爱国主义教育为核心，以校园文化活动和讲坛论坛为依托，扎实开展思想政治教育和学风建设工作。开展了宿舍消防安全知识讲座等知识讲座和主题团日活动，组织学生立项参加了第五届中国“互联网+”大学生创新创业大赛、第十一届挑战杯、第二届全国农科学子创新创业大赛等赛事，共获得国家级银奖4个，铜奖1个；自治区级金奖3个，银奖3个，铜奖1个，优秀奖2个，特等奖2个。本科生招生204人，毕业生160人，学生考研率40.6%；学院举办中小型就业洽谈会20余场，一次就业率78.75%。

重要事件

1. 举行农学院首届青年教师教学技能大赛。

2. 学院与四级联创科技小院临时党支部联合开展“守初心、担使命、联创助农”庆“七一”主题党日活动。

园艺与植物保护学院

概况

园艺与植物保护学院前身为1958年成立的内蒙古农牧学院农学系（1960年成立植保系），由蔬菜教研室、果树教研室、植物病理教研室和昆虫教研室组建而成，是学校组建院（系）最早、办学规模较大的学院之一。学院现设有园艺、植物保护、设施农业科学与工程3个本科专业。设有蔬菜学（自治区“双一流”建设学科）和作物保护学2个二级博士学位授权点；设有园艺学和植物保护学2个一级学科硕士学位授权点，蔬菜学（自治区重点学科）、果树学（自治区重点学科）、观赏园艺学、植物病理学、农业昆虫与害虫防治（自治区重点培育学科）、农药学6个二级学科硕士学位授权点。学院拥有内蒙古自治区野生特有蔬菜种质资源与种质创新重点实验室、内蒙古自治区设施园艺工程技术研究中心、内蒙古自治区寒旱区作物保护工程技术研究中心3个实验室（科研平台）和1个院士工作站，与中国科学院动物研究所共建草原昆虫研究中心1个。

学院现有教职工65人，其中教授22人，副教授14人，高级实验师4人，具有博士学位教师51人，其中入选自治区“新世纪321人才工程”8人，入选自治区教育厅“111人才工程”1人；自治区有突出贡献中青年专家1人，自治区“草原英才”6人；教育部高等学校园艺类专业教学指导分委员会委员2人，特聘院士2人。招收新生307人，其中研究生72人（博士生5人，硕士生67人），本科生235人。毕业生259人，其中研究生35人、本科生224人，学生考研率23.9%，居学校前列。

党建与思想政治工作

学院党委自2019年5月13日成立以来，不断强化党组织核心建设，认真落实党建责任，实现了教研室主任（副主任）兼任党支部书记和支委、教研室党政工作相互促进的良好格局。现有8个支部，其中教工党支部4个、学生党支部4个。党员138人，其中教职工党员45人，学生党员93人，入党积极分子117人，发展党员49人。

针对学院新成立的实际情况，制定了党政联席会议制度、“三重一大”议事规则、“不忘初心，牢记使命”主题教育活动方案、意识形态责任清单等制度和措施；坚持党政联席会议制度，落实班子成员和各环节负责人“一岗双责”，调动各方面力量，发挥广大师生的积极性、主动性，为学院发展献智出力。

“不忘初心、牢记使命”主题教育与“两学一做”常态化、制度化有机结合，中心组学习8次，班子成员讲党课6次。制定了学院中心组学习制度，教职工利用“学习强国”平台进行自主学习，邀请学校报告团作辅导报告2次，组织了读书班7次，辅导讲座11次，培训300余人次，现场教育32次，观看了《榜样4》等教育片。李小燕教授被自治区高校工委评为“优秀共产党员”。学院工会教职工活动中心成立；学院工会组织教职员工参加学校歌咏比赛获得优胜奖。

学科建设

完成了园艺学和植物保护学学科博士点申报工作和园艺学学科建设自治区“一流学科”实施方案论证工作。先后对园艺学一级硕士点与蔬菜学二级学科博士点学科、植物保护学一级硕士点学科进行了自评工作。学院聘请国内外专家作学术报告30人次。首次按园艺学、植物保护学学科主任、研究生导师动员应届本校本科生报考相关学科研究生与报考相应的导师的推介会。2019 年度招收博士研究生 5 人、硕士研究生 67 人；毕业研究生 35 人。

教学工作

学院 4 个教研室全部由东校区搬迁到新校区，并完成了实验室及研究室设施配备。实验室及研究室共 39 个，总计房屋建设面积 4 358 平方米，实验室均以教学为主，投入日常教学使用，极大地改进了学生的实验条件。年内共投资 50 万元进行了校内实践教学基地建设，包括基地围栏制造安装、温室区步道建设、育苗车间建设、温室加固、温室后坡改造、温室彩钢顶制造安装等内容。与内蒙古中天科技有限公司、内蒙古和润农业高新科技产业开发有限公司、内蒙古光亚现代农业发展有限公司、内蒙古丰城农牧业科技有限责任公司等签署了校企合作协议。为新入职的 3 位年轻教师配备了导师，进行了系统培养。继续进行学院范围内的教学效果评价。

科研工作

新立项科研项目 22 项（包括滚动项目），到账经费 1 052 万元，包括国家自然科学基金项目 5 项、内蒙古自然科学基金项目 10 项、内蒙古科技计划项目 2 项、内蒙古科技成果转化项目 2 项、内蒙古自治区高等学校科学技术研究项目 1 项。2019 年度学院发表学术论文 77 篇，其中 SCI/EI 收录 30 篇；出版著作 15 部，登记科研成果 2 项，申请专利 2 件，颁布地方标准 9 项，获得省部级科研奖励 3 项。成功举办第一届植物病毒前沿论坛、第三届作物黄萎病研究专题研讨会和瓦赫宁根大学—内蒙古农业大学分子植物育种专题研讨会。

学生工作

以“两提高一降低”（提高就业率，提高考研率，降低补考率）为抓手，提升学生学习成绩。加强帮学效果，精心配备教师管理服务队伍，选配了四年级导师 44 名，选配了一、二、三年级班主任 22 名，学生考研率达到 23.9%，就业率达到 74.2%。建立以宿舍为单位的团小组，宿舍舍长担任团小组长，开展日常的班团教育学习、服务管理，触发班团一体化建设末梢组织单元细胞内核的活力与动力，从而构建点—线—面—体的学院班团一体化建设立体化格局。

开展第二课堂活动促进学风建设。开展专业特色鲜明的活动，如“内蒙古农业大学第十一届农艺文化节”。鼓励学生参加“挑战杯”科技创新、“互联网+”“创青春”等系列赛事。积极开展支农、支教等社会实践活动和志愿者服务活动。

重要事件

1. 举办寒旱区园艺植物保护学科发展论坛暨内蒙古农业大学园艺与植物保护学院成立揭牌仪式。

2. 周洪友、郭金丽入选内蒙古“草原英才”工程。

3. 周洪友教授团队和杨忠仁副教授团队获得内蒙古自治区科技计划项目 2 项，经费 195 万元；周洪友教授团队和郭金丽教授团队获成果转化项目支持经费 450 万元。

4. 获省部级以上奖项 3 项，赵君、周洪友、景岚、张键获内蒙古自治区科学技术进步奖一等奖，张笑宇获内蒙古自治区科学技术进步奖二等奖，赵君、周洪友获全国农牧渔业丰收奖一等奖。

5. 李善魁、张宇宽、张芥丹、石丹妮、贾雪莹获全国第二届植保技能竞赛国家级三等奖；“挑战杯”大学生课外学术科技作品竞赛（区级）获得奖项 4 项，其中张烦怡获得一等奖；张海青、白雪，李善魁、刘炳锋团队和刘鑫源、安靖、渠汇、李子奇团队分别获得二等奖；成毅、郈书山团队获得三等奖。

林学院

概况

林学院于 1999 年内蒙古林学院与内蒙古农牧学院合并为内蒙古农业大学时成立，前身是原内蒙古林学院林学系，主要培养林学及相关专业人才。经过 60 多年的建设和发展，学院目前拥有林学一级学科博士学位授权点，拥有林木遗传育种、森林培育、森林保护学、森林经理学、园林植物与观赏园艺、水土保持与荒漠化防治、野生动植物保护 7 个二级学科博士点，1 个博士后科研流动站；具有风景园林一级学科硕士学位授权点和林木遗传育种、森林培育、森林保护学、森林经理学、园林植物与观赏园艺 5 个二级学科硕士学位授权点及生态学（森林生态学方向）硕士点。学院开设林学、园林、森林保护、城乡规划、消防工程 5 个本科专业，其中林学专业为国家级特色专业，园林专业为自治区品牌专业。在校本科生 1 743 人，博士、硕士研究生 248 人。有内蒙古大兴安岭森林生态系统国家野外科学观测研究站和内蒙古赛罕乌拉森林生态系统国家定位研究站、国家林业和草原局文冠果工程技术研究中心、森林培育林木菌根生物技术自治区重点实验室，有林学实验中心，设有林学博士后科研流动站。设有林学系、园林系、城乡规划系、消防工程系、森林保护系 5 个系，生态与气象教研室 1 个。

学院现有教职工 93 人，其中教授 15 人，副高级专业技术人员 29 人；博士研究生导师 10 人、硕士研究生导师 31 人；具有博士学位教师 38 人，具有硕士学位教师 43 人；自治区“草原英才”资助人才 2 人，自治区“草原英才”资助团队 1 个。自治区有突出贡献的中青年专家 2 人。

党建与思想政治工作

林学院党委共有 14 个支部，其中教工党支部 6 个、学生党支部 8 个。党员 255 人，其中教职工党员 51 人，学生党员 204 人。举办了 2 期入党积极分子培训班，培训学员

192 名，2 期重点培养对象培训班，培训学员 83 名，2019 年发展学生党员 83 名，转正党员 55 名。

坚持中心组学习制度，深入开展“不忘初心，牢记使命”主题教育，持续开展“两学一做”学习教育常态化制度化。坚持民主集中制，严格执行党政联席会议制度，认真执行《林学院议事规则》，集体研究决策学院重大事项。严格落实“一岗双责”及《林学院干部问责实施办法》。年内学院党委召开会议 12 次，党政联席会议近 40 次。

加强学习型、服务型党组织建设。中心组扩大到党支部书记开展研讨和学习交流，学习研讨 15 次。各党支部学习研讨 34 次。召开 3 次书记办公会，集中 2 次到教工党支部进行主题教育及“三会一课”调研，主题教育期间检查 1 次学习笔记。对党支部日常工作、“三会一课”进行台账式管理，各支部累计开展了爱国主义教育、观影 26 次，各支部累计开展主题党日活动 47 次。组织党支部书记轮训 12 人；班子成员深入基层单位，访谈师生 160 人。领导班子召开调研成果交流会 4 次。

结合学院实际，以专业设置系，重新调整了教工党支部，实现了党支部建在系（教研室），党支部书记兼任系（室）主任或副主任，党支部书记双带头人全覆盖。5 个专业的学生分赴 4 个地区开展综合实习，组建了 5 个临时党支部。

学科建设

完成了自治区“双一流”建设项目 1 200 万元资金的预算、论证、申请、实施及绩效评价工作，组织完成了 2020 年林学“双一流”建设资金预算和论证工作。同时完成“双一流”建设经费中 16 名青年教师 100 万元科研基金验收工作。通过自治区“双一流”学科建设，寒旱区森林质量精准提升、脆弱环境植被重建与品种选育方向科研平台基础条件得到有效改善、师资队伍建设等工作得到基本保障。进一步整合相关学科实验资源，优化平台布局，成立林学院实验中心。新增加 1 名博士生导师，5 名硕士生导师。同年招收研究生 126 人，其中博士生 9 人；毕业生 86 人，其中博士 3 人。

教学工作

继续强化“绿色课堂”创建活动，听评课反馈制度和诚信考试等。继续实施学院教学监督与评价体系，全年教师累计听课 222 课次。制定了林学卓越班导师制管理办法和林学卓越班大学生科技创新基金管理办法。遴选了 16 名指导教师，完成了 2018 级林学卓越班导师的选派工作。申报教改项目 8 项，其中包括重大项目 1 项，重点项目 7 项。完成了 236 名学生综合实习。其间，聘请 15 位校外实践经验丰富的专家指导本科生综合实习。完成学院教学状态数据报告，生成了《林学院教学状态数据分析报告》。

科研工作

学院修订了《林学院科研经费管理办法》；组织专家对学院青年基金项目进行了中期检查与考核，并召开了拟申报 2020 年度国家基金项目初审会。截至 12 月 31 日，全院在研科研项目50余项，总经费达2 200万元，新获准立项国家自然科学基金项目2项，内蒙古自然科学基金项目2项，其他各类科研项目7项，总经费280余万元。发表学术论文40余篇，其中SCI收录2篇。获授权专利1项，计算机软件著作权4项。

经国家林业和草原局批准，林学院牵头组建“雷击火和边境火防控技术国家创新联盟”。学院与内蒙古蒙荣园林绿化工程有限责任公司、内蒙古库布齐沙漠技术研究院等企业、研究院签订了合作协议。

学生工作

学院邀请各类专家、学者在“绿色讲坛”作报告、讲座20余场次。修订完善了《林学院学生外出实习管理办法》和《林学院毕业班学生外出请假管理办法》，进行各类违纪检查50余次，班主任深入学生宿舍820余人次。

2019届毕业生一次就业率为63.96%，考研率为19.49%。学院承办了内蒙古农业大学第五届“互联网+”大学生创新创业大赛，共推荐24个主赛道项目和2个红旅赛道项目参加比赛。共有6个项目入围校级决赛，并获得金奖1项、银奖2项、铜奖3项的优异成绩。其中“动作类体育智能纠错教学系统”进入自治区总决赛并获得自治区银奖。

积极开展第二课堂活动，承办了大学生防火节和园林文化艺术节，开展了舍歌大赛、团歌大赛、学雷锋活动等。暑期组织7支社会实践直属队，1支直属队获校级第八名；14名学生荣获校级社会实践“优秀志愿者服务队员”称号；6名学生荣获校级社会实践“优秀论文作者”称号；1名学生荣获校级社会实践“优秀宣传报道员”称号；1名教师荣获校级社会实践“优秀指导教师”称号；1名教师荣获校级社会实践“优秀组织者”称号。学院先后获得校级“军训先进集体”“优秀连队”、心里微电影二等奖等荣誉十多项。

圆满完成441名新生的报到、注册等工作，召开了新生家长会和毕业生教育大会，积极联系用人单位来校参加招聘会和双选会。

工会工作

工会积极发挥教职工之家的作用，与学院党政领导慰问患病教职工和离退休职工，增强教职工的凝聚力和向心力。积极参加校工会组织的“五人制足球赛”“我和我的祖国”教职工合唱比赛、第八届“乒羽杯”教职工乒乓球、羽毛球团体赛等活动，均取得了可喜的成绩。学院在内蒙古农业大学第54届田径运动会上，获得教工总分第三名和教职工组体育道德风尚奖，在“万米接力赛”获得A组二等奖。召开了林学院四届一次教职工代表大会，进行了换届，组织教职工代表参加学校九届一次教职工代表大会暨十五届一次工会会员代表大会。在学校“不忘初心、牢记使命”主题教育活动中，配合校工会组织教职工观看电影《红色之子·单刀赴会》，教师积极参与，热情度高，取得了良好的效果。开展了“守初心、担使命、育新人”系列报道，宣传周梅、包红光、赵鹏武、张文波及张恒等教师优秀事迹。

重要事件

1. 林学专业获批国家级一流本科专业建设点。风景园林专业获批招生。

2. 1 项林业硕士研究生教学案例入选全国林业硕士专业学位研究生优秀教学案例。

3. 制订了《林学院研究生导师立德树人职责实施方案》《林学院研究生导师“十不得”规定》《青年教师科研启动基金管理办法》。

4. 田原同学荣获第八届梁希优秀学子奖。王玲玲同学荣获 2020 届本科组“全国林科十佳毕业生”，张鑫同学荣获 2020 届本科组“全国林科优秀毕业生”。田原同学荣获 2020 届研究生组“全国林科优秀毕业生”。

草原与资源环境学院

概况

草原与资源环境学院的历史可追溯到 1958 年内蒙古畜牧兽医学院我国第一个草原专业以及土壤农化专业。1999 年 4 月，原内蒙古农牧学院草业科学系和内蒙古林学院沙漠治理系等 5 个系、所、专业的 7 个单位合并组建成立了生态环境学院。2016 年 6 月 3 日，草原与资源环境学院由生态环境学院分出，成立新的学院。学院有草业科学和农业资源与环境 2 个本科专业，下设草学、土壤与植物营养、植物学 3 个系和草地资源、牧草生产、土壤学、植物学 4 个教学实验室。拥有草学、生态学、农业资源与环境 3 个一级学科博士学位授权点和土壤学 1 个二级学科博士学位授权点；草学、生态学、土壤学、植物营养学 4 个硕士学位授权点；有草学和生态学学科博士后流动站。拥有草学国家重点学科，草学、农业资源与环境自治区“双一流”建设学科。

学院现有植物学国家级和内蒙古自治区实验教学示范中心、中央与地方共建优势特色学科“草地资源保护与利用”、草地资源教育部重点实验室、内蒙古自治区土壤质量和养分资源重点实验室、内蒙古自治区中蒙药材良种育繁工程技术研究中心、内蒙古自治区草品种育繁工程技术研究中心、内蒙古自治区土壤与植物营养实验教学中心 7 个教学科研平台。

学院现有教职工 100 人，其中专任教师 74 人，其中：教授 25 人，副教授 20 人，博士、硕士生导师 46 人。硕士以上学历教师 89 人。本年毕业生 293 人，其中研究生 77 人（博士生 21 人、硕士生 56 人）、本科生 216 人。本年招生 370 人，其中研究生 102 人，本科生 268 人。在校生 1 386 人，其中研究生 299 人（博士生 60 人，硕士生 231 人，留学生 8 人），本科生 1 087 人。

党建与思想政治工作

草原与资源环境学院党委共有9个支部，其中教工党支部4个、学生党支部5个。党员225人，其中教职工党员66人，学生党员159人，入党积极分子70人，年内共发展党员59名，有33名预备党员按期转正。

扎实开展“不忘初心、牢记使命”主题教育。通过开门纳谏，收集和梳理出师生反映的意见建议50余条。邀请学校宣讲团5名成员开展了辅导讲座，举办了1次师生党员知识竞赛，开展了2期“悦读习语”教师党员和多期学生党员的读书分享活动。组织召开了学院党代会，选举产生了新一届党委委员。党支部进行了换届改选，选优配强了支部书记。

学科建设

完成了学科主任换届工作，选出了3个学科的学科带头人、学科负责人和学科助理。新增博士研究生导师2人，硕士研究生导师8人。组织完成了国家草学本科“双万计划”申报工作和草原生态修复长江学者岗位的申报工作，承办了教育部草学类教学指导委员会第一次全体会议和内蒙古自治区草原学会年会。土壤质量与养分资源实验室争取到重点实验室设备基金和一流学科建设设备配套费共计400万元。7名研究生的自治区研究生科研创新项目顺利结题并通过验收。有4人成功申请到自治区研究生科研创新项目，其中1项为自治区博士研究生科研创新重点项目。1名博士生论文获得自治区优秀博士学位论文。举办了农业资源与环境学科第二届学术嘉年华活动。

教学工作

完成了121人次337门次课程教学任务，教授为本科生授课率达100%。组织完成了“草业科学”一流本科专业建设申报工作和学院一流课程推荐工作。完成了2个专业人才培养方案的修订调研任务，并提交了《2020版人才培养方案》的修订调研论证意见。实行课程组内教师互相听课制度，并将听课结果以“面对面座谈”的形式集中反馈给授课教师。推动落实“教考分离”制度，规范教师考试行为，严学风、严考风贯穿始终。采取有效措施，不断改进教学质量和考核评价体系。为入职不满3年的青年教师制订完善的培养计划和严格的考核制度，完成了对2017年、2018年新进的10名青年教师的考核工作，制订了2019年新进的6名青年教师的培养计划。组织新进教师进行了入职宣誓。

选派3名教师出国学习，选派10余人次参加了国家师资培训、金课培训、新农科认证培训及现代化教学工具使用培训等各级各类提升教学能力和水平的培训会议，组织了2次青年教师讲课比赛，在教育部草学类青年教师讲课大赛中，学院1人获一等奖，2人获二等奖。韩国栋教授被国家林业和草原局评为教学名师。1位教师获校级“教学名师”，1位教师获校级“教坛新秀”。建立了较为完善的实验室工作记录和实验室仪器使用登记制度，学院各门课程的实验课开课率为100%。

赛罕乌拉国家级自然保护区、正镶白旗、东园区等实践教学基地2019年度承担了学院11个班级270余名同学的课程实习、综合实习等实践教学任务，完成质量良好。学院编制了共计7篇38章的学院教学管理制度。2018—2019学年第二学期期中教学检查中，学院被学校评为优秀单位。完成了2018级英才班、卓越班55名学生的指导教师选配任务，并制定了导师工作记录。

科研工作

学院获批7项国家自然科学基金项目，资助经费258万元。其中地区基金6项，青年基金1项。获批自治区科技重大专项1项，资助经费1 400万元。自治区科技重大专项所属课题2项，资助经费99万元。申报内蒙古自然科学基金14项，获批8项，资助经费108万元。其中，重大项目1项，博士基金3项，面上项目4项。获批2019年自治区科技攻关项目3项，资助经费325万元。获批2019年自治区科技攻关项目子课题2项，资助经费60万元。获批2019年内蒙古科技成果转化项目1项，资助经费180万元。获批内蒙古高等学校科研一般项目2项，资助经费8万元。获批呼和浩特市科技重大项目1项，资助经费40万元。获批学校引进人才科研启动资金项目5项，资助经费136万元。全年共计新申请项目34项，资助经费合计2 906万元。承担各类横向课题5项，获得经费100万元。

在国内外学术期刊发表学术论文180余篇，其中SCI收录论文40余篇。土壤质量与养分资源重点实验室通过审核评估，国家林业和草原局北方抗旱耐寒品种育繁工程技术研究中心已完成申报答辩工作。注重实验室的安全管理，凡进入实验室的学生都要进行严格的安全教育培训，考核合格发放许可证。

“草原与资源环境学术论坛”全年共举办了33场。有5位教师赴荷兰瓦赫宁根大学进行交流访问，考察了荷兰现代化精准农业，并与荷兰瓦赫宁根大学分子生物学实验室托尼·贝斯林（Ton Bisseling）院士签署了战略合作协议。学院30余名师生参加了“2019中国草学会年会”。学院主办了内蒙古草原学会年会暨第二届中国—加拿大草原与草业技术交流研讨会，韩国栋教授当选为新一届理事长。

学生工作

组织开展学生活动90余次，累计10 000多人次参加。获各类校级奖励21项，其中1项获批自治区级大学生创新创业项目基金和国家级大学生创新创业项目基金。2019年本科生共毕业196人，其中研究生录取人数占毕业生人数的37%。录取本科生268人，其中草学专业149人，农业资源与环境119人，蒙古语授课60人。录取了研究生102人、外国留学生1人。

重要事件

1. 召开了学院二届一次教职工代表大会，审议通过了学院实验室管理办法、研究生奖学金评定办法、教学管理规章制度等一系列文件，并选举产生了新一届工会委员。

2. 实习基地基础设施不断完善，在赛罕乌拉国家级自然保护区新建300平方米学生餐厅。

3. 赵彦老师指导的大学生创新创业项目获批自治区和国家级大学生创新创业项目基金，基金总额8万元。那亚老师指导的作品获自治区大学生课外学术科技作品竞赛一等奖。

4. 硕士研究生石淼同学在辽宁省做实验期间，为营救落水同伴壮烈牺牲，年仅24岁，被辽宁省盘锦市大洼区人民政府授予“见义勇为先进个人”荣誉称号。

沙漠治理学院

概况

沙漠治理学院成立于2016年6月3日，其渊源可追溯至1960年由原内蒙古林学院成立的中国第一个沙漠治理专业和1983年成立的水土保持专业。设有水土保持与荒漠化防治、土地资源管理、人文地理与城乡规划3个本科专业，其中，水土保持与荒漠化防治为自治区首批品牌专业（2005年），也是内蒙古农业大学“十二五”期间获得自治区批准的四个重点建设专业之一。学院已形成具有本科、硕士研究生、博士研究生、博士后完整的人才培养层次，为国家培养了近7 000名各级各类合格人才。

学院建有沙地生物资源保护与培育国家林业和草原局重点实验室（1995年）、内蒙古自治区风沙物理与防沙治沙工程重点实验室（2015年）、内蒙古杭锦荒漠生态系统国家定位观测研究站（2015年）、文冠果国家林业和草原局工程技术研究中心（2016年）、荒漠生态系统保护与修复国家林业和草原局重点实验室（2018年）。2008年财政部批准建设中央与地方共建高校特色优势学科“风沙物理学”重点实验室。内蒙古农业大学沙漠治理研究所（1983年）挂靠在沙漠治理学院。学院设沙地植物资源研究中心、国土整治与利用研究中心、碳汇计量与评估中心3个院级研究机构。在巴彦淖尔市磴口县中国林业科学研究院沙漠林业实验中心、鄂尔多斯市准格尔旗暖水水土保持监测站、水利部牧区水利科学研究所草地水土保持生态监测实验基地、内蒙古中远建筑设计规划院、北京安定垃圾填埋场、包头市利嘉置业有限责任公司建有6个校外实践教学基地。国家中文核心期刊《干旱区资源与环境》编辑部（1986年）设在沙漠治理学院。中国治沙暨沙业学会沙区植物资源保护与利用专业委员会、中国水土保持学会风蚀防治专业委员会、内蒙古沙漠学会挂靠在沙漠治理学院。

学院现有教职工64人，其中专任教师50人，实验人员4人，行政人员9人，《干旱区资源与环境》编辑 1 人。专任教师中教授 12 人、副教授 22 人，博硕士生导师 22 人，博士学位教师 36 人，硕士学位教师 11 人，在读博士 1 人。实验人员中有高级实验师 1 人，实验师 2 人。

学院有“水土保持与荒漠化防治”自治区教学团队。“防沙治沙”自治区科技创新团队。1 人获自治区高校青年教师教学技能比赛二等奖；3 人获校级青年教师教学技能比赛二等奖；1 人获全国高校优秀思想政治教育工作者。联合国防治荒漠化公约科技委员会中国独立专家 3 人。国家重点研发项目首席专家 1 人。国家“321 人才工程”第二层次人选 2 人。自治区“草原英才”2 人。自治区有突出贡献中青年专家 2 人。全国优秀教师 1 人。国家林业教学名师 1 人。校级教坛新秀 2 人。

年内毕业学生 366 人，其中，研究生 61 人（博士生 6 人、硕士生 52 人、毕业留学生 3 人）、本科生 309 人。招生 378 人，其中研究生 80 人（博士生 10 人，硕士生 70 人），本科生 295 人。在校生 1 553 人，其中，研究生 137 人（博士生 17 人，全日制硕士生 117 人，外国留学生 3 人），本科生 1 293 人。

党建与思想政治工作

完善和执行学院党政联席会议议事和决策制度、学院事务公开制度和“三重一大”集体讨论决策制度。以集中学习研讨和个人自学等方式学习了《习近平关于“不忘初心、牢记使命”重要论述选编》《习近平新时代中国特色社会主义思想学习纲要》和习近平生态文明思想及全国生态环境保护大会精神等重要批示指示精神，集中组织观看了《初心的蜕化》警示教育片、《榜样》专题节目直播、《我和我的祖国》和《我们走在大路上》等主题影片。

学院组织召开“不忘初心、牢记使命”主题教育动员大会 1 次、全体教职工主题教育学习 2 次、党委中心组主题教育推进会 1 次、党委中心组扩大会议 1 次。学院各师生基层党支部以支部为单位组织主题教育学习共 66 次，学习交流座谈 3 次，召开“对照党章党规找差距”专题会议 8 次。学院党委召开党外人士座谈会 1 次，学院领导班子成员深入基层党支部参加学习、交流会 4 次，领导班子集中学习研讨 2 次，召开领导班子“对照党章党规找差距”专题会议 1 次，“不忘初心、牢记使命”主题教育专题民主生活会 1 次。

2019 年度学院各基层党支部书记参与轮训 8 次，学院领导班子成员讲党课 6 次。举办 2 期入党积极分子培训班，2 期重点培养对象培训班。发展学生党员 34 名，预备党员转正 26 名。

获得内蒙古农业大学 2019 年万米接力赛第三名，庆祝中华人民共和国成立 70 周年“我和我的祖国”教职工合唱比赛三等奖，“乒羽杯”比赛团体第六名，校运动会第十名。选派教师积极参加校级五人制足球比赛、“女性职工健康”主题活动和“不忘初心、牢记使命”主题红色经典诵读会。“三八妇女节”期间，学院积极组织了插花活动。慰问了 2 名生育教师，5 名直系亲属病故教师。

学科建设

年内，引进具有博士学历高素质专任教师 1 人，具有硕士学历专任教师 1 人，专职辅导员 1 人，继续实行新进教师和青年教师导师负责制。1 名教师晋升教授，1 名教师晋升副教授。新增硕士博士研究生导师 5 名。完成了 8 名博士研究生、61 名硕士研究生的毕业资格审核、答辩和学位授予工作；完成了 10 名博士研究生、65 名硕士研究生的入学录取工作；接收 3 名本科生免试攻读硕士研究生和 1 名本科生免试硕博连读攻读博士学位研究生；1 篇博士论文和 4 篇硕士论文被评选为内蒙古自治区优秀博士、硕士学位论文；2 名研究生获批校级研究生科技创新项目资助；4 项自治区级研究生科研创新资助项目获评优秀结题项目。

教学工作

采取教师自查、系（室）教师之间互查、学院检查的三级检查方式，利用暑期对近三年的试卷、本科毕业论文（设计）、单列实习课程实习报告和专业综合实习报告、实验报告和课程作业进行了全面检查和整改。获国家奖学金 5 人、自治区奖学金 3 人、自治区学业奖学金 68 人、校一等奖学金 26 人、校二等奖学金 100 人。开展了沙漠治理学院教师教学技能大赛。内蒙古自治区风沙物理与防沙治沙工程重点实验室通过自治区科技厅组织的三年评估。水土保持与荒漠化防治专业获批第一批国家一流专业。

科研工作

2019 年获批国家、自治区级纵向课题 9 项，经费支持 1 674 万元。其中获批主持内蒙古自治区重大专项 1 项，主持内蒙古自治区重大专项课题 2 项，国家自然科学基金项目 4 项，内蒙古自然科学基金项目 1 项，内蒙古自治区高校科研项目 1 项。获批 2018 年度自治区科学技术进步奖一等奖 1 项（2018 年申报，2019 年获批），获批内蒙古“草原英才”团队 1 个（2015 年第一次获批，2019 年滚动获批）。以第一完成单位获批专利 17 项，其中发明专利 1 项，实用新型专利 16 项。发表论文 78 篇，其中 SCI 收录 4 篇，EI 收录 1 篇，CSCD 收录 54 篇。

学生工作

编印了《沙漠治理学院团学工作制度汇编》，获批“师德与教风的协同机制探索研究”校级教学改革项目，规范评奖评优过程，实行国家奖学金、国家励志奖学金申请答辩制，组织受助学生参与义务劳动。

学院获得了校级“五四”红旗团委荣誉称号。在 2019 级学生军训工作中获得军训“优秀连队”“歌咏比赛优胜奖”“军训工作先进单位”。制定了《沙漠治理学院安全排查制度》，组织“4·15”全民国家安全教育日等系列活动。完善学生请销假制度，拟上线沙漠治理学院“微校园”线上请销假流程。积极开展大学生心理健康教育。

成立了第一届学生自我管理委员会。学院1名优秀毕业生先后获中国大学生年度人物入围奖、内蒙古自治区“桃李之星”、校级“十佳毕业生”称号。组建“学霸报告团”，开展“学霸来了”之沙漠故事分享会、让“学霸们”走进各团支部分享交流学习经验。开设“一院一品”特色活动——“青年讲习堂”，先后邀请学院优秀校友从爱国奋斗、创新创业、专业发展与成长等方面作了主题报告。

推行“第二课堂”成绩单制度和“到梦空间”软件的使用。学院承办摄制了学校“我和我的祖国”快闪活动。先后获得学校第54届田径运动会“体育道德风尚奖”、第三届植物分类鉴别大赛“优秀组织奖”、第二届中华优秀经典诗词诵读大赛二等奖、“优秀组织单位”，主持人大赛“优秀组织单位”。学院组建的红色经典朗诵团队也凭借优异表现代表学校参加自治区比赛。扎实开展“三下乡”社会实践活动。学院组建了1个直属团，重点打造了3支直属队，其中2支为国家专项团队，学院“红色逐梦”社会实践分队在校级社会实践汇报评比中荣获第二名，学院荣获校级社会实践工作“优秀组织单位”。学院选送8支参赛项目团队参加学校第五届“互联网+”大学生创新创业大赛校赛，4支队伍参与决赛分别获得校级一等奖、二等奖，2支队伍被选送参加自治区级比赛。在第八届中国创新创业大赛沙产业大赛中，2支队伍进入全国总决赛，1个项目斩获全国总排名第二的好成绩。

学院开展了5场就业培训大会、4场就业专题讲座，引进20家单位前来学院现场招聘，组织毕业生240余人参加了校内外6场大型招聘会。2019届毕业生就业率为69.23%，考研率为23%，6人考取选调生，西部志愿就业3人，“三支一扶”就业5人。

重要事件

1. 沙漠治理学院参加内蒙古农业大学纪念“五四”运动100周年表彰会暨第33届“金马杯”文艺会演，选送作品《玉帛千秋》获得本届“金马杯”的三等奖。

2. 沙漠治理学院党委赴四子王旗第五小学开展“关爱留守儿童”捐资助学党日活动暨“庆六一”文艺会演。

3. 沙漠治理学院承办第25个世界防治荒漠化与干旱日纪念大会暨荒漠化防治国际研讨会。

4. 沙漠治理学院参加由共青团内蒙古农业大学委员会主办、内蒙古农业大学“彩虹之声”校园广播站承办的第十八届“新星魅力秀”校园主持人大赛决赛并获得了优秀团队奖。

机电工程学院

概况

学院有教职工104人，其中博士生导师13人，硕士生导师31人，教授20人，副教授35人，高级实验师2人。毕业生607人，其中研究生47人（博士生6人、硕士生41人）、本科生560人；招生565人，其中研究生70人（博士生12人，硕士生58人）、本科生495人。在校生总数2 303人，其中博士研究生38人、硕士研究生139人、本科生2 126人。

党建与思想政治工作

学院围绕教学中心工作，深入推进“两学一做”学习教育常态化制度化，扎实开展“不忘初心、牢记使命”主题教育。积极推进师生党组织“对标争先”建设和教师党支部书记“双带头人”培育工程，现有7个教工党支部书记为“双带头人”，组织教工党支部书记参加校党委组织部的轮训。支部精心策划、组织开展党日活动，社会实践临时党支部入选“全国党建工作样板党支部”。

依托学院学生党员服务站，完成师生党员信息采集和党员系统日常维护。细化党员发展流程和党员管理，规范党员管理。全年共培训学生入党积极分子183人、重点培养对象78人，发展新党员78人，党员转正58人，延期6人，取消资格2人。

学科建设

完成农业工程“双一流”学科建设2020—2022年建设规划，以及2020年350万元“双一流”学科建设经费和100万元“双一流”本科建设经费的申请工作。完成了学院教授委员会换届及新一轮学科主任、学科负责人、学科助理聘任、研究生导师的遴选工作，宣传忠晋升为博士研究生导师，邓伟刚、德雪红晋升为硕士研究生导师。完成了三维激光粒子测速系统（PIV）的安装、调试及验收，落实农机土槽的建设项目，学科平台建设上了一个新台阶。组织完成各级各类研究生的招生、培养、考核、答辩、学位授予审核等工作。组织教职工年度考核及聘期考核工作，完成职称评审工作，洪宝棣晋升教授、孙芊芊晋升副教授。与国家电网内蒙古东部电力有限公司、内蒙古三主粮天然燕麦产业股份有限公司开展校企合作。

教学工作

2019年度，每学期开学第1~2周，组织教研室和教学督导组对师生上课到位情况进行检查。5月和11月完成了期中教学检查工作。组织完成国家一流本科专业的申请工作，“农业机械化及其自动化”获批国家一流本科专业建设。组织实施国家级和自治区级一流本科课程的申报工作，3门课程推荐为国家一流本科课程；1门课程推荐为自治区级一流本科课程。组织申报学校各级各类教改、教研及示范性课程项目，获批校级第三批示范课程立项建设项目2个，获批校级教育教学改革研究重点项目2个。协助工会开展青年教师教学技能大赛，王利娟、佟鑫获校级二等奖，张建超、孙建英分获三等奖和优秀奖，李南丁获蒙古语组三等奖，刘飞、郝敏获首届全国农业工程类专业青年教师教学竞赛一等奖和二等奖。承办内蒙古自治区第四届大学生工程训练综合能力竞赛，举办中青年教师制图设计能力提升培训班。

科研工作

获批国家自然科学基金4项，其中2项青年基金，是学院首次获得青年基金；获批自治区自然科学基金项目8项、社会科学基金1项；获批教育厅项目3项；获批内蒙古科技成果转化项目1项，全院纵向科研总经费373万元；承担企业横向课题4项，横向课题总经费52万元。全年发表论文70余篇，其中SCI收录3篇，EI收录9篇，中文核心期刊发表60余篇；授权发明专利3项，实用新型专利18项，软件著作权5项，科技成果登记2项。

学生工作

推进考勤“三联动”、规范使用手机收纳袋强化课堂纪律，促进良好学风、班风的形成，维护正常教学秩序。举办了2019年度学风建设表彰暨2020年学风建设动员大会。推进以宿舍内务卫生、课堂秩序纪律为主的基础文明行为建设，加强学业警告学生、结业生、降级学生的精细化管理。开展考风考纪专题教育活动，诚信考试参与率100%，全程巡考严肃考风考纪。加强班集体建设，在2017级、2018级、2019级3个年级50个班级实施团支部、班委会一体化，团支书兼任班长。开展6次优秀团日活动评比，每次评选10个优秀班级给予200~400元团日活动经费奖励，54个团支部被评为“精品团日活动”团支部，团员参与率高。获得创新创业竞赛一等奖4个、二等奖17个、三等奖7个；利丰北纬41°车队获中国大学生方程式汽车大赛耐久赛圈速榜全国第三名；2项作品获第十一届“挑战杯”全区大学生课外学术科技作品竞赛一等奖；机器人创新协会举办第三届科技创新展览会。精心组织暑期社会实践活动，连续六年获批第九项国家级暑期大学生社会实践项目，依托“追寻红色足迹·放飞青春梦想”全国大学生灵丘暑期社会实践全国重点项目，组建“心怀爱国情·笃行报国志”实践队；走进河北省张北县、张家口市、怀来县、涞源县、山西灵丘县学习红色精神、坚定理想信念、将青春奉献祖国，多角度学习时代楷模精神。

人才、工会、综合治理工作

引进2名双师型博士教师，公派3名教师、2名研究生赴国外学习交流。慰问教职工7人。“我和我的祖国”教职工合唱比赛获二等奖，2名教师获“助力大学生创新创业”突出贡献奖，7名教师获贡献奖，获教职工万米接力赛第二名，校运会团体总分第一名及体育道德风尚奖，教职工五人制足球赛优秀奖，教职工“乒羽杯”乒乓球团体第2名，羽毛球团体第5名。开展扫黑除恶专项斗争，常态化安全隐患排查，重点加强校纪校规、师生法制安全教育，积极防范校园网贷的危害。

水利与土木建筑工程学院

概况

水利与土木建筑工程学院始建于1958年，前身是内蒙古农牧学院农田水利系。学院下设水利工程系、资源环境系、土木工程系、测绘工程系4个教学系和1个实验教学中心（水利土木工程实验中心）。水利土木工程实验中心下设5个综合实验室，共27个功能实验室。

水利与土木建筑工程学院现有农业水利工程、水文与水资源工程、给排水科学与工程、环境工程、土木工程、测绘工程、水利水电工程、建筑学、地质工程和工程造价共10个本科专业。其中农业水利工程、水文与水资源工程、给排水科学与工程、环境工程、土木工程和测绘工程共6个专业为自治区品牌专业。农业水利工程专业为国家特色专业建设点、自治区重点建设专业，2014年通过教育部工程教育专业认证，2018年再次通过国家工程教育专业认证，并入选国家第一批卓越农林人才教育培养“复合应用型”农林人才计划项目试点专业；水文与水资源工程专业为国家特色专业建设点，2009年通过教育部工程教育专业认证，2012年通过延期认证，2015年、2018年两次通过国家工程教育专业认证；学院农业水利工程、水文与水资源工程专业分别进入全球工程教育“第一方阵”。水文与水资源工程专业2019年获批全国首批国家级一流本科专业建设点。学院现有9门自治区精品课程和4个自治区教学团队。2018年校企联合共建“内蒙古和林格尔新区BIM专业人才培养基地”。

学院现有教职工114人，其中专任教师93人（教授28人，副教授29人），博士、硕士生导师42人。有自治区级教学名师4人，自治区级教坛新秀5人。

国家“万人计划”科技创新领军人才1人，荣获全国“五一”劳动奖章1人，自治区杰出人才奖获得者1人，新世纪“百千万人才工程”国家级人选1人，教育部新世纪优秀人才支持计划1人，享受政府特殊津贴和自治区有突出贡献的中青年专家12人，自治区培养“草原英才”二、三类人选12人。全国水利工程专业学位研究生教育先进个人1人，自治区“321人才工程”第一、二层次5人；内蒙古自治区青年创新人才暨“草原英才”后备人才1人，自治区培养“草原英才”领军人才1人，“草原英才”团队二层次2人，“草原英才”工程人选1人，自治区高等学校“青年科技”领军人才、骨干人才3人，入选自治区青年科技英才1人，自治区“草原英才”青年创新人才一层次1人，获批“草原英才”产业创新人才团队滚动支持计划二层次和“草原英才”团队二层次各1个。内蒙古自治区高等学校“青年科技英才支持计划”2人，内蒙古高等教育人才培养111工程第二层次1人。中国科学院“西部之光”青年学者A类1人。

学院招生655人，其中本科生573人，全日制研究生82人（博士研究生12人，硕士研究生70人）。学院毕业学生662人，其中本科生604人，研究生58人（博士研究生10人、硕士研究生48人)。本科生一次就业率达到了76.98%。学院在校生2 527人，其中本科生2 286人，全日制硕士研究生170人，非全日制硕士15人，博士研究生49人，博士留学生1人，硕士留学生6人。

新一轮学院内设机构成员的聘任情况

学院及内设机构	岗位名称	任用教师	负责专业或领域
学院	院长助理	马　龙	学科
	实验中心主任	姚占全	实验室
	教学评估与专业认证办公室主任	贾德彬	专业
资源环境系	系主任	高瑞忠	水文与水资源工程
	教研室主任	王丽萍	环境工程
	教研室主任	李文宝	地质工程
水利工程系	系主任	李　超	水利水电工程
	教研室主任	黄永江	农业水利工程
	教研室主任	李为萍	农业水利工程（卓越）
土木工程系	系主任	周海龙	土木工程
	教研室主任	梅小乐	给排水科学与工程
	教研室主任	贾文亮	建筑学
	教研室主任	王海龙	工程造价
测绘工程系	系主任	李瑞平	测绘工程
	教研室主任	胡守忠	测绘工程（兼任党支部书记）

党建与思想政治工作

水利与土木建筑工程学院党委共有13个党支部，其中教工党支部5个，学生党支部8个。党员258人，其中教职工党员76人，学生党员182人。全年发展党员98人，转正预备党员69人。

召开了党建工作“对标争先”建设部署会。学院党委书记抓党建工作述职考核位列全校第一；学院党委、驻河套灌区硕士博士研究生流动党支部被评为学校先进基层党组织，4人获优秀党务工作者和优秀共产党员称号，1个党支部获先进党支部，“学在心间、做在田间，把论文写在河套大地上”党日活动被评为校级精品党日活动受到表彰；学院党委首批全国党建工作标杆院系通过教育部中期考核，自治区党委机关刊物《实践》杂志2019年12期“党建聚焦”专栏以“筑牢战斗堡垒　树起工作标杆”为题报道了标杆院系典型经验和有效做法；1个党支部入选全国高校百个研究生样板党支部；建设了1个教师党支部书记“双带头人”工作室。召开庆“七一”表彰大会，对5个先进党支部、14名优秀共产党员、7名优秀党务工作者、7名“爱岗敬业”劳动者和4个党支部书记工作优秀案例进行了表彰。

学科建设

学院现有农业工程、水利工程博士后科研流动站2个，农业工程一级学科博士学位授权点1个，水利工程一级学科博士学位授权点1个，农业工程、水利工程、土木工程一级学科硕士学位授权点各1个；有农业工程、水利工程、建筑与土木工程领域3个工程硕士专业学位授权点。

农业水土工程学科为国家重点（培育）学科，农业水土工程和水文学及水资源学科为自治区重点学科，水工结构工程学科为自治区重点（培育）学科；测绘信息实验中心为自治区级实验教学示范中心，水资源保护与利用实验室为自治区重点实验室。现有1个教育部创新团队，3个自治区“草原英才”创新团队，2个自治区工程技术研究中心。2010年以来共承担2项国际合作项目，1项国家科技支撑项目，73项国家自然科学基金项目，其中4项为重点项目。获省部级科技进步奖一等奖4项，二等奖3项，大禹水利科学技术二等奖、三等奖各1项，自治区教学成果一等奖1项，二等奖3项。编写出版专著和教材82部，其中5部教材获省部级优秀教材奖。

教学工作

学院根据《教育部专家组审核评估报告》《本科教学工作审核评估专家反馈意见》，制定了本科教学工作审核评估整改落实方案。继续严格教学质量管理，基本成立了以学院—系—教研室开展工作，学院领导班子、教授委员会、系（教研室）主任、教学办公室、学办和督导教师开展全方位、多角度、多形式的教学质量保障体系，制定并完善了《教研室管理实施细则》《毕业设计（论文）管理实施细则》《实验中心管理办法》《课程组管理方案》等系列教学管理办法。成立了质量评估办公室以工程专业认证标准进行教学管理，拟在教师中宣传以学生为中心的OBE教学理念，逐步建立健全持续改进的保障机制。重聘了学院新一届教学督导员，承担了2项援外培训项目——蒙古国污水处理和城市居民点建立蓄水池并积聚地表水培训班。水文与水资源工程专业获批国家级一流本科专业建设，农业水利工程获批自治区一流本科专业建设。启动2020版人才培养方案修订工作。

学院组织了12位教师参加讲课技能竞赛（童新、翟涌光、田雅楠、张宇获前四名）。学院组织毕业答辩，14篇毕业论文被评为校级优秀毕业论文。组织并完成33个批次的实习任务。张琦“消防工程”课程试卷被评为2018—2019年度校级优秀试卷。获批教育部产学合作协同育人项目1项，获批内蒙古自治区教育科学研究“十三五”规划2019年度立项课题——基于工程教育专业认证模式下的高校课程教学质量评价体系研究1项。

实验中心完成BIM专业人才培养项目的计算机实验室改造工程，并于2019年7月正式投入运行；改造增设“化学试剂存储室”；门禁系统于 9 月 30 日正式运行；10 月完成低温实验系统安装调试运行。制定《关于固定资产变更领用人的规定（试行）》。

2019 届校级优秀毕业论文一览表

序号	姓名	专业	题目	指导教师
1	黄文轩	给排水科学与工程	盐渍化灌区土壤砷的空间变异及影响因素分析——以解放闸灌域为例	张　琦
2	王立波	水文与水资源工程	黑河下游地区生态需水研究	高瑞忠
3	柳宗旭	土木工程	风积沙混凝土力学性能试验研究	申向东
4	许　瑞	环境工程	不同改良剂对盐碱地作物根际微生物的影响	王利明
5	刘永红	测绘工程	无人机土地调查实践	刘全明
6	陈华川	地质工程	大跨高墩桥梁陡坡桩基础设计及稳定性分析	李文宝
7	孙明扬	给排水科学与工程	呼和浩特市某环城水体 CDOM 三维荧光指纹特征研究	于淑玉
8	杜昊容	测绘工程	基于 SEBS 模型和 Landsat8 遥感影像的河套灌区蒸散发反演与空间差异研究	李瑞平
9	王钰涵	环境工程	不同措施对盐碱地土壤修复的效果的评估	王丽萍
10	王　佳	工程造价	翡翠城 4#楼高层住宅工程招标文件及招标控制价的编制（A）	王海龙
11	刘　颖	建筑学	海口戏院建筑方案设计	郭丽娟
12	边苗苗	水利水电工程	黄河内蒙古段弯道顶冲段冰厚分布及冰下水流特征研究	冀鸿兰
13	张美桃	水文与水资源工程	微灌系统不同品牌叠片过滤器性能比较研究	苗庆丰
14	贾智富	土木工程	智宇 SOHO 商住一体楼建筑结构设计	李　平

2019 年获批校级教改类项目统计表

项目编号	项目名称	主持人	项目经费（万元）	项目类型
JGZD201905	基于 OBE 理念的水利土木类本科人才培养模式改革与创新研究	屈忠义	1.0	重点项目
JGYB201922	地质实习过程中的“教—学”占比及效果研究	李文宝	0.5	一般项目
JGYB201923	农业水利工程专业卓越农林人才培养模式研究与评价	李仙岳	0.5	一般项目

（续表）

项目编号	项目名称	主持人	项目经费（万元）	项目类型
JGYB201924	校企合作模式下应用型人才培养的实践与研究	刘晓民	0.5	一般项目
JGYB201925	基于SPOC混合教学模式的遥感类示范课程教学设计与实践	罗艳云	0.5	一般项目
JGYB201926	以科研训练为平台，水利类创新人才课程教学模式的研究与实践	史小红	0.5	一般项目
JGYB201927	“大数据+PBL”模式的遥感类课程教学改革研究	翟涌光	0.5	一般项目
JGYB201928	工程教育认证导向的“材料力学”课程教学改革模式探讨	邹春霞	0.5	一般项目

2019年研究生重点课程建设项目

项目名称	主持人	项目经费（万元）	项目类型
节水灌溉理论与技术	史海滨	0.6	一般项目
水环境模拟	史小红	1.8	重点项目

1名博士研究生获得自治区优秀博士论文奖，5名硕士研究生获得自治区优秀硕士论文奖，1名博士研究生获得校级优秀博士论文奖，7名硕士研究生获得校级优秀硕士论文奖，陈宁、续喆、罗红春获得2019年研究生科研创新项目资助。

由贾克力教授指导的硕士研究生韩知明的学位论文《呼伦湖流域水体氢氧同位素与水化学特征研究》被评为全国高等学校水利类专业优秀研究生论文。

科研工作

全年获批各类科研项目41项，经费2 906.82万元。其中，获批国家自然科学基金9项，直接经费597.5万元，其中重点基金1项，青年基金2项；获批国家重点研发项目1项，国际合作项目1项，总经费1 651万元；获自治区重点学科实验室建设项目1项，获青年科技英才支持计划1人，“草原英才”滚动资助1项，“草原英才”培养项目3项，获“草原英才”团队支持2项。教师在全国各类刊物上发表论文148篇，其中SCI、EI收录18篇。

2019年获批国家、自治区自然科学基金项目及其他科研项目统计表

序号	项目名称	主持人	项目类别	起止时间（年.月）	资助金额（万元）
1	典型草原生态干旱评估方法与影响机制	王怡璇	国家自然科学基金（青年科学基金项目）	2020.1—2022.12	27

（续表）

序号	项目名称	主持人	项目类别	起止时间（年.月）	资助金额（万元）
2	寒区浅水湖泊微塑料多相介质耦合迁移过程与归趋模拟	刘　禹	国家自然科学基金（青年科学基金项目）	2020. 1—2022. 12	27. 5
3	气候变化和过度放牧影响下草原内陆河流域生态水文退化与恢复机制研究	刘廷玺	国家自然科学基金（重点项目）	2020. 1—2024. 12	300
4	黄河内蒙古什四份子河段冰水沙过程及河床演变机理研究	冀鸿兰	国家自然科学基金（地区基金项目）	2020. 1—2023. 12	41
5	黄河内蒙古河段梯级防凌体系调度模型及运行机理研究	刘晓民	国家自然科学基金（地区基金项目）	2020. 1—2023. 12	40
6	寒旱区高原内陆河草原流域生态水文—化学协同演化过程试验与模拟研究	高瑞忠	国家自然科学基金（地区基金项目）	2020. 1—2023. 12	41
7	露天采煤驱动下白垩系煤系地层结构变异与地下水系统时空演变机理	黄　磊	国家自然科学基金（地区基金项目）	2020. 1—2023. 12	40
8	盐渍化地区控释肥施用农田水氮迁移对包膜—土壤—根系的响应机制及模拟研究	李仙岳	国家自然科学基金（地区基金项目）	2020. 1—2023. 12	41
9	冰—水—堤互馈机制下堤岸崩塌失稳机理及模式研究	李　超	国家自然科学基金（地区基金项目）	2020. 1—2023. 12	40
10	内蒙古“一湖两海”等典型湖泊水资源综合保障关键技术及示范	张　生	国家重点研发项目	2019. 7—2021. 12	1 495
11	寒旱区河湖水质综合监测管理及处理技术	史小红	国际合作专项	2019. 1—2021. 12	156
12	浅水湖泊微塑料分异规律及迁移机制研究	刘　禹	自然科学一般项目	2019—2021	2
13	基于正交可变网格的复杂地表条件下地震波数值模拟研究	刘志强	自然科学重点项目	2019—2021	6
14	水环境与水生态	孙　标	青年科技英才支持计划 B	2019—2021	10

（续表）

序号	项目名称	主持人	项目类别	起止时间（年.月）	资助金额（万元）
15	生态水文	王怡璇	校优秀博士人才第一层次	2019.1—2021.12	25
16	地震勘探	刘志强	校优秀博士人才第三层次	2019.1—2021.12	5
17	混凝土耐久性	薛慧君	校优秀博士人才第三层次	2019.1—2021.12	5
18	水环境保护与修复	刘　禹	校优秀博士人才第三层次	2019.1—2021.12	5
19	神经网络计算，粘弹性结构可靠性设计	贺　云	校优秀博士人才第三层次	2019.1—2021.12	3
20	水文地质与工程地质	黄　磊	回校优秀博士人才第二层次	2019.1—2021.12	10
21	“草原英才”工程高层次人才培养	马　龙	草原英才培养类	2019	10
22	“草原英才”工程高层次人才培养	史小红	草原英才培养类	2019	10
23	“草原英才”工程高层次人才培养	张圣微	草原英才培养类	2019	10
24	“草原英才”工程滚动支持	史海滨	草原英才工程滚动支持资金资助（个人）	2019	10
25	基于工程教育专业认证模式下的高校课程教学质量评价体系研究	姚占全	自治区教育科学规划项目	2019—2022	1
26	神经网络方法在粘弹性力学分析中的应用	贺　云	内蒙古基金博士项目	2019.9—2021.12	6
27	内蒙古高原内陆河流域非一致性干旱演变驱动机制及定量评价研究	王怡璇	内蒙古基金博士项目	2019.9—2021.12	10
28	盐渍化灌区立体种植下畦沟分灌水盐运移模拟研究	苗庆丰	内蒙古基金博士项目	2019.9—2021.12	6
29	典型草原水文土壤植被对改变降雨及放牧的响应机理研究	张圣微	内蒙古基金杰青项目	2019.9—2021.12	30
30	冰—水—堤互馈机制下堤岸土体本构关系及崩塌失稳机理研究	李　超	内蒙古基金面上项目	2019.9—2021.12	10

（续表）

序号	项目名称	主持人	项目类别	起止时间（年.月）	资助金额（万元）
31	寒区湖泊环境变化对重金属在沉积物中赋存形态和介质间迁移的影响机制	赵胜男	内蒙古基金面上项目	2019.9—2021.12	6
32	工农业固废制备碳基土壤改良修复剂的技术集成与风险防控	王丽萍	自治区应用技术研发项目	2019—2021	50
33	内蒙古饮用地下水量质安全保障支撑技术研究	高瑞忠	自治区应用技术研发项目	2019—2021	110
34	高效节水技术装备与水土环境效应内蒙古自治区工程研究中心	史海滨	自治区发展改革委	2019	0
35	内蒙古呼伦湖与乌梁素海湖泊健康评估	史小红	自治区水利厅	2019—2021	159.5
36	鄂尔多斯市棋盘井岩溶水小型基岩裂隙水浅层地下水超采区治理效果评估报告编制项目	刘晓民	鄂托克旗水利局	2019.6—	29.8
37	内蒙古自治区水资源保护与利用重点实验室	刘廷玺	重点学科实验室建设项目	2019	130
38	草原矿区生态用水优化配置研究	史海滨	科技应用项目课题	2019—2022	10
39	牧区草原吞吐型湖泊水生态治理与水资源保障技术集成及示范	李文宝	国家重点研发专题	2019—2021	52
40	一湖两海湖体多介质污染物消减与生态补水联动调控技术	张　生	国家重点研发课题	2019.7—2021.12	500
41	湖泊流域水资源—水环境—水生态协同承载力	孙　标	国家重点研发课题专题	2019.7—2021.12	53

学生工作

学院获得“三下乡”社会实践优秀组织单位、学生军训先进单位、师生党员知识竞赛优秀组织单位等荣誉；第六届全国大学生水利创新设计大赛获得特等奖 2 项、一等奖 1 项和优秀组织奖；承办内蒙古自治区第七届大学生结构设计竞赛，获得二等奖 1

项、三等奖 3 项，并在第十三届全国大学生结构设计竞赛中获得三等奖和优秀组织奖；第一届全国大学生农业水利工程创新创业竞赛获得二等奖 2 项和三等奖 1 项；第三届全国大学生给排水科技创新大赛获团体优胜奖。

重要事件

1. 荣获教育部科技进步奖二等奖。中国教育电视台报道了留学归国人员典型代表、守护北疆生态命门的草原量水人刘廷玺在我国北方荒漠和草原地区生态水文领域倾其所学、矢志报国的感人故事。

2. 获批水利工程博士工作站 1 个、“寒旱区水资源高效利用与河湖湿地修复技术”自治区发展改革委工程研究中心 1 个。

3. “我和我的祖国”教职工大合唱比赛以总分第一名的优异成绩荣获一等奖。

4. 选派 2 名党员干部挂职扶贫和驻村扶贫，党建促脱贫攻坚和乡村振兴取得实效。承担商务部蒙古国雨水利用与市政供排水技术培训任务。承办自治区河湖长培训班培训河湖长近 1 000 人。

材料科学与艺术设计学院

概况

学院现有木材科学与工程、材料科学与工程、家具设计与工程、环境设计、视觉传达、风景园林 6 个本科专业。有林业工程一级学科博士点，木材科学与技术和林产化学加工工程 2 个二级学科博士点，木材科学与技术、材料加工工程和设计学 3 个学科学位硕士点，林业工程、材料工程和艺术学 3 个专业学位硕士点。木材科学与工程为自治区重点建设专业、设计类专业为内蒙古自治区品牌专业，木材科学与技术学科为国家林业和草原局和内蒙古自治区重点学科；有内蒙古自治区沙生灌木资源开发利用工程技术研究中心、沙生灌木纤维化及能源化利用自治区重点实验室、沙生灌木材料科学与技术中央地方共建实验室；内蒙古蒙古族工艺美术研究中心、内蒙古森林文化产业研究与示范基地、内蒙古蒙俄木材加工技术工程技术研究中心等科研平台。

学院有教职工 84 人，其中教授 17 人、副教授 19 人；获博士学位教师 32 人；博士生导师 8 人、硕士生导师 21 人。年内毕业生 380 人，其中研究生 27 人、本科生 353 人。招生 413 人，其中研究生 58 人（博士生 6 人，硕士生 52 人），本科生 355 人。全日制在校本科生 1 456 人，硕士、博士研究生 86 人，其中专业硕士研究生 20 人。近三年本科毕业生一次就业率 85%以上。

党建与思想政治工作

学院共有 7 个党支部，其中，教工党支部 4 个，学生党支部 3 个。党员共 160 人，教职工党员51人，学生党员109人，入党积极分子146人，发展党员57人。

年内学院党委配齐和完善各党支部的班子成员。持续推进“两学一做”常态化制度化，严格执行“三会一课”制度。学习贯彻中央和自治区及学校意识形态工作精神，学习贯彻全国全区高校和学校思想政治工作会议精神。扎实开展“不忘初心、牢记使命”主题教育，学院理论学习中心组集中学习8次，院领导集体学习交流16次，召开1次主题教育专题民主生活会，学院领导讲专题党课3次。

学科建设

年内完成了林业工程学科自治区一流学科的建设工作，申报材料科学与工程一级学科硕士点，制定了艺术硕士（专业硕士）的培养方案并开始招生。林业工程学科举办了“A+学科的创生与内驱发展学科报告会”。

教学工作

学院以实训中心为基地，积极开展第二课堂，承办2019年第46届世界技能大赛内蒙古选拔赛，4名学生代表自治区参加全国精细木工、家具制作、建筑木工、油漆4个工种的技能大赛。年内共有45名学生报名参加精细木工和家具制作培训。“木材学”“景观材料学”获批列入校级在线开放课程建设项目。“木结构建筑结构学”负责人赴清华大学参加学校第四批预建设示范课程校外培训。“木材干燥学”“产品设计方法论”申报国家级、自治区级一流本科课程（线下）。申报国家林业和草原局院校教材建设专家委员会委员和专家库专家人选5人。

年内申报并获批校级教育教学改革研究项目1项，教育教学改革研究项目结题3项，发表教改学术论文3篇，教育教学改革成果均运用于实践，实施效果良好。学院督导组进行换届，督导组组长由安珍教授担任，成员为王雅梅、韩涛、刘娜。实验中心进行领导换届，主任由焦德凤担任，副主任由吕悦孝、红岭担任。启动学校2020版人才培养方案修订工作。

科研工作

年内学院教师各类立项共计16项，经费总额451.5万元（不含非物质文化遗产项目200万元）。其中，国家自然科学基金项目4项（薛振华、刘文静、郭泽宇、张明辉），国家艺术基金1项（郭继业），自治区自然科学基金项目3项。

年内发表论文中SCI收录11篇，EI收录2篇，CSCD收录及中文核心刊发表23篇，其他11篇。出版专著和教材4部，授权发明专利11件。王喜明“中俄蒙进口木材高效绿色加工技术及其产业化”项目获得政府科技进步奖二等奖，塔拉“游幕智能科技”项目获得政府技术发明奖二等奖，塔拉“游幕系列‘X’幕墙系统研发”获得第十一届“挑战杯”全区大学生课外学生科技作品竞赛科技发明制作B类特等奖，旭日纳在工业与信息化部主办的“2019年第七届全国高校数字艺术设计大赛”中获得政府哲学社科奖的优秀指导教师奖。

学生工作

坚持做好“优良学风班集体”创建活动，创建班级目标完成率达到85%以上。建立帮学档案，结成103个帮扶对子。开展了两次心理危机排查工作，建立了心理危机学生档案库，并对出现问题的学生及时与心理中心、学生家长协调解决。新建立学生成长指导室并进行装修装饰，购置书籍153本，为学生健康成长成才保驾护航。完成各类奖助学金评选工作，共发放各类奖助学金1 588 100元。在学院实验室、办公楼设立勤工助学岗位，共有35名贫困生上岗。暑期学院组建15支直属队，学院97%的学生参与了社会实践活动，社会实践报告撰写率达到99%以上。学院召开3次党委会专门研究就业工作，组织10余家知名企业来校召开专场招聘会。积极组织开展文化、艺术、体育类比赛活动。多次举办高水平讲座。学生社团参与各类活动的学生达到了80%以上。多次在校级各类比赛中获得一、二、三等奖及优秀集体等奖项。组织学生申报内蒙古农业大学科技创新基金项目14项，获批2项；申报自治区级大学生创新创业训练计划项目11项，获批1项。“游幕智能科技”项目在第五届内蒙古自治区“互联网+”大学生创新创业大赛中获得银奖。在第十一届“挑战杯”全区大学生课外学生科技作品竞赛中获得特等奖2项，三等奖1项。

经济管理学院

概况

经济管理学院初创于1981年8月，1999年4月由原内蒙古农牧学院经济管理系和原内蒙古林学院经济管理系合并组建。学院设农林经济管理、工商管理、经济学、金融学、会计学、财务管理、物流管理、电子商务8个本科专业和市场营销1个专科专业。拥有农林经济管理、工商管理、应用经济学3个一级学科硕士学位授权点。有农业经济管理、林业经济管理、区域经济学、产业经济学、金融学、会计学、企业管理、技术经济管理8个学术硕士学位授权点，有农村发展、会计专硕2个专业硕士学位授权点。拥有农林经济管理一级学科博士点1个，农业经济管理和林业经济管理二级学科博士点2个。拥有农林经济管理博士后流动站1个。学院现有农林经济管理专业自治区重点学科1个、自治区级实验教学示范中心1个、自治区级研究基地（内蒙古农村牧区发展研究所、内蒙古畜牧业经济研究基地、内蒙古乡村振兴战略研究中心）3个、自治区级高端智库（内蒙古农牧林业经济研究中心）1个、自治区级“草原英才”团队（草原畜牧业经济理论与实践创新团队）1个。内蒙古自治区农业经济学会、内蒙古自治区粮食经济学会等组织挂靠在学院。现已形成以本科教学为中心、以学科建设为龙头、以农林经济管理专业为特色、经济学和管理学两个学科门类共同发展、具有鲜明地区特色、学科特点和专业特长，培养自治区经济管理高级专业人才的办学模式。

学院有教职工 107 人，其中，专任教师 87 人。专任教师中教授 15 人、副教授 38 人；博士生导师 9 人，硕士生导师 38 人；有博士学位的教师 45 人；在读博士教师 8 人。毕业生 863 人，其中，研究生 185 人（博士生 2 人、硕士生 183 人）、本科生 650 人、专科生 28 人；招生 817 人，其中，研究生 126 人（博士 12 人、硕士 114 人）、本科生 683 人、专科生 8 人；在校生 3 159 人，其中研究生 415 人（博士 36 人、硕士 379 人）、本科生 2 684 人、专科生 60 人；修读第二学位学生 301 人。

党建与思想政治工作

学院党委始终把思想政治建设放在首位，严格贯彻落实“两学一做”学习教育常态化制度化要求，不断加强学院思想政治建设、基层党组织建设和党员队伍建设。全年组织中心组、全院党员集体学习 21 次，邀请呼和巴特尔、高潮 2 位教授作专题学习辅导 2 次。深入学习宣传贯彻党的十九大精神，教职工深入学习研讨 18 次，班子成员讲党课 4 次。召开党委会 10 次、党政联席会议 14 次、教职工大会 20 次、院务会 22 次。

注重党员队伍建设。学院共有党员 237 人，其中教工党员 72 人，学生党员 165 人（正式党员 108 人、预备党员 57 人）。培训学生入党积极分子 263 名，发展学生党员 107 名，转正 87 名。开展入党积极分子培训班、重点培养对象培训班和各类理论学习 20 余场。学院充分利用微信、微博、学院公众号等新媒体推送政治理论知识和时政信息等理论学习资料；利用党课、党员学习日、经管讲坛等平台，加强政治理论学习。

发挥工会、教代会等群团组织的作用。组织举办青年教师教学技能大赛，提高了教师教学技能；以建设“职工之家”为平台，积极组织各项集体活动，丰富教职工业余文化生活，增强教职工凝聚力。年内总计慰问教职工 28 人次，其中，慰问离退休老教师 21 人次，看望生病住院教师及生育女教师 7 人次；工会组织举办了新年联欢会、棋牌赛、趣味运动会等活动，并积极参加校工会组织的各项活动和比赛，取得了较好的成绩。其中学院足球队获足球赛亚军，参加摄影大赛和征文比赛多人次获奖。“三八”妇女节组织女教职工开展了多肉植物 DIY 的活动，并经常开展女教职工的读书活动。

教学工作

学院领导、督导和同行查听课共 192 次，期末试卷装订成册入库 513 本，查阅试卷 262 份。本科毕业论文入库 653 份，查阅本科毕业论文 71 份。组织了第一届教师技能大赛，申报了示范课程建设。在编 12 部省部级或蒙古文教材，出版 6 部教材，正在申请农业规划教材 2 部。积极推进 2020 版人才培养方案修订工作。

张心灵老师评为校级“教学名师”；孙殿辉老师命题、郭慧老师评阅的“成本会计学”试卷评为本科优秀试卷；田艳丽、原英老师立项校级教学改革一般项目。学院教学工作在 2018—2019 学年第二学期和 2019—2020 学年第一学期的学校期中教学检查中获评优秀。

在蒙草生态、鹏程、典阅、苏尼特左旗、阿巴嘎旗、民丰薯业等实习基地的基础上新增呼和浩特市赛罕区金桥电子商务产业园，优化实践教学的水平和质量。

学科建设

学院完成农林经济管理一级学科博士学位授权点、应用经济学和工商管理2个一级学科硕士学位授权点、农村发展硕士学位授权点、会计专业硕士学位授权点的带头人、负责人、助理等遴选工作。农林经济管理专业申报为国家级一流本科专业建设点。承办了全国高端会计人才培养工程学术七期集训营暨内蒙古高校会计学者学术研讨会、第八届蒙古高原牧区经济与社会可持续发展国际会议等具有较高水平的学术会议。

科研工作

学院邀请区内外知名专家学者分别召开了国家自然科学基金、国家社会科学基金等科研项目的选题讨论会、专家指导会、基金初评会。获批纵向科研课题16项，其中国家级科研项目4项，包括2项国家自然科学基金、2项国家社会科学基金；省部级科研项目9项，包括教育部人文社会科学研究项目1项、内蒙古自然科学基金3项、内蒙古社科规划项目4项、内蒙古社科联研究项目1项；厅局级科研项目3项，包括内蒙古自治区教育厅高等学校人文社科研究项目1项，校人文社科项目2项。全年发表学术论文80余篇，其中SCI收录2篇，CSSCI、CSCD收录26篇，中文核心期刊上发表论文20篇；出版教材或专著8部。完成自治区牧区经营体系现代化研究重大决策咨询课题，完成牧区现代化试点旗阿巴嘎旗乡村振兴规划，参加联合国粮食及农业组织“全球可持续畜牧业议程”大会。

学生工作

学院共举办各项新生入学教育活动、校园贷、交通安全、消防安全、食品安全、防骗防盗、个人信息安全和专题讲座等43场次；利用经济管理学院微信公众号、易班网App等渠道发布通讯743篇，公众号推送消息755条，易班网发布问卷21个，累计浏览阅读量333 165次；召开考研学生和学院导师面对面会议4场，组织教师串讲重点及数学培训答疑20余次，组织“学霸来了”报告会2场，推出6期“研于律己”优秀保研学子采访。毕业生继续深造（含出国留学）学生104人，考录选调生11人。认定贫困生1 222名、评定国家奖学金、国家励志奖学金及社会类奖助学金973名，评定自治区级、校级三好学生和优干34名。完成20名毕业生的研究生推免工作。

2019级新生班主任对154名新生进行心理约谈；排查校园贷4次；召开班长支书例会21次、班主任会19次；班主任、辅导员对违纪处分、学业警告、心理危机等各类问题学生，谈心、谈话、跟踪教育共481人次。联系家长40余人次，全年没有发生一例安全事故，确保学院和谐安全稳定。扎实开展宿舍文明教育。检查内务、夜不归宿共150次，辅导员、班主任走访宿舍170余次。

组织学生参加经管类相关学科竞赛及创新创业大赛。学生获得国家级一等奖4个，二等奖4个，三等奖3个，获得金马杯文艺会演、公务员考试模拟大赛、校运会、新生田径运动会、“校长杯”足球赛、校园马拉松等校级赛事第一名（一等奖）9个，第二名（二等奖）6个。其他奖项20余个。

学院坚持就业工作“一把手”工程，先后6次专题召开党政联席会、院务会、毕业生班主任会讨论分析就业情况。召开专题研究毕业生及就业工作会3次，毕业生班主任会7次，在班群、订阅号、院网上发布招聘信息200余条、岗位500余个，接洽用人单位20余家，举办企业宣讲会22场，组织职业规划、就业指导讲座、文明离校教育等活动16场。毕业生就业率75%，就业质量再创新高。

交流与合作

2019年7—8月，农经系13名教师带队2016级117名同学分别赴蒙古国乌兰巴托市、蒙古国达尔汗省，新疆塔城地区和布克赛尔蒙古自治县、青海省海西蒙古族藏族自治州、呼伦贝尔市牙克石市、呼伦贝尔市满洲里市、通辽市科尔沁左翼后旗进行综合实习，足迹遍布区内外农村牧区。承办了全国高端会计人才培养工程学术七期集训营暨内蒙古高校会计学者学术研讨会。引进优质教育资源，与江苏财鑫教育培训中心进行CMA合作办学，推进会计人才培养模式转型，提升学生素质与能力。市场营销系师生与呼和浩特市赛罕区金桥电商产业园、五原县河套电子商务产业园、鄂尔多斯物流协会和鄂尔多斯空港物流园区进行学习交流和实践活动。

在经管讲坛第129~132期分别邀请新西兰林肯大学博士生导师马旺林博士、华东理工大学商学院董银果教授、美国扎根理论学院费小冬研究员和李长青教授作专题讲座；与中国人民财产保险股份有限公司呼和浩特分公司签署了校企战略合作协议；与扶诚金融商讨校企合作事宜。与集宁师范学院经济与管理学院领导和蒙古国师生开展了交流座谈会；蒙古国立生命科学大学一行莅临学院访问交流；与蒙古商城举行专业实习基地签约仪式。校友马瑞光率逸马集团高管一行到学院参观交流；邀请中国农业大学博士、硕士召开考研经验交流研讨会；白俄罗斯莫吉廖夫国立大学来学院开展宣讲会；学院领导赴内蒙古民族大学参加东北亚农业与农村发展研究院四方会议；学院教授委员会一行赴广州、深圳各企业实训实习。学院协办学校首届校友企业家论坛、承办第八届蒙古高原牧区经济与社会可持续发展国际会议。

重要事件

1. 学院党委荣获“全区高等学校先进基层党组织”称号。

2. 郭晓燕老师指导的内蒙古农业大学代表队在中国商业联合会主办的第十五届全国大学生“新道杯”沙盘模拟经营大赛全国总决赛中荣获一等奖。

3. 荣获第十届全国高等院校企业竞争模拟大赛全国总决赛一等奖。

4. 荣获全国高校“联盟杯”互联网+虚拟仿真经营大赛团队二、三等奖。

5. 荣获第十五届全国大学生“新道杯”沙盘模拟经营大赛一等奖。

6. 荣获2019全国大学生条码自动识别知识竞赛团体赛本科组银奖。

7. 在第三届“正大杯”创新创业营销大赛总决赛中“属意正浓”队夺得桂冠，“卓越队”和“贰叁叁团队”分别获得三等奖、优秀奖。

8. 代表队荣获“正大杯”2019大学生创新创业实战营销大赛北方区总决赛冠军。

9. 荣获第三届“智汇杯”多组织企业供应链虚拟仿真经营决策大赛团队三等奖。

10. 荣获第四届全国大学生人力资源管理知识技能竞赛（领创教育杯）第一大区赛暨高峰论坛二等奖。

11. 荣获维护稳定、校园治安综合治理工作先进单位称号。

12. 在内蒙古农业大学2018年精品党日活动评选表彰大会中获得一等奖。

食品科学与工程学院

概况

食品科学与工程学院前身为内蒙古农牧学院食品工程系，始建于1988年。学院下设食品科学与工程、食品质量与安全、包装工程、乳品工程4个教研室和1个实验管理中心。食品科学与工程专业为自治区品牌专业，并入选国家第一批卓越农林人才教育培养“拔尖创新型”农林人才计划项目试点专业，获批国家级一流本科专业建设点。

拥有“乳品生物技术与工程”教育部重点实验室、“乳酸菌筛选与乳品发酵技术”国家地方联合工程实验室、“奶制品加工”农业农村部重点实验室、中国—蒙古生物高分子应用联合实验室、“乳品生物技术”教育部工程研究中心、“东北区域农业微生物资源利用”农业农村部科学观测实验站、“发酵乳制品加工技术集成”农业农村部科研基地、“乳酸菌与发酵乳制品”国家奶牛体系加工研究室、“畜产品加工”国家级特色优势学科专项资助实验室、“乳品生物技术与工程”内蒙古自治区重点实验室、“乳酸菌与乳品发酵剂”内蒙古自治区工程实验室、“乳酸菌与发酵乳制品”内蒙古自治区协同创新中心和“畜产品加工”内蒙古工程技术研究中心、乳酸菌与发酵乳制品省部共建协同创新中心、乳制品研究自治区重点开放实验室和乳品生物技术与工程内蒙古自治区科普示范基地。

学院现有食品科学与工程一级学科博士（硕士）学位授权点1个，下设食品科学、农产品加工及贮藏工程2个二级学科博士授权点；食品科学、农产品加工及贮藏工程、粮食油脂及植物蛋白工程3个二级学科硕士授权点和食品加工与安全专业硕士学位点1个，2019年获批博士后科研流动站。食品科学与工程一级学科被内蒙古自治区列为首批重点建设的“双一流”学科，农产品加工及贮藏工程学科是自治区重点建设学科，内蒙古畜产品加工研究会、内蒙古营养学会和内蒙古乳酸菌学会挂靠在学院。

学院现有教职工88人，其中专任教师66人、实验员6人，科研岗教师7人。专任教师中，教授22人、副教授19人，博士生导师20人，硕士生导师45人，具有博士学位教师62人。“长江学者奖励计划”特聘教授1人、“百千万人才工程”国家级人选1人，国家杰出青年科学基金获得者1人，国家优秀青年科学基金获得者2人，享受国务院特殊津贴专家2人，国家现代农业产业技术体系岗位科学家2人，自治区“草原英才”12人，自治区“新世纪321人才工程”一、二层次人选8人，自治区“333人才引进工程”首席专家2人，获得“草原英才”项目滚动支持3人。学院现有1个国家重点领域创新团队、1个教育部科技创新团队、1个农业农村部杰出人才创新团队、2个自治区创新创业人才团队、1个自治区科技创新团队、1个自治区高等学校科技创新团队和2个内蒙古农业大学科技创新团队。

现有全日制在校生2 246人，其中本科生1 833人，研究生413人（博士生57人，硕士生356人）。毕业生600人，其中本科生477人，研究生123人（博士生16人，硕士生107人）。招生584人，其中本科生420人（含食品科学与工程专业卓越农林拔尖创新型人才教育培养计划改革试点项目生30人），研究生164人（博士生18人，硕士生146人），毕业在职研究生12人。

党建与思想政治工作

选举产生了新一届学院领导班子。完成了教授委员会、学位委员会、学术委员会和学科组换届选举工作，成立了食品科学与工程学院专业指导委员会。完成了党支部换届调整工作，党支部与教研室紧密结合，教工支部数由3个调整为5个，学院党支部数由10个调整到12个，新增乳品工程与乳研中心党支部和行政党支部。完成了科级干部调整聘任和学生会换届工作。

认真落实习近平总书记重要指示批示精神和党中央重大决策部署，学习贯彻习近平新时代中国特色社会主义思想。扎实开展“不忘初心、牢记使命”主题教育，制定学院全面从严治党工作方案，传达学校全面从严治党工作会议精神。选强配齐一线教师党支部书记，规范党支部设置、支部委员会建设、严格“三会一课”制度，推进基层党组织“对标争先”建设，充分发挥基层党组织战斗堡垒作用和党员先锋模范带头作用。全年共举办两期积极分子培训班，培训学员204人，举办两期重点培养对象班，培训学员107人。积极发展教工党员和学生党员，全年共发展党员83人。

组织开展“科技扶贫路上建功有我”主题党日活动，“博士兴安行”活动，助力企业科技创新。发放“中国膳食指南”“吃出营养吃出健康”科普图书50套600余本，为科尔沁右翼前旗地方经济发展和脱贫攻坚工作贡献力量。

学院召开全体教职工大会，选举新一届工会委员会。举办了“三八”妇女节活动、教师教学技能大赛，食品学院第四届“食品之星”技能大赛。参加教工万米接力赛并获得“教职工之家”模范创建单位荣誉。第54届校园田径运动会获得教工组团体第六，“体育竞赛优胜集体”以及“体育道德风尚奖”的荣誉。积极支持关工委工作，关心离退休教师生活，教师节为离退休教师送去慰问品，为退休的两位老师举行荣休典礼。

教学工作

完成了108门、306门次的课程教学和468名毕业生毕业论文指导等任务。成立了人才培养方案制定工作领导小组，重塑基于OBE理念，修订了2016版人才培养方案。邀请工程认证专家指导学院的一流专业建设和工程认证申请工作，邀请卢立新教授等11人指导包装工程人才培养方案的修订。

对2015年以后入职的教师进行工程素养的培训。在2016级毕业生中召开“工程认证”毕业设计宣讲会，鼓励毕业生积极参与毕业设计，毕业设计学生人数63人。学院自筹资金4.8万元，批准立项16个教育教学改革项目。举办了学院第四届教师技能大赛，“公开课”“汇报课”讲堂。申报第四批校级示范课程预建设项目9项，其中8项获得批准立项，并选派负责人参加暑期在清华大学进行的“混合式教学”培训工作。申报农业农村部“十三五”规划教材2部，有10部教材正在建设中。“食品包装学”获批自治区在线开放课程。食品质量与安全教研室成功举办“食品安全知识竞赛”。包装工程教研室首次开设包装材料综合应用实训及包装材料综合应用实训课程，并邀请优秀企业代表进入课堂讲学。

获批校级教育改革重点项目1项，一般项目8项；获批学校重大教育教学改革项目子项目主持单位2项，参与2项；获批自治区教育科学“十三五”规划课题4项，“食品科学与工程”专业获批国家级一流本科专业建设点。

师资队伍建设

新进教师4人，选送2名教师到国外进修，为7名青年教师配备指导教师，选派16名教师参加学科建设、课程建设、教学管理、实验室建设等方面的全国会议，鼓励1名青年教师攻读博士学位，新增4名青年教师以副导师身份招收硕士生。2名教师晋升副高以上职称；在新一轮的导师评选中5名教师被评为博士生导师，6名教师被评为硕士生导师。1人获得“草原英才”项目滚动支持，1人获得“草原英才”工程领军人才，1个团队荣获“草原英才”工程一层次产业创新人才团队。

学科建设

制定了食品科学与工程一流学科建设规划，完成了国务院学位办学位点合格评估申报和信息采集、自治区“双一流”学科建设及政策绩效评价，获得433万元自治区一流学科建设费的支持，其中333万元用于学科建设设备的购置。用于“教育部重点实验室”建设35万元，10个学科科研团队建设298万元。用于双一流本科教学设备购置100万元。

“发酵乳制品加工技术集成农业部科研基地”获得批准建设。与内蒙古伊泰生态农业有限公司、上海万籁环保科技股份有限公司等8家企业新建了校企合作示范基地。鼓励邀请国内外知名专家对研究生进行“集中讲义”和专题学术报告。

科研工作

获批国家自然科学基金10项，其中优青项目1项，青年基金项目2项，面上项目4项，地区基金3项，经费支持534万元；获批内蒙古自然科学基金9项，博士基金2项，面上基金6项，重大项目1项，获批经费114万元；获得自治区基础研究重大开放课题和自治区科技计划重点项目各1项，经费支持320万元，获得国家重点研发计划政府间国际科技创新合作重点专项的资助1项，经费支持130万元。完成国家自然科学基金结题8项，自治区重大开放课题、自治区自然科学基金重大项目、杰出青年基金项目共验收3项。教师主持各类项目140项，发表论文117篇（其中SCI、EI收录78篇），出版专著1部，授权专利6项。派遣合作研究人员31人次，其中境内30人次，境外1人次。出席国际学术会议69次，其中境内53次，境外16次。

学院与内蒙古营养学会和内蒙古畜产品加工研究会协作，丰富了学科内涵。举办了“第五届内蒙古营养与食品安全学术年会暨内蒙古营养学会第三届理事会第四次会员代表大会”，协办了“内蒙古畜产品加工研究会第六届三次学术年会暨畜产品安全生产关键技术交流会议”“冬季营养与食品安全科普大讲堂”系列讲座。编著《中国居民膳食指南》蒙古文版。举办了“全民营养周”内蒙古站预热暨膳食指南与吃动平衡健康体重活动。积极参与“食品安全宣传周”和“全国科普日”活动。

研究生招生工作取得突破性进展，2019年度共录取硕士146人（其中学术型硕士63人、全日制专业学位硕士56人、非全日制专业学位硕士27人）、录取博士生18名，培养毕业研究生123人。对2016级入学学硕和2017级入学专硕毕业论文分别进行了盲审率30%和50%的双盲审。3篇硕士学位论文获得自治区级优秀学位论文；5篇硕士学位论文获得校级优秀学位论文；2名硕士生获得内蒙古自治区研究生科研创新资助项目的一般资助，每项获得5 000元的资助资金。

学生工作

以“优良学风班集体创建活动”为载体，加强学风建设，全院所有班级参与创建，选出标兵班级2个，优秀班级6个，进步班级1个。严抓学生上课出勤，全年共查课500余节次。开展咕咚运动达人榜活动，开展先进个人专访、先进事迹展播活动。对79名学业预警学生开展“一帮一助学”活动，取得了良好的效果。考研升学率达26.9%，开展就业招聘32场次，联系用人单位43家，就业政策宣讲4次，一次就业率为62.26%。

组织开展“弘扬雷锋精神，争做时代新人”主题团日活动30场、“青年大学习”政治理论学习交流会5场、“爱祖国，担大任，做新人”“青春心向党，建功新时代”

系列活动30场。集体观看庆祝中华人民共和国成立70周年阅兵式，240人现场为祖国庆生。举行“纪念五四运动100周年”“红色光辉，耀我芳华”主题演讲、知识竞赛2场。开展“一懂两爱”主题团日活动15场。举办第三期食品科学与工程学院“青年马克思主义者培养工程”大学生骨干培训班。举办暑期“三下乡”社会实践活动和实践交流会，社会实践学生参与率100%、撰写论文率100%。实践汇报获得第六的好成绩，共有22人受到学校表彰。获得第十八届“新星魅力秀”校园主持人大赛团体一等奖，万米接力一等奖，校级马拉松团体二等奖，第33届金马杯文艺汇演三等奖，最佳人气金马奖。积极筹备学校第54届田径运动会，学生组获团体第三以及“体育道德风尚奖”。组织承办“2019全民营养周”内蒙古联动启动仪式暨内蒙古农业大学第13届校园饮食文化节，举办“心中的旋律”蒙古语歌曲十周年纪念晚会、“风雨兼程七十载、继往开来新篇章”2019迎新晚会，展示了学院学生朝气蓬勃、意气风发的精神面貌。

开设“食品科技大讲堂”，邀请国内外著名专家教授作学术报告。打造“校园饮食文化节”“食品安全知识竞赛”“食品科技大讲堂”等精品活动，一二课堂协同联动，切实提高学生专业实践能力。开展学院科技创新基金项目申报、中期汇报、结题答辩环节工作，2019年共立项35项，获学校立项4项，获校级创新创业训练项目立项2项。“挑战杯”竞赛自治区级奖项6项（其中一等奖2项、二等奖2项、三等奖2项），校级“互联网+”创新创业大赛获奖7项（银奖5项、铜奖2项）。5月，学院团委获“内蒙古农业大学五四红旗团委”荣誉称号。

平安校园建设和文明校园创建工作

加强意识形态工作，成立意识形态工作领导小组，制订工作实施方案，强化意识形态工作责任制要求。定期对学院基础设施、实验室、档案室和办公室进行安全检查共10次，全面排查学院安全隐患。严格请销假制度，节假日安排专人值班领导带班，全年未发生安全责任事故。辅导员、班主任定期深入宿舍，检查违规用电和违禁用品使用情况，成立禁烟志愿者，开展“文明月”“安全月”等主题活动。开展“爱祖国，担大任，做新人”系列活动，“雷锋在行动”“青春心向党　建功新时代”等主题系列活动，创建积极向上、文明美丽、绿色安全的校园文化，以实际行动创建文明校园。

计算机与信息工程学院

概况

计算机与信息工程学院，于1999年7月由原内蒙古农牧学院计算机系和原内蒙古林学院基础部计算机教研室合并组建而成，学院下设计算机科学与技术教研室、软件工程教研室、网络工程教研室、数据科学与大数据技术教研室、公共课教学部、实验教学中心，建有创新创业中心、实习实训中心、协同创新中心。学院现有农业信息技术二级学科博士点，计算机科学与技术一级学科硕士点，农业工程与信息技术农业硕士点，2019年新获批电子信息（计算机技术方向）专业硕士学位授权点；设有计算机科学与技术、软件工程、网络工程、物联网工程、数据科学与大数据技术5个本科专业，数据科学与大数据技术为2019年新获批专业，建有农牧业大数据研究与应用自治区重点实验室1个、研究中心3个，公共课实验室9个、专业实验室14个，分别在上海、北京、大连等地与知名IT企业建立实习实训教学基地。

学院现有教职工73人，其中教授8人，副教授21人，博士生导师4人，硕士生导师13人，具有博士学位的教师18人，在读博士9人，具有海外留学和学习经历的教师29人，自治区优秀留学回国人员2人。现有自治区级教学名师2人，校级教学名师2人，校级教坛新秀6人。

现有在校本科生1 550人，研究生67人（博士16人，硕士51人）。本年毕业生共328人，其中研究生20人（全日制硕士18人，非全日制硕士2人），本科生308人。招生494人，其中研究生28人（博士3人，学术型硕士11人、专业硕士14人），本科生466人。

党建与思想政治工作

学院领导班子把思想政治建设放在首位，认真学习贯彻各项条例和准则，全面落实“一岗双责”。扎实开展意识形态工作，坚持师德师风一票否决制度。严格落实安全责任制。优化党支部设置，新增公共课教工党支部，选优配强教工党支部书记。学院分党校举办4次党课，共有115名学员结业，52名同学成为预备党员、29名同学按期转正。“不忘初心、牢记使命”主题教育取得成效。学院紧紧围绕主题主线，按照“四个对照、四个找一找”的要求，学院党委把开展主题教育同推动学院中心工作紧密结合起来，召开民主生活会和组织生活会，开展批评与自我批评，理论学习中心组开展专题学习4次，通过与师生调研和座谈、交流思想，检视问题30个，制定整改措施，责任到人，限期整改。

学科建设

年内，获批3项国家自然科学基金项目，资助金额118万元；1项内蒙古自治区科技重大专项，资助金额600万元；3项内蒙古自然科学基金项目，资助金额22万元；获批自治区教育厅重点项目1项，资助金额12万元；获批内蒙古农业大学基础科研启动基金2项，共9万元。学院教师出版专著1部，发表学术论文35篇，其中SCI收录4篇，EI收录12篇。有1名研究生获得自治区奖学金，14名同学获得自治区学业奖学金，5名同学获校一等学业奖学金，29名同学获校二等学业奖学金。

2019 年获批科研项目统计表

序号	项目名称	主持人	项目类别	起止时间（年.月）	资助金额（万元）
1	云计算应用技术研发	高　静	内蒙古自治区科技重大专项	2019.11—2021.12	600
2	全基因组重测序数据的变异检测和转录组差异表达分析的高效并行化算法和软件研究	高　静	内蒙古自然科学基金项目	2019.01—2021.12	10
3	大数据环境下乌梁素海湖泊湿地评价模型与保护机理研究	付学良	内蒙古自然科学基金项目	2019.01—2021.12	6
4	基于 CNN 与车载单目视觉动态测距模型的农机避障算法	李美安	内蒙古自然科学基金项目	2019.01—2021.12	6
5	基于多模态多指标冷鲜羊肉新鲜度无损检测	姜新华	国家自然科学基金项目	2020.01—2023.12	40
6	大数据环境下寒旱区湖泊湿地智能监测与保护机理研究	付学良	国家自然科学基金项目	2020.01—2023.12	40
7	草原光谱图像信息提取与融合关键技术的研究	潘　新	国家自然科学基金项目	2020.01—2023.12	38
8	基于文献挖掘的基因与布鲁菌病关联分析	白云莉	内蒙古教育厅重点项目	2020.01—2022.12	12
9	基于深度学习的蒙古文文本分类研究	乌丹牧其尔	内蒙古农业大学基础学科科研启动基金项目	2020.01—2022.12	4
10	基于神经网络的农业领域实体与关系抽取联合模型的研究	谢聪娇	内蒙古农业大学基础学科科研启动基金项目	2020.01—2022.12	5

教学工作

计算机科学与技术、软件工程和网络工程专业完成了自治区级一流本科专业认证申请工作，其中计算机科学与技术专业获批自治区级一流本科专业。计算机科学与技术专业参加了教育部工程教育认证申请工作。启动了 2020 版人才培养方案编写与修订工作。获校课堂教学技能竞赛三等奖 1 人，优秀奖 2 人，2 套试卷评为校级优秀试卷，获批教育厅教改项目 1 项、校级重点教改项目 2 项、校级一般教改项目 4 项、自治区教育科学“十三五”规划年度课题 3 项、校级实验教学仪器设备研制与标本制作项目 1 项、中国高校计算机教育MOOC联盟线上线下混合式教学改革项目6门、校级示范课程10门、卜永波获教育部在线教育研究中心2018年度智慧教学之星称号。

2019届优秀本科生毕业论文一览表

序号	专业名称	论文名称	论文类型	学生姓名	指导教师姓名
1	计算机科学与技术	基于Flask的药店信息管理系统设计与实现	技术开发	石径宇	卜永波
2	计算机科学与技术	基于VB上位机的STM32温度控制系统	技术开发	苏　迅	张永安
3	计算机科学与技术	基于Semantic Human Matting算法的图片合成网站	理论研究	廉泽昆	王冬青
4	软件工程	基于时序数据库IoTDB的工程机械数据能耗分析平台	技术开发	胡　枫	陈俊杰
5	软件工程	ACM程序自动评判系统	应用研究	康鑫鑫	马金伟
6	网络工程	基于PHP的网上购物系统	技术开发	杨　帆	马莉莉
7	网络工程	机器学习算法在网络攻击检测上的应用研究	应用研究	田　元	李宏慧
8	物联网工程	智能手环的设计与实现	应用研究	孟　欣	张立倩
9	信息管理与信息系统	图书商城管理系统设计与实现	技术开发	段雪添	王步钰
10	信息管理与信息系统	基于微信小程序的毕业去向信息管理系统设计与实现	技术开发	韩　翠	王步钰

2019年获批教改类项目统计表

序号	项目名称	主持人	项目类别	起止时间（年.月）	资助金额（万元）
1	“新农科”背景下农林专业“Python+数据科学引导课程”的线上线下混合式教学研究与实践	高　静	教育厅重点教改项目	2019.11—2020.11	1.0
2	“新农科”背景下计算机公共课程体系改革与建设	高　静	校级重点教改项目	2019.12—2020.12	3.0
3	在“新文科”建设中实现文理、文工学科专业交叉的人才培养方案之研究与创新	白云莉	校级重点教改项目	2019.12—2020.12	3.0
4	面向工程认证的计算机科学与技术专业建设研究与实践	罗小玲	校级重点教改项目	2019.12—2020.12	1.0
5	“互联网+”时代下线上线下混合教学模式研究与实践——以《计算机导论》课程为例	郜晓晶	校级一般教改项目	2019.12—2020.12	0.5

（续表）

序号	项目名称	主持人	项目类别	起止时间（年. 月）	资助金额（万元）
6	学位论文质量评价与监控管理系统	李　靖	校级一般教改项目	2019. 12—2020. 12	0. 5
7	实践教学评价方法研究——以《数据处理及可视化》课程为例	申志军	校级一般教改项目	2019. 12—2020. 12	0. 5
8	基于线上线下混合式教学模式的《数据库原理》课程资源建设	王丽霞	校级一般教改项目	2019. 12—2020. 12	0. 5

学生工作

学院团学工作以立德树人为根本任务，抓学风、促学业；以第一、二课堂协同育人为抓手，抓创新、促就业。开展“青春心向党、建功新时代”“爱祖国，担大任，做新人”系列主题教育活动达20次。围绕支部建设年，以党员服务站为平台，开展党员帮学小队、党员助推科技创新、党员新时代“青年说”演讲比赛、知识竞赛、志愿服务等活动。学院学生党员荣获“爱祖国，担大任，做新人”内蒙古农业大学第四届学生党员观影交流会二等奖；6月，计算机与信息工程学院荣获内蒙古农业大学第五届师生党员知识竞赛二等奖。

深入开展“抓舍风、带班风、促学风”的学风建设模式。制定班主任、辅导员考核细则，加强学生干部特别是班级学生干部选拔考核引领机制，建立挂科超过三科的家长联系制度，严抓考风考纪并签订了诚信考试责任状，狠抓上课考勤、学业互助、优良学风班集体创建活动等措施，加强班风建设。强化第一课堂和第二课堂协同联动发展工作，举办“学霸来了”宣讲团、开展英语美文朗诵大赛、IT讲坛等，促进学风建设。承办内蒙古农业大学第十四届程序设计竞赛、内蒙古农业大学第六届大学生计算机应用技能竞赛，以赛促学。

学院学生共获得科技创新奖励国家级3项，省级34项，校级21项。在自治区“互联网+”大学生创新创业大赛、华北五省机器人大赛、中国大学生计算机设计大赛中均取得佳绩。在自治区第十四届大学生程序设计竞赛中获本科组二等奖2队，三等奖3队。

开展了新生入学教育、安全教育、毕业生教育、心理健康教育活动。对危机排查中重点关注的9名同学进行了干预，2019年上学期成功干预了两起较严重心理问题事件和一起自杀事件；重点抓学生文明行为举止。

重要事件

1. 新获批数据科学与大数据技术专业，该专业是与阿里云、江苏知途教育三方共建的校企合作专业。

2. 新进教职工 4 人，包含专任教师 3 名，其中博士 1 名，硕士 2 名；学生辅导员 1 名。

3. 2019 届毕业生就业率为 81. 9%。

4. 学院被评为校级综合治理先进单位；被评为校级学生工作先进单位，军训工作优秀组织单位；团委被评为校级共青团工作实绩突出单位。

5. 本科生第一党支部、第二党支部获得内蒙古农业大学精品党日活动汇报二等奖。

6. 学院“传承红色精神，助力脱贫攻坚”社会实践直属队被评为全区大中专学生志愿者暑期“三下乡”社会实践活动“优秀志愿者服务队”、内蒙古农业大学“优秀志愿者服务队”，荣获“优秀组织单位”称号，并代表学校参加全区“青春告白祖国”大学生社会实践成果分享会。

生命科学学院

概况

学院成立于 1996 年，现有生物科学、生物技术、生物工程、制药工程 4 个本科专业；拥有生物学博士后流动站，生物学一级学科博士学位授权点，生物化学与分子生物学、发育生物学、微生物学 3 个二级学科博士学位授权点，生物化学与分子生物学、发育生物学、微生物学 3 个硕士学位授权点，并拥有生物与医药 1 个工程硕士学位授权点。学院拥有内蒙古自治区生物化学与分子生物学实验示范中心、内蒙古自治区植物逆境生理与分子生物学重点实验室、内蒙古自治区生物制造重点实验室、内蒙古自治区高校动物生物技术重点实验室和内蒙古自治区发展和改革委员会工程实验室等教学和研究平台。

学院现有教职工 79 人，专任教师 62 人，其中教授 20 人、副教授 18 人、博士生导师 14 人、硕士生导师 18 人、48 位教师具有博士学位。

党建与思想政治工作

学院党委坚持以制度提升学院规范管理水平，制定了《生命科学学院关于加强和改进教职工思想政治工作意见》《生命科学学院关于落实党风廉政建设党委主体责任的实施意见》《生命科学学院“不忘初心、牢记使命”实施方案》，修订和完善了《生命科学学院“三重一大”事项议事规则》《生命科学学院中心组学习制度》《生命科学学院廉洁自律规定》《生命科学学院领导参加双重组织生活会制度》《生命科学学院党委委员联系班级制度》，通过精准化的布局，使学院党建工作实现了与学科建设和学生思政建设的结合，形成了集体之间在思想上、政治上的凝聚力。

持续推进“两学一做”常态化、制度化，扎实做好“不忘初心、牢记使命”主题教育中，开启了“党建+”品牌活动新模式。提出了“讲好一堂课”“带好一个学生”“学好一本书”“主持或参与一项科创项目”“申请一项科研课题”“为民办一件实事”

“参加一日志愿者活动”“为学校和学院发展提一条合理化建议”等“八个一”工程。围绕“三重一大”事项召开会议 41 次，召开主题教育专门会议 12 次，专题研讨会 6 次，检视问题 40 条。开展专题学习会、读书交流会、分享会 40 余次。

教学工作

学院组建了新一届教学督导组，有效促进了学院教学质量的提升。通过组织听课、教学观摩、教学研讨、优秀论文和试卷评选、教学技能大赛等活动，提高课堂质量，提升教师的授课能力。其中李国光老师在学校第十二届教师教学技能大赛中获三等奖。新建本科教学档案管理室，完善本科教学档案管理办法，有效规范了学院的教学档案管理工作。目前已将近 5 年试卷、论文、实验报告和教学文件等教学档案整理入库，为今后教学档案规范管理奠定了坚实基础。

2019 年度生物技术专业申报了自治区级一流本科专业；生物工程和制药工程专业申报校级一流本科专业。学院已开展了四批示范课程建设，其中生物化学、微生物学和细胞生物学示范课程已立项建设，分子生物学、基础生物化学、生物技术制药、发育生物学、基因工程、生物统计学、发酵工程、酶工程、实验室安全管理、制药工艺学、药物化学等课程正在预建设阶段；“生物化学与分子生物学”获批为学校首批在线开放课程。

学院获批内蒙古自治区研究生教育教学改革研究与实践项目 1 项、内蒙古自治区教育科学“十三五”规划课题 1 项，校级教育教学改革一般项目 2 项，校级实验自制设备教改项目 1 项。学院着力强化实践教学环节，在继续鼓励学生进行校外本科实习的基础上，与内蒙古蒙奇药业有限公司共同举行了“就业实习合作单位”签约揭牌仪式。新挂牌校外实习基地 1 个。学院教师主编教材 1 部，参编 5 部，专著 2 部。

科研工作

获批国家自然科学基金项目 4 项；获得内蒙古自治区自然科学基金资助 10 项，其中包括内蒙古基金重大项目 1 项；获批自治区教育厅重点项目 1 项；单独和联合申报自治区科技计划攻关项目 5 项，并获批 5 项；校高层次人才引进科研启动项目 3 项。新增省部级以上纵向科研经费 500 余万元。发表科研论文 80 余篇，其中 SCI 收录 18 篇；出版学术专著 3 部，获得授权专利 6 项，获得教育部科学技术进步奖 1 项，获农业农村部农牧渔业丰收奖三等奖 1 项，自治区科学技术进步奖二等奖 1 项，自治区中青年科学技术创新奖 1 项，1 个团队获得自治区级人才团队。

人文社会科学学院

概况

人文社会科学学院（简称“人文院”）成立于 2001 年 4 月。拥有公共管理一级学科1个。学院设行政管理、社会工作、法学3个本科专业，拥有教育经济与管理、行政管理2个硕士学位授权点和公共管理专业硕士（MPA）学位授权点。

现有教职工44人，其中在聘教授5人，副教授14人，硕士生导师14人；专任教师中具有博士学位的14人，具有硕士学位的21人。2019年毕业生294人，其中公共管理专业硕士（MPA）19人，硕士研究生13人、本科生262人；招生409人，其中公共管理专业硕士（MPA）118人，硕士研究生16人，本科生275人；在校生1 689人，其中公共管理专业硕士（MPA）354人，硕士研究生47人，本科生1 288人。

党建与思想政治工作

扎实开展“不忘初心、牢记使命”主题教育，学院党委中心组、各党支部举办读书会29次，中心组学习10次，辅导讲座2次，现场教育48次，领导班子集中学习研讨7次，支部书记参与轮训5人，确定调研课题21个，领导班子召开调研成果交流会1次，共收集问题、意见建议24个。选派32名本科生和研究生党员以及部分教师组成助力四子王旗脱贫攻坚工作，完成入户调查任务，共计走访60个建制村，331个自然村，行走6 483公里。坚持“三会一课”“两学一做”学习教育常态化制度化等制度，社会工作教研室党支部荣获精品党日活动竞赛一等奖，学院党委获得优秀组织单位，汪海玲老师获评全区高校优秀共产党员和“2018年度中国百名社工人物”，学院党委获得学校第五届师生党员知识竞赛优秀组织单位奖。

学院工会和教学管理办公室联合举办了“教师教学技能大赛”，选送教师获得校级比赛一等奖并代表学校参加自治区比赛获得二等奖。召开了学院教职工暨工会会员大会，听取了院长工作报告和工会工作报告，审议了财务报告，审议并通过了学院《专业建设行动计划》《教师教学能力提升扶持计划》。积极组织教职工参加万米接力、运动会、庆祝中华人民共和国成立70周年合唱比赛等各项文体活动。教师生病住院及时送去慰问关怀，为光荣退休的巴图老师举行了荣休仪式。

科研工作与学科建设

学院制订并实施了“人文社会科学学院专业建设行动计划”和“全院教师业务能力提升扶持计划”。开展了内蒙古自治区人民政府重大决策研究课题“内蒙古牧区现代化研究”的子课题“牧区文化振兴与治理体系研究”，获批内蒙古哲学社会科学规划重点项目1项、内蒙古高等学校科学技术研究重点项目1项，内蒙古社会科学基金一般项目各1项，学校教学改革项目1项。召开了第一届研究生学术研讨会，以“新中国成立70周年民族地区公共管理理论与实践”为主题，共征集论文31篇。启动了研究生创新基金项目的申报、立项、资助工作，有11位研究生申请的项目获批立项，项目经费总计2.2万元，已结题项目3项。学院举办了8场学术讲座。

教学工作

组织开展了第十四期、第十五期教学观摩日活动，召开了2次外聘教师培训会、3次学生代表系列座谈会。组织全院教师听评课活动，学院领导听课36学时，督导听课27学时，教研室主任听课32人次，任课教师相互听课78人次，全院共听课173人次。完成2016级364人的专业实习任务，其中集体实习的学生有201人，自主实习的学生有163人。组织进行试卷、毕业论文检查工作，共检查2018—2019学年度130门课程269套试卷、251份毕业论文。按照学校规定，学院落实青年教师导师制，制定了《人文社会科学学院青年教师导师制暂行规定》。

学生工作

加强学生党建工作，以党建促团建。开班2期4个班次共计45学时的党课培训课程，先后有132名积极分子、55名重点培养对象结业，发展预备党员22名，21名预备党员转正。开展了“大青山义务植树”“党日活动+入党初心”“党日活动+礼敬英雄”等主题党日活动。开展了“爱祖国、担大任、做新人”“懂农业、爱农村、爱农民”“青年大学习”等主题的团日活动，组织完成了2季16期“青年大学习”主题团课，建立了575份学习档案，学院的2个团小组、2个团支部、33名共青团员获得了校团委的“五·四表彰”。

多措并举促学风，齐抓共管见成效。12月21日，举办了“新心相印、人文共进”学风表彰大会，对获得国家奖学金、国家励志奖学金、取得司法考试职业资格证、优秀实践队员、优秀班集体、创新创业之星、文明宿舍、优秀学生干部、优秀学生党员进行了表彰，共有516人次获得奖励。在奖励的同时，对于考试违规违纪、学业预警学生加强管理与教育，年内，累计处理考试违纪学生11名，学业预警学生共40人，累计跟踪教育45人次。

外国语言学院

概况

外国语言学院紧紧围绕学校中心工作，各教研室、各部门共同配合完成了学校的各项工作。2019级大学英语已采用新的教学理念POA从事教学，教材新，教学理念新。2019级预转本学生实施新的教学改革，采用POA教学理念，对蒙古族学生英语水平的提高做了尝试。多语教研室现有汉语、英语、蒙古语、日语和俄语5种语言授课方式，承担学校英语、日语和俄语类多语种课程的教学。教学分为本科生和研究生2个梯度，涉及必修课、选修课和任选课3种课程形式。本科生英语、日语和俄语课程接轨高中语言学习，进行进一步提升。此外，本科生日语还开设零起点日语，满足学生学习日语的需求。学院实验室完成了“外研社 国才杯”写作、阅读初赛线上报名、名单审核、提前检查机房设备、下载比赛专用工具软件及监考工作，比赛过程中对学生提出的问题给予技术支持。完成了 iLearning 外语自主学习资源库的安装测试与使用培训工作。英语专业完成了英语专业申请学校“双一流”的申请和准备工作。学院实行领导、督导组、教研室主任深入教学一线常态化听课制度，以及教研室教师相互听课、观摩教学或示范性的听课等形式，以实现对课堂教学效果的监控和评价。

党建与思想政治工作

学院党委持续推进“两学一做”学习教育常态化制度化，党委书记带头学，带头讲，依托党校，采取面授和多媒体学习相结合的方式，分层次做好教职工党员、学生党员、重点培养对象和积极分子的思想引领工作。坚持党政联席议事制度，重大事件集体讨论，做到在职称评定、岗位聘任、评奖评优等工作公正、公开。制定了《外国语言学院教学工作量的规定》《外国语言学院教研室规章制度》等。发展学生党员 13 人，在校学生党员数为 18 人。扎实开展“不忘初心、牢记使命”主题教育，制定了《外国语言学院主题教育实施方案》《外语院主题教育活动日程安排》《外语院关于整治“贯彻落实习近平新时代中国特色社会主义思想和党中央决策部署存在突出问题”的工作方案》《中共内蒙古农业大学外语院委员会关于开展专题民主生活会的实施方案》4 项制度。学院共召开主题教育领导小组（党委扩大）学习会议 5 次，启动仪式 1 次，举办党员读书班 12 班次，辅导讲座 7 次，现场教育 14 次，受众近 300 人次，党员集中观看共和国 70 年庆典 1 次，班子召开调研会 4 次，开门纳谏人数 14 人次，梳理重点检视问题 7 个，确定落实整改题目 4 个，以解决问题的决心一以贯之。

教学工作

2019 级使用外语教育与研究出版社编写的新教材《新一代大学英语》，教材采用新的教学理念 POA，即产出导向法。为了适应新的教学理念，教研室在开课之前组织开展 2 次示范课。学院实行领导、督导组、教研室主任深入教学一线常态化听课制度，以及教研室教师相互听课、观摩教学或示范性的听课等形式，以实现对课堂教学效果的监控和评价。双语教研室组建了“考研英语串讲班”团队。学院认真统计和核实了学院在校 4 个年级学生的不及格课程及学分，所有在校生无一人达到学校、学院最低警告学分。

学生工作

学院学生工作获得集体奖 9 项，其中，自治区级 2 项、校级 7 项。学生获奖 741 人次，其中，国家级 40 人次、自治区级 290 人次、校级 411 人次；承办校级及以上大型活动 3 项；学院学生工作未发生一起重大安全事故；学院学生核心课程不及格率为 0.88%，零补考班级 9 个（上学期 4 个、下学期 5 个，不含 2015 级），学院制定上一学年学风创建 9 个模块目标，模块达标率 100%。

理学院

概况

学院组建于 2004 年 11 月，下设数学与统计学系、物理与电子科学系、化学化工系和一个实验中心。理学院在编人员 141 人，其中专任教师 124 人，实验人员 7 人，行政人员 10 人。其中教授 23 人，副教授 37 人，高级实验师 2 人；博士生导师 3 人、硕士生导师 22 人；专任教师中具有博士学位人员 36 人、硕士学位人员 67 人；具有高级专业技术职称的教师占 44%；具有国外进修及培训经历的教师 23 人。享受国务院政府特殊津贴 1 人，自治区“草原英才”1 人，自治区级教学名师 5 人，自治区高校优秀教师 2 人；校级教学名师 3 人，教坛新秀 6 人。新进专任教师 5 人。在职攻读博士学位 5 人。

党建与思想政治工作

现有教工党支部 3 个，教工党员 87 人，学生党支部 1 个，学生党员 37 人。年内，邀请动物科学学院教授李金泉、兽医学院教授呼和巴特尔为学生党员、入党积极分子及学生干部作了专题报告；组织全体党员观看电影《决胜时刻》、专题节目《榜样 4》；开展党员读书交流、志愿服务活动；参访察哈尔盟第一党支部革命纪念馆、塞罕坝机械林场展览馆、察哈尔革命纪念馆、内蒙古最早的党支部老牛坡村党支部等；组织排练红歌；选派 3 位支部书记参加了学校培训；化学化工党支部“读书分享会”党日活动被评为精品党日活动；苏金梅同志被评为全区优秀共产党员，其事迹视频被“学习强国—内蒙古学习平台”收录。全年培训入党积极分子 66 人；重点培养对象 25 人，其中，教工 1 人；发展党员 23 人，按期转正 14 人。足额按时收取党费，完成党费收缴工作。

做好“不忘初心、牢记使命”主题教育，学院党委召开启动会 1 次、推进会 1 次；组织中心组学习 7 次，举办读书班 1 次，进行现场教育 2 次；深入基层一线单位 8 个，访谈师生员工 123 人次，共收集问题和意见建议 26 个；确定重点课题 5 个，领导班子交流研讨调研成果 4 次，形成对策成果 1 个；已解决问题 3 个，其他问题和意见建议责任到人，正在分项落实。

学科建设

学院现有博士点 1 个、硕士点 3 个。2019 年新录取博士 1 人、硕士 8 人，累计博士 4 人、硕士 21 人。编写了硕士博士点的培养方案及教学大纲，组织研究生研讨会 2 场。9 月，组织新生与导师座谈会，召开入学教育大会，举办研究生学术道德和科研作风讲座。完成了各类奖学金评选工作，共有 20 名研究生获得资助。学院已完成 2017 级 5 名研究生的中期考核和开题工作。

教学工作

全年承担全校专本硕、预科等各层次共 2 000 多个班次、约 4.5 万学时教学任务，34 万余人时数实验教学任务。完成听课 316 人次，向学生收集课堂情况调查表 809 份。完成 653 本试卷、147 本毕业论文的自查、系查和普查；完成 2015 级学生毕业论文指导工作及 2016 级学生实习实训工作。

开展“精彩一课”集体备课活动 8 次；实验室安全培训讲座 2 次；教科研专题讲座 5 场；与内蒙古自治区统计局建立实习实践基地；启动了 2020 年人才培养方案的修订工作；在一流本科专业建设方面，应用统计学、应用化学、电子科学与技术 3 个专业均已申报校级一流本科专业建设；电子科学与技术专业继续进行工科专业认证的申报工作；已成功申报自治区级线上线下混合一流本科课程 1 门，社会实践一流本科课程 1 门。

科研工作

申报科研项目 48 人次，获批 14 项，其中，国家自然科学基金项目 1 项，内蒙古自治区自然科学基金项目 5 项，内蒙古自治区高校研究项目 1 项，内蒙古自治区高等学校“青年科技英才”支持计划基金项目 1 项，内蒙古农业大学基础基金项目 3 项，内蒙古农业大学高层次引进人才项目 3 项。目前，学院有各类在研项目 56 项，其中国家自然科学基金 5 项，内蒙古自治区自然科学基金 16 项，在研项目总经费 677 余万元。发表科研论文 57 篇，其中 SCI 收录 29 篇，EI 收录 4 篇，中文核心期刊上发表 24 篇，发表教研论文 7 篇；国家发明专利 3 项；出版专著 2 部。邀请专家教授为师生作了多场学术报告。

学生工作

学院把“第二课堂”教育活动作为学生工作的主线，围绕学风建设，促进学生成长成才。开展“英语四六级共学计划”，使四六级通过率从 37%提升至 52%；与职慧公益组织合作开展大学生职业素养培训 8 场；开展党团课 20 次；组织新生举行校纪校规教育 1 场，法制安全消防安全教育 1 场，校史及专业思想教育 4 场，适应性教育 1 场，青春健康知识讲座 2 场；举办心育委员培训班 6 次，开展心理健康讲座 1 次；主办承办校级活动 8 个，自治区级活动 1 个。获美国大学生数学建模竞赛优秀奖 1 项；获第九届全国大学生市场调查与分析大赛国赛一等奖 2 组；获全国大学生统计建模大赛国赛二等奖 1 组；获东方红农机装备大赛国赛二等奖 1 组；获第十一届全国大学生数学竞赛（非数学专业组）自治区二等奖 1 组、三等奖 5 组；获 2019“高教社杯”全国大学生数学建模竞赛赛区一等奖 2 组，二等奖 2 组，三等奖 5 组；获“挑战杯课外学术科技作品大赛”自治区级二等奖1个；应用统计学专业学生获校大学生科技创新基金项目1项。2019届毕业生一次性就业率为75%，其中考研率14.5%。

意识形态工作和维护稳定与综合治理工作

学院党委严格落实《意识形态工作责任清单》《意识形态责任制管理办法》《网络意识形态责任清单》和《舆情应急处置预案》等文件精神。召开意识形态建设工作会议，布置了意识形态工作责任制，组织自查，规范学院信息发布和舆论引导，责任到人。正确引领广大教职工和学生，按照“公开言论守纪律，课堂教学守规矩”的要求，严格规范师生员工的言行。邀请自治区党委宣传部舆情信息处李志处长，为全体教职工和部分学生党员作了题为“新时代背景下做好意识形态工作的思考”讲座。排查学院师生宗教信仰情况，核定3名回族学生信教，建立台账，指定专人负责信教学生的跟踪教育。

学院始终把维护稳定和综合治理作为常规工作的重中之重，注重防控、检查，对实验室、机房、办公室等实行责任制管理，有相应的管理制度，与学校协调对实验室废液进行统一处理；严格值班制度，配合有关部门做好防火安全检查，对水、电等经常进行隐患排查；举办消防安全知识、禁毒、艾滋病防治等讲座；加强对学生宿舍的安全管理，严查违禁用品，每周检查，发现问题及时通报、整改。学院全年无失火、失盗等安全事故和责任事故。多年获得综合治理先进单位。严格考试流程，由教学副院长负责，各系主任亲自组织试卷命题、检查、存放、评审等环节，确保试题安全及评判公正。期末考试工作响应机制完善，有预案。关注学生心理健康，每月进行危机排查，全年未发生此类恶性事件。

工会工作

学院党委高度重视工会工作，党委书记分管工会。工会主席能够参与学院各项重要议事日程，在学院发展、教职工考核、评聘中提供意见和建议。完成了工会换届工作，继续推进“教工之家”建设；组织召开学院教代会。组织周末烘焙体验、迎新年红歌会等活动；举办青年教师说课比赛；组织参加自治区高校青年教师技能比赛；邀请专业机构做安全知识讲座和健康知识讲座；组织举办第二届师生乒乓球联谊赛；组织师生足球友谊赛。获万米接力赛三等奖、运动会教工组第七名、五人制足球赛第七名、乒羽杯第三名。开展帮困送温暖，全年慰问生病住院、产假等职工6人次；博爱一日捐募款1.7万元。按时收取工会会费。

能源与交通工程学院

概况

学院成立于2008年11月，主要由交通运输工程、林业工程2个一级学科组成。学院设森林工程、新能源科学与工程、道路桥梁与渡河工程、交通工程、交通运输5个本科专业，其中，森林工程专业和交通运输专业为内蒙古自治区品牌专业。拥有森林工程、林业工程和建筑与土木工程硕士学位授权点、森林工程博士学位授权点、林业工程博士后流动站。学院现有30个专业实验室。

现有教职工53人，其中专任教师45人。专任教师中，教授9人、副教授12人，博硕士生导师7人，硕士以上学历教师43人。毕业生271人，其中研究生10人（博士生1人、硕士生9人），本科生261人。招生302人，其中研究生21人（博士生2人、硕士生19人），本科生281人。在校生1 147人，其中，研究生64人（博士生5人、硕士生59人），本科生1 083人。

党建与思想政治工作

学院党委共有4个党支部，其中教工党支部2个、学生党支部2个。党员117人，其中教职工党员41人，学生党员76人，入党积极分子84人，重点培养对象72人。发展党员41人。

主题学习教育成效显著，完成7次专题党课讲授；开展多种形式的主题党日活动，各党支部分别开展了“党旗下的庄严承诺”“踏寻革命先辈红色足迹”“科技兴国，使命在肩”“爱我中华，把青春的绿洲梦想写在沙漠上”主题党日活动。举办了“不忘初心，牢记使命，创造有价值的人生”“新时代中国特色社会主义理论”系列专题辅导讲座5场，组织观看《不忘初心　继续前进》之《人民至上》《攻坚克难》等7部专题片，共12场。开展了“共产党员真正的初心是什么样子的”“共产主义信仰对我们的考验”“共产党员面对诸多考验的抉择”专题论坛。

制定了教师党支部书记“双带头人”培育实施方案。着力把教师党支部书记队伍建设成为党建和业务双融合、双促进的中坚骨干力量，着力把教师党支部建设成为学院的坚强战斗堡垒。实施了“教职工线上线下学习交流”制度。打造“课程思政”优品课程。12月上旬学院举办首届“课程思政”比赛。出台了大学生党建“三项联创”实施办法，启动了“青马工程”“育种工程”“牵手工程”，加强了“互联网+党建”网上服务互动，使党支部、党员、入党积极分子有机衔接，各项工作相互联系、联合推进。创建了“大学生导师”工作平台。出台了《大学生日常教育管理大纲》。

党建与中心工作有机融合，“课程思政”与“立德树人”相结合，分层次教育管理与学生教育成长规律相结合，教师党支部书记党务工作能力培养与教学科研能力提高相结合，加强师德师风建设与提升教学水平、推进学科发展相结合，形成了立体的育人氛围。强化基层导向，将《新时代高校党建“双创”工作重点任务》植入学院各党支部工作中，把从严教育管理监督党员落到支部，把群众工作落到支部，切实履行好党支部组织师生、宣传师生、凝聚师生、服务师生的职责。

学科建设

围绕学科方向，成立了“林草区交通规划与安全”“林业新能源装备”“森林资源开发与环境”“生态道路结构与材料”4个科研教学团队，并制定了《能源与交通工程学院科研教学团队考核办法》。设立科研资助等专项基金，以学术研究带动人才培养；鼓励教师参加各类学术会议，加强学术交流；注重青年教师的培养，编入学科团队；新增研究生导师2名，导师队伍梯队结构趋于合理。学院出台了《申请研究生学位业绩成果基本要求》，注重加强研究生培养过程的管理，严把毕业出口关；研究生初次就业率为70%，全校排位第四名；研究生共发表科技论文12篇，其中核心期刊论文8篇；获发明专利2项；获计算机软件著作权2项。

教学工作

申请11门校级示范课程，3门课程已通过学校验收，为下一步申报国家级和省级一流本科课程奠定基础；聘请企业工程技术人员讲解实践性强的知识章节6门次，共14学时，聘请行业客座教授7人。获批教育部“产学合作协同育人”项目4项：“教师信息化技术及汽车相关课程提升培训”师资培训项目、“基于‘全真模拟’道桥专业工程检测”实践基地建设项目、“基于虚拟现实技术的道路桥梁与渡河工程专业”教学研究项目、“综合智能交通虚拟仿真与实训”实践基地建设项目。学院目前累计获批教育部“产学合作协同育人”项目10项。依托海流图校内实训基地，继续实行“全真”工程现场模拟实践教学模式，加强学生和青年教师实践能力培养；新能源科学与工程专业，采取岗前培训—实习—就业联动实践教学模式，近5年共有169人获得上岗资格证，提升了学生的就业质量；加强了实践教学基地建设，新增实践教学基地5个，完成了所缺少的实验、实习指导书编写；完善了海流图校内实训基地建设工作。实验室开放投入建设经费15万元，开放实验项目为39个。开放实验室项目分为4类：教师项目引导型——教师申请、设定；实验室课题引导型——实验室设定、学生预约选做；学生课题引导型——学生申请、自行拟定；课内实验补充型——选做课内没有掌握的实验。目前受益学生105名。学生创新能力得以加强，获得国家级竞赛奖项40人次、自治区级奖项18人次。

获批自治区“十三五”规划教改项目5项，校级教改项目2项；新增校级虚拟仿真实践教学项目1项；新增校级示范课程6门，校级在线开放课程立项2项。针对道路桥梁与渡河工程专业，与中交四公局初步达成订单式培养协议；针对交通工程专业，与海信公司初步达成实行联合培养协议。先后制定和出台了《能源与交通工程学院本科教学管理制度汇编》和《能源与交通工程学院实验室管理规章制度汇编》。学院对青年教师培养工作高度重视，制定和出台了学院《青年教师教学技能大赛奖励办法（试行）》《青年教师教学研究项目管理办法》。

科研工作

组织申报内蒙古自治区关键技术攻关计划项目2项、国家自然科学基金项目19项、内蒙古自治区自然科学基金项目14项；获批内蒙古自然科学基金项目4项；利用学院学科研究方向与行业需求结合紧密的特点，以横向课题为切入点，与社会服务相搭接，承担横向课题3项；积极推进社会服务工作，完成华润电力投资有限公司中西分公司新能源运维教材编制项目，并进行员工培训100余人次。

全年，获批内蒙古自然科学基金4项，其中面上项目3项，博士基金1项；获得自治区教育厅自然科学一般项目资助1项；纵向项目总经费30万元；获批横向科研项目3项，总经费30万元。

学生工作

针对不及格率高的年级、班级和受学业警告学生、留降级学生、心理问题严重学生、违纪学生，学院开展“牵手工程”大联合行动进行结对帮扶。开展“优良学风班集体创建”活动。学生管理工作从5个环节下功夫，落实《学院抓学风促学业工作实施方案》，教师使用平时成绩管理系统，每周公布学生上课出勤情况，出勤率从2017年秋季的90.09%逐步升高至2019年秋季的96.75%。针对家庭生活困难学生开展了“志不立，天下无可成之事”系列大讨论；针对受处分学生开展了“求诸己，改过自新”主题系列教育；针对安全、法治观念淡漠问题举办了“珍爱生命，安全第一”主题安全教育月和“法制、安全宣传月”活动。13名学业困难学生取得较大进步，6名心理问题严重的学生顺利毕业；4名违纪学生通过努力解除了处分；2名“双困”学生顺利就业；无学生因家庭经济困难辍学；受学业警告的学生由2018年的21人降到2019年的11人，留降级学生由2018年的8人降到7人；连续多年学生中没有发生重大事故。举行了专场招聘会11次、优秀校友专题报告2场，邀请40余家单位来校招聘，提供了1 000多个就业岗位。本科生就业率由2018年的62.09%提高到2019年的70.08%

出台了学院《学生党建“三项联创”实施办法》。落实“青马工程”，着力培养一批优秀“青年马克思主义者”。60名学生接受党组织的系列教育和党内生活的锻炼，深入班级大力宣传习近平新时代中国特色社会主义，撰写优秀心得150余篇；落实“育种工程”，选拔优秀集体5个、优秀个人32名进行培育；落实“牵手工程”，14名党员结对42名同学补习高等数学、英语，76.2%的受帮同学考试过关。落实《高校党建“双创”工作重点任务》。制定《能源与交通工程学院团支部工作指导手册（试行）》，举办支部书记培训2期，以“班级主题团日活动”为抓手，开展星级团支部创建，评出星级优秀团支部9个、优秀活动案例15个。抓“青年大学习”线上线下教育不放松，要求党团员到“学习强国”App中学习，定期公布班级学习结果。打造“智慧团建”“到梦空间”“迷彩能源”系统，深入宣传习近平中国特色社会主义思想，宣传祖国70年的辉煌成就。承办了学校“爱祖国、担大任、做新人”朗诵大赛。开展了“把青春的绿洲梦想写在毛乌素沙漠上”主题实践活动，结合学院专业优势，帮助企业实现了专业服务的有效对接，学院荣获校2019年社会实践优秀组织单位。艺术团表演的“难忘国耻”获校“金马杯”文艺汇演三等奖；微电影赛、辩论赛，展示出学生多彩的追梦情怀；大三学生“学霸来了”活动，给新生班级传递了学习好方法；“致良知—我要播种”社团的一篇篇“家书传递”，展现了学生日常学习生活的正能量。

组织学生参加各级各类专业技能竞赛，成立学生创新创业协会，加强日常创新创业工作运行，累计投入经费近8万元；鼓励学生申报大学生科技创新基金项目，共资助了2个学生科技创新团队。在第十届全国“斯维尔杯”建筑信息模型（BIM）应用大赛荣获工程管理专项一等奖，全能奖三等奖；在“运星杯”第四届全国高校智能交通创新与创业大赛荣获三等奖；在第二届全国大学生可再生能源科技竞赛荣获三等奖；在学校数学建模大赛荣获二等奖；在学校第十一届“挑战杯”大学生课外学术科技作品竞赛荣获二等奖、三等奖和优秀奖。本年度内获各级奖项学生人数达120人次。

重要事件

1. 在教学管理办公室、督导组等及全体教职员工的共同努力下，2019年春季和秋季两个学期，期中教学检查均获工科组第一名。

2. 吕贞老师在学校第十二届青年教师技能大赛中，荣获第一名（一等奖），并代表学校参加第十一届内蒙古自治区高校青年教师教学技能比赛，荣获工科组二等奖；白建光、郭根胜、万大千老师获批教育部“产学合作协同育人”项目。

3. 高明星老师负责的“土质学与土力学”、梁晓辉老师负责的“交通运输组织学”荣获自治区线上线下混合式课程；解松芳、闫彩霞、张捷、白建光、陈松利老师获批自治区教育科学“十三五”规划立项课题。

4. 陈松利、王海晓、胡江三和王海超老师获批内蒙古自然科学基金；承担横向课题10余项；完成新能源运维教材编制项目，并进行员工培训100余人次。

5. 工会坚持“立足教育，围绕中心，创造特色，服务教工”的原则，荣获道德风尚奖，连续6年被学校评为优秀和模范教职工之家。5年被学校评为“综合治理先进单位”，圆满完成了全年的各项综合治理责任目标。

体育教学部

概况

体育教学部下设党政办公室、体育教研室、教学管理办公室、竞训管理中心、康体中心、场馆科和《国家学生体质健康标准》测试中心7个科级机构。共有教职工55人，其中专任教师45人（具有正高级职称5人，副高级职称21人，中级职称13人，初级职称6人），行政和教辅人员10人。体育教学部承担着全校本、专科体育教学、课外体育活动、群体竞赛、健康指导以及高水平运动队的建设等工作，圆满完成年初制定的各项工作目标。

党建工作

推进“两学一做”学习教育常态化制度化，认真开展“不忘初心、牢记使命”主题教育，领导干部带头学习、讲党课，班子成员讲党课3次，全年开展中心组学习10次，现场学习3次，教师、党员等不同层次研讨3次、观影3次。现有党员34人，其中教师党员25人，科室负责人中党员干部6人，预备党员1人；积极分子1人。5月，党总支改选两个党支部组织机构，完成了所有党员的党内统计工作，落实党务公开，组织党支部书记、党务干部、预备党员参加学校组织的党务知识培训学习。加强作风建设，加强体育课堂思政与体育教学的融合，加强师德师风建设，加强对运动员的管理。认真执行中央八项规定，严肃“四风”问题。成立“有学生参加的党员志愿者服务队”，在承办赛事、急、难、险、重工作中发挥了重要作用。

意识形态工作

认真落实意识形态工作责任制，重视稳定与综合治理工作。坚持把意识形态、维护稳定创建文明校园与综合治理、网络安全与防火、防盗等都列入重点工作，层层签订责任状，明确职责；按照“内蒙古农业大学意识形态管理办法及责任清单”落实意识形态责任制，制定了本单位的意识形态工作责任清单，责任到人。组织教职工和党员进行主题教育、宗教知识、扫黑除恶知识答卷，认真落实学校关于宗教工作方面的方针政策，检视自身存在的问题，教育广大教职工严防各种不良思潮的渗透，提高政治敏锐性。

综合治理工作

按照“一岗双责”要求，按照“谁主管、谁负责”的原则，在与学校签订责任状的基础上，分别与各科室负责人签订责任状，明确责任。坚持寒暑假轮休制度，严格执行节假日值班带班制度，班子成员经常深入场馆检查“四防”（防火、防水、防爆、防盗）及体育设施的安全情况，加强体育场馆的日常管理，全年未发生不稳定事件，未发生火情。11月，更换西区操场和文体馆监控系统。

工会工作

积极发挥工会作用，利用重大节假日开展健康向上、丰富多彩的各种活动来加强内部团结，增强凝聚力；在福利发放、教职工体检、爱心捐助、技能大赛、知识讲座及“教工之家”建设等方面做了很多工作；在参加学校组织的文体活动中取得了优异成绩并起到了示范带动作用；在病、困教职工及退休教职工帮扶慰问献爱心等方面做了很多“暖心”有益的工作。

办公室工作

党政办公室结合工作实际，认真履行工作职责，加强与其他部门的协调与沟通，做到行政后勤、手续管理、会议管理、大事记管理、档案管理及公章管理等工作的清晰明确，严格规范；做到收发文件的准确及时，并对领导批示的公文做到了及时处理，不拖拉；做到办公耗材管控及办公设备维护、保养、日常行政业务结算和报销等工作的正常有序；配合学校招生就业处完成高水平运动队招生的准备筹划、网上公示信息统计；完成 2018 年内蒙古自治区大学生篮球锦标赛暨第 21 届中国大学生篮球三级联赛（2019 年 1 月）的承办工作，完成 2018—2019 阿迪达斯全国青少年校园足球联赛大学男子校园组总决赛承办工作，完成 2019 年内蒙古自治区大学生篮球锦标赛暨第 22 届中国大学生篮球二级联赛（内蒙古赛区）比赛的承办工作。

教学工作

完成全校 23 门体育公共基础课共 810 个课程班的教学任务制定、下达工作；组织教师按照学校期末考试文件的要求进行成绩登录、教师成绩档案收集汇总、教师成绩分析、例行组织符合补考条件的学生进行体育补考，并上报学生补考成绩。全年无教学事故发生。按时落实全校新生 206 个课程班共计 6 000 名学生的教材征订工作；认真学习《教育部专家组审核评估报告》《本科教学工作审核评估专家反馈意见》的文件精神，深入贯彻和落实体育教学部制定的《体育教学部本科教学审核评估整改方案》中规定的整改任务，深入各课程组与教师代表进行座谈和学生问卷调查，修订现行的体育课堂教学质量评价指标体系和体育教师师德师风评价指标体系。

教研室工作

继续落实基础预科班学生体育课以民族传统课程搏克和足球、排球为主的教学计划。落实教学用具的配备与补充计划。配合教学管理办公室进行教师工作常态化检查，对教学情况进行反馈、统计、整理，每学期每位教师听 5～6 位教师的课，组织指导教师和部里评审专家开展新进教师以及新开课程听评课教研活动。完成约 779 个教学班，共计约 24 928 课时，其中基础体育 4 个班，保健课 6 个班。2019 年 9 月重新修订了教学大纲。对 2019 年新进 3 名教师进行第一阶段导师制培养，对 2018 年 3 名新进教师进行导师制第二阶段培养。春季学期对 2018 年新进 3 位青年教师进行教学观摩听评课。按照年度计划，共派出 10 位教师参加了 12 个内容的培训学习。选派 2 名教师参加学校工会举办的青年教师说课大赛，分别获得一等奖和三等奖。进行教学研究活动 14 次。组织第五十四届运动会开幕式表演工作，表演由体育教学部 5 位教师承担，共计 55 个教学班，约 1 000 名学生。

群众体育工作

认真落实“健康第一”的指导思想，康体中心以学年为单位，紧密结合体育教学内容，面向全体学生制定群体工作计划来开展活动，让尽可能多的农大学子走下网络、走出宿舍、走向操场，加入体育活动中来。全年组织学生群体活动10项，参加人数为8 000余人。

《国家学生体质健康标准》测试工作

全年累计完成测试4万余人，毕业审核6 077名学生，并为815名毕（结）业生进行补测试；协助19个学院对9 341名学生的免推研究生体测成绩审核。举办7次“体测规范操作”培训，累计培训751人次；维护测试仪器8次，累计133台套。为316名学生办理免测试，包括兵役免测和因病免测；处理测试违纪8人；为2019级206个教学班的新生制作、发放体质测试卡6 099张，回收毕业生体测卡4 500张。2019年我校学生进行《国家学生体质健康标准》测试24 218人，参测率96.67%，合格率91.45%（其中优秀率0.98%、良好率13.11%、免测试率1.59%），不及格率6.81%，未测试率1.74%，免测率1.59%；毕业生毕业率94.37%。完成国家学生体质与健康调研和《国家学生体质健康标准》抽查复核工作，调研样本是学校15个学院的2 600余名学生。学生体育协会2019年在会人数142人，协助体测中心完成全校学生体质测试4万余人，全年辅助体测工作累计81天、214个班次、3 171人次；协办各类体育赛事7项，累计420人次参与；在会内评选出优秀社团工作者69名；为会内成员申请综合测评加分2次、共计279人；全年为279人申请勤工助学补助39 372元；2019年测试中心协助自治区教育厅拟发学生体质健康方面文件4个，参加教育部培训2次。负责建设“内蒙古自治区学生体质健康监测数据管理平台”，承办该平台启用培训班，培训来自12个盟市103个旗县区和50余所高校的200余名数据管理员。对全区各级各类学校的《国家学生体质健康标准》测试与数据上报工作进行技术指导和数据审核，完成自治区2 800余所大、中、小学校的《国家学生体质健康标准》测试数据审核、报送工作。

竞训工作

竞训管理中心协助完成了审核评估工作，学校共有16支运动队，分别为男子篮球队（超级组）、男子篮球队（校园组）、女子篮球队（超级组）、女子篮球队（校园组）、田径队（超级组）、田径队（校园组）、男子足球队（超级组）、男子足球队（校园组）、女子足球队（超级组）、女子足球队（校园组）、男子排球队、女子排球队、网球队、搏克队（摔跤队）、健美操队、射箭队顺利完成日常训练任务，并取得了以下成绩。

2019 年内蒙古农业大学运动竞赛成绩一览表

比赛名称	名次及奖项	时间（年. 月. 日）	地点	奖励级别
2019 年内蒙古自治区大学生篮球锦标赛暨第 22 届 CUBA 中国大学生篮球一级联赛内蒙古赛区	超级组男篮第五名	2019. 11. 12	内蒙古师范大学	省级
2019 年内蒙古自治区大学生篮球锦标赛暨第 22 届 CUBA 中国大学生篮球一级联赛内蒙古赛区	超级组女篮第二名	2019. 11. 12	内蒙古师范大学	省级
2019 年内蒙古自治区大学生篮球锦标赛暨第 22 届 CUBA 中国大学生篮球二级联赛内蒙古赛区	校园组男篮第一名	2019. 11. 12	内蒙古农业大学	省级
2018—2019 阿迪达斯全国青少年校园足球联赛大学男子校园组西北赛区决赛	男子校园组第三名	2019. 05. 15	内蒙古师范大学	省级
2018—2019 阿迪达斯全国青少年校园足球联赛大学男子校园组总决赛	男子校园组第四名	2019. 06. 15	内蒙古农业大学	国家级
2019 年中国大学生网球锦标赛华北区分区赛	男团亚军	2019. 05. 26	北京化工大学	省级
2019 年第二十四届中国大学生网球锦标赛总决赛	男团第五名	2019. 07. 26	西南大学	国家级
包头国际马拉松邀请赛	史立莹以 2 小时 49 分 25 秒夺得女子组冠军	2019. 08. 18	内蒙古包头	国际级
成都国际马拉松	史立莹以 2 小时 36 分 41 秒夺得国内女子组冠军	2019. 10. 27	四川成都	国际级
北京国际马拉松暨 2019 全国马拉松冠军赛	史立莹以 2 小时 32 分 27 秒夺得全国马拉松女子冠军、北京马拉松国际第六名	2019. 11. 03	北京	国际级

场地管理工作

春、秋季学期开学前一周检查维修了体育馆、西校区、东校区、南校区的所有体育设施，并更换损坏器材。2019 年秋季体育馆更换 3 套防火门，更换西校区体育场馆监控设备。全年完成学校各种形式的文艺演出、开学典礼、毕业典礼、表彰会、报告会、学校运动会、军训、体育赛事等 103 次，占用场馆达 218 天。其中各学院举办体育赛事、课外活动等占用体育场 66 次，134 天。在保证完成学校用场馆、教学训练用场馆的基础上，充分利用业余时间和节假日时间全年共创收 776 656.5 元，其中门票收入 618 256.5 元，场馆租赁收入 89 400 元，工会收入 54 000 元，冰场门票收入 15 000 元（2018 年 12 月至 2019 年 1 月）。体育场馆及设施全年没有发生任何事故。

马克思主义学院

概况

学院有马克思主义基本原理、思想政治教育、马克思主义中国化研究 3 个二级学科组成的马克思主义理论一级学科硕士授权点 1 个，设有马克思主义原理教研室、当代马克思主义教研室、中国近现代史教研室、德育教研室、民族理论与民族政策教研室、形势与政策教研室、蒙古语授课教研室和文化素质教育中心等教学实体及图书资料室、综合机房、研究生活动室和“一带一路”研究室等教辅机构。

学院现有教职工 56 人，其中专任教师 52 人。专任教师中，教授 5 人，副教授 16 人，博士、硕士生导师 7 人，硕士以上学历教师 40 人。毕业硕士研究生 8 人，录取研究生 12 人。在校研究生 39 人。

党建与思想政治工作

学院党总支共有 7 个支部，其中教工党支部 5 个、学生党支部 2 个。党员 53 人，其中教职工党员 41 人，学生党员 12 人。

深入学习党的十九大精神、习近平新时代中国特色社会主义思想，增强“四个意识”，始终把践行“两个维护”作为最重要的政治大局，能够旗帜鲜明地讲政治。认真执行中央八项规定，严肃“四风”问题。着力为师生解决实际问题，在办公条件改善、平台建设、科研立项、教改立项、职称评审、科级干部聘任、网页改版等方面都取得了实质性进展。落实党风廉政建设主体责任，认真贯彻执行党政联席会议、教授委员会等制度。

严格落实“三会一课”制度，调整了党支部书记，健全了党支部组织机构；制定了教工党支部考核实施细则，与津贴分配和评奖评优结合，进一步规范了支部建设和运行，激发了教工党支部的活力和工作积极性。开展了“70 分钟讲党课庆祝祖国 70 周年”系列党日活动和“用奋斗点亮青春”贺祖国 70 华诞思政课拓展实践报告会等系列活动。助力精准扶贫，开展了“昆都仑村走访慰问困难群众”党日活动。成立了研究生党员宣讲团，学生自行设计党课讲稿 6 讲。全年发展党员 5 名。

召开学习贯彻全国学校思想政治理论课教师座谈会精神研讨会，4 月 25 日，时任自治区党委书记李纪恒深入学院考察，进一步要求学院落实好“6 个素养要求”。杨申扎布受邀做客内蒙古文化频道《世纪对话》栏目，阐述了“思政理论课程”与“专业课程”的区别与联系。建立每周行政例会制度，整体工作作风得到有效改善。7 月 7—14 日，开展了以“不忘初心，追忆革命历史；牢记使命，接受红色教育”为主题的暑期社会实践考察活动。深入学习宣传十九届四中全会精神，成立了马克思主义学院宣讲团，全校宣讲18场，组织召开了“马克思主义学院成立十周年暨学习党的十九届四中全会精神座谈会”。

严格落实意识形态工作领导责任“一岗双责”，与班子成员签订了意识形态和安全稳定工作责任状，对宗教信仰等情况进行摸底，协调推进统一战线工作，选派党外人士学术交流3人次。坚持实行师德一票否决制度。思政课教师听取了关于“中美贸易摩擦”等讲座3场。

扎实开展了“不忘初心，牢记使命”主题教育。召开主题教育工作推进会4次、领导班子学习会4次、专题研讨会2次，编印了学院重要讲话和重要文件汇编2册；召开了“东北之行”暑期社会实践考察报告会，制作了考察视频，编印了交流文集。深入抓调查研究，开展了“加强学院基层党组织建设、关于学科建设和科研工作、关于思想政治理论课教学质量”3个方面调研，完成了调研报告，开展了调研报告成果交流会。3位院领导均完成了讲党课任务。深入抓问题检视，以支部为单位，通过访谈、座谈、开门纳谏意见建议共21条，完成了主题教育问题意见汇总，领导班子和个人完成了问题检视清单，制定了整改台账，严格对照“十八个是否”，召开了对照党章党规找差距专题会议。12月2—6日，学院召开了领导班子专题民主生活会和各党支部组织生活会。深入抓整改落实，对需要长期坚持整改的13个问题，正在有序推进。11月5日，学院代表在全校工作推进会上作了典型交流发言。

重新改选了学院工会委员，组织参加校园万米接力赛、校运动会、五人制足球赛和庆祝中华人民共和国成立70周年红歌比赛等活动。组织看望慰问生病住院和其他困难的教职工以及退休教师5人次，支出0.35万元。新增办公用房174平方米，重新装修了办公用房，购置了18套办公桌椅和书柜，为教职工配置了净水器。配置笔记本电脑6台，学院的办公条件进一步改善。

学科建设

研究制订了一级学科培养方案，开始按照一级学科方案培养研究生。加强了过程管理，制定了《关于进一步加强研究生学位论文中期考核的规定》《关于研究生开题报告的要求》等具体规定。调整了学科主任，召开学科建设研讨会2次。明确了各二级学科方向负责人，增强了学科的凝聚力，完成了研究生招生工作，招收研究生12人。完成了2019届研究生毕业论文答辩工作，共有8名学生通过毕业论文答辩。加强导师队伍建设，新增硕士生导师1人。制定了第五轮学科评估方案，完成了学科评估的准备工作。

教学工作

落实全校思政理论课和素质教育课教学任务，全年开课611门次，授课总学时22 384学时，专任教师人均授课427学时。举办集体备课等各类活动31次，各类听课共计109人次。

承担学校思政人文类重大教改项目1项，设立学院教学改革专项课题8项，有效调动了教师从事教学研究的积极性。“中国特色社会主义理论与实践”和“中国马克思主义与当代”课程申报了学校研究生课程建设项目。各教研室制定了符合所承担课程实际的《实践教学实施方案》，并将其落实到了具体教学实践中。德育教研室的“中班教学，小班讨论”教学改革效果不断提升、改革成果进一步巩固，以使用“雨课堂”授课软件为内容的教学手段改革在稳步推进中。文化素质教育教学改革也在积极探索和稳步推进中。

2019年度杨慧敏指导的作品荣获第三届我心中的思政课全国高校大学生微电影展示活动优秀奖；包斯日古楞荣获全区第七届民族教育优秀科研成果一等奖；包那日苏荣获全区高校思政课程和课程思政教学技能大赛思政课组三等奖；梁红兰荣获内蒙古农业大学第十二届学校教师教学技能大赛二等奖；刘公永和包那日苏荣获内蒙古农业大学第十二届学校教师教学技能大赛优秀奖。

组织召开了学院督导工作会，落实了督导工作任务，督导听课72门次。组织完成了试卷检查工作。全年共检查试卷2万多份。学院领导听课共计54门次。组织完成了全年全校人文素质选修课和跨专业选修课的教学任务共58门课程。

科研工作

全年获批教育部示范马克思主义学院与优秀教学科研团队“西部地区高校思想政治理论课教学创新研究”项目1项，获批自治区教育厅项目2项，获批教育厅标准马克思主义学院建设项目和内蒙古高校社会主义意识形态研究基地（培育）1个。设立了“马克思主义研究专项课题”（年均资助5项，每项经费2万元）。

学生工作

通过导师、辅导员、班主任以及研究生党支部的大量工作实现。学院对研究生进行了科学道德与学风建设教育，各类评优、评奖坚持标准，实现激励导向。

国际教育学院

概况

国际教育学院成立于2004年，主要负责学校的中外合作办学出国项目和留学生教育。2005年开始招收中外合作办学出国项目学生，截至2019年年底已有260名学生赴加拿大阿尔伯塔大学、加拿大曼尼托巴大学、加拿大萨斯喀彻温大学和新西兰梅西大学完成后两年的学业，毕业学生160名，其中48名学生继续在加拿大、美国和澳大利亚的大学攻读硕士和博士学位。学院自2006年“内蒙古自治区政府奖学金”项目实施起，开始招收来华留学生。目前，学院有留学生154名，其中博士25名，硕士79名，本科生50名，其中135名留学生享受中国政府奖学金资助，19名留学生享受内蒙古政府奖学金资助。正式在编教职工7人，“2+2”学生辅导员1人。

党建与思想政治工作

全年发展党员2名，具备了成立党支部的条件，教职工党员达到5人。扎实开展“不忘初心、牢记使命”主题教育，集中学习9次，参观红色教育基地2次，以“高等教育国际化”为题开展集中研讨2次，召开民主生活会1次。

教学工作

教学工作以提高中外合作办学出国项目质量和学生英语语言考试成绩为主，重点抓英语教学工作。本年度共引进1门课程，邀请新西兰梅西大学金融系廖静老师为2017级学生讲授“金融学基础”。院领导和院聘督导共听课27次，召开学生座谈会4次。成立院级督导组，聘请2位督导，认真履职，定期听课。完成了2020版人才培养方案的修订工作。

学生工作

学院学生工作紧紧围绕中心工作，坚持教育领先，管理从严，服务到位的原则，大力推进素质教育和创新教育，努力提高人才培养质量。着力开展特色学生活动，安排了系列入学教育活动，参与消防安全演练、开展人身安全和网络安全专题教育活动。组织安排了英语词汇大赛，由担任班主任的英语听力教师亲自设计题型，效果突出，激发了学生学习词汇的兴趣。学院精心组织了2017级学生出国及转学院学生欢送会等。

重要事件

1. 21名学生完成申请出国学习。其中10名学生获得了阿尔伯塔大学的录取通知书，11名学生获得了梅西大学的录取通知书。1名同学获得语言成绩优异奖学金。

2. 招收中外合作办学“2+2”项目生12名。

3. 12名“2+2”项目学生顺利完成国外学业，其中6名同学毕业于阿尔伯塔大学，6名毕业于梅西大学，颁发了内蒙古农业大学毕业证和学位证。

4. 招收来华留学生46名，其中博士研究生17名、硕士研究生21名、本科生8名。2019年度学校毕业来华留学生22名，其中获得博士学位2名，获硕士学位18名，获学士学位2名。

5. 组织30余名来华留学生赴鄂托克前旗开展“感知内蒙古—乡村振兴行动”主题活动。

6. 认证完成了2019年度中国政府奖学金学生的年度评审工作，发现1名不合格者；积极申报2019—2020年度“丝绸之路”和“中非友谊”中国政府奖学金项目。

7. 圆满组织完成了教育部托福、GRE 内蒙古农业大学考点的考试任务，全年承担考试托福、GRE 考试共 78 场，完成 3 200 余人次考试。

来华留学生入学基本情况

学校招收来华留学生 46 名，其中博士研究生 17 名、硕士研究生 21 名、本科生 8 名，具体如下表。

来华留学生入学情况表

序号	护照名	中文名	国籍	性别	层次	专业
1	ADDRAH，MANDELA ELORM	曼德拉	加纳	女	博士	作物遗传育种
2	NDAYISHIMIYE，LEONARD	莱昂纳德	卢旺达	男	博士	农业经济管理
3	OCHIRDANZAN，MUNKHTS-ETSEG	孟和其其格	蒙古国	男	博士	食品科学与工程
4	SODNOMPIL，TSERENNADM-ID	孙宏义	蒙古国	男	博士	动物遗传育种与繁殖
5	ADIYA，DAVAASUREN	达瓦苏仁	蒙古国	女	博士	草业科学
6	BATBAYAR，OYUNCHIMEG	奥云其木格	蒙古国	男	博士	土壤学
7	BATSAIKHAN，BATNOMIN	巴特诺敏	蒙古国	女	博士	食品科学与工程
8	BATTOGTOKH，GERELMAA	格日乐玛	蒙古国	女	博士	食品科学与工程
9	BYAMBASUREN，BAT AMG-ALAN	巴特阿木古楞	蒙古国	女	博士	食品科学与工程
10	BYAMBASUREN，TSERENCH-UND	策仁其努达	蒙古国	男	博士	农业经济管理
11	DASHTSOODOL，GANTSOOJ	甘超吉	蒙古国	男	博士	农业经济管理
12	DAVAA，BATGEREL	巴图格日乐	蒙古国	男	博士	农业电气化与自动化
13	DAVAAJARGAL，AVRALMAA	阿布日拉玛	蒙古国	女	博士	农业经济管理
14	DORJGOTOV，LUVSANSHAR-AV	卢　卡	蒙古国	男	博士	农业电气化与自动化
15	GANTUMUR，KHAJIDMAA	哈吉德玛	蒙古国	女	博士	农业经济管理

（续表）

序号	护照名	中文名	国籍	性别	层次	专业
16	JARGAL，GANBAATAR	钢巴特尔	蒙古国	男	博士	临床兽医学
17	TSOGBADRAKH，BAYARSAIKHAN	巴雅尔赛罕	蒙古国	女	博士	农业经济管理
18	SADDIQ，MUHAMMAD	木哈默德	巴基斯坦	男	硕士	农业经济管理
19	BAROTOV，AHLIDIN	阿　里	塔吉克斯坦	女	硕士	水土保持与荒漠化防治
20	BATBAATAR，SUKHDULAM	苏和都拉玛	蒙古国	男	硕士	基础兽医学
21	BATERDENE，LKHAGVATSEND	拉克瓦晨德	蒙古国	女	硕士	农业机械化工程
22	BATJARGAL，ENKHJARGAL	恩和吉日嘎拉	蒙古国	女	硕士	动物营养与饲料科学
23	BAYARJARGAL，TEMUUJIN	特木金	蒙古国	女	硕士	食品科学
24	BAYARMAGNAI，GANCHUDUR	刚初德尔	蒙古国	男	硕士	设计艺术学
25	BOLD，DEMUUL	特木伦	蒙古国	男	硕士	动物发育生物学
26	DAVAATSEREN，SOLONGO	苏龙嘎	蒙古国	男	硕士	企业管理
27	DORJJANTSAN，ULZIITOGTOKH	乌力吉陶格套	蒙古国	女	硕士	临床兽医学
28	DULAMSUREN，GANPUREV	钢普日布	蒙古国	女	硕士	农学
29	ENKHAMGALAN，MUNKHERDENE	孟和额尔德尼	蒙古国	男	硕士	工商管理
30	JAMBALDASH，ZOLJARGAL	照乐吉日嘎拉	蒙古国	女	硕士	经济与金融
31	JARGALANT，LKHAGVASAN	拉克瓦桑	蒙古国	女	硕士	工商管理
32	JARGALSAIKHAN，MYADAG	米亚德格	蒙古国	男	硕士	经济学
33	MUNKHBAATAR，TSENDMAA	晨德玛	蒙古国	女	硕士	工商管理
34	NAMJILMAA，UUGANTSETSEG	敖根其其格	蒙古国	男	硕士	经济学
35	NYAMKHUU，ARIUNSANAA	阿润萨娜	蒙古国	女	硕士	经济学
36	ODKHUU，AMGALANBAATAR	阿木古楞巴特尔	蒙古国	女	硕士	国际经济与贸易

（续表）

序号	护照名	中文名	国籍	性别	层次	专业
37	OTGONJARGAL，ZOLBOO	照乐宝	蒙古国	男	硕士	工商管理
38	TUNGALAG，ENKHTUR	恩和图尔	蒙古国	女	硕士	行政管理
39	ERDENEDALAI KHOROLGA-RAV	洛 拉	蒙古国	女	本科	食品科学与工程
40	TOJIBOEV AZIZJON	左 恩	塔吉克斯坦	男	本科	食品科学与工程
41	DO THI HONG HUE	胡一诺	越南	女	本科	食品科学与工程
42	TSOGTSAIKHAN BYAMBANO-ROV	其其格	蒙古国	女	本科	食品科学与工程
43	BATTULGABATZORIG	巴 图	蒙古国	男	本科	食品科学与工程
44	SANTOS JOHN BENJAMIN	本杰明	菲律宾	男	本科	食品科学与工程
45	SANTOS JAN MARGARETTE	玛格丽特	菲律宾	女	本科	食品科学与工程
46	TSEVEGJAV LKHAGVADORJ	拉布哈道尔吉	蒙古国	男	本科	食品科学与工程

来华留学生毕业基本情况

2019 年度学校毕业来华留学生 22 名，其中获得博士学位 2 名，获硕士学位 18 名，获学士学位 2 名，具体如下表。

来华留学生毕业情况表

序号	护照名	中文名	国籍	性别	层次	专业
1	ORGODOL KHONGORZUL	红格尔卓拉	蒙古国	女	博士	食品科学
2	ALTANGEREL ALTANCHIMEG	阿拉坦其木格	俄罗斯	女	博士	草学
3	OYUN-ERDENE ERDENECHI-MEG	额尔敦其木格	蒙古国	女	硕士	草学
4	LKHAGVASUREN ANKHBAYAR	昂哈巴雅尔	蒙古国	女	硕士	生态学
5	TSOGRAASH DEMIDSEREETER	德米德	蒙古国	男	硕士	动物遗传育种与繁殖
6	GANBAT，SELENGEMURUN	色楞格木仁	蒙古国	男	硕士	区域经济学
7	KHURELCHULUUN BOLOR	宝乐尔	蒙古国	女	硕士	产业经济学

（续表）

序号	护照名	中文名	国籍	性别	层次	专业
8	GANBOLD GANCHIMEG	钢其木格	蒙古国	女	硕士	企业管理
9	BADARCH NYAMDAVAA	尼木达瓦	蒙古国	男	硕士	农业经济管理
10	BADARCH MUNKHDOLGOR	孟和道力格尔	蒙古国	女	硕士	行政管理
11	BATTUR MUNGUNTSETSEG	孟和琪琪格	蒙古国	女	硕士	食品科学
12	BAYARSAIKHAN MUNKHSOLO-NGO	孟和苏龙嘎	蒙古国	女	硕士	农产品加工及贮藏工程
13	BATTULGA OTGONJARGAL	奥特根吉日嘎拉	蒙古国	女	硕士	农产品加工及贮藏工程
14	BAATARMUNKH DULAMJAV	杜拉玛扎布	蒙古国	女	硕士	食品科学
15	OCHIRDANZAN MUNKHTSET-SEG	孟和琪琪格	蒙古国	女	硕士	农产品加工及贮藏工程
16	CHULUUNOTGON BOLORMAA	宝乐尔玛	蒙古国	女	硕士	食品科学
17	BAT-IREEDUI BAYARMAA	巴雅尔吗	蒙古国	女	硕士	预防兽医学
18	BUYANTOGTOKH ARIUNAA	阿荣娜	蒙古国	女	硕士	森林经理学
19	BAYARSAIKHAN DULAMKHA-ND	都拉玛罕达	蒙古国	女	硕士	农业经济管理
20	ADDRAH MANDELA ELORM	曼德拉	加纳	男	硕士	植物病理学
21	SUKHEE NOMINGEREL	诺敏格日勒	蒙古国	女	本科	食品科学
22	SOSORBARAM KHONGORZUL	红格尔卓拉	蒙古国	女	本科	森林保护

继续教育学院

（中央农业干部教育培训中心内蒙古农业大学分院）

概况

内蒙古农业大学继续教育学院（干部分院）是学校成人高等学历继续教育和非学历教育培训的职能部门和办学机构，下设学院办公室、教学管理科、培训部、公寓办公室 4 个科室。是学校服务社会的桥梁，是构建终身教育体系和建设学习型社会的重要平台。学院开设有农学类、法学类、理工类、经济管理类等成人教育本、专科专业 25 个，2019 年在籍学生 2 106 人，较上一年增加 287 人，2019 年毕业生 844

人，迄今本、专科毕业生达到44 310人。学院承担高等教育自学考试主考院校的任务，主考专业6个。

学院依托学校良好的师资力量、学校品牌等优质教育资源，以“稳定成教、拓展培训、规范管理、创新发展”为理念，稳定办好学历教育，大力发展非学历继续教育。积极改革管理机制，拓展办学领域，创新教学模式，相继成立了“全国重点建设职教师资培养培训基地”“内蒙古自治区职教师资培养培训基地”“自治区农牧业厅基层农技推广人员培训基地”，学院始终以草原畜牧业可持续发展、农牧业产业化和生态保护建设为主题，结合国家和自治区社会经济发展需要，积极探索和开展各级农牧业系统干部、职教师资国家级和省级中等职业学校专业骨干教师及管理人员、基层农技推广人员、农村牧区后备干部等培训工作，积极为自治区经济社会发展培养“留得住，用得上”的各类科技人才。共计培训学员19 253人，学院已发展高等学历继续教育和非学历教育培训为一体的较为完整的成人教育体系，为社会发展和地方经济作出贡献。

学院秉承“团结、求实、博学、创新”的校训精神，以服务社会为宗旨，坚持多层次、多形式、高质量、高效益的办学理念，突出继续教育办学特色，依托校内外优质教育资源，借助现代教育技术手段，抢抓机遇，加快发展，努力为社会提供多层次、高质量的教育培训服务，探索继续教育工作的新发展。

培训工作

承办了自治区农牧厅基层农技推广体系改革与建设补助项目培训和基层农技人员知识更新骨干人才培训，自治区职教师资培训，青海省天峻县教育和科技局及鄂温克族自治旗党委组织部委托的培训。在传统培训领域基础上，不断扩大培训区域范围。全年共举办各类培训班20个班次，培训学员1 364人。2019年度申报获批为人力资源社会保障部第九批国家级专业技术人员继续教育基地。

教学管理工作

学院与苏州青颖飞帆软件科技有限公司合作，利用“青书学堂”在线学习平台，进行网络化教学管理。2019级录取1 278名成人本专科学生，完成新生资格审查、学籍注册等各项录取工作，完成2019届844名本专科毕业生信息核对、电子信息采集、毕业证办理及发放等工作。办理33名在校生学生学籍异动手续。完成37名本科生学位申请登记和证书发放工作。完成自学考试评卷工作以及本科生6个专业的实践环节的考核、论文答辩等。利用在线学习平台，开设了一年制12个特色专业的本科主干课程进修班，培训198名基层专业技术人员。

公寓服务工作

培训公寓办公室负责管理客房41个标准间，1个四人间，2个多媒体教室，1个会议室，1 个培训学员活动室，聘用 5 名工作人员，共 6 名工作人员。培训公寓制度健全，工作流程规范。定期进行安全隐患排查，对于存在问题及时解决。2019 年共接待培训学员 520 人次，较好地完成了培训住宿接待工作。

办公室工作

办公室认真履行工作职责，加强与各科室协调沟通，发挥综合职能部门作用。处理各类公文，做好综合治理、工会、固定资产等工作，完成管控办公耗材、维护办公设备等学院事务性工作。坚持以服务为宗旨，推动成人继续教育工作协调发展。

职业技术学院

概况

职业技术学院成立于 1985 年 5 月，现有 2 个全国高职教育教学改革试点专业、1 个全国高职教育精品专业，有 1 个自治区级重点建设专业、10 个自治区级品牌专业、19 个校级品牌专业，有 12 个院级品牌专业，9 个院级优势专业，1 个院级特色专业。学院有 14 个综合型校内实训基地，22 个实验实训室，76 个校外实训基地。

学院有教职工 481 人，其中专任教师 332 人。专任教师中，教授 15 人、副教授 85 人，硕士生导师 11 人、硕士及以上学位教师 236 人。学院有自治区级教学团队 3 个、校级教学团队 10 个、院级教学团队 14 个，有自治区级教学名师 4 人、自治区级优秀教师 2 人、自治区级教坛新秀 4 人，有校级教学名师 4 人、校级教坛新秀 5 人。

学院共有招生专业 53 个，其中 21 个本科专业、32 个专科专业，年内高职扩招招生 1 239 人（其中第一次扩招 107 人，第二次扩招 1 132 人）。学院现有全日制在校生 6 519 人，其中本科生 3 679 人、专科生 2 840 人。

学院以习近平新时代中国特色社会主义思想为指导，深入学习贯彻党的十九大精神和全国教育大会，贯彻落实《国家职业教育改革实施方案》《加快推进教育现代化实施方案（2018—2022 年）》《中国教育现代化 2035》重大部署，以开展“不忘初心、牢记使命”主题教育为契机，全面加强党的建设工作，以产教融合、校企合作为主线，以提升内涵建设水平为重点，进一步强基础、育特色、拓空间，各项事业持续蓬勃发展，综合办学实力进一步增强，社会影响力大幅提升。

党建与思想政治工作

学院党委设 12 个党总支，有 32 个党支部，其中教师党支部 19 个、学生党支部 13 个。学生党员 297 名，其中正式党员 126 名、预备党员 171 名。教职工党员 336 名。全年发展学生党员 167 名，发展教职工党员 3 名。

扎实开展“不忘初心、牢记使命”主题教育。召开了学院第二届党员代表大会。

学院党校共培训入党积极分子学员651人，举办两期发展对象培训班，共培训学员313人。发放各类培训材料800册。与各部门（单位）签订了意识形态工作责任状。开展了意识形态工作责任制落实专题培训。发挥网络舆情和宗教活动信息员作用，加强了舆情监控，全面排查了宗教信仰情况，实行了党员干部“一对一”联系信教学生制度。举办宗教知识讲座2场。严格执行学校意识形态阵地管理、“一会一报”“一事一报”等制度。召开了全面从严治党工作会议。开展了党组织书记抓基层党建述职评议工作。对9个部门（单位）进行了巡察监督。开展了思想政治理论课教学实践活动，促进学生在课程学习中注重践行与创新。获批自治区级思政项目3项。1名教师参加全国学校思想政治理论课教师座谈会，并被中国教育电视台“我是辅导员”栏目专题报道。举办形势政策报告会3场。

教学工作

继续深入实施“教学质量提升行动计划”，获批校级教改项目18项，其中重大项目7项、重点项目3项、一般项目8项；获批自治区级教育科学“十三五”规划课题41项，其中艺术专项3项、外语专项3项、民族教育1项；获批自治区高等学校教学改革研究项目1项；获批自治区优秀论文一、二、三等奖各1项；1门课程获批自治区级在线开放课程立项建设，6门课程参评自治区级一流本科课程立项建设。2人被评选为内蒙古自治区社科理论界青年拔尖人才。1人被评选为内蒙古生物工程学会理事、内蒙古解剖学会青年委员。1人被聘为蒙古马协会秘书长，1人被聘为副秘书长。1名教师被评为自治区教学名师，1名教师被评为自治区教坛新秀。组织24名教学管理干部赴西北农林科技大学进行了培训。11名教师到行业企业培训。对新录用的12名专任教师进行了教学基本功测试。举办了第十六届教师教学技能竞赛，其中4人获得一等奖、8人获得二等奖、15人获得优秀奖；选派6名教师参加校级技能大赛，1名教师获得文科组一等奖、1名教师获优秀奖；1名教师获理科组三等奖、1名教师获理科组优秀奖；1名教师获蒙古语组一等奖、1名教师获优秀奖。本专科实际录取1 916人，其中，本科953人（含专升本173人），高职高专963人（区内专科944人，区外专科19人）；全年开设网络课程52门次，线上上课累计4 292人次；推荐7名同学免试攻读硕士学位研究生。

科研工作

获批纵向项目26项，其中国家旅游局万名旅游英才项目2项、内蒙古自然科学基金项目2项、自治区高等学校产学研科技创新平台项目1项、自治区教育厅高等学校科学研究项目5项、自治区教育厅蒙古国职业教师素质提高培训项目1项，自治区社科规划办项目4项、自治区社科联项目1项，自治区社会科学院“外语研究专项”项目1项，内蒙古农业大学哲学社科重点项目7项，包头市科技局项目2项，争取横向项目2项，总经费253万元。结题自治区级科研项目18项。获自治区科学技术进步二等奖1

项。登记科学技术成果6项。出版专著5部。获国家实用新型专利15项、软件著作权9项、外观设计专利1项。“内蒙古特色果酒系列产品产学研科技创新平台”被批准为自治区级首批项目立项建设。

共青团工作和学生工作

不断加强和改进大学生思想政治教育工作，充分发挥各系党总支干部讲授思想政治理论课和“青马工程”的辐射作用。成立了首个思政工作精英培训班，并赴山东青岛参加新时代高校辅导员素质能力专修班。获批自治区级思政科研项目4项。学院代表队获自治区首届大学生“学习强国”学习达人挑战赛西部片区复赛三等奖。认真做好家庭经济困难学生认定和应征入伍学费补偿、国家奖助学金、生源地贷款等评审发放工作，发放各类奖助学金2 126.74万元。制定“一生一品”工程实施方案，立项项目161项，其中重点项目24项、一般项目137项，获自治区级以上奖励38项。评选表彰了24个优良学风班集体和73名学风建设突出贡献先进个人。充分发挥“到梦空间”“易班网”等网络教育系统作用。组织学生参加全区“挑战杯”“互联网+”“创青春”等创新创业比赛，申报项目120项，报送的45部作品中，获一等奖4项、二等奖12项、三等奖21项。在“互联网+”创新创业比赛中获职教赛道金奖、全国铜奖。学院获“挑战杯”专科组“优胜杯”；成功申报2个国家级暑期社会实践专项活动，在陕西延安市建立了大学生社会实践基地。获团中央灵丘“优秀社会实践服务团队”荣誉称号。1个社会实践分队被学校评为“优秀社会实践分队”。开展各类校园文化活动共132场次。获全区高校学生公寓工作实践类创新成果奖二等奖1项。学院获“全国无偿献血促进奖单位奖”，被学校评为学生工作和共青团工作先进集体。1人被评为校级社会实践“优秀指导教师”，1人被评为校级社会实践“优秀组织者”。

就业工作

学院共毕业学生2 204人，毕业生一次就业率为97.01%，其中本科为96.79%，专科为97.19%。31个专业一次就业率为100%，1个专业在98%（含）~100%（不含），14个专业在95%（含）~98%（不含），7个专业在90%（含）~95%（不含）。毕业生签订就业协议2 051人，升学85人。及时发布就业政策和招聘、创新创业信息。加强了就业创业师资队伍建设和就业指导课程建设，选派10名教师参加培训，并邀请企业高管对教师进行集中培训。学院教师主编的《大学生就业指导与创业教育》教材投入使用。1名学生获2019年自治区大学生职业生涯规划大赛三等奖。完成了入驻创业园项目年度考核，遴选6个项目入园。帮扶就业困难毕业生600名。走访了85家用人单位。新增用人单位92家。与41家企业签订了校企合作协议。举办大型综合招聘会1场、中小型招聘会36场。继续推进大学生创业园工作，组织校外导师入园宣讲，对入驻项目完成检查评估工作。修订完善了就业工作评估体系，并完成就业工作评估和年度考核工作。

科技园区工作

启动了以“中国·敕勒川现代农业博览园”为主体的综合教学实训科研平台建设工程，博览园30 000平方米智能温室和12栋日光温室建成投入使用。积极推进科技园区苗木转型升级改造。完成了110亩果树引种示范区建设。引进了林木新品种文冠果、牡丹和芍药等品种。种植了本地特色乡土树种五角枫、造型树和沙棘，开展了高粱、甜菜、燕麦等地方特色、经济作物科研示范工作。获赠2万株牡丹，校企合作探索开展牡丹保护与研发工作。引种10个高粱品种和62个甜菜品种，助力土默特右旗高粱、甜菜产业发展。实施了2项节水灌溉和水肥一体化智慧农业建设项目，积极构建物联网灌溉系统示范平台。承办了国家玉米产业技术体系西北区玉米籽粒直收现场观摩会和土默特右旗农业技术推广站观摩会。与土默特右旗农牧局深度融合，承担了土默特右旗农牧民培训、现场观摩学习任务，开展了中国玉米农机农艺融合的机遇与挑战等专业知识和新型实用技术讲座，培训550余人次。选派5名教师为“三区人才”科技特派员，对四子王旗开展科技帮扶，进行一对一帮扶10次，组织专家服务团队开展科技服务3次。完成园艺、园林、畜牧、兽医专业教学实习实训共51 000学时。“中国·敕勒川现代农业博览园”被包头市科技局评为2019年包头市“基层科普行动计划”奖补单位。

人事工作

公开招聘人员16人。39人晋升职称。完成了2014年10月以来养老保险及职业年金核算、缴纳等工作。缴纳养老保险及职业年金6 808万余元。坚持“多劳多得、优劳优酬”的原则，加大了收入分配制度改革力度。对20名试用期满教师进行了转正定级考核。完成了薪酬管理、社保核定、残保核定、编制变更等工作。及时更新和维护人事、养老保险、教师等系统和更新相关数据。加强了人事档案日常管理、推进档案数字化。加强了专业技术人员继续教育和成绩备案工作。完成了年度调资、医疗保险缴费基数和公积金缴费基数核算等工作。完成了离退休人员、异地安置离休干部、职工遗属人员的日常管理和服务工作。强化了编外人员聘用和合同管理。

财务工作

学院总收入为21 399.77万元，其中财政拨款17 407.51万元，收缴学杂费等事业收入3 954.44万元，其他收入37.82万元。把物业补贴、医疗保险、养老保险和职业年金缴费以及在职人员调整的经费，全部折算为当量学生人均经费，达到11 000元/(人·年)，比上年增加2 300元。争取专项财政拨款6 307万元，其中中央支持地方高校改革发展专项资金2 292万元，高校奖助学金913.22万元，重点学科重点实验室建设资金300万元，高等教育专项资金300万元，债券资金2 000万元，其他专项资金501.78万元。开展了新财务软件系统的使用培训工作，对现行财务管理制度进行了修订，组织编印了《学院财务制度汇编》和《学院财务报账使用手册》。

后勤工作

进一步完善了后勤服务标准化体系。完成了物业管理社会化改革筹备工作。认真做好新建项目申报、组织实施和各类维修改造项目组织实施等工作。进一步规范了国有资产管理，升级了管理系统。制定了更新固定资产报废流程、工程类固定资产录入流程、教职工租房管理办法。完成了资产系统对接智慧校园的前期工作。完成了新增资产的验收、录入、上报工作。完成了各类政府采购、自行采购和自主采购项目。新增了630kVA箱变和配套高低压供电线路。接入土默特右旗自来水管网改善了饮用水水质，并争取到了用水价格优惠政策。加强了校园绿化美化亮化。推进食堂厨房4D6T管理标准建设。认真做好医务和交通运输服务等工作。实施了公务用车改革和国企改革工作。对建筑工程技术系实训基地进行了改扩建。完成了教学区和商业区垃圾转运站的设计和施工招标工作。

图书馆工作

充实馆藏图书5 389种共16 015册，征订现期期刊593种，报纸42种。举办了第五届“读书月”活动。组建了面向教师的“图书馆教师咨询、服务”微信群，组建了面向学生的“文献支持”微信群，为师生提供线上咨询与服务。成立学生社团青·悦读书协会，组织师生参加中国图书馆学会举办的书偶大赛，1项作品荣获铜星奖，1名教师被评为图书馆优秀指导教师。积极开展定题情报服务工作。

国际交流合作

与西班牙卡塔赫纳理工大学签署合作协议，实施专升硕项目，17名学生将在毕业后赴西班牙深造。与韩国启明大学合作的“3+2”专升本项目付诸实施，20名学生通过选拔，在学院完成学业后赴韩国深造。助力“一带一路”建设，与蒙古国2所院校签署了合作办学协议。与国外13所院校达成合作意向。新增马尔代夫、泰国、日本、马来西亚4个学生境外实习国家，年内共选派47名学生出国实习。与日本北海道政府达成合作意向，50名学生通过面试，赴日本实习。

网络与系统管理

完成了2栋楼宇有线网络接入、3栋楼宇无线网络覆盖、中心机房基础和安保建设及软硬件升级工作。对4个业务系统进行了等级保护测评，均获得“信息系统安全等级保护测评二级证书”。完成了一站式服务大厅、内网数据链路专线、100兆互联网专线采购工作。租用了内蒙古广电网络2G内网数据链路专线。加强了网络安全管理，对各部门（单位）网站管理员进行了网站系统培训。

综合治理

加大了平安校园创建工作体系和工作机制建设力度，强化了整体工作统筹。严格落实安全工作责任制，加强了部门（单位）自查整治和学院集中排查整治工作，开展了中期和年终综合治理检查，针对重点部位进行安全检查40余次。加大了安全法制教育和反邪教、禁毒等宣传教育工作力度，举办消防安全知识讲座7次、大型防火防震逃生演练3次。对餐饮、楼宇值班等人员进行专题培训。新增了4个微型消防站。与土默特右旗公安局、派出所、国保大队等部门密切合作，共同加强了防诈骗宣传教育，深入开展了扫黑除恶专项斗争。

重要事件

1. 学院与中国马业协会发起成立了中国马产业人才培养教育联盟。

2. “敕勒鸿声合唱团”被内蒙古自治区总工会评为工人先锋号。

3. 在第二届中国马文化节暨首届内蒙古国际马文化博览会上，学院马球队首次公开亮相，并在2019“一带一路”马球公开赛内蒙古站比赛中与阿根廷马球队进行了国际马球友谊赛。

4. 承办了2019年全国大学生马场技能竞赛（内蒙古站）。

5. 承办了2019世界马文化论坛之蒙古马精神的世界意义论坛。

6. 召开内蒙古农业大学职业技术学院四届一次教职工代表大会暨工会会员代表大会。

机构与干部

学校本部机构设置

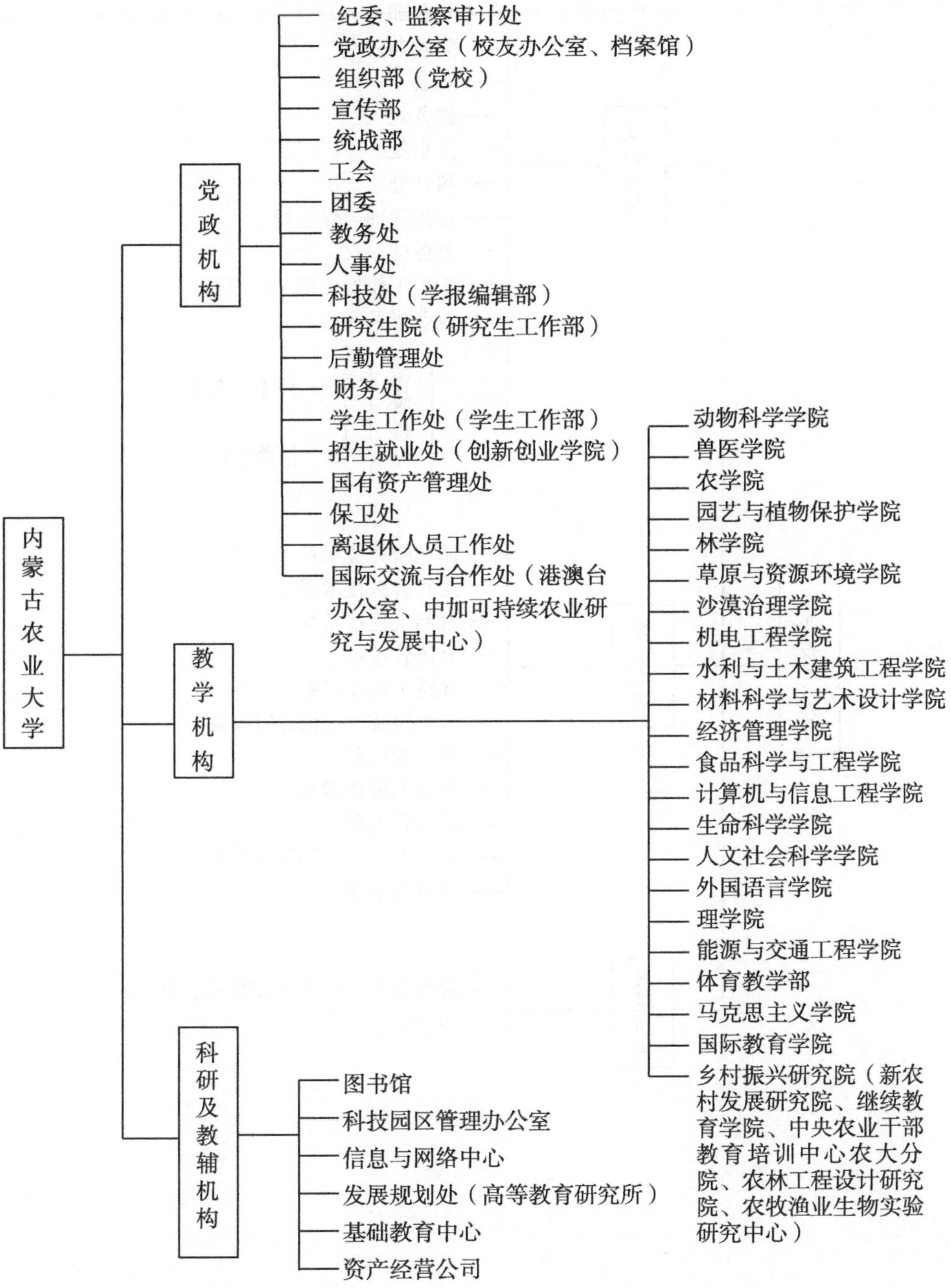
内蒙古农业大学
党政机构
纪委、监察审计处
党政办公室（校友办公室、档案馆）
组织部（党校）
宣传部
统战部
工会
团委
教务处
人事处
科技处（学报编辑部）
研究生院（研究生工作部）
后勤管理处
财务处
学生工作处（学生工作部）
招生就业处（创新创业学院）
国有资产管理处
保卫处
离退休人员工作处
国际交流与合作处（港澳台办公室、中加可持续农业研究与发展中心）
教学机构
动物科学学院
兽医学院
农学院
园艺与植物保护学院
林学院
草原与资源环境学院
沙漠治理学院
机电工程学院
水利与土木建筑工程学院
材料科学与艺术设计学院
经济管理学院
食品科学与工程学院
计算机与信息工程学院
生命科学学院
人文社会科学学院
外国语言学院
理学院
能源与交通工程学院
体育教学部
马克思主义学院
国际教育学院
乡村振兴研究院（新农村发展研究院、继续教育学院、中央农业干部教育培训中心农大分院、农林工程设计研究院、农牧渔业生物实验研究中心）
科研及教辅机构
图书馆
科技园区管理办公室
信息与网络中心
发展规划处（高等教育研究所）
基础教育中心
资产经营公司

职业技术学院机构设置

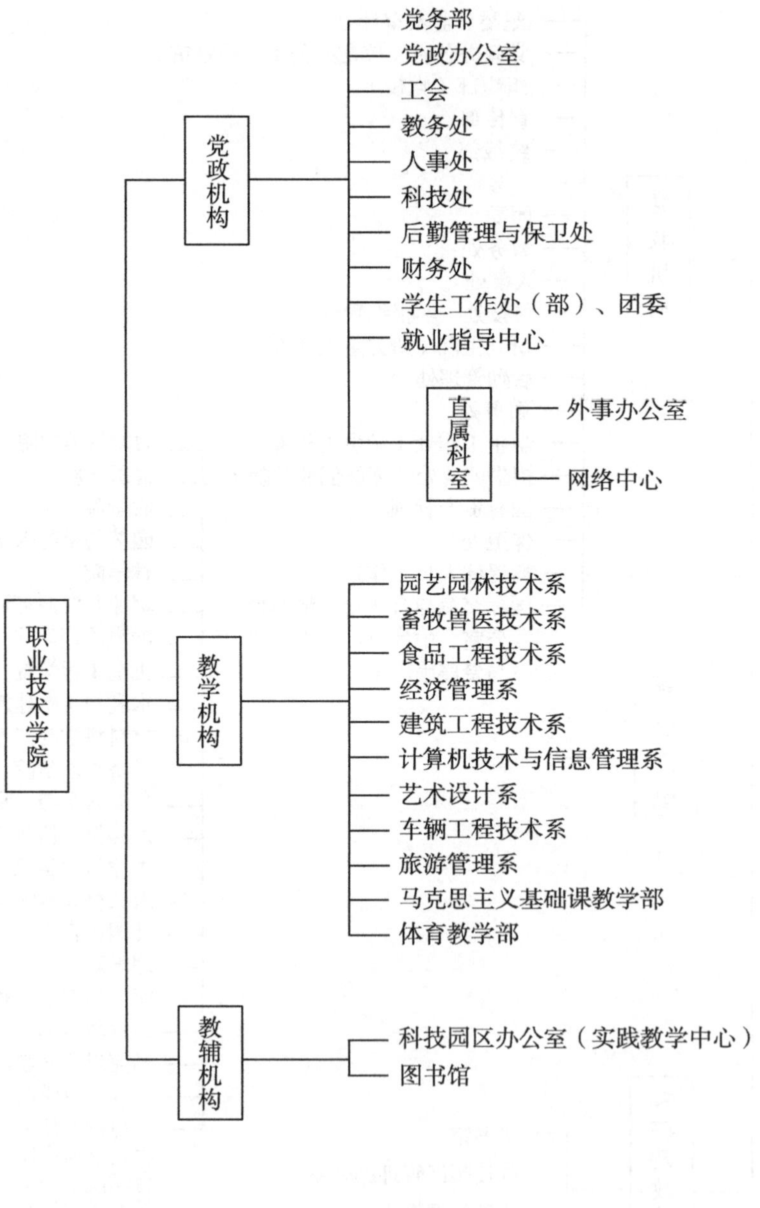
职业技术学院
党政机构
党务部
党政办公室
工会
教务处
人事处
科技处
后勤管理与保卫处
财务处
学生工作处（部）、团委
就业指导中心
直属科室
外事办公室
网络中心
教学机构
园艺园林技术系
畜牧兽医技术系
食品工程技术系
经济管理系
建筑工程技术系
计算机技术与信息管理系
艺术设计系
车辆工程技术系
旅游管理系
马克思主义基础课教学部
体育教学部
教辅机构
科技园区办公室（实践教学中心）
图书馆

校本部现任校级党政领导

姓名	职务	分管工作、部门	联系学院
王万义	党委书记	主持学校党委工作，分管党政办公室、组织部	动物科学学院、计算机与信息工程学院
高聚林	党委副书记 校长	主持学校行政工作，分管国际交流与合作处（港澳台办公室、中加可持续农业发展研究中心）、发展规划处（高教研究所）和审计工作	材料科学与艺术设计学院、生命科学学院、理学院、国际教育学院
黄龙海	党委副书记	协助党委书记工作，分管宣传部、统战部、党校、工会、团委、学生工作处、招生就业处、马克思主义学院	农学院、沙漠治理学院、人文社会科学学院
芒　来	党委委员 副校长	协助校长工作，分管科技处、研究生院、国有资产管理处、学报编辑部	机电工程学院、水利与土木建筑工程学院
乔　彪	党委委员 副校长	协助校长工作，分管后勤管理处、保卫处、离退休人员工作处、基础教育中心、资产经营公司	经济管理学院、食品科学与工程学院、外国语言学院、能源与交通工程学院
哈斯巴根	党委委员 纪委书记	主持纪律检查委员会工作，分管监察审计处	
塔　娜	副校长	协助校长工作，分管人事处、财务处	林学院、职业技术学院
刘廷玺	党委委员 副校长	协助校长工作，分管教务处、图书馆、科技园区管理办公室、信息与网络中心、体育教学部、继续教育学院（中央农业干部教育培训中心内蒙古农业大学分院）	兽医学院、草原与资源环境学院

职业技术学院现任党政领导

（2019. 01. 01—2019. 03. 07）

姓名	职务	分管工作、部门	联系单位
王效亮	校党委委员 院党委书记	主持学院党委工作，分管党务部、党政办公室、工会	食品工程技术系
王怀栋	校党委委员 院党委副书记 院　长	主持学院行政工作，分管人事处、财务处、外事办公室、科技处、科技园区办公室(实践教学中心)、保卫科	畜牧兽医技术系 计算机技术与信息管理系
樊文斌	校纪委委员 院党委副书记 纪委书记	协助党委书记工作，主持纪律检查委员会工作，分管学生工作处（部）、团委、就业指导中心	旅游管理系 基础课教学部
冯贵宗	院党委委员 副院长	协助院长工作，分管教务处、图书馆、网络中心、高等职业教育研究室、财务处	经济管理系 艺术设计系 体育教学部
郭奇斌	院党委委员 副院长	协助院长工作，分管后勤管理处、校园文化建设工作	建筑工程技术系 车辆工程技术系

（2019. 03. 08—2019. 12. 31）

姓名	职务	分管工作、部门	联系单位
王效亮	校党委委员 院党委书记	主持学院党委工作，分管党务部、党政办公室、工会	建筑工程技术系
王怀栋	校党委委员 院党委副书记 院　长	主持学院行政工作，分管科技处、高等职业教育研究室、校园文化建设工作、马产业工作	计算机技术与信息管理系 车辆工程技术系
樊文斌	校纪委委员 院党委副书记 纪委书记	协助党委书记工作，主持纪律检查委员会工作，分管学生工作处（部）、团委、就业指导中心、思想政治工作	旅游管理系 马克思主义与基础课教学部
李正英	院党委委员 副院长	协助院长工作，分管教务处、图书馆	食品工程技术系 体育教学部
那森巴雅尔	院党委委员 副院长	协助院长工作，分管后勤管理与保卫处、科技园区办公室（实践教学中心）	园艺园林技术系 畜牧兽医技术系
郭海清	院党委委员 副院长	协助院长工作，分管人事处、财务处	经济管理系 艺术设计系

处级干部任职情况一览表

校本部处级干部任职情况一览表

（2019. 01. 01—2019. 12. 31）

一、党政管理机构

序号	单位名称	职务	姓名	备注
1	纪委、监察审计处	副书记兼处长	包庆丰	
		副处长	靳国斌	
2	党政办公室（校友会）	主任兼档案馆馆长	王永明	
		副主任	安　达	
		副主任	叶德成	
		副主任	赵秋霞	
3	组织部（党校）	部　长	吕清禄	
		副部长兼党校教务长	屈丰富	
4	宣传部（新闻中心、文明校园创建办）	部长兼新闻中心主任	王忠东	
		副部长	王　锐	
5	统战部	部　长	张　文	
		副部长兼机关党总支书记（正处级）	王俊生	
6	工会	主　席	付建军	
		副主席	乌　拉	
7	团委	书　记	李伟威	
		副书记	王雪鹏	
8	教务处（实验室管理中心）	处　长	牟献友	
		副处长兼机关第二党总支书记（正处级）	金宝明	
		副处长	王治国	
9	人事处（教师发展中心、人才交流中心、教师工作部）	处　长	赵柏峰	
		副处长	郗福兵	
		副处长	塔　娜	

（续表）

序号	单位名称	职务	姓名	备注
10	科技处（学报编辑部）	处　长	铁　牛	
		副处长	苏双平	
11	研究生院（研究生工作部）	常务副院长兼研究生工作部部长（正处级）	王喜明	
		副院长兼研究生工作部副部长	郭政文	
		副院长兼研究生工作部副部长	白东义	
12	后勤管理处	处　长	陈世体	
		副处长兼后勤党总支书记	王平平	
		副处长	郭　炜	
13	财务处	处　长	冀兆荣	
		副处长	康雪伟	
14	学生工作处（学生工作部、武装部）	处长兼学生工作部部长、武装部部长	韩瑞平	
		副处长兼学生工作部副部长	白海林	
		副处长兼学生工作部副部长	王瑞梅	
15	招生就业处（创新创业学院）	处　长	赵国年	
		副处长	乌力吉	
16	国有资产管理处	处　长	周　浩	
		副处长	哈斯图雅	
17	保卫处	副处长（主持工作）	燕　飞	
		副处长	海　明	
18	离退休人员工作处	副处长兼党总支书记（主持工作）	杨红蕾	
		副处长	王　雁	
19	国际交流与合作处（港澳台办公室、中加可持续农业研究与发展中心）	副主任（主持工作）	孙云霞	

二、教学机构

序号	单位名称	职务	姓名	备注
1	动物科学学院	书　记	包国荣	
		院　长	齐景伟	
		副书记	斯日古楞	
		副院长	李大彪	

（续表）

序号	单位名称	职务	姓名	备注
2	兽医学院	书　记	吴玉红	
		院长（特聘）	贾幼陵	
		院长（常务）	曹金山	
		副书记兼副院长	包福祥	
		副院长	刘大程	
3	农学院	副书记（主持分党委工作）	郭文瑞	
		院　长	樊明寿	
		副书记兼副院长	李立军	
		副院长	于晓芳	
4	园艺与植物保护学院	书　记	马　强	
		副院长（主持行政工作）	周洪友	
		副书记兼副院长	杨忠仁	
		副院长	刘杰才	
5	林学院	书　记	吴恒志	
		院　长	秦富仓	
		副书记	王志强	
		副院长	岳永杰	
		组织员	何金花	
6	草原与资源环境学院	书　记	赵云虎	
		副院长（主持行政工作）	红　梅	
		副书记	刘漫中	
		副院长	王忠武	
7	沙漠治理学院	书　记	郝锁柱	
		院长（特聘）	尹伟伦	（2017. 7. 20—）
		副院长（主持行政工作）	左合君	
		副书记	彭　静	
		副院长	杨　光	
8	机电工程学院	书　记	云荣义	
		副院长（主持工作）	武　佩	
		副书记	许　驭	
		副院长	张　永	

（续表）

序号	单位名称	职务	姓名	备注
9	水利与土木建筑工程学院	书　记	陆海平	
		院　长	屈忠义	
		副书记	杨逸隆	
		副院长	李　昊	
		组织员	陈爱和	
10	材料科学与艺术设计学院	书　记	李俊霞	
		院　长	黄金田	
		副书记	李振威	
		副院长	魏汉夫	
11	经济管理学院	书　记	王智广	
		院　长	乔光华	
		副书记	斯日古楞	
12	食品科学与工程学院	书　记	郑培亮	
		院　长	董同力嘎	
		副书记	杨建军	
		副院长	陈永福	
13	计算机与信息工程学院	书　记	包革命	
		院　长	高　静	
		副书记	田　军	
		副院长	白云莉	
14	生命科学学院	书　记	张星杰	
		院　长	付和平	
		副书记	秦海英	
		副院长	张子义	
15	人文社会科学学院	书　记	曹渊清	
		院　长	张银花	
		副书记	李金华	
		副院长	侯振虎	
16	外国语言学院	书　记	赵学刚	
		院　长	徐莉林	
		副书记	曹立军	
		副院长	常　云	

（续表）

序号	单位名称	职务	姓名	备注
17	理学院	书　记	姜体忠	
		院　长	吴国荣	
		副书记	邹爱婕	
		副院长	丁立军	
18	能源与交通工程学院	书　记	靳小平	
		院　长	王国忠	
		副书记	常　亮	
		副院长	辛海升	
19	体育教学部	主　任	彭　恩	
		副主任兼党总支书记	李淑玲	
		副主任	王　勇	
		副主任兼后勤管理处副处长	陈立永	
20	马克思主义学院	副书记（主持党总支工作）	郭松朋	
		院　长	高丽萍	
		副院长	包　羽	
21	国际教育学院	院　长	席锁柱	
		副院长	高　讷	
		副院长	宝音都仍	
		副院长兼教务处副处长	刘翠兰	
		副院长兼学生工作处副处长	杨　毅	
22	乡村振兴研究院	副院长（主持工作）	刘景辉	
		副院长兼资产经营公司副总经理	石建荣	
		副院长兼校友会办公室主任	曹　恪	
		副院长兼保卫处副处长	王永江	

三、科研机构及教辅机构

序号	单位名称	职务	姓名	备注
1	图书馆	副馆长兼书记	米继伟	
		馆　长	付学良	
		副馆长	范长岭	
		副馆长	李　新	

（续表）

序号	单位名称	职务	姓名	备注
2	科技园区管理办公室	主　任	周忠祥	
		副主任	胡宁宝	
3	信息与网络中心	主任（主持工作）	张文广	
		副主任	石瑞峰	
4	发展研究处（高等教育研究所）	主　任	丁雪华	
5	基础教育中心	主任兼书记	李立峰	
		副主任	于　涛	
6	资产经营公司	副总经理（主持工作）	任燕刚	
		副总经理（正处级）	云　彪	

职业技术学院处级干部任职情况一览表

（2019.01.01—2019.03.07）

序号	单位名称	职务	姓名	备注
1	党务部	学院党委委员、部长	赵福顺	正处级
		副部长	高宏伟	副处级
2	党政办公室	主　任	云占林	正处级
		副主任	李一吉	副处级
3	工　会	主　席	王　俊	副处级
4	教务处	处　长	王　耀	正处级
		副处长	鲁富宽	副处级
		副处长	冯雪彬	副处级
5	人事处	处　长	胡　敏	正处级
6	科技处	处　长	付和平	正处级
7	后勤管理与保卫处	处　长	王振合	正处级
		副处长 后勤管理与保卫处党总支书记	冯文进	正处级
		副处长	于庆峰	副处级
8	财务处	处　长	皇甫瑞灵	正处级
		副处长	翟　鹏	副处级

（续表）

序号	单位名称	职务	姓名	备注
9	学生工作处（部）、团委	处长兼学生工作部部长、团委书记 机关党总支书记	杨海升	正处级
		副处长	车艳秋	副处级
		副处长兼学生工作部副部长、团委副书记	贺　斐	副处级
10	就业指导中心	主　任	国向东	正处级
		副主任	周艳秋	副处级
11	园艺园林技术系	主　任	刘金泉	正处级
		党总支书记	马建华	副处级
		副主任	严海欧	副处级
12	畜牧兽医技术系	主　任	郑云胜	正处级
		党总支书记	苏　和	副处级
		副主任	郭永清	副处级
13	食品工程技术系	主　任	李正英	正处级
		党总支书记	蔡永敏	副处级
		副主任	曹志军	副处级
14	经济管理系	主　任	郭海清	正处级
		党总支书记	张殿福	副处级
		副主任	吴光宇	副处级
15	建筑工程技术系	主　任	贾克力	正处级
		党总支书记	董素芹	副处级
		副主任	王寿东	副处级
16	计算机技术与信息管理系	主　任	王立中	正处级
		党总支书记	赵　君	副处级
		副主任	包永红	副处级
17	艺术设计系	副主任（主持工作）	武建林	副处级
		党总支书记	李晓飞	副处级
		副主任	王　锋	副处级
18	车辆工程技术系	主　任	赵永来	正处级
		党总支书记	李国俊	副处级
19	旅游管理系	党总支书记	郭艳光	正处级
		副主任	姜海涛	副处级

（续表）

序号	单位名称	职务	姓名	备注
20	基础课教学部	主　任	付万荣	正处级
		教学党总支书记	董交其	副处级
21	体育教学部	负责人	张殿福	副处级
22	科技园区办公室（实践教学中心）	主　任	杜立峰	正处级
		副主任	赵恒栋	副处级
23	图书馆	馆　长	陈广顺	正处级
		副馆长	李　明	副处级

（2019. 03. 08—2019. 12. 31）

序号	单位名称	职务	姓名	备注
1	党务部	学院党委委员、部长兼机关党总支书记	杨海升	正处级
		副部长兼纪委副书记	代海燕	副处级
		副部长	史燕飞	副处级
2	党政办公室	主　任	苏　和	正处级
		副主任	牟雅韬	副处级
3	工　会	主　席	王　俊	副处级
4	教务处	处　长	张　旭	正处级
		副处长	程显生	副处级
		副处长	冯雪彬	副处级
5	人事处	处　长	高宏伟	正处级
6	科技处	处　长	刘金泉	正处级
		副处长	李　明	副处级
7	后勤管理与保卫处	处　长	冯文进	正处级
		后勤管理与保卫处党总支书记	于庆峰	正处级
		副处长	韩云亭	副处级
		副处长	李登明	副处级
8	财务处	处　长	王　耀	正处级
		副处长	翟　鹏	副处级

（续表）

序号	单位名称	职务	姓名	备注
9	学生工作处（部）、团委	处长兼学生工作部部长、团委书记	李一吉	正处级
		副处长	车艳秋	副处级
		副处长兼学生工作部副部长、团委副书记	董智勇	副处级
10	就业指导中心	主　任	张殿福	正处级
		副主任	于荣娟	副处级
11	园艺园林技术系	主　任	鲁富宽	正处级
		党总支书记	马建华	副处级
		副主任	严海欧	副处级
		副主任	杨　进	副处级
12	畜牧兽医技术系	主　任	杜立峰	正处级
		党总支书记	雷雨澎	副处级
		副主任	郭永清	副处级
13	食品工程技术系	主　任	曹志军	正处级
		党总支书记	蔡永敏	副处级
		副主任	王寿东	副处级
		副主任	吕耀龙	副处级
14	经济管理系	主　任	皇甫瑞灵	正处级
		党总支书记	康耀武	副处级
		副主任	吴光宇	副处级
15	建筑工程技术系	主　任	胡　敏	正处级
		党总支书记	贺　斐	副处级
		副主任	闫永利	副处级
16	计算机技术与信息管理系	主　任	郭艳光	正处级
		党总支书记	赵　君	副处级
		副主任	包永红	副处级
17	艺术设计系	主　任	武建林	正处级
		党总支书记	李晓飞	副处级
		副主任	王　锋	副处级

（续表）

序号	单位名称	职务	姓名	备注
18	车辆工程技术系	主　任	赵永来	正处级
		党总支书记	李国俊	副处级
		副主任	宝秋利	副处级
19	旅游管理系	主　任	王振合	正处级
		党总支书记	巴达荣贵	副处级
		副主任	姜海涛	副处级
20	马克思主义与基础课教学部	主　任	云占林	正处级
		副主任兼教学党总支书记	刘新元	副处级
		副主任	周艳秋	副处级
21	体育教学部	主　任	赵福顺	正处级
22	科技园区办公室（实践教学中心）	主　任	王立中	正处级
		副主任	赵恒栋	副处级
23	图书馆	馆　长	陈广顺	正处级
		副馆长	刘玉玺	副处级

各学院教授委员会

序号	学院	主任委员	副主任委员	委员	秘书
1	动物科学学院	齐景伟	闫素梅	张家新　赵艳红　娜仁花（大） 娜仁花（小）　高爱琴	刘　娜
2	兽医学院	曹金山	杨银凤	王凤龙　刘淑英　杨　英 格日勒图　温永俊	王　瑞
3	农学院	樊明寿	张　胜	马艳红　史树德　张少英 张永平　侯建华	马达灵
4	园艺与植物保护学院	周洪友	崔世茂	李小燕　李连国　庞保平 赵　君　霍秀文	高　慧
5	林学院	秦富仓	高润宏	马秀枝　白玉娥　安慧君 张秀卿　段广德	马秀枝
6	草原与资源环境学院	红　梅	韩国栋	石凤翎　李造哲　李海港 李　斐　赵萌莉	石英华
7	沙漠治理学院	左合君	高　永	王树森　成格尔　许　丽 孙　旭　李钢铁　凌　侠 崔向新	杨　霞
8	机电工程学院	武　佩	李海军	田海清　杜文亮　李旭英 陈　智　郁志宏　钱珊珠 葛丽娟	刘　飞
9	水利与土木建筑工程学院	屈忠义	张　生	史海滨　李　平　李瑞平 张圣微　姚占全　贾德彬 冀鸿兰	郑晓波
10	材料科学与艺术设计学院	黄金田	高晓霞	王　丽　王　欣　王雅梅 李　奇　吴日哲	赵胜利
11	经济管理学院	乔光华	盖志毅	乌云花　田艳丽　刘秀梅 杜富林　张心灵　赵元凤 赵益平	周　杰
12	食品科学与工程学院	董同力嘎	双　全	王俊国　吉日木图　张和平 张美莉　陈忠军　孟和毕力格 贺银凤　郭　军　靳　烨	李忠军
13	计算机与信息工程学院	高　静	潘　新	王　健　刘　霞　李宏慧 李美安　薛河儒	赵海萍
14	生命科学学院	付和平	李国婧	万　方　王玉珍　白　薇 冯福应　赵国芬	梁　燕

（续表）

序号	学院	主任委员	副主任委员	委员	秘书
15	人文社会科学学院	张银花	郭宝亮	王利清　杨慧兰　张建新 阿茹罕　格日勒图	白萨如拉
16	外国语言学院	徐莉林	娜日苏	王爱枝　任云岚　何　英 张晓华　武彦君	孙　杨
17	理学院	吴国荣	盛显良	王克冰　布和额尔敦　闫祖威 许　辉　李凤敏　杨丽英 阿木古楞	吕世杰
18	能源与交通工程学院	王国忠	韩巧丽	刘树民　张　雁　陈松利 戚春华　梁　鸿	刘文忠
19	马克思主义学院	高丽萍	霍如涛	刀丽芳　付国强　杨慧敏 孙　雳　杨曙光　段兴华	乌兰巴特尔

非常设机构（领导小组）

序号	机构名称	组长（主任）	副组长（副主任）	成员	办公室	办公室主任（秘书长）
1	党建工作领导小组	王万义	高聚林 黄龙海 芒　来 乔　彪 哈斯巴根 刘廷玺 王效亮 王怀栋	吕清禄　王忠东　樊文斌 包庆丰　王永明　张　文 付建军　李伟威　王喜明 韩瑞平　包国荣　吴玉红 郭文瑞　马　强　吴恒志 赵云虎　郝锁柱　云荣义 陆海平　李俊霞　王智广 郑培亮　包革命　张星杰 曹渊清　赵学刚　姜体忠 靳小平　李立峰　王俊生 金宝明　王平平　米继伟 杨海升　杨红蕾　郭松朋 李淑玲　胡宁宝	组织部	吕清禄
2	意识形态工作领导小组	王万义 高聚林	黄龙海 芒　来 乔　彪 哈斯巴根 塔　娜 刘廷玺 王效亮 王怀栋	吕清禄　王忠东　樊文斌 包庆丰　王永明　张　文 付建军　李伟威　牟献友 赵柏峰　铁　牛　王喜明 陈世体　冀兆荣　韩瑞平 赵国年　周　浩　杨海升 燕　飞　杨红蕾　孙云霞 郭松朋　张文广　王　锐	宣传部	王忠东
3	统一战线工作领导小组	王万义	黄龙海 王效亮	吕清禄　王忠东　樊文斌 包庆丰　王永明　张　文 包国荣　吴玉红　郭文瑞 马　强　吴恒志　赵云虎 郝锁柱　云荣义　陆海平 李俊霞　王智广　郑培亮 包革命　张星杰　曹渊清 赵学刚　姜体忠　靳小平 李立峰　王俊生　金宝明 王平平　米继伟　杨海升 杨红蕾　郭松朋　李淑玲 胡宁宝	统战部	张　文
4	党务公开工作领导小组	王万义	高聚林 黄龙海 哈斯巴根 王效亮	芒　来　乔　彪　刘廷玺 王怀栋　吕清禄　王忠东 樊文斌　包庆丰　王永明 张　文　付建军　赵柏峰 韩瑞平　苏　和	党政办公室	王永明

（续表）

序号	机构名称	组长（主任）	副组长（副主任）	成员	办公室	办公室主任（秘书长）
5	民主评议行风工作领导小组	王万义	高聚林 黄龙海 芒 来 乔 彪 哈斯巴根 塔 娜 刘廷玺 王效亮 王怀栋	吕清禄 王忠东 樊文斌 包庆丰 王永明 付建军 李伟威 牟献友 赵柏峰 铁 牛 王喜明 陈世体 冀兆荣 韩瑞平 赵国年 周 浩 丁雪华 燕 飞 孙云霞 包国荣 吴玉红 郭文瑞 马 强 吴恒志 赵云虎 郝锁柱 云荣义 陆海平 李俊霞 王智广 郑培亮 包革命 张星杰 曹渊清 赵学刚 姜体忠 靳小平 李立峰 王俊生 金宝明 王平平 米继伟 杨海升 杨红蕾 郭松朋 李淑玲 胡宁宝	纪 委	哈斯巴根
6	保密工作委员会	王万义	哈斯巴根 王效亮	高聚林 黄龙海 芒 来 乔 彪 塔 娜 刘廷玺 王怀栋 吕清禄 王忠东 樊文斌 包庆丰 王永明 张 文 牟献友 赵柏峰 铁 牛 王喜明 冀兆荣 赵国年 周 浩 苏 和 燕 飞 孙云霞 张文广 安 达 叶德成 赵秋霞 张祺乐	党政办公室	王永明
7	国家安全人民防线建设小组	王万义	乔 彪 王效亮	吕清禄 王忠东 王永明 赵柏峰 铁 牛 苏 和 燕 飞 孙云霞 张文广	党政办公室	王永明
8	人才工作领导小组	王万义	高聚林 芒 来 塔 娜 刘廷玺 王效亮	吕清禄 王忠东 王永明 张 文 牟献友 赵柏峰 铁 牛 王喜明 陈世体 冀兆荣 周 浩 丁雪华 杨海升 高宏伟 孙云霞	组织部	吕清禄
9	党校校务委员会	王万义	黄龙海 哈斯巴根 王效亮	吕清禄 王忠东 包庆丰 王永明 张 文 李伟威 王喜明 韩瑞平 杨海升 屈丰富	组织部	屈丰富
10	文明校园创建工作领导小组	王万义	黄龙海 乔 彪 王效亮	吕清禄 王忠东 包庆丰 王永明 付建军 李伟威 牟献友 赵柏峰 王喜明 陈世体 冀兆荣 韩瑞平 王俊生 金宝明 王平平 杨海升 燕 飞 杨红蕾 胡宁宝 王 锐	宣传部	王忠东

（续表）

序号	机构名称	组长（主任）	副组长（副主任）	成员	办公室	办公室主任（秘书长）
11	教职工思想政治工作领导小组	王万义	高聚林 黄龙海 芒　来 乔　彪 哈斯巴根 塔　娜 刘廷玺 王效亮 王怀栋	吕清禄　王忠东　包庆丰 王永明　付建军　李伟威 牟献友　赵柏峰　铁　牛 王喜明　陈世体　冀兆荣 韩瑞平　杨海升　郭松朋 王　锐	宣传部	王忠东
12	师德师风建设委员会	王万义 高聚林	黄龙海 芒　来 乔　彪 哈斯巴根 塔　娜 刘廷玺 王效亮 王怀栋	吕清禄　王忠东　包庆丰 王永明　付建军　李伟威 牟献友　赵柏峰　铁　牛 王喜明　韩瑞平　杨海升 郭松朋　王　锐	宣传部	王忠东
13	宗教工作领导小组	王万义	黄龙海 王效亮	吕清禄　王忠东　王永明 张　文　李伟威　牟献友 赵柏峰　铁　牛　王喜明 韩瑞平　席锁柱　米继伟 杨海升　燕　飞　孙云霞 郭松朋	统战部	张　文
14	全面从严治党工作领导小组	王万义	高聚林 黄龙海 哈斯巴根 王效亮 王怀栋	吕清禄　王忠东　樊文斌 包庆丰　王永明　杨海升	监察审计处	包庆丰
15	维护稳定工作领导小组	王万义	黄龙海 乔　彪 （常务） 王效亮	吕清禄　王忠东　包庆丰 王永明　张　文　付建军 李伟威　牟献友　赵柏峰 王喜明　陈世体　冀兆荣 韩瑞平　赵国年　燕　飞 杨红蕾　孙云霞　张文广 韩云亭	保卫处	燕　飞
16	思想政治理论课建设工作领导小组	王万义	黄龙海 刘廷玺 王效亮	王忠东　李伟威　牟献友 赵柏峰　铁　牛　王喜明 冀兆荣　韩瑞平　高丽萍 郭松朋　包　羽　亓　丹	马克思主义学院	高丽萍
17	法制宣传教育（普法依法治理）领导小组	王万义	黄龙海 哈斯巴根 王效亮	吕清禄　王忠东　包庆丰 王永明　张　文　付建军 李伟威　牟献友　韩瑞平 高丽萍　张银花　杨海升 燕　飞　王　锐	宣传部	王忠东

（续表）

序号	机构名称	组长（主任）	副组长（副主任）	成员	办公室	办公室主任（秘书长）
18	网络与信息安全工作领导小组	王万义 高聚林	黄龙海 刘廷玺 王效亮 王怀栋	吕清禄 王忠东 包庆丰 王永明 付建军 李伟威 牟献友 赵柏峰 铁　牛 王喜明 陈世体 冀兆荣 韩瑞平 赵国年 周　浩 燕　飞 杨红蕾 孙云霞 张文广 包国荣 吴玉红 郭文瑞 马　强 吴恒志 赵云虎 郝锁柱 云荣义 陆海平 李俊霞 王智广 郑培亮 包革命 张星杰 曹渊清 赵学刚 姜体忠 靳小平 李立峰 苏　和 杨海升 王俊生 金宝明 王平平 米继伟 郭松朋 李淑玲 胡宁宝	宣传部	王忠东
19	校园文化建设领导小组	王万义	黄龙海 乔　彪 刘廷玺 王效亮	吕清禄 王忠东 包庆丰 王永明 付建军 李伟威 牟献友 赵柏峰 铁　牛 王喜明 陈世体 冀兆荣 韩瑞平 张银花 高丽萍 彭　恩 杨海升 燕　飞	宣传部	王忠东
20	红十字会理事会	王万义	乔　彪	王忠东 付建军 李伟威 冀兆荣 韩瑞平 李一吉 冯文进 孟　斌	校医院	孟　斌
21	民族教育工作委员会	高聚林	黄龙海 芒　来 塔　娜 刘廷玺 王怀栋	吕清禄 王忠东 李伟威 牟献友 赵柏峰 铁　牛 王喜明 陈世体 冀兆荣 韩瑞平 赵国年 包国荣 曹金山 金宝明 红　梅 张　旭 安　达	教务处	牟献友
22	档案工作委员会	高聚林		吕清禄 王忠东 包庆丰 付建军 李伟威 牟献友 赵柏峰 铁　牛 王喜明 陈世体 冀兆荣 韩瑞平 赵国年 周　浩 丁雪华 苏　和 燕　飞 杨红蕾 孙云霞 张文广	党政办公室	王永明
23	校务公开工作领导小组	高聚林	哈斯巴根 王怀栋	吕清禄 王忠东 包庆丰 王永明 付建军 牟献友 赵柏峰 铁　牛 王喜明 陈世体 冀兆荣 韩瑞平 赵国年 苏　和	党政办公室	王永明

（续表）

序号	机构名称	组长（主任）	副组长（副主任）	成员	办公室	办公室主任（秘书长）
24	信访工作领导小组	高聚林	哈斯巴根 王怀栋	吕清禄　王忠东　包庆丰 王永明　付建军　赵柏峰 陈世体　韩瑞平　杨海升 燕　飞　杨红蕾	监察审计处	包庆丰
25	计划生育工作委员会	高聚林	乔　彪 王怀栋	吕清禄　王忠东　王永明 付建军　李伟威　牟献友 赵柏峰　王喜明　陈世体 冀兆荣　韩瑞平　李立峰 苏　和　赵秋霞 塔　娜（人事处） 孟　斌　邢晋凌	党政办公室	王永明
26	教学工作委员会	高聚林	芒　来 乔　彪 塔　娜 刘廷玺（常务） 王怀栋	包庆丰　王永明　李伟威 牟献友　赵柏峰　铁　牛 王喜明　陈世体　冀兆荣 韩瑞平　赵国年　周　浩 周忠祥　丁雪华　付学良 金宝明　张　旭　孙云霞 张文广　王治国	教务处	牟献友
27	外聘工管理委员会	高聚林	乔　彪 哈斯巴根 塔　娜（常务） 刘廷玺 王怀栋	包庆丰　王永明　牟献友 赵柏峰　陈世体　冀兆荣 李立峰　王　耀　高宏伟 任燕刚　燕　飞　郗福兵	人事处	赵柏峰
28	科技工作领导小组	高聚林	芒　来 王怀栋	包庆丰　王永明　李伟威 牟献友　赵柏峰　铁　牛 王喜明　陈世体　冀兆荣 赵国年　周忠祥　丁雪华 付学良　张文广　刘金泉	科技处	铁　牛
29	学位评定委员会	高聚林	芒　来 乔　彪 塔　娜 刘廷玺 王怀栋	李正英　牟献友　赵柏峰 王喜明　韩瑞平　赵国年 丁雪华　刘景辉　齐景伟 曹金山　樊明寿　周洪友 秦富仓　红　梅　左合君 武　佩　屈忠义　黄金田 乔光华　董同力嘎 高　静　付和平　张银花 徐莉林　吴国荣　王国忠 彭　恩　高丽萍　席锁柱 张文广	研究生院	王喜明

（续表）

序号	机构名称	组长 （主任）	副组长 （副主任）	成员	办公室	办公室主任 （秘书长）
30	招生工作委员会	高聚林	黄龙海 （常务） 芒　来 哈斯巴根 刘廷玺 王怀栋	包庆丰　王永明　牟献友 王喜明　陈世体　冀兆荣 韩瑞平　赵国年　丁雪华 燕　飞　张文广　齐景伟 曹金山　樊明寿　周洪友 秦富仓　红　梅　左合君 武　佩　屈忠义　黄金田 乔光华　董同力嘎 高　静　付和平　张银花 徐莉林　吴国荣　席锁柱 王国忠　张　旭　乌力吉	招生就业处	赵国年
31	毕业生就业工作领导小组	高聚林	黄龙海 王怀栋	吕清禄　王忠东　王永明 李伟威　牟献友　赵柏峰 王喜明　陈世体　冀兆荣 韩瑞平　赵国年　丁雪华 张殿福　燕　飞　乌力吉	招生就业处	赵国年
32	政府采购工作领导小组	高聚林	芒　来 乔　彪 塔　娜 刘廷玺 王怀栋	包庆丰　王永明　付建军 牟献友　铁　牛　王喜明 陈世体　冀兆荣　周　浩 李登明	国有资产管理处	周　浩
33	校园治安综合治理委员会	高聚林	乔　彪 王怀栋	吕清禄　王忠东　包庆丰 王永明　付建军　李伟威 牟献友　赵柏峰　铁　牛 王喜明　陈世体　冀兆荣 韩瑞平　赵国年　周　浩 燕　飞　孙云霞　张文广 席锁柱　包国荣　吴玉红 郭文瑞　马　强　吴恒志 赵云虎　郝锁柱　云荣义 陆海平　李俊霞　王智广 郑培亮　包革命　张星杰 曹渊清　赵学刚　姜体忠 靳小平　李立峰　杨海升 王俊生　金宝明　王平平 米继伟　杨红蕾　郭松朋 李淑玲　胡宁宝　海　明 韩云亭	保卫处	燕　飞
34	外事工作领导小组	高聚林		王怀栋　吕清禄　包庆丰 牟献友　赵柏峰　铁　牛 王喜明　冀兆荣　孙云霞	国际交流与合作处	孙云霞
35	引进国外优质教育资源工作领导小组	高聚林	塔　娜 刘廷玺 王怀栋	王永明　牟献友　赵柏峰 铁　牛　王喜明　陈世体 冀兆荣　韩瑞平　赵国年 丁雪华　席锁柱　张　旭 孙云霞　刘翠兰　高　讷	教务处	牟献友

（续表）

序号	机构名称	组长（主任）	副组长（副主任）	成员	办公室	办公室主任（秘书长）
36	图书情报与信息化建设管理委员会	高聚林	乔　彪 塔　娜 刘廷玺（常务） 王怀栋	吕清禄　王忠东　包庆丰 王永明　李伟威　牟献友 赵柏峰　铁　牛　王喜明 陈世体　冀兆荣　韩瑞平 赵国年　周　浩　丁雪华 付学良　米继伟　陈广顺 燕　飞　张文广　范长岭 李　新　石瑞峰　麻海雷 阮　福	信息与网络中心	张文广
37	全国重点建设职教师资培养培训基地工作领导小组	高聚林	芒　来 王怀栋	牟献友　铁　牛　王喜明 陈世体　冀兆荣　付学良 齐景伟　曹金山　樊明寿 周洪友　红　梅　武　佩 屈忠义　黄金田　乔光华 董同力嘎　高　静 付和平　王国忠　张　旭 刘景辉	乡村振兴研究院	刘景辉
38	《内蒙古农业大学学报》（自然科学版）编委会	高聚林	芒　来 苏德毕力格	（按姓氏笔画排序） 王怀栋　王国忠　王喜明 左合君　付和平　付学良 刘景辉　芒　来　刘廷玺 齐景伟　牟献友　红　梅 苏双平　苏德毕力格 吴国荣　张文广　武　佩 周洪友　屈忠义　赵怀青 秦富仓　铁　牛　高　静 高聚林　黄金田　曹金山 塔　娜　董同力嘎 樊明寿		
39	《内蒙古农业大学学报》（社会科学版）编委会	高聚林	芒　来 苏德毕力格	（按姓氏笔画排序） 丁雪华　王小智　王永明 王忠东　王效亮　王喜明 付建军　包庆丰　芒　来 吕清禄　乔光华　乔　彪 牟献友　苏双平 苏德毕力格　李伟威 汪建平　张　文　张银花 赵国年　赵柏锋 哈斯巴根　铁　牛 徐莉林　高丽萍　高聚林 席锁柱　彭　恩　韩瑞平 冀兆荣		

（续表）

序号	机构名称	组长（主任）	副组长（副主任）	成员	办公室	办公室主任（秘书长）
40	《内蒙古农业大学学报》（蒙古文综合版）编委会	芒　来	苏德毕力格	（以蒙古文字母为序） 阿木古楞　敖特根巴雅尔 敖特根其木格　吴玉红 毕力格巴图　包国荣 包庆丰　宝音都仍 布和额尔敦　红　梅 格日勒图　芒　来 席锁柱　苏德毕力格 苏双平　塔　娜 特木尔布和　铁　牛 董同力嘎		
41	内部管理体制改革工作组	黄龙海	乔　彪 塔　娜 刘廷玺 王效亮	吕清禄　王忠东　包庆丰 王永明　付建军　牟献友 赵柏峰　铁　牛　王喜明 陈世体　冀兆荣　韩瑞平 丁雪华　高宏伟　郗福兵 塔　娜（人事处）	人事处	赵柏峰
42	大学生社会实践和科技创新活动领导小组	黄龙海	芒　来 刘廷玺 王效亮	吕清禄　王忠东　李伟威 牟献友　铁　牛　王喜明 陈世体　冀兆荣　韩瑞平 赵国年　李一吉	团委	李伟威
43	学生工作委员会	黄龙海		吕清禄　王忠东　李伟威 牟献友　王喜明　陈世体 冀兆荣　韩瑞平　赵国年 李一吉　燕　飞　白海林 王瑞梅　杨　毅	学生工作处	韩瑞平
44	学生奖助工作领导小组	黄龙海	芒　来 刘廷玺 王怀栋	包庆丰　李伟威　牟献友 王喜明　陈世体　冀兆荣 韩瑞平　赵国年　李一吉 郭政文　白东义　白海林 王瑞梅　杨　毅	学生工作处	韩瑞平
45	学生公寓管理工作委员会	黄龙海	乔　彪 王怀栋	王忠东　李伟威　牟献友 王喜明　陈世体　韩瑞平 杨　毅　车艳秋	学生工作处	韩瑞平
46	征兵工作领导小组	黄龙海		王忠东　李伟威　牟献友 冀兆荣　韩瑞平　赵国年 李一吉　白海林　王瑞梅 杨　毅	学生工作处	韩瑞平
47	蒙古语言文字工作委员会	芒　来	黄龙海 刘廷玺	吕清禄　王忠东　牟献友 铁　牛　王喜明　高丽萍 金宝明　苏德毕力格 张　旭　白海林　王雪鹏 张文广　安　达	教务处	金宝明

（续表）

序号	机构名称	组长（主任）	副组长（副主任）	成员	办公室	办公室主任（秘书长）
48	老龄工作委员会	乔　彪	塔　娜 王怀栋	吕清禄　王忠东　王永明 付建军　赵柏峰　陈世体 冀兆荣　高宏伟　杨红蕾 王　雁　孟　斌	离退休人员工作处	杨红蕾
49	关心下一代工作委员会	乔　彪	郑俊宝（常务） 高　潮 厚福祥	吕清禄　王忠东　王永明 韩瑞平　樊文斌　李立峰 齐海光　金曙光　包福祥 斯日古楞（动科院） 张爱荣　李利军　支中生 杨忠仁　孙佰筠　王志强 方　亮　刘漫中　金　洪 彭　静　胡春元　许　驭 刘伟峰　杨逸隆　王耀强 李振威　郑宏奎　张梅令 斯日古楞（经管院） 杨建军　乌　兰　田　军 关绥安　秦海英　魏建民 李金华　云月华　曹立军 冯淑琴　邹爱婕　马书申 常　亮　王艳琴　胡　燕 康长志　吴兴梅		杨红蕾
50	节约型校园建设工作领导小组	乔　彪	芒　来 刘廷玺 王怀栋	王忠东　那森巴雅尔 包庆丰　王永明　付建军 牟献友　铁　牛　陈世体 冀兆荣　韩瑞平　周　浩 丁雪华　于庆峰　郭　炜	后勤管理处	陈世体
51	食品卫生安全工作领导小组	乔　彪		王怀栋　王永明　李伟威 陈世体　韩瑞平　李登明 燕　飞　陈立永　孟　斌	后勤管理处	陈世体
52	安全生产工作领导小组	乔　彪		那森巴雅尔　王永明 牟献友　陈世体　周忠祥 任燕刚　于庆峰　燕　飞 郭　炜　杨　毅　陈立永 孟　斌　周春生　吴中立 杨利平　寇起旺	后勤管理处	陈世体
53	爱国卫生绿化工作委员会	乔　彪		王忠东　那森巴雅尔 王永明　李伟威　陈世体 韩瑞平　李立峰　冯文进 燕　飞　郭　炜　杨　毅 陈立永　孟　斌	后勤管理处	陈世体
54	防范和处理邪教问题工作领导小组	乔　彪		吕清禄　王忠东　樊文斌 王永明　张　文　付建军 李伟威　赵柏峰　陈世体 韩瑞平　席锁柱　燕　飞 孙云霞　张文广　海　明 韩云亭	保卫处	燕　飞

（续表）

序号	机构名称	组长（主任）	副组长（副主任）	成员	办公室	办公室主任（秘书长）
55	消防安全委员会	乔　彪		王忠东　那森巴雅尔　王永明　李伟威　牟献友　赵柏峰　铁　牛　王喜明　陈世体　冀兆荣　韩瑞平　周　浩　付学良　周忠祥　高　静　李立峰　任燕刚　燕　飞　杨红蕾　张文广　郭　炜　陈立永　海　明　韩云亭	保卫处	燕　飞
56	援外培训工作领导小组	乔　彪		冀兆荣　席锁柱　任燕刚　孙云霞	资产经营公司	任燕刚
57	学生申诉委员会	哈斯巴根		樊文斌　包庆丰　李伟威　牟献友　韩瑞平　杨海升	监察审计处	包庆丰
58	科技园区建设领导小组	刘廷玺	芒　来　乔　彪　王怀栋	那森巴雅尔　包庆丰　王永明　牟献友　铁　牛　王喜明　陈世体　冀兆荣　周　浩　周忠祥　丁雪华　王立中　胡宁宝	科技园区管理办公室	周忠祥
59	教学基本建设委员会	刘廷玺	芒　来　塔　娜　王怀栋	李正英　包庆丰　王永明　牟献友　铁　牛　赵柏峰　王喜明　陈世体　冀兆荣　丁雪华　韩瑞平　李伟威　赵国年　周　浩　付学良　金宝明　张　旭　孙云霞　张文广　刘翠兰　王治国	教务处	牟献友
60	文化素质教育领导小组	刘廷玺	黄龙海　王怀栋	吕清禄　王忠东　王永明　付建军　李伟威　牟献友　赵柏峰　铁　牛　王喜明　陈世体　冀兆荣　韩瑞平　赵国年　张银花　高丽萍　付学良　张　旭　燕　飞　张文广	教务处	牟献友
61	实践教学工作委员会	刘廷玺	芒　来　乔　彪	李正英　牟献友　铁　牛　王喜明　陈世体　冀兆荣　周　浩　周忠祥　张　旭　刘翠兰　王治国	教务处	牟献友
62	教材建设委员会	刘廷玺		包庆丰　牟献友　铁　牛　王喜明　冀兆荣　赵国年　付学良　金宝明　张　旭　张文广	教务处	牟献友
63	体育运动委员会	刘廷玺	黄龙海	吕清禄　王忠东　王永明　付建军　李伟威　牟献友　赵柏峰　王喜明　陈世体　冀兆荣　韩瑞平　赵国年　彭　恩　赵福顺　燕　飞	体育教学部	彭　恩

党建与思想政治工作

组织工作

概况

在自治区党委组织部、自治区高校工委的指导下，在学校党委的领导下、在全校各部门的大力支持配合下，组织部坚持以习近平新时代中国特色社会主义思想和党的十九大精神为指导，按照新时代党的建设总要求，遵循组织推动、思想引领、质量提升、自身过硬的工作思路，以贯彻落实学校第三次党代会精神为主线，围绕“不忘初心、牢记使命”主题教育、基层组织建设、干部队伍建设、高校党建工作重点任务贯彻落实等方面的重点工作，不断推进全面从严治党向纵深发展，不断夯实基层党组织基础，不断提高学校干部队伍的质量和水平，不断强化自身队伍建设，为建设特色鲜明的高水平农业大学提供坚强组织保证。

干部队伍建设

一是召开学校第三次党代会，选举产生了新一届党的委员会和纪律检查委员会，完成党委领导班子换届工作。二是严格执行干部推荐、考察、任用等环节程序，完成全校210名（校本部146名，职院64名）处级干部的聘任工作。三是加强干部队伍教育培训。先后选派6名干部参加自治区党校等培训学习，选派5名干部参加自治区双休日讲座，组织处级以上干部参加内蒙古干部网络培训学院的网络在线学习。增派2名博士教师赴四子王旗扶贫点扶贫，选派1名干部赴旗县区挂职锻炼，对4名挂职锻炼干部进行期满考核。配合自治区高校工委组织部在江西井冈山市组织了全区高校年轻干部党性修养专题培训班。四是从严干部管理。严格执行处级干部请销假制度、外出告知制度、个人事项报告及组织处理制度，制定《内蒙古农业大学领导干部配偶、子女及其配偶经商办企业禁业范围》，依照规定对未如实报告的干部进行了批评教育、诫勉谈话等组织处理。五是协助做好领导班子运行和优秀年轻干部调研工作，完成带病提拔集中倒查、正处级干部档案核查等工作。六是加大干部信息化建设。及时更新完善处级干部信息库，完成自治区党委管理干部培训信息校核补录工作。

基层组织建设

一是持续抓好政治理论学习。始终坚持把党的政治建设摆在首位，结合“不忘初心、牢记使命”主题教育，举办党组织书记专题学习研讨班，学习习近平新时代中国特色社会主义思想、党的十九大和党的十九届四中全会精神，深入学习习近平总书记关于内蒙古重要讲话重要指示批示精神、习近平关于教育的重要论述以及给全国涉农高校的回信精神等内容。二是扎实推进基层党组织建设。结合新一轮处级领导干部调整，完成了全校分党委（党总支）的换届选举工作，选优配强了分党委、党总支班子；积极推进教师党支部书记“双带头人”培育工程；加大党支部书记队伍建设力度，举办党支部书记素质能力培训班，分4期集中组织党支部书记赴德胜沟红色教育基地、乌兰夫故居开展学习教育，实现党支部书记培训全覆盖。邀请自治区高校工委组织部闫志宏作发展党员工作专题培训。三是组织参加全国高校“党建双创”工作。机电工程学院社会实践临时党支部获批教育部第二批全国“党建工作样板党支部”，水利与土木建筑工程学院党委完成“全国党建工作标杆院系”中期考核验收。四是严格要求规范程序，做好年度党员发展工作。全年，举办入党积极分子培训班39期，培训入党积极分子2 498人；发展对象培训班37期，培训发展对象1 250人。完成1 279名党员的年度发展计划，其中发展青年教职工党员8名，研究生学生193名，本（专）科学生党员1 075名。五是加强党费的收缴、使用和管理。指导全校各基层党组织利用党费专用账户做好党费收缴、使用和管理工作，引导基层党组织和党员提高对党费收缴、使用和管理工作的认识，提高党员交纳党费的自觉性，切实做好党费的收缴、使用和管理工作。六是完善党员信息化管理。扎实开展党组织和党员信息采集、维护工作。坚持用好全国党员管理信息系统，做到及时更新维护、充分做好党员数据信息统计工作。七是开展庆祝建党98周年，庆祝中华人民共和国成立70周年系列活动。结合工作实际，以建党98周年、中华人民共和国成立70周年为契机，通过现场教育、党日活动、读书交流、诵读经典、知识竞赛等灵活丰富的学习载体，传承红色基因、践行初心使命、厚植爱国情怀。苏金梅同志获全区优秀共产党员，贺斐等3名同志获全区高等学校优秀共产党员，王丽萍等4名同志获全区高等学校优秀党务工作者，经济管理学院等3个单位获全区高等学校先进基层党组织。八是继续推进“精品党日”创建评选活动。评选出校级“精品党日”12项，不断加强对“精品党日”的宣传与推广，发挥“精品党日”的示范引领作用，促进学校党建工作更具特色、更有抓手、更出成效。九是党员服务站建设创新突破。依托校院两级党员服务站，申报团中央“追寻红色足迹·情系圣地发展”2019年全国大学生延安暑期社会实践专项活动，并获批成为全国百所院校之一。师生党员一行6人赴延安开展“传承红色基因，厚植家国情怀”暑期社会实践活动，实地感悟“延安精神”，探究梁家河“大学问”，践行“不忘初心、牢记使命”。

各基层党组织、党员分类情况统计表

截至 2019 年 12 月 31 日

序号	基层党组织	党员人数							在岗职工人数	学生总数	研究生人数	本专科人数	党员比例（%）			
		合计	教工党员			学生党员										
			小计	在职	离退休	小计	研究生	本专科生					在岗职工党员	学生党员	研究生党员	本专科学生党员
1	动物科学学院党委	189	44	44	0	145	62	83	76	1 404	192	1 212	57. 89	10. 33	32. 29	6. 85
2	兽医学院党委	261	54	54	0	207	95	112	77	1 766	236	1 530	70. 13	11. 72	40. 25	7. 32
3	农学院党委	137	41	41	0	96	48	48	53	936	124	812	77. 36	10. 26	38. 71	5. 91
4	园艺与植物保护学院党委	138	45	45	0	93	48	45	66	991	140	851	68. 18	9. 38	34. 29	0
5	林学院党委	210	51	51	0	159	58	101	87	2 101	322	1 779	58. 62	7. 57	18. 01	5. 68
6	草原与资源环境学院党总支	225	66	66	0	159	96	63	98	1 343	233	1 110	67. 35	11. 84	41. 20	5. 68
7	沙漠治理学院党总支	196	40	40	0	156	78	78	65	1 502	195	1 307	61. 54	10. 39	40. 00	5. 97
8	机电工程学院党委	258	68	68	0	190	47	143	100	2 259	133	2 126	68. 00	8. 41	35. 34	6. 73
9	水利与土木建筑工程学院党委	279	71	71	0	208	76	132	108	2 509	187	2 322	65. 74	8. 29	40. 64	5. 68
10	材料科学与艺术设计学院党委	162	51	51	0	111	35	76	80	1 570	104	1 466	63. 75	7. 07	33. 65	5. 18
11	经济管理学院党委	361	73	73	0	288	83	205	108	3 142	395	2 747	67. 59	9. 17	21. 01	7. 46
12	食品科学与工程学院党委	296	54	54	0	242	71	171	88	2 173	350	1 823	61. 36	11. 14	20. 29	9. 38
13	计算机与信息工程学院党委	138	50	50	0	88	20	68	71	1 616	59	1 557	70. 42	5. 45	33. 90	4. 37
14	生命科学学院党委	149	41	41	0	108	36	72	78	1 090	98	992	52. 56	9. 91	36. 73	7. 26
15	人文社会科学学院党委	149	32	32	0	117	34	83	40	1 719	411	1 308	80. 00	6. 81	8. 27	6. 35

（续表）

序号	基层党组织	党员人数							在岗职工人数	学生总数	研究生人数	本专科人数	党员比例（%）			
		合计	教工党员			学生党员							在岗职工党员	学生党员	研究生党员	本专科学生党员
			小计	在职	离退休	小计	研究生	本专科生								
16	外语语言学院党委	68	50	50	0	18	0	18	101	375	0	375	49.50	4.80	0	4.80
17	理学院党委	124	87	87	0	37	1	36	136	641	20	621	63.97	5.77	5.00	5.80
18	能源与交通工程学院党委	115	39	39	0	76	12	64	51	1 148	44	1 104	76.47	6.62	27.27	5.80
19	马克思主义学院党总支	54	36	36	0	18	18	0	52	37	37	0	69.23	48.65	48.65	0
20	机关第一党总支	45	45	45	0	0	0	0	90	121	0	121	50.00	0	0	0
21	机关第二党总支	81	81	81	0	0	0	0	132	0	0	0	61.36	0	0	0
22	机关第三党总支	49	49	49	0	0	0	0	73	29	0	29	67.12	0	0	0
23	后勤党总支	128	128	128	0	0	0	0	202	0	0	0	63.37	0	0	0
24	基础教育中心党总支	69	69	69	0	0	0	0	436	0	0	0	15.83	0	0	0
25	图书馆党总支	33	33	33	0	0	0	0	73	0	0	0	45.21	0	0	0
26	体育教学部党总支	32	32	32	0	0	0	0	51	0	0	0	62.75	0	0	0
27	离退休人员工作处党总支	489	489	6	483	0	0	0	8	0	0	0	75.00	0	0	0
28	职业技术学院党委	648	352	352	0	296	0	296	481	6 519	0	6 519	73.18	4.54	0	4.54
合　计		5 083	2 271	1 788	483	2 812	918	1 894	3 081	34 991	3 280	31 711	58.03	8.04	27.99	5.97

各基层党组织年度发展党员情况统计表 截至2019年12月31日

序号	基层党组织	总计	其中		在岗职工	学生			其他
			女	少数民族		合计	研究生	本科生	
1	动物科学学院党委	56	26	18	0	56	13	43	0
2	兽医学院党委	78	54	22	0	78	23	55	0
3	农学院党委	47	32	5	1	46	14	32	0
4	园艺与植物保护学院党委	49	38	5	0	49	20	29	0
5	林学院党委	83	62	23	0	83	13	70	0
6	草原与资源环境学院党总支	59	44	16	0	59	14	45	0
7	沙漠治理学院党总支	64	45	20	1	63	12	51	0
8	机电工程学院党委	78	15	15	0	78	15	63	0
9	水利与土木建筑工程学院党委	99	48	14	1	98	12	86	0
10	材料科学与艺术设计学院党委	57	34	10	0	57	5	52	0
11	经济管理学院党委	107	94	25	0	107	9	98	0
12	食品科学与工程学院党委	83	63	7	0	83	13	70	0
13	计算机与信息工程学院党委	52	34	9	0	52	6	46	0
14	生命科学学院党委	54	46	9	0	54	11	43	0
15	人文社会科学学院党委	55	47	31	0	55	5	50	0
16	外语语言学院党委	13	11	4	0	13	0	13	0
17	理学院党委	24	16	2	0	24	1	23	0
18	能源与交通工程学院党委	41	22	3	0	41	2	39	0
19	马克思主义学院党总支	5	4	5	0	5	5	0	0
20	机关第一党总支	0	0	0	0	0	0	0	0
21	机关第二党总支	0	0	0	0	0	0	0	0
22	机关第三党总支	0	0	0	0	0	0	0	0
23	后勤党总支	0	0	0	0	0	0	0	0
24	基础教育中心党总支	2	2	0	2	0	0	0	0
25	图书馆党总支	0	0	0	0	0	0	0	0
26	体育教学部党总支	0	0	0	0	0	0	0	0
27	离退休人员工作处党总支	0	0	0	0	0	0	0	0
28	职业技术学院党委	170	84	28	3	167	0	167	0
合　计		1 276	821	271	8	1 268	193	1 075	0

职业技术学院党委各基层党组织、党员分类情况统计表

截至2019年12月31日

序号	基层党组织	党员人数（人）							党支部数（个）		
		合计	教工党员			学生党员			合计	学生党支部数	教职工党支部数
			小计	在职	离退休	小计	本科生	专科生			
1	园艺园林技术系党总支	55	26	26	0	29	24	5	3	2	1
2	畜牧兽医技术系党总支	48	21	21	0	27	17	10	2	1	1
3	食品工程技术系党总支	57	23	23	0	34	33	1	3	2	1
4	经济管理系党总支	71	22	22	0	49	39	10	4	3	1
5	建筑工程技术系党总支	47	20	20	0	27	19	8	2	1	1
6	计算机技术与信息管理系党总支	55	11	11	0	44	40	4	2	1	1
7	艺术设计系党总支	54	18	18	0	36	27	9	2	1	1
8	车辆工程技术系党总支	39	13	13	0	26	24	2	2	1	1
9	旅游管理系党总支	41	16	16	0	25	16	9	2	1	1
10	教学党总支	62	62	62	0	0	0	0	4	0	4
11	机关党总支	52	52	52	0	0	0	0	3	0	3
12	后勤管理与保卫处党总支	52	52	52	0	0	0	0	3	0	3
合　计		633	336	336	0	297	239	58	32	13	19

职业技术学院党委党支部基本情况统计表

截至2019年12月31日

序号	基层党组织	党支部总数	学生党支部数	教职工党支部数
1	园艺园林技术系党总支	3	2	1
2	畜牧兽医技术系党总支	2	1	1
3	食品工程技术系党总支	3	2	1
4	经济管理系党总支	4	3	1
5	建筑工程技术系党总支	2	1	1
6	计算机技术与信息管理系党总支	2	1	1
7	艺术设计系党总支	2	1	1
8	车辆工程技术系党总支	2	1	1
9	旅游管理系党总支	2	1	1
10	教学党总支	4	0	4
11	机关党总支	3	0	3
12	后勤管理与保卫处党总支	3	0	3
合　计		32	13	19

职业技术学院党委各基层党组织年度发展党员情况统计表

截至2019年12月31日

序号	基层党组织	总计	其中		在岗职工	学生			其他
			女	少数民族		合计	本科生	专科生	
1	园艺园林技术系党总支	18	10	3	0	18	12	6	
2	畜牧兽医技术系党总支	20	7	6	0	20	11	9	
3	食品工程技术系党总支	14	8	2	0	14	14	0	
4	经济管理系党总支	28	20	3	0	28	19	9	
5	建筑工程技术系党总支	16	4	4	1	15	10	5	
6	计算机技术与信息管理系党总支	23	11	5	0	23	20	3	
7	艺术设计系党总支	23	12	3	2	21	13	8	
8	车辆工程技术系党总支	17	4	2	0	17	15	2	
9	旅游管理系党总支	11	10	0	0	11	9	2	
10	教学党总支	0	0	0	0	0	0	0	
11	机关党总支	0	0	0	0	0	0	0	
12	后勤管理与保卫处党总支	0	0	0	0	0	0	0	
合　计		170	86	28	3	167	123	44	

宣传思想工作

概况

在自治区党委宣传部、高校工委和校党委的领导下，学校宣传思想工作以习近平新时代中国特色社会主义思想为指导，持续深入贯彻落实全国全区宣传思想工作会议和思想政治工作会议精神，落实中央、自治区党委重要决策部署，紧紧围绕“不忘初心、牢记使命”主题教育，在意识形态、理论武装、思想政治、舆论宣传等方面成效显著。

理论武装与思想政治工作

围绕学习贯彻习近平新时代中国特色社会主义思想，聚焦“不忘初心、牢记使命”主题教育，以专题培训、集中研讨、主题报告等形式，全年开展校党委理论学习中心组学习18次。4月25日自治区党委书记、人大常委会主任李纪恒来校看望广大师生并作形势政策报告。邀请知名专家学者作了题为《初心·使命·信仰——共产党人理想启航的原点》《深学笃用习近平新时代中国特色社会主义思想》和《深入学习习近平关于教育的重要论述》等专题辅导报告。为全校副处级以上党员领导干部发放《习近平新时代中国特色社会主义思想学习纲要》《党的十九届四中全会〈决定〉学习辅导百问》《新时代面对面》《深入学习习近平关于教育的重要论述》等书籍1 019本，全校师生党员、离退休党员发放“不忘初心、牢记使命”主题教育应知应会口袋书4 500本。印发了“不忘初心、牢记使命”主题教育简报30期，完成了自治区“不忘初心、牢记使命”主题教育简报组约稿23篇（件），展播了“我眼中的优秀共产党员”6期、7个微视频，其中《我眼中的优秀共产党员——苏金梅》微视频推送到“学习强国”内蒙古平台中展示。选送6期“倡议我响应、志愿我行动”，共24个典型案例。校党委书记王万义署名文章《永葆强农兴农初心，落实立德树人使命》于11月4日发布在内蒙古教育厅官微——内蒙古教育发布上。

组织全校师生学习习近平总书记给全国涉农高校的书记校长和专家代表回信精神，并参与自治区教育厅组织开展的回信精神学习大接龙活动。制定了《内蒙古农业大学思想政治工作质量提升工程实施措施（试行）》，组织遴选了7个“名师工作室”报送至自治区党委。

成立校级学习贯彻党的十九届四中全会精神宣讲团，在全校师生中开展党的十九届四中全会精神宣讲工作，开展“新时代讲习团”“老教授师德师风报告团”等专题报告40场。完成了“学校党委书记、校长、学院党委（党总支）书记、院长每学期至少为学生讲授1次思政理论课”的任务，并通过思政理论课、党课、团课、“青马班”、主题团日、理论学习社团等形式，在学生中开展政治理论学习、形势政策教育活动。与团委共同完成了春秋学期2次学生思想动态调查，发放教职工思想动态调查问卷10 500余份，并形成年度调查报告。

向自治区党委宣传部和高校工委起草上报了有关思想政治工作、意识形态工作总结以及各种项目书12份。完成了自治区“桃李之星”等活动的组织评选、推荐和宣传，1名学生荣获“桃李之星”称号，1名学生入选提名奖。完成了思政研究系列职称评审的组织申报工作，评定副高级职称1人，中级职称11人，直接申报认定中级职称人员16人。

意识形态工作

一是加大意识形态工作培训力度，先后邀请胡益华、李志、仲兆满等领导、专家来校作专题培训，提高干部意识形态工作能力。进一步强化了意识形态工作网格化管理，建立完善以学校党委、各分党委（党总支）、各党支部为基本单元的“三级网格化工作平台”，建立健全“日调度、周研判、月会商、重大敏感舆情随时会商”的舆情工作制。二是校党委与各处级单位签订了意识形态工作责任状，二级单位不断细化责任清单，责任逐项落实到班子成员、各科室相关人员以及具体负责人。三是在3月25日至27日对全校各单位开展了为期3天的意识形态风险大排查大抽查工作，对林学院等12个单位的意识形态工作责任落实情况开展了专项巡察。四是健全二级单位舆情信息及时报送制度和“调度、研判、会商”制度，研究制定了学校《网络意识形态责任清单》和《舆情应急处置预案》。妥善处理学校重大舆情事件3次，形成的汇报材料共48期。五是深入学习理解新形势下党的宗教工作方针政策，与统战部共同邀请中央统战部宗教研究中心副主任加润国研究员为全校处级干部和辅导员、班主任进行了宗教工作的培训。

宣传舆论工作

年内，学校新闻网主页发布新闻综合报道450余条，学院动态210条，通知公告200余条，共100余万字，发布新闻图片4 000余张、首页大图33张；蒙古文网站编、审、译校园新闻报道、文学作品等共计180余篇，主页滚动图片更新次数为96次，上传蒙古文歌曲欣赏作品30余条；全校LED屏幕上传学习标语、国内外要闻、校内新闻、通知公告等累计文字信息8 000余条、图片300余张、视频10余段；宣传橱窗制作宣传了习近平新时代中国特色社会主义思想、“全国两会”精神、“不忘初心、牢记使命”主题教育宣传、“扫黑除恶”专项工作宣传、“三全育人”“学生营养健康指南”等宣传内容10期、160余块；制作固定宣传展板7块、宣传条幅50余条，安装路灯灯杆宣传板196块；编辑出版发行校报蒙古文、汉文版各10期。拍摄了《于海俊先进事迹报告会》和《我和我的祖国》快闪。与国家和自治区主流媒体联系并完成采访、发布新闻稿40余篇，推荐各类专家咨询40余人次。在自治区教育厅网站“高校动态”专栏发布学校信息90条。

规范、整合了各单位新媒体的运行管理，与信息与网络中心共同完成了各单位二级网站开设、变更、关闭的审定、备案工作。完成了新一届学生记者团的换届工作，对75名学生记者进行了新闻采访与写作、摄影摄像、美术设计、计算机操作技术、电子屏幕操作方法等专门培训。对校史馆解说员进行了讲解、礼仪、语言的专业培训。

文明校园创建和法制宣传教育工作

持续推进文明校园创建工作，学校被自治区文明办、教育厅评为2019年度内蒙古自治区文明校园。深入挖掘典型，继续推进师德师风建设，开展了师德师风、社会主义核心价值观、法治中国、两会解读等宣讲20场，统筹开展了“中国梦·尽责圆梦”主题教育活动，开展全校学生毕业季文字、摄影、摄像征集活动。与团学等部门联合开展了“升国旗”开学第一课、庆祝中华人民共和国成立70周年“我和我的祖国”系列活动、第二届自治区大学生文化艺术节、第十二届校园那达慕大会等十余项校园文化和“民族团结进步月”主题教育活动等相关活动，唱响“爱祖国，担大任，做新人”主题，积极营造良好的民族团结教育氛围。统筹推进学校“七五”法治宣传教育规划的落实、总结，按照上级要求将全校2 300余名教职工纳入内蒙古自治区国家工作人员学法用法及考试网络平台，并通过2019年度网络在线学法考试。组织开展了“学宪法、讲宪法”国家宪法日主题宣传活动，通过手机、电脑端等平台组织全校3万余名学生参加全国青少年普法网线上学习活动，并通过考试。全年在“普法专栏”发布动态信息12条。注重发挥校史馆等文化场所的育人功能，接待专家组以及各级领导、来宾、校友、教师等校内外参观2 000余人次，讲解485场。

统一战线工作

概况

深入学习贯彻习近平总书记关于加强和改进统一战线工作的重要思想、党的十九大和中共十九届四中全会及中央统战工作会议精神，紧紧围绕学校中心工作，积极发挥统一战线的资源优势、凝心聚力优势和作用，在党外代表人士队伍建设、提高学校统一战线工作水平等方面取得一定成绩。

以“不忘初心、牢记使命”主题教育为契机，推动统战工作创新发展

1. 不断加强政治思想引领。选派5名党外人士参加驻呼和浩特高等院校党外中青年干部“学习贯彻中共十九届四中全会精神”培训班；4次共派10人参加自治区统一战线“同心学习、立德圆梦”双月读书会；10月1日组织30名党外代表人士参加内蒙古自治区“庆祝中华人民共和国成立70周年”升国旗仪式。全国人大代表、无党派人士呼和巴特尔教授为全校副处级以上干部及多个学院的师生传达了全国“两会”精神。12月19日下午，邀请民盟农大总支主委、人文社会科学学院王丽清教授以《三个维度解析党的十九届四中全会精神》为题为学校48名无党派人士进行了党的十九届四中全会精神辅导讲座。

2. 落实党外人士政治理论学习制度。12月24日，民进内蒙古农业大学支部在书仲会议室召开学习中国共产党十九届四中全会精神座谈会。统战部购买了100套理论学习用书（每套3本）发放到各分党委（党总支）及各民主党派所在组织，同时又为民主党派购买了大量相关书籍，征订了相关刊物，为党外人士的理论学习提供保障。

3. 进一步收集信息，推动联谊交友。完成了党外代表人士和党外少数民族代表人士信息采集工作，更新了民主党派、无党派人士、党外处级干部、党外后备干部及有一定成就的党外知识分子数据库。上半年，统战部班子成员主动深入各民主党派主委所在的学院调研工作，开展恳谈和联谊交友活动，及时通报有关情况。支持并参加内蒙古农业大学民进支部赴集宁战役纪念馆开展“不忘初心、牢记使命”主题教育，增进了友谊，调动了党外代表人士参与学校相关工作的积极性和主动性。

推进党外代表人士队伍建设

1. 提高“两代表一委员”的履职能力。积极支持“两代表一委员”参与社会工作，支持内蒙古政协委员、内蒙古教育界别活动组组长、民进内蒙古区委常委、学校民

进党主委尹俊教授随团赴贵州省学习考察“企业人才需求和高校人才培养情况”。支持内蒙古政协农牧委副主任盖志毅教授随团赴安徽省学习考察，赴浙江省围绕“借鉴东南发达地区经验，加大产业工人队伍建设力度，助力内蒙古经济高质量发展”进行学习考察。自治区政协委员、无党派代表人士张少英教授开展了以“内蒙古草原禁牧政策实施与草原生态保护分析”为主题的调研，并形成了调研报告。呼和浩特市政协委员、无党派代表人士许辉教授参与了呼和浩特市政协教育界别组“关于呼和浩特市校外辅导机构的情况”等多个调研。

2. 积极做好党外知识分子的教育培训工作。选派 1 人参加自治区党委统战部举办的全区第 31 期党外县处级干部培训班；选送 1 人挂职锻炼；选派 1 人参加自治区党校（行政学院）第二期党外县处级干部进修班；选派 1 人参加第 18 期全区党外少数民族代表人士培训班；选派 1 人参加民进内蒙古区委与内蒙古社会主义学院联合举办的 2019 年加强基层组织建设培训班；选派 2 人参加全区无党派人士“不忘合作初心，继续携手前进”主题教育活动专题培训班；选派 5 人参加驻呼高等院校党外中青年干部“学习贯彻中共十九届四中全会精神”培训班；组织从事统一战线工作人员、各民主党派及无党派代表人士 19 人于 12 月 3 日至 9 日参加内蒙古社会主义学院在满洲里举办的高校统战干部和党外代表人士两支队伍“学习贯彻党的十九届四中全会精神”培训班；推荐欧美同学会（中国留学人员联谊会）法律委员会人选 1 人；支持各党派派人参加本党派组织的各类骨干培训。

3. 协助民主党派、知联会、留联会开展自身建设，鼓励和支持党外人士发挥作用。一是支持民主党派、知联会、留联会加强组织建设。选派两人参加全区党外知识分子统战工作培训暨知识分子联谊会工作推进会。配合自治区党委统战部发放了“知联会”建设及作用发挥调查问卷。加强对各民主党派基层组织的政治领导，协助做好新成员吸纳和政审工作。为各民主党派开展活动提供车辆、场地、经费等保障，从人力、物力、财力等方面给予支持，保证其活动的顺利开展。9 月 21 日，支持学校九三学社直属高教二支社举办庆祝中华人民共和国成立 70 周年暨“不忘合作初心，继续携手前进”主题教育活动。社员们赴呼和浩特市武川县参观了大青山抗日游击根据地展馆，并对武川县附近的生态建设进行了考察，根据当地的气候特点，对建设北方重要生态安全屏障提出了宝贵的建议。二是鼓励和支持党外人士为自治区和学校的科学发展建言献策、参政议政。民盟内蒙古农业大学总支提交了《内蒙古牧区生态补偿制度改进建议》《关于建立立体停车场的建议》《建立内蒙古贫困地区长效精准扶贫的机制》等十余件提案，获得民盟自治区委员会的参政议政优秀奖并受到表彰。民进内蒙古农业大学支部 2019 年向民进区委提交提案和社情民意 8 项。九三学社高教二支社向区委提交信息 2 篇，其中社员刘静提交的“贫困退出标准不宜全国一刀切”被内蒙古政协采纳。副校长、自治区人大代表、无党派代表人士塔娜向自治区人大提交了题为《关于降低高校取暖费收费标准的建议》。民盟农业大学总支获得民盟内蒙古自治区委员会“参政议政工作进步奖”“思想政治建设和宣传工作优秀集体”，主委王利清同志被聘为“民盟中央参政党理论研究中心特邀研究员”“第八届民盟内蒙古自治区委员会理论研究会研究员”。三是发挥专业优势参与社会服务。农工党内蒙古农业大学支部主委张和平，从中亚三国和蒙古国分离乳酸菌样品1 000余株，带领团队建立了亚洲目前最大的乳酸菌菌种资源库，保藏乳酸菌18 551株，包括乳酸菌的10个属138个种和亚种；带领的实验室2019年被教育部批准为乳酸菌与发酵乳制品省部共建协同创新中心；同时与蒙牛集团合作建立了自治区第一个乳品加工校企合作实验室。带领的团队获得教育部科技发明奖一等奖。7月30日至8月1日及11月27日至28日，配合自治区党委统战部，2次派出6位以党外人士为主的专家，分别深入赤峰市林西县和呼和浩特市武川县开展综合服务。举办了10场马铃薯、甜菜、葵花种植，田间管理、病虫害防治、轮作倒茬、露地和温室果树蔬菜栽培技术、水产养殖技术、动物（家禽、家畜）疫病防治技术培训和鼠疫防疫等知识讲座及现场指导，360多名农牧民参加了培训。民进内蒙古农业大学支部的张润生教授常年主动到基层为农民开展科学种田培训工作，深受农民欢迎。

高度重视民族宗教工作

1. 积极开展民族团结宣传教育活动。学校党委宣传部、统战部等多部门主办、动物科学学院承办了“高举民族团结旗帜·共贺祖国七十华诞”民族文化系列主题活动月活动，10月20日举办了活动月暨第十二届校园“那达慕”开幕式。

2. 扎实做好抵御境外利用宗教对高校进行渗透和防范校园传教工作。一是校党委高度重视加强宗教工作指导。4月28日，校党委副书记黄龙海主持召开学校意识形态工作布置会，通报了学校信教师生的基本情况，分析了宗教工作存在的主要问题及工作难点，对重点工作进行了安排；9月16日，自治区宗教工作排查督导组来校指导宗教工作，实地查看清真餐厅；9月23日，校党委会听取宗教工作汇报并进行专题研究，会后，王万义书记主持召开宗教工作领导小组会议，安排部署相关工作；10月18日，在校党委理论学习中心组（扩大）“不忘初心、牢记使命”主题教育第四次集中自学时，安排学习了《关于做好抵御境外利用宗教对高校进行渗透和防范校园传教工作的意见》的通知精神；10月26日，专门召开党委会（扩大）传达自治区宗教工作会议（视频）精神，针对自治区宗教工作排查督导组提出的各高校共同存在的3个问题，提出了整改要求和具体工作方案。二是加强宗教工作理论培训学习。5月30日，邀请内蒙古医科大学党委统战部部长韩贵研究员为学校三级宗教网络相关人员作了专题培训。11月8日，邀请中央统战部宗教研究中心副主任加润国研究员为全校副处级以上领导干部、辅导员、班主任代表300多人作专题辅导讲座。三是坚持问题导向，狠抓落实。依托辅导员、班主任、学生干部等深入学生排查摸底并登记在册建立台账，下半年2次对全校师生进行了调查摸底，通过个别谈心谈话等方式进行细心的甄别认定工作。有针对性地做好理想信念教育和转化教育，11月学校信教团员数比本学期开学初减少了29人。

统战干部自身建设及其他工作

1. 加强统战干部自身建设。4 月统战部班子成员赴中国农业大学、内蒙古医科大学学习统战工作；5 月又主动深入各民主党派主委所在的学院及相关学院开展调研工作；两位负责人分别于上半年和下半年参加自治区党委统战部等部门组织的统战工作专题培训班。12 月，学校正式成为中国高等教育学会统战工作研究分会会员单位。

2. 高质量完成自治区党委统战部等各级统战部门安排的工作。安排组织多位党外代表人士参加自治区党委统战部组织的系列座谈、专题讲座报告与学习交流活动；4 月 10 日迎接了自治区党委统战部常务副部长金满仓带队的工作调研；7 月 12—13 日协助自治区统战部接待了"鲲鹏会"中国台湾青年学生内蒙古研习营的 32 名学生；8 月 9 日协助自治区统战部接待了中国台湾玉山文化经济交流协会组织的农业参访团一行 30 人；农工党中央常委、内蒙古自治区委员会主任委员云治厚、赛罕区人大代表团等来校进行统战工作调研；完成了《内蒙古自治区志 统一战线志（1978—2018）》内蒙古农业大学部分的收集编撰工作。

内蒙古农业大学各级人大代表和政协委员名单

职位名称	姓名	备注
第十三届全国人大代表	呼和巴特尔	无党派
第十二届内蒙古政协委员	邬建刚	中共党员、常委
	张和平	农工党、常委
	盖志毅	中共党员
	张少英	无党派
	尹　俊	民进
	盛显良	九三学社
第十三届内蒙古人大常委会委员	塔　娜	无党派
第十三届呼和浩特市政协委员	许　辉	无党派
	王纯洁	无党派
	赵远玢	无党派
第四届呼和浩特市赛罕区政协委员	李二桃	无党派
	赵远玢	无党派
	丹　彤	鄂温克族、无党派
第四届呼和浩特市赛罕区人大代表	吴玉红	中共党员
	刘志红	中共党员
第十五届包头市人大代表 第十三届包头市土默特右旗政协委员	李　明	农工党

（续表）

职位名称	姓名	备注
第十三届包头市土默特右旗政协委员	周艳秋	无党派
第十九届包头市土默特右旗人大代表	贾永红	无党派

学校各民主党派负责人及部分成员

序号	姓名	单位	党派	所在党内职务	职称	备注
1	张伟华	草原与资源环境学院	民革	民革呼市副主委	副教授	民革内蒙古九支部
2	王利清	人文社会科学学院	民盟	民盟农大总支主委、区委委员、教育专委会副主任	教授	
3	张家新	动物科学学院	民盟	总支委员	教授	
4	娜日苏	沙漠治理学院	民盟	总支委员	副教授	
5	李洪玉	水利与土木建筑工程学院	民盟	总支委员	副教授	
6	周　晶	外国语言学院	民盟	总支委员	讲师	
7	康荣旺	内蒙古农业大学附属中学	民盟	总支委员	高级工程师	
8	包　亮	沙漠治理学院	民盟	总支委员	副教授	
9	吕学理	继续教育学院	民建	民建区委直属工委副主委	副教授	
10	杜文亮	机电工程学院	民建	民建区委工委高校支部主委	教授	
11	田　洁	经济管理学院	民建	高校支委副主委	教授	
12	赵士杰	机电工程学院	民建	高校支部委员	教授	
13	孙芊芊	机电工程学院	民建	高校支部委员	讲师	
14	尹　俊	生命科学学院	民进	支部主委	教授	自治区政协委员
15	郑红丽	农学院	民进	支部委员	副教授	
16	格日勒图	食品科学与工程学院	民进	支部委员	教授	
17	张和平	食品科学与工程学院	农工党	支部主委	教授	自治区政协常委
18	边承红	后勤管理处	农工党	支部副主委	高级工程师	
19	白燕英	水利与土木建筑工程学院	农工党	支部委员	讲师	
20	白　薇	生命科学学院	九三学社	高教二支社主委	教授	

（续表）

序号	姓名	单位	党派	所在党内职务	职称	备注
21	刘　静	沙漠治理学院	九三学社	高教二支社副主委	教授	
22	盛显良	理学院	九三学社	高教二支社委员	教授	自治区政协委员
23	张彩琴	理学院	九三学社	高教二支社委员	教授	
24	红　梅	草原与资源环境学院	九三学社	高教二支社委员	教授	

内蒙古农业大学侨联负责人

序号	姓　名	单位	党派	职务	职称	备注
1	魏江生	草原与资源环境学院	无	侨联主席	教授	自治区知识分子联谊会理事
2	赵远玢	图书馆	无	侨联副主席	副研究馆员	呼和浩特市赛罕区政协委员

纪检监察工作

概况

纪检监察处按照校党委的部署，紧紧围绕学校中心工作，落实全面从严治党各项要求，强化政治监督，完成纪检监察体制改革，持续深化“三转”，认真履行监督执纪问责，驰而不息纠正“四风”，扎实推进全面从严治党、党风廉政建设和反腐败工作深入开展。

制度建设

一是修订完善了《内蒙古农业大学处级领导干部问责实施办法（试行）》。二是按照《内蒙古农业大学纪委委员联系基层单位工作制度》，调整了纪委委员联系基层单位分工，明确纪委委员职责。三是建立了工作报告制度、约谈制度、线索处置报备制度等。

党风廉政建设

一是协助校党委召开2019年学校全面从严治党工作会议，制定了党风廉政建设目标责任书，督促校党委专题研究加强党风廉政建设和反腐败工作4次，向党委提出意见和建议4项。二是通过参加民主生活会、党政联席会，开展政治巡察等方式加强对贯彻落实习近平总书记对内蒙古及教育工作重要讲话指示批示精神的监督检查。三是突出对权力集中、廉洁风险高的单位和人员的监督，发出纪检监察建议书1份、整改通知书1份，提醒谈话3人次，约谈4人次；对全校146名处级干部的廉政档案进行了更新和维护；为考察干部人选出具廉洁意见书26份，政审鉴定书1份。四是对审计工作、学生期末考试、评奖评优等工作向校党委提出合理意见。

廉政教育宣传

一是结合“不忘初心、牢记使命”主题教育，组织全校各分党委、党总支收看自治区纪委监委网上3D廉政教育展厅，观看自治区纪委警示教育片《迷失初心的代价》；为党员领导干部订购警示教育片6部，廉政书籍4套。二是举办了多场廉政宣传讲座，邀请自治区纪委常委王亮山作专题讲座；校纪委书记为全校处级干部、专兼职纪检干部、本科生入党积极分子讲党课5次。三是对查处的违纪案件在全校范围内通报曝光。

履行监督职责

一是驰而不息纠正“四风”问题，在重要节点严明纪律和规矩；对党员领导干部操办婚丧喜庆活动进行督查；对有偿补课问题进行了暗访；对全校 146 名处级干部办公用房情况进行普查。二是协助校党委对 12 个处级单位进行了巡察，向校党委汇报巡察情况并向被巡察单位反馈意见。三是在“不忘初心、牢记使命”主题教育中，开展了违反中央八项规定精神突出问题、漠视侵害群众利益、“庸俗哲学圈子文化”等问题的专项整治。四是召开巡视整改推进会，研究推进整改督查工作，对 2018 年巡视整改工作未完成追缴的工资、基建工程招标不规范等问题进行整改落实。

严肃执纪问责

认真受理信访举报工作。2019 年共收到信访举报件 29 件，上级纪检机关转办 8 件，自办 21 件，全部办结。对违纪案件相关责任人进行了纪律处分和处理，给予党内严重警告 1 人次、通报批评 2 人次，退回违规收入 2 000 元，收缴违规发放津补贴 10 172 元。对纪律处分决定执行情况进行自查，发现问题 4 项，认真整改。根据受处分人员现实表现，对 3 人按期解除处分。

自身建设

一是完成纪检监察体制改革，成立了监察专员办公室，与校纪委合署办公；成立纪检监察处，下设综合科、纪检监察科、审理科、案件监督管理科 4 个科室。二是定期召开纪委全委会，传达学习重要文件精神、学习相关法律法规、审议干部处理决定等。三是开展了 3 次专项调研活动，对群众提出的问题进行了改进。四是加强专职纪检干部的能力培养，参加自治区纪委组织的业务培训 7 人次，短期学习 6 人次，参与自治区纪委调训 2 人次。

维护稳定和综合治理工作

概况

为加强对维护稳定与综合治理工作的领导，学校分别设立了内蒙古农业大学维护稳定工作领导小组、校园治安综合治理委员会、防火工作委员会、防范和处理邪教问题领导小组 4 个安全稳定工作机构，办公室均设在保卫处。学校保卫部门现有专职保卫干部 61 人，从事门卫和校园巡逻工作的外聘工 81 人，遴选 70 名大学生组建了“学警队”。保卫处与驻校公安警务室、交警中队密切配合并有效开展工作，坚持校园治安动态周报制，确保了校园的安全与稳定。

落实责任

完善了学校《突发公共事件应急预案》，与各部门签订了年度“维护稳定、综合治理、平安校园建设”工作目标责任书；与相关单位签订《重点部位、危险物品安全管理责任书》；与校内各施工单位和用工单位签订《综合治理、防火安全责任状》等，全面落实维稳综治责任制，坚持问题导向，进一步压实安全管理责任。

秩序维护与安全防控

采取日常检查与专项治理相结合，对校园内的防火安全、管制刀具收缴等进行专项整治；对校园周边开展风险防控检查和综合治理检查。集中开展了 3 次对校园内部消防设施、安全防范、危险化学品管理等存在的安全隐患情况督查检查，集中处置常年库存不用的有毒危险化学药品试剂并建立安全隐患台账。

保卫处、学生工作处等部门集中对学生公寓开展安全检查 3 次，从源头上有效控制了各类案件事故的发生。校园“110”全年共接处警 110 余起，刑事拘留 2 人，行政拘留 4 人，及时扑灭校区内垃圾箱着火 7 起，清理小商贩 290 余次，调解各类矛盾纠纷 20 起，处置突发性事件 5 起，处理日常求助 60 余起，民事纠纷调解率达到 100%。

完成了“李纪恒在内蒙古农业大学作形势政策报告会”“毕业生双向选择洽谈会”“全国计算机等级考试”“全国外语四、六级考试”“主席杯足球比赛”“金马杯文艺汇演”等校内大型活动的秩序维护工作。

积极开展平安校园智能管理平台建设，实现校园安全从事前预警、事中自动介入事后自动更新反馈的智能化平台。完善各校区一键式紧急报警求助系统，加快在线视讯管理平台建设，逐步建成智能化校园安防系统。为安保人员配备了防暴头盔、防护盾牌、防刺背心等防护设备。

安全教育

通过课堂教学、发放知识手册、致学生家长信、微博、微信等途径，开展“平安校园”系列安全法制讲座和预防校园暴力、欺凌及反邪教等宣传教育活动。做好网络舆论正确引导，信息发布数量达210余篇，发放“认识邪教”宣传册3 000本。宣传内容涵盖国家安全、反邪教、网络诈骗、安全教育，以及消防、治安、交通安全等方面。密切关注网络舆情动向，加强校园网络、贴吧的监管，认真做好各类重点人、问题人的转化和问询工作。

校园消防安全

坚持实行《安全检查月报制度》和责任追究制度，与各单位签订《消防安全责任书》。全年分别对农学院、经济管理学院、机电工程学院等15个学院及信息与网络中心等单位的教职工进行消防安全知识宣传讲座20余次。对各学院实验室及图书馆、文体馆、教学楼、农大附中、幼儿园、食堂、学生公寓等进行消防安全隐患排查9次，对10个单位下达《火险隐患整改通知书》。对全校5 800余具灭火器进行了年检维修，补充灭火器700余具。全年未发生一起校园火灾事故。

校园交通安全

加强校门管理，落实门卫值班室标准化建设。机动车辆管理建立“双档案”建档机制，家属区租房户机动车辆入校管理机制，教职工机动车辆通行证办理实行OA审批。严格审核长期来校固定送货机动车辆，对临时来校的业务车辆实行OA预约审批，严格控制机动车辆进入校园。增设西区东门教职工机动车辆进口车道，解决了高峰期教职工“回家难”的热点问题。加强电动车、共享单车管理，禁止外卖电动车及扰乱校园停车秩序的共享单车入校。完成了对学校教职员工（含外聘工）、学生1 000余辆电动车的登记造册工作。对幼儿园北门东西路段进行交通管制，有效治理该路段混乱的交通现象，交警中队共抓拍上传校园违规停放车辆152次。

扫黑除恶工作

按照扫黑除恶专项斗争整改要求，坚持综合治理、标本兼治，建立学校扫黑除恶专项斗争工作对照台账和定期工作汇报制度。学校扫黑除恶专项斗争工作领导小组定期听取各部门工作汇报，及时研究解决工作推进中遇到的问题。加大线索排查力度，搞好摸排，畅通举报途径，确保线索问题有效收集，定期排查校园欺凌和学生参与网贷情况，有效预防此类情况的发生。

取得成绩

学校荣获内蒙古高等教育学会保卫学专业委员会第七届理事会“先进集体”荣誉称号。

工会与教代会工作

概况

教代会日常工作机构是教代会执行委员会和工会委员会，专职工会干部8人，基层分会27个，工会小组161个，分会兼职干部176人，会员2 708人。

主要工作是：维护教职工合法权益；按期召开九届一次教代会暨十五届一次工代会；落实教代会提案；推进二级教代会工作；完善工作制度；提升职工素质；开展校园文化活动；实施教职工安康工程；加强工会自身建设；开展“教工之家”创建活动。

党建与思想政治工作

12月22日至23日，召开内蒙古农业大学九届一次教职工代表大会暨十五届一次工会会员代表大会，收集议案51件，确定为提案的议案35件。

二级教代会工作

根据《内蒙古农业大学二级教代会实施办法》，考核各教学单位二级教代会落实情况。各学院召开二级教代会，完成本单位教代会各项工作。

职工素质提升

4月20日，举行内蒙古农业大学青年教师教学技能大赛培训；5月9日，开展第十二届青年教师教学技能比赛，各学院312人参加初赛，69人参加决赛，参与率达到了65%。选派4名选手参加了“中国梦·劳动美”第十一届内蒙古自治区高等院校青年教师教学技能比赛；在全校宣传第三届“爱岗敬业劳动者奖”（2018年）评选活动评出的68名一线优秀爱岗敬业劳动者事迹；评选出“助力大学生创新创业活动”贡献奖20名和突出贡献奖10名，每人分别奖励3 000元和6 000元；在全校青年教师中招募了12名优秀青年教师，组成农牧业科技服务队，参加自治区教科文卫体工会组织的“践行新思想、奋进新时代”助力脱贫攻坚职工志愿者服务团；继续支持各分会开展“一会一品”活动。

校园文化建设

1月开展第七届教职工“乒羽杯”比赛，近500名教职工参与；4月组织830余名教职工参加第八届万米接力赛；5月在运动会期间组织开展了首届教职工乒乓球单打比赛、羽毛球双打比赛；教职工五人制足球赛；9 月 29 日全校 2 000 多名教职工开展了“我和我的祖国”大合唱比赛；10 月组织观看《我和我的祖国》《中国机长》《攀登者》；11 月组织观看《红色之子　单刀赴会》；设立 26 个“职工读书苑”，11 月 13 日，开展“不忘初心、牢记使命”为主题的红色经典诵读会。

安康工程

组织职工体检、女教职工专项体检，办理“女职工大病保险”，慰问生病住院、带病在岗职工等 50 人；发放职工生日蛋糕、年底福利等。

工会自身建设

为基层分会购置 20 余万元的“建家”设备，对 26 个分会 2018 年“职工之家”创建工作进行验收和总结，表彰 12 个模范、5 个优秀、3 个达标的创建单位，奖励基层建家经费 15.9 万元；3 名工会干部参加教科文卫工会举办的中国工会十七大精神、自治区工会十一大精神的学习宣传和贯彻落实培训班；在基层工会干部中开展了中国工会十七大精神、自治区工会十一大精神的学习宣传和贯彻落实宣传；6 月 22 日组织各基层分会主席、副主席赴“家国”素质教育培训基地进行培训学习；工会主席、副主席在参加学院二级教代会时重点传达自治区工会十一大精神；开展“优秀女教职工及先进集体评选”活动，选出 5 个先进集体、36 位优秀女教职工。

共青团工作

概述

校团委在校党委和自治区团委的领导下，认真学习宣传贯彻习近平新时代中国特色社会主义思想、党的十九大精神和党的十九届二中、三中、四中全会精神，落实习近平总书记“7·2”重要讲话精神和团的十八大、团的十八届三中全会精神，围绕学校中心工作，坚持立德树人，有序推进共青团内蒙古农业大学委员会改革，全面服务学生成长成才，实现了工作的稳步推进。

组织建设

贯彻落实习近平总书记给涉农高校书记校长和专家学者代表的回信精神，印发《关于在全校青年学生中开展“懂农业、爱农村、爱农民”系列主题团日活动的通知》，组织全校青年学生分层次、分阶段、多形式开展“一懂双爱”主题团日活动。按照《内蒙古农业大学学生会改革方案》要求，进行了机构调整。不断深化和加强对社团的管理，认真开展社团年审制度，规范社团开展工作的审批制度，强化社团指导教师和负责人的管理意识和管理水平，减少和避免社团活动中存在的不稳定因素，使社团朝着丰富校园文化生活的良性轨道上发展。

思想引领

加强思想引领，以“青年大学习”“青马工程”为抓手，以学习习近平新时代中国特色社会主义思想为重点，推动习近平新时代中国特色社会主义思想在青年中入耳入心。融合新媒体，传播新思想，开辟线上“青年大学习”专栏，定期推送学习资料、学习动态及分享学习心得；组织开展了内蒙古农业大学第 17 期青年马克思主义者培养工程大学生骨干培训班，共招收学员 393 人，涵盖了学生会干部、团支部书记、社团骨干和普通同学，取得了很好的效果。

组织团员青年集中观看庆祝中华人民共和国成立 70 周年直播、纪念五四运动 100 周年大会实况、组织学生参加李纪恒书记形势政策报告会、开展“团员青年学习党的十九届四中全会精神交流会”“学习习近平总书记考察内蒙古重要讲话精神交流分享会”“学习习近平总书记在纪念五四运动 100 周年大会上的讲话精神交流分享会”、开展“青春心向党·建功新时代”“我与祖国共奋进”特别主题团日活动等，引导广大青年不忘初心、牢记使命，切实增强“四个意识”，坚定“四个自信”，做到“两个维护”，更加紧密地团结在以习近平同志为核心的党中央周围，坚定不移听党话、跟党走。6 月，举办了“心怀母校 扬帆起航”十佳毕业生颁奖晚会，第 14 届十佳毕业生的先进事迹引起广大师生的强烈反响。

组织开展“讲好农大故事”系列活动，向同学们讲述“12 · 14”英雄群体、英雄郝龙彪、“光明天使”李莹、“全区道德模范”杜威的典型事迹，积极培育思想道德教育新的增长点。校团委微信公众号、IMAU 青春派微信平台自推出以来，受到了全校师生的广泛关注，现有关注量 131 277 人（截至 2019 年 12 月 31 日），累计推送新闻 743 条，累计阅读量达 700 723 人次。

科技创新

主办了内蒙古农业大学第十一届“挑战杯”课外学术作品竞赛、第 14 届大学生程序设计竞赛、第 13 届饮食文化节、第 11 届农艺文化节、第 10 届生命科学创新创业大赛、第 9 届交通科技大赛、第 6 届计算机应用技能竞赛、第 3 届植物分类鉴别大赛等专业科技创新活动。选拔推荐优秀作品参加国家级、自治区级“挑战杯”竞赛及其他竞赛活动，在“挑战杯”大学生课外学术科技作品竞赛中，获得 1 个国家级三等奖，40 个自治区级奖项。

社会实践

暑期，开展了“青春心向党 · 建功新时代”2019 年大学生志愿者暑期文化科技卫生“三下乡”社会实践活动。学校共组建理论普及宣讲团、科技支农帮扶团等 96 支社会实践直属团队，涉及 1 200 多名学生，同时以学生自发组织小分队、担任挂职副村主任等社会实践形式，基本实现了本科生的全覆盖。同时多支社会实践直属队参与了 2019 年全国大学生暑期实践专项活动。

校园文化

校团委举办了“内蒙古农业大学纪念五四运动 100 周年表彰会暨第 33 届‘金马杯’文艺汇演”。同时鼓励各学院开展有吸引力、品位高、参与性强的校园文化活动，进一步完善校园文化“一院一品”的格局。组织开展了丰富多彩的各项社团活动，指导鼓励学生社团自主举办多种形式的社团文化活动，促进学生社团活动在公寓区表演，推动社团活动的新发展。继续完善大型活动届次化、中型活动学院化、小型活动社团化的校园文化格局。

志愿服务

截至 12 月底，学校志愿汇注册志愿者已达 23 151 人，志愿汇线上统计组织签到活动 50 个，累计服务时长 3 982 个小时，线下活动 200 余场，充分体现了“奉献、友爱、互助、进步”的志愿者服务精神。同时选派优秀志愿者赴呼和浩特市赛罕区金河镇泉子什村、四间房村参加“乡村振兴”志愿服务，参与脱贫攻坚战；选派优秀学生为

2019世界马文化论坛等国际国内重要会议提供专业化的志愿服务工作等。选拔了7名优秀毕业生，接力加入研究生支教团的志愿服务中。迄今为止，已经选拔8届共48人参加了“中国青年志愿者扶贫接力计划”研究生支教团，服务的学校增至16所，服务支教地学生人数达4 000余人。

青年维权

组织举办了“学生与校领导面对面”活动。利用新媒体宣传、报名，学生自主参与活动，活动中校领导向学生通报学校近期重点工作，学生结合自身学习、生活、发展，以及学校教学、服务、管理等方面的问题向校领导提问，寻求解决方法，学校领导和各职能处室负责人现场办公，解决学生的困难和问题。活动畅通了学生维权渠道，打造了学校开展思想政治教育工作的新平台。同时组织引导学生会组织在学生维权中发挥作用。

共青团改革

有序推进“高校共青团改革”，加强基础团建，严格团内政治生活，扎实执行“三会两制一课”等制度；深化班级团支部达标创优，通过“达标”做实基础团务工作，通过“创优”鼓励特色团支部创建；推行班级团支部与班委会一体化运行机制，探索班长兼任团支部副书记或团支部书记兼任班长制度，发挥团支部在班级中的核心作用。扎实推进“智慧团建”工作，为全面构建学校数字化、组织化团委工作体系打下坚实基础。加强团干部、学生干部和团员管理。持续深入开展团干部健康成长教育，教育引导全校共青团干部筑牢理想根基、强化宗旨意识、践行群众路线，扎实做好服务学生工作。严格学生干部作风，打造一支思想政治上过硬、工作作风扎实、学业成绩名列前茅的学生干部队伍。严格团员发展，发挥团员在青年中的模范作用和凝聚作用，通过重温入团誓词等活动，坚定团员的理想信念，激发团员光荣感。

第二课堂

试运行“第二课堂成绩单制度”。围绕学校育人的中心任务，引导大学生坚持学业为主，利用团中央开发的“到梦空间”软件，组建“第二课堂成绩单运营中心”对第二课堂活动情况进行规划并客观记录、科学认证大学生的参与经历和成果。学校第二课堂“到梦空间”发布活动数8 613个，平均每星期176个活动。在已经发布的35期全国大数据周报中，取得前50名19次，前20名10次，最高名次为全国第五名。

2019年共青团内蒙古农业大学委员会工作先进集体和个人

内蒙古农业大学五四红旗团委（团总支）表彰名单（共9个）

计算机与信息工程学院团委

经济管理学院团委
沙漠治理学院团委
草原与资源环境学院团委
动物科学学院团委
生命科学学院团委
兽医学院团委
能源与交通工程学院团委
职业技术学院团委

内蒙古农业大学五四红旗团支部表彰名单（共 29 个）

动物科学学院：2017 级动科卓越班团支部
兽医学院：2016 级动物医学蒙一班团支部、2017 级动物药学二班团支部
农学院：2018 级农学二班团支部
园艺与植物保护学院：2018 级园艺一班团支部
林学院：2017 级风景园林四班团支部、2018 级城乡规划一班团支部
草原与资源环境学院：2017 级草业科学二班团支部
沙漠治理学院：2017 级城规一班团支部
机电工程学院：2017 级机制四班团支部、2018 级电气四班团支部
水利与土木建筑工程学院：2017 级水电一班团支部、2018 级工程造价班团支部
材料科学与艺术设计学院：2017 级环境艺术设计班团支部
经济管理学院：2017 级会计二班团支部、2018 级金融学一班团支部
食品科学与工程学院：2017 级食品卓越团支部、2018 级食品卓越团支部
计算机与信息工程学院：2017 级软工一班团支部、2018 级网工一班团支部
生命科学学院：2017 级制药工程二班团支部
人文社会科学学院：2017 级行政管理一班团支部
外国语言学院：2018 级外语三班团支部
理学院：2017 级应用统计学一班团支部
能源与交通工程学院：2018 级新能源二班团支部
国际教育学院：2018 级国际教育学院 x 班团支部
职业技术学院：2018 级工教乙团支部、2017 级产品设计团支部、2018 级信息管理与信息系统班团支部

内蒙古农业大学五四红旗团小组表彰名单（共 58 个）

动物科学学院：1#638 团小组、1#542 团小组

兽医学院：2017 级动物医学一班 C#720 团小组、2017 级检疫二班第三团小组、2017 级英才一号团小组、2018 级药学一班第一团小组

农学院：13#315、22#218

园艺与植物保护学院：22#207、13#610

林学院：21#329、21#331、21#433、21#648

草原与资源环境学院：A#730、B#701

沙漠治理学院：2017级城规一班A#409团小组、2018级水保一班B#406团小组

机电工程学院：25#411、25#507、26#216、26#310

水利与土木建筑工程学院：8#312、3#324、3#404、银河星小组10#203

材料科学与艺术设计学院：2017级风景1班10#605、2018级风景2班1#440

经济管理学院：E#319、E#320、E#552、E#632

食品科学与工程学院：8#434、2#331、8#531、3#357

计算机与信息工程学院：C#611、C#508、C#514、C#516

生命科学学院：C#744、C#408

人文社会科学学院：22#324团小组、18#409团小组

外国语言学院：2017级三班17#111、2019级一班17#601

理学院：10#407、10#219

能源与交通工程学院：2017级道桥二班27座508宿舍、2017级交运一班C座247宿舍

国际教育学院：国际教育学院25#304团小组、国际教育学院A#511团小组

职业技术学院：旅游管理系11#518、“共舞青春、携手逐梦”6#413、2017级市场营销教育甲班团支部7#210、2017级汽车维修工程教育甲班团支部勤奋2#216、2017级食品科学与工程团支部智慧团小组11#301、畜牧兽医技术系2018级动科甲班6#214

内蒙古农业大学“一懂双爱”主题团日活动优秀团支部表彰名单（共28个）

动物科学学院：2016级英才汉班团支部

兽医学院：2017级动医英才班团支部、2018级动物药学一班团支部

农学院：2019级植物科学与技术二班团支部

园艺与植物保护学院：2018级园艺二班团支部

林学院：2018级林学二班团支部、2019级森保一班团支部

草原与资源环境学院：2018级草业科学一班团支部

沙漠治理学院：2019级土地资源管理二班团支部

机电工程学院：2018级农机卓越一班团支部、2019级工业设计班团支部

水利与土木建筑工程学院：2018级水资一班团支部、2019级水电二班团支部

材料科学与艺术设计学院：2017级拔尖创新班团支部

经济管理学院：2018级经济学一班团支部、2019级经济学二班团支部

食品科学与工程学院：2017级食品一班团支部、2019级乳品一班团支部

计算机与信息工程学院：2017级物联网二班团支部、2018级信管二班团支部

生命科学学院：2018 级制药工程二班团支部

人文社会科学学院：2018 级法学四班团支部

外国语言学院：2019 级三班团支部

理学院：2018 级应用化学班团支部

能源与交通工程学院：2019 级新能源二班团支部

职业技术学院：2018 级园林技术甲班团支部、2019 级视觉传达团支部、2019 级建筑工程技术班团支部

内蒙古农业大学学业进步先进团支部表彰名单（共 28 个）

动物科学学院：2017 级动科蒙四班团支部

兽医学院：2017 级动植物检疫二班团支部、18 级动物药学一班团支部

农学院：2017 级种工一班团支部

园艺与植物保护学院：2017 级植物保护一班团支部

林学院：2018 级林学一班团支部、2018 级园林一班团支部

草原与资源环境学院：2018 级草业科学二班团支部

沙漠治理学院：2017 级土地资源管理三班团支部

机电工程学院：2017 级电气二班团支部、2017 级农电三班团支部

水利与土木建筑工程学院：2016 级环境工程一班团支部、2017 级地质班团支部

材料科学与艺术设计学院：2018 级风景园林二班团支部

经济管理学院：2017 级物流管理一班团支部、2017 级金融学二班团支部

食品科学与工程学院：2016 级食品 X1 班团支部、2017 级食品八班团支部

计算机与信息工程学院：2016 级软工二班团支部、2018 级信管一班团支部

生命科学学院：2018 级制药工程一班团支部

人文社会科学学院：2016 级社会工作蒙班团支部

外国语言学院：2017 级二班团支部

理学院：2017 级应用化学班团支部

能源与交通工程学院：2016 级森林工程一班团支部

职业技术学院：2017 级食品质量与安全团支部、2018 级工程造价团支部、2017 级信息管理与信息系统班团支部

内蒙古农业大学优秀团干部（教师）表彰名单（共 10 人）

计算机与信息工程学院：于　虹

经济管理学院：海日罕

草原与资源环境学院：吴　琼

动物科学学院：胡晓燕

生命科学学院：王伟兰

能源与交通工程学院：柴志虹
水利与土木建筑工程学院：王　力
食品科学与工程学院：王彩霞
机电工程学院：包那日苏
职业技术学院：薄　超

内蒙古农业大学优秀学生团干部（学生）表彰名单（共246人）

动物科学学院（9人）：
任可意　　萨如拉　　贾宇达　　胡　莲　　范昱含　　贾紫洁　　张惠敏
刘　璐　　包龙龙
兽医学院（11人）：
石晓娇　　张雅婷　　班亚星　　李炎夫　　陈　颖　　周　凯　　那仁照日格
王世豪　　薛仕元　　王羞月　　蒲思斯
农学院（6人）：
刘远航　　吕晓炎　　赵　轩　　李　欣　　郝佳乐　　杨春红
园艺与植物保护学院（6人）：
张　良　　杜翊菲　　赵嘉宇　　刘有志　　许钟丹　　刘鑫源
林学院（13人）：
赵　恺　　金元元　　崔　傲　　孟芳璐　　张燕飞　　冯　茹　　树　梅
丹　丹　　孟　宏　　张竟文　　谢英英　　程昌阳　　格根珠拉
草原与资源环境学院（8人）：
杜锦瑜　　包彩云　　好日瓦　　卜　一　　温雅杰　　尹雯婕　　代　雄
王语冰
沙漠治理学院（10人）：
韩阿茹汗　靳　杰　　刘文静　　亢学颖　　那存孟克　李瑛迪　　王婷婷
任亚楠　　张晶晶　　蔚胜利
机电工程学院（15人）：
王敬伟　　孙祥东　　张智博　　魏宏宇　　张　宇　　郭振云　　孙　文
金亚菲　　吕大伟　　张亚男　　于明明　　王宇彤　　李　强　　赵运平
王清阳
水利与土木建筑工程学院（17人）：
陈　露　　白炎弘　　孙　悦　　艾子涵　　赵　露　　孙　轩　　张　靖
李德鸿　　季亚新　　张民航　　张　璇　　谭桢祺　　卢骐泽　　彭　尧
孙志永　　于小晖　　纪新培
材料科学与艺术设计学院（11人）：
包甜丽　　刘明伟　　梁　晨　　耿佳俊　　刘超林　　杨懿琳　　刘象琳

李芸琪　蔡梦瑶　安　静　范立彬

经济管理学院（20人）：

杨晓彤　武佳迪　陈嘉慧　陈江浩　萨奇仁贵　孙　琦　赵子健
乌　嘎　刘　彪　姚　莹　蔡雅千　闫祉君　孔祥羽　郭欣悦
王　娟　马　丽　赵淑悦　张书渊　周元琪　张鸿燕

食品科学与工程学院（14人）：

吴　琼　李　迎　任　钦　张雨浓　许振宇　康婧超　石宴宾
王睿旋　玉　霞　邢倩南　郭成成　郑帅莉　韩　香　维乐苏

计算机与信息工程学院（12人）：

李国浩　陈　蓉　李鹏垚　吴晗玢　陈　放　吴　霞　周小颖
王诗越　王荐力　边浩然　王嘉琦　王志远

生命科学学院（7人）：

赫佳男　王子涵　王玉敏　郝雅婷　张鹏燕　刘丹丹　刘欣悦

人文社会科学学院（10人）：

马　媛　凤　珠　卢　婷　贺晓轩　李益仑　程　芳　安　康
包高友汉　娜仁图雅　孟起光

外国语言学院（3人）：

江文博　李广钰　任亚红

理学院（5人）：

王美珍　付小钰　赵丽阳　文　静　姜　伟

能源与交通工程学院（8人）：

王　帅　张小凤　李　颖　温大宁　赵致焜　裴　娆　于慧敏
李晓敏

国际教育学院（1人）：

白　涵

职业技术学院（49人）：

郭　燕　李　瑞　许嘉逸　刘智东　林　爽　李鑫毅　杨兆一
齐海洋　斯琴补和　格根塔娜　甄子瑜　刘　芳　宋彩议　赵　薇
马慧芳　陈佳乐　冯逸陶　韩建国　贾环铭　付开愚　高学宇
李燕霞　吕春霞　岳婷婷　张印琪　张宇婷　雷雪清　杨春宇
张　睿　张　媛　鲁　浩　贺新凯　华天宇　赵　琳　王海平
乔　龙　栗晓东　乐婉婷　郝文涛　王　凯　张　宇　白莹莹
赵婷婷　特木热　王瑞波　张　裕　冯　茹　刘晓雪　李东洋

校级学生组织（11人）：

白银虎　胡日查毕力格　罗　琪　德吉日娜　田亚萍　裴　钰
聂佳莹　张国猛　刘聪聪　靳　力　文　君

内蒙古农业大学优秀团员表彰名单（共489人）

动物科学学院（18人）：

王静静　陈泽旭　袁　静　秀　芸　王鑫波　王逸格　高　爽
李淑琴　李望娇　王一凡　杨永红　安塔娜　王俊兰　李　慧
王馨聆　王奕心　王志晶　赵希亚

兽医学院（22人）：

蓝天阳　芦泽楷　阿茹恒　白嘎立　刘　甜　池　荣　郭晓彤
张　帅　汤文兵　朱丽华　蔺钰博　李思瑶　李银辉　张满平
王晶晶　刘泽昆　王　悦　徐文静　何静波　谷　雨　张雨萌
赵文晔

农学院（11人）：

张娇娇　鲍鑫茹　张宏杰　韩　雪　沙　丹　徐燕妮　王　帅
洪　博　刘　琼　郝郦郡　包志华

园艺与植物保护学院（12人）：

李子璇　庞　博　王　迪　张　莉　刘　畅　王浩羽　韩凯如
马靖雨　杨淑玥　赵　竞　张　影　崔文婧

林学院（26人）：

高　羽　王英姿　常田田　陈红娟　乌　兰　诺　敏　杨　梦
郭浩翔　朱俊然　王星宇　许　卓　杨逸安　冯　月　高晓燕
张之月　李宝玲　苏日古嘎　冯慧婷　刘佳欣　青　晨　尚　京
牛谷辰　其乐莫格　靳　晟　塔　娜　阿力格尔玛

草原与资源环境学院（16人）：

周成毅　王浩东　龙　梅　赵丹阳　郭智恒　白宇飞　李汇宇
意如乐　乔生辉　王佳雪　董　瑶　王晓荣　包学文　赵　鑫
青　岩　张雨琪

沙漠治理学院（20人）：

郭文俊　王紫薇　赵嘉琪　吕舒宁　王　旭　董子涵　张　印
任婧怡　侯晶晶　李伟东　刘子坤　白若琰　李睿杰　杨　蕊
温欣娜　郑庆果　袁志强　田永尚　额尔敦宝力高　吴浩楠

机电工程学院（30人）：

常　瑞　高东旭　高祥鑫　郭　蒙　郭艳颖　侯昕玮　李洪博
李玖瑶　李林伟　李　强　李新宇　刘　丹　刘盈辛　孟德阳
任立志　任燕妮　王龙腾　信明垚　熊永琪　闫培鑫　张立志
许梦桐　薛晓宇　张晓勤　张旖晴　折　婷　宋鑫宇　王鹏丞
贠　杰　张　凯

水利与土木建筑工程学院（34 人）：

武亚楠　孙　悦　麻祥栋　张春虎　董锦涛　卢宗福　史　悦
黄　倩　刘德芳　宋凯旋　张　丽　范　茹　于慧颖　赵　旭
范子儒　孙　帝　殷缘雨　邓雅格　杨　楠　马志琼　昝子懿
陈子健　白梦雪　吴梦宇　李慧敏　齐　枝　刁　月　丛延琳
王　荣　刘芳琪　乔　仓　夏梦轩　杨舒雅　李俊杰

材料科学与艺术设计学院（22 人）：

孙敬冉　包文静　樊雪莲　冯　璐　顾　浩　李　轩　邱　慧
任智慷　史健宇　张佳欣　张洪禹　徐　奥　徐　涛　徐雅彤
徐静斌　涂思汉　王久江　王凯冉　王洪伟　王　浩　王　雪
越富宇

经济管理学院（40 人）：

李源昊　曹　野　孙　悦　郝　帅　赵　迪　邢　冉　童孝霞
赵烨梓　王若彤　范　苗　李晓岩　谢芙冉　党红豆　齐晓璇
田　梅　段慧芳　张　琪　孙子雯　李洪雪　宋　威　王嘉钰
刘　林　开　花　陈慧娟　路　霞　张金羽　韩光前　小　香
韩　森　康竹萱　王振羽　梁海文　牛佳丽　乔美霞　永　鹏
孙慧敏　张茹雅　张晓夏　吴燕飞　师宇波

食品科学与工程学院（28 人）：

赵文波　杨　影　赵　敏　乌日汉　杨淑婷　杨　青　张海鹏
王耀亭　姚建霞　孟雅楠　韩　军　朱梦缘　滕　飞　郝雨欣
张文秀　于秀丽　那日松　韩　奥　程伊文　张晶儒　李芷欣
张　煜　李　琦　李思雨　杨欣悦　张启航　苏开心　董力源

计算机与信息工程学院（24 人）：

温建森　滕一波　庞茹函　王俊凤　冯玉梅　关晓宇　吕晓煊
李金玲　万永旭　刘春雨　赵　炜　陈洛玥　张宏宇　王雅芯
李景祥　周宇金　邹　洁　郭　敏　陆子安　王　倩　陈　佳
王治吏　王　鑫（2017 级信管 2 班）　王　鑫（2018 级网工大数据 1 班）

生命科学学院（14 人）：

田浩强　白梓祎　魏明星　王伟明　苏　昕　安　妮　杨予宁
常永洲　王文静　陈希明　徐艺轩　张鑫慧　许慧婷　张　昊

人文社会科学学院（20 人）：

王彬懿　宫志美　孙那日苏　邬　轩　李　静　安　琪　张　柳
李腾飞　王　峰　圆　喜　刘景涛　刘启迪　吴晶晶　刘雅娟
朱晓丽　丁宇航　周妹廷　胡朴勤　祁　欢　赖敖日格乐

外国语言学院（6 人）：

余　鳌　郭　悦　路　琪　张慧敏　马　洁　张　欣

理学院（10 人）：

宋　妍　马祥驰　赵晓婧　王　鹏　宋艳华　薛健彪　王梦瑶
毋静静　张　萌　袁　杰

能源与交通工程学院（16 人）：

郭　蓉　刘　畅　张　斌　赵　娜　王晓庆　董　雪　伊布格乐图
徐睿婕　孙文雄　尹源浦　赵虎威　王　晶　麻一博　付永峰
纪　旭　马鹏博

职业技术学院（98 人）：

贾益轩　贾　琦　孙铭择　刘雨欣　刘天赐　张宝怡　董亚楠
王　芳　魏芯蕊　张琛媛　郝鑫鑫　张海钊　张　甜　韩奇峰
阿茹汗　范淋淋　徐　琳　白云峰　刘增荣　迟金月　苏渊浩
王　耀　黄　欣　王　宇　杜文冉　宋春琳　任越新　苗甫青
吴佐昊　贾瑞琴　樊星宇　宝日格尔　陈玉先　丁　辉　董嘉诚
郭　宇　贾苏元　刘晓磊　吕　辉　吕佳乐　吕卓颖　乔金凤
孙盛杰　王文硕　赵　凯　刘子千　石佳园　张子铭　白晓亮
王　钰　李文帮　袁　铭　吕淑芮　蔺晓雨　邢焱喆　黄瑞龙
成昊天　燕子盈　李亚勋　蓝铎文　牛玉晨　石岩冰　苏　敏
董奇政　曹　磊　王天星　张佳琪　郭勇超　杨浩斌　孟祥虎
袁　斌　周丽慧　李　岩　张　静　徐　博　杨明月　王玙璠
付　芃　史殊林　赫增伟　李金泽　史宏飞　任　康　张太超
刘嘉宁　刘孝天　张抒涵　金庭荣　柴源亨　郭培悦　王怡铭
许晓东　高雅洁　梁红缘　朱　红　冀新宇　尹倩芳　张　茜

校级学生组织（22 人）：

策勒莫格　王雅坤　王子萱　刘嘉琪　刘佳琪　郑美丽　崔静宇
王泓艺　崔　凯　武新凯　方天娇　潘　婷　杨俣涵　任佳博
苏天资　姚　慧　曾晓伟　刘梦宇　李佳佳　刘润泽　王志琦
关小燕

内蒙古农业大学学业进步先进个人表彰名单（共 244 人）

动物科学学院（9 人）：

苏奕忻　贾　静　巴拉吉德玛　黄佳辉　高林豫　韩僖彤
陈青松　阿拉木苏　马　妍

兽医学院（11 人）：

李瀚森　高文杰　王新越　阿丽雅　刘宇丹　陈　颖　王　伟

马娇迪　宝德力黑　孙连阳　孟根图力格

农学院（6人）：

冶赓康　章　敏　王　晶　于　漫　闫　鹏　李　楠

园艺与植物保护学院（6人）：

吴镇男　范艳华　东方大一　凌　洋　崔晓伟　李　霞

林学院（13人）：

王乐乐　邵瑞丹　吴亚男　赵　帅　藏布嘎　刘小斋　马尚炯
温　昊　王　冰　马　莹　刘　倩　轩辕欣彤　冯耀宇

草原与资源环境学院（8人）：

格力巴嘎　张　霞　宾德丽雅　呼斯乐门德　王欣冉　宋亚玲
王东升　阿娜尔

沙漠治理学院（10人）：

阿如汗　付宇星　韩　瑞　李亚宁　刘嘉璐　刘　静　刘　阳
王玥欢　邢　静　赵鸿程

机电工程学院（14人）：

陈宝龙　李　强　刘宇航　任奕飞　孙佳昌　付玉男　郭兆强
王　楠　张皓田　索德巴　张　帅　张鑫豪　周慧斌　王翙珑

水利与土木建筑工程学院（17人）：

狄　胜　包朝博　杜辰宇　郝健男　王旭蕾　李加明　杨　涛
白天祥　温　欣　张　悦　谷魏鹏　常　昕　刘明磊　石　磊
于翠翠　张　昊　李文涛

材料科学与艺术设计学院（11人）：

顾心怡　赵　乐　阿米布和　杨玉婷　赵　倩　郭溢乳　张　浩
张健鑫　李　磊　张桂香　陶　钰

经济管理学院（20人）：

王吉媛　霍佳怡　王欣冉　高宇琦　韩　锐　李　龙　亮　亮
周　颖　付陈晨　白俊芳　臧　媚　高　洁　刘耀荣　计　冉
王佳琪　田世梅　戴　磊　韩雅璐　朱丙瑞　热希德力格尔

食品科学与工程学院（14人）：

张佳思　董星尧　阿木格楞　艳　艳　李　科　刘　皓　郝素颖
李　倩　黄学成　呼斯勒　任　颖　何艳艳　阿古达玛　韩平平

计算机与信息工程学院（12人）：

马芊芊　宋志钰　李　瑛　刘小强　王　鑫　张子汉　苏　迅
闫　章　赵　宏　苏金祥　王嘉炜　韩茗竹

生命科学学院（7人）：

耿成杰　刘文齐　刁凤超　索星星　武乐乐　贺家俊　闫明珠

人文社会科学学院（10人）：

富永虹　杨　露　樊日冬　刘惠多　邵连鹏　李　丹　王　欣
张　妍　乌云德力格尔　孙　鹏

外国语言学院（3人）：

韩越琴　张学敏　刘小婷

理学院（5人）：

侯美如　李瑞麟　胡艳斌　刘　苗　李巧莉

能源与交通工程学院（8人）：

张庭吉　杨晓波　崔进涛　李晓芳　李　勇　陆佳鑫　王　佳
杨凌川

职业技术学院（49人）：

韩星宇　宋　贺　吕禾昕　朱旭华　段艳刚　李富瑞　李如昌
白音巴图　燕志凯　那木日阿　王　馨　张　昊　刘　佳　吕翊蓉
屈彦申　薛雨薇　蒙普照　田　鑫　张敏洁　常　红　贺晓雪
闫　婷　王　慧　王　璐　侯云建　赵丽蓉　李嘉亮　于　帅
张美霞　杜沁怡　白鹤祥　李彦强　张天宇　杨利杰　李浴源
乔治刚　李　欣　胡守毅　李　星　刘燕飞　冯　茹　王瑞波
朱　蕾　高杨丽　赵雅静　白　雪　赵黎明　薛晓宇　李天乐

校级学生组织（11人）：

宿　罡　王立旭　李文通　李　媛　张冰冰　田　阳　薛宇乐
郭雪娇　雷鹏飞　张婉婷　李　琪

内蒙古农业大学优秀志愿者表彰名单（共254人）

动物科学学院（9人）：

阿毕雅斯　张煦栋　范依霖　杨　光　贾学婷　凌智聪　杨新童
彭　正　张　喆

兽医学院（11人）：

杨俊起　刘壮壮　李祥锐　张业凡　陈彦汝　李陆陆　陈亚男
吴敬泽　张鑫洁　马若楠　王国山

农学院（6人）：

王靖林　任思佳　许志毅　涂雨欣　丁炳尤　陈　敏

园艺与植物保护学院（6人）：

陈良聿　李唯一　于子洲　王其辉　李　菁　特日格勒

林学院（13人）：

耿　帅　赵吴超　李　静　邬亚晓　李宜璇　白古斯乐　张　鑫
石乌云嘎　王　烁　曹嘉舫　张凯璐　赵　阳　张丽春

草原与资源环境学院（8 人）：

李海菁　包伟民　杜锦瑜　祎儒乐图　金　鸽　达巴那　魏柯冰
赵彦伟

沙漠治理学院（10 人）：

李映坤　龚学敏　侯　佳　赵雅楠　银　洁　安琪尔　崔佳宁
郭志文　朱禹博　胡兴妮

机电工程学院（15 人）：

史天宇　孙　锐　王　瑞　张宏伟　李　琦　方李耀　李金恒
乔志杰　白　雪　张立志　宋　权　王思博　刘昊天　魏　举
张纪元

水利与土木建筑工程学院（17 人）：

韩　磊　樊翘楚　潘雪松　谙格勒马　恩和孟都　李思妍　全智舆
李建鑫　樊　科　宋志超　刘红星　沈玉才　薛凯戎　徐自炜
郝晋昇　隗　鑫　谢娅星

材料科学与艺术设计学院（11 人）：

张晓敏　宋海涛　李少伟　冀　煦　甄志园　张世琦　秦培皓
李哲宇　马林详　梁　敏　段　淼

经济管理学院（20 人）：

赵文静　赵佳乐　臧乐佳　杨　珍　曹雯雅　高亚茹　郭家宝
郝家宁　洪吉日木吐　李佳龙　付　雯　李书豪　刘欣阳
刘昱良　秦怡雯　萨日娜　徐立璞　杨　羽　徐　勇　王　旭

食品科学与工程学院（14 人）：

王　宁　李　潼　王　哲　赵天琦　韩　瑜　何宇星　赵索宁
王啸琦　张文轩　边宏扬　杨泽逊　张一涵　姜　峰　冯亚男

计算机与信息工程学院（12 人）：

叶　磊　刘佳宾　杨志忠　蒋玮璇　江雨点　罗佳伟　安　洋
王宇婷　李　阳　段泽煜　邝子泉　宇文呈儒

生命科学学院（7 人）：

赵俊杰　王晓旗　范淑铭　董馨叶　史　琨　刘桂鸣　刘月华

人文社会科学学院（10 人）：

云　倩　唐鸣春　任素清　刘　娜　薛抒涵　白鑫艳　梅　丽
孙　屹　段伊宁　郭斯媛

外国语言学院（3 人）：

孙博雅　高红丽　高凤先

理学院（5 人）：

郎茂栋　郝彦衡　张　禄　韩　敏　耿　帅

能源与交通工程学院（8人）：

胡旭坤　杨启月　王海军　高千龙　高　靖　李海斌　余文龙

王昕玮

职业技术学院（49人）：

李　斌　杜友童　柴畅原　蔡　煜　林　爽　齐　静　薛艳伟

呼斯乐　苗石林　扎拉嘎穆吉勒呼　段升旭　付开愚　李庭嘉

尹猛义　张美静　韩建国　陈佳乐　薛雨薇　吕卓颖　吕春霞

张慧如　接龙丽　张楚涵　赵成玉　贾苏元　李　想　赵丽蓉

冯晓东　许佳琦　蔺晓雨　杨昊昌　栗晓东　王　丹　华天宇

乐婉婷　刘　佳　赵佳瑶　徐振元　周子琪　沈智伟　吴耀球

周　涛　郝磊磊　马健烽　李文静　王佳欣　邢宝文　孔景繁

张　冬

校级学生组织（20人）：

包叶茹　姚振强　杨懿夫　张胜先　陆　钒　辛兰兰　丁小娜

马志敏　太　平　郭加明　刘蒙婧　张权益　安　婧　高天祥

张宇硕　郭　楠　赵永峰　孟凡军　姚　楠　曹日格

各类竞赛获奖情况

第十六届“挑战杯”全国大学生课外学术科技作品竞赛获奖作品名单

三等奖

序号	学院	作品名称	作品类别	作者	指导教师
1	农学院	燕麦耐盐内生真菌的分离与鉴定	自然科学类学术论文	韩婧波、杨子湘、赵鑫瑶、张安然	李立军

第十一届“挑战杯”全区大学生课外学生科技作品竞赛本科组获奖作品名单

特等奖

序号	学院	作品名称	作品类别	作者	指导教师
1	计算机与信息工程学院	蒙古高原反刍家畜基因序列比对分析云计算平台	科技发明制作A类	刘振羽、王永军、李　进、赵志远、徐励兴	高　静、范　斌
2	材料科学与艺术设计学院	Ag、N共掺杂TiO_2改性沙柳材活性炭的结构和再生性能	自然科学类学术论文	郎　真、王　斌、王　康	刘文静

（续表）

序号	学院	作品名称	作品类别	作者	指导教师
3	农学院	燕麦耐盐内生真菌的分离与鉴定	自然科学类学术论文	韩婧波、杨子湘、赵鑫瑶、张安然	李立军
4	农学院	化肥增效剂对黑土无机氮及水解酶和大豆产量因子影响研究	自然科学类学术论文	周　祎、刘靖煜	杨彦明
5	材料科学与艺术设计学院	“游幕”系列“x”幕墙系统研发	科技发明制作B类	杨　影、刘莉嘉、史　枫、郝佳运	毕力格巴图

一等奖

序号	学院	作品名称	作品类别	作者	指导教师
1	食品科学与工程学院	胡麻油掺假菜籽油NIR模型鉴定研究	自然科学类学术论文	李　露、刘鑫雨、李　茹、玉　霞、阿日根图亚	郭　军
2	食品科学与工程学院	MASS Gainer 蒙特增肌	科技发明制作B类	吕　强、米智慧、任　敏、苏　馨、鄂小娟、胡晓龙、滕　飞	刘文俊、张建超
3	机电工程学院	高空作业爬绳机器人	科技发明制作A类	萨仁娜、豪宝尔、李佳楠、梁丽寅、赵　凯、崔洪旭、汪文静	陈　智
4	生命科学学院	源草原系列化妆品	科技发明制作A类	郑　凡、武　敏、王　敏、蒋　跃	张　峰
5	草原与资源环境学院	甜高粱与苜蓿的混合青贮及其品质评价	自然科学类学术论文	吕艳敏、兰魁伟、南丁罕、董晨杰、谷嘉莉、王　瑞、宫　媛	那　亚
6	园艺与植物保护学院	稀土元素铈和镧对人工老化沙葱种子活力及抗氧化系统的影响	自然科学类学术论文	张烜怡、于振同、郭　娜	杨忠仁
7	机电工程学院	基于AI开放平台的自走型花卉机器人	科技发明制作B类	刘济华、商鹏飞、张宏宇	李海军
8	兽医学院	犬骨骼标本制作中脱脂工艺的试验	自然科学类学术论文	吕　旭	王彩云

二等奖

序号	学院	作品名称	作品类别	作者	指导教师
1	食品科学与工程学院	内蒙古中西部地区在校大学生对食源性寄生虫的认知情况调查	自然科学类学术论文	崔　娜、于笑月、郭　艳	闫鑫磊
2	理学院	统计分析在谷子杂交育种中的应用	自然科学类学术论文	杨　婧	解　云
3	食品科学与工程学院	辣椒渣中神经酰胺类化合物成分鉴定及提取工艺开发	自然科学类学术论文	王琦铭	额尔敦巴雅尔
4	林学院	指数施肥对白桦裸根苗养分动态的影响	自然科学类学术论文	刘　欢、郭浩翔、张盛晰、戴国强、张　敏	郝龙飞
5	园艺与植物保护学院	柏树枝粉对农田杂草的防除及对几种作物的安全性	自然科学类学术论文	李善魁、张海青、白　雪	张笑宇
6	园艺与植物保护学院	小麦减药措施研究	自然科学类学术论文	高　健、刘鑫源、安　靖、渠　汇、李子奇	景　岚
7	草原与资源环境学院	模拟降水对荒漠草原不同载畜率土壤呼吸的影响	自然科学类学术论文	刘世尧、闫　旭、董晨杰、王语冰、王佳雪	王忠武
8	兽医学院	绵羊精液低温（4～8℃）保存方法及试剂盒的开发	科技发明制作A类	吴佳慧、江舜安、蒋润夫、马秀玲、廖西玲、李泽旭、颜露玲	曹贵方、李喜和
9	计算机与信息工程学院	基于物联网的牧草管理系统及大数据分析	科技发明制作A类	温建森、陈国康、李宇宇、刘国顺、吴　威、陈　寅、李国浩、聂　磊	田　军、格根图、乌日更、王冬青、庄　霞
10	生命科学学院	地球皮肤修复“剂”与“技”	科技发明制作A类	许德敏、刘月华、房阿明、左瑞琳、夏　鑫、李　艳	冯福应
11	动物科学学院	Excellent store 肉羊胚胎库	科技发明制作A类	代　小、图门仓、道茹娜、图门吉日嘎拉、安塔娜	木其尔
12	计算机与信息工程学院	智慧羊圈	科技发明制作B类	吕晓煊、甄　鑫、孟　欣、王文斌、王一杰、王　朴、乔晓阳、林乐怡	张立倩、庄　霞

（续表）

序号	学院	作品名称	作品类别	作者	指导教师
13	能源与交通工程学院	基于ERP技术的疲劳缓解音乐模式研究	科技发明制作B类	刘凤娇、王　琦、周红霞、张金鹏、李云鹏	高明星

三等奖

序号	学院	作品名称	作品类别	作者	指导教师
1	农学院	生物菌肥对两种土壤条件下燕麦叶片生理特性及产量的影响	自然科学类学术论文	刘亚东、卿香玉、刘建伟、陈　健、邵天艺、何　敏	刘景辉
2	食品科学与工程学院	野生蓝莓起泡酒生产工艺的研究	自然科学类学术论文	张璐瑶、杨一诺、崔　杰	陈忠军
3	园艺与植物保护学院	山药高产新品系选育	自然科学类学术论文	高圆丽、成　毅、郜书山	霍秀文
4	能源与交通工程学院	基于缓解公交车车体晃动问题的研究	自然科学类学术论文	赵鑫齐、董　雪、李晓敏	刘树民、冬　梅
5	能源与交通工程学院	大数据背景下降低货车空载率的研究	自然科学类学术论文	张　雁、陈鑫鑫、杨媛媛、刘倩文	辛海升
6	生命科学与工程学院	植物源不育剂治理鼠害初探	自然科学类学术论文	李俊达、陈宇博、安　妮、耿亚茹、张　蕾	付和平
7	材料科学与艺术设计学院	穹顶结构	科技发明制作A类	何　伟、王　耀	赵喜龙
8	动物科学学院	巨龙羊-羊肉营养成分快速检测及分级系统	科技发明制作A类	谢遇春、杨　峰、车天宇、郭俊涛、苏　馨、赵　存	刘志红
9	食品科学与工程学院	“立醒”发酵水果魔芋酸奶的研制	科技发明制作B类	赵慧芳、张　旭、张佳思、武　妮、张文轩、武　荣、曹瑾琪	王俊国
10	计算机与信息工程学院	摘星小队	科技发明制作B类	刘雨琴、王嘉钰、陈建新、胡　枫、黄学文、高　博	刘江平、庄　霞
11	沙漠治理学院	磴口植物检索App	科技发明制作B类	秦丁丁、侯靖然、张智超、梁宾霞、张铭轩、侯　佳、王宇河、聂　磊	王树森、马金伟

（续表）

序号	学院	作品名称	作品类别	作者	指导教师
12	经济管理学院	内蒙古现代钢铁物流一体化存在问题及对策研究	哲学社会科学类学术论文	谢泽鑫	张建军
13	经济管理学院	生态文明建设下草原资源资产价值核算研究	哲学社会科学类学术论文	赵　阳、孙　燕、彭天慧	刘宇晨
14	人文社会科学学院	社会工作视角下环境保护组织发展问题研究——基于对阿拉善SEE生态协会的调研	哲学社会科学类学术论文	马玉龙、路如意、何　锐、刘惠多、王瑾瑾	路冠军、张银花

受自治区级以上表彰奖励的单位及个人

受自治区级以上表彰奖励的单位

序号	获奖单位	授予称号	授予单位	授予时间（年.月.日）
1	内蒙古农业大学	第十一届“挑战杯”全区大学生课外学生科技作品竞赛本科组“优胜杯”	共青团内蒙古自治区委员会、内蒙古教育厅、内蒙古自治区科学技术协会、内蒙古自治区学生联合会	2019.12.10
2	共青团内蒙古农业大学委员会	全区青年马克思主义者培养工程研究培训示范基地	共青团内蒙古自治区委员会、内蒙古自治区学生联合会	2019.12
3	共青团内蒙古农业大学委员会	全区高校共青团“青年大学习”网上主题团课工作优秀组织单位	共青团内蒙古自治区委员会	2019.12
4	共青团内蒙古农业大学委员会	全区高校共青团“第二课堂成绩单”工作优秀组织单位	共青团内蒙古自治区委员会	2019.12
5	共青团内蒙古农业大学经济管理学院委员会	2019年度“全区五四红旗团委（团支部）”	共青团内蒙古自治区委员会	2020.04.28

受自治区级以上表彰奖励的个人

序号	获奖人姓名	授予称号	授予单位	授予时间（年.月.日）
1	白银虎	2019年度“全区优秀共青团员”	共青团内蒙古自治区委员会	2020.04.28
2	王雪鹏	2019年度“全区优秀共青团干部”	共青团内蒙古自治区委员会	2020.04.28

（续表）

序号	获奖人姓名	授予称号	授予单位	授予时间（年.月.日）
3	李伟威	第十一届“挑战杯”全区大学生课外学生科技作品竞赛“优秀工作者”	共青团内蒙古自治区委员会、内蒙古教育厅、内蒙古自治区科学技术协会、内蒙古自治区学生联合会	2019. 04. 26
4	柴志虹	第十一届“挑战杯”全区大学生课外学生科技作品竞赛“优秀工作者”	共青团内蒙古自治区委员会、内蒙古教育厅、内蒙古自治区科学技术协会、内蒙古自治区学生联合会	2019. 12. 10

教育教学

本科生教育教学

本科教学概述

学校以本科教学为主，始终坚持立德树人根本宗旨，巩固人才培养中心地位，深化教育教学改革，坚持走以质量为核心的内涵式发展道路。坚持以制度规范教学、政策倾斜教学、投入优先教学、改革促进教学、科研反哺教学，形成全校支持和服务本科教育的良好氛围。本科专业涉及农、工、理、经、管、文、法、艺8个学科；专业设置符合学校办学定位，基本形成了优势突出、特色鲜明、协调发展的专业群。国家级一流本科专业建设点10个、特色专业7个、卓越农林人才教育培养计划试点项目2类共8个专业；自治区级一流本科专业建设点2个、品牌专业32个、“专业综合改革试点项目”1个、重点建设专业5个。国家级教学名师2人、自治区级教学名师28人、自治区级教坛新秀18人。高等学校专业教学指导委员会副主任委员3人、委员9人。现有国家级教学团队1个、自治区级教学团队23个。国家级精品课程4门、国家级精品资源共享课2门，自治区级精品课程72门、优质精品课程4门。国家人才培养模式创新实验区1个、国家级实验教学示范中心2个、国家级大学生校外实践教育基地1个、国家大学生文化素质教育基地1个、教育部和农业农村部首批农科教合作人才培养基地3个，自治区级实验教学示范中心9个。获国家级教学成果奖8项、自治区级教学成果奖73项。获得全国生态文明信息化教学成果2项。

本科专业设置

学校设有普通高等教育本科专业83个（含停招专业8个）。75个招生专业中包含：农学类18个，占24.0%；工学类37个，占49.3%；理学类3个，占4.0%；经济学类2个，占2.7%；管理学类9个，占12.0%；法学类2个，占2.7%；文学类1个，占1.3%；艺术类3个，占4.0%。从总体上看，专业设置符合学校办学定位，已基本形成了与地方经济社会发展相适应的门类齐全、布局合理、优势互补、特色鲜明的多科性本科教育体系。

内蒙古农业大学普通高等教育本科专业设置情况一览表

序号	专业代码	专业名称	学制	授予学位	年份	所属学院名称
1	090301	动物科学	4	农学	1952	动物科学学院
2	090305T	马业科学	4	农学	2019	动物科学学院
3	090601	水产养殖学	4	农学	2000	动物科学学院
4	090401	动物医学	5	农学	1952	兽医学院
5	090402	动物药学	4	农学	2012	兽医学院
6	090403T	动植物检疫	4	农学	2005	兽医学院
7	090101	农学	4	农学	1958	农学院
8	090104	植物科学与技术	4	农学	2003	农学院
9	090105	种子科学与工程	4	农学	2003	农学院
10	090102	园艺	4	农学	1994	园艺与植物保护学院
11	090103	植物保护	4	农学	1957	园艺与植物保护学院
12	090106	设施农业科学与工程	4	农学	2004	园艺与植物保护学院
13	082802	城乡规划	4	工学	2007	林学院
14	082803	风景园林（停招）	4	工学	2018	林学院
15	083102K	消防工程	4	工学	2005	林学院
16	090501	林学	4	农学	1958	林学院
17	090502	园林	4	农学	1997	林学院
18	090503	森林保护	4	农学	1960	林学院
19	090201	农业资源与环境	4	农学	1994	草原与资源环境学院
20	090701	草业科学	4	农学	1958	草原与资源环境学院
21	070503	人文地理与城乡规划	4	管理学	2000	沙漠治理学院
22	090203	水土保持与荒漠化防治	4	农学	1960	沙漠治理学院
23	120404	土地资源管理	4	管理学	1998	沙漠治理学院
24	080202	机械设计制造及其自动化	4	工学	1994	机电工程学院
25	080205	工业设计	4	工学	2000	机电工程学院
26	080207	车辆工程	4	工学	2006	机电工程学院
27	080601	电气工程及其自动化	4	工学	2003	机电工程学院
28	082302	农业机械化及其自动化	4	工学	1960	机电工程学院
29	082303	农业电气化	4	工学	1994	机电工程学院
30	081001	土木工程	4	工学	2001	水利与土木建筑工程学院
31	081003	给排水科学与工程	4	工学	1994	水利与土木建筑工程学院
32	081101	水利水电工程	4	工学	2009	水利与土木建筑工程学院

（续表）

序号	专业代码	专业名称	学制	授予学位	年份	所属学院名称
33	081102	水文与水资源工程	4	工学	1978	水利与土木建筑工程学院
34	081201	测绘工程	4	工学	2005	水利与土木建筑工程学院
35	081401	地质工程（停招）	4	工学	2010	水利与土木建筑工程学院
36	082305	农业水利工程	4	工学	1958	水利与土木建筑工程学院
37	082502	环境工程	4	工学	1995	水利与土木建筑工程学院
38	082801	建筑学	5	工学	2008	水利与土木建筑工程学院
39	120105	工程造价	4	工学	2012	水利与土木建筑工程学院
40	080401	材料科学与工程	4	工学	2004	材料科学与艺术设计学院
41	081602	服装设计与工程（停招）	4	工学	2007	材料科学与艺术设计学院
42	082402	木材科学与工程	4	工学	1958	材料科学与艺术设计学院
43	082404T	家具设计与工程	4	工学	2018	材料科学与艺术设计学院
44	082803	风景园林	4	艺术学	2012	材料科学与艺术设计学院
45	130502	视觉传达设计	4	艺术学	1995	材料科学与艺术设计学院
46	130503	环境设计	4	艺术学	1995	材料科学与艺术设计学院
47	130504	产品设计（停招）	4	艺术学	1995	材料科学与艺术设计学院
48	020101	经济学	4	经济学	1993	经济管理学院
49	020301K	金融学	4	经济学	2002	经济管理学院
50	120201K	工商管理	4	管理学	1992	经济管理学院
51	120203K	会计学	4	管理学	2008	经济管理学院
52	120204	财务管理	4	管理学	2005	经济管理学院
53	120301	农林经济管理	4	管理学	1981	经济管理学院
54	120601	物流管理	4	管理学	2006	经济管理学院
55	120801	电子商务	4	管理学	2001	经济管理学院
56	081702	包装工程	4	工学	1999	食品科学与工程学院
57	082701	食品科学与工程	4	工学	1992	食品科学与工程学院
58	082702	食品质量与安全	4	工学	2003	食品科学与工程学院
59	082704	乳品工程	4	工学	2016	食品科学与工程学院
60	082705	酿酒工程（停招）	4	工学	2013	食品科学与工程学院
61	080901	计算机科学与技术	4	工学	1995	计算机与信息工程学院
62	080902	软件工程	4	工学	2006	计算机与信息工程学院
63	080903	网络工程	4	工学	2009	计算机与信息工程学院
64	080905	物联网工程	4	工学	2014	计算机与信息工程学院

（续表）

序号	专业代码	专业名称	学制	授予学位	年份	所属学院名称
65	080910T	数据科学与大数据技术	4	工学	2018	计算机与信息工程学院
66	120102	信息管理与信息系统（停招）	4	管理学	2000	计算机与信息工程学院
67	071001	生物科学（停招）	4	理学	2003	生命科学学院
68	071002	生物技术	4	理学	1995	生命科学学院
69	081302	制药工程	4	工学	2006	生命科学学院
70	083001	生物工程	4	工学	1998	生命科学学院
71	030101K	法学	4	法学	2004	人文社会科学学院
72	030302	社会工作	4	法学	2003	人文社会科学学院
73	120402	行政管理	4	管理学	1999	人文社会科学学院
74	050201	英语	4	文学	2001	外国语言学院
75	070302	应用化学	4	理学	2004	理学院
76	071202	应用统计学	4	理学	2003	理学院
77	080702	电子科学与技术	4	工学	2006	理学院
78	081301	化学工程与工艺（停招）	4	工学	2006	理学院
79	080503T	新能源科学与工程	4	工学	2010	能源与交通工程学院
80	081006T	道路桥梁与渡河工程	4	工学	2010	能源与交通工程学院
81	081801	交通运输	4	工学	1999	能源与交通工程学院
82	081802	交通工程	4	工学	2005	能源与交通工程学院
83	082401	森林工程	4	工学	1958	能源与交通工程学院

课程开设及任课教师职称结构

学校以一流课程为引领，以示范课程为标准，推进教学方法和手段改革，提高教师能力，起到了积极的促进作用。采取了多媒体教学改革等措施，加强了课堂教学的管理。全年共开设 2 909 门（8 411 门次）课程；其中，拓展课程 1 163 门（2 570 门次），占 39. 9%（30. 5%）；开课 44 8647 人次，班均规模 55 人。学校主讲教师 100%达到规定的标准。

主讲本科课程的教授占教授总数的比例

年度	教授总数	教授应授课人数	教授实际授课人数	所占比例（%）
2019	326	314	305	97. 1

教授讲授本科课程累计 1 423 门次，占总课程数的 16.9%。除出国访学等特殊情况外，教授基本上都为本科生授课。

教授讲授本科课程占课程总门次的比例

年度	本科课程总门数	本科课程总门次数	教授讲授本科课程门次数	所占比例（%）
2019	2 909	8 411	1 423	16.9

考试改革

继续加强考试管理，严格执行《内蒙古农业大学考试工作管理办法》，严肃考风考纪。继续推行诚信考试，加强学生诚信教育。继续加强课程平时成绩考核，强化学生学业过程管理和评价，在全校推广使用平时成绩管理系统，强化了过程管理、规范了成绩记录，并向全校教师开放查询权限，为教师和管理人员加强学生管理提供了便利及数据资料，有利于改善学风。改革专升本选拔考试组织流程，制定政策、组织报名、组织考试、选拔录取等各环节均由职业技术学院负责，进一步规范工作流程，录取了 189 名优秀专科毕业生升入学校本科继续学习。大学外语四、六级共有 32 910 人参加，共安排 1 074 个考场；参加高等学校英语应用能力考试 981 人，共安排 33 个考场。

实践教学

实验室建设与管理。2019 年实验室建设项目 10 个，共投入 1 350 万元。加强实验室信息化建设，启动了智慧实验室（二期）建设项目，开展了 3 次教学实验室检查工作。对全校本科教学实验室产生的危险化学品废弃物进行了处理，共计处理 9.9 吨。采购了 1 套实验室废水（液）处理设备，安装在生命科学大楼，设备运行正常，处理后的出水经第三方检测符合国家排放标准。为各学院本科教学实验室配备化学试剂储存柜 58 个。起草了新建化学品中转仓库方案，组织各学院实验人员参加内蒙古自治区教育厅组织的全区学校实验室安全管理培训。

实习基地建设。新增实习基地 11 个，学校共有实习基地 235 个；国家级大学生实践教学基地云畜牧人才培养创新基地二期项目建设完成，批准 3 个校内实习基地建设项目和 9 个校外实习基地建设项目，经费支持 342 万元。

虚拟仿真实验教学项目建设。批准建设校级虚拟仿真实验教学项目 5 个，推荐国家虚拟仿真实验教学项目 4 个，其中“病毒的血凝及血凝抑制虚拟仿真实验教学项目”和“植物根的结构与功能虚拟仿真实验教学项目”获批国家虚拟仿真实验教学项目。

毕业论文（设计）管理。推进本科生毕业论文（设计）管理系统的使用，强化毕业论文（设计）各环节的过程管理，组织了 2 次系统使用培训交流会和 1 次答疑会，进一步优化毕业论文（设计）管理流程，改进和完善系统功能，实现了毕业论文从选题、开题到评优全过程通过系统管理。对 2019 届所有毕业论文（设计）进行重复率检测，本届毕业论文（设计）指导教师人数 1 051 人，完成选题 6 241 个，其中，科研课题 2 455 个，教师自拟课题 2 390 个，学生自拟课题 1 396 个，评选校级优秀毕业论文（设计）153 篇。

学科竞赛活动。资助师生参加了“数学建模竞赛”“数学竞赛”“外研社·国才杯”全国英语演讲、写作、阅读大赛，“中国大学生方程式汽车大赛”等学科竞赛活动。在“正大杯第九届全国大学生市场调查与分析大赛”中获得全国一等奖 2 项、三等奖 2 项，自治区一等奖 5 项、三等奖 2 项；“全国大学生统计建模大赛”总决赛中获得全国二等奖 1 项；“全国大学生数学建模竞赛”中获得全国二等奖 1 项，自治区一等奖 3 项、二等奖 10 项、三等奖 13 项；“机器人大赛”中获得全国一等奖 1 项、二等奖 6 项、优秀奖 3 项，自治区一等奖 4 项、二等奖 2 项、三等奖 1 项；“中国大学生方程式汽车大赛”第三名；“全国创新方法大赛”中获得全国高校组二等奖，内蒙古赛区二等奖；“外研社·国才杯”全国英语演讲、写作、阅读大赛中获得自治区一等奖 2 项、二等奖 2 项。

教学团队建设

学校重视教学团队建设，通过教学团队建立有效的团队合作机制，积极改革教学内容和方法，开发教学资源，促进教学研讨和教学经验交流，推进教学工作的传、帮、带，建立老中青相结合的教学梯队，不断提高教师的教学水平，有效提高教育教学质量。截至目前，学校有国家级教学团队 1 个，自治区级教学团队 23 个，校级教学团队 94 个。

内蒙古农业大学 2019 年度获自治区级教学团队一览表

序号	团队名称	学院	类别	团队带头人
1	会计学教学团队	经济管理学院	本科	张心灵
2	运动马驯养与管理专业教学团队	职业技术学院	高职	王怀栋

课程建设

截至 2019 年年底，学校共有国家级精品课程 4 门、国家级精品资源共享课 2 门、自治区级精品课程 72 门、自治区级优质精品课程 4 门、校级精品课程 198 门。加强网络教学平台建设，推进精品课程的升级改造，制定了《示范课程建设与管理办法》，立项自治区级高等学校在线开放课程 12 门，立项校级在线开放课程 33 门；在建设校级示范课程 165 门，立项示范课程 60 门，27 门课程验收通过，认定为校级“示范课程”；网络教学平台开课 170 门，开课教师数 156 人；智慧树、学堂在线等网络课程 67 门。

2019年度自治区级高等学校在线开放课程立项名单

序号	课程名称	课程负责人	学院
1	马学	芒 来	动物科学学院
2	家畜病理学	王凤龙	兽医学院
3	动物生理学	王纯洁	兽医学院
4	西方园林史	闫晓云	林学学院
5	植物生理学	雷雪峰	农学院
6	机械原理	邓伟刚	机电工程学院
7	食品包装学	孙文秀	食品科学与工程学院

内蒙古农业大学2019年度校级示范课程立项名单

序号	课程名称	课程负责人	学院
1	植物学	娜日苏	草原与资源环境学院
2	土壤与植物及其农产品质量分析	邢海峰	草原与资源环境学院
3	草地保护学	袁 帅	草原与资源环境学院
4	动物营养学	哈斯额尔敦	动物科学学院
5	机械原理	邓伟刚	机电工程学院
6	电力电子技术	宗哲英	机电工程学院
7	微机技术及应用	李建荣	计算机与信息工程学院
8	政治经济学	牛 婷	经济管理学院
9	植物资源与利用	赵杏花	沙漠治理学院
10	结构力学	周海龙	水利与土木建筑工程学院
11	新标准大学英语Ⅲ	刘海红	外国语言学院
12	蒙授英才班基础英语1	阿 荣	外国语言学院
13	蒙授英才班基础英语2	阿 荣	外国语言学院
14	英语初级写作1	郭 欣	外国语言学院
15	英语初级写作2	郭 欣	外国语言学院
16	预科英语1	斯琴巴图	外国语言学院

内蒙古农业大学2019年度校级示范课程名单

序号	课程名称	课程负责人	学院
1	家畜育种学原理	赵艳红	动物科学学院
2	植物生理学	雷雪峰	农学院

（续表）

序号	课程名称	课程负责人	学院
3	风景区规划	赵红霞	林学院
4	C++程序设计Ⅱ面向对象	左东石	计算机与信息工程学院
5	微生物学	孟建宇	生命科学学院
6	生物化学	赵国芬	生命科学学院
7	高等数学 A	吴国栋	理学院
8	多元统计分析	孙鹏哲	理学院
9	C/C++程序设计	罗小玲	计算机与信息工程学院
10	马克思主义基本原理概论（蒙）	梁红兰	马克思主义学院
11	草地保护学	袁　帅	草原与资源环境学院
12	机械原理	邓伟刚	机电工程学院
13	中国社会思想史	张银花	人文社会科学学院

教材建设

学校始终重视教材建设工作，“十一五”期间，有 42 部教育部面向 21 世纪课程教材，1 部国家百门精品课程教材，2 部获中华农业科教基金会全国农业教育优秀教材奖，3 部获国家级教材奖，95 部规划教材，其中，7 部国家级规划教材。“十二五”期间省部级规划教材 38 部，蒙古文教材 24 部，7 部获得中华农业科教基金会全国农业教育优秀教材奖，3 部获得国家林业局（现国家林业和草原局）林科高等教育优秀教材。截至 2019 年年底，确定省部级规划教材 68 部，蒙古文教材 44 部，获得中华农业科教基金会全国农业教育优秀教材奖 5 部，获得中华农业科教基金教材建设研究项目 4 项；2019 年度主编出版教材 17 部。

2019 年度内蒙古农业大学教师编写出版教材目录

序号	教材名称	教师姓名	ISBN	出版社
1	《种子生物学》	侯建华	978-7-109-26430-4	中国农业出版社
2	《工程地质实习指导书》	黄　磊	978-7-550-92541-0	黄河水利出版社
3	《牧区水利工程学》	杨树青	978-7-5170-7485-4	中国水利水电出版社
4	《家畜组织学与胚胎学》	苏布登格日勒	978-7-5665-1656-5	内蒙古大学出版社
5	《家畜解剖学实习图》	杨银凤	978-7-109-25135-9	中国农业出版社
6	《生物化学》	赵国芬	978-7-5655-2233-8	中国农业大学出版社
7	《高等院校搏克教材》	巴雅尔晋格乐	978-7-5665-1685-5	内蒙古大学出版社
8	《草地管理学》	王成杰	978-7-5655-2285-7	中国农业大学出版社

（续表）

序号	教材名称	教师姓名	ISBN	出版社
9	《草产品加工与贮藏学》	贾玉山	978-7-5655-2185-0	中国农业大学出版社
10	《牧草饲料加工与贮藏学》	贾玉山	978-7-0305-6933-2	科学出版社
11	《普通化学》	丁立军	978-7-109-25571-5	中国农业出版社
12	《普通化学实验》	施和平	978-7-109-25368-1	中国农业出版社
13	《高等数学学习指导（上册）》	刘海军	978-7-109-25731-3	中国农业出版社
14	《高等数学学习指导（下册）》	刘海军	978-7-109-26058-0	中国农业出版社
15	《高等数学（上册）》	刘海军	978-7-109-25730-6	中国农业出版社
16	《高等数学（下册）》	刘海军	978-7-109-26045-0	中国农业出版社
17	《概率论与数理统计学》	布和额尔敦	978-7-5665-1587-2	内蒙古大学出版社

2019 年度内蒙古农业大学确定省部级规划教材选题目录

序号	教材名称	主编	评选单位
1	《工程制图》	郁志宏	国家林业和草原局
2	《液压与气压传动（第 2 版）》	张丽春、迟　媛	国家林业和草原局
3	《森林防火学》	周　梅、王玉霞	国家林业和草原局
4	《汽车保险与理赔（第 2 版）》	陈松利	国家林业和草原局
5	《植物分类学》	兰登明、赵杏花	国家林业和草原局
6	《番茄高效生产与绿色防控技术》	霍秀文	农业农村部
7	《肉羊高效养殖及常见疾病防治技术》	萨茹丽	农业农村部
8	《畜禽生态养殖规划与管理》	张　玉、张佐忠	农业农村部
9	《兽医寄生虫学实验指导》	王　瑞	农业农村部
10	《乳品微生物学》	陈　霞、刘文俊	农业农村部
11	《测量学学习指导与习题集》	李瑞平、闫志远	农业农村部
12	《Office 高级应用》	白云莉	农业农村部
13	《Python 数据科学导引》	高　静、姜新华	农业农村部
14	《大学计算机基础教程》	白云莉	农业农村部
15	《植物学》	姚庆智	农业农村部

引进优质教育资源教学管理

继续引进优质教育资源，不断加强教育国际交流，大力提升教学、科研水平。年内，聘请了5人次的国外专家、教授来校授课或讲座。受自治区教育厅委托，组织了2019—2020年度国家公派出国留学人员考试英语高级班培训，学校16名教师参加了本期培训，自2012年第一期开班以来到2019年，累计培训483人。全年共组织完成了68场托福和GRE考试。

本科教学质量工程

学校现有国家级特色专业7个、国家级综合改革试点专业1个、国家级一流本科专业建设点10个、国家“卓越农林人才教育培养计划”专业8个，自治区级品牌专业30个、自治区级重点建设专业5个、自治区级本科专业综合改革试点项目1个、自治区级一流本科专业建设点2个。国家级教学团队1个、自治区级教学团队23个、校级教学团队94个。国家级精品课程4门、国家级精品资源共享课2门，自治区级精品课程72门、自治区级优质精品课程4门、自治区级高等学校在线开放课程12门、校级在线开放课程33门、校级精品课程198门、示范课程60门。有国家人才培养模式创新实验区1个、国家级实验教学示范中心2个、国家级大学生校外实践教育基地1个、国家大学生文化素质教育基地1个、教育部和农业农村部首批农科教合作人才培养基地3个，自治区级实验教学示范中心9个。获国家级教学成果奖8项、自治区级教学成果奖73项。获得全国生态文明信息化教学成果2项。有全国林业和草原教学名师2人、自治区级教学名师28人、自治区级教坛新秀18人。2019年获在线教育“智慧教学之星”3人。

内蒙古农业大学2019年度自治区级教学团队一览表

序号	团队名称	学院	类别	团队带头人
1	会计学教学团队	经济管理学院	本科	张心灵
2	运动马驯养与管理专业教学团队	职业技术学院	高职	王怀栋

内蒙古农业大学2019年度自治区级教学名师

序号	姓名	主讲课程	学院（部）	类别	年度
1	芒　来	马生产学、数量遗传学	动物科学学院	本科	2019

内蒙古农业大学2019年度内蒙古自治区高等学校教坛新秀

序号	姓名	主讲课程	学院（部）	类别	年度
1	刘海红	大学英语	外国语言学院	本科	2019

2019 年度全国生态文明信息化教学成果

序号	课程名	团队成员	遴选等级	遴选单位	学院
1	分析化学	许　辉、丁洪晶、巩　霞、平贵臣、史全全、李金梅、乌兰图雅	B	国家林业和草原局院校教材建设办公室、中国林业教育学会	理学院

2019 年度在线教育“智慧教学之星”名单

序号	教师姓名	学院	评选单位
1	策力木格	外国语言学院	教育部在线教育研究中心
2	李　剑	外国语言学院	教育部在线教育研究中心
3	刘海红	外国语言学院	教育部在线教育研究中心

教育研究

为进一步深化学校教育教学改革，促进学校教育教学质量的提升，加快建设高水平本科教育、全面提高人才培养能力，学校加大了教育教学改革研究投入，获批教育部产学合作协同育人项目 9 项；获内蒙古自治区公共课教学改革项目 5 项、“十三五”规划课题 31 项，资助经费 36 万元；设立学校“新农科”“新工科”“新文科”建设教学综合研究项目重大项目 10 项，重点项目 20 项，资助经费 160 万元；校级教育教学改革研究一般项目 86 项，资助经费 43 万元；校级教改项目结题验收 100 项；设立 15 个实验教学仪器设备研制与标本制作项目，资助经费 45 万元，验收 19 项；批准建设 2019 年校级虚拟仿真实验教学项目 11 个。

2019 年度产学合作协同育人项目立项名单

序号	项目编号	支持公司	项目类型	项目名称	负责人	学院
1	201901148037	江苏云思教育科技有限公司	师资培训	基于校企融合的统计学专业师资建设	张　军	理学院
2	201901191014	山东瘦课网教育科技股份有限公司	师资培训	基于虚拟现实技术的道路桥梁与渡河工程专业教学研究	白建光	能源与交通工程学院
3	201901203013	上海景格科技股份有限公司	师资培训	教师信息化技术及汽车相关课程提升培训	万大千	能源与交通工程学院
4	201901240037	天津东软睿道教育信息技术有限公司	教学内容和课程体系改革	面向新工科的软件工程专业实践教学模式改革	高　静	计算机与信息工程学院
5	201901262011	西安三好软件技术股份有限公司	教学内容和课程体系改革	新规范下桥梁工程课程资源库建设	周海龙	水利与土木建筑工程学院

（续表）

序号	项目编号	支持公司	项目类型	项目名称	负责人	学院
6	201901223027	深圳市斯维尔科技股份有限公司	创新创业联合基金	基于大数据背景BIM技术在公路选线设计中的开发应用及商业策划	齐源达	能源与交通工程学院
7	201902035005	北京纳智校园科技发展有限公司	教学内容和课程体系改革	大数据背景下证券投资学课程混合式教学改革研究	孟凡杰	经济管理学院
8	201902198004	山东恒天阳光置业投资有限公司	教学内容和课程体系改革	基于OBE理念的土建类专业钢结构相关课程教学体系建设	薛慧君	水利与土木建筑工程学院
9	201902228006	上海萌泰数据科技股份有限公司	师资培训	高等院校“心理教育与学生发展实证研究方法”师资培训	侯振虎	人文社会科学学院

内蒙古农业大学2019年教学综合研究项目名单（本科）

重大项目			重点项目		
项目编号	名称	召集人	项目编号	名称	召集人
ZD201901	教学质量保障体系的研究与实践	王治国	ZD201901-1	本科教学质量监控与评价体系的优化	王　杰
			ZD201901-2	专业认证及分类专业评估的研究与实践	贾德彬
ZD201902	智慧农牧业平台建设	齐景伟	ZD201902-1	虚拟仿真教学平台建设	王步钰
			ZD201902-2	实景与虚拟仿真教学融合平台建设	王　园
ZD201903	新时代民族教育体系的改革与创新实践	金宝明	ZD201903-1	新农科背景下民族教育人才培养体系的优化与创新	呼格吉勒图
			ZD201903-2	新工科背景下民族教育人才培养体系的构建与完善	乌兰图雅
ZD201904	突出产科教协同现代工程能力导向的地方农林高校工科人才培养体系构建与实践	刘廷玺	ZD201904-1	理工科1-3-5链式递进人才培养模式	陈永福
			ZD201904-2	突破学科定势打造理工科模块化课程体系	李　昊
ZD201905	基于新农科建设的农林类人才培养模式改革与实践	高聚林	ZD201905-1	农林教学改革与实践示范	于晓芳
			ZD201905-2	草原畜牧类教学改革与实践示范	红　梅

（续表）

重大项目			重点项目		
项目编号	名称	召集人	项目编号	名称	召集人
ZD201906	全面提升数理化计算机公共基础课教学质量，助推全校一流本科专业建设	吴国荣	ZD201906-1	培育“新农科”本科人才信息素养课程体系构建与实践	高　静
			ZD201906-2	新农科和新工科背景下以专业需求为导向提升数理化基础课教学质量	丁立军
ZD201907	协同聚合、同向发力：四位一体的思政教育改革研究	高丽萍	ZD201907-1	中西文化对比视野下的大学英语课程思政建设研究	常　云
			ZD201907-2	课程思政的实现路径研究	曹渊清
ZD201908	基于产教融合的卓越农林人才培养模式创新与实践	牟献友	ZD201908-1	农科类产教融合模式创新与实践	齐景伟
			ZD201908-2	工科类产教融合模式创新与实践	董同力嘎
ZD201909	适应新时代要求的农业大学文经管法类专业人才培养模式创新研究	乔光华	ZD201909-1	适应新时代要求的文法艺类专业人才培养方案研究	张银花
			ZD201909-2	适应新时代要求的经管类专业人才培养方案研究	张建成
ZD201910	新农科、新工科、新文科背景下基于专业认证的人才培养方案的优化研究与实践	刘翠兰	ZD201910-1	基于专业认证的新农科和新工科人才培养方案优化研究	王忠武
			ZD201910-2	在“新文科”建设中实现文理、文工学科专业交叉的人才培养方案之研究与创新	白云莉

内蒙古农业大学2019年教育教学改革研究重点项目一览表

项目编号	项目名称	项目主持人	所在单位	经费（万元）
JGZD201901	动物营养与饲料检测技术课程实践教学方法与教学手段的改革	王海荣	动物科学学院	1
JGZD201902	产教融合背景下园林专业E-C-S-E协同育人模式探究	段广德	林学院	1
JGZD201903	基于AR技术的《工程制图》课程教学应用与实践研究	刘　涛	机电工程学院	1

（续表）

项目编号	项目名称	项目主持人	所在单位	经费（万元）
JGZD201904	机电类专业的单片机课程虚拟仿真实验项目开发	宣传忠	机电工程学院	1
JGZD201905	基于 OBE 理念的水利土木类本科人才培养模式改革与创新研究	屈忠义	水利与土木建筑工程学院	1
JGZD201906	日处理 500 吨鲜奶的液态奶生产车间管路设计虚拟仿真实验	高爱武	食品科学与工程学院	1
JGZD201907	“新农科”背景下计算机公共课程体系改革与建设	高　静	计算机与信息工程学院	1
JGZD201908	面向工程认证的计算机科学与技术专业建设研究与实践	罗小玲	计算机与信息工程学院	1
JGZD201909	新时代多元应用创新型卓越英才学生国际化教育路径研究	任云岚	外国语言学院	1
JGZD201910	新时代背景下数理化基础课蒙语教学改革与质量提升	丁立军	理学院	1
JGZD201911	食品生物技术专业核心课程项目化教学改革研究与实践	栗丽萍	职业技术学院	职业技术学院支持
JGZD201912	应用型本科在线开放课程质量评价研究——以内蒙古农业大学职业技术学院为例	杜安然	职业技术学院	职业技术学院支持
JGZD201913	基于“产教融合，三阶递进”农业装备应用技术专业人才培养模式的研究与探索	赵永来	职业技术学院	职业技术学院支持

内蒙古农业大学 2019 年教育教学改革研究一般项目一览表

项目编号	项目名称	项目主持人	所在单位	经费（万元）
JGYB201901	“云畜牧”在《饲料质量管理与控制》课程中的运用及其提升蒙班学生自主学习能力研究	萨茹丽	动物科学学院	0.5
JGYB201902	《生物统计学》课程线上线下混合式教学研究	玉　荣	动物科学学院	0.5
JGYB201903	三维动画技术在兽医产科教学中应用的研究	高瑞峰	兽医学院	0.5
JGYB201904	动物药学专业兽医药物毒理学开放性实验教学的研究	毛　伟	兽医学院	0.5
JGYB201905	农业生态学线上线下混合式教学模式改革	赵宝平	农学院	0.5
JGYB201906	基于园林专业“五位一体”教学模式改革研究与实践	包红光	林学院	0.5

（续表）

项目编号	项目名称	项目主持人	所在单位	经费（万元）
JGYB201907	林学卓越班创新人才培养模式改革探索与研究	包文泉	林学院	0.5
JGYB201908	《园林树木学》MOOC 教学模式创新与实践	韩　鹏	林学院	0.5
JGYB201909	“互联网+”时代下突显消防工程特色的《流体力学》课程混合教学模式研究	李　敏	林学院	0.5
JGYB201910	思与辨——基于内蒙古特色的园林建筑实践教学模式探索与研究	李英杰	林学院	0.5
JGYB201911	4C 能力培养目标下的园林工程实践教学改革	孙　婷	林学院	0.5
JGYB201912	混合型学习共同体支持下课堂生态优化重构策略研究	赵红霞	林学院	0.5
JGYB201913	实践能力培养视角下的土壤资源调查与评价课程改革探索	哈斯图亚	草原与资源环境学院	0.5
JGYB201914	草业科学专业本科生实践教学基地动植物图鉴的编写	王占义	草原与资源环境学院	0.5
JGYB201915	卓越农林人才培养模式下“荒漠化监测”实践教学改革与探索	党晓宏	沙漠治理学院	0.5
JGYB201916	大学生创新创业教育发展的宏观战略与微观体系研究	郭月峰	沙漠治理学院	0.5
JGYB201917	新时代高校师德与教风协同建设机制探析	彭　静	沙漠治理学院	0.5
JGYB201918	基于慕课（MOOC）平台的《植物资源与利用》线上线下混合教学模式的创新与实践	赵杏花	沙漠治理学院	0.5
JGYB201919	农业院校《人因工程学》课程的混合式教学改革研究	孙芊芊	机电工程学院	0.5
JGYB201920	“双一流”建设背景下饲草料收贮及加工课程内涵式发展实施途径研究	乌兰图雅	机电工程学院	0.5
JGYB201921	基于在线课程平台下《计算机辅助工业设计 2》课程混合教学实践探索	张建超	机电工程学院	0.5
JGYB201922	地质实习过程中的“教—学”占比及效果研究	李文宝	水利与土木建筑工程学院	0.5

（续表）

项目编号	项目名称	项目主持人	所在单位	经费（万元）
JGYB201923	农业水利工程专业卓越农林人才培养模式研究与评价	李仙岳	水利与土木建筑工程学院	0.5
JGYB201924	校企合作模式下应用型人才培养的实践与研究	刘晓民	水利与土木建筑工程学院	0.5
JGYB201925	基于SPOC混合教学模式的遥感类示范课程教学设计与实践	罗艳云	水利与土木建筑工程学院	0.5
JGYB201926	以科研训练为平台，水利类创新人才课程教学模式的研究与实践	史小红	水利与土木建筑工程学院	0.5
JGYB201927	“大数据+PBL”模式的遥感类课程教学改革研究	翟涌光	水利与土木建筑工程学院	0.5
JGYB201928	工程教育认证导向的《材料力学》课程教学改革模式探讨	邹春霞	水利与土木建筑工程学院	0.5
JGYB201929	适用于卓越农林人才培养计划下木材学课程群的建设与改革	刘文静	材料科学与艺术设计学院	0.5
JGYB201930	“农业经济学”课程线上线下混合教学模式建设与实践研究	田艳丽	经济管理学院	0.5
JGYB201931	信息化背景下《宏观经济学》金课混合式教学模式研究	原　英	经济管理学院	0.5
JGYB201932	以OBE理念为导向的《农产品加工工艺学》课程体系改革探索	包小兰	食品科学与工程学院	0.5
JGYB201933	基于工程认证的食品微生物学实验课学生自主教学模式探索	段　艳	食品科学与工程学院	0.5
JGYB201934	基于OBE理念，构建高校食品类大学生“自主性、探究性”学习模式的研究	李丽杰	食品科学与工程学院	0.5
JGYB201935	基于OBE教育理念，面向混合学习的《食品机械与设备》SPOC课程改革与实践	刘汉涛	食品科学与工程学院	0.5
JGYB201936	蒙班学生基于快课的“乳与乳制品工艺学”课程教学改革研究	明　亮	食品科学与工程学院	0.5
JGYB201937	课程思政及实践创新背景下《农产品加工学》教学改革研究	夏亚男	食品科学与工程学院	0.5
JGYB201938	新工科教育背景下农业院校食品工程原理课程教学模式的改革	杨晓清	食品科学与工程学院	0.5

（续表）

项目编号	项目名称	项目主持人	所在单位	经费（万元）
JGYB201939	“新工科”背景下基于OBE理念的《果蔬贮藏加工学》线上线下混合教学示范课程建设	杨　杨	食品科学与工程学院	0.5
JGYB201940	“互联网+”时代下线上线下混合教学模式研究与实践——以《计算机导论》课程为例	郜晓晶	计算机与信息工程学院	0.5
JGYB201941	学位论文质量评价与监控管理系统	李　靖	计算机与信息工程学院	0.5
JGYB201942	实践教学评价方法研究——以《数据处理及可视化》课程为例	申志军	计算机与信息工程学院	0.5
JGYB201943	基于线上线下混合式教学模式的《数据库原理》课程资源建设	王丽霞	计算机与信息工程学院	0.5
JGYB201944	基于THEOL网络教学平台的《发酵工程》混合课程建设及教学实施	李国光	生命科学学院	0.5
JGYB201945	生物类专业课程思政的教学探索——以《微生物学》为例	孟建宇	生命科学学院	0.5
JGYB201946	高校行政管理专业行政公文写作“教练考一体化”实践教学模式探析	高翠玲	人文社会科学学院	0.5
JGYB201947	基于“产出导向法”的蒙古语授课英才卓越班《大学英语》课程体系建设	阿　荣	外国语言学院	0.5
JGYB201948	基于“金课”下的大学英语混合式教学设计与应用研究	李　剑	外国语言学院	0.5
JGYB201949	混合学习环境下基于SPOC+数字化教学资源平台的大学英语教学模式应用研究	任竹青	外国语言学院	0.5
JGYB201950	信息化背景下混合式教学在《英语国家概况》课程教学模式改革中的应用研究	武彦君	外国语言学院	0.5
JGYB201951	“翻转课堂”教学模式在蒙古族大学生英语听力教学中的实证研究	张　茜	外国语言学院	0.5
JGYB201952	基于培养卓越人才的数学基础课程教学模式改革与探索	刘菊红	理学院	0.5
JGYB201953	新工科背景下案例教学法融入弱工科高等数学课堂教学的研究与实践	乔剑敏	理学院	0.5

（续表）

项目编号	项目名称	项目主持人	所在单位	经费（万元）
JGYB201954	公共基础分析化学教学模式研究	史全全	理学院	0.5
JGYB201955	“雨课堂”在农林高校有机化学课程教学体系中的探究	斯琴塔娜	理学院	0.5
JGYB201956	基于形象思维下高等数学课堂教学改革创新研究	周兰锁	理学院	0.5
JGYB201957	适应多样化人才培养需要的《土质学与土力学》课程体系构建	高明星	能源与交通工程学院	0.5
JGYB201958	混合式教学法在《人机工程学》教学改革的探索与实践	解松芳	能源与交通工程学院	0.5
JGYB201959	面向“互联网+”的混合式教学模式研究——以《汽车评估》示范课程为例	李丹岚	能源与交通工程学院	0.5
JGYB201960	《交通工程学》线上线下混合教学模式改革研究	吕　贞	能源与交通工程学院	0.5
JGYB201961	多元文化背景下内蒙古普通高校体育教学模式改革研究	青　春	体育教学部	0.5
JGYB201962	高校图书馆分层次学科服务助力“双一流”学科建设创新发展研究	郭冬梅	图书馆	0.5
JGYB201963	高校图书馆读者服务为促进本校本科教学改革的探讨——以内蒙古农业大学为例	左　卉	图书馆	0.5
JGYB201964	大学生就业指导课程“翻转课堂”教学模式创新研究——以内蒙古农业大学为例	张红梅	发展研究室	0.5
JGYB201965	内蒙古农业大学教育教学音视频数据资源整理及应用示范研究	范　斌	教务处	0.5
JGYB201966	“教学实践改革+学生全程参与+创新创业竞赛”协同模式培养大学生创新创业能力	王利鹤	职业技术学院	职业技术学院支持
JGYB201967	基于“业务、财务和信息技术融合”的管理会计实践教学改革研究	郭晓晓	职业技术学院	职业技术学院支持
JGYB201968	应用型市场营销本科专业“四个三”教学模式的构建和实践	于　淼	职业技术学院	职业技术学院支持
JGYB201969	基于内蒙古文化创意产业发展下的高职院校艺术设计专业实践教学改革与创新研究	李　佳	职业技术学院	职业技术学院支持

（续表）

项目编号	项目名称	项目主持人	所在单位	经费（万元）
JGYB201970	基于OBE理念的计算机硬件类在线开放课程资源设计研究——以《数字电路》为例	祝　鹏	职业技术学院	职业技术学院支持
JGYB201971	我院蒙授农业数学课程教学中融入“课程思政”的探索	雪　莲	职业技术学院	职业技术学院支持
JGYB201972	创新、创业背景下畜牧兽医专业课程项目化教学改革与思考	葛海燕	职业技术学院	职业技术学院支持
JGYB201973	“翻转课堂+学习效果监控卡”教学模式在食品专业英语课程中的应用研究	刘春晓	职业技术学院	职业技术学院支持

2019年校级教育教学改革研究项目结题验收名单

序号	项目名称	项目主持人	单位
1	《饲料质量管理与控制》课程专业技术与法律道德融合培养模式的研究	石彩霞	动物科学学院
2	动物医学专业实践教学模式改革与实践	王　宇	兽医学院
3	动物组织学实验教学方法改革研究	王秀梅	兽医学院
4	基于应用型人才培养的《园艺作物栽培学概论》课程教学模式改革探索	王　萍	农学院
5	民族预科班学生学风问题分析与对策研究	萨如拉	林学院
6	信息化背景下气象学基础课程的教学模式创新研究	王美莲	林学院
7	园林专业人才培养策略的探索	托　亚	林学院
8	英才基地班（汉）学生培养模式构建研究	张志强	草原与资源环境学院
9	草业科学卓越拔尖创新人才培养模式改革与创新研究	韩国栋	草原与资源环境学院
10	基于翻转课堂的《土壤农化分析》课程教学改革	刘美英	草原与资源环境学院
11	信息化技术在植物学实践教学中的应用研究	赵淑文	草原与资源环境学院
12	草业科学专业实践教学基地植物标本的收集整理	李治国	草原与资源环境学院
13	英才基地班人才培养过程中的问题反思与实践探索	李　龙	沙漠治理学院
14	借鉴国外教学经验《植物分类学》课程设计与教学方法的改革创新探索	赵杏花	沙漠治理学院

（续表）

序号	项目名称	项目主持人	单位
15	通识教育课《环境保护与可持续发展》课程建设及其 MOOC 应用研究	刘瑞香	沙漠治理学院
16	几何精度与机械性能综合实验方法的研究	张丽春	机电工程学院
17	电气化虚拟仿真实验教学中心建设研究与实践	洪宝棣	机电工程学院
18	面向具体工程项目的单片机原理及应用课程实践教学改革与研究	曲　辉	机电工程学院
19	《设计与创造力》课程内容的研究与实践	赵卫东	机电工程学院
20	信息化背景下工业设计专业设计实践类课程教学法创新	孙芊芊	机电工程学院
21	“理实一体化”教学模式在车辆工程专业教学中的应用研究	侯占峰	机电工程学院
22	情景模式下基于能力培养的环境类课程课堂教学模式构建与实践	赵胜男	水利与土木建筑工程学院
23	测量学实习评价方法与标准研究	马　腾	水利与土木建筑工程学院
24	农业院校《工程力学》双语教学模式探索	邹春霞	水利与土木建筑工程学院
25	民族预科班《水力学》课程教学改革	冀鸿兰	水利与土木建筑工程学院
26	新时期地方院校水泵及水泵站课程教学模式研究	李仙岳	水利与土木建筑工程学院
27	基于创新创业能力培养的环境工程专业实践教学模式的改革与探索	张晓晶	水利与土木建筑工程学院
28	基于思维导图优化力学课程教学的研究与实践	周海龙	水利与土木建筑工程学院
29	卓越农林人才培养——木材科学与工程专业人才培养实践共享平台建设	姚利宏	材料科学与艺术设计学院
30	程序化管理在教学管理过程中的应用探究	杨慧君	材料科学与艺术设计学院
31	热工学双语教学方法与手段的研究	多化琼	材料科学与艺术设计学院
32	“互联网+”影响下的大学生就业指导课程实践教学模式创新研究	张卫中	经济管理学院
33	不同管理模式下蒙古族预科生学习策略倾向的比较研究	满都拉	食品科学与工程学院
34	基于微课和任务驱动教学法的果蔬贮藏加工学教改研究	苏　琳	食品科学与工程学院
35	微课影响下的食品工艺学教学模式创新	田建军	食品科学与工程学院
36	《食品工厂设计基础》教学模式的改革与实践	高爱武	食品科学与工程学院

（续表）

序号	项目名称	项目主持人	单位
37	《食品免疫学技术》课程实践教学考核体系的改革与探索	段　艳	食品科学与工程学院
38	基于 Online Judge 的程序设计类课程实践教学探索	左东石	计算机与信息工程学院
39	基于 MOOC 理念的计算机类公共选修课《数据库应用》课程改革	张永安	计算机与信息工程学院
40	结合实践与项目推动嵌入式系统基础课程实践教学	李建荣	计算机与信息工程学院
41	基于计算思维的《数据分析及应用》课程资源数字化建设	刘　敏	计算机与信息工程学院
42	基于雨课堂平台下实现混合式教学模式在计算机基础实践课中的应用	张文婧	计算机与信息工程学院
43	案例导向、项目驱动教学法在程序设计类课程中应用	刘江平	计算机与信息工程学院
44	翻转课堂与传统教学混合模式在数据结构教学中的应用	潘　新	计算机与信息工程学院
45	C 程序设计课程、数字资源、教材一体化建设	罗小玲	计算机与信息工程学院
46	数字校园下的移动教学管理模式初探	冯晓龙	计算机与信息工程学院
47	高校实验室“五维开放”管理模式研究与改革	王步钰	计算机与信息工程学院
48	生物化学实验技术在预科班教学中教改方法的研究	王桂花	生命科学学院
49	混合型教学模式在生物化学教学中的实践	赵国芬	生命科学学院
50	微课教学模式在药用植物学的应用初探	肖红梅	生命科学学院
51	信息化背景下的科研创新人才培养模式——基于微生物学课程的探索	孟建宇	生命科学学院
52	《中国社会思想史》混合式教学模式的实践探索	张银花	人文社会科学学院
53	学生实习、社会需要、教师科研“三位一体”社会工作专业实践教学模式构建	路冠军	人文社会科学学院
54	以社会服务为指向的产学研结合式教学方法改革研究——以社区工作课程为例	尚艳春	人文社会科学学院
55	大学英语公共外语基础课分级教学存在问题及对策	娜日苏	外国语言学院
56	错误分析理论视角下有效提高蒙生英语及格率的教学探索	娜日苏	外国语言学院
57	蒙古族大学生外语能力评价标准和测量工具研究	常　云	外国语言学院

（续表）

序号	项目名称	项目主持人	单位
58	基于档案袋管理的大学英语多元教学评价体系建构	张晓华	外国语言学院
59	基于应用型人才培养模式的《新大学基础英语教程（蒙文版）》教材体系建设研究	张晓华	外国语言学院
60	探索“一带一路”视阈下农林院校外语智慧教育思辨人才的培养	任云岚	外国语言学院
61	新的培养方案下大学英语“1+2”混合式教学模式初探	李冰玉	外国语言学院
62	我校蒙古族预科生大学英语学习动机及调控策略研究	温玉华	外国语言学院
63	产出导向法视域下大学英语课程教学模式改革探索——以内蒙古农业大学 A、B 级教学实践为例	杨士琦	外国语言学院
64	输出驱动理论视角下大学英语课堂教学与课外延展性实践相融合的研究	霍文艳	外国语言学院
65	基于移动互联网技术的人学英语教学新模式研究	刘向辉	外国语言学院
66	TED 演讲视频应用于大学生英语自主学习的研究	方文君	外国语言学院
67	内蒙古农业大学英语专业课程体系建设研究	武彦君	外国语言学院
68	大数据背景下基于慕课的多元交互平台在大学英语教学中的应用	郭　欣	外国语言学院
69	汉英双语教学人才培养模式研究——以英语教师与专业教师合作进行普通遗传学双语授课为例	陈金凤	外国语言学院
70	双语授课生大学英语课程微课资源有效应用策略的研究	田　原	外国语言学院
71	应用统计学专业新版人才培养方案及配套课程教学大纲等的修订与实践	苏金梅	理学院
72	2016 新版培养方案下化学类理论课程教学体系的研究	丁立军	理学院
73	微课在农学门类《有机化学实验》课教学中的应用	盛显良	理学院
74	开展数学建模竞赛活动和教学实践助力大学生科技创新能力的培养和提升	张　军	理学院
75	“慕课”背景下有机化学实验课程教学体系的研究	张玉辉	理学院
76	民族预科物理学教学改革的研究及其实践	白明柱	理学院

（续表）

序号	项目名称	项目主持人	单位
77	工科类高等数学课程教学改革的研究与实践	尹晓军	理学院
78	基础化学类课程蒙语授课的教学改革与探索	敖特根巴雅尔	理学院
79	电子科学与技术专业《模拟电路》课程的教学改革	李川飞	理学院
80	新培养方案下普通物理课教学内容及教学方法的改革	李凤敏	理学院
81	提高全校“大学物理学”民族教育教学质量的教学改革研究及实践	李根小	理学院
82	预科阶段数学教学的改革与实践	布和额尔敦	理学院
83	2016 版本科人才培养方案下农科类数学课程改革之研究	吴国荣	理学院
84	2016 版本科人才培养方案下工科类、经济类数学课程改革的研究与实践	吕　雄	理学院
85	SRT 项目激励教学法在交通控制课程中的创新与实践	李丽丽	能源与交通工程学院
86	基于需求导向的交通运输专业应用复合型人才培养方案的优化研究	梁晓辉	能源与交通工程学院
87	新形势下我校森林工程专业本科教学培养模式改革探讨研究	郭根胜	能源与交通工程学院
88	学分制下内蒙古农业大学体育选项课教学管理模式改革的研究	刘向应	体育教学部
89	学分制教学模式下我校体育教学质量评价体系的构建研究	张海茹	体育教学部
90	内蒙古农业大学篮球选项课课程改革的研究	张进才	体育教学部
91	高校图书馆信息素养课创新研究——以内蒙古农业大学为例	贺希格玛	图书馆
92	内蒙古农业大学“真人图书馆”开馆及服务模式探讨	胡秀艳	图书馆
93	基于 SCI 嵌入我校双一流学科——草学、畜牧学学科服务研究	郭冬梅	图书馆
94	蒙古族文献阅读引导研究	张艳梅	图书馆
95	探索从新闻翻译中提高学生汉语水平的新路径	彭　静	党委宣传部
96	新形势下成人高等教育教学模式的改革与实践	乌仁嘎	继续教育学院

（续表）

序号	项目名称	项目主持人	单位
97	基于岗位体验式的高职电子商务专业职场渐近式实践教学体系构建研究	樊文斌	职业技术学院
98	信息化背景下植物学微课的开发与应用	胡　云	职业技术学院
99	基于微课的翻转课堂在高职计算机专业课程的教学实践——以“数据库技术”为例	王　俊	职业技术学院
100	基于产教融合的高职旅游类专业“1346”人才培养模式探索与实践	姜海涛	职业技术学院

内蒙古自治区教育科学研究“十三五”规划2019年度立项课题学校资助名单

学院	项目名称	主持人	学校资助金额（元）
园艺与植物保护学院	校企协同育人模式在园艺专业顶岗实习中的探索研究	张凤兰	10 000
	高校农业昆虫学课程与创新创业教育的融合及其保障体系构建研究	常　静	10 000
林学院	基于网络资源的农林院校园林专业实践类课程 CDIO 模式的创新平台构建	李英杰	10 000
	高等学校民族预科班人才培养关键问题分析与对策研究	萨如拉	10 000
草原与资源环境学院	高校理论教学与实践教学深度融合的研究——以环境质量分析与监测课程教学为例	许学慧	10 000
	农业、环境与人类健康校级通识课建设	李海港	10 000
沙漠治理学院	基于“互联网+”的《植物资源与利用》示范课建设及教学改革探索	赵杏花	10 000
机电工程学院	新工科背景下电气类专业校企协同育人探索研究	李海军	10 000
	“互联网+”背景下高校混合式教学与管理创新模式探究与实践	邓伟刚	10 000
	基于理论与实践深度融合的自动控制原理课程教学改革研究	张春慧	10 000
水利与土木建筑工程学院	基于工程教育专业认证模式下的高校课程教学质量评价体系研究	姚占全	10 000
经济管理学院	全球价值链视域下内蒙古跨境电商人才培养模式研究	张晓东	10 000

（续表）

学院	项目名称	主持人	学校资助金额（元）
食品工程学院	依托食品科学与工程学科建设的包装工程专业实践教学模式研究	云雪艳	10 000
	服务“一带一路”的食品科学与工程专业创新型人才培养研究	陈　霞	10 000
	新媒体与食品工艺学课程教学深度融合的探索	杨　杨	10 000
	创新与就业驱动下，高校食品类专业学生自主设计性实验教学模式研究	杨飞芸	10 000
计算机与信息工程学院	软件工程专业实践教学改革研究	刘江平	10 000
	“互联网+”与高等教育改革的理论与实践探索研究——以物联网工程专业为例	张立倩	10 000
	基于“新农科”的大学计算机通识课程体系设置与“计算机基础”课程建设	刘　岩	10 000
外国语言学院	翻转教学模式下“雨课堂”智慧教学应用研究	李　剑	10 000
	基于翻转课堂的混合式大学英语写作课实践研究	张　婷	10 000
理学院	大学数学理论教学与数学建模实践教学深度融合的探索与实践	张　军	10 000
	公共基础类分析化学混合式教学模式的研究与实践	许　辉	10 000
能源与交通工程学院	交通工程专业理论教学与实践教学深度融合的研究	解松芳	10 000
	校企合作模式对高校教师教学能力与实践能力的提升方法探析	闫彩霞	10 000
	应用型本科交通运输专业人才培养的校院企三方协同育人探索研究	张　捷	10 000
	基于实践应用的基坑工程设计案例库建设研究	白建光	10 000
	交通运输专业民族预科生培养方案调整、优化、改革实践研究	陈松利	10 000
体育教学部	全纳教育理念下高校体质弱势学生群体体育教学模式研究	张春艳	10 000
	内蒙古大学生 2014—2018 年体质监测结果的分析研究	李淑娟	10 000
教务处	构建高校新进教师多元模块化培训体系的研究与实践——以内蒙古农业大学为例	朱　江	10 000
合计			310 000

2019 年内蒙古自治区高等学校教学改革科学研究课题

学院	项目名称	主持人	项目编号	学校资助金额（元）
外国语言学院	基于微课的混合式大学英语听说课程的实践研究	苏　颖	2019NMGJ016	10 000
	线上+线下混合教学模式下提高公外学生听力水平的行动研究	田　原	2019NMGJ021	10 000
计算机与信息工程学院	“新农科”背景下农林专业“Python+数据科学引导课程”的线上线下混合式教学研究与实践	高　静	2019NMGJ036	10 000
理学院	混合式教学在《大学物理》课程中应用与实践	王　焕	2019NMGJ060	10 000
	大学物理课程教学改革研究与实践	李凤敏	2019NMGJ063	10 000
合计				50 000

内蒙古农业大学 2019 年实验教学仪器设备研制与标本制作项目一览表

项目编号	单位名称	项目名称	项目负责人	项目类别
YZ2019001	动物科学学院	水生生物浮游动植物标本采集	罗旭光	重点项目
YZ2019002	兽医学院	家畜解剖教学冻干标本数字化制作	杨银凤	重点项目
YZ2019003	兽医学院	实验教学用宠物标本的制作	王彩云	一般项目
YZ2019004	园艺与植物保护学院	昆虫教学标本的补充及悬挂式展示标本的制作	史　丽	一般项目
YZ2019005	园艺与植物保护学院	潜在危险性害草及检疫性杂草标本采集及制作	张笑宇	一般项目
YZ2019006	林学院	内蒙古地区果树病害标本的采集与制作	刘雪英	重点项目
YZ2019007	林学院	森林昆虫标本的采集与制作	张燕如	一般项目
YZ2019008	草原与资源环境学院	《树木学》课程实验教学标本的制作	张晓明	一般项目
YZ2019009	沙漠治理学院	多功能坡面径流侵蚀观测仪	王勇铁	一般项目
YZ2019010	机电工程学院	可编程控制器实验箱的研制	李海军	重点项目
YZ2019011	水利与土木建筑工程学院	基于随机森林的遥感图像分类教学实验软件系统研发	苏腾飞	一般项目
YZ2019012	计算机与信息工程学院	内蒙古农业大学教学评价系统研制	冯晓龙	重点项目
YZ2019013	生命科学学院	高校实验室个体防护与急救培训平台开发及推广	武春燕	一般项目

（续表）

项目编号	单位名称	项目名称	项目负责人	项目类别
YZ2019014	理学院	数显加热/冷却缸体及电动搅拌装置一体机的研制	李　春	一般项目
YZ2019015	图书馆	蒙古马蒙古文专著资源库建设	旭荣花	一般项目

内蒙古农业大学2019年度校级虚拟仿真实验教学项目一览表

序号	学院名称	实验教学项目名称	项目负责人
1	动物科学学院	智慧化猪场养殖生产观摩	王　园
2	兽医学院	马体解剖结构虚拟仿真实验	杨银凤
3	农学院	玉米全程机械化虚拟仿真实验教学项目	高聚林
4	园艺与植物保护学院	向日葵锈菌侵染仿真实训系统	景　岚
5	林学院	森林蛀干性害虫——小蠹虫生活史观察虚拟仿真综合试验	段立清
6	草原与资源环境学院	基于检索系统和精细解剖对内蒙古草地植物的鉴别	赵淑文
7	机电工程学院	机器功能原理分析与主要零部件设计装配虚拟仿真实验	刘　涛
8	水利与土木建筑工程学院	水击压强实时数据采集及调压井效果定量虚拟仿真综合实训	冀鸿兰
9	经济管理学院	企业经营决策模拟	侯国庆
10	计算机与信息工程学院	计算机硬件工作原理虚拟仿真实验项目	卜永波
11	职业技术学院	冷地型草坪草的抗性测定	鲁富宽

质量监控

校内监控。校内质量监控按照常规检查与专项检查、调研相结合的形式进行。一是常规检查，开展期初、期中、日常教学检查工作，深入全校21个学院（部）进行主要环节和主要过程质量监控；检查并评价期末试卷177套，评选出优秀试卷22套；抽查毕业论文（设计）55套，评选优秀毕业设计（论文）153篇；撰写发布教学质量工程信息简报10期。二是专项检查和调研，进一步加大了对考风考纪的督查力度，着力进行全覆盖、全程巡查，特别是加大了专业课补考巡考工作，促使考风考纪良好；开展青年教师培养情况的专项检查，通过查阅材料、听课、看课、与青年教师交流座谈等，对21个学院（部）114名青年教师的培养工作做出了较全面的总结评价和书面意见反馈；

对校级混合式示范课程教学进行了专项检查，通过线上网络教学平台观摩课程教学及线下进行现场听课等，共检查课程 24 门，听课 50 人次；组织开展学生评教工作专项调研，组织各教学单位调研学生、教师和管理人员等对学生评教工作的建议。

外部监控。利用校内教学质量中心平台开展全校基础状态数据采集工作，完成教育部高等教育质量检测国家数据平台数据采集工作。

专业认证。积极推动工程教育专业认证工作，完成了 7 个学院 8 个专业的申请工作；农业水利工程专业、水文与水资源专业获颁中国工程教育专业认证证书，水利水电工程、测绘工程专业认证申请成功。

审核评估整改工作。制定了学校《本科教学工作审核评估整改方案》，督促学院对照教育部审核评估专家反馈意见、学校《本科教学工作审核评估整改方案》，制定了本部门审核评估整改方案并全面落实整改工作。

研究生教育教学

学位与研究生教育工作概述

内蒙古农业大学研究生教育始于20世纪60年代，1979年恢复研究生招生，1981年被国务院学位委员会批准为首批硕士学位授予单位，1993年获得博士学位授予单位。学校的研究生德育培养目标是保障学生身心健康，促进学生德、智、体、美、劳全面发展。硕士研究生学术培养目标是在本门学科领域掌握坚实的基础理论和系统的专门知识，具有从事科学研究工作或独立担负专门技术工作的能力；博士研究生学术培养目标是在本门学科领域掌握坚实的基础理论和系统深入的专门知识，具有独立从事科学研究工作的能力，能够在科学或专门技术上做出创造性的成果。

年内，学校招收研究生1 468人，其中博士研究生155人，硕士研究生1 313人（全日制学术型硕士研究生520人、专业学位硕士研究生484人，非全日制专业学位硕士研究生309人）。

学校现有研究生导师547人，其中博士生导师210人，硕士生导师547人。学校博士研究生和硕士研究生的生师比分别是3.0：1和6.0：1。

研究生导师中具有国家专家称谓的导师有88人。其中，“新世纪百千万人才工程”国家级人选6人，全国教学名师、全国师德标兵、长江学者特聘教授、国家杰出青年及中国青年女科学家各1人，教育部新世纪优秀人才资助计划6人，教育部科技创新团队2个，教育部教学团队3个。享受国务院政府特殊津贴68人，全国“优秀科技工作者”3人，自治区五一劳动奖章获得者1人。获得自治区级专家称谓和省部级及其以上级别荣誉称号的导师有177人。其中，自治区“333人才引进工程”首席专家3人，自治区“321人才工程”第一、第二、第三层次人选21人，自治区“111人才工程”第一、第二、第三层次人选87人，自治区优秀研究生导师7人，自治区级教学名师17人，自治区级优秀教师11人，自治区优秀科技工作者5人，自治区深入生产第一线作出突出贡献的科技人员15人，列入自治区优秀学科带头人支持计划2人，入选自治区“草原英才”工程人选51人，自治区有突出贡献的中青年专家40人，自治区产业创新创业团队16个。

学校研究生的规定学制为：博士研究生3年，最长期限为6年；学术型硕士研究生3年，最长期限为5年；全日制硕士专业学位研究生2年，最长期限为3年。2019年共毕业博士116名，授予博士学位111名。2019年共毕业硕士966名，授予硕士学位960

名，其中，授予全日制学术型硕士学位435名，全日制专业硕士学位350名，在职专业硕士学位175名。学校实行研究生学位论文校外专家盲审制度，盲审通过率为74.5%；全日制硕士学位论文校内与校外盲审通过率是97.9%，在职专业硕士学位论文校外盲审通过率是77.2%。15篇校级优秀博士学位论文和38篇校级优秀硕士学位论文参加自治区优秀学位论文评选，其中，入选自治区优秀博士学位论文3篇，自治区优秀硕士学位论文12篇。获得研究生国家奖学金62名，获得研究生自治区奖学金81名，获得研究生自治区学业奖学金1 039名。获自治区级"三好学生"16人，获自治区级"优秀学生干部"2人，获自治区级"优秀毕业生"8人。承办了全国农林院校研究生教育思政工作组2019年年会。

博士后科研流动站一览

序号	名称	批准时间
1	畜牧学	2001年3月
2	农业工程	2003年1月
3	林学	2007年8月
4	兽医学	2009年9月
5	草学	2012年9月
6	生物学	2012年9月
7	林业工程	2014年9月
8	农业经济管理	2014年9月
9	生态学	2014年9月
10	作物学	2014年9月
11	食品科学与工程	2019年10月
12	水利工程	2019年10月

授予博士学位一级学科目录

序号	一级学科代码	一级学科名称	批准时间
1	0710	生物学	2011年
2	0713	生态学	2011年
3	0828	农业工程	2003年
4	0829	林业工程	2006年
5	0832	食品科学与工程	2011年
6	0901	作物学	2006年
7	0905	畜牧学	2000年

（续表）

序号	一级学科代码	一级学科名称	批准时间
8	0906	兽医学	2003 年
9	0907	林学	2006 年
10	0909	草学	2011 年
11	1203	农林经济管理	2011 年
12	0815	水利工程	2018 年
13	0903	农业资源与环境	2018 年

授予硕士学位一级学科目录

序号	一级学科代码	一级学科名称	批准时间
1	0202	应用经济学	2011 年
2	0710	生物学	2006 年
3	0713	生态学	2011 年
4	0802	机械工程	2011 年
5	0812	计算机科学与工程	2011 年
6	0815	水利工程	2011 年
7	0828	农业工程	2003 年
8	0829	林业工程	2006 年
9	0832	食品科学与工程	2006 年
10	0834	风景园林学	2011 年
11	0901	作物学	2006 年
12	0902	园艺学	2006 年
13	0903	农业资源与环境	2006 年
14	0904	植物保护	2011 年
15	0905	畜牧学	2000 年
16	0906	兽医学	2003 年
17	0907	林学	2006 年
18	0909	草学	2011 年
19	1202	工商管理	2011 年
20	1203	农林经济管理	2006 年
21	1204	公共管理	2011 年
22	0814	土木工程	2018 年

（续表）

序号	一级学科代码	一级学科名称	批准时间
23	0305	马克思主义理论	2018 年
24	1305	设计学	2018 年

目录外增设学科目录

序号	学科门类	一级学科名称	增设学科名称	授权点类别
1	经济学	应用经济学	经济数学	硕士点
2	工学	农业工程	农业信息技术	博士硕士点
3	农学	作物学	种子科学与技术	博士硕士点
4	农学	作物学	作物保护学	博士硕士点
5	农学	园艺学	观赏园艺	硕士点
6	农学	畜牧学	动物生产学	博士硕士点
7	农学	农业资源与环境	农业资源应用化学	硕士点
8	农学	作物学	作物生理学与种子学	博士点

专业学位授权点目录

序号	学位类别（代码）	专业领域（代码）	批准时间
1	电子信息（0854）		2019 年工程硕士对应调整
2	机械（0855）		2010 年
3	材料与化工（0856）		2009 年
4	土木水利（0859）		2014 年
5	农业硕士（0951）	农艺与种业（095131）	2018 年
6		资源利用与植物保护（095132）	2018 年
7		畜牧（095133）	2018 年
8		渔业发展（095134）	2018 年
9		食品加工与安全（095135）	2018 年
10		农业工程与信息技术（095136）	2018 年
11		农业管理（095137）	2018 年
12		农村发展（095138）	2018 年
13	兽医硕士（0952）		2000 年
14	风景园林硕士（0953）		2010 年

（续表）

序号	学位类别（代码）	专业领域（代码）	批准时间
15	林业硕士（0954）		2010 年
16	公共管理硕士（1252）		2010 年
17	会计硕士（1253）		2014 年
18	艺术硕士	艺术设计（135108）	2018 年
19	旅游管理硕士（1254）		2018 年

博士研究生指导教师

学科名称	博士研究生指导教师
动物生产学	齐景伟、史彬林、敖日格乐、娜仁花（小）
动物遗传育种与繁殖	芒　来、李金泉、周欢敏、娜仁花、张家新、张文广、赵艳红、张燕军、孙志宏、苏　蕊
动物营养与饲料科学	敖长金、闫素梅、王海荣、钟志梅、高　峰、李大彪
林木遗传育种	白淑兰、张国盛、白玉娥
植物病理学	周洪友、赵　君、景　岚
森林经理学	周　梅、张秋良、安慧君、铁　牛
森林培育	闫　伟、段立清
水土保持与荒漠化防治	姚云峰、高　永、汪　季、刘　静、李钢铁、秦富仓、张成福、蒙仲举
野生动植物保护与利用	刘果厚
木材科学与技术	王喜明、安　珍、黄金田、张明辉、多化琼、王　欣、王雅梅、姚利宏
森林工程	朱守林、戚春华、张　雁
林业经济管理	包庆丰
农业经济管理	盖志毅、修长百、张心灵、乔光华、赵元凤、姚凤桐、杜富林、乌云花
农业电气化与自动化	薛河儒、张　永、宣传忠
农业机械化工程	赵满全、杜文亮、田海清、吴桂芳、武　佩
农业生物环境与能源	姬宝霖、陈　智
农业水土工程	李畅游、申向东、朱仲元、裴国霞、史海滨、魏占民、屈忠义、杨树清、李仙岳、李瑞平、刘廷玺
计算机应用技术	付学良、高　静、潘　新
草学	李青丰、卫智军、米富贵、武晓东、贾玉山、王明玖、石凤翎、王俊杰、付和平、赵萌莉、韩国栋、王成杰、云　岚、格根图

（续表）

学科名称	博士研究生指导教师
材料加工工程	盛显良、李　奇、王　丽
土壤学	李跃进、索全义、红　梅
植物营养学	李　斐、李海港
生态学	马秀枝、高润宏、王树森
发育生物学	曹俊伟
生物物理学	闫祖威
生物化学与分子生物学	张　峰、万　方、王玉珍、张焱如、王瑞刚
微生物学	刘惠荣、冯福应
细胞生物学	韩　冰
遗传学	白　薇、尹　俊
植物学	张少英、樊明寿、李国婧、史树德
农产品加工及贮藏工程	张和平、贺银凤、赵丽华、靳　烨、白　英、董同力嘎、孙文秀、张文羿
食品科学	格日勒图、孙天松、孟和毕力格、吉日木图、陈永福、陈忠军、双　全、郭　军、王俊国、陈　霞
基础兽医学	李培锋、曹贵方、王凤龙、王纯洁、刘淑英、杨银凤、哈斯苏荣、曹金山、李海军
临床兽医学	李云章、杨　英、巴音吉日嘎拉
预防兽医学	呼和巴特尔、韩润林、杨晓野、郝永清、格日勒图、温永俊、刘大程、杨　燕、王文龙、王　瑞
粮食、油脂及植物蛋白工程	张美莉
蔬菜学	云兴福、郝丽珍、崔世茂、霍秀文、王　萍
果树学	李连国、刘　艳
结构工程	姚占全、王海龙
水工结构工程	李晓丽
水利水电工程	牟献友
作物保护学	赵明敏
作物遗传育种	于　卓、宛　涛、王茅雁、侯建华、于晓芳、马艳红
作物栽培学与耕作学	高聚林、逯晓萍、蒙美莲、刘景辉、张永平、张　胜、李立军、盛晋华、孙继颖、王志刚
农业昆虫与害虫防治	庞保平、孟瑞霞、史　丽
机械设计及理论	塔　娜、杜健民、李旭英、郁志宏、王春光
水文学及水资源	张　生、贾德彬、冀鸿兰、史小红、高瑞忠、马　龙、张圣微

硕士研究生指导教师

指导学科	硕士研究生指导教师
种子科学与技术	武俊英
作物遗传育种	王树彦、齐冰洁、郭世华、何丽君、包海柱、李小雷、于肖夏
作物栽培学与耕作学	张润生、赵宝平
农业昆虫与害虫防治	赵建兴、李海萍、谭　瑶、常　静
植物病理学	胡　俊、郑红丽、陈立红、张笑宇
观赏园艺	白瑞琴、侯　佳
果树学	马　强、刘志华、贺学勤、樊　丽、郭金丽、李晓燕、李正男
蔬菜学	石　岭、杨忠仁、张之为
产业经济学	田　洁、张　立、张建成、周　杰、赵丽霞、张建军
金融学	李战江、刘玉春、柴智慧
经济数学	刘海军、马生昀
区域经济学	句　芳、刘贺贺
结构工程	王海龙、李红云、李　昊
市政工程	卢俊平
水力学及河流动力学	李　超
水工结构工程	邹春霞
水利测绘信息与技术	刘全明
水利水电工程	刘晓民、翟涌光
水文学及水资源	李文宝、段利民、黄　磊、孙　标、刘小燕
基础兽医学	赵红霞、徐晓静、王彩云、苏布登格日乐、斯日古楞、么宏强、杜晨光、额尔敦木图、呼格吉乐图、王金玲、刘永宏
临床兽医学	刘俊平、高瑞峰、刘　博
预防兽医学	周雨霞、周伟光、杨莲茹、希尼尼根、金　山、关平原、杜雅楠、张七斤、包福祥、王凤雪
粮食、油脂及植物蛋白工程	包小兰
农产品加工及贮藏工程	韩育梅、杨晓清、杨　军、李少英、莎日娜、李正英、丹　彤、刘文俊、苏　琳、刘　敏、杨　杨、云雪艳
食品科学	高爱武、邢黎明、吴　敬、张凤梅、乌云达来、段　艳、包音都古荣·金花、包秋华、田建军、杨飞芸、郭月英、钟　智
发育生物学	刘春霞、孟凡华、张　东、赵鸿彬

（续表）

指导学科	硕士研究生指导教师
动物发育生物学与生物技术	刘迎春
生物化学与分子生物学	张子义、王桂花、丛靖宇、宝力德、肖红梅、万永青、韩晓东
生物物理学	李凤敏、冯永娥、包　锦、石　磊
微生物学	赵国芬、姚庆智、孟建宇
遗传学	郭慧琴
植物学	蓝登明、李造哲、李国龙、贾立国
生态学	张彩琴、张　昊、岳永杰、刘瑞香、张　军、冯　超、康萨如拉
设计艺术学	张欣宏、吴日哲、庞大伟、高晓霞、毕力格巴图、薛文峰、刘　娜、李　军
发酵工程	田瑞华、段开红、陈有君
农业资源应用化学	许　辉、王克冰、代红光、安丽平、敖特根巴雅尔、丁立军、闫晓霖、施和平、张晓涛
土壤学	张伟华、魏江生、包　翔、许学慧
植物营养学	乌　恩、陈　杨、刘美英
养殖	郭永清
园艺	刘金泉、李　明、黄修梅
作物	胡树平
农村与区域发展	樊文斌、郭海清、王怀栋、王　耀
农业电气化与自动化	宗哲英、张红旗、李海军、葛丽娟、毕玉革、郝　敏
农业机械化工程	钱珊珠、郭文斌、刘　飞、王　芳
农业生物环境与能源工程	韩巧丽
农业水土工程	张志澍、白　英、李　平、李为萍、刘　霞
林业经济管理	孙志宏
农业经济管理	赵益平、根　锁、段　跃、张　微、刘秀梅、姜冬梅、宝音都仍、田艳丽、侯国庆、马　梅
行政管理	杨慧兰、王利清、阿茹罕、高翠玲、塔　娜、乌云高娃、斯　琴、于翠英、路冠军、
马克思主义基本原理	格日勒图、阿古拉、高丽萍、张建新、张银花、包　羽、李士珍
思想政治教育	郭宝亮、霍如涛、侯晨曦、席锁柱、段兴华、陈秋枫
木材科学与技术	于建芳、冯利群
森林工程	王国忠、裴志永、梁　鸿、张　捷、李　明、高明星

（续表）

指导学科	硕士研究生指导教师
林木遗传育种	杨海峰
森林保护学	丛　林、张　恒、张燕如、姜海燕
森林经理学	王　飞、王　冰、萨如拉
森林培育	常金宝、叶冬梅、德永军、何炎红、包文泉
水土保持与荒漠化防治	左合军、许　丽、罗于洋、格日乐、崔向新、孙　旭、杨　光、郭月峰、王海兵、党晓宏
野生动植物保护与利用	贺　晓、娜日苏、赵金花、马迎梅
风景园林学	白恒勤
园林植物与观赏园艺	张秀卿、段广德、张鸿翎、王　雷
园林植物与观赏园艺、风景园林学	闫晓云
计算机应用技术	阿木古楞、李宏慧、白云莉、董改芳、罗小玲、李美安、陈俊杰、刘江平、申志军、姜新华
机械电子工程	崔红梅
机械设计及理论	马彦华、刘　涛、王洪波
机械制造及其自动化	德雪红、邓伟刚
教育经济与管理	张晓华、徐莉林、苏双平、丁雪华、鲍晓艳
土地资源管理	孙紫英、包　亮、包斯琴、阿如旱、盛　艳
会计学	范文娟、王小兵
技术经济及管理	董佳宇
管理科学与工程	喜　喜
动物生产学	张　玉、双　金、高爱琴、安玉君、安晓萍、徐　明、金　晓、王　园
动物遗传育种与繁殖	金　凤、刘志红、赵一萍、格日乐其木格、王志英
动物营养与饲料科学	张润厚、土日根白乙拉、霍鲜鲜、杨金丽、石彩霞、赵艳丽、萨茹丽
草学	张　众、占布拉、蒙　荣、海　棠、王忠武、王建光、李治国、王占义、赵　彦、特木尔布和、袁　帅、唐　芳、任海燕、张志强
材料加工工程	苏金梅、薛振华、郭泽宇
农业管理	吴光宇、秦　烨
艺术硕士	武建林、赵利娜
车辆工程	侯占峰
旅游管理	姜海涛、贺　斐

2019 年度优秀博士学位论文名单

序号	学生姓名	导师姓名	专业	奖励类别
1	米俊珍	刘景辉	作物栽培学与耕作学	自治区级
2	李丽丽	王喜明	木材科学与技术	自治区级
3	李新宇	王喜明	木材科学与技术	自治区级
4	刘文亭	卫智军	草学	校级
5	王　雪	闫素梅	动物营养与饲料科学	校级
6	周　磊	刘景辉	作物栽培学与耕作学	校级
7	唐　凯	冯福应	微生物学	校级
8	刘　坤	王瑞刚	生物化学与分子生物学	校级
9	白万富	周欢敏	发育生物学	校级
10	高鹏飞	张和平	农产品加工及贮藏工程	校级
11	徐海燕	张和平	农产品加工及贮藏工程	校级
12	任　艳	张和平	农产品加工及贮藏工程	校级
13	金　鑫	杨银凤	基础兽医学	校级
14	韩春雪	刘廷玺	农业水资源利用与保护	校级
15	石必显	赵　君	植物学	校级

2019 年度优秀硕士学位论文名单

序号	学生姓名	导师姓名	专业	奖励类别
1	邢媛媛	李大彪	动物营养与饲料科学	自治区级
2	邵志威	陈　智	机械工程	自治区级
3	刘宇宁	钟志梅	农业资源应用化学	自治区级
4	宋树鑫	董同力嘎	农产品加工及贮藏工程	自治区级
5	何　君	韩育梅	农产品加工及贮藏工程	自治区级
6	王　丹	孟和毕力格	食品科学	自治区级
7	钱龙娇	贾德彬	水文学及水资源	自治区级
8	李虹雨	马　龙	水利工程	自治区级
9	卢星航	史海滨	农业水土工程	自治区级
10	张振新	王雅梅	木材科学与技术	自治区级
11	扈佳琪	王　丽	林产化学加工工程	自治区级
12	徐东升	赵　君	植物病理学	自治区级
13	姚鸿云	王成杰	草学	校级

（续表）

序号	学生姓名	导师姓名	专业	奖励类别
14	孙登生	史彬林	动物生产学	校级
15	杜晓雪	王春光	农业机械化工程	校级
16	商晓彬	陈　智	机械工程	校级
17	王海庆	田海清	农业机械化工程	校级
18	淮守成	郁志宏	机械电子工程	校级
19	高玉寒	姚云峰	水土保持与荒漠化防治	校级
20	杨杉杉	冯福应	微生物学	校级
21	王　雪	王玉珍	生物化学与分子生物学	校级
22	许芳芳	张子义	生物化学与分子生物学	校级
23	吴　楠	双　全	食品科学	校级
24	宋娇娇	王俊国	食品科学	校级
25	莫蓝馨	张和平	农产品加工及贮藏工程	校级
26	米智慧	张和平	农产品加工及贮藏工程	校级
27	麻云霞	李钢铁	水土保持与荒漠化防治	校级
28	刘乃齐	白　英	农产品加工及贮藏工程	校级
29	贾知锋	王纯洁	基础兽医学	校级
30	韩知明	贾克力	水文学及水资源	校级
31	李金刚	屈忠义	农业水土工程	校级
32	邹欲晓	申向东	土木工程	校级
33	秦子元	高瑞忠	水利工程	校级
34	安宇宏	王喜明	材料加工工程	校级
35	刘建霞	王喜明	木材科学与技术	校级
36	魏欣越	张明辉	木材科学与技术	校级
37	叶满辉	王　丽	林产化学加工工程	校级
38	李　严	王　欣	木材科学与技术	校级

2019 年研究生国家奖学金获得者名单

序号	学院	专业	学号	姓名	性别	类别
1	草原与资源环境学院	草学	2017302040020	成启明	男	博士
2	草原与资源环境学院	草学	2017302040022	张　爽	女	博士
3	动物科学学院	动物遗传育种与繁殖	2017302010005	孙燕勇	女	博士

（续表）

序号	学院	专业	学号	姓名	性别	类别
4	动物科学学院	动物生产学	2018302010012	陈　浩	男	博士
5	机电工程学院	农业生物环境与能源工程	2018302050004	皮伟强	男	博士
6	经济管理学院	农业经济管理	2017302080006	李　洁	女	博士
7	林学院	森林经理学	2017302030006	田　原	男	博士
8	农学院	作物遗传育种	2018302020013	徐忠山	男	博士
9	沙漠治理学院	水土保持与荒漠化防治	2017302250004	闫　敏	男	博士
10	生命科学学院	遗传学	2017302110001	冯玉梅	女	博士
11	食品科学与工程学院	食品科学	2017302090002	郭富城	男	博士
12	食品科学与工程学院	食品科学	2018302090009	赵景娜	女	博士
13	兽医学院	基础兽医学	2017302170002	贾知锋	男	博士
14	水利与土木建筑工程学院	农业水土工程	2017302060007	刘　倩	女	博士
15	水利与土木建筑工程学院	农业水土工程	2018302060001	范雷雷	男	博士
16	园艺与植物保护学院	作物保护学	2018302020016	马红悦	女	博士
17	材料科学与艺术设计学院	材料加工工程	2017202070004	孙光明	男	硕士
18	材料科学与艺术设计学院	材料加工工程	2017202070005	刘　洋	女	硕士
19	草原与资源环境学院	生态学	2017202040001	杨　阳	男	硕士
20	草原与资源环境学院	生态学	2017202040003	曲　艳	女	硕士
21	草原与资源环境学院	草学	2017202040027	李　珍	女	硕士
22	草原与资源环境学院	草学	2017202040044	宋晓辉	男	硕士
23	草原与资源环境学院	草学	2017202040049	于浩然	男	硕士
24	动物科学学院	动物生产学	2017202010031	吴东霖	男	硕士
25	动物科学学院	畜牧	2018212010015	马佳欣	女	硕士
26	动物科学学院	畜牧	2018212010020	任雪荣	女	硕士
27	机电工程学院	机械设计及理论	2017202050011	马一铭	男	硕士
28	机电工程学院	农业机械化工程	2017202050016	刘晓东	男	硕士
29	机电工程学院	农业机械化工程	2017202050017	李大鹏	男	硕士
30	经济管理学院	金融学	2016202080007	丁嫚琪	女	硕士
31	经济管理学院	会计学	2017202080013	袁小龙	男	硕士
32	经济管理学院	会计学	2018202080064	赵浏寰	男	硕士
33	林学院	风景园林学	2017202030017	徐家琛	女	硕士
34	林学院	风景园林学	2017202030018	赵培霞	女	硕士
35	林学院	林木遗传育种	2017202030022	乌日罕	女	硕士
36	林学院	森林经理学	2017202030037	焦小梅	女	硕士
37	能源与交通工程学院	森林工程	2017202150002	郝少荣	男	硕士

（续表）

序号	学院	专业	学号	姓名	性别	类别
38	农学院	植物学	2017202020004	刘小雨	女	硕士
39	农学院	作物遗传育种	2017202020015	高粉红	女	硕士
40	农学院	作物遗传育种	2017202020016	白玉婷	女	硕士
41	沙漠治理学院	水土保持与荒漠化防治	2017202250030	熊　鑫	女	硕士
42	沙漠治理学院	水土保持与荒漠化防治	2017202250031	张　晔	女	硕士
43	沙漠治理学院	土地资源管理	2017202250042	都　来	女	硕士
44	沙漠治理学院	水土保持与荒漠化防治	2018202250034	郝需婷	女	硕士
45	生命科学学院	微生物学	2018202110015	郭宇泽	男	硕士
46	食品科学与工程学院	食品科学	2017202090003	刘秀芳	女	硕士
47	食品科学与工程学院	食品科学	2017202090014	陈海燕	女	硕士
48	食品科学与工程学院	食品科学	2017202090019	侯普馨	女	硕士
49	食品科学与工程学院	食品科学	2017202090020	杜　瑞	女	硕士
50	食品科学与工程学院	农产品加工及贮藏工程	2017202090044	刘建林	女	硕士
51	食品科学与工程学院	食品科学	2018202090076	苏　馨	女	硕士
52	兽医学院	基础兽医学	2017202170009	赵玉芬	女	硕士
53	兽医学院	临床兽医学	2017202170026	张海涛	男	硕士
54	兽医学院	兽医	2018212170005	丁学东	男	硕士
55	兽医学院	兽医	2018212170033	王　莹	女	硕士
56	水利与土木建筑工程学院	水文学及水资源	2017202060005	杜　蕾	女	硕士
57	水利与土木建筑工程学院	水文学及水资源	2017202060007	郭子扬	女	硕士
58	水利与土木建筑工程学院	农业水土工程	2017202060031	胡　敏	女	硕士
59	水利与土木建筑工程学院	农业水土工程	2018202060052	陈　宁	男	硕士
60	园艺与植物保护学院	果树学	2017202020022	张　芳	女	硕士
61	园艺与植物保护学院	观赏园艺学	2018202020087	高亚南	女	硕士
62	园艺与植物保护学院	植物病理学	2018202020093	岳建英	女	硕士

2019年研究生自治区奖学金获得者名单

序号	基层单位	专业	学号	姓名	性别	类别
1	草原与资源环境学院	草学	2017302040011	撒多文	男	博士
2	草原与资源环境学院	草学	2017302040019	杨素文	男	博士
3	草原与资源环境学院	草学	2017302040021	樊如月	女	博士
4	草原与资源环境学院	生态学	2018302040002	兰　庆	女	博士
5	草原与资源环境学院	草学	2018302040019	张雨桐	女	博士

（续表）

序号	基层单位	专业	学号	姓名	性别	类别
6	动物科学学院	动物遗传育种与繁殖	2017302010003	栾兆进	女	博士
7	动物科学学院	动物营养与饲料科学	2017302010012	刘旺景	男	博士
8	动物科学学院	动物生产学	2017302010013	邢媛媛	女	博士
9	动物科学学院	动物遗传育种与繁殖	2018302010004	王凤红	女	博士
10	动物科学学院	动物营养与饲料科学	2018302010011	赵亚星	女	博士
11	机电工程学院	农业机械化工程	2017302050004	张　晶	女	博士
12	机电工程学院	农业电气化与自动化	2018302050005	方　梅	女	博士
13	计算机与信息工程学院	农业信息技术	2019302100002	刘振羽	男	博士
14	经济管理学院	农业经济管理	2017302080007	裴　杰	男	博士
15	经济管理学院	农业经济管理	2017302080008	乌尔汗	女	博士
16	林学院	林木遗传育种	2017302030002	路东晔	女	博士
17	林学院	森林培育	2017302030004	赵　敏	女	博士
18	农学院	作物栽培学与耕作学	2018302020003	陈晓晶	女	博士
19	农学院	作物栽培学与耕作学	2018302020008	渠佳慧	女	博士
20	农学院	作物栽培学与耕作学	2018302020009	孙梦媛	女	博士
21	沙漠治理学院	水土保持与荒漠化防治	2018302250003	麻云霞	女	博士
22	沙漠治理学院	水土保持与荒漠化防治	2018302250004	潘　霞	女	博士
23	沙漠治理学院	水土保持与荒漠化防治	2018302250007	魏亚娟	女	博士
24	生命科学学院	生物化学与分子生物学	2017302110006	董志成	男	博士
25	生命科学学院	生物化学与分子生物学	2017302110007	赵　微	女	博士
26	食品科学与工程学院	农产品加工及贮藏工程	2017302090009	余中节	男	博士
27	食品科学与工程学院	食品科学	2018302090004	刘　畅	女	博士
28	食品科学与工程学院	食品科学	2018302090006	王玉荣	女	博士
29	食品科学与工程学院	农产品加工及贮藏工程	2018302090013	孙学颖	女	博士
30	兽医学院	基础兽医学	2017302170004	杨　惠	女	博士
31	兽医学院	基础兽医学	2017302170006	牛春宇	女	博士
32	兽医学院	预防兽医学	2017302170008	张洪亮	男	博士
33	水利与土木建筑工程学院	农业水土工程	2017302060002	戚迎龙	男	博士
34	水利与土木建筑工程学院	农业水资源利用与保护	2017302060009	曹文梅	女	博士
35	水利与土木建筑工程学院	农业水土工程	2018302060004	孙亚楠	女	博士
36	园艺与植物保护学院	作物保护学	2017302020014	霍志家	男	博士
37	园艺与植物保护学院	作物保护学	2017302020015	张　玉	女	博士

（续表）

序号	基层单位	专业	学号	姓名	性别	类别
38	材料科学与艺术设计学院	木材科学与技术	2017202070008	汪　宏	男	硕士
39	材料科学与艺术设计学院	林产化学加工工程	2017202070016	贺娇娇	女	硕士
40	材料科学与艺术设计学院	设计艺术学	2017202070019	薄　蕾	女	硕士
41	草原与资源环境学院	生态学	2017202040004	乔荠璐	女	硕士
42	草原与资源环境学院	土壤学	2017202040009	王文东	男	硕士
43	草原与资源环境学院	土壤学	2017202040012	叶　贺	男	硕士
44	草原与资源环境学院	草学	2017202040037	杨　蕾	女	硕士
45	草原与资源环境学院	草学	2017202040055	黄瑞霞	女	硕士
46	动物科学学院	动物遗传育种与繁殖	2017202010001	车天宇	男	硕士
47	动物科学学院	动物生产学	2018202010063	杜海东	女	硕士
48	动物科学学院	畜牧	2018212010028	韦玥瑞	女	硕士
49	机电工程学院	机械电子工程	2018202050026	李飞宇	男	硕士
50	经济管理学院	产业经济学	2017202080009	莎琪日	女	硕士
51	经济管理学院	农业经济管理	2017202080019	张晓晨	女	硕士
52	理学院	农业资源应用化学	2017202140006	刘玉玲	女	硕士
53	林学院	生态学	2017202030001	杨　林	女	硕士
54	林学院	生态学	2017202030004	乌云珠拉	女	硕士
55	林学院	风景园林学	2017202030006	郭蕴珂	女	硕士
56	林学院	森林培育	2017202030029	胡　博	女	硕士
57	林学院	森林培育	2017202030030	华佳文	女	硕士
58	林学院	森林保护学	2018202030072	李　威	男	硕士
59	农学院	作物栽培学与耕作学	2018202020055	高日平	男	硕士
60	农学院	作物栽培学与耕作学	2018202020065	朱珊珊	女	硕士
61	农学院	农艺与种业	2018212020017	齐　贝	男	硕士
62	农学院	农艺与种业	2018212020020	孙艳楠	女	硕士
63	生命科学学院	微生物学	2017202110002	路晓培	女	硕士
64	生命科学学院	发酵工程	2017202110017	冯旭东	男	硕士
65	生命科学学院	生物化学与分子生物学	2018202110028	白明珠	女	硕士
66	食品科学与工程学院	食品科学	2017202090007	张钰皎	女	硕士
67	食品科学与工程学院	食品科学	2017202090021	李权威	女	硕士
68	食品科学与工程学院	食品科学	2017202090026	李　敏	女	硕士
69	食品科学与工程学院	食品科学	2017202090030	胡冠华	女	硕士

（续表）

序号	基层单位	专业	学号	姓名	性别	类别
70	食品科学与工程学院	食品科学	2017202090031	李丹阳	女	硕士
71	食品科学与工程学院	农产品加工及贮藏工程	2017202090036	张　靳	女	硕士
72	食品科学与工程学院	农产品加工及贮藏工程	2017202090038	王雅楠	女	硕士
73	兽医学院	兽医	2018212170029	孙雨茗	女	硕士
74	水利与土木建筑工程学院	结构工程	2017202060002	孙　松	男	硕士
75	水利与土木建筑工程学院	水文学及水资源	2017202060006	杜丹丹	女	硕士
76	水利与土木建筑工程学院	水文学及水资源	2017202060015	王慧敏	女	硕士
77	水利与土木建筑工程学院	农业水土工程	2017202060025	窦　旭	男	硕士
78	水利与土木建筑工程学院	农业水资源利用与保护	2017202060042	袁宏颖	女	硕士
79	园艺与植物保护学院	果树学	2017202020023	王　洋	女	硕士
80	园艺与植物保护学院	蔬菜学	2017202020031	王晓博	男	硕士
81	园艺与植物保护学院	蔬菜学	2017202020034	张　卓	女	硕士

2019 年优秀生源奖学金名单

序号	学院	专业	学号	姓名
1	动物科学学院	动物遗传育种与繁殖	2019202010012	许娇霞
2	动物科学学院	动物遗传育种与繁殖	2019202010013	陶　力
3	动物科学学院	动物营养与饲料科学	2019202010028	朝鲁门
4	动物科学学院	动物生产学	2019202010038	陈秋燕
5	农学院	植物学	2019202020005	荆文旭
6	园艺与植物保护学院	蔬菜学	2019202020040	邢丽南
7	林学院	风景园林学	2019202030006	张晓荣
8	林学院	风景园林学	2019202030008	李百和
9	林学院	森林培育	2019202030019	吴晓萌
10	林学院	风景园林	2019212030082	刘丽丽
11	草原与资源环境学院	土壤学	2019202040014	梁志伟
12	草原与资源环境学院	植物营养学	2019202040021	刘　茜
13	草原与资源环境学院	植物营养学	2019202040022	那木拉
14	草原与资源环境学院	草学	2019202040056	孙珊珊
15	草原与资源环境学院	草学	2019202040057	王晓宇
16	草原与资源环境学院	草学	2019202040058	高志琦
17	机电工程学院	机械电子工程	2019202050005	敖日格乐

（续表）

序号	学院	专业	学号	姓名
18	机电工程学院	机械设计及理论	2019202050009	察苏娜
19	机电工程学院	机械设计及理论	2019202050010	陈文星
20	机电工程学院	农业机械化工程	2019202050016	海　燕
21	水利与土木建筑工程学院	水利水电工程	2019202060026	陈　琼
22	水利与土木建筑工程学院	农业水土工程	2019202060039	张月红
23	水利与土木建筑工程学院	农业水土工程	2019202060040	胡玲玲
24	水利与土木建筑工程学院	建筑与土木工程	2019212060046	王　辉
25	水利与土木建筑工程学院	建筑与土木工程	2019212060047	王建国
26	材料科学与艺术设计学院	材料加工工程	2019202070004	张　倩
27	材料科学与艺术设计学院	材料加工工程	2019202070005	赵雅婷
28	材料科学与艺术设计学院	木材科学与技术	2019202070014	武　静
29	材料科学与艺术设计学院	木材科学与技术	2019202070015	单晓飞
30	经济管理学院	区域经济学	2019202080002	李东茹
31	经济管理学院	金融学	2019202080004	侯香玲
32	经济管理学院	金融学	2019202080006	郭　林
33	经济管理学院	产业经济学	2019202080008	木其儿
34	经济管理学院	产业经济学	2019202080009	杨苏日娜
35	经济管理学院	产业经济学	2019202080010	辛晓旭
36	经济管理学院	会计学	2019202080081	孙　莹
37	经济管理学院	农业经济管理	2019202080088	马文倩
38	经济管理学院	农业经济管理	2019202080089	乌斯哈拉
39	经济管理学院	农业经济管理	2019202080090	苏日娜
40	经济管理学院	农业经济管理	2019202080093	苏晓磊
41	经济管理学院	会计学	2019212080174	孙永华
42	食品科学与工程学院	食品科学	2019202090115	张　月
43	食品科学与工程学院	食品科学	2019202090116	任宇婷
44	食品科学与工程学院	食品科学	2019202090117	洋　洋
45	食品科学与工程学院	食品科学	2019202090118	乌有娜
46	食品科学与工程学院	食品科学	2019202090119	吴丹丹
47	食品科学与工程学院	食品科学	2019202090120	其布勒
48	食品科学与工程学院	农产品加工及贮藏工程	2019202090144	刘　琛
49	计算机与信息工程学院	计算机应用技术	2019202100010	张　楠

（续表）

序号	学院	专业	学号	姓名
50	计算机与信息工程学院	农业工程与信息技术	2019212100025	杨伟杰
51	人文社会科学学院	行政管理	2019202120008	李春艳
52	人文社会科学学院	行政管理	2019202120009	李　敏
53	人文社会科学学院	行政管理	2019202120010	张瑞雪
54	人文社会科学学院	行政管理	2019202120011	萨其日娜
55	人文社会科学学院	行政管理	2019202120012	翟　微
56	人文社会科学学院	教育经济与管理	2019202120014	郝源源
57	能源与交通工程学院	建筑与土木工程	2019212150017	赵毕力格
58	兽医学院	基础兽医学	2019202170015	乌恩吉雅
59	沙漠治理学院	水土保持与荒漠化防治	2019202250038	李　艳
60	草原与资源环境学院	草学	2017202040052	吴　朝
61	沙漠治理学院	水土保持与荒漠化防治	2017202250034	台　辉
62	兽医学院	临床兽医学	2017202170030	张　静
63	经济管理学院	金融学	2018202080059	尹　璐
64	经济管理学院	产业经济学	2018202080062	桑　霖
65	经济管理学院	会计学	2018212080053	赵　欣
66	马克思主义学院	思想政治教育	2018202160010	李　楠
67	马克思主义学院	思想政治教育	2018202160011	武　钰
68	马克思主义学院	思想政治教育	2018202160012	仉文平
69	水利与土木建筑工程学院	水文学及水资源	2018202060040	李小院
70	食品科学与工程学院	食品加工与安全	2019212090031	王少华
71	农学院	作物遗传育种	2019202020027	金兴红
72	动物科学学院	畜牧	2019212010075	曹　迪
73	动物科学学院	动物营养与饲料科学	2019202010022	李述方
74	动物科学学院	畜牧	2019212010077	白炯堂
75	动物科学学院	动物遗传育种与繁殖	2019202010011	卢泽宇
76	经济管理学院	农业经济管理	2019202080086	贾　丽
77	经济管理学院	农业经济管理	2019202080087	王　萌
78	水利与土木建筑工程学院	水文学及水资源	2019202060014	孙　龙
79	材料科学与艺术设计学院	设计学	2019202070031	胡亚晶
80	兽医学院	基础兽医学	2019202170014	辛雅明

2019年校长奖学金名单

序号	学院	专业	学号	姓名
1	材料科学与艺术设计学院	木材科学与技术	2018302070003	赵芝弘
2	草原与资源环境学院	生态学	2016302040001	石　亮
3	草原与资源环境学院	草学	2016302040018	刘　辉
4	草原与资源环境学院	草学	2016302040019	王保林
5	草原与资源环境学院	草学	2016302040021	徐　舶
6	草原与资源环境学院	草学	2016302040022	王　伟
7	草原与资源环境学院	草学	2016302040023	尤思涵
8	草原与资源环境学院	草学	2016302040025	都　帅
9	草原与资源环境学院	草学	2016302040026	孟　凯
10	草原与资源环境学院	草学	2016302040027	白玉婷
11	草原与资源环境学院	土壤学	2017302040003	史李萍
12	草原与资源环境学院	野植	2017302040004	洪光宇
13	草原与资源环境学院	野植	2017302040005	赵　丽
14	草原与资源环境学院	草学	2017302040011	撒多文
15	草原与资源环境学院	草学	2017302040019	杨素文
16	草原与资源环境学院	草学	2017302040020	成启明
17	草原与资源环境学院	草学	2017302040021	樊如月
18	草原与资源环境学院	草学	2017302040022	张　爽
19	草原与资源环境学院	生态学	2018302040002	兰　庆
20	草原与资源环境学院	草学	2018302040010	纪　羽
21	草原与资源环境学院	草学	2018302040013	卢　强
22	草原与资源环境学院	草学	2018302040015	索荣臻
23	草原与资源环境学院	草学	2018302040016	闫　伟
24	草原与资源环境学院	草学	2018302040019	张雨桐
25	草原与资源环境学院	草学	2018302040022	朱爱民
26	草原与资源环境学院	生态学	2019302040001	张　峰
27	草原与资源环境学院	植物营养学	2019302040004	杨海波
28	草原与资源环境学院	草学	2019302040009	金永玲
29	草原与资源环境学院	草学	2019302040011	李宇宇
30	草原与资源环境学院	草学	2019302040014	张雅楠
31	动物科学学院	动物遗传育种与繁殖	2016202010012	哈斯高娃
32	动物科学学院	动物遗传育种与繁殖	2016302010001	李晓凯

（续表）

序号	学院	专业	学号	姓名
33	动物科学学院	动物遗传育种与繁殖	2016302010002	赵若阳
34	动物科学学院	动物遗传育种与繁殖	2016302010009	韩文静
35	动物科学学院	动物营养与饲料科学	2016302010011	杜红喜
36	动物科学学院	动物遗传育种与繁殖	2017302010003	栾兆进
37	动物科学学院	动物遗传育种与繁殖	2017302010004	杨　峰
38	动物科学学院	动物遗传育种与繁殖	2017302010005	孙燕勇
39	动物科学学院	动物营养与饲料科学	2017302010009	丁　赫
40	动物科学学院	动物营养与饲料科学	2017302010011	刘树林
41	动物科学学院	动物营养与饲料科学	2017302010012	刘旺景
42	动物科学学院	动物生产学	2017302010013	邢媛媛
43	动物科学学院	动物遗传育种与繁殖	2018302010004	王凤红
44	动物科学学院	动物遗传育种与繁殖	2018302010005	谢遇春
45	动物科学学院	动物遗传育种与繁殖	2018302010006	徐冰冰
46	动物科学学院	动物营养与饲料科学	2018302010011	赵亚星
47	动物科学学院	动物生产学	2018302010012	陈　浩
48	动物科学学院	动物生产学	2018302010015	杨　硕
49	动物科学学院	动物生产学	2018302010016	张凌会
50	动物科学学院	动物遗传育种与繁殖	2019302010005	神英超
51	动物科学学院	动物生产学	2019302010013	何利娜
52	动物科学学院	动物生产学	2019302010015	石璐璐
53	动物科学学院	动物生产学	2019302010016	王文文
54	机电工程学院	农业电气化与自动化	2016302050007	房佳佳
55	机电工程学院	农业机械化工程	2017302050003	靳　敏
56	机电工程学院	农业机械化工程	2017302050004	张　晶
57	机电工程学院	农业机械化工程	2018302050002	张志强
58	机电工程学院	农业生物环境与能源工程	2018302050004	皮伟强
59	机电工程学院	农业电气化与自动化	2018302050007	王　奎
60	机电工程学院	农业机械化工程	2019302050004	岳　瑶
61	机电工程学院	农业电气化与自动化	2019302050012	王　帅
62	经济管理学院	农业经济管理	2016302080005	张　宝
63	经济管理学院	农业经济管理	2017302080006	李　洁
64	经济管理学院	农业经济管理	2017302080007	裴　杰

（续表）

序号	学院	专业	学号	姓名
65	经济管理学院	农业经济管理	2018302080001	崔元飞
66	经济管理学院	农业经济管理	2018302080002	郭新雅
67	经济管理学院	农业经济管理	2018302080005	邢　霞
68	经济管理学院	农业经济管理	2018302080006	薛　芳
69	经济管理学院	农业经济管理	2019302080008	张　鑫
70	林学院	园林植物与观赏园艺	2016302030003	朱丽丽
71	林学院	林木遗传育种	2017302030002	路东晔
72	林学院	森林培育	2017302030004	赵　敏
73	林学院	森林保护学	2017302030005	万　炜
74	林学院	森林经理学	2017302030006	田　原
75	林学院	林木遗传育种	2018302030001	哈布尔
76	林学院	森林培育	2018302030003	刘婷岩
77	林学院	森林保护学	2018302030004	李可琢
78	林学院	森林保护学	2018302030006	乌艺恒
79	林学院	森林经理学	2018302030007	阿娜日
80	林学院	林木遗传育种	2019302030001	贺玉娇
81	能源与交通工程学院	森林工程	2017302150001	张钰乐
82	农学院	植物学	2016302020001	石晓华
83	农学院	植物学	2016302020002	韩　康
84	农学院	植物学	2016302020003	王　玮
85	农学院	作物栽培学与耕作学	2016302020006	孟丽丽
86	农学院	作物栽培学与耕作学	2016302020007	马　斌
87	农学院	作物栽培学与耕作学	2017302020006	李晓婷
88	农学院	作物遗传育种	2017302020011	杨东升
89	农学院	作物栽培学与耕作学	2018302020003	陈晓晶
90	农学院	作物栽培学与耕作学	2018302020005	海　霞
91	农学院	作物栽培学与耕作学	2018302020008	渠佳慧
92	农学院	作物栽培学与耕作学	2018302020009	孙梦媛
93	农学院	作物栽培学与耕作学	2018302020010	田　露
94	农学院	作物遗传育种	2018302020013	徐忠山
95	农学院	植物学	2019302020001	陈阳阳
96	农学院	作物遗传育种	2019302020003	李佳奇

（续表）

序号	学院	专业	学号	姓名
97	农学院	作物栽培学与耕作学	2019302020009	张兰英
98	农学院	作物栽培学与耕作学	2019302020011	张　鑫
99	沙漠治理学院	水土保持与荒漠化防治	2017302250004	闫　敏
100	沙漠治理学院	水土保持与荒漠化防治	2017302250007	高玉寒
101	沙漠治理学院	水土保持与荒漠化防治	2017302250008	王祯仪
102	沙漠治理学院	水土保持与荒漠化防治	2018302250003	麻云霞
103	沙漠治理学院	水土保持与荒漠化防治	2018302250004	潘　霞
104	沙漠治理学院	水土保持与荒漠化防治	2018302250005	唐国栋
105	沙漠治理学院	水土保持与荒漠化防治	2018302250007	魏亚娟
106	沙漠治理学院	水土保持与荒漠化防治	2019302250002	董晓宇
107	沙漠治理学院	水土保持与荒漠化防治	2019302250006	王瑞东
108	沙漠治理学院	水土保持与荒漠化防治	2019302250007	吴小龙
109	沙漠治理学院	水土保持与荒漠化防治	2019302250010	张慧敏
110	生命科学学院	生物化学与分子生物学	2016302110002	红格日其其格
111	生命科学学院	遗传学	2017302110001	冯玉梅
112	生命科学学院	生物化学与分子生物学	2017302110006	董志成
113	生命科学学院	生物化学与分子生物学	2017302110007	赵　微
114	生命科学学院	生物化学与分子生物学	2018302110005	高静宇
115	生命科学学院	生物化学与分子生物学	2018302110007	张旭婷
116	生命科学学院	生物化学与分子生物学	2018302110008	赵丽娇
117	生命科学学院	发育生物学	2019302110003	武　艺
118	生命科学学院	发育生物学	2019302110004	朱纯霄
119	生命科学学院	生物化学与分子生物学	2019302110010	柳金华
120	食品科学与工程学院	食品科学	2016302090001	王德宝
121	食品科学与工程学院	食品科学	2016302090004	海　勒
122	食品科学与工程学院	农产品加工及贮藏工程	2016302090007	王莉梅
123	食品科学与工程学院	农产品加工及贮藏工程	2016302090012	张　晶
124	食品科学与工程学院	食品科学	2017302090002	郭富城
125	食品科学与工程学院	食品科学	2017302090004	要　铎
126	食品科学与工程学院	食品科学	2017302090005	张俊桃
127	食品科学与工程学院	农产品加工及贮藏工程	2017302090009	余中节
128	食品科学与工程学院	食品科学	2018302090002	贺喜格

（续表）

序号	学院	专业	学号	姓名
129	食品科学与工程学院	食品科学	2018302090004	刘　畅
130	食品科学与工程学院	食品科学	2018302090006	王玉荣
131	食品科学与工程学院	食品科学	2018302090007	肖宇辰
132	食品科学与工程学院	食品科学	2018302090008	张　悦
133	食品科学与工程学院	食品科学	2018302090009	赵景娜
134	食品科学与工程学院	农产品加工及贮藏工程	2018302090013	孙学颖
135	食品科学与工程学院	食品科学	2019302090002	韩云飞
136	食品科学与工程学院	食品科学	2019302090003	李伯海
137	食品科学与工程学院	食品科学	2019302090005	刘　瑾
138	食品科学与工程学院	食品科学	2019302090010	张　敏
139	食品科学与工程学院	农产品加工及贮藏工程	2019302090013	胡　健
140	食品科学与工程学院	农产品加工及贮藏工程	2019302090016	姚彩青
141	兽医学院	基础兽医学	2016302160001	刘　昆
142	兽医学院	基础兽医学	2016302160006	周　蕾
143	兽医学院	基础兽医学	2017302170002	贾知锋
144	兽医学院	基础兽医学	2017302170004	杨　惠
145	兽医学院	基础兽医学	2017302170005	缪增强
146	兽医学院	基础兽医学	2017302170006	牛春宇
147	兽医学院	预防兽医学	2017302170007	刘　阳
148	兽医学院	预防兽医学	2017302170008	张洪亮
149	兽医学院	预防兽医学	2017302170012	吴　咪
150	兽医学院	基础兽医学	2018302170003	卢海鹏
151	兽医学院	基础兽医学	2018302170005	裴　乐
152	兽医学院	预防兽医学	2018302170009	于春微
153	兽医学院	预防兽医学	2018302170010	周雅坪
154	兽医学院	临床兽医学	2018302170011	贾　燕
155	兽医学院	基础兽医学	2019302170004	苏日娜
156	兽医学院	预防兽医学	2019302170005	郭　婷
157	兽医学院	临床兽医学	2019302170009	冯　敏
158	兽医学院	临床兽医学	2019302170010	赵　一
159	水利与土木建筑工程学院	农业水土工程	2016302060001	徐　昭
160	水利与土木建筑工程学院	农业水资源利用与保护	2016302060014	阮万军

（续表）

序号	学院	专业	学号	姓名
161	水利与土木建筑工程学院	农业水土工程	2017302060005	刘安琪
162	水利与土木建筑工程学院	农业水土工程	2017302060006	刘美含
163	水利与土木建筑工程学院	农业水土工程	2017302060007	刘　倩
164	水利与土木建筑工程学院	农业水资源利用与保护	2017302060010	张俊怡
165	水利与土木建筑工程学院	农业水土工程	2018302060001	范雷雷
166	水利与土木建筑工程学院	农业水土工程	2018302060006	续　喆
167	水利与土木建筑工程学院	农业水资源利用与保护	2018302060008	李国华
168	水利与土木建筑工程学院	农业水资源利用与保护	2018302060010	罗红春
169	水利与土木建筑工程学院	水文学及水资源	2019302060002	孙柏林
170	水利与土木建筑工程学院	农业水土工程	2019302060006	侯晨丽
171	水利与土木建筑工程学院	农业水土工程	2019302060007	刘　月
172	水利与土木建筑工程学院	农业水土工程	2019302060008	娄　帅
173	水利与土木建筑工程学院	农业水土工程	2019302060010	王维刚
174	水利与土木建筑工程学院	农业水土工程	2019302060011	张文聪
175	水利与土木建筑工程学院	农业水土工程	2019302060012	周　慧
176	园艺与植物保护学院	作物保护学	2017302020012	康立茹
177	园艺与植物保护学院	作物保护学	2017302020014	霍志家
178	园艺与植物保护学院	作物保护学	2017302020015	张　玉
179	园艺与植物保护学院	作物保护	2018302020016	马红悦
180	园艺与植物保护学院	作物保护	2018302020017	闫俊杰
181	园艺与植物保护学院	蔬菜学	2018302020018	郭嘉华
182	园艺与植物保护学院	蔬菜学	2018302020020	孙　聪
183	园艺与植物保护学院	作物保护学	2019302260015	段天凤
184	园艺与植物保护学院	作物保护学	2019302260017	李玉晶
185	园艺与植物保护学院	蔬菜学	2019302260018	高圆丽
186	园艺与植物保护学院	蔬菜学	2019302260019	刘嘉方
187	园艺与植物保护学院	蔬菜学	2019302260020	张　东

职业技术教育

概述

学校高职教育坚定不移走以质量提升为核心的内涵式发展道路，职业技术学院坚持以产教融合、校企合作为主线，以提升内涵建设水平为重点，持续深化教育教学改革，积极构建专科、本科和研究生全层次贯通职业教育人才培养体系，启动实施优势专业群、特色专业群建设工程和以“中国·敕勒川现代农业博览园”为主体的综合教学实训科研平台建设工程，着力强化办学优势和特色。

教育教学改革

立项校级教改项目18项，其中重大项目7项、重点项目3项、一般项目8项。获批自治区级教育科学“十三五”规划课题41项，其中艺术专项3项、外语专项3项、民族教育1项。“‘产出导向法’视域下高职英语有效学习路径研究”获批自治区高等学校教学改革研究项目。获批自治区优秀论文一、二、三等奖各1项。

内蒙古农业大学2019年教育教学改革研究项目一览表（高职）

项目编号	项目名称	主持人	所在单位	备注
ZD201911（201911YZDA01）	民族地区应用型本科高校思政课程与各类课程协同育人模式研究	贺　斐	职业技术学院	重大项目
ZD201912（201911YZDA02）	涉农院校“一融、双链、四联”协同创新育人模式研究与实践	鲁富宽	职业技术学院	重大项目
ZD201913（201911YZDA03）	基于工作任务项目化的一生一品人才培养模式改革与实践——以电子商务专业为例	樊文斌	职业技术学院	重大项目
ZD201914（201911YZDA04）	新农科背景下复合应用型农学人才培养模式的研究与实践	刘金泉	职业技术学院	重大项目
ZD201915（201911YZDA05）	“三教改革”背景下“双师型”师资队伍建设实践与评价体系研究	冯雪彬	职业技术学院	重大项目
ZD201916（201911YZDA06）	职业院校现代马业人才培养的探索与研究	郭永清	职业技术学院	重大项目

（续表）

项目编号	项目名称	主持人	所在单位	备注
ZD201917（201911YZDA07）	高等职业教育“专—本—硕”全层次人才培养探索与研究	吴光宇	职业技术学院	重大项目
JGZD201911（201911YZDI01）	食品生物技术专业核心课程项目化教学改革研究与实践	栗丽萍	职业技术学院	重点项目
JGZD201912（201911YZDI02）	应用型本科在线开放课程质量评价研究——以内蒙古农业大学职业技术学院为例	杜安然	职业技术学院	重点项目
JGZD201913（201911YZDI03）	基于“产教融合，三阶递进”农业装备应用技术专业人才培养模式的研究与探索	赵永来	职业技术学院	重点项目
JGYB201966（201911YYB01）	“教学实践改革+学生全程参与+创新创业竞赛”协同模式培养大学生创新创业能力	王利鹤	职业技术学院	一般项目
JGYB201967（201911YYB02）	基于“业务、财务和信息技术融合”的管理会计实践教学改革研究	郭晓晓	职业技术学院	一般项目
JGYB201968（201911YYB03）	应用型市场营销本科专业“四个三”教学模式的构建和实践	于　淼	职业技术学院	一般项目
JGYB201969（201911YYB04）	基于内蒙古文化创意产业发展下的高职院校艺术设计专业实践教学改革与创新研究	李　佳	职业技术学院	一般项目
JGYB201970（201911YYB05）	基于 OBE 理念的计算机硬件类在线开放课程资源设计研究——以《数字电路》为例	祝　鹏	职业技术学院	一般项目
JGYB201971（201911YYB06）	我院蒙授农业数学课程教学中融入“课程思政”的探索	雪　莲	职业技术学院	一般项目
JGYB201972（201911YYB07）	创新、创业背景下畜牧兽医专业课程项目化教学改革与思考	葛海燕	职业技术学院	一般项目
JGYB201973（201911YYB08）	“翻转课堂+学习效果监控卡”教学模式在食品专业英语课程中的应用研究	刘春晓	职业技术学院	一般项目

注：所有项目同时为职业技术学院院级教育教学改革研究项目，项目编号依次为201807YJG01、201807YJG02、201807YJG03、201807YJG04、201807YJG05、201807YJG06。

内蒙古农业大学2019年自治区级教育科学“十三五”规划课题一览表（高职）

序号	课题名称	负责人	所在单位	备注
1	应用型本科园林专业实训基地建设研究	宝秋利	职业技术学院	一般课题
2	基于实践能力培养的《水处理工程技术》课程改革研究	贾辛慧	职业技术学院	一般课题

（续表）

序号	课题名称	负责人	所在单位	备注
3	内蒙古高校意识形态安全教育面临的挑战与对策研究	白志琴	职业技术学院	一般课题
4	内蒙古高职院校《建设工程项目管理》课程金课建设研究	吴晓丽	职业技术学院	一般课题
5	新时代体育思想精髓在高校体育教育中的传播与践行研究	张殿福	职业技术学院	一般课题
6	现代农业职教“三层次一拔尖”人才培养研究	王怀栋	职业技术学院	一般课题
7	“蒙古马”精神在内蒙古自治区高职院校思想政治教育中的实践作用研究	刘　杰	职业技术学院	一般课题
8	“互联网+教育”背景下高职院校智慧课堂模式探究——以《毛概》课为例	刘　娴	职业技术学院	一般课题
9	应用型本科教学质量分级管理与监控体系的研究	曹志军	职业技术学院	一般课题
10	全域旅游背景下高职旅游专业人才培养供给侧结构性改革研究	刘学平	职业技术学院	一般课题
11	农业高职院校开设面向新农村建设相关专业教育的现状与对策研究	刘荣君	职业技术学院	一般课题
12	少数民族地区职业教育人才培养供给侧结构性改革路径研究	贺　斐	职业技术学院	一般课题
13	高职院校学生实习安全保障机制研究	周艳秋	职业技术学院	一般课题
14	乡村振兴背景下基于CDIO理念的农业电子商务专业项目化课程体系构建研究与实践	秦　烨	职业技术学院	一般课题
15	食品生物技术专业核心课程项目化教学改革探索与实践	栗丽萍	职业技术学院	一般课题
16	学习职教20条对高职种子专业人才培养模式的改革与探索	张富荣	职业技术学院	一般课题
17	现代职业教育产教融合背景下土木工程专业实践教学评价体系的研究与构建	胡　敏	职业技术学院	一般课题
18	新时代工匠精神与提高建筑类高职人才培养质量的创新发展研究	张俊友	职业技术学院	一般课题
19	“工匠精神”背景下产品设计（家具方向）专业人才素质能力培养与课程群设置研究	郑缇全	职业技术学院	一般课题
20	基于校企合作的高职园林技术专业毕业设计指导与过程监控模式研究	胡晓龙	职业技术学院	一般课题

（续表）

序号	课题名称	负责人	所在单位	备注
21	基于校地企合作模式下的协同育人机制研究	蔺建波	职业技术学院	一般课题
22	“一带一路”背景下高职院校市场营销专业创新型、复合型人才培养模式研究	于　淼	职业技术学院	一般课题
23	高职“现代学徒制”人才培养模式改革研究——以工商管理专业为例	郭雅琼	职业技术学院	一般课题
24	高职院校青年教师综合能力提升方式与途径的研究与实践	武　芳	职业技术学院	一般课题
25	职业技能大赛与高职教育教学改革有效融合途径的研究	刘　洋	职业技术学院	一般课题
26	基于校企合作的《旅游服务礼仪》课程开发研究	李　燕	职业技术学院	一般课题
27	高校数学课程对大学生创新能力培养的研究	杨海波	职业技术学院	一般课题
28	汽车专业资源及题库建设的教学改革研究	高　伟	职业技术学院	一般课题
29	高等职业教育现代学徒制人才培养模式的改革与实践研究——以物流管理专业为例	马静怡	职业技术学院	一般课题
30	基于OBE教育理念的高职数字电路在线开放课程资源设计	祝　鹏	职业技术学院	一般课题
31	创新创业视角下高职文秘专业“3+3+3”人才培养模式研究	张　洁	职业技术学院	一般课题
32	O2O教学模式在我区应用型本科教育数学课程中的应用研究	张保霞	职业技术学院	一般课题
33	基于政府会计制度的高职会计类专业预算会计课程改革研究	皇甫瑞灵	职业技术学院	一般课题
34	民族职业教育中“工匠精神”培育研究	李一吉	职业技术学院	一般课题
35	内蒙古高校蒙古族学生课外阅读现状调查与指导研究	张　慧	职业技术学院	民族教育
36	“一带一路”背景下内蒙古地区开发利用民族民间艺术资源的实践研究	王　锋	职业技术学院	艺术专项
37	高职院校艺术设计类专业实践教学质量评价体系研究	赵利娜	职业技术学院	艺术专项
38	高等学校校园文化“活态”艺术环境建设的实践研究	闫占军	职业技术学院	艺术专项
39	互联网+视域下高职英语专业翻译类课程教学模式的探索	张烨炜	职业技术学院	外语专项

（续表）

序号	课题名称	负责人	所在单位	备注
40	我区应用型人才培养模式下大学英语教学内容整合改革与创新研究	闫丽颖	职业技术学院	外语专项
41	基于应用驱动的高职英语教学创新改革研究	唐　慧	职业技术学院	外语专项

内蒙古农业大学 2019 年自治区优秀论文一览表（高职）

序号	论文名称	完成人	所在单位	获奖等级
1	基于产教融合的高职旅游类专业“1346”人才培养模式探索与实践	姜海涛　王艳丽	职业技术学院	一等奖
2	F 综合评判在应用型本科院校教学评价体系中的应用研究	张保霞　梁显丽 雪　莲	职业技术学院	二等奖
3	关于推进专业“课程思政”的研究与探索	于庆峰　乔俊飞 张俊友　胡　敏	职业技术学院	三等奖

师资队伍建设

现有专任教师 332 人，其中教授 15 人、副教授 85 人，硕士生导师 11 人，硕士及以上学位教师 236 人。组织 24 名教学管理干部赴西北农林科技大学进行培训，11 名教师到行业企业培训。6 名教师参加校级技能大赛，职业技术学院 1 名教师获文科组一等奖、1 名教师获优秀奖；1 名教师获理科组三等奖、1 名教师获优秀奖；1 名教师获蒙古语组一等奖、1 名教师获优秀奖。现有自治区级教学团队 3 个、校级教学团队 10 个，有自治区级教学名师 4 人、自治区级优秀教师 2 人、自治区级教坛新秀 4 人，有校级教学名师 4 人、校级教坛新秀 5 人。

学科和专业建设

现有农业管理、旅游管理、艺术 3 个硕士学位授权点，学校职业技术学院为自治区唯一一所具有研究生培养资格、设有硕士点的高职院校。学校职业技术学院本科招生专业 21 个，专科招生专业 32 个，新增酿酒工程 1 个本科专业，新增大数据技术应用、农业装备应用技术 2 个专科专业，广告设计与制作、艺术设计 2 个专科专业停止招生，汽车营销与服务专业隔年招生（2019 年未招生）。招生范围涵盖普通文科、普通理科和农学类、牧医类、蒙牧医类、财会类、建筑类、计算机类、美工设计类、旅游类、汽驾类十一大科类，其中酿酒工程、旅游管理与服务教育、汽车维修工程教育专业招收普通文理科学生。

持续推进应用型本科专业转型发展。学校职业技术学院围绕以农牧类专业为主，工、经、管、文等专业协调发展的战略布局，本着办出优势、办出特色，服务区域经济的原则，组织开展了优势、特色专业申报和遴选工作，立项建设园艺技术、食品加工技术、财务会计教育、计算机科学与技术、家具艺术设计、动物科学、旅游管理与服务教育、汽车检测与维修技术、土木工程等9个优势专业和畜牧兽医（运动马驯养与管理方向）1个特色专业。

内蒙古农业大学2019年本科专业设置情况一览表（高职）

序号	专业代码	专业名称	年限	授予学位门类	所在单位
1	090102	园艺	4	农学	职业技术学院
2	090502	园林	4	农学	职业技术学院
3	090101	农学	4	农学	职业技术学院
4	082701	食品科学与工程	4	工学	职业技术学院
5	082702	食品质量与安全	4	工学	职业技术学院
6	082707	食品营养与检验教育	4	工学	职业技术学院
7	082705	酿酒工程	4	工学	职业技术学院
8	090301	动物科学	4	农学	职业技术学院
9	090401	动物医学	4	农学	职业技术学院
10	081001	土木工程	4	工学	职业技术学院
11	120201	工商管理	4	管理学	职业技术学院
12	120213	财务会计教育	4	管理学	职业技术学院
13	120214	市场营销教育	4	管理学	职业技术学院
14	120904	旅游管理与服务教育	4	管理学	职业技术学院
15	080901	计算机科学与技术	4	工学	职业技术学院
16	080903	网络工程	4	工学	职业技术学院
17	120102	信息管理与信息系统	4	工学	职业技术学院
18	130502	视觉传达设计	4	艺术学	职业技术学院
19	130503	环境设计	4	艺术学	职业技术学院
20	130504	产品设计	4	艺术学	职业技术学院
21	080212	汽车维修工程教育	4	工学	职业技术学院

内蒙古农业大学2019年专科专业设置情况一览表（高职）

序号	专业代码	专业名称	年限	所在单位
1	510107	园艺技术	3	职业技术学院
2	510202	园林技术	3	职业技术学院
3	510102	种子生产与经营	3	职业技术学院
4	510308	饲料与动物营养	3	职业技术学院
5	510301	畜牧兽医	3	职业技术学院
6	510301	畜牧兽医（运动马驯养与管理方向）	3	职业技术学院
7	590101	食品加工技术	3	职业技术学院
8	570101	食品生物技术	3	职业技术学院
9	590107	食品营养与检测	3	职业技术学院
10	630801	电子商务	3	职业技术学院
11	630601	工商企业管理	3	职业技术学院
12	630302	会计学	3	职业技术学院
13	630701	市场营销	3	职业技术学院
14	630903	物流管理	3	职业技术学院
15	540603	给排水工程技术	3	职业技术学院
16	540502	工程造价	3	职业技术学院
17	540501	建设工程管理	3	职业技术学院
18	540301	建筑工程技术	3	职业技术学院
19	610202	计算机网络技术	3	职业技术学院
20	610204	计算机系统与维护	3	职业技术学院
21	610203	计算机信息管理	3	职业技术学院
22	610205	软件技术	3	职业技术学院
23	610215	大数据技术应用	3	职业技术学院
24	650106	家具艺术设计	3	职业技术学院
25	650111	环境艺术设计	3	职业技术学院
26	650104	数字媒体艺术设计	3	职业技术学院
27	560703	汽车电子技术	3	职业技术学院

（续表）

序号	专业代码	专业名称	年限	所在单位
28	560702	汽车检测与维修技术	3	职业技术学院
29	510117	农业装备应用技术	3	职业技术学院
30	640101	旅游管理	3	职业技术学院
31	640301	会展策划与管理	3	职业技术学院
32	670301	文秘	3	职业技术学院

课程建设

加强混合式课程建设、在线开放课程和课程资源库建设。食品分析技术课程获批自治区级在线开放课程建设。6门课程参评自治区级一流本科课程立项建设。学校职业技术学院选派首批示范课教师参加了在清华大学举行的“高校混合教学能力构建”项目研讨培训班和内蒙古师范大学举办的“超星智慧课程制作中心”混合式课程建设培训。

内蒙古农业大学2019年推荐自治区级一流本科课程建设一览表（高职）

序号	课程名称	课程属性	课程负责人	所在单位
1	材料力学	线下课程	胡　敏	职业技术学院
2	马球技术	线下课程	郭永清	职业技术学院
3	食品工程原理	线上线下混合	王寿东	职业技术学院
4	思想道德修养与法律基础	线上线下混合	亓　丹	职业技术学院
5	大学生创新创业教育	社会实践	樊文斌	职业技术学院
6	草坪学	虚拟仿真实验	鲁富宽	职业技术学院

内蒙古农业大学2019年校级示范课程预建设一览表（高职）

序号	课程名称	课程属性	课程负责人	所在单位
1	园艺植物实用生物技术	专业课	李发虎	职业技术学院
2	宠物饲养与疾病防治技术	专业课	葛海燕	职业技术学院
3	食品工程原理	专业课	王寿东	职业技术学院
4	会计学	专业课	冯雪彬	职业技术学院
5	建筑与装饰工程计量与计价	专业课	王昭庆	职业技术学院

（续表）

序号	课程名称	课程属性	课程负责人	所在单位
6	网络基础	专业课	郭艳光	职业技术学院
7	装饰雕塑	专业课	闫占军	职业技术学院
8	汽车单片机基础	专业课	高　伟	职业技术学院
9	旅游管理学	专业课	贺　斐	职业技术学院
10	思想道德修养与法律基础	公共基础课	亓　丹	职业技术学院

教学管理

学校职业技术学院继续加强院系两级管理，进一步加强教学运行与调度管理。采用智慧树网络课与线下课相互补充的方式开展公共选修课。开展了期初、期中、期末教学检查和外聘教学质量、普通高中生源班级授课情况等专项检查。进一步加强了课程表编排、教材征订、教室管理等工作。加强了考务管理工作。

招生工作

学校职业技术学院年内本、专科计划招生 1 760 人。其中本科 780 人［普通理科 60 人、普通文科 30 人，其他科类 690 人（含蒙古语授课 20 人）］；专科 980 人［普通理科 408 人、普通文科 193 人，艺术类 70 人、汉语授课美术 40 人，其他各科类 269 人（含蒙古语授课 30 人）；区内专科 960 人、区外专科 20 人（河北 8 人、广西 3 人、陕西 2 人、四川 3 人、黑龙江 4 人）］。专升本招生计划 173 人。高职扩招招生 1 239 人（其中第一次扩招 107 人，第二次扩招 1 132 人）。

学籍管理

全年毕业学生 2 252 人，其中本科生 1 009 人、专科生 1 243 人，应届毕业生 2 204 人，其中本科生 997 人、专科生 1 207 人；应届结业的学生 48 人，其中本科 12 人、专科 36 人。结业证换毕业证学生 46 人，其中本科生 10 人、专科生 36 人。现有全日制在校生 6 519 人，其中本科 3 679 人、专科 2 840 人。完成了汽车维修工程教育专业学士学位授权申请。休学、复学、转学、退学、转专业、留级、保留学籍等学籍异动学生共 183 名。开展了学业预警专项检查。制定了畜牧兽医（运动马驯养与管理方向）专业学生外出比赛课程考核及成绩管理暂行规定，修订了参加体育类比赛学生课程考核及成绩管理暂行规定。通过应用迎新系统，实现了新生报到、学籍注册等工作的信息化管理。

内蒙古农业大学职业技术学院 2019—2020 学年普通本、专科分专业学生数（高职）

系别/总人数（人）	专业数	类型	人数（人）	录取类别	专业名称	专业代码	年制	总计（人）	在校生数（人）			
									2019级	2018级	2017级	2016级
		3类		5类	在校生中本科生 3 679 人，专科 2 840 人			6 519	1 953	1 859	1 819	888
园艺园林技术系（663）	共 7 个，本科 3 个、专科 4 个	本科	400	高中起点本科	农学	090101	4	110	20	26	35	29
					园艺	090102	4	130	15	25	41	49
					园林	090502	4	140	20	30	39	51
				专科起点本科	园林	090502	2	14	5	9		
					农学	090101	2	1	1			
					园艺	090102	2	5	4	1		
		3 年制专科	262	高中起点专科	休闲农业	510105	3	18	0	0	18	
					园林技术	510202	3	85	30	29	26	
					园艺技术	510107	3	76	25	26	25	
				对口招收中职生	种子生产与经营	510102	3	81	30	26	25	
				高职扩招	种子生产与经营	510102	3	1	1			
					园艺技术	510107	3	1	1			
		2 年制专科	1	五年制高职转入	园林技术	510202	2	1	0	1		
畜牧兽医技术系（829）	共 5 个，本科 2 个、专科 3 个	本科	375	高中起点本科	动物科学（蒙授）	090301	4	102	20	19	33	30
					动物科学	090301	4	149	20	40	39	50
					动物医学	090401	4	112	20	30	35	27
				专科起点本科	动物医学	090401	2	12	8	4		
		3 年制专科	453	高中起点专科	运动马驯养与管理	510301	3	62	21	20	21	
					畜牧兽医	510301	3	67	22	20	25	
				对口招收中职生	畜牧兽医（蒙授）	510301	3	118	30	43	45	
					运动马驯养与管理	510301	3	115	62	30	23	
					饲料与动物营养	510308	3	76	25	29	22	
				高职扩招	运动马驯养与管理	510301	3	4	4			
					畜牧兽医	510301	3	11	11			
		2 年制专科	1	五年制高职转入	运动马驯养与管理	510301	2	1	0	1		

（续表）

系别/总人数（人）	专业数	类型	人数（人）	录取类别	专业名称	专业代码	年制	总计（人）	在校生数（人）			
									2019级	2018级	2017级	2016级
食品工程技术系（712）	共7个，本科4个，专科3个	本科	481	高中起点本科	食品质量与安全	082702	4	135	20	30	36	49
					食品营养与检验教育	082707	4	140	20	30	40	50
					酿酒工程	082705	4	30	30			
					食品科学与工程	082701	4	140	20	30	42	48
				专科起点本科	食品科学与工程	082701	2	17	9	8		
					食品质量与安全	082702	2	4	4			
					食品营养与检验教育	082707	2	15	13	2		
		3年制专科	231	高中起点专科	食品营养与检测	590107	3	84	27	30	27	
					食品加工技术	590101	3	73	26	24	23	
				对口招收中职生	食品生物技术	570101	3	70	23	25	22	
				高职扩招	食品加工技术	590101	3	4	4			
经济管理系（1 074）	共8个，本科3个、专科5个	本科	656	高中起点本科	市场营销教育	120214	4	171	30	40	51	50
					工商管理	120201	4	177	35	42	52	48
					财务会计教育	120213	4	247	45	84	62	56
				专科起点本科	财务会计教育	120213	2	37	27	10		
					市场营销教育	120214	2	3	3			
					工商管理	120201	2	21	16	5		
		3年制专科	415	高中起点专科	工商企业管理	630601	3	68	25	25	18	
					市场营销	630701	3	68	22	23	23	
					电子商务	630801	3	75	24	26	25	
					会计	630302	3	43	24	0	19	
					物流管理	630903	3	73	25	25	23	
				对口招收中职生	会计	630302	3	35	0	25	10	
					工商企业管理	630601	3	9	0	0	9	
				高职扩招	工商企业管理	630601	3	34	34			
					物流管理	630903	3	8	8			
					电子商务	630801	3	2	2			
		2年制专科	3	五年制高职转入	会计	630302	2	3	3			

（续表）

系别/总人数（人）	专业数	类型	人数（人）	录取类别	专业名称	专业代码	年制	总计（人）	在校生数（人）			
									2019级	2018级	2017级	2016级
建筑工程技术系（508）	共6个，本科1个、专科5个	本科	181	高中起点本科	土木工程	081001	4	156	30	27	40	59
				专科起点本科	土木工程	081001	2	25	15	10		
		3年制专科	326	高中起点专科	建筑工程技术	540301	3	82	24	31	27	
					建设工程管理	540501	3	23	23	0	0	
					工程造价	540502	3	80	24	27	29	
					建筑电气工程技术	540403	3	25	25	0	0	
					给排水工程技术	540603	3	68	25	21	22	
				对口招收中职生	建设工程管理	540501	3	43	0	25	18	
				高职扩招	给排水工程技术	540603	3	1	1			
					建筑电气工程技术	540403	3	4	4			
		2年制专科	1	五年制高职转入	建筑工程技术	540301	2	1	0	1		
计算机技术与信息管理系（934）	共8个，本科3个、专科5个	本科	646	高中起点本科	计算机科学与技术	080901	4	261	90	83	50	38
					网络工程	080903	4	185	60	56	41	28
					信息管理与信息系统	120102	4	158	45	35	40	38
				专科起点本科	网络工程	080903	2	6	5	1		
					信息管理与信息系统	120102	2	8	3	5		
					计算机科学与技术	080901	2	28	16	12		
		3年制专科	286	高中起点专科	计算机网络技术	610202	3	70	24	22	24	
					大数据技术与应用	610215	3	19	19			
					计算机信息管理	610203	3	64	18	23	23	
				对口招收中职生	计算机系统与维护	610204	3	48	0	24	24	
					软件技术	610205	3	75	20	25	30	
				高职扩招	计算机网络技术	610202	3	5	5			
					计算机信息管理	610203	3	5	5			
		2年制专科	2	五年制高职转入	计算机网络技术	610202	2	2	1	1		

（续表）

系别/总人数（人）	专业数	类型	人数（人）	录取类别	专业名称	专业代码	年制	总计（人）	在校生数（人）			
									2019级	2018级	2017级	2016级
艺术设计系（632）	共8个，本科3个、专科5个	本科	311	高中起点本科	环境设计	130503	4	104	35	10	30	29
					产品设计	130504	4	90	15	15	30	30
					视觉传达设计	130502	4	92	15	15	30	32
				专科起点本科	视觉传达设计	130502	2	8	4	4		
					产品设计	130504	2	2	1	1		
					环境设计	130503	2	15	8	7		
		3年制专科	321	高中起点专科	数字媒体艺术设计	650199	3	41	0	19	22	
					环境艺术设计	650111	3	51	0	27	24	
					广告设计与制作	650103	3	47	0	24	23	
				对口招收中职生	家具艺术设计	650106	3	71	40	22	9	
					环境艺术设计	650111	3	30	30	0	0	
					艺术设计	650101	3	40	0	21	19	
					数字媒体艺术设计	650104	3	39	39	0	0	
				高职扩招	家具艺术设计	650106	3	2	2			
车辆工程技术系（553）	共5个，本科1个、专科4个	本科	342	高中起点本科	汽车维修工程教育	080212	4	307	104	108	57	38
		3年制专科	210	高中起点专科	农业装备应用技术	510117	3	5	5			
					汽车检测与维修技术	560702	3	54	0	25	29	
				对口招收中职生	汽车营销与服务	630702	3	48	0	25	23	
					汽车检测与维修技术	560702	3	24	24			
					汽车电子技术	560703	3	74	26	24	24	
				高职扩招	农业装备应用技术	510117	3	2	2			
					汽车检测与维修技术	560702	3	3	3			
		2年制专科	1	五年制高职转入	汽车检测与维修技术	560702	2	1	0	1		

（续表）

系别/总人数（人）	专业数	类型	人数（人）	录取类别	专业名称	专业代码	年制	总计（人）	在校生数（人）			
									2019级	2018级	2017级	2016级
旅游管理系（614）	共5个，本科1个、专科4个	本科	287	高中起点本科	旅游管理与服务教育	120904	4	270	67	58	86	59
				专科起点本科	旅游管理与服务教育	120904	2	17	8	9		
		3年制专科	327	高中起点专科	文秘	670301	3	79	30	28	21	
					旅游管理与服务教育	120904	4	270	67	58	86	59
					旅游管理与服务教育	120904	2	17	8	9		
					文秘	670301	3	79	30	28	21	
				对口招收中职生	旅游管理	640101	3	73	24	28	21	
				高职扩招	旅游英语	670204	3	23	0	0	23	
					会展策划与管理	640301	3	77	27	27	23	
					旅游管理	640101	3	73	25	25	23	
					旅游管理	640101	3	2	2			

教材建设

学校职业技术学院为在校学生免费发放《社会主义核心价值观青少年读本（大学生版）》《大学生安全与法纪教育读本》。为各教学单位免费配套了《化学实验室安全与环保手册》《清华大学实验室安全手册》《实验室安全技术》等教材。全年组织教师共申报11部教材，担任主编出版统编教材3部，其他教材29部。

内蒙古农业大学2019年教师担任主编出版统编教材一览表（高职）

序号	教材名称	编者姓名	所在单位	出版社	出版时间
1	《预算会计》	张　南	经济管理系	清华大学出版社	2019年5月
2	《大学计算机基础》	王立中 刘玉敏 郭　彬	计算机技术与管理系	北京邮电大学出版社	2019年8月
3	《大学生就业指导与创业教育》	苏　和 于荣娟 宝　音	就业指导中心	西安电子科技大学出版社	2019年9月

实训基地

启动了以“中国·敕勒川现代农业博览园”为主体的综合教学实训科研平台建设工程，持续建设14个综合型校内实训基地。3万平方米的智能温室和24亩日光温室建成投入使用。建成了马文化博物馆。启动建设了17 000平方米园艺园林专业和旅游专业综合实训基地。“冷地型草坪草的抗性测定”项目立项为校级虚拟仿真实验教学项目。完成了内蒙古重点学科重点实验室申报工作，获批自治区财政专项建设资金300万元。购置教学仪器设备投入1 042.89万元，总值达9 815.64万元。与北京超星尔雅教育科技有限公司合作建立了智慧教学校企合作基地，获赠价值近500万元的优质数字教学资源与课程建设服务平台。校外实训基地合同（协议）期满27项，新签订校外实训基地合同（协议）32项，学校职业技术学院现有校外实训基地共76个。

内蒙古农业大学2019年新增校外实训基地一览表（高职）

序号	合作单位	所在单位
1	浙江圣奥家具制造有限公司	职业技术学院
2	内蒙古玖煜管理咨询有限责任公司	职业技术学院
3	上海莫厘互联网科技有限公司	职业技术学院
4	内蒙古京邦达供应链科技有限公司	职业技术学院
5	达拉特旗东华水处理有限责任公司	职业技术学院

（续表）

序号	合作单位	所在单位
6	内蒙古鑫水源有限公司	职业技术学院
7	内蒙古包头小白河湿地	职业技术学院
8	蛮汉山林场测量实训基地	职业技术学院
9	内蒙古博睿亿鑫科技有限公司	职业技术学院
10	永泽建设工程咨询有限公司	职业技术学院
11	内蒙古正禄工程项目管理有限公司	职业技术学院
12	内蒙古瑞诚汽车服务有限责任公司	职业技术学院
13	深圳分向标教育资源股份有限公司	职业技术学院
14	传奇时代商业管理（北京）有限公司	职业技术学院
15	中粮家佳康（赤峰）有限公司	职业技术学院
16	上海卫智马术俱乐部股份有限公司	职业技术学院
17	内蒙古正大有限公司	职业技术学院
18	内蒙古四季春饲料有限公司	职业技术学院
19	内蒙古正大食品有限公司	职业技术学院
20	内蒙古悠品国际旅行社有限责任公司校企合作基地	职业技术学院
21	北京晟程华科教育科技有限公司实习实训基地	职业技术学院
22	北京鱼游四海科技有限公司实习实训基地	职业技术学院
23	内蒙古索云数据科技有限责任公司实训基地	职业技术学院
24	内蒙古云大互联网科技有限责任公司实训基地	职业技术学院
25	北京思博通达科技有限公司实习实训基地	职业技术学院
26	内蒙古华鹿现代农业发展有限公司	职业技术学院
27	内蒙古中天科技有限公司	职业技术学院
28	北京丰民同和国际农业科技发展有限公司	职业技术学院
29	赤峰和润农业高新科技产业开发有限公司	职业技术学院
30	内蒙古博煜农林牧开发有限公司	职业技术学院
31	大连辽南农业科技开发有限公司	职业技术学院
32	内蒙古轻翼科技服务有限公司	职业技术学院

职院继续教育

积极推进非学历教育培训，全年培训普通话学员 1 654 人次，测试 1 610 人次，1 588 人获得证书，培训人数和测试人数较 2018 年分别增长 73.2%和 74%。学校职业技术学院承办了基层农技人员知识更新培训班，对自治区5个盟（市）、旗（县、区）农牧业局1 470名学员进行培训。承担完成了教育厅“职业院校教师素质提高计划项目”，其中高职院校财经商贸类会计专业教师双师型技能示范培训47人。申报并中标教育厅“职业院校教师素质提高计划项目”高职教师创新创业教育培训等中高职院校教师培训项目6项。

继续教育

各类培训班举办情况

培训班名称	委托办班部门	培训对象	人数	开班时间（年.月.日）	结束时间（年.月.日）	天数
2018年基层农技人员知识更新培训班（第一期种植班）	内蒙古自治区农牧厅	乌兰察布市、阿拉善盟农技人员	85	2019.03.18	2019.03.23	5
2018年基层农技人员知识更新培训班（第二期种植班）	内蒙古自治区农牧厅	乌兰察布市、阿拉善盟农技人员	87	2019.03.25	2019.03.30	5
2018年基层农技人员知识更新培训班（第三期种植班）	内蒙古自治区农牧厅	乌兰察布市、阿拉善盟农技人员	85	2019.04.08	2019.04.13	5
2018年内蒙古基层农技人员知识更新骨干人才培训班（畜牧）	内蒙古自治区农牧厅	乌兰察布市、阿拉善盟农技人员	40	2019.04.08	2019.04.14	6
2018年基层农技人员知识更新培训班（第一期畜牧班）	内蒙古自治区农牧厅	乌兰察布市、阿拉善盟农技人员	95	2019.04.15	2019.04.20	5
2018年基层农技人员知识更新培训班（第二期畜牧班）	内蒙古自治区农牧厅	乌兰察布市、阿拉善盟农技人员	90	2019.04.22	2019.04.27	5
2018年内蒙古基层农技人员知识更新骨干人才培训班（种植）	内蒙古自治区农牧厅	乌兰察布市、阿拉善盟农技人员	39	2019.04.22	2019.04.28	6
内蒙古自治区2018年度中职学校教师素质提高计划计算机应用技术专业教师专业领军能力研修班	内蒙古自治区教育厅	中等职业学校教师	20	2019.05.06	2019.05.31	25
青海省天峻县助力乡村振兴战略推进畜牧业产业发展培训班	青海省天峻县教育和科技局	干部	26	2019.06.11	2019.06.21	10
鄂温克族自治旗助力乡村振兴暨畜牧业实用技术人才培训班	中共鄂温克族自治旗委员会组织部	干部	39	2019.06.30	2019.07.05	5
2019年基层农技人员知识更新培训班（第一期种植班）	内蒙古自治区农牧厅	阿拉善盟、乌兰察布市、包头市、乌海市、满洲里市基层农技人员	89	2019.11.03	2019.11.09	6
2019年基层农技人员知识更新培训班（第二期种植班）	内蒙古自治区农牧厅	阿拉善盟、乌兰察布市、包头市、乌海市、满洲里市基层农技人员	98	2019.11.10	2019.11.16	6
内蒙古基层农技推广体系改革与建设培训班（畜牧青岛农业大学）	内蒙古自治区农牧厅	阿拉善盟、乌兰察布市、包头市、乌海市、满洲里市基层农技人员	80	2019.11.10	2019.11.16	5

（续表）

培训班名称	委托办班部门	培训对象	人数	开班时间（年.月.日）	结束时间（年.月.日）	天数
2019年基层农技人员知识更新培训班（第三期种植班）	内蒙古自治区农牧厅	阿拉善盟、乌兰察布市、包头市、乌海市、满洲里市基层农技人员	86	2019.11.17	2019.11.23	6
2019年基层农技人员知识更新培训班（第四期种植班）	内蒙古自治区农牧厅	阿拉善盟、乌兰察布市、包头市、乌海市、满洲里市基层农技人员	89	2019.11.24	2019.11.30	6
2019年基层农技人员知识更新培训班（第一期畜牧班）	内蒙古自治区农牧厅	阿拉善盟、乌兰察布市、包头市、乌海市、满洲里市基层农技人员	108	2019.12.01	2019.12.07	6
2019年基层农技人员知识更新培训班（第二期畜牧班）	内蒙古自治区农牧厅	阿拉善盟、乌兰察布市、包头市、乌海市、满洲里市基层农技人员	105	2019.12.08	2019.12.14	6
2019年基层农技人员知识更新培训班（第三期畜牧班）	内蒙古自治区农牧厅	阿拉善盟、乌兰察布市、包头市、乌海市、满洲里市基层农技人员	103	2019.12.15	2019.12.21	6
大兴安岭林木种子技术转岗培训班	大兴安岭重点国有林管理局	转岗从事林木种子、苗木生产、经营的技术人员	50	2019.12.02	2019.12.17	15
大兴安岭森林有害生物防控转岗培训班	大兴安岭重点国有林管理局	转岗到森防战线的防治员、测报员以及检疫员	51	2019.12.18	2020.01.02	15

成人本科专业设置

层次	专业名称	科类名称	学制	学习形式
高起专	计算机应用信息管理、园林技术、畜牧兽医、建筑工程技术	理工类	二年半	函授
	会计学、工商企业管理、市场营销	文史类	二年半	函授
专升本	法学	法学类	二年半	函授
	经济学、金融学、工商管理、行政管理、财务管理、会计学	经济管理类	二年半	函授
	计算机科学与技术、土木工程、测绘工程、食品科学与技术、电气工程及其自动化、农业水利工程、机械设计制造及其自动化、交通工程	理工类	二年半	函授
	农学、动物医学、林学	农学类	二年半	函授

成人教育授予学士学位名单

财务管理（3人）：曹思雨　崔瑞敏　王馨伟

电气工程及其自动化（6人）：侯宇亭　马　静　杨素宇　何姝妤　杨志国　王　梓

法学（1人）：刘　魁

工商管理（1人）：王　鑫

行政管理（4人）：梁　蕾　王　婷　徐晓庆　田　虹

环境工程（2人）：师晓钰　温晓丽

会计学（7人）：陈　荣　杨冬雪　郑　捷　蒋　倩　韩建华　陈　曦　李秋晨

计算机科学与技术（2人）：郭　超　巴　威

林学（2人）：何致远　赵艳君

农业水利工程（1人）：王　鹏

农林经济管理（1人）：江一泓

园林（2人）：白　雪　纪　婷

动物医学（1人）：张　艳

金融学（3人）：徐庭苇　索赛娜　魏思琪

农学（1人）：刘宏芳

学科建设

工作概述

学校坚持为地方经济建设和社会发展服务的学科建设方向，抓住国家西部大开发以及实施生态建设工程等机遇，突出学科的特色和优势，重点围绕草地畜牧业、荒漠化治理与生态环境保护、乳业等进行学科方向调整和建设，形成了具有明显特色的学科群。使得农、林、牧学科优势得以加强，学科层次不断提高；新兴和交叉学科快速成长；学科特色更加鲜明，学科整体水平和科技创新能力明显提升。学校现有 1 个国家重点学科、3 个国家重点（培育）学科、1 个农业农村部重点学科、2 个国家林业和草原局重点一级学科、5 个自治区重点一级学科、22 个自治区重点学科、4 个自治区重点（培育）学科。

国家和省部级重点（培育）学科

国家和省部级重点（培育）学科

序号	名称	批准时间
1	草业科学	2002 年 1 月
2	农业水土工程	2007 年 11 月
3	动物遗传育种与繁殖	2007 年 11 月
4	水土保持与荒漠化防治	2007 年 11 月

农业农村部重点学科

序号	名称	批准时间
1	草业科学	2007 年 8 月

国家林业和草原局重点学科

序号	名称	批准时间
1	林业工程	2016 年 2 月
2	林学	2016 年 2 月

自治区级一级重点学科

序号	名称	批准时间
1	畜牧学	2008年1月
2	兽医学	2008年1月
3	林学	2008年1月
4	作物学	2008年1月
5	农业工程	2008年1月

内蒙古自治区重点学科

序号	名称	批准时间
1	农业机械化工程	1998年12月
2	农业水土工程	1994年12月
3	动物遗传育种与繁殖	1998年12月
4	动物营养与饲料科学	1984年12月
5	草业科学	1994年12月
6	基础兽医学	1984年12月
7	森林培育	1994年12月
8	水土保持与荒漠化防治	1984年12月
9	农业电气化与自动化	2008年1月
10	作物栽培学与耕作学	2008年1月
11	作物遗传育种	2008年1月
12	预防兽医学	2008年1月
13	临床兽医学	2008年1月
14	森林保护学	2008年1月
15	森林经理学	2008年1月
16	生物化学与分子生物学	2008年1月
17	水文学及水资源	2008年1月
18	木材科学与技术	2008年1月
19	农产品加工及贮藏工程	2008年1月
20	果树学	2008年1月
21	蔬菜学	2008年1月
22	农业经济管理	2008年1月

自治区级重点（培育）学科

序号	名称	批准时间
1	野生动植物保护与利用	2008年1月
2	园林植物与观赏园艺	2008年1月
3	农业昆虫与害虫防治	2008年1月
4	水工结构工程	2008年1月

国家和省部级重点（培育）学科介绍

草学学科

草学学科创建于1958年，是在全国首创草原本科专业的基础上发展起来的。1966年开始招收国外留学生，1979年开始招收研究生，1981年获得硕士学位授予权，1993年获得博士学位授予权，2011年批准为一级学科博士学位授权点，2012年获批一级学科博士后流动站。目前为学校唯一的国家级重点学科、国家特色重点建设学科、农业农村部和自治区重点学科。学科自创建以来，立足内蒙古，坚持区域特色，服务地方经济，致力于为北疆少数民族地区的生态建设、草业发展、社会稳定和文化繁荣，不断探索草学教育、科研、产业发展、民族文化传承等新途径，逐步升华和固化了自身的定位和发展目标，凝聚了一支研究方向完整、结构合理、持续稳定的师资队伍，形成了草地资源与管理、牧草育种与饲草加工、草坪与植被恢复、草地保护4个稳定的学科方向。在2012年的全国学科评估中，学术水平居于全国同类学科前列（第四名），2017年全国第四轮学科评估中获得B+的好成绩（全国第三），是内蒙古自治区高等学校和内蒙古农业大学学科名次在全国最靠前的学科之一，为内蒙古自治区重点建设的“双一流”学科。2019年获批草业科学国家级一流本科专业建设点。

学科所在的草学系现有教职工47人，其中高级职称16人，副高级职称13人，中级职称17人，初级职称1人。学科共有国家“百千万人才工程”第一层次人选1人、获自治区杰出人才奖人选2人、自治区“草原英才”10人、自治区“321人才工程”第一层次人选2人、国家牧草产业技术体系岗位科学家1人、享受国务院政府特殊津贴3人、国家自然科学基金二审专家1人、国务院学位委员会草学学科评议组召集人1人、国际杂志 *Grassland Science* 编委1人、国际草原大会连续委员会委员3人；具有稳定的教学科研团队，其中教育部科技创新团队1个，自治区级教学科研团队3个。

草学学科建有8个省部级以上的教学科研平台和4个教学实践基地。主要包括国家级植物学实验教学示范中心、教育部草地资源重点实验室、农业农村部牧草栽培、加工与高效利用重点实验室、国家林业和草原局北方抗旱耐寒草品种育繁工程技术研究中心、内蒙古自治区草地管理与利用重点实验室、内蒙古自治区草品种育繁工程技术研究中心、内蒙古自治区中蒙药材良种育繁工程技术研究中心和中央与地方共建高校特色优势学科草地资源与保护实验室。在土默特左旗（海流图）、土默特右旗（萨拉齐）、正镶白旗（额立图）和巴林右旗（赛罕乌拉）建设有校内外实践教学实习基地，具备完善的研究条件。

全年，草学学科新增项目16项，其中国家基金4项，总经费1 495万元；已授权专利19项；发布地方标准6项；编著出版教材3部，专著2部。发表第一作者（含通讯作者）学术论文47篇，其中SCI收录11篇。毕业硕士研究生24名，博士研究生10名。

农业水土工程

农业水土工程学科于1986年获得硕士学位授予权，1990年被批准为校级重点学科，1995年被批准为内蒙古自治区重点学科，1998年获得博士学位授予权，2003年获批设立博士后科研流动站，2007年被批准为国家重点培育学科。农业水土工程学科是内蒙古自治区第一个工学博士学位授权点，也是国内该学科第二个博士学位授权点，截至2019年共招收博士研究生20届，硕士研究生33届，博士研究生毕业人数累计106名，硕士研究生毕业人数累计192名，在校博士后研究人员12名。由于2018年水利工程获批博士点，人员进行调整，农业水土工程学科目前有专任教师16人，其中，教授6人，博士生导师4人，硕士生导师7人。教师中具有博士学位14人，硕士学位2人。副高级以上职称教师占62.5%，45岁以下年轻教师占62.5%；享受国务院政府特殊津贴专家1人、“草原英才”工程人选3人、内蒙古自治区青年创新人才暨“草原英才”后备人才1人、自治区“321人才工程”第二层次2人、内蒙古高等教育人才培养“111工程”第二层次1人、内蒙古有突出贡献的中青年专家1人、自治区高等学校“青年科技领军人才”2人、自治区教学名师1人、自治区教坛新秀1人。全国水利工程专业学位研究生教育先进个人1人。

拥有农田水利实验室、土壤物理学实验室、水力学实验室、土力学实验室、水工实验室，材料力学实验室，水文测试实验室，计算机实验室，地质工程实验室等，实验室面积达3 435平方米。目前拥有各类仪器设备1 925台套，设备资金总额3 690余万元。有1个自治区级实验教学示范中心，1个自治区重点实验室，1个省级工程中心。启动建设占地400亩的海流图农业节水综合试验基地。

近5年共承担科研项目34项，总经费3 978万元。国家级项目19项，经费项目1 680万元，其中国家重点研发计划3项、重点基金项目1项、面上项目2项、青年基金项目3项、地区基金项目10项。省部级10项，经费1 770万元，内蒙古重大专项1项、内蒙古杰青项目1项、内蒙古科技计划重点项目3项、内蒙古自然科学基金项目2项；其他项目5项，经费770万元。近年共授权专利6项（发明专利3项），编写专著教材6部，获省部级一等奖2项、国家节水奖一等奖2项，发表学术论文214篇，其中SCI收录40篇，EI收录44篇，CSCD收录97篇。近5年来，学科先后主持了“十二五”国家科技支撑计划项目课题2项、国家“十三五”重点研发计划课题2项，国家自然科学基金项目28项、其中，重点基金项目2项，内蒙古自治区科技、内蒙古自然科学基金、内蒙古科技厅、内蒙古“十二五”攻关项目、内蒙古自治区科技重大专项8项，总经费7 431余万元；获省部级奖项6项，其中自治区科技进步奖一等奖2项、发表学术论文434余篇，其中核心期刊上发表406篇，SCI收录8篇，EI收录32篇，主编或参编出版教材2部，专著5部。

动物遗传育种与繁殖

动物遗传育种与繁殖学科于1986年和2000年分别被批准为硕士和博士学位授权点，1998年被批准为自治区重点学科，1999年和2003年学科所属的动物遗传育种与繁殖实验室分别被批准为自治区教育厅重点实验室和自治区重点实验室，2007年学科被评为国家重点（培育）学科。

学科始终密切结合内蒙古自治区的畜牧业生产实际，立足自治区草原特色家畜开展相关科学研究，以应用基础研究为主开展了许多创新性探究，在乳肉兼用三河牛、内蒙古细毛羊、锡林郭勒马、草原红牛、乌珠穆沁羊、内蒙古白绒山羊、苏尼特肉羊和巴美肉羊等新品种培育和本品种选育等重大项目研究中获得多项科技成果，在草原家畜品种遗传育种原理与方法研究领域形成了自己的特色。

现有教师21人，其中教授7人，副教授7人，讲师6人，高级实验师1人。教师中具有博士学位16人，入选国家“百千万人才工程”3人。截至目前，共培养博士研究生54人，硕士研究生221人。

近5年来，主持承担了国家“863”计划、国家自然科学基金、内蒙古自治区科技计划、内蒙古自然科学基金、内蒙古“十二五”攻关项目共49项，总经费4 318万元；获国家科技进步奖二等奖1项、自治区科技进步奖一等奖2项、自治区教学成果一等奖2项，国家级教学成果二等奖2项；发表学术论文487篇，其中核心期刊收录354篇，SCI收录35篇，国际会议收录25篇；主编或参编出版教材12部，专著16部。

年内，毕业博士研究生6人，硕士研究生22人；获批国家自然科学基金项目1项、国家重点研发计划课题1项，到账经费133万元；发表学术论文12篇，其中SCI收录8篇。

水土保持与荒漠化防治

水土保持与荒漠化防治学科是内蒙古自治区重点学科、国家林业和草原局重点学科、国家重点（培育）学科。1984年开始招收硕士研究生，2000年批准博士学位授予权；2005年被评为自治区品牌专业；2007年本学科的骨干课程“治沙原理与技术”被评为国家级精品课程；2013年被评为自治区级教学团队，2014年获批自治区重点建设专业，并成为自治区级本科专业综合改革试点。

水土保持与荒漠化防治学科目前拥有沙漠治理和水土保持2个本科方向，3个硕士点和1个博士点；形成5个稳定研究方向：荒漠化防治、沙区植物资源保护与利用、水土保持与水土资源利用、工矿废弃地植被恢复、地表供沙供尘机制与植被阻沙滞尘过程。

在职教职工人员共29人，其中教授13人、副教授9人、讲师5人和实验师2人；

具有博士学位教师24人、硕士学位5人，其中博士生导师11人（含外聘博士生导师2人），硕士生导师23人（含外聘硕士生导师2人）；联合国荒漠化防治公约科学技术委员会中国独立专家2人，全国水土保持与荒漠化防治学科教学指导委员会副主任委员1人，全国水土保持与荒漠化防治学科教材编审委员会委员1人，全国防沙治沙标准委员会委员1人，中国治沙暨沙业学会常务理事2人，中国水土保持学会风蚀防治委员会主任1人，入选内蒙古“草原英才”3人，入选内蒙古自治区“新世纪321人才”2人，内蒙古防沙治沙学会副理事长1人，内蒙古自治区标准化专家1人，内蒙古沙漠学会理事长1人，全国优秀教师1人，全国高等学校政治思想教育先进者1人，全国林业教学名师1人。

在研国家和省部级科技纵向课题共55项，经费总计4 775万元，其中国家重点研发计划专项1项、国家重点研发计划专项课题8项，国家自然科学基金5项、自治区重大项目2项，国家科技支撑、行业公益专项等16项。科研成果获得省部级科学技术进步三等奖1项。其中2019年度获批内蒙古自治区科技重大专项1项（课题2项）、内蒙古应用技术研究与开发项目1项、国家自然科学基金3项、内蒙古自治区高等学校科研项目1项，累计经费1 395万元；在国内学术期刊上发表论文102篇，SCI收录8篇；主编出版专著3部，其中《珍稀濒危植物复壮与保育技术》入选为中国林学会自然教育优质书籍读本目录；获得授权国家实用新型专利30项，全年培养了博士6名，硕士43名，农业推广硕士7名。2019年水土保持与荒漠化防治学科师生参加国际学术交流5人次，参加国内学术会议40人次，学生荣获中国创新创业大赛沙产业大赛初创企业组二等奖、第五届内蒙古自治区“互联网+”大学生创新创业大赛优秀奖，第五届内蒙古农业大学“互联网+”大学生创新创业大赛一等奖，荣获内蒙古农业大学第十一届“挑战杯”大学生课外学术科技作品竞赛科技发明制作B类二等1项等优异的创新创业大赛成绩。

本学科的实验室及教学基地有“沙地生物资源保护与培育国家林业局重点实验室”（1995年）、“内蒙古自治区风沙物理与防沙治沙工程重点实验室”（2015年）、内蒙古杭锦荒漠生态系统国家定位观测研究站（2015年）、国家林业和草原局重点实验室——荒漠生态系统保护与修复国家林业局重点实验室（2018年）。2008年财政部批准建设中央与地方共建高校特色优势学科“风沙物理学”重点实验室。在巴彦淖尔市磴口县中国林业科学研究院沙漠林业实验中心建有“内蒙古农业大学实践教学基地”（2005年）。

木材科学与技术

木材科学与技术学科创建于1958年，是林业工程一级学科下设的二级学科博士点，1998年获硕士学位授予权，2004年获博士学位授予权。2005年5月成为国家林业和草原局重点学科，2008年1月成为内蒙古自治区重点学科。2014年依托林业工程一级学科获批博士后科研流动站。现已培养博士研究生24名，硕士研究生108名。

学科现有专任教师 36 人，其中教授 11 人，副教授 16 人；具有博士学位教师 26 人；博士生导师 8 人，硕士生导师 9 人。近 5 年，学科承担国家和自治区各级各类科研课题 65 项，科研经费总额 1 700 余万元，其中科研成果获省部级奖 3 项，教学成果获省部级奖 4 项。发表论文 200 余篇，其中 SCI/EI/CPCI 收录 70 余篇；出版学术专著 7 部，编写（参与编写）出版教材 4 部，授权发明专利 13 件。学科现有 4 个综合实验室、1 个中央与地方共建高校特色优势学科实验室，1 个内蒙古自治区沙生灌木资源开发利用工程技术研究中心，1 个内蒙古自治区沙生灌木资源纤维化和能源化开发利用重点实验室，1 个内蒙古自治区俄蒙进口木材加工利用工程技术研究中心，与国内外多所国际知名院校有着长期的技术合作与学术交流。

主要研究方向为沙生灌木材性与加工利用、木材物理学与干燥技术、木质复合材料及工程化利用、生物质能源与材料、家具设计与工程等方面的基础理论与应用技术。本学科主要针对我国西部干旱和半干旱地区沙生灌木资源进行开发利用及其产业化开展科学研究，在沙生灌木微观构造及其产业化利用和木材干燥理论方面取得重要成果，具有鲜明的区域特色。

森林培育

森林培育学科成立于 1958 年，1994 年成为内蒙古自治区重点学科，1995 年获硕士学位授予权，2003 年获博士学位授予权，2005 年成为国家林业和草原局重点学科，2006 年依托林学一级学科成为博士后科研流动站。

本学科现有专任教师 10 人，其中，教授 3 人，副教授（含高级实验师）5 人，讲师（含实验师）2 人；具有博士学位 8 人，硕士学位 1 人；博士研究生导师 2 人，硕士研究生导师 6 人。学科有内蒙古森林培育林木菌根生物技术重点实验室以及林木组织培养、林木种苗、树木生理生态等实验室作为研究平台，有高效液相色谱仪、LI-6400、茎流计、显微镜等仪器设备可以满足科研的需要。近 3 年培养硕士研究生 27 名，博士研究生 3 名。

本学科有森林培育理论与技术和林木菌根生物技术 2 个培养方向，学科以干旱半干旱地区森林培育理论与技术为重点，研究干旱半干旱地区树木对干旱缺水的反应和适应，选择抗旱树种，研究土壤蓄水保墒、节水技术；研究林草复合系统营建和经营理论与技术；研究经济林树种的开发与利用；探讨林木菌根基础理论及应用技术。承担国家科技计划课题、国家自然科学基金项目、“948”项目、国家林业和草原局科研项目、内蒙古重大攻关项目等多项科研课题，近 3 年主持承担国家与自治区级各类基金项目 10 项，项目经费 233 万元；在国内外学术期刊上发表论文 50 余篇。

畜牧学

畜牧学一级学科成立于 1952 年，由动物遗传育种与繁殖、动物营养与饲料科学、动物生产学 3 个二级学科组成。1963 年开始招收硕士研究生，1993 年开始招收博士研究生，2000年被批准为一级学科博士学位授权点，2001年设立博士后科研流动站，2008年动物遗传育种与繁殖学科被批准为国家重点（培育）学科，2013年被批准为自治区优势特色和一级重点学科。2016年被确定为自治区第一批“双一流”建设学科。2016年全国第四轮学科评估结果为B。

学科拥有国家级教学团队1个、国家级精品课程1门、自治区级精品课程6门、自治区级教学团队1个、省部级重点实验室4个，国家野外科学观测研究站1个，省部级工程技术研究中心4个。现有教授21名，博士生导师17名，硕士生导师36名，具有博士学位的教师51人。1人获得“全国师德标兵”称号，3人入选国家“百千万人才工程”，2人被评为自治区教学名师；8人获得自治区“草原英才”称号，7个团队入选“草原英才”创新团队，已培养博士研究生159名、硕士研究生993名，1篇博士学位论文获教育部“百篇优秀博士学位论文”。

畜牧学一级学科下设3个培养方向，形成12个稳定的研究方向，已初步建成在国内有重要影响、独具特色的产学研相结合的科研基地和畜牧业人才培养基地，并形成了一套完整的“学士—硕士—博士—博士后”人才培养体系。自学科成立以来，获得国家教学成果二等奖2项、自治区教学成果一等奖5项；国家科技进步奖二等奖2项，省部级科技进步奖一等奖12项，二等奖21项；获国家发明专利12项，自治区科技成果22项。

近5年，畜牧学一级学科主持承担国家“973”项目、国家重点研发计划课题、科技部支撑项目、“十三五”重点研发专项课题、国家自然科学基金项目、农业农村部行业专项课题、内蒙古自治区重大专项、内蒙古自治区科技成果转化项目、内蒙古自治区科技创新引导奖励资金项目、内蒙古自治区科技计划项目等项目140余项，累计经费8 500余万元。在国内外学术期刊发表科研论文800余篇，其中SCI收录100余篇；主编或参编出版教材12部，出版学术专著23部，获国家专利10项；获中国标准创新贡献三等奖1项、自治区科技进步三等奖1项；获批自治区突出贡献专家1人、自治区“草原英才”团队5个，教学团队1个、工程技术研究中心2个。

年内，毕业博士研究生10人，硕士研究生68人；获批国家自然科学基金项目6项、内蒙古自治区应用技术研发项目1项、内蒙古自治区科技计划项目1项、内蒙古自治区自然科学基金项目3项，到账经费2 000余万元；发表学术论文200余篇，其中SCI收录30篇，CSCD收录32篇。

兽医学

兽医学学科创建于1952年，是建校时最早获批的一级学科之一。本学科初建时期会聚了全国著名的兽医病理学、解剖学、药理学、微生物及免疫学、传染病学、寄生虫学及临床兽医学等各方面的专家，经过60余年几代人的共同努力，形成了6个以草食动物为研究对象，具有鲜明的地区和民族特色的研究方向，积累了大量研究成果，累计获得内蒙古自治区科技进步奖一等奖3项、二等奖5项、三等奖7项，取得农业农村部新兽药证书 2 个，为内蒙古及周边地区解决了大量畜牧业生产中出现的重大关键问题，创造了巨大的社会及经济效益。

本学科拥有基础兽医学、预防兽医学和临床兽医学 3 个内蒙古自治区重点二级学科。其中，1998 年基础兽医学科被批准为博士学位授权点，2002 年兽医学科被批准为一级学科博士学位授权点。2007 年基础兽医学科所属实验室被批准为内蒙古自治区重点实验室。2009 年兽医学科被批准为博士后流动站。年内，招收博士研究生 10 人，硕士研究生 109 人；同年毕业研究生共 71 人，其中博士研究生 10 人，全日制学术型硕士 29 人，兽医硕士 32 人。

本学科现有教职员工 83 人，其中专任教师 76 人。专任教师中教授 26 人，副教授 24 人，博士生导师 20 人，硕士研究生导师（含博士研究生导师）44 人。具有硕士以上学位教师 75 人，占教师总数的 90.36%。享受国务院政府特殊津贴专家 3 人，教育部“新世纪优秀人才”1 人，内蒙古自治区“草原英才”工程团队 2 个，“草原英才”工程滚动团队 1 个，“草原英才”工程个人 5 人，“草原英才”工程柔性引进 1 人，内蒙古自治区“321 人才工程”第一层次人选 1 人及第二、第三层次人选 4 人。

全年获国家自然科学基金项目 3 项、内蒙古自治区科技应用项目 2 项、内蒙古自然科学基金项目 5 项、教育厅项目 1 项，新增科研经费 400 万元；发表科技论文 154 篇，其中 SCI 收录 34 篇，授权发明专利 4 项。

林学

林学学科创办于 1958 年，是中国少数民族地区成立最早的林学学科，包含林木遗传育种、森林培育、森林保护学、森林经理学、野生动植物保护与利用、园林植物与观赏园艺、水土保持与荒漠化防治 7 个二级学科。从 1984 年开始招收硕士研究生，2000 年开始招收博士研究生；2006 年获林学一级学科博士学位授予权，同年获批林学学科博士后科研流动站。2015 年获批国家林业和草原局重点学科，水土保持与荒漠化防治二级学科获批教育部国家重点（培育）学科；水土保持与荒漠化防治、森林培育、森林经理学、森林保护学二级学科同时为内蒙古重点学科。2017 年成为自治区第一批“双一流”建设学科。

现有原国防科学技术工业委员会遥感高分地面实验验证站，内蒙古大兴安岭森林生态系统国家野外科学观测研究站，内蒙古赛罕乌拉森林生态系统国家定位观测研究站，内蒙古杭锦荒漠生态系统国家定位观测研究站；国家林业和草原局文冠果工程技术研究中心；林木遗传育种及菌根生物技术、风沙物理等中央与地方共建实验室；内蒙古自治区森林培育林木菌根生物技术重点实验室；风沙物理与防沙治沙工程重点实验室；沙地生物资源保护和培育国家林业局重点实验室；荒漠生态系统保护与修复国家林业局重点实验室等科研创新平台。通过 3 年的一流学科建设，目前正在完成林木—有害生物—天敌互作分析平台建设，森林多尺度光谱影像观测系统建设，风沙活动地表过程与沙尘释放、沙生植物资源保护与开发利用科技创新平台建设，林木种质培育创新智能温室建设。

现有教师86人。其中，教授26人，占教师总人数的30.2%；具有博士学位的教师64人，占教师总人数的74.4%；博士生导师22人，占教师总人数的25.6%；硕士生导师45人，占教师总人数的52.3%。“防沙治沙”和“生态经济型灌木新品种”团队入选“草原英才”科技创新团队；“水土保持与荒漠化防治”“森林资源经营管理”被评为自治区教学团队。享受国务院政府特殊津贴7人，入选自治区“321”人才工程4人、内蒙古“草原英才”5人。

近5年，林学一级学科获批科研项目86项，总经费9 010万元。其中国家级项目45项，经费5 518万元，包括国家自然科学基金项目26项，科技部重点研发项目1项、国家攻关或支撑项目课题与子课题13项，其他国家级、国合项目5项。内蒙古自治区级项目41项，经费3 492万元。包括内蒙古自治区重大专项9项，内蒙古科技计划项目、科技创新引导项目、科技攻关项目9项，内蒙古自然科学基金项目16项；其他自治区级科研项目7项。在国内外学术期刊发表科研论文300余篇，其中SCI收录23篇；已授权专利30项，新品种3个，出版专著21部。获科研奖项5项，其中，省部级一等奖2项（其中1项为第一主持单位，1项为第二参加单位），省部级二等奖2项（其中1项为第一主持单位，1项为第二参加单位），省部级二等奖1项。

作物学

作物学学科始建于1958年，从1979年开始招收硕士研究生，1984年经国务院学位委员会批准为硕士学位授权学科，是内蒙古最早获得硕士学位授予点学科之一。2003年作物栽培与耕作学获批成为博士学位授权点，2004年开始招收博士研究生，2006年获批为博士学位授权点，2007年获批内蒙古自治区级重点学科，2014年被批准设立博士后流动站，目前是自治区“双一流”重点支持学科。学科下设作物栽培学与耕作学、作物遗传育种学、作物生理与种子学3个领域。

学科现有专任教师36人，其中教授18人（含研究员1人），副教授18人，博士生导师16人。全国优秀科技工作者2人，全国农业科研杰出人才1人，享受国务院政府特殊津贴专家2人，自治区“草原英才”工程创新团队带头人3人，国家现代农业产业技术体系岗位科学家3人、试验站站长2人，内蒙古优秀研究生指导教师1人。

年内招收博士研究生14名，学术型硕士研究生24名，全日制专业学位硕士31名；毕业硕士研究生18名，博士研究生9名，全日制专业学位硕士16名。参加大型学术会议40余人次，邀请国内外专家作学术交流报告20余场。

农业工程

农业工程学科是自治区“双一流”建设学科，现已形成独具特色的产学研相结合的科研基地和人才培养基地，具有完整的“学士—硕士—博士—博士后”人才培养体系。农业工程学科业务范围涉及水利与土木建筑工程学院、机电工程学院、计算机与信息工程学院 3 个学院。由农业机械化工程、农业电气化与自动化、农业生物环境与能源工程、农业水土工程和自设的农业水利工程、农业信息技术、农业水资源利用与保护 7 个二级学科博士点组成。其中农业水土工程学科是国家重点培育学科。设有农业工程博士后科研流动站 1 个。现有自治区重点实验室 1 个、工程中心 3 个和学科平台 7 个，学科设备 6 576 余万元。农业工程学科师资力量雄厚，学术梯队组成结构合理，现有教授 28 名，博士生导师 17 名，硕士生导师 33 名。具有博士学位教师 33 人，享受国务院政府特殊津贴专家 2 人、“草原英才”工程人选 5 人、自治区“321 人才工程”第一层次 2 人、第二层次 2 人、内蒙古高等教育人才培养“111 工程”第二层次 2 人、内蒙古有突出贡献的中青年专家 3 人、自治区高等学校“青年科技领军人才”1 人、自治区高等学校“青年科技骨干”1 人、自治区教学名师 1 人。拥有 8 个省级科技创新及教学团队，农业机械化工程、农业电气化与自动化和农业水土工程学科均为内蒙古自治区重点学科，农业工程一级学科有 7 个稳定的研究方向，研究的内容涉及学科的前沿，主要有农业水土资源评价体系及承载力研究，节水灌溉原理及水盐空间变异理论，干旱寒冷地区农牧业机械化与自动化，牧区能源，农业机械测试与控制，农业剩余物料加工等。

近 5 年，共承担科研项目 89 项，主要包括国家自然科学基金重点项目 1 项，国家国际科技合作项目 1 项、国家重点研发计划项目 3 项、科技部“十三五”规划重大专项子项目 1 项，国家自然科学基金 36 项、公益性行业（农业）科研专项 1 项、内蒙古自治区科技重大专项 2 项、内蒙古杰青 1 项、内蒙古科技计划重点项目 3 项、内蒙古科技创新引导奖励资金项目 6 项、内蒙古自然科学基金 24 项等，总经费 7 300 余万元。在国内外学术期刊发表科研论文 514 篇，其中 SCI 收录 70 篇（一区 SCI 论文 11 篇，二区 SCI 论文 26 篇）、EI 收录 128 篇。出版学术专著 14 部，获批国家发明专利 17 项，实用新型专利 62 项，软件著作权 35 项。获教育部高校科研成果奖一等奖 1 项、获省部级科技进步奖一等奖 3 项、内蒙古自治区科技进步奖二等奖 3 项、三等奖 3 项；国家节水奖一等奖 2 项；内蒙古自治区农牧业丰收二等奖 2 项，三等奖 1 项；自治区优秀教学成果一等奖 1 项，二等奖 2 项；“十五”林业科技贡献一等奖 1 项。现已培养博士研究生 182 名，硕士研究生 470 名。

农业机械化工程

农业机械化工程学科创建于 1960 年，1986 年开始招收硕士研究生，分别于 1990 年和 2000 年获得硕士、博士学位授予权，1998 年被确定为自治区重点学科。学科现有教授 6 人，博士研究生导师 5 人，具有博士学位的教师 12 人。目前有享受国务院政府特殊津贴专家 1 人，教育部农业工程类专业教学指导委员会副主任委员 1 人。已培养博士研究生 42 人、硕士研究生 164 人，在读博士研究生 16 人、硕士研究生 16 人。

学科坚持以草原畜牧业机械化和北方干旱寒冷地区农牧业机械化为研究特色，坚持“产、学、研”相结合，围绕农牧业机械的工作机理、设计理论及工作性能等内容进行探索和研究。研究方向涉及农牧业机械智能化研究、草业畜牧机械化工程与技术和高寒干旱地区农业装备工程与技术，主要研究范围包括：农牧业机械新技术研究、农牧业机械性能设计与试验研究、农业装备及工作过程的计算机辅助分析和虚拟样机分析、农业物料机械特性和流变特性研究、农牧业机械工作过程的仿真分析以及保护性耕作机械化技术研究等。

学科下设农业工程成套设备、畜牧工程两个研究所，并设有农业机械化工程、工程测试与控制和草原畜牧业装备智能技术学科实验平台，拥有 2 100 余万元的设备。主持和参加的项目获国家科技进步奖二等奖和三等奖各 1 项、内蒙古自治区科技进步奖二等奖 2 项，研发试制了 20 余种适于农牧林业生产的新机具，有的设备畅销华北地区，取得了良好的经济效益和社会效益。年内，主持和参加科研及人才项目 23 项，其中主持和参加国家级及省部级自然科学基金项目 12 项，SCI、EI 收录论文 11 篇，授权发明专利 2 项，实用新型专利 8 项。

动物营养与饲料科学

动物营养与饲料科学学科于 1983 年和 1993 年分别被批准为硕士、博士学位授权点，1984 年被批准为内蒙古自治区重点学科，2019 年动物营养与饲料实验室被评为自治区重点实验室。

学科立足于我国北方牧区草原畜牧业特色和饲料资源优势，始终以反刍动物的营养调控、饲料资源利用和畜产品品质研究为主攻方向，并兼顾单胃动物的营养与饲料研究，在长期科学研究实践中形成了具有“地区特点、民族特色、专业特长和时代特征”的稳定的研究方向。研究方向主要有反刍动物营养生理与瘤胃微生态、动物营养与畜产品品质、动物营养与免疫、反刍动物饲料研究与开发应用等。

现有教师 22 人，其中教授 5 人、副教授 7 人、高级实验师 2 人、讲师 7 人、实验师 1 人；博士研究生导师 5 人，硕士研究生导师 11 人；具有博士学位的教师 17 人。截至目前，共培养博士研究生 94 名，硕士研究生 403 名，其中 1 篇博士学位论文被评为“全国百篇优秀论文”、4 篇博士学位论文被评为“自治区优秀博士学位论文”、3 篇硕士学位论文被评为“自治区优秀硕士学位论文”。

近 5 年，学科完成和在研的科研项目 20 余项，其中主持国家“973”项目 1 项、国家重点研发计划项目 2 项、农业农村部行业专项课题 1 项、科技部支撑项目 3 项、国家自然科学基金项目 9 项、内蒙古自治区重点基金项目 1 项，总经费 1 500 余万元，高级职称教师每年人均科研经费 40 万元；在国内外学术期刊发表科研论文 200 余篇，其中 SCI 收录 43 篇；出版学术专著 3 部，获国家专利 4 项；获自治区教学成果一等奖 1 项，获批自治区“草原英才”团队 1 个、教学团队 1 个；鉴定验收科研成果 8 项，制定自治区标准 9 项。

年内，毕业博士研究生 4 人，硕士研究生 23 人；获批国家自然科学基金项目 2 项、国家重点研发计划课题 1 项、自治区重大科技专项 1 项，到账经费 500 余万元；发表学术论文 50 余篇，其中 SCI 收录 19 篇，CSCD 收录 23 篇。

基础兽医学

基础兽医学学科始建于1952年，是学校最早的硕士学位授权点和早期的博士学位授权点。学科于1963年开始招收研究生，从此开创了内蒙古自治区研究生教育的先河。1981年获全国首批硕士学位授予权，1998年获博士学位授予权，从1999年开始招收博士研究生。1985年至今，基础兽医学科一直为自治区重点学科，2007年学科所属的基础兽医学实验室被批准为内蒙古自治区重点实验室。

目前，基础兽医学学科拥有家畜病理学、家畜解剖学、家畜组织胚胎与发育生物学、家畜生理学、兽医药理学与毒理学5个三级学科。现有专任教师31名，其中博士研究生导师8名，硕士研究生导师17名。招收硕士研究生15名，博士研究生4名；毕业硕士研究生21名，博士研究生4名。

本学科在研的国家与自治区级各类基金项目4项，项目经费总额286万元；在国内外学术期刊上发表论文69篇，其中SCI收录21篇；出版各类专著与教材3部；获批国家发明专利1项。

农业电气化与自动化

农业电气化与自动化学科创建于1993年，2003年获博士学位授予权，2004年开始招收博士和硕士研究生，2007年被确定为自治区重点学科。本学科现有教授9人、博士研究生导师4人，具有博士学位的教师12人。现已培养博士20人、硕士80人，在读博士研究生14人、硕士研究生17人。拥有自治区“草原英才”创新人才团队2个。

学科以电工电子、测试与控制、计算机及信号处理等技术为基础，研究农牧业装备设施的性能测试与控制以及智能化农牧业技术及装备等。主要研究方向包括：农业工程测试与控制、数字化农牧业关键技术及装备、电力系统分析与控制。

学科设有农业电气化与自动化、工程测试与控制、草原畜牧业装备智能技术等学科实验平台，拥有内蒙古自治区草业与养殖业智能装备工程技术研究中心，拥有2 000余万元的设备。主持和参加的科研项目获内蒙古自治区科技进步奖二等奖2项、内蒙古自治区科技进步奖三等奖1项，呼和浩特市丰收二等奖1项。主持和完成国家自然科学基金项目12项。SCI、EI收录1篇，制定行业标准1项，实用新型专利6项。

作物栽培学与耕作学

作物栽培学与耕作学学科始建于1958年，1984年经国务院学位委员会批准为硕士学位授权学科，2003年建成为博士学位授权学科，2007年获批成为内蒙古自治区级重点学科。目前该学科已成为支撑内蒙古农业大学“作物学一级学科博士点”的重要二级学科之一，也是农业农村部华北黄土高原地区作物栽培科学观测实验站、内蒙古自治区作物栽培与遗传改良重点实验室、内蒙古自治区燕麦工程实验室、内蒙古杂粮工程技术研究中心、内蒙古自治区高等学校燕麦工程研究中心、教育部—农业农村部“内蒙古农业大学乌兰察布燕麦荞麦农科教合作人才培养基地”6个省部级研究平台与基地的重要支撑学科。

学科已形成一支治学严谨、学术思想活跃、理论联系实际、学风正派、业务素质优良的师资队伍，现有专任教师19人，其中教授9人，副教授4人，讲师5人，高级实验师1人；具有博士学位教师15人，硕士学位教师1人；博士研究生导师9人，硕士研究生导师11人。全国优秀科技工作者2人，全国农业科研杰出人才1人，享受国务院政府特殊津贴专家2人，自治区“草原英才”工程创新团队带头人2人，国家现代农业产业技术体系岗位科学家4人、试验站站长2人，内蒙古优秀研究生指导教师1人。

学科设有作物生理生态及决策系统、耕作制度与农业生态系统、马铃薯栽培生理与品种改良、油料作物生理与品种改良、药用植物生理与繁育、作物节水高产高效栽培理论与技术等稳定研究方向。2019年新上国家重点研发计划政府间国际科技创新合作重点专项1项、国家自然科学基金1项、内蒙古自治区科技攻关项目1项、内蒙古自治区成果转化项目1项、创新能力建设项目1项、自治区自然科学基金项目1项，获批经费1 107万元。累计发表研究论文50篇，其中SCI收录7篇。出版专著2部，申报获批专利7项，制定地方标准15项；获得中华农业科技奖三等奖1项。

年内累计招收博士研究生8名，学术型硕士研究生13名，全日制专硕16名；毕业硕士生7名，博士生5名，全日制专业学位硕士12名。参加大型学术会议31人次，交流学术论文8篇，邀请国内外专家作学术交流报告10余次。

作物遗传育种

作物遗传育种学科创建于1958年，1980年开始招收硕士研究生，1992年经国务院学位委员会批准为作物遗传育种学硕士学位授权点，2006年获博士学位授权点，2007年列为自治区重点学科。目前该学科已成为支撑内蒙古农业大学“作物学一级学科博士点”的重要二级学科之一。

现有专任教师16人，其中教授5人，研究员1人，副教授6人，讲师3人，实验师1人，具有博士学位教师14人，硕士学位教师2人；博士研究生导师5人，硕士研究生导师12人。内蒙古自治区杰出人才奖1人、自治区有突出贡献中青年专家1人，入选自治区“新世纪321”人才工程3人，自治区“草原英才”工程创新团队带头人1人、自治区“草原英才”工程人选2人；有3名教师先后赴日本、加拿大、美国留学深造或做博士后研究。

学科设有作物育种理论与技术、寒旱区特色作物种质创新与遗传改良2个稳定研究方向。2019年获批国家自然科学基金1项、自治区自然科学基金、内蒙古自治区高校科研等项目3项，累计在研经费3 359万元。发表研究论文37篇，其中SCI收录5篇、EI收录1篇。参编出版2部，制定地方标准2项；获得内蒙古科技进步奖一等奖1项；获批自治区“草原英才”工程创新一层次团队1个、自治区“草原英才”工程个人1人。

招收博士研究生 2 名，学术型硕士研究生 9 名，全日制专业学位硕士 9 名；毕业博士生 1 名、硕士生 10 名、全日制专业学位硕士 2 名；指导本科毕业论文 60 人。

预防兽医学

预防兽医学学科隶属于兽医学一级学科，1982 年开始招收硕士研究生，2003 年获博士学位授予权。2007 年成为内蒙古自治区重点二级学科，现已发展为我国西部地区具有地方和民族特色的重要学科。

预防兽医学学科包括兽医寄生虫学、兽医微生物与免疫学、兽医传染病学、兽医公共卫生学 4 个三级学科，现有专任教师 26 名，其中博士研究生导师 8 人，硕士研究生导师 19 人。招收硕士研究生 14 名，博士研究生 4 名；毕业硕士研究生 24 名，博士研究生 4 名。

年内，承担国家与自治区各级各类基金项目共计 3 项，项目经费总额 22 万元；在国内外学术期刊上发表论文 29 篇，其中 SCI 收录 4 篇；获批国家发明专利 2 项。

临床兽医学

临床兽医学学科是兽医学一级学科下设二级学科之一，1985 年开始招收研究生，1997 年获硕士学位授予权，2003 年获博士学位授予权。拥有农业农村部动物疾病临床诊疗技术重点实验室、现代化的宠物医院、运动马驯养基地和奶牛实习基地。

拥有兽医内科学（包括兽医诊断学）、兽医外科学（包括小动物疾病学）、兽医产科学和中兽医学 4 个三级学科。现有专任教师 18 名，其中博士研究生导师 4 人，硕士研究生导师 8 人。招收硕士研究生 8 名，博士研究生 2 名；毕业硕士研究生 16 名，博士研究生 2 名。

年内，承担国家与自治区各级各类基金项目共计 3 项，项目经费总额 86 万元；在国内外学术期刊上发表论文 55 余篇，其中 SCI 收录 9 篇；获批国家发明专利 1 项。

森林保护学

森林保护学学科于 1997 年招生硕士研究生，2005 年获博士学位授予权，2008 年评为自治区重点学科，有森林病害持续防治、森林害虫综合防治及森林生态系统保护 3 个培养方向。森林保护学学科下设森林生态与气象教研室、森林保护系，有森林生态实验室、森林病虫害实验室、林木菌根自治区重点实验室、昆虫标本室、气象色谱仪室、养虫室、林木化学保护实验室。

本学科现有在职教师 17 名，其中教授 4 名、副教授 4 名、讲师 9 名，具有博士学历 15 人。其中博士研究生导师 4 人，硕士研究生导师 5 人。近 3 年该学科在校研究生 66 名，其中博士生 12 名。省部级各类科研在研项目 13 项，支持经费 290 多万元，发表论文 25 余篇，SCI 收录 5 篇，出版专著 3 部。

森林经理学

森林经理学学科于1999年获硕士学位授予权，2005年获博士学位授予权，2007年被内蒙古自治区遴选为自治区级重点学科。以培养林业建设的高级人才、特别是适应森林资源调查、监测和管理的高级技术人才为目标。主要研究方向：森林可持续经营理论与技术、“3S”技术应用与资源监测评价、森林结构与功能。学科拥有国家级大兴安岭科学观测研究站教学科研实训基地和“3S”技术应用等实验室，配备有年轮分析系统、地物光谱仪、森林多尺度光谱影像观测系统（无人机+多光谱传感器+高光谱传感器）、多通道土壤温室气体通量测量系统、多梯度碳氧同位素廓线测量系统、便携式水质分析实验室、树木激光直径测量仪等仪器设备和EVVI、ArcGIS等“3S”图像处理软件。

学科团队现有11人，具有博士学位8名，副教授以上6名，博士生导师3名，硕士生导师6名。拥有较高学历结构，涵盖林学、生态学、环境科学、计算机科学、管理科学等领域的学术团队。在校研究生46名，其中博士研究生13名，硕士研究生33名，博士后1名。

在研项目5项，总经费达300余万元，发表学术论文10余篇（含SCI收录），参加国内外学术会议20余人次。学科一直与加拿大阿尔伯塔大学、英国牛津大学、北京林业大学、中国林业科学研究院、中国科学院等高校和科研院所保持着良好的合作关系，在森林结构调整与碳储量估算、森林生态系统恢复与功能提升、森林生态系统功能评估、天然林可持续经营技术与示范等方面取得了丰硕的成果，推动了内蒙古地区的林业科技发展。

生物化学与分子生物学

生物化学与分子生物学学科始建于2002年，2003年获批硕士学位授权点，2008年成为自治区重点学科，2012年获批博士学位授权点。学科现有在岗教师25人，其中教授9人，副教授8人，讲师8人；博士研究生导师8人，硕士研究生导师5人，已取得博士学位的教师14人。入选自治区“新世纪321人才工程”3人、教育部“新世纪优秀人才”支持计划2人、内蒙古自治区“草原英才”支持计划3人。

学科在地区特色资源动植物抗逆功能基因的挖掘与利用、植物次生代谢产物调控与应用、药物性肝损伤、红细胞天然免疫学、纳米生物医药应用开发等方向形成了鲜明的地方特色。申报自治区科技进步奖1项，联合申报自治区工程技术中心1个，自治区“草原英才”团队1个。获批国家及省级科研项目3项，经费累积148万元；发表学术论文30余篇，其中SCI收录9篇；出版科技专著8部；授权实用新型专利2项、申请发明专利4项。招收博士研究生11人，硕士研究生44人；毕业博士研究生11人，硕士研究生34人。

学科有内蒙古自治区植物逆境生理与分子生物学重点实验室1个、内蒙古自治区生物化学与分子生物学实验教学示范中心1个、稳定的校内外实验实习基地3个，拥有先进仪器设备近500台，总价值1 300余万元。学科始终坚持“产、学、研、用”相结合，与奥淳生物技术有限公司、大圣生物技术有限公司、内蒙古和盛生态育林有限公司等自治区大中型企业建立了长期合作关系并提供技术支持。

水文学及水资源

水文学及水资源学科创建于1978年，由原农田水利工程专业的水文教研室和地质教研室同时引进其他地质院校地质专业教师组建而成，同年学科设立了地下水开发与利用专业，该专业于1994年改名为水文与水资源工程专业，1978年招收第一届本科生，2006年被评为自治区品牌专业，2009年被列为第四批国家级特色专业建设点，2009年、2015年、2018年连续3次通过国家工程教育专业认证，2019年成为国家级一流专业建设点。该学科1986年开始在农业水土工程学科设立水土资源优化利用方向，并开始招收硕士研究生，1999年招收博士研究生，2001年获得硕士学位授予权，1998年被评为内蒙古农牧学院重点学科，2008年被评为内蒙古自治区重点学科，2012年在农业工程一级学科下自设农业水资源利用与保护二级博士学科，2017年获批博士学位授权点，2019年获批博士后科研流动站。

近5年，共承担科研项目86项，总经费9 695万元。国家级项目35项，经费6 180万元，其中国家重点研发计划项目和课题各3项、科技部国际科技合作专项1项、国家自然科学基金重点项目2项、重点国际合作项目1项、面上项目3项、青年项目3项、地区项目20项；省部级25项，经费1 390万元，其中教育部“创新团队发展计划”专项1项、内蒙古重大专项2项、水利部公益性行业科研专项1项、内蒙古自然基金12项；其他项目26项，经费2 125万元，包括水利厅、自然资源厅、生态环境厅、教育厅等科研项目。共授权专利8项（其中发明专利2项），编写专著4部，制定地方行业标准2个。获奖励8项，其中教育部科技进步奖一等奖1项、自治区自然科学一等奖1项、自治区科技进步奖二等奖1项、水利部大禹水利科技二等奖1项、自治区农牧业丰收一等奖1项、教学成果奖3项。发表学术论文256篇，其中SCI收录46篇，EI收录17篇，CSCD收录188篇。形成了寒旱区生态水文过程与水资源高效利用、河湖湿地水环境演变与水生态修复2个稳定的研究方向，具有鲜明的区域特色和优势。

本学科有一支理论宽、能力强、素质高、业务精、结构合理的学术团队。现有教师29人，其中教授12人，副教授8人，博士25人，博士研究生导师9人，硕士研究生导师14人。在多年的教学科研工作中，享受国务院政府特殊津贴2人，自治区有突出贡献的中青年专家2人，获内蒙古科技创新杰出人才奖1人、内蒙古青年科技创新杰出奖1人、内蒙古优秀青年知识分子1人，入选“新世纪百千万人才”工程国家级人选、“新世纪优秀人才”支持计划、自治区“新世纪321人才工程”第一层次人选、内蒙古高等教育“111教育人才工程”第二层次人选各1人次，入选内蒙古“草原英才”工程人选6人。本学科积极开展课程设置及培养模式的改革，注重学生的培养质量，在农业水土工程学科共培养水土资源优化利用方向的博士58名、硕士19名，在水文学及水资源学科共培养硕士143名，目前在校博士生25名、硕士生36名。

农产品加工及贮藏工程

农产品加工及贮藏工程学科是2008年批准的自治区级重点学科，2016年被内蒙古自治区列入“双一流”建设首批重点建设的学科之一；该学科涵盖了乳、肉、果、蔬加工、贮藏、包装储运和食品安全等领域。

拥有“乳品生物技术与工程”教育部重点实验室、“乳酸菌筛选与乳品发酵技术”国家地方联合工程实验室、“奶制品加工”农业农村部重点实验室、中国—蒙古生物高分子应用联合实验室、“乳品生物技术”教育部工程研究中心、“东北区域农业微生物资源利用”农业农村部科学观测实验站、“发酵乳制品加工技术集成”农业农村部科研基地、“乳酸菌与发酵乳制品”国家奶牛体系加工研究室、“畜产品加工”国家级特色优势学科专项资助实验室、“乳品生物技术与工程”内蒙古自治区重点实验室、“乳酸菌与乳品发酵剂”内蒙古自治区工程实验室、“乳酸菌与发酵乳制品”内蒙古自治区协同创新中心和“畜产品加工”内蒙古工程技术研究中心、乳酸菌与发酵乳制品省部共建协同创新中心、乳制品研究自治区重点开放实验室和乳品生物技术与工程内蒙古自治区科普示范基地。

年内，获批国家自然科学基金2项，均为地区基金项目，经费支持80万元；获批内蒙古自然科学基金3项，其中面上基金2项，重大项目1项，获批经费支持62万元。主持各类项目35项，发表论文41篇（其中SCI、EI收录21篇，出版专著1部。

2019年度学科共录取研究生47人（其中博士7人，学术型硕士20人、全日制专业学位硕士15人、非全日制专硕5人）。毕业研究生48人（其中博士7人，学术型硕士22人，全日制专硕14人，非全日制专硕5人）。

果树学

果树学学科创建于1958年，1985年开始招收硕士研究生，1990年获批果树学硕士学位授权点，同年被列为校级重点学科，2007年晋升为自治区级重点学科。

学科主要研究方向为果树生态生理与栽培、果树种质资源与育种，重点开展果树抗寒抗旱、优质绿色栽培技术及生态生理机制和抗逆优质果树种质资源收集、创新利用的研究，在葡萄抗寒抗旱、优质绿色栽培和欧李资源开发与新品种选育等研究领域处于国内领先地位，为寒旱地区果树产业发展提供了资源、技术及理论保障。

学科现有专任教师11名，其中教授5名，副教授2名，讲师4名；博士研究生导师3名，硕士研究生导师7名；45岁以下教师占比45.5%；具有博士学位教师占比90.1%；入选内蒙古自治区“草原英才”人选3名、内蒙古自治区“321人才工程”第一层次人选1名、“321人才工程”第二层次人选3名、第三层次人选1名。内蒙古自治区科普专家团专家2名，呼和浩特市科技特派员专家团专家2名。

获国家自然科学基金项目1项，内蒙古自然科学基金项目2项，内蒙古科技成果转化项目1项，自治区人社厅引进人才科研支持项目1项，校级高层次人才科研启动基金项目1项，支持经费共377万元。以第一作者或通讯作者发表学术论文11篇，其中SCI收录4篇，在核心期刊上发表论文7篇，发布地方标准1项。

招收硕士研究生11人，其中学术型硕士7人，专业学位硕士4人。毕业硕士研究生7人（其中学术型硕士4人、专业学位硕士3人）。

蔬菜学

蔬菜学学科创建于1958年，1982年开始招收硕士研究生，1996年被国务院学位委员会批准为硕士学位授权点，2006年批准为博士学位授权点。蔬菜学学科为自治区重点学科。

现有教师16名，其中教授5名，副教授5名，讲师5名，实验师1名；博士学位教师13名，硕士学位教师1名；自治区中青年专家1名，自治区“新世纪321人才工程”第二层次人选2名，自治区“111工程”第二层次人选2名，博士研究生导师5名，硕士研究生导师7名，呼和浩特市科技特派员专家团专家3名。

获内蒙古科技攻关项目1项，内蒙古自然科学基金项目4项，获批内蒙古教育厅高教科研项目1项，获批经费93万元。以第一作者或通讯作者发表学术论文12篇，其中SCI收录1篇，中文核心期刊上发表11篇。

招收博士研究生3人，招收硕士研究生23人（其中学硕8人、专硕15人）；授予博士学位2人；授予硕士学位11人（其中学硕7人、专硕4人）。

农业经济管理

农业经济管理学科历史最早可追溯到1956年，原内蒙古农牧学院基础教学部农业经济教研组。1986年招收硕士研究生，2006年获得农业经济管理二级学科博士授予权，2010年成为农林经济管理一级学科授权点，2014年获批博士后流动站并招生。全年，招收博士研究生11人（其中留学生2人），学术型硕士研究生10人（其中留学生2人）；毕业博士研究生2人，硕士研究生4人（其中留学生1人）。

学科现有专任教师36人，其中教授12人，副教授8人，讲师16人；具有博士学位的教师34人、硕士学位的教师2人；博士研究生导师8人，硕士研究生导师19人。获得自治区有突出贡献专家称号4人，入选内蒙古自治区“草原英才”工程5人，入选自治区“新世纪321人才工程”5人，入选自治区“青年科技英才计划”1人。

拥有内蒙古自治区教育厅人文与社会科学重点研究基地“内蒙古农村牧区发展研究所”；拥有内蒙古自治区党委宣传部哲学社会科学重点研究基地“内蒙古畜牧业经济研究基地”“内蒙古自治区乡村振兴战略研究中心”；拥有内蒙古自治区“草原英才”团队“草原畜牧业经济理论与实践创新团队”。本学科也是内蒙古自治区农牧业经济学会挂靠单位。

承担科研项目18项，总经费支持约312万元；发表科技论文30多篇，其中SCI收录2篇、EI收录1篇、CSSCI/CSCD收录论文20篇、中文核心期刊上发表论文10篇；出版著作/教材6部；有1篇博士学位论文被评选为内蒙古自治区优秀博士学位论文。承办2场高水平学术会议。

野生动植物保护与利用

野生动植物保护与利用学科隶属林学二级学科，拥有硕士、博士招生资格各1个。研究方向主要包括干旱区植物资源与利用、生物多样性保护与生态修复、沙区植物抗逆境生理研究。

现有在职教职工人员6人，其中教授2名、副教授1名、讲师1名、实验师2名。具有博士学位教师4名、硕士学位教师2名，其中博士生导师1人，硕士生导师3人。1人曾获国家林业和草原局林业碳汇计量与监测技术负责人证书。

在研国家和省部级科技纵向课题7项，经费总计230余万元，其中国家自然科学基金2项、自治区重大项目1项，自治区自然科学基金2项。在国内学术期刊上发表论文35篇；主编出版专著3部；获得授权国家实用新型专利4项，培养博士1名，硕士5名。学科师生参加国际学术交流1次，国内学术会议5次。

园林植物与观赏园艺

园林植物与观赏园艺学科是研究园林植物和园林设计的理论与实践的学科。研究方向主要为园林植物与城市森林、风景园林规划设计、风景园林工程与城市规划设计、园林地被与草坪学等。

本学科具有2名指导教师，均为副高级专业技术职称，具有丰富的教学和实践经验。近3年，主持参与了近20项科研课题或生产实践项目，发表论文20余篇，出版专著近10部。近3年在校研究生8人，2019年招收硕士研究生3名。

学科培养具有风景园林理论研究和实践能力、具有较强创新能力的高级专业技术人才。专业教室、工作空间及公共展览空间占地面积将近500平方米，仪器设备总价值1 584万元。学科与内蒙古和信园蒙草抗旱绿化有限责任公司、鄂尔多斯市住房和建设委员会园林科学研究所、呼和浩特市园林科学研究所等单位签订了实训基地协议，基地具备一定规模和实训条件，能够满足研究生实践和毕业论文需要。学科依托实践基地及相关生产实践积极开展社会服务，获得了社会的广泛认可。

农业昆虫与害虫防治

农业昆虫与害虫防治学科创建于1958年，1999年开始招收硕士研究生，2001年经国务院学位委员会批准为学科硕士学位授权点，2007年成为内蒙古自治区重点培育学科，2013年获得作物保护学学科博士授予权，2014年成立草原昆虫研究中心。设立了昆虫生态与分子生物学、害虫生物防治与综合治理、昆虫毒理学和昆虫分类与系统进化4个研究方向。

现有教职工 13 名，其中教授 4 名、副教授 3 名、讲师 4 名、高级实验师 1 名、实验师 1 名，已获博士学位 11 人，入选内蒙古自治区高等院校“111 人才工程”“草原英才”和内蒙古“新世纪 321 人才工程”第一、第二层次各 1 人，先后有 9 名教师赴美国、加拿大、英国、荷兰、比利时等国留学深造或进行合作研究。引进高层次人才 2 名，1 名教师公派至英国 Rothamsted Research 从事科学研究。

2019 年度新获批自治区自然科学基金项目 5 项，内蒙古科技成果转化项目 1 项，内蒙古留学人员创新创业启动支持计划项目 1 项，内蒙古高等学校青年科技英才计划项目 1 项。完成主编教材 1 部，参编教材 1 部。在国内外核心期刊上发表研究论文 19 篇，其中 SCI 收录 8 篇。制定内蒙古地方标准 1 项，成果登记 1 项，发明专利 1 项。招收博士研究生 2 人，学术型硕士研究生 5 人，专业型硕士 4 人。毕业博士研究生 3 人，硕士研究生 6 人，专业型硕士 2 人。

水工结构工程

水工结构工程学科创建于 1986 年，它是由原农业水土工程的水工建筑物方向发展而来的，1987 年农业水土工程硕士点下设立了水工建筑物的研究方向。2003 年获批为硕士学位授权点，2004 年开始招收水工结构硕士研究生，2007 年成为内蒙古自治区重点培育学科。根据自治区水利工程的发展需要、学科国内外发展趋势及本学科优势，形成了寒区新材料与新结构体系、环境岩土工程、寒区水利工程结构设计理论 3 个稳定的研究方向，作为本学科的重点发展方向。

多年以来，学科非常重视师资队伍建设，现已形成一支职称与学历结构合理、学风严谨、学术思想活跃、高素质的师资队伍。现有教师 9 名，其中教授 3 名、副教授 1 名、讲师 3 名、高级实验师 1 名，已获博士学位 5 人，博士生导师 3 人，硕士生导师 2 人。

截至 2019 年，本专业已培养硕士研究生 45 人。近 5 年来，主持承担了国家自然科学基金 5 项，内蒙古自治区科技、内蒙古自然科学基金、内蒙古科技厅项目 15 项，总经费近 400 万元；发表学术论文 60 多篇，其中核心期刊收录 48 篇，SCI 收录 3 篇，EI 收录 5 篇，主编或参编出版教材 3 部，专著 3 部。

农业生物环境与能源工程

农业生物环境与能源工程学科专业是农业工程一级学科下属的 4 个二级学科之一，2003 年获批为博士、硕士学位授权点。现有教授 5 人，博士研究生指导教师 4 人，硕士研究生指导教师 6 人。现已培养博士 12 人、硕士 52 人，在读博士研究生 7 人、硕士研究生 13 人。

本学科以农业生物环境原理、环境监测与控制、工程热物理、新能源工程、建筑工程学等为主要学科基础，重点研究农田、草原、湿地环境控制工程中的数字化技术及智能装备、设施农业环境检测、可再生资源利用技术、太阳能干燥应用技术、风力发电与可再生能源利用工程中的新技术等。研究方向为现代设施农业工程与技术、环境控制技术与装备智能化、太阳能干燥应用技术及装备、农作物秸秆资源化利用技术及装备、风力发电与可再生能源利用工程。

学科有环境风洞测控技术、小型风力发电机组性能测试技术学科实验平台。主持和参加的科研项目获内蒙古自治区科技进步奖二等奖 2 项、三等奖 3 项、内蒙古自治区农牧业丰收奖二等奖 2 项、三等奖 1 项、自治区优秀教学成果二等奖 2 项，“十三五”林业科技贡献奖一等奖 1 项。本学科在近 5 年内已完成和正在进行国家自然科学基金（地区基金）6 项，自治区自然基金重大（重点）项目 1 项，自治区自然基金 3 项，教育部春晖计划启动项目 1 项，内蒙古自治区高等学校科学研究项目 2 项，内蒙古自治区应用技术研究与开发资金计划项目 1 项。年内，学术论文 SCI 收录 2 篇，EI 收录 3 篇，实用新型专利 2 项。

林业工程

林业工程学科始建于 1958 年，1998 年获木材科学与技术二级学科硕士学位授予权，2001 年获森林工程二级学科硕士学位授予权，2006 年获林业工程一级学科博士学位授予权。学科设置木材科学与技术、林产化学加工工程和森林工程 3 个二级学科博士点；2014 年获得人力资源和社会保障部授权，设置“林业工程”一级学科博士后流动站。林业工程学科累计培养专科生、本科生和研究生等共计 6 000 余名。

学科现有专职教师 63 人，其中教授 19 人，副教授 28 人；具有博士学位教师 42 人；博士研究生导师 14 人，硕士研究生导师 22 人。学科现有沙生灌木资源化和能源化、生物质材料功能性改良、俄蒙进口木材高效加工利用、生物质吸附材料、林草区交通规划与安全、林业新能源装备、森林资源开发与环境、生态道路结构与材料 8 个科研教学团队；学科现有 6 个综合实验室，1 个中央与地方共建高校特色优势学科实验室，1 个工程实训中心，1 个内蒙古自治区沙生灌木资源开发利用工程技术研究中心，1 个内蒙古自治区沙生灌木资源纤维化和能源化开发利用重点实验室，1 个内蒙古自治区俄蒙进口木材加工利用工程技术研究中心，3 个内蒙古自治区“草原英才”创新人才团队。

林业工程学科主要研究方向：沙生灌木生态采伐理论与技术、林草交错生态脆弱区道路规划与结构设计、沙生灌木材性与加工利用、木材物理学与干燥技术、木质材料先进加工技术及装备、生物质能源与功能材料等。学科重点以我国西部干旱和半干旱地区特有沙生灌木林资源生态采伐、林区道路规划设计、沙生灌木资源高效开发利用、俄蒙进口木材高效加工利用、生物质材料功能性改良为研究和社会服务对象，形成以沙生灌木生态采伐与规划、沙生灌木资源高效利用为主，实体木材加工利用和生物防腐剂功能化改性相结合的学科特色和优势。

学科承担国家和自治区各级各类科研课题 30 余项，科研经费总额 550 余万元，其中科研成果获省部级奖 2 项，教学成果获省部级奖 4 项。发表论文 89 篇，其中 SCI/EI/

CPCI 收录 25 篇；出版学术专著 2 部、编写出版各类教材 5 部、授权发明专利 5 件、实用新型专利 2 件。获内蒙古自治区科技进步奖二等奖 1 项，获自治区优秀硕士研究生学位论文 4 篇。学科现拥有自治区级科研平台 5 个，专业实验室 18 个，实验室面积 8 000 多平方米，实验仪器设备 396 台（套），总值 6 200 余万元。

食品科学与工程

食品科学与工程学科为一级学科博士、硕士学位授权点，下设食品科学、农产品加工及贮藏工程 2 个二级学科博士学位授权点；食品科学、农产品加工及贮藏工程、粮食油脂及植物蛋白工程 3 个二级学科硕士学位授权点和食品加工与安全专业硕士学位点 1 个。2019 年获批博士后科研流动站。食品科学与工程学科为自治区首批重点建设的“双一流”学科，农产品加工及贮藏工程学科是自治区重点建设学科。

本学科拥有“乳品生物技术与工程”教育部重点实验室、“乳酸菌筛选与乳品发酵技术”国家地方联合工程实验室、“奶制品加工”农业农村部重点实验室、中国—蒙古生物高分子应用联合实验室、“乳品生物技术”教育部工程研究中心、“东北区域农业微生物资源利用”农业农村部科学观测实验站、“发酵乳制品加工技术集成”农业农村部科研基地、“乳酸菌与发酵乳制品”国家奶牛体系加工研究室、“畜产品加工”国家级特色优势学科专项资助实验室、“乳品生物技术与工程”内蒙古自治区重点实验室、“乳酸菌与乳品发酵剂”内蒙古自治区工程实验室、“乳酸菌与发酵乳制品”内蒙古自治区协同创新中心和“畜产品加工”内蒙古工程技术研究中心、乳酸菌与发酵乳制品省部共建协同创新中心、乳制品研究自治区重点开放实验室和乳品生物技术与工程内蒙古自治区科普示范基地。

年内，学科获批国家自然科学基金 10 项，其中优青项目 1 项，青年基金项目 2 项，面上项目 4 项，地区基金 3 项，总金额为 534 万元；获批内蒙古自然科学基金 9 项，博士基金 2 项，面上基金 6 项，重大项目 1 项，获批经费总额 114 万元；获得自治区基础研究重大开放课题和自治区科技计划重点项目各 1 项，获得资助经费 320 万元；获得国家重点研发计划政府间国际科技创新合作重点专项的资助 1 项，共计 130 万元。获得自治区“一流学科”建设支持经费 433 万元。“发酵乳制品加工技术集成农业农村部科研基地”获得批准建设。2019 年与内蒙古伊泰生态农业有限公司等 8 家企业新建了校企合作示范基地。

完成国家自然科学基金结题 8 项，自治区重大开放课题、自治区自然科学基金重大项目、杰出青年基金项目共验收 3 项。主持各类项目 140 项，发表论文 117 篇（其中 SCI、EI 收录 78 篇），教师出版专著 1 部，授权专利 6 项。派遣合作研究人员 31 人次，其中境内 30 人次，境外 1 人次。出席国际学术会议 69 次，其中境内 53 次，境外 16 次。

2019 年度共录取硕士 146 人（其中学术型硕士 63 人、全日制专业学位硕士 56 人、非全日制专业学位硕士 27 人）、录取博士生 18 名，培养毕业研究生 123 人。

园艺学

园艺学学科创建于1958年，是内蒙古“双一流”建设学科、内蒙古自治区重点一级学科。1982年开始招收蔬菜学硕士研究生，1996年获批蔬菜学硕士学位授权点，2006年获批蔬菜学二级学科博士学位授权点；1985年开始招收果树学硕士研究生，1990年获批果树学硕士学位授权点；2012年获批观赏园艺硕士学位授权点。2006年园艺学一级学科获得硕士学位授予权，为内蒙古唯一的蔬菜学二级博士点和园艺学一级学科硕士点。同年，蔬菜学和果树学被确定为内蒙古自治区重点学科。

本学科设蔬菜学、果树学、设施园艺学和观赏园艺学4个稳定方向。学科研究方向：果蔬优质高效栽培技术与理论基础研究、果蔬种质资源与现代育种技术研究、果蔬抗性生理生态机制研究、设施园艺植物栽培及观光农业的理论与技术研究等。目前在国内外同领域研究中，本学科已初步形成了具有明显地区特色和区域优势的寒旱区优质园艺植物栽培及资源开发利用。

现有专任教师32人，其中正高级职称人员13人，副教授8人，讲师9人，专职实验技术人员2人，其中高级实验师1人。现有博士生导师6人，硕士生导师16人；具有博士学位教师27人。

获批科研项目14项，其中国家基金2项，内蒙古自治区级项目12项，项目经费466万元。以第一作者或通讯作者发表学术论文21篇，其中SCI收录6篇，中文核心期刊上发表15篇。参编“十三五”规划教材2部。入选内蒙古自治区“草原英才”1人，入选自治区“新世纪321”人才工程2人，承担呼和浩特市科技特派员专家团专家5人。

招收博士研究生3人、硕士研究生30人（其中学硕15人、专硕15人）；授予博士学位2人；授予硕士学位22人（其中学硕10人、专硕12人）。

学科积极组织教师参加中国园艺学会、中国设施园艺与工程学会、中国葡萄学会、中国观赏园艺学会等学术会议、全国植物生物技术发展与逆境生理研讨会等国内学术会议30余人次，其中含研究生30人次。

农业资源与环境

农业资源与环境学科前身是原内蒙古农牧学院土壤与农业化学专业，始建于1958年，是我国少数民族地区第一个土壤与农业化学专业，目前一级学科包括3个二级学科（土壤学、植物营养学、农业资源应用化学）。2009年被评为内蒙古特色专业，主干课程土壤学被遴选为内蒙古精品课程。1985年土壤学二级学科开始招收硕士研究生，2003年植物营养学二级学科开始招收硕士研究生，同年教育部批准一级学科硕士学位授权点，2006年土壤学二级学科开始招收博士研究生，2013年农业资源应用化学二级学科开始招收硕士研究生，2016年土壤质量与养分资源实验室遴选为内蒙古重点实验室。

现有专任教师24人，其中正高级7人，副高级5人，博士生导师5人，硕士生导师9人，具有博士学位教师19人，7人具有海外留学经历；享受国务院政府特殊津贴专家1人，国家有突出贡献中青年专家1人，内蒙古科技重大奖1人，内蒙古“草原英才”工程3人，内蒙古自治区深入生产第一线作出突出贡献的科技人员1人，内蒙古土壤肥料学会理事长和副理事长5人。

学科现有省部级重点实验室1个，省部级工程中心1个，省部级野外试验站1个；国家级实验教学示范中心1个，省部级实验教学示范中心1个，核心科研基地1 000余亩；建筑面积0.6万平方米，实验室0.5万平方米，仪器装备水平达到国内先进水平；在区内外科研、技术推广和企业共建教学研究实习基地10个。

学科已形成草原荒漠土壤资源利用与保护、干旱区土水环境与作物生长、土壤肥力与植物营养、农业环境化学4个稳定的研究方向。率先在草原土壤资源合理利用与生态环境保护方面，研究了全球变化对土壤动物和凋落物的影响，填补了研究空白。在半干旱与高纬度地带农作物高产施肥理论与技术，基于光谱的作物氮素营养诊断与管理技术；节约型农业水肥一体化理论与技术，碱土改良技术集成；森林土壤与森林生态的碳汇评价指标体系构建模型，我国北方森林生态系统的健康评价体系；以及森林生态系统POPs的分布特征等方面研究达到国内先进水平。并根据国际研究前沿设立了植物—土壤—微生物互作研究方向。近5年，承担完成省部级以上科研项目50项，总经费达2 205万元，获省部级科技奖励1项；发表论文138篇，其中SCI收录14篇，主编出版教材3部，主编出版专著2部，参编教材3部，获得专利2项。

农林经济管理

农林经济管理一级学科包含农业经济管理和林业经济管理两个二级学科，农林经济管理学科是在1999年由原内蒙古农牧学院农业经济学科和原内蒙古林学院林业经济管理学科合并而成的。农业经济管理学科于1986年成为硕士学位授权点，农林经济管理一级学科于2005年成为一级学科硕士学位授权点，同年农业经济管理二级学科成为博士学位授权点，2006年开始招生。2010年获批为农林经济管理一级学科授权点，2014年获批博士后流动站并招生。年内，学科招收博士研究生12人（其中留学生2人），学术型硕士研究生10人（其中留学生2人）；毕业博士研究生3人，硕士研究生5人（其中留学生1人）。

学科现有专任教师40名，其中教授14名，副教授9名，讲师17名；具有博士学位的教师38名、硕士学位的教师2名；博士研究生导师9名，硕士研究生导师22名。获得自治区有突出贡献专家称号5人，入选内蒙古自治区“草原英才”工程6人，入选自治区“新世纪321人才工程”5人，入选自治区“青年科技英才计划”1人。

拥有内蒙古自治区教育厅人文与社会科学重点研究基地“内蒙古农村牧区发展研究所”；拥有内蒙古自治区党委宣传部哲学社会科学重点研究基地“内蒙古畜牧业经济研究基地”“内蒙古自治区乡村振兴战略研究中心”；拥有内蒙古自治区“草原英才”

团队“草原畜牧业经济理论与实践创新团队”。

承担科研项目 20 项，支持经费 316 万元；发表科技论文 30 多篇，其中 SCI 收录 2 篇、EI 收录 1 篇、CSSCI/CSCD 收录论文 20 篇、中文核心期刊上发表 11 篇；出版著作/教材 7 部；有 1 篇博士学位论文被评选为内蒙古自治区优秀博士学位论文。承办全国高端会计人才培养工程学术七期集训营暨内蒙古高校会计学者学术研讨会、第八届蒙古高原牧区经济与社会可持续发展国际会议。担任伊利集团独立董事 1 人。

师资和人才队伍建设

工作概述

学校继续坚持人才引进与培养并重的理念，围绕《内蒙古农业大学“十三五”人才队伍建设发展规划》，结合自治区“双一流”建设目标和学科发展实际，加强师资队伍建设，按照《内蒙古农业大学吸引与鼓励高层次人才工作管理办法（试行）》《内蒙古农业大学引进优秀博士人才管理办法（试行）》，开展人才引进和招聘工作。

全年公开招聘专任教师50人，其中博士学位28人（“985”院校7人，中国农业机械化科学研究院2人，“211”院校2人，国外院校2人，蒙汉语兼通岗位2人），硕士学位22人（“985”院校4人，中国科学院大学1人，“211”院校5人，国外院校2人，蒙汉语兼通岗位7人）。

支持青年教师在职攻读学位，认真实施《内蒙古农业大学教职工攻读博士学位管理办法》，全年有8人获得博士学位。有53人通过内蒙古自治区教育厅高等学校教师资格认定。1 678人参加了专业技术人员继续教育培训。开展专业技术资格推荐、评审和考核认定工作，11人取得正高级专业技术资格，26人取得副高级专业技术资格，83人取得中级专业技术资格。

加大各类人才的申报、推荐力度。2019年获国家优秀青年科学基金资助者1人，获自治区杰出人才奖1人，获自治区“草原英才”工程培养类个人人选24人；“草原英才”工程创新团队5个；自治区有突出贡献专家1人。

师资培养与队伍建设

注重新进教师培养工作，按照高校新进专任教师多元化培训体系要求，面向学校2018年、2019年共计127名新进专任教师开展了包括岗前培训、师德师风建设、教学基本功训练、普通话培训等内容的系列培训，共计组织现场集中培训25场，开设在线培训课程120门，累计培训达3 000人次。注重骨干教师的培养，2019年国家公派出国留学各类项目共计派出教师16名，攻读博士学位教师19名。注重培养优秀教师，2019年获批自治区级教学名师1名，教坛新秀1名。

专业技术职务评聘

取得专业技术资格121人，其中正高级11人，副高级26人，中级83人。

正高级专业技术资格

教授（11人）（评聘分开）：

金　凤　苏　蕊　贺学勤　左合君　洪宝棣　李为萍　庞大伟
高爱武　姚庆智　王五月　段兴华

副高级专业技术资格

副教授（23人）：

白东义　董俊斌　雷雪峰　张　恒　邢海峰　党晓宏　孙芊芊
翟涌光　李　军　杨　婷　包海泉　路冠军　任　婕　李　剑
董　霞　李树华　尹晓军　师　兰　利　民　李　明　刘明越
包斯日古楞　刘　博

高级实验师（2人）：

张晓晶　金永昌

副研究员（思想政治研究系列）（1人）：

张红梅

中级专业技术资格

讲师（2人）：

吴月茹　刘淑杰

思想政治研究系列助理研究员（9人）：

徐金鹏　海日罕　段晓梅　李明昊　斯日古冷　高永杰　杨　慧
徐　峰　王永江

实验师（2人）：

葛　延　王　琛

专业技术资格认定人员

讲师（44人）：

杜　明　韩海格　高　齐　刘　坤　王　妍　伊六喜　张文兵
李　玲　张　磊　白淑兰　刘耀东　韩春雪　高　卉　刘冠志
张　彬　范　斌　史芳芳　许　磊　高晓瑜　张　宇　郑　阳
李建立　何　静　乌丹牧其尔　包乐尔　王雅兰　郭慧玲
凌　宇　续　超　张　楠　乌　兰　白嘎利　张　权　阿莎茹
澈　根　王春霞　张新宇　多　喜　王月林　孙　凯　孙小添
冯国英　潮洛蒙　文　达

思想政治研究系列助理研究员（14人）：

王　丽　王彩霞　潘　虹　郭祎天　罗燕芳　其力格尔　包那日苏

宋　艳　贾文涛　于　虹　黄　硕　郝凤英　侯伟玮　郭　倩

实验师（10人）：

孙　婧　晁开瑞　舒　洋　张　嘉　郭金燕　赵　欣　刘　芳

甄　琦　特日根　王雪焦

工程师（2人）：

石　妍　王　晶

各类专家、人才

特聘院士

聘用单位	姓名	名称	聘用时间
机电工程学院	汪懋华	中国工程院院士	2010年
沙漠治理学院	尹伟伦	中国工程院院士	2010年
农学院	官春云	中国工程院院士	2010年
水利与土木建筑工程学院	刘鸿亮	中国工程院院士	2010年
兽医学院	夏咸柱	中国工程院院士	2010年
水利与土木建筑工程学院	王　浩	中国工程院院士	2011年
农学院	康　乐	中国科学院院士	2011年
材料科学与艺术设计学院	李　坚	中国科学院院士	2012年
机电工程学院	罗锡文	中国工程院院士	2012年

“全国先进工作者”入选者

单位	姓名	入选年份
沙漠治理学院	那　顺	2000
食品科学与工程学院	张和平	2015

“享受国务院政府特殊津贴”入选者

单位	姓名	入选年份	备注
原校党政办	耿庆汉	1991	(1928—2008)
动物科学学院	霍澍田	1991	(1929—2019)
动物科学学院	王守清	1991	(1926—2012)
动物科学学院	乌　尼	1991	(1933—2018)
动物科学学院	赵志恭	1991	

（续表）

单位	姓名	入选年份	备注
动物科学学院	李祚煌	1991	（1927—1998）
计算机与信息工程学院	朱必文	1991	
林学院	冯　林	1991	（1933—2016）
农学院	林维申	1991	（1920—2016）
农学院	邵金旺	1991	
草原与资源环境学院	章祖同	1991	（1925—2015）
原校党政办	马恩伟	1992	（1934—2005）
动物科学学院	嘎尔迪	1992	
动物科学学院	林　曦	1992	
动物科学学院	沙　里	1992	（1936—2016）
动物科学学院	税世荣	1992	（1928—1995）
理学院	李东根	1992	（1935—2014）
科技处	马成麟	1992	（1935—1993）
林学院	郭连生	1992	
农学院	李心文	1992	
农学院	李学渊	1992	（1930—2013）
农学院	门福义	1992	
农学院	王丽雪	1992	
农学院	张家骅	1992	
原农林工程设计院	关　佾	1992	（1929—2017）
原设计院	张国汉	1992	（1934—2015）
草原与资源环境学院	富象乾	1992	（1926—2016）
草原与资源环境学院	高炳德	1992	
沙漠治理学院	汪玖文	1992	
沙漠治理学院	周世权	1992	（1937—2010）
原校党政办	那仁傲其尔	1993	
动物科学学院	布　和	1993	
动物科学学院	付德兴	1993	
动物科学学院	刘震乙	1993	（1922—2011）
动物科学学院	王文元	1993	
动物科学学院	赵振华	1993	

（续表）

单位	姓名	入选年份	备注
原高教研究所	崔纯璞	1993	
机电工程学院	柏大桀	1993	
机电工程学院	闻长复	1993	（1935—2003）
理学院	布音贺喜格	1993	（1933—2019）
教务处	赵美华	1993	
经济管理学院	王秉秀	1993	（1929—2017）
农学院	李春林	1993	
农学院	刘克礼	1993	（1937—2008）
农学院	刘梦云	1993	
农学院	赵清岩	1993	
草原与资源环境学院	陈世璜	1993	（1934—2009）
草原与资源环境学院	乌力更	1993	（1934—2018）
草原与资源环境学院	张奎壁	1993	
水利与土木建筑工程学院	朝伦巴根	1993	（1940—2014）
动物科学学院	郝先谱	1994	
生态环境学院	许清云	1994	（1935—2005）
水利与土木建筑工程学院	舒子亨	1994	
沙漠治理学院	那　顺	1995	
草原与资源环境学院	张秀芬	1995	
水利与土木建筑工程学院	陈亚新	1995	（1936—2010）
机电工程学院	窦卫国	1996	
农学院	赵廷芳	1996	
草原与资源环境学院	李青丰	1997	
草原与资源环境学院	乌云飞	1997	
机电工程学院	田　德	1997	调出
机电工程学院	王竹瑛	1998	（1940—2007）
材料科学与艺术设计学院	张海升	1998	
农学院	田自华	1998	（1960—2014）
机电工程学院	郭凤祥	1999	（1936—2007）
草原与资源环境学院	刘德福	2000	
兽医学院	呼和巴特尔	2000	

（续表）

单位	姓名	入选年份	备注
水利与土木建筑工程学院	桑以琳	2000	
动物科学学院	侯先志	2001	
草原与资源环境学院	云锦凤	2001	
学报编辑部	续维国	2001	
农学院	郑克宽	2002	
动物科学学院	李金泉	2004	
动物科学学院	芒　来	2004	
食品科学与工程学院	德力格尔桑	2004	
兽医学院	杨晓野	2004	
水利与土木建筑工程学院	史海滨	2006	
农学院	高聚林	2008	
生命科学学院	周欢敏	2008	
林学院	闫　伟	2010	
食品科学与工程学院	张和平	2010	
水利与土木建筑工程学院	刘廷玺	2010	
机电工程学院	赵士杰	2012	
水利与土木建筑工程学院	李畅游	2012	
农学院	张少英	2014	
草原与资源环境学院	贾玉山	2014	
理学院	闫祖威	2014	
农学院	刘景辉	2016	
机电工程学院	王春光	2016	
动物科学学院	张文广	2018	
生命科学学院	李国婧	2018	

国家“百千万人才工程”入选者

单位	姓名	职称	入选年份	备注
草原与资源环境学院	李青丰	教授	1996	
机电工程学院	田　德	教授	1996	调离
农学院	田自华	教授	1998	（1960—2014）

（续表）

单位	姓名	职称	入选年份	备注
动物科学学院	芒　来	教授	2004	
动物科学学院	李金泉	教授	2004	
水利与土木建筑工程学院	刘廷玺	教授	2006	
食品科学与工程学院	张和平	教授	2013	
动物科学学院	张文广	教授	2017	

“长江学者奖励计划”特聘教授

单位	姓名	职称	入选年份	备注
食品科学与工程学院	张和平	教授	2011	

“全国优秀教师”入选者

单位	姓名	职称	入选年份	备注
水利与土木建筑工程学院	汪建平	研究员	2007	
沙漠治理学院	高　永	教授	2014	

“全国高校优秀思想政治教育工作者”入选者

单位	姓名	入选年份	备注
工会	刘恩贵	1991	
水利与土木建筑工程学院	汪建平	2007	
宣传部	包革命	2009	

“全国教育系统先进工作者”入选者

单位	姓名	入选年份	备注
宣传部	包革命	2009	

“全国模范教师”入选者

单位	姓名	入选年份	备注
农学院	王丽雪	1993	

（续表）

单位	姓名	入选年份	备注
机电工程学院	窦卫国	1999	
草原与资源环境学院	高炳德	2001	
草原与资源环境学院	云锦凤	2007	

“国家级有突出贡献中青年专家”入选者

单位	姓名	职称	入选年份	备注
农学院	邵金旺	教授	1986	
农学院	李心文	教授	1992	
农学院	田自华	教授	1996	（1960—2014）
食品科学与工程学院	张和平	教授	2013	

“全国优秀科技工作者”入选者

单位	姓名	入选年份	备注
草原与资源环境学院	云锦凤	2005	
食品科学与工程学院	张和平	2010	
农学院	高聚林	2012	
农学院	刘景辉	2014	
生命科学学院	李国婧	2014	

国家杰出青年科学基金获得者

单位	姓名	职称	入选年份	备注
食品科学与工程学院	张和平	教授	2010	

全国杰出专业技术人才先进集体

单位	团队名称	入选年份
食品科学与工程学院	乳酸菌与发酵乳制品创新团队	2014

“自治区杰出人才奖”入选者

单位	姓名	职称	入选年份	备注
草原与资源环境学院	高炳德	教授	2006	

（续表）

单位	姓名	职称	入选年份	备注
草原与资源环境学院	云锦凤	教授	2007	
水利与土木建筑工程学院	朝伦巴根	教授	2007	（1940—2014）
食品科学与工程学院	张和平	教授	2009	
动物科学学院	芒　来	教授	2010	
草原与资源环境学院	韩国栋	教授	2011	
动物科学学院	李金泉	教授	2013	
水利与土木建筑工程学院	刘廷玺	教授	2013	
农学院	于　卓	教授	2015	

自治区“草原英才”培养人选

单位	姓名	职称	入选年份	备注
动物科学学院	李金泉	教授	2010	培养2类
农学院	高聚林	教授	2010	培养3类
农学院	刘景辉	教授	2010	培养3类
农学院	陈　勤	教授	2010	柔性引进3类
林学院	闫　伟	教授	2010	培养3类
草原与资源环境学院	韩国栋	教授	2010	培养3类
水利与土木建筑工程学院	史海滨	教授	2010	培养3类
经济管理学院	修长百	教授	2010	培养3类
食品科学与工程学院	张和平	教授	2010	培养2类
食品科学与工程学院	杜　敏	教授	2010	柔性引进3类
食品科学与工程学院	Jae Hyeong Ko	教授	2010	柔性引进3类
生命科学学院	周欢敏	教授	2010	培养3类
动物科学学院	芒　来	教授	2011	培养2类
动物科学学院	张文广	教授	2011	培养3类
兽医学院	曹金山	教授	2011	培养3类
兽医学院	曹贵方	教授	2011	培养3类
农学院	于　卓	教授	2011	培养3类
草原与资源环境学院	王成杰	教授	2011	培养3类
水利与土木建筑工程学院	刘廷玺	教授	2011	培养2类

（续表）

单位	姓名	职称	入选年份	备注
水利与土木建筑工程学院	魏占民	教授	2011	培养3类
食品科学与工程学院	董同力嘎	教授	2011	刚性引进3类
生命科学学院	李国婧	教授	2011	培养3类
生命科学学院	王瑞刚	教授	2011	培养3类
生命科学学院	张　峰	副教授	2011	刚性引进3类
周欢敏实验室	傅海安	教授	2011	柔性引进3类
动物科学学院	张润厚	教授	2012	柔性引进3类
兽医学院	夏咸柱	教授	2012	柔性引进1类
兽医学院	刘淑英	教授	2012	培养3类
农学院	康　乐	教授	2012	柔性引进1类
草原与资源环境学院	李青丰	教授	2012	培养2类
草原与资源环境学院	贾玉山	教授	2012	培养3类
草原与资源环境学院	石凤翎	教授	2012	培养3类
机电工程学院	罗锡文	教授	2012	柔性引进1类
水利与土木建筑工程学院	王　浩	教授	2012	柔性引进1类
材料科学与艺术设计学院	李　坚	教授	2012	柔性引进1类
经济管理学院	盖志毅	教授	2012	培养3类
经济管理学院	乔光华	教授	2012	培养3类
经济管理学院	包庆丰	教授	2012	培养3类
动物科学学院	闫素梅	教授	2013	培养3类
兽医学院	刘大程	教授	2013	培养3类
林学院	张国盛	教授	2013	培养3类
沙漠治理学院	高　永	教授	2013	培养3类
水利与土木建筑工程学院	屈忠义	教授	2013	培养3类
水利与土木建筑工程学院	杨树青	教授	2013	培养3类
食品科学与工程学院	吉日木图	教授	2013	培养3类
食品科学与工程学院	孟和毕力格	教授	2013	培养3类
食品科学与工程学院	格日勒图	教授	2013	培养3类
食品科学与工程学院	郭丽如	副教授	2013	柔性引进3类
生命科学学院	段开红	教授	2013	培养3类
理学院	闫祖威	教授	2013	培养3类

（续表）

单位	姓名	职称	入选年份	备注
农学院	任长忠	研究员	2013	柔性引进3类
动物科学学院	史彬林	教授	2015	培养3类
农学院	张少英	教授	2015	培养3类
农学院	张永平	教授	2015	培养3类
水利与土木建筑工程学院	张　生	教授	2015	培养3类
农学院	李立军	教授	2015	培养3类
水利与土木建筑工程学院	李瑞平	教授	2015	培养3类
食品科学与工程学院	陈永福	副研究员	2015	培养3类
动物科学学院	敖长金	教授	2015	培养3类
生命科学学院	万　方	教授	2015	刚性引进3类
动物科学学院	白永胜	教授	2016	柔性引进3类
动物科学学院	高　峰	教授	2016	培养3类
草原与资源环境学院	红　梅	教授	2016	培养3类
农学院	孟瑞霞	教授	2016	培养3类
食品科学与工程学院	孙志宏	教授	2016	培养3类
食品科学与工程学院	张美莉	教授	2016	培养3类
沙漠治理学院	蒙仲举	副教授	2017	培养3类
材料与艺术设计学院	毕力格巴图	教授	2017	培养3类
食品科学与工程学院	陈　霞	教授	2018	培养3类
草原与资源环境学院	格根图	教授	2018	培养3类
农学院	李小燕	教授	2018	培养3类
草原与资源环境学院	任海燕	副教授	2018	刚性引进3类
材料与艺术设计学院	王喜明	教授	2018	培养3类
草原与资源环境学院	王忠武	副教授	2018	培养3类
草原与资源环境学院	云　岚	教授	2018	培养3类
农学院	赵宝平	副教授	2018	培养3类
农学院	赵明敏	教授	2018	刚性引进3类
经济管理学院	赵元凤	教授	2018	培养3类
林学院	白玉娥	教授	2019	培养3类
园艺与植物保护学院	郭金丽	教授	2019	培养3类
水利与土木建筑工程学院	马　龙	教授	2019	培养3类

（续表）

单位	姓名	职称	入选年份	备注
水利与土木建筑工程学院	史小红	教授	2019	培养3类
农学院	孙继颖	教授	2019	培养3类
农学院	王志刚	教授	2019	培养3类
水利与土木建筑工程学院	张圣微	教授	2019	培养3类
经济管理学院	张心灵	教授	2019	培养3类
园艺与植物保护学院	周洪友	教授	2019	培养3类
动物科学学院	格日乐其木格	副教授	2019	培养3类
草原与资源环境学院	唐　芳	讲师	2019	培养3类
食品科学与工程学院	张和平	教授	2019	领军人才
生命科学学院	周欢敏	教授	2019	领军人才
食品科学与工程学院	陈忠军	教授	2019	培养3类
农学院	贾立国	副教授	2019	培养3类
沙漠治理学院	党晓宏	副教授	2019	培养3类
水利与土木建筑工程学院	段利民	副研究员	2019	培养3类
草原与资源环境学院	李　斐	教授	2019	培养3类
生命科学学院	刘惠荣	教授	2019	培养3类
人文社会科学学院	王利清	教授	2019	培养3类
食品科学与工程学院	张文羿	研究员	2019	培养3类
动物科学学院	吕　琦	讲师	2019	刚性引进
草原与资源环境学院	李海港	推广教授	2019	刚性引进
理学院	张玉辉	讲师	2019	刚性引进

自治区“草原英才”工程产业创新创业人才团队

单位	姓名	职称	团队名称	入选年份	备注
动物科学学院	李金泉	教授	草原家畜遗传资源保护创新团队	2011	团队3类
草原与资源环境学院	韩国栋	教授	草地资源可持续利用创新团队	2011	团队3类
动物科学学院	芒　来	教授	马科学研究与马业产业化创新人才团队	2012	团队3类
农学院	刘景辉	教授	燕麦种质资源利用创新人才团队	2012	团队3类

（续表）

单位	姓名	职称	团队名称	入选年份	备注
水利与土木建筑工程学院	李畅游	教授	河湖湿地水环境保护与修复技术研究创新人才团队	2012	团队 3 类
水利与土木建筑工程学院	刘廷玺	教授	半干旱地区影响水资源高效利用及其调控技术创新人才团队	2012	团队 3 类
食品科学与工程学院	张和平	教授	乳酸菌与发酵乳制品应用基础研究团队	2012	团队 2 类
生命科学学院	周欢敏	教授	家畜种质材料创制创新人才团队	2012	团队 3 类
兽医学院	曹金山	教授	天然药物有效成分的提取工艺及其药理学研究创新人才团队	2013	团队 3 类
农学院	高聚林	教授	玉米高产高效创新团队	2013	团队 3 类
机电工程学院	武　佩	教授	草原畜牧业装备智能化技术创新团队	2013	团队 3 类
水利与土木建筑工程学院	史海滨	教授	北方旱区农业节水技术与环境效应研究创新团队	2013	团队 3 类
材料科学与艺术设计学院	王喜明	教授	沙生灌木纤维化能源化开发利用技术创新团队	2013	团队 3 类
经济管理学院	修长百	教授	牧区草原畜牧业产业组织体系研究和草原畜牧业理论与实践创新团队	2013	团队 3 类
食品科学与工程学院	靳　烨	教授	高效绿色肉与肉制品生产与加工关键技术与产业化开发创新团队	2013	团队 3 类
生命科学学院	李国婧	教授	旱生植物遗传资源挖掘与利用技术创新团队	2013	团队 3 类
草原与资源环境学院	石凤翎	教授	内蒙古高原乡土草种质资源遗传改良与利用创新人才团队	2015	团队 3 类
兽医学院	刘淑英	教授	羊疫病防控关键技术的集成创新与应用创新人才团队	2015	团队 3 类
沙漠治理学院	高　永	教授	防沙治沙科研创新人才团队	2015	团队 3 类
动物科学学院	闫素梅	教授	改善奶牛乳腺健康和乳品质的营养调控技术研究创新人才团队	2015	团队 3 类
动物科学学院	张文广	教授	家畜生物信息学及应用创新人才团队	2015	团队 3 类

（续表）

单位	姓名	职称	团队名称	入选年份	备注
材料科学与艺术设计学院	黄金田	教授	林木资源高效增值利用创新人才团队	2016	团队 3 类
草原与资源环境学院	贾玉山	教授	草产品加工利用关键技术研发与产业化示范创新人才团队	2016	团队 3 类
农学院	张少英	教授	甜菜高产高糖高效调控技术研发创新人才团队	2016	团队 3 类
动物科学学院	敖日格乐	教授	肉牛种质资源培育与创新利用创新人才团队）	2017	团队 3 类
林学院	白玉娥	教授	生态经济型灌木新品种选育产业创新团队	2017	团队 3 类
生命科学学院	段开红	正高级工程师	农业生物发酵产业创新人才团队	2017	团队 3 类
农学院	樊明寿	教授	马铃薯高产高效技术创新团队	2017	团队 3 类
动物科学学院	齐景伟	教授	反刍动物功能性复合生物饲料研制与应用创新人才团队	2017	团队 3 类
草原与资源环境学院	红　梅	教授	土默川平原盐碱地生态修复机理与技术创新集成团队	2018	团队 2 类
水利与土木建筑工程学院	屈忠义	教授	盐渍化灌区水盐运移机理与盐碱障碍生态调控技术创新人才团队	2018	团队 2 类
机电工程学院	张　永	教授	现代农牧业工程新技术研发及应用创新人才团队	2018	团队 2 类
动物科学学院	张　玉	教授	畜禽安全生产与健康养殖协同创新人才团队	2018	团队 2 类
食品科学与工程学院	孙志宏	教授	中国母乳中乳酸菌和双歧杆菌多样性——益生乳酸菌与肠道微生物	2019	
动物科学学院	史彬林	教授	动物环境与营养研究创新人才团队	2019	团队 2 类
生命科学学院	张　峰	教授	纳米生物医药产业创新人才团队	2019	团队 2 类
农学院	马艳红	教授	饲用作物遗传育种创新人才团队	2019	
材料科学与艺术设计学院	姚利宏	教授	俄蒙进口木材高效利用创新人才团队	2019	

自治区“深入生产第一线作出突出贡献的科技人员”入选者

单位	姓名	入选年份	备注
后勤管理处	李继光	1993	
农学院	魏景云	1993	(1949—1999)
职业技术学院	王效亮	1995	
机电工程学院	王竹瑛	1995	(1940—2007)
农学院	郑克宽	1995	
职业技术学院	葛茂悦	1997	
机电工程学院	杜文亮	1999	
农学院	张　胜	1999	
草原与资源环境学院	敖特根	2001	
草原与资源环境学院	索全义	2001	
机电工程学院	赵满全	2001	
草原与资源环境学院	刘果厚	2003	
保卫处	侯海旺	2005	(1960—2010)
农学院	支中生	2005	
农学院	刘景辉	2007	
食品科学与工程学院	任文明	2007	
水利与土木建筑工程学院	田存旺	2009	
兽医学院	祁生旺	2011	

自治区“优秀教师”入选者

单位	姓名	入选年份	备注
生命科学学院	周欢敏	1997	
水利与土木建筑工程学院	申向东	2004	
兽医学院	马学恩	2009	
食品科学与工程学院	张和平	2009	
机电工程学院	王春光	2009	
经济管理学院	修长百	2009	
职业技术学院	葛茂悦	2009	
动物科学学院	菊林花	2012	
农学院	刘景辉	2012	

（续表）

单位	姓名	入选年份	备注
机电工程学院	童淑敏	2012	
理学院	许　辉	2014	
理学院	苏金梅	2014	
机电工程学院	赵士杰	2014	

自治区“优秀教育工作者”入选者

单位	姓名	入选年份	备注
水利与土木建筑工程学院	王耀强	2004	
机电工程学院	杜健民	2009	
人文社会科学学院	席锁柱	2012	
生命科学学院	李国婧	2014	

自治区“新世纪321人才工程”入选者

单位	姓名	职称	入选年份	备注
农学院	王志刚	教授	2019	第一层次
水利与土木建筑工程学院	李瑞平	教授	2019	第一层次
食品科学与工程学院	刘文俊	教授	2019	第二层次
材料科学与艺术设计学院	姚利宏	教授	2019	第二层次
农学院	贾立国	教授	2019	第二层次
水利与土木建筑工程学院	史小红	教授	2019	第二层次
农学院	马艳红	教授	2019	第二层次
农学院	于晓芳	教授	2019	第二层次

自治区“有突出贡献的中青年专家”入选者

单位	姓名	职称	入选年份	备注
理学院	李东根	教授	1988	（1935—2014）
农学院	门福义	教授	1988	
计算机与信息工程学院	朱必文	教授	1988	
科技处	马成麟	教授	1990	（1935—1993）
动物科学学院	嘎尔迪	教授	1992	

（续表）

单位	姓名	职称	入选年份	备注
沙漠治理学院	周世权	教授	1992	（1937—2010）
水利与土木建筑工程学院	朝伦巴根	教授	1994	（1940—2014）
草原与资源环境学院	高炳德	教授	1994	
林学院	郭连生	教授	1994	
农学院	李岩涛	教授	1994	
沙漠治理学院	那　顺	教授	1994	
动物科学学院	金曙光	教授	1996	
水利与土木建筑工程学院	李畅游	教授	1996	
水利与土木建筑工程学院	桑以琳	教授	1996	
沙漠治理学院	王林和	教授	1996	
农学院	慈忠玲	教授	1998	
草原与资源环境学院	刘果厚	教授	1998	
学报编辑部	续维国	编审	1998	
林学院	闫　伟	教授	1998	
农学院	张少英	教授	1998	
机电工程学院	赵士杰	教授	1998	
生命科学学院	段开红	教授	2000	
计算机与信息工程学院	裴喜春	教授	2000	
机电工程学院	田　德	教授	2000	调离
农学院	云兴福	教授	2000	
水利与土木建筑工程学院	姬宝霖	教授	2002	
水利与土木建筑工程学院	申向东	教授	2002	
兽医学院	申之义	教授	2002	
兽医学院	李云章	教授	2004	
沙漠治理学院	刘　静	教授	2004	
水利与土木建筑工程学院	刘廷玺	教授	2004	
理学院	闫祖威	教授	2006	
兽医学院	张七斤	教授	2006	
机电工程学院	赵满全	教授	2006	
食品科学与工程学院	张和平	教授	2008	
经济管理学院	修长百	教授	2008	

（续表）

单位	姓名	职称	入选年份	备注
经济管理学院	乔光华	教授	2010	
材料科学与艺术设计学院	王喜明	教授	2010	
农学院	于　卓	教授	2010	
动物科学学院	李金泉	教授	2012	
水利与土木建筑工程学院	史海滨	教授	2012	
经济管理学院	包庆丰	教授	2012	
经济管理学院	盖志毅	教授	2015	
沙漠治理学院	高　永	教授	2015	
动物科学学院	齐景伟	教授	2017	
经济管理学院	张心灵	教授	2017	
食品科学与工程学院	靳　烨	教授	2019	

自治区“优秀专业技术人员”入选者

单位	姓名	入选年份	备注
林学院	田有亮	1999	
食品科学与工程学院	德力格尔桑	1999	
动物科学学院	李金泉	2003	
机电工程学院	王春光	2003	

自治区“优秀科技工作者”入选者

单位	姓名	入选年份	备注
草原与资源环境学院	云锦凤	2005	
机电工程学院	赵满全	2010	
食品科学与工程学院	张和平	2010	
农学院	高聚林	2012	
水利与土木建筑工程学院	史海滨	2012	
生命科学学院	李国婧	2014	
农学院	刘景辉	2014	
经济管理学院	盖志毅	2016	
草原与资源环境学院	韩国栋	2016	

（续表）

单位	姓名	入选年份	备注
食品科学与工程学院	孙志宏	2017	
草原与资源环境学院	红　梅	2018	
食品科学与工程学院	靳　烨	2018	

2019年正高级职称名录

动物科学学院

教授（19人）

李金泉　芒　来　敖长金　闫素梅　敖日格乐　张文广　张家新
娜仁花　史彬林　赖双英　张　玉　齐景伟　高爱琴　赵艳红
高　峰　娜仁花　张燕军　王海荣　李大彪

兽医学院

教授（28人）

李培锋　王凤龙　郝永清　杨　英　呼和巴特尔　曹贵方
王纯洁　杨晓野　李云章　曹金山　刘淑英　杨银凤　关平原
张七斤　韩润林　巴音吉日嘎拉　格日勒图　申之义　莫　内
哈斯苏荣　额尔敦木图　刘大程　吴树清　杨莲茹　王　瑞
周伟光　温永俊　刘俊平（推广）

农学院

教授（36人）

高聚林　于　卓　云兴福　刘景辉　庞保平　张少英　李连国
郝丽珍　崔世茂　樊明寿　马　庆　张　胜　霍秀文　周洪友
侯建华　逯晓萍　赵　君　蒙美莲　张永平　李立军　胡　俊
石　岭　孟瑞霞　白瑞琴　张力君　郭世华　李小燕　盛晋华
刘　艳　陈立红　李海平　史　丽　王　萍　刘志华　王志刚
景　岚

林学院

教授（18人）

闫　伟　张秋良　白淑兰　常金宝　铁　牛　德永军　高润宏
张国盛　白玉娥　田有亮　张秀卿　张　韬　方　亮　段广德
张明铁　安慧君　马秀枝　段立清

草原与资源环境学院

教授（29人）

王明玖	米福贵	周　梅	韩国栋	卫智军	石凤翎	刘果厚
李青丰	李跃进	赵萌莉	贺　晓	贾玉山	王俊杰	李钢铁
武晓东	宛　涛	索全义	王成杰	王建光	红　梅	李造哲
李　斐	张　众	金　洪	海　棠	魏江生	乌　恩	
格根图（推广）		云　岚				

沙漠治理学院

教授（11人）

高　永	刘　静	汪　季	张武文	许　丽	崔向新	兰登明
秦富仓	王树森	吴丽芝	张成福			

机电工程学院

教授（28人）

王春光	武　佩	赵满全	杜文亮	杜健民	赵士杰	陈　智
郁志宏	田海清	李旭英	张　永	钱珊珠	张　云	李海军
刘伟峰	李　林	申庆泰	卜乐平	张丽春	韩进玉	郭　永
尚士友	葛丽娟	吴桂芳	张红旗	高　雄	马彦华	王　芳

水利与土木建筑工程学院

教授（34人）

李畅游	刘廷玺	史海滨	申向东	李　平	裴国霞	魏占民
朱仲元	张　生	韩克平	姬宝霖	屈忠义	牟献友	吕志远
白　英	冀鸿兰	贾德彬	李晓丽	葛岱峰	王永康	胡守忠
刘小燕	杨树青	李瑞平	赵占彪	邹春霞	李树荣（正高级工程师）	
史小红	马　龙	姚占全	李仙岳	桑以琳	李红云	张圣微

材料科学与艺术设计学院

教授（17人）

王喜明	安　珍	黄金田	高晓霞	薛振华	张明辉	毕力格巴图
宁国强	吴日哲（一级美术师）			多化琼	王　丽	张桂兰
王雅梅	冯利群	苗　瑞	李　奇	王　欣		

经济管理学院

教授（21人）

修长百	乔光华	包庆丰	赵元凤	张心灵	盖志毅	姜冬梅
乌云花	姚凤桐	杜富林	刘秀梅	高　潮	赵益平	张　微
王　芳	田艳丽	胡尔查	根　锁	句　芳	刘玉春	宝音都仍

食品科学与工程学院

教授（25 人）

张和平　靳　烨　贺银凤　孟和毕力格　孙天松　格日勒图
张美莉　吉日木图　董同力嘎　陈忠军　郭　军　双　全　范贵生
杨　军　殷文政　韩育梅　李少英　杨晓清　赵丽华　赵丽芹
王俊国　孙文秀　陈永福（研究员）　陈　霞　孙志宏

计算机与信息工程学院

教授（9 人）

薛河儒　付学良　刘　霞　高　静　周根宝　王　健　李宏慧
李美安　潘　新

生命科学学院

教授（19 人）

李国婧　周欢敏　王茅雁　王瑞刚　张焱如　段开红（正高级工程师）
刘惠荣　冯福应　王玉珍　赵国芬　魏建民　尹　俊　韩　冰
白　薇　陈有君（研究员）　张　峰　杨　燕　万　方　曹俊伟

人文社会科学学院

教授（6 人）

郭宝亮　格日勒图　丁雪华　张银花　席锁柱　王利清

外国语言学院

教授（8 人）

徐莉林　张晓华　薛世彪　娜日苏　李春兰　刘翠兰　常　云
何　英

理学院

教授（23 人）

闫祖威　许　辉　孙景琦　苏金梅　阿木古楞　李凤敏
敖特根巴雅尔　姚贵平　吕　雄　王克冰　姚　虹
布和额尔敦　阿　娟　盛显良　钟志梅　张彩琴　杨丽英
李蜀眉　张秀芳　贺文英　包　锦　冯永娥　王振寰

能源与交通工程学院

教授（10 人）

朱守林　戚春华　塔　娜　刘树民　王国忠　梁　鸿　厚福祥
陈松利　辛海升　张　雁

体育教学部

教授（4 人）

张进才　潘海波　巴雅尔晋格勒　青　春

马克思主义学院

教授（5 人）

霍如涛　高丽萍　付国强　嘎布拉　包　羽

职业技术学院

教授（13 人）

郝拉柱　冯贵宗　付和平　贾克力　郑云胜　李正英　王立中
杜晨光　赵永来　刘金泉　武俊英　郭奇斌　李　明

学报编辑部

编审（2 人）

苏德毕力格　石　林

宣传部

编审（1 人）

敖特根其木格

财务处

思想政治研究系列研究员（1 人）

冀兆荣

党政办公室

思想政治研究系列研究员（2 人）

王永明　侯晨曦

动物科学学院

思想政治研究系列研究员（1 人）

额尔敦

工会

思想政治研究系列研究员（1 人）

靳小平

纪委、监察审计处

思想政治研究系列研究员（1 人）

郑培亮

招生就业处

思想政治研究系列研究员（1 人）

付建军

资产经营公司

思想政治研究系列研究员（1 人）

汪建平

档案馆

档案系列研究馆员（1 人）

范秀琴

校医院

主任医师（2 人）

金海英　　孟　斌

图书馆

图书系列研究馆员（1 人）

邬卫华

2019 年退休人员名单
（55 人）

宋　逾	刘焕忠	张　衡	任有志	董交其	赵占彪	郭　亮
杨秋林	董占源	曹　平	张志成	王春光	保　德	都格尔斯仁
冯贵宗	刘　勇	杨俊林	李　军	张　力	程世平	宗哲红
娜赫娅	巴　图	侯淑梅	郝俊玺	李　英	段科德	王美玲
贺　晓	王建国	张庄丽	白晓昭	刘贵喜	那顺孟和	马爱芝
付国强	张春潮	张恩厚	索培芬	邬卫华	庞　琨	张建英
殷文政	冯淑琴	萨茹汗	祁生旺	宁国强	姜文聪	周欢敏
梁文剑	韩宝生	罗　如	孟金玉	张淑玲	贾鲜艳	

2019 年去世人员名单
（26 人）

王海华	赵培敏	李　军	李　莉	杨文秀	刘伟峰	崔治国
杨在山	李秀娴	吕仁宇	张培英	赵守勤	汪森扎布	王　桼
刘连民	祁贵元	布音贺喜格		霍澍田	布彩霞	王仕文
柯碧珊	吴淑敏	张绍雄	泰秀英	张秀荣	刘淑英	

科学研究与社会服务

工作概述

2019 年度获得经费有新的突破。2019 年度科研经费进账总额为 2.48 亿元。先后推荐申报国家自然科学基金、国家重点研发计划、自治区科技计划等各级各类科技项目 800 余项，获批 431 项，其中国家自然科学基金 62 项、社会科学基金 2 项，国家重点研发计划重点专项 1 项，科技部国际合作专项 2 项；自治区重大专项 5 项。

科技成果获奖数目有新的进展。作为第一完成单位获得 2018 年度内蒙古自治区科学技术奖 5 项，其中一等奖 3 项，二等奖 2 项。作为合作单位获自治区科学技术奖 3 项，其中一等奖 2 项，三等奖 1 项。作为第一完成单位获 2018—2019 年度教育部高等学校科学研究优秀成果奖二等奖 1 项。作为第一完成单位获 2019 年度教育部高等学校科学研究优秀成果奖一等奖 1 项，作为合作单位获一等奖 1 项、二等奖 1 项。作为主持单位获 2019 年第四届中国林业产业创新奖 1 项。获得自治区第七届民族教育优秀科研成果奖三等奖 2 项。2019 年度共组织推荐申报各级各类科技和社科奖 54 项。学校组织申报专利 56 项，授权专利 131 项，完成自治区科技成果登记 21 项。获批自治区专利费用资助项 26 项。

科研平台建设方面上新台阶。学校中国—蒙古生物高分子应用“一带一路”联合实验室成功申报为科技部“一带一路”联合实验室；高校燕麦工程研究中心与高校动物营养与饲料科学实验室顺利通过内蒙古自治区教育厅评估，由培育变为正式建设，新申报的社会主义意识形态研究基地列入培育行列。2019 年度内蒙古自治区财政厅重点学科重点实验室建设项目共获批 1 900 万元，其中 1 800 万元用于寒旱区特色植物抗逆生理与分子生物学重点实验室、草食家畜繁育与乳品生物技术重点实验室、荒漠化地区水资源利用与生态环境效应重点实验室购置仪器设备。内蒙古自治区发展和改革委员会、内蒙古自治区农牧厅草原防火等其他农业基础设施专项 2019 年中央预算内投资计划内蒙古农业大学农业农村部饲草栽培、加工与高效利用重点实验室获投资 1 323 万元；农业农村部发酵乳制品加工技术集成科研基地获投资 1 360 万元。

科研项目及经费

国家自然科学基金项目

序号	项目批准号	负责人	院系所	项目名称	申请代码	项目类别	直接费用（万元）	开始日期（年.月.日）	结题日期（年.月.日）
1	11926410	赵新平	理学院	数学文化传播及科普活动	A01	专项基金项目	10	2019.07.01	2019.12.31
2	21965026	董同力嘎	食品科学与工程学院	链结构对不饱和聚乳酸的相结构调控机理及其包装特性研究	B050201	地区科学基金项目	40	2020.01.01	2023.12.31
3	31901409	谢胜仕	机电工程学院	马铃薯—土壤团聚物高效低损分离机理研究	C130104	青年科学基金项目	24	2020.01.01	2022.12.31
4	31901666	扎木苏	食品科学与工程学院	乳酸菌抗菌肽拮抗食源性大肠杆菌感染机制的研究	C200302	青年科学基金项目	25	2020.01.01	2022.12.31
5	31901670	赵　洁	食品科学与工程学院	DNA 甲基化对嗜热链球菌生产特性的调控机制	C200303	青年科学基金项目	26	2020.01.01	2022.12.31
6	31902188	张心壮	动物科学学院	Nrf2-ARE 信号通路介导的桑叶黄酮缓解马运动氧化应激损伤的机理研究	C170504	青年科学基金项目	24	2020.01.01	2022.12.31
7	31902227	张　良	兽医学院	PDE4 在金葡菌诱导的奶牛乳腺炎中的作用及分子机制	C180102	青年科学基金项目	24	2020.01.01	2022.12.31
8	31922071	张文羿	食品科学与工程学院	乳酸菌资源开发的组学基础研究	C200302	优秀青年科学基金项目	130	2020.01.01	2022.12.31
9	31960021	冯福应	生命科学学院	根际微生物减轻内蒙古河套灌区小麦盐碱胁迫的核心功能组研究	C010501	地区科学基金项目	41	2020.01.01	2023.12.31
10	31960126	尹　俊	生命科学学院	红腹锦鸡羽毛沉积类胡萝卜素遗传与进化机理的研究	C060201	地区科学基金项目	38	2020.01.01	2023.12.31
11	31960148	杨　帆	生命科学学院	黑素皮质素受体-3（MC3R）与 D2-多巴胺受体（D2R）相互作用机制研究	C0713	地区科学基金项目	38	2020.01.01	2023.12.31

（续表）

序号	项目批准号	负责人	院系所	项目名称	申请代码	项目类别	直接费用（万元）	开始日期（年.月.日）	结题日期（年.月.日）
12	31960292	刘文静	材料科学与艺术设计学院	沙柳材活性炭本体负载 TiO_2 微纳结构对其光催化再生性能的调控机制	C160302	地区科学基金项目	39	2020.01.01	2023.12.31
13	31960329	郭月峰	沙漠治理学院	内蒙古砒砂岩区沙棘平茬后林木根系与根际微环境的调控机制	C161302	地区科学基金项目	39	2020.01.01	2023.12.31
14	31960344	李小雷	农学院	披碱草属种间杂种 F_1 抗旱性优势及分子机理研究	C161502	地区科学基金项目	39	2020.01.01	2023.12.31
15	31960347	包文学	林学院	花蓟马 *Frankliniella intonsa*（Trybom）钠通道 α 亚基基因的抗药性机制解析及其田间抗性种群诊	C161503	地区科学基金项目	40	2020.01.01	2023.12.31
16	31960353	王明玖	草原与资源环境学院	“蒙农三叶草 1 号”结瘤固氮机理及根瘤菌多样性研究	C161504	地区科学基金项目	40	2020.01.01	2023.12.31
17	31960357	王成杰	草原与资源环境学院	放牧对内蒙古荒漠草原生态系统稳定碳同位素分馏/富集机制的研究	C161505	地区科学基金项目	38	2020.01.01	2023.12.31
18	31960358	宛　涛	草原与资源环境学院	放牧干扰下冷蒿营养物质转化及不定芽发生机制研究	C161505	地区科学基金项目	40	2020.01.01	2023.12.31
19	31960361	屈志强	草原与资源环境学院	荒漠草原短花针茅开花特性对增温作用的响应及机制研究	C161505	地区科学基金项目	40	2020.01.01	2023.12.31
20	31960365	郭文斌	机电工程学院	秸秆与薯渣混配成型机理的多尺度分析与黏结机制研究	C130103	地区科学基金项目	40	2020.01.01	2023.12.31
21	31960378	赵宝平	农学院	裸燕麦穗粒败育生理机制及栽培调控途径研究	C130302	地区科学基金项目	40	2020.01.01	2023.12.31
22	31960381	韩升才	农学院	核心菌群促进玉米生长和提高抗逆能力与玉米内源 miRNA 关系的研究	C130303	地区科学基金项目	40	2020.01.01	2023.12.31
23	31960388	苏亚拉其其格	草原与资源环境学院	基于高光谱的马铃薯水分状况实时监测及节水灌溉推荐	C130306	地区科学基金项目	37	2020.01.01	2023.12.31

（续表）

序号	项目批准号	负责人	院系所	项目名称	申请代码	项目类别	直接费用（万元）	开始日期（年.月.日）	结题日期（年.月.日）
24	31960424	杨　燕	生命科学学院	小麦株高相关基因 *TaGAMyb-B* 内含子区等位变异的作用机理	C130502	地区科学基金项目	40	2020.01.01	2023.12.31
25	31960467	贺银凤	食品科学与工程学院	基于 LuxS/AI-2 群体感应系统调控植物乳杆菌生物膜形成机制的研究	C200302	地区科学基金项目	40	2020.01.01	2023.12.31
26	31960494	姜新华	计算机与信息工程学院	基于多模态多指标冷鲜羊肉新鲜度无损检测	C200701	地区科学基金项目	40	2020.01.01	2023.12.31
27	31960514	田建军	食品科学与工程学院	嗜酸乳杆菌 JY2-2 介导 NPC1L1、ABCG5/G8 抑制胆固醇吸收的生物学功效及其机制研究	C200902	地区科学基金项目	40	2020.01.01	2023.12.31
28	31960522	张　键	农学院	铁离子通道关键酶基因协同 VdOCH1 调控大丽轮枝菌微菌核形成和致病力的分子机制研究	C140102	地区科学基金项目	34	2020.01.01	2023.12.31
29	31960553	周洪友	农学院	挥发性化合物 2-甲基苯并噻唑抑制向日葵核盘菌菌核形成的分子机制	C140601	地区科学基金项目	39	2020.01.01	2023.12.31
30	31960571	郭金丽	农学院	基于叶绿素代谢和光系统活性解析欧李叶片叶绿体与超微弱发光激发的关系	C150101	地区科学基金项目	41	2020.01.01	2023.12.31
31	31960611	贺学勤	农学院	中国石竹双色花中 miRNA 对花青素苷合成的调控机制研究	C150303	地区科学基金项目	38	2020.01.01	2023.12.31
32	31960627	李海港	草原与资源环境学院	不同土壤磷铵转化过程调控的根际效应机制	C150803	地区科学基金项目	39	2020.01.01	2023.12.31
33	31960637	于　静	农学院	基于优化 NDVI 值的不同马铃薯品种氮肥归一化推荐研究	C150902	地区科学基金项目	40	2020.01.01	2023.12.31
34	31960657	芒　来	动物科学学院	中国地方马种种群演化历史及优良性状调控基因的筛选研究	C170304	地区科学基金项目	40	2020.01.01	2023.12.31

（续表）

序号	项目批准号	负责人	院系所	项目名称	申请代码	项目类别	直接费用（万元）	开始日期（年.月.日）	结题日期（年.月.日）
35	31960667	史彬林	动物科学学院	黑沙蒿多糖对肉仔鸡免疫应激的缓解作用及其机理研究	C170502	地区科学基金项目	40	2020.01.01	2023.12.31
36	31960714	高珍珍	兽医学院	硒化多糖与树突状细胞功能和肠黏膜免疫作用的构效关系及机制研究	C180602	地区科学基金项目	40	2020.01.01	2023.12.31
37	31960724	杜　山	兽医学院	内蒙古地区绵羊消化道线虫抗伊维菌素药物相关基因发掘与功能研究	C180803	地区科学基金项目	40	2020.01.01	2023.12.31
38	31961143025	芒　来	动物科学学院	基于群体重测序技术对一带一路沿线国家马种的进化及主要性状相关基因的筛选研究	C170304	国际（地区）合作与交流项目	175	2020.01.01	2022.12.31
39	31972053	陈永福	食品科学与工程学院	益生乳酸菌缓解有机磷农药中毒机制	C200302	面上项目	58	2020.01.01	2023.12.31
40	31972054	于　洁	食品科学与工程学院	乳杆菌高密度发酵过程中群体异质性分子机制的研究	C200302	面上项目	59	2020.01.01	2023.12.31
41	31972083	郭丽如	食品科学与工程学院	益生菌发酵乳中关键代谢产物及其对肠道菌群的影响研究	C200405	面上项目	58	2020.01.01	2023.12.31
42	31972095	刘文俊	食品科学与工程学院	基于菌株水平对自然发酵乳中乳酸菌遗传多样性和代谢的研究	C200502	面上项目	58	2020.01.01	2023.12.31
43	41907082	赵世翔	草原与资源环境学院	冻融条件下农田土壤 CO_2 排放对生物炭施用的响应机制	D070106	青年科学基金项目	24	2020.01.01	2022.12.31
44	41961051	吴月茹	沙漠治理学院	协同光学与主动微波遥感的土壤盐分反演	D0106	地区科学基金项目	42	2020.01.01	2023.12.31
45	41967008	秦富仓	沙漠治理学院	砒砂岩区裸露基岩—土壤复合坡面侵蚀过程研究	D070105	地区科学基金项目	41	2020.01.01	2023.12.31
46	41967009	党晓宏	沙漠治理学院	荒漠灌丛空间构型对其“肥岛”发育的作用机制	D070105	地区科学基金项目	39	2020.01.01	2023.12.31
47	51905277	贺长彬	机电工程学院	耕作部件作用下的天然退化草地土壤—根系复合土层结构界面耦合失效机制研究	E0506	青年科学基金项目	28	2020.01.01	2022.12.31

（续表）

序号	项目批准号	负责人	院系所	项目名称	申请代码	项目类别	直接费用（万元）	开始日期（年.月.日）	结题日期（年.月.日）
48	51909122	王怡璇	水利与土木建筑工程学院	典型草原生态干旱评估方法与影响机制	E0901	青年科学基金项目	27	2020.01.01	2022.12.31
49	51909123	刘　禹	水利与土木建筑工程学院	寒区浅水湖泊微塑料多相介质耦合迁移过程与归趋模拟	E1007	青年科学基金项目	27.5	2020.01.01	2022.12.31
50	51911530770	史小红	水利与土木建筑工程学院	中国和芬兰湖泊生物地球化学及生态系统代谢过程	E1007	国际（地区）合作与交流项目	3.63	2019.11.04	2020.02.28
51	51939006	刘廷玺	水利与土木建筑工程学院	气候变化和过度放牧影响下草原内陆河流域生态水文退化与恢复机制研究	E0901	重点项目	300	2020.01.01	2024.12.31
52	51962029	郭泽宇	材料科学与艺术设计学院	基于内蒙古沙柳生物质炭的富氮化制备及对 NOx 的室温吸附和催化机理研究	E0203	地区科学基金项目	40	2020.01.01	2023.12.31
53	51965054	范　斌	机电工程学院	风电齿轮箱齿面微点蚀损伤在线油液磨粒-SCADA 数据协同感知与预警方法研究	E0503	地区科学基金项目	41	2020.01.01	2023.12.31
54	51969020	冀鸿兰	水利与土木建筑工程学院	黄河内蒙古什四份子河段冰水沙过程及河床演变机理研究	E0901	地区科学基金项目	41	2020.01.01	2023.12.31
55	51969021	刘晓民	水利与土木建筑工程学院	黄河内蒙古河段梯级防凌体系调度模型及运行机理研究	E0901	地区科学基金项目	40	2020.01.01	2023.12.31
56	51969022	高瑞忠	水利与土木建筑工程学院	寒旱区高原内陆河草原流域生态水文—化学协同演化过程试验与模拟研究	E0901	地区科学基金项目	41	2020.01.01	2023.12.31
57	51969023	黄　磊	水利与土木建筑工程学院	露天采煤驱动下白垩系煤系地层结构变异与地下水系统时空演变机理	E0901	地区科学基金项目	40	2020.01.01	2023.12.31
58	51969024	李仙岳	水利与土木建筑工程学院	盐渍化地区控释肥施用农田水氮迁移对包膜—土壤—根系的响应机制及模拟研究	E0902	地区科学基金项目	41	2020.01.01	2023.12.31

（续表）

序号	项目批准号	负责人	院系所	项目名称	申请代码	项目类别	直接费用（万元）	开始日期（年.月.日）	结题日期（年.月.日）
59	51969025	李　超	水利与土木建筑工程学院	冰—水—堤互馈机制下堤岸崩塌失稳机理及模式研究	E0903	地区科学基金项目	40	2020.01.01	2023.12.31
60	61962047	付学良	计算机与信息工程学院	大数据环境下寒旱区湖泊湿地智能监测与保护机理研究	F0214	地区科学基金项目	40	2020.01.01	2023.12.31
61	61962048	潘　新	计算机与信息工程学院	草原光谱图像信息提取与融合关键技术的研究	F0210	地区科学基金项目	38	2020.01.01	2023.12.31
62	71963026	许黎莉	经济管理学院	政策性担保贷款自我履约的微观机理与实现路径	G030803	地区科学基金项目	28	2020.01.01	2023.12.31
63	71963027	周　杰	经济管理学院	确权使草场更安全？产权安全对牧户草场利用行为的影响研究	G030802	地区科学基金项目	28	2020.01.01	2023.12.31

新申报各类科技项目经费和项目来源结构比例

单位：%

项目	来源				
	国家基金	国家部委项目	自治区基金	自治区有关厅局项目	其他类项目
经费数	11.12	12.40	3.83	59.03	13.62
项目数	11.66	9.59	16.51	35.16	27.08

在研的500万元以上的国家、自治区科技计划和公益性行业项目

序号	项目名称	主持人	起止时间（年.月）	经费（万元）	项目类别	所属单位
1	东北西部春玉米抗逆培肥丰产增效关键技术研究与模式构建	王志刚	2017—2020	3 528	国家重点研发项目	农学院

（续表）

序号	项目名称	主持人	起止时间（年. 月）	经费（万元）	项目类别	所属单位
2	中蒙孵化器、联合实验室、技术转移中心科研能力建设	刘廷玺	2017—2019	500	自治区重大专项	水利与土木建筑工程学院
3	内蒙古河套灌区暗管排水排盐关键技术研究与示范	史海滨	2018. 07—2020. 12	800	自治区重大专项	水利与土木建筑工程学院
4	马铃薯优质多抗适应性强新品种培育	于　卓	2018. 01—2020. 12	500	自治区重大专项	农学院
5	具有预防和改善代谢性疾病益生乳酸菌的筛选、功能评价及其产业化技术集成	张和平	2018. 07—2021. 06	650	自治区重大专项	食品科学与工程学院
6	重点区域荒漠化过程与生态修复研究示范	高　永	2018—2020	500	自治区重大专项	沙漠治理学院
7	内蒙古中西部生态脆弱区“草—畜”生产体系关键技术研究与示范	韩国栋	2018—2020	660	自治区重大专项	草原与资源环境学院
8	畜禽养殖废弃物资源化利用研究与示范	张佐忠	2018—2020	560	自治区重大专项	动物科学学院
9	大型煤矿和有色矿矿井水高效利用技术与示范	刘廷玺	2018. 07—2021. 06	1 993	国家重点研发项目	水利与土木建筑工程学院
10	内蒙古雨养灌溉混合区春玉米规模化种植丰产增效技术集成与示范	高聚林	2018. 07—2020. 12	2 853	国家重点研发项目	农学院
11	内蒙古“一湖两海”等典型湖泊水资源综合保障关键技术及示范	张　生	2019. 07—2021. 12	1 495	国家重点研发项目	水利与土木建筑工程学院
12	典型场地影响区土壤与地下水污染识别与修复技术集成示范	红　梅	2019—2021	1 400	自治区重大专项	草原与资源环境学院
13	云计算应用技术研发	高　静	2019—2021	600	自治区重大专项	计算机与信息工程学院
14	沙地生态系统近自然修复技术研究及产业化示范	左合君	2019—2021	945	自治区重大专项	沙漠治理学院

新认定的重点实验室与工程技术研究中心

实验室名称	负责人	发文机关	文号	发文时间（年.月.日）
高效节水技术装备与水土环境效应内蒙古自治区工程研究中心（与内蒙古大禹节水技术有限公司、内蒙古自治区农牧业科学院联合申报，内蒙古农业大学为牵头单位）	史海滨	自治区发展改革委	内发改高技字〔2019〕1047号	2019.12.31
中国—蒙古生物高分子应用“一带一路”联合实验室	吉日木图	科技部	国科发交〔2019〕186号	2019.06.05
乳酸菌与发酵乳制品省部共建协同创新中心	张和平	教育部	教技厅函〔2019〕71号	2019.09
现代马产业健康发展协同创新培育中心	芒　来	教育厅		2019.05.22
乳酸菌与发酵乳制品协同创新中心	张和平	教育厅		2019.05.22
大兴安岭根河森林冻土湿地国家长期科研基地［内蒙古大兴安岭林业科学技术研究所为申报单位（建设单位），内蒙古农业大学（技术支撑单位）与根河林业局为共建单位，内蒙古大兴安岭重点国有林管理局是归口管理单位］	张秋良	国家林业和草原局	林科发〔2019〕16号	2019.02.19
社会主义意识形态研究基地（培育）	高丽萍	教育厅		2019

获得授权的专利

序号	专利标题	申请人	公开号	专利类型	发明人
1	一种新型滴灌管铺设机	内蒙古农业大学	CN211210858U	实用新型	胡树平、孙继颖、青格尔、王　振、张宝林
2	一种利用文冠果种子榨油的烘干装置	内蒙古农业大学	CN210374498U	实用新型	麻云霞、李钢铁、王利兵、毕泉鑫、郭欣宇、沈新然
3	一种保苗固沙框架	内蒙古农业大学	CN210113353U	实用新型	郭月峰、秦富仓、祁　伟、董晓宇、刘艳琦、徐雅洁、王　鑫、王　卓、仲　宸、刘　璐、刘晓宇

（续表）

序号	专利标题	申请人	公开号	专利类型	发明人
4	副干酪乳杆菌ALAC-4及其抑菌用途	内蒙古农业大学	CN110229768A	发明申请	陈忠军、满都拉、孙子羽、赵 洁、李晓婷、范 帅、高鹤尘、李海瑄、刘 静、郑中文
5	一种均匀加载拉力的单纤维拉力测量仪	内蒙古农业大学	CN210604201U	实用新型	吴桂芳、杨 明、包 兴、陈高峯
6	一种弯管列当寄生番茄的营养钵体系的建立方法	内蒙古农业大学	CN110352810A	发明申请	张之为、赵 君、柳慧卿、石胜华、王 娜、刘志达
7	一种腊叶标本固定装置	内蒙古农业大学	CN210203104U	实用新型	王树森、程冀文、王星北、张 平
8	一种移栽机的防滑联动装置	内蒙古农业大学	CN110521358A	发明申请	李旭英、马宏伟、张永志、郭文斌
9	一种无人机高光谱土壤识别研究用拍摄减震装置	内蒙古农业大学	CN211417627U	实用新型	皮伟强、杜建民、朱权坤、高新超、邵宇龙
10	一种外啮合背锥柱塞式新型生物质环模成型机	内蒙古农业大学	CN210792212U	实用新型	德雪红、张建超、葛 延、金 敏、吴桂芳、李南丁、郭文斌、李 强、蒋 迅
11	一种用于吸附木材干燥过程所释放VOCs的Ce-MOFs材料及使用方法	内蒙古农业大学	CN109967038A	发明申请	张晓涛、贺 勤、王 霞、李淑静、于建芳、李丽丽、王 哲、姚利宏、王雅梅、郝一男、王喜明
12	原麝肠道菌群多样性的检测方法	内蒙古农业大学	CN110512014A	发明申请	哈斯苏荣、苏日娜、孟根达来
13	植物组织培养接种装置	内蒙古农业大学	CN305551589S	外观设计	麻云霞、李钢铁、王利兵、闫晶秋子、李 星、李 敏、张 博、李俊杰
14	一种鉴定肉品新鲜度可视指示标签及其制作方法与应用	内蒙古农业大学	CN109975283A	发明申请	孙文秀、孙武亮、武玲玲、董同力嘎、靳 烨
15	一种用于海绵城市建设的水循环系统	内蒙古农业大学	CN109930655A	发明申请	郭月峰、祁 伟、姚云峰
16	一条特异性检测乳酸乳球菌株IMAU11823的基因及其扩增用引物对、试剂盒和方法	内蒙古农业大学	CN109468397A	发明申请	于 洁、孙志宏、张和平、李伟程、任 敏
17	一种检测牛肌肉*FASN*基因表达量的方法	内蒙古农业大学	CN109652562A	发明申请	敖日格乐、斯木吉德、王纯洁

（续表）

序号	专利标题	申请人	公开号	专利类型	发明人
18	一种快速检测食品中酒精含量的装置	内蒙古农业大学	CN109828088A	发明申请	满都拉、葛根塔娜、孙子羽、万永青、李　娜、崔占鑫、王瑞刚、段开红、陈忠军
19	一种检测牛肌肉 HSL 基因表达量的方法	内蒙古农业大学	CN109628562A	发明申请	敖日格乐、斯木吉德、王纯洁
20	一种用于野外啮齿动物毛发取样的装置	内蒙古农业大学	CN109708915A	发明申请	张　蓉、袁　帅、付和平、武晓东、杨素文、金永玲、郭乾伟、纪　羽、卜　凡、徐　凯、冀　超
21	一种便携式砒砂岩边坡种植沙棘的工具	内蒙古农业大学	CN210986981U	实用新型	党晓宏、高　永、蒙仲举、刘　阳、韩彦隆、姚　锐、翟　波、徐立杰、高　岩、李传福、王　雨、闫　宇
22	一种可移动式圆草捆回弹力测试试验台	内蒙古农业大学	CN110307954A	发明申请	郭文斌、刘海洋、王春光、刘晓东、王志鹏、齐文静、郁志宏、王洪波、储宏旭、李雨亨
23	一种沙地土壤结皮采样装置	内蒙古农业大学	CN210128842U	实用新型	麻云霞、李钢铁、蓝登明、姚庆智、张　博
24	一种快速检测食品中酒精含量的装置	内蒙古农业大学	CN209745944U	实用新型	满都拉、葛根塔娜、孙子羽、万永青、李　娜、崔占鑫、王瑞刚、段开红、陈忠军
25	一种通过改善绵羊瘤胃菌群结构提高羊肉品质和风味的方法	内蒙古农业大学	CN110199947A	发明申请	靳　烨、王柏辉、罗玉龙、赵丽华、苏　琳、田建军
26	半自动苹果套袋装置	内蒙古农业大学	CN210352393U	实用新型	周文禧、王泽亮、李东阳、吴　泽、杨伟浩
27	一种单目视觉测距方法	内蒙古农业大学	CN109489620A	发明申请	李美安、赵海平、史宝珠、田　润、刘　洋
28	一种实验室用巨菌草外皮分离器	内蒙古农业大学	CN210189891U	实用新型	麻云霞、李钢铁、王利兵、闫晶秋子、李　敏、杨　超、刘彦华
29	一种具有核—壳结构的 pH 响应智能抑菌垫及其制备方法与它的用途	内蒙古农业大学	CN110313514A	发明申请	孙文秀、孙武亮、刘晓娟、董信琛、武玲玲、董同力嘎、靳　烨
30	一种木材内裂在线无损检测方法及装置	内蒙古农业大学	CN110346519A	发明申请	于建芳、王　哲、王喜明、李丽丽、姚利宏、张晓涛、贺　勤、王雅梅、刘建霞、康凯强

（续表）

序号	专利标题	申请人	公开号	专利类型	发明人
31	一种用于海绵城市建设的水循环系统的雨水流量自调节装置	内蒙古农业大学	CN109944292A	发明申请	郭月峰、祁　伟、姚云峰
32	一种农业生产用暗管排水方法	内蒙古农业大学	CN109736276A	发明申请	闫建文、史海滨、李仙岳、王美荣、迟碧璇
33	一种腊叶标本固定装置	内蒙古农业大学	CN110074101A	发明申请	王树森、程冀文、王星北、张　平
34	一种新型鼠类科研饲养笼	内蒙古农业大学	CN210275472U	实用新型	曹晓娟、付和平、李文旭、薛艳伟、周显旭、卜　凡、冀　超、杨海瑞、袁　帅、武晓东
35	一种基于仿形平台的六自由度软连接聚拢指盘	内蒙古农业大学	CN211210582U	实用新型	高聚林、于晓芳、屈佳伟、马达灵、谢　岷
36	一种草地生态维护用灌溉装置	内蒙古农业大学	CN209527397U	实用新型	张　爽、卫智军
37	一种浑善达克沙地榆AM真菌分离装置	内蒙古农业大学	CN210340856U	实用新型	麻云霞、李钢铁、王利兵、梁田雨、马　媛
38	一种浑善达克沙地榆侵染菌根剥离装置	内蒙古农业大学	CN210340897U	实用新型	麻云霞、李钢铁、王利兵、梁田雨、马　媛
39	一种乳制品废水处理系统及处理方法	内蒙古农业大学	CN110240275A	发明申请	张晓晶、屈忠义、张　志、梅小乐、卢俊平、高　原、裘思谦、田浩良、杨　波、吴宇航、赵　唯、仝慧如、赵志恒
40	一种新型阻燃木质装饰材料	内蒙古农业大学	CN110216762A	发明申请	姚利宏、王喜明、李淑静、王　哲、刘睿静
41	一种密实化木基石墨烯导电复合材料的制备方法	内蒙古农业大学	CN110614691A	发明申请	王　丽、张晓涛、武　静、单晓飞、王喜明
42	落地灯（时间的纹理）	内蒙古农业大学	CN305647090S	外观设计	胡英辉
43	文冠果树修剪装置	内蒙古农业大学	CN305653376S	外观设计	麻云霞、李钢铁、郭欣宇、沈新然、刘彦华、杨　超、张　博、李俊杰、张月欣
44	一种文冠果杀青装置	内蒙古农业大学	CN211020932U	实用新型	麻云霞、李钢铁、杨　光、郭欣宇、沈新然、刘彦华、张　博、李俊杰、张月欣
45	文冠果采摘器	内蒙古农业大学	CN305713236S	外观设计	麻云霞、李钢铁、郭欣宇、沈新然、刘彦华、杨　超、张　博、李俊杰、张月欣

（续表）

序号	专利标题	申请人	公开号	专利类型	发明人
46	植物组织培养瓶	内蒙古农业大学	CN305554738S	外观设计	麻云霞、李钢铁、王利兵、闫晶秋子、李　星、李　敏、张　博、李俊杰
47	一种适用于荞麦剥壳机组满载运行的自动控制方法	内蒙古农业大学	CN110560202A	发明申请	张志强、乌兰图雅、吴英思、马一铭、李梦琳、康立菲、马宗雨、杜文亮
48	一种工程建设万用垫脚装置	内蒙古农业大学	CN211229597U	实用新型	高明星、丁　杰、方淑艳、李航天
49	多效唑·吡唑醚菌酯农药组合物在制备作物抗低温冷害化控调节剂中的应用	内蒙古农业大学	CN110024806A	发明申请	高聚林、王　振、王志刚、于晓芳、孙继颖、张宝林、胡树平、苏治军、包海柱、王富贵、屈佳伟、青格尔、马达灵、贾　琦、韩升才、李懿璞
50	一种过滤式农田土壤原位淋溶水收集装置	内蒙古农业大学	CN211292897U	实用新型	李　斐、邢海峰、赵巴音那木拉、温　馨、杨海波、德海山、兴　安
51	一种雨水利用的地铁防淋雨棚	内蒙古农业大学	CN211229664U	实用新型	丁　杰、高明星、方淑艳、李航天
52	一种新型多功能育苗装置	内蒙古农业大学	CN211458179U	实用新型	李青丰、林阔成、来　强、刘重阳、胡　杨
53	一种新型功能型木材及其制备方法与应用	内蒙古农业大学	CN110419353A	发明申请	于建芳、张　涛、王　哲、王喜明、米海娜、王雅梅、姚利宏、贺　勤
54	一种放牧围栏	内蒙古农业大学	CN210239353U	实用新型	王忠武、王占文、宋小辉、王悦骅、韩国栋
55	一种乳制品废水处理系统	内蒙古农业大学	CN210559636U	实用新型	张晓晶、屈忠义、张　志、梅小乐、卢俊平、高　原、裘思谦、田浩良、吴宇航、张自豪、赵　唯、仝慧如、孙耀辉
56	一种长柄扁桃快速繁殖的方法	内蒙古农业大学	CN110063260A	发明申请	白玉娥、白向东、王思冉、刘百超、代金玲、包国荣
57	一种双切割滚筒秸秆饲料收获机	内蒙古农业大学	CN209546324U	实用新型	田海清、盛　越、王　迪、王海庆、张　晶、李秀清、张　珏、于　洋、于智坤
58	一种地膜及根茎的回收压缩打捆装置	内蒙古农业大学	CN210417239U	实用新型	田海清、王　迪、刘忠舍、赵鹏飞、刘　飞、张　涛、贺长彬、岳　瑶、盛　越、于　洋、尚振禹、周贤达、高洪伟、王　浩、王智华、肖子卿、马　强

（续表）

序号	专利标题	申请人	公开号	专利类型	发明人
59	一种新型的抽拉式鼠类科研饲养笼	内蒙古农业大学	CN210275473U	实用新型	曹晓娟、付和平、李文旭、薛艳伟、周显旭、卜　凡、冀　超、杨海瑞、袁　帅、武晓东
60	一种杏树花发育花粉授粉装置	内蒙古农业大学	CN211268045U	实用新型	包文泉、敖　敦、陈俊星、张　裕
61	一种内啮合行星轮柱塞式新型生物质环模成型机	内蒙古农业大学	CN110497643A	发明申请	德雪红、郭文斌、李南丁、吴桂芳、金　敏、张建超、张永志、李　强、于立坤
62	一种干旱半干旱地区节水造林微灌渗漏头	内蒙古农业大学	CN110622836A	发明申请	唐国栋、蒙仲举、高　永、党晓宏、贾瑞庭
63	一种巨菌草旋转式切割设备	内蒙古农业大学	CN210551553U	实用新型	麻云霞、李钢铁、王利兵、闫晶秋子、李　敏、杨　超、刘彦华
64	一种喷洒土壤结皮生物材料的装置	内蒙古农业大学	CN210183839U	实用新型	麻云霞、李钢铁、闫晶秋子、杨　超、李　敏
65	一种预防动物啃食树木的制剂及其制备方法和防护套	内蒙古农业大学	CN110463722A	发明申请	党晓宏、高　永、唐国栋、胡春元、蒙仲举、刘　阳、李锦荣、贺俊玲、李传富、白浩江
66	一种光催化剂填料放置装置	内蒙古农业大学	CN211004731U	实用新型	赵　霜、盛显良、李　春
67	一种基于土工试验的土样萃取分离装置	内蒙古农业大学	CN211061291U	实用新型	高明星、丁　杰、方淑艳、李航天
68	一种装有新型覆土盘的播种覆膜机	内蒙古农业大学	CN211020289U	实用新型	杨树青、张万锋、刘　鹏、靳亚红、娄　帅、赵宏燕
69	一种便携式食品安全检测装置	内蒙古农业大学	CN211122527U	实用新型	苏　杰
70	一种家畜动态称重装置及其方法	内蒙古农业大学	CN110036919A	发明申请	武　佩、王　奎、刘艳秋、方　梅、宣传忠、王昊毅、杨建宁、薛　晶、张丽娜、于文波
71	植物组织培养生物反应器	内蒙古农业大学	CN305551590S	外观设计	麻云霞、李钢铁、王利兵、闫晶秋子、李　星、李　敏、张　博、李俊杰
72	一种外啮合背锥柱塞式新型生物质环模成型机	内蒙古农业大学	CN110497644A	发明申请	德雪红、张建超、葛　延、金　敏、吴桂芳、李南丁、郭文斌、李　强、蒋　迅
73	一种种子培育鲜草的生产设施	内蒙古农业大学	CN211532235U	实用新型	李青丰、林阔成、来　强、刘重阳、胡　杨

（续表）

序号	专利标题	申请人	公开号	专利类型	发明人
74	实时调节监控减水量及透光性系统	内蒙古农业大学	CN109739116A	发明申请	赵鸿彬、高　露、张圣微
75	一种α-蒎烯靶向性智能吸附的专用稀土金属La-MOFs吸附材料及其制备方法	内蒙古农业大学	CN109663575A	发明申请	张晓涛、于建芳、王　霞、李淑静、贺　勤、李丽丽、王　哲、姚利宏、王雅梅、郝一男、王喜明
76	一种靶位点鉴定方法	内蒙古农业大学	CN109680099A	发明申请	韩文静、张燕军、王瑞军、苏　蕊、王志英、李金泉
77	一种具有农药降解活性的植物乳杆菌、其制备方法及应用	内蒙古农业大学	CN110373367A	发明申请	张和平、陈永福、李常坤
78	一种适用于可视化智能家居的智能小车	内蒙古农业大学	CN210488320U	实用新型	王冬青、孙隆蚨
79	一种利用文冠果叶子制备茶叶的烘焙装置	内蒙古农业大学	CN210470896U	实用新型	麻云霞、李钢铁、王利兵、毕泉鑫、郭欣宇、沈新然
80	一种基于核磁共振3D打印木材定向结构的方法	内蒙古农业大学	CN110142840A	发明申请	姚利宏、王　哲、王喜明、郭　宇、李　超
81	一种自动钻孔攻丝装置	内蒙古农业大学	CN211565083U	实用新型	张　永、尹　玉、王　健、苏力德、宗哲英、巩彩丽
82	一种风沙两相流变角度冲蚀装置	内蒙古农业大学	CN110530751A	发明申请	陈松利、郭文斌、李丹岚、李　明、万大千、冬　梅、闫彩霞、甄　琦
83	一种植物组织培养架	内蒙古农业大学	CN210352553U	实用新型	麻云霞、李钢铁、杨　光、郭欣宇、沈新然
84	一种地膜及根茎的回收压缩打捆装置	内蒙古农业大学	CN110481911A	发明申请	田海清、王　迪、刘忠舍、赵鹏飞、刘　飞、张　涛、贺长彬、岳　瑶、盛　越、于　洋、尚振禹、周贤达、高洪伟、王　浩、王智华、肖子卿、马　强
85	一种植被定植器具	内蒙古农业大学	CN210725989U	实用新型	齐　雪、王明玖、阿拉坦其木格
86	一种刺激响应的靶向聚多糖超分子诊疗组装体及其制备方法	内蒙古农业大学	CN110732027A	发明申请	张玉辉、郭泽宇、王　杰、盛显良、王李娟、宋明瑞、王　博
87	一种自主越障式擦玻璃机器人的越障系统及其机器人	内蒙古农业大学	CN110051262A	发明申请	王潇云、刘江平、王　智、王荣升、李光圆、薛河儒、商鹏飞、张家乐、翟彬彬、宋琪英

（续表）

序号	专利标题	申请人	公开号	专利类型	发明人
88	一种自主越障式擦玻璃机器人的越障系统及其机器人	内蒙古农业大学	CN110051262B	发明授权	王潇云、刘江平、王　智、王荣升、李光圆、薛河儒、商鹏飞、张家乐、翟彬彬、宋琪英
89	一种新型基于仿形机构的科研用农机机架	内蒙古农业大学	CN211210420U	实用新型	高聚林、苏治军、王富贵、刘　剑、李懿璞
90	一种沙棘果实清洗装置	内蒙古农业大学	CN211241656U	实用新型	党晓宏、蒙仲举、高　永、刘　阳、唐国栋、翟　波、张　超、高　岩、闫　宇、王　浩、迟　旭
91	冻干鹿角胶的加工方法	内蒙古农业大学	CN110250501A	发明申请	闫鑫磊、郭　军、韩汶荧、汪　洋、黄亚东、雒　帅、刘梦静、白　扬
92	一种模块化展示用具	内蒙古农业大学	CN210902345U	实用新型	毕力格巴图、塔　拉、范　斌、郭继业、杨宝音图
93	河流深水取水装置	内蒙古农业大学	CN211652235U	实用新型	杨　红、郝拉柱、李汗青、魏　乐、梁　卉、张　琦、于庆峰、高宏伟、包永红、杨　进、王召庆
94	一种三维超声波风向风速仪的安装支架	内蒙古农业大学	CN211040320U	实用新型	闫　敏、左合君、张　晔、席　成、乔　硕
95	一种潜水深度测流取水一体装置	内蒙古农业大学	CN210979044U	实用新型	郝拉柱、杨　红、高宏伟、于庆峰、包永红、李汗青、魏　乐、梁　卉、张　琦、姚雨彤、石　峰、裴国霞
96	一种可移动式圆草捆回弹力测试试验台	内蒙古农业大学	CN110307954B	发明授权	郭文斌、刘海洋、王春光、刘晓东、王志鹏、齐文静、郁志宏、王洪波、储宏旭、李雨亨
97	文冠果树施肥装置	内蒙古农业大学	CN305667706S	外观设计	麻云霞、李钢铁、郭欣宇、沈新然、刘彦华、杨　超、张　博、李俊杰、张月欣
98	展架（模块化）	内蒙古农业大学	CN305913679S	外观设计	毕力格巴图、塔　拉、范　斌、郭继业、杨宝音图
99	一种低碳环保园林绿化装置	内蒙古农业大学	CN209949980U	实用新型	旭日纳
100	中间锦鸡儿 *CiCPK10* 基因在调控植物抗逆性的应用	内蒙古农业大学	CN110241122A	发明申请	李国婧、于秀敏、杨　杞、万永青、王光霞、王瑞刚、张旭婷
101	一种科研育种专用小区画行器	内蒙古农业大学	CN211128957U	实用新型	胡树平、王志刚、包海柱、韩升才、闹干朝鲁

（续表）

序号	专利标题	申请人	公开号	专利类型	发明人
102	一种园艺修草装置	内蒙古农业大学	CN211509849U	实用新型	胡 云、赵淑文、李 明、黄修梅、王雪玉
103	一种发根农杆菌介导的中间锦鸡儿毛状根遗传转化体系的建立及优化方法	内蒙古农业大学	CN110669786A	发明申请	万永青、柳金华、杨 闯、李国婧、王瑞刚
104	一种文冠果壳活性炭基水凝胶的制备方法及其应用	内蒙古农业大学	CN110227421A	发明申请	郝一男、王任飞、王喜明、红 岭、丁立军
105	一种木质活性炭本体负载二氧化钛材料及其制备方法和应用	内蒙古农业大学	CN110732319A	发明申请	刘文静、张明辉、王 斌
106	样方框	内蒙古农业大学	CN209470898U	实用新型	王树彦、格根图、赵金花、王建光、李青丰、徐 军
107	一种文冠果采摘装置	内蒙古农业大学	CN211152809U	实用新型	麻云霞、李钢铁、杨 光、郭欣宇、沈新然、刘彦华、张 博、李俊杰、张月欣
108	一种被子植物花部器官的线粒体荧光标记方法	内蒙古农业大学	CN110646391A	发明申请	康萨如拉、赵 坤、哈斯敖其尔、宝海风
109	一种用于马属动物的冲胚装置及冲胚方法	内蒙古农业大学	CN109966006A	发明申请	格日乐其木格、神英超、任 宏、王希生、白东义、张心壮、赵一萍、李 蓓、芒 来
110	一种金和氧化物载体复合催化剂的制备方法及其催化生物乙醇制备烃类液态生物燃料的应用	内蒙古农业大学	CN110479304A	发明申请	史全全、巩 霞、李 杲、平贵臣、许 辉
111	一种干旱半干旱地区节水造林微灌渗漏头	内蒙古农业大学	CN210726273U	实用新型	唐国栋、蒙仲举、高 永、党晓宏、贾瑞庭
112	一种地形地貌测量装置	内蒙古农业大学	CN211317282U	实用新型	陈家欢、杨 宇、高 永、袁立敏、黄海广
113	一种基于 Hadoop 的基因序列并行比对方法	内蒙古农业大学	CN110070911A	发明申请	冯晓龙、高 静
114	一种高透气性 PLD×L 共聚物薄膜及其制备方法和在果蔬保鲜中的应用	内蒙古农业大学	CN110511412A	发明申请	云雪艳、董同力嘎、陆 浩、杨 阳、苏米亚
115	一种丛枝菌根孢子筛选装置	内蒙古农业大学	CN210340857U	实用新型	麻云霞、李钢铁、左合君、王利兵、闫晶秋子、杨 超、李 敏、刘彦华

（续表）

序号	专利标题	申请人	公开号	专利类型	发明人
116	一种不同地类土壤和地下水水盐运移实验模拟箱及方法	内蒙古农业大学	CN110082503A	发明申请	史海滨、苗庆丰、王国帅、李仙岳、杨树青、闫建文、李瑞平、李为萍、李　祯、郑　倩、徐　昭、王维刚、张文聪、郭珈玮、周　慧
117	一种利用室内培养皿体系建立向日葵列当寄生番茄的方法	内蒙古农业大学	CN110393129A	发明申请	张　键、赵　君、柳慧卿、石胜华、王　娜、刘志达
118	一种模块化展示用具	内蒙古农业大学	CN110464169A	发明申请	毕力格巴图、塔　拉、范　斌、郭继业、杨宝音图
119	一种内啮合行星轮柱塞式新型生物质环模成型机	内蒙古农业大学	CN211138241U	实用新型	德雪红、郭文斌、李南丁、吴桂芳、金　敏、张建超、张永志、李　强、于立坤
120	中间锦鸡儿组织特异性启动子 CiNAC038及其应用	内蒙古农业大学	CN110408619A	发明申请	李国婧、武春燕、万永青、王燕飞、刘　槟、苏雨萌、白明珠、杨　杞、杨飞芸、王瑞刚
121	一种风沙区采煤沉陷输电线路塔基沉降方法	内蒙古农业大学	CN110644522A	发明申请	党晓宏、蒙仲举、高　永、李锦荣、刘　阳、韩彦隆、唐国栋、潘　霞、张　超、徐立杰
122	一种检测乳酸乳球菌BL19的引物及检测方法	内蒙古农业大学	CN109457038A	发明申请	钟　智、孙志宏、张和平、任　敏、李伟程
123	一种为蒸发皿取原状土的取土装置	内蒙古农业大学	CN211042780U	实用新型	杨树青、刘　鹏、张万锋、靳亚红、娄　帅、许　媛
124	一种百里香高效采集装置	内蒙古农业大学	CN210928665U	实用新型	韩　峰、王忠武、赵淑文、张晓明、李治国、屈志强
125	一种土木工程实地测量装置	内蒙古农业大学	CN210952659U	实用新型	王国忠、吴　聪、李海军
126	一种草原遥感监测无人机	内蒙古农业大学	CN211055406U	实用新型	敖　敦、包文泉、陈俊星、张　裕
127	文冠果存储装置	内蒙古农业大学	CN305755120S	外观设计	麻云霞、李钢铁、郭欣宇、沈新然、刘彦华、杨　超、张　博、李俊杰、张月欣
128	台式灯（时间的纹理）	内蒙古农业大学	CN305647089S	外观设计	胡英辉
129	土壤生物结皮培养装置	内蒙古农业大学	CN305611585S	外观设计	麻云霞、李钢铁、王利兵、闫晶秋子、李　星、李　敏、张　博、李俊杰

（续表）

序号	专利标题	申请人	公开号	专利类型	发明人
130	一种家畜动态称重装置	内蒙古农业大学	CN210017369U	实用新型	武　佩、王　奎、刘艳秋、方　梅、宣传忠、王昊毅、杨建宁、薛　晶、张丽娜、于文波
131	一种便携式可折叠电子体重秤	内蒙古农业大学	CN210487055U	实用新型	侯　清、宗哲英、杨家欢、王　祯、刘国强
132	一种半自动红枣采摘收集一体化设备	内蒙古农业大学	CN110012729A	发明申请	杜国正、张　永、王　健、宗哲英、苏力德
133	实时调控增减天然降水及透光性系统	内蒙古农业大学	CN109661945A	发明申请	赵鸿彬、张圣微、高　露
134	一种风沙采煤沉陷区输电线路塔基装置	内蒙古农业大学	CN210798457U	实用新型	党晓宏、高　永、蒙仲举、刘　阳、唐国栋、潘　霞、徐立杰、李克文、白浩江
135	一种移栽机用镇压机构	内蒙古农业大学	CN211607345U	实用新型	王召龙、崔自然、李大鹏、刘　飞、林　震、邬丙寅、赵显超
136	一种土壤结皮强度测试装置	内蒙古农业大学	CN210293933U	实用新型	麻云霞、李钢铁、杨　光、郭欣宇、沈新然
137	一种装饰用木丝板及其制备方法	内蒙古农业大学	CN110253704A	发明申请	姚利宏、王　哲、王喜明、李英洁、李　超
138	一种鼠类科研饲养笼	内蒙古农业大学	CN110268987A	发明申请	付和平、曹晓娟、李文旭、周显旭、薛艳伟、卜　凡、冀　超、杨海瑞、袁　帅、武晓东
139	一种新型巨菌草样本分切装置	内蒙古农业大学	CN210336082U	实用新型	麻云霞、李钢铁、左合君、王利兵、闫晶秋子、杨　超、李　敏、刘彦华
140	一种文冠果籽榨油提油装置	内蒙古农业大学	CN211274773U	实用新型	麻云霞、李钢铁、郭欣宇、沈新然、刘彦华、杨　超、张　博、李俊杰
141	一种同时检测3种病毒的Taqman探针荧光定量PCR试剂盒及方法	内蒙古农业大学	CN110564893A	发明申请	格日勒图、黄天鹏、包伟东
142	一种响应面法优化蓝刺头总黄酮提取工艺的研究方法	内蒙古农业大学	CN110289071A	发明申请	王　宇、郝　光、杨　英、李建云、张剑柄
143	一种用于野外啮齿动物毛发取样的装置	内蒙古农业大学	CN209878357U	实用新型	杨素文、袁　帅、付和平、武晓东、张　蓉、金永玲、郭乾伟、纪　羽、卜　凡、李　鑫、李琳琳、杨海瑞

（续表）

序号	专利标题	申请人	公开号	专利类型	发明人
144	一种玉米抗旱种衣剂及其应用	内蒙古农业大学	CN109964953A	发明申请	高聚林、屈佳伟、于晓芳、孙继颖、王志刚、王　振、胡树平、苏治军、包海柱、闹干朝鲁、谢　岷、青格尔、刘　剑、王富贵、韩升才、李懿璞、马达灵、田　磊
145	一种新型变容施洒机构	内蒙古农业大学	CN211531808U	实用新型	李　明、高　永、李丹岚、甄　琦、孙　凯、冬　梅、王海超
146	白菜柔性包纸机	内蒙古农业大学	CN209889193U	实用新型	杨伟浩、李东阳、吴　泽、王泽亮、周文禧
147	一种牛排腌制剂、制作牛排的方法以及牛排	内蒙古农业大学	CN110214895A	发明申请	赵丽华、靳　烨、孙学颖、杜　梅、吴　敬、苏　琳、田建军
148	一种多重防臭地漏	内蒙古农业大学	CN210713142U	实用新型	郝益婷、闫建文、付　昊
149	一种基于 ERP 技术的音乐模式调节方法	内蒙古农业大学	CN110074780A	发明申请	高明星、朱守林、方淑艳、刘凤娇
150	定性和/或定量检测鼠李糖乳杆菌的特异性引物、试剂盒和方法	内蒙古农业大学	CN109943655A	发明申请	钟　智、张和平、孙志宏、李伟程、高　旭
151	一种小麦秸秆护坡材料的研制方法	内蒙古农业大学	CN110053117A	发明申请	郝一男、王喜明、丁立军、红　岭
152	中间锦鸡儿诱导型启动子 CiNAC071 及其应用	内蒙古农业大学	CN110408618A	发明申请	杨　杞、刘　杨、李国婧、王燕飞、柳金华、田晓娜、李志红、牛俊美、韩晓东、王瑞刚
153	一种园林花盆架	内蒙古农业大学	CN210641578U	实用新型	胡晓龙、贾永红、姚　彤、张富荣
154	一种复合菌根生物肥及其制备方法和应用	内蒙古农业大学	CN110668876A	发明申请	姚庆智、闫　伟、魏　杰、李　敏、殷远滔、石俊庭
155	一种鼠类科研饲养笼收集排泄物装置	内蒙古农业大学	CN210328899U	实用新型	曹晓娟、付和平、李文旭、周显旭、薛艳伟、卜　凡、冀　超、杨海瑞、袁　帅、武晓东
156	一种地下管廊的电气火灾监控设备	内蒙古农业大学	CN210532014U	实用新型	李　昂、张　恒、李　敏
157	用于活体植物上的小型昆虫观察笼	内蒙古农业大学	CN210113965U	实用新型	万　炜、段立清、薄高峰、李可琢、周　卓

（续表）

序号	专利标题	申请人	公开号	专利类型	发明人
158	一种保留花青素蓝莓果醋的酿造方法	内蒙古农业大学	CN109735426A	发明申请	陈忠军、满都拉、孙子羽、徐　娜、屈　嫒、张保军、郭月英
159	一种 Nd-MOFs 气体吸附材料及其制备方法和应用	内蒙古农业大学	CN109759020A	发明申请	张晓涛、王　霞、于建芳、李淑静、贺　勤、李丽丽、王　哲、姚利宏、王雅梅、郝一男、王喜明
160	一种检测牛肌肉 PPARγ 基因表达量的方法	内蒙古农业大学	CN109652511A	发明申请	斯木吉德、敖日格乐、王纯洁
161	发酵香肠中植物乳杆菌的快速定量检测方法	内蒙古农业大学	CN109554442A	发明申请	田建军、张开屏、杨明阳、赵丽华、靳　烨
162	一种嗜热链球菌 IMAU20756 及其应用	内蒙古农业大学	CN110305816A	发明申请	丹　彤、张和平、陈海燕
163	一种新型的昆虫展翅板	内蒙古农业大学	CN210929351U	实用新型	史　丽
164	可调节穿戴式猪只行为信息采集装置	内蒙古农业大学	CN210961926U	实用新型	靳　敏、王春光、杜海峰、李斯琴高娃、金额尔都木吐、青　林
165	草地固定样方调查中样方的设置及搜寻方法	内蒙古农业大学	CN109916383A	发明申请	王树彦、赵金花、格根图、李青丰、王建光、徐　军
166	一种发酵蒲公英饲料添加剂及其制备方法和应用	内蒙古农业大学	CN110663818A	发明申请	齐景伟、王瑞芳、安晓萍、刘　娜、王　园、任雪荣、安禹宁、宋懿峰
167	一种马蹄钉收集装置	内蒙古农业大学职业技术学院	CN210282262U	实用新型	杜立峰、郭永清、郭志凯、张小宇、赵宇飞、任　宏、王　勇、文　强、赵　旭
168	一种马匹单独喂料装置	内蒙古农业大学职业技术学院	CN209931189U	实用新型	张小宇、杜晨光、张俊杰、闫　睿、刘志新
169	一种畜牧兽医用打针固定架	内蒙古农业大学职业技术学院	CN211485063U	实用新型	李国俊
170	一种可折叠小拱棚	内蒙古农业大学职业技术学院	CN210746383U	实用新型	姚　彤、张富荣、贾永红、贺亮生
171	一种橡木桶消毒清洗机	内蒙古农业大学职业技术学院	CN211938286U	实用新型	赵雪平、李正英、王燕荣、刘　敏、曹志军、张美枝
172	一种兽医用灌药器	内蒙古农业大学职业技术学院	CN211750270U	实用新型	郭凤英

（续表）

序号	专利标题	申请人	公开号	专利类型	发明人
173	一种兽医用兽药粉碎机	内蒙古农业大学职业技术学院	CN211801100U	实用新型	郭凤英
174	一种展示台	内蒙古农业大学职业技术学院	CN210989358U	实用新型	于荣娟、高　吉
175	一种电子商务用展示装置	内蒙古农业大学职业技术学院	CN211269665U	实用新型	康耀武
176	一种运动马心率检测护腿	内蒙古农业大学职业技术学院	CN210286735U	实用新型	赵宇飞、陈玉洁、赵姝娴、王晓铄
177	一种畜牧兽医用的幼崽散养笼	内蒙古农业大学职业技术学院	CN211153238U	实用新型	郭志凯
178	一种母猪乳头保护装置	内蒙古农业大学职业技术学院	CN210275497U	实用新型	王晓铄、韩志金
179	一种车门开启过程中的防撞装置	内蒙古农业大学职业技术学院	CN210062817U	实用新型	王　东、王利鹤、刘　杰、丛宇飞、王少博、赵永来、李国俊、范　青、李　盼、刘志强
180	一种可折叠的犊牛饲喂架	内蒙古农业大学职业技术学院	CN209964926U	实用新型	陈玉洁、侯文乾、韩志金、郭永清、赵宇飞、郭志凯、沈向华、张　翀、海日汗
181	一种新型柱形速清型沉淀池	内蒙古农业大学职业技术学院	CN211635360U	实用新型	贾辛慧、王彦隽、岳志芳、杨海燕、闫永利
182	基于 App 控制的全景综合布线教学模型	内蒙古农业大学职业技术学院	CN211062322U	实用新型	刘玉敏、郭　彬、郭艳光、赵　君、包永红、常兴龙、葛振涛、路建行、王宏宇、李慧敏
183	一种自配料的施液态改良剂的装置	内蒙古农业大学职业技术学院	CN211353092U	实用新型	赵永来、王利鹤、张　旭、李　颖、高　伟、牛文学、李国俊、宝秋利、王　新、刘　杰、王　东、张　艺、刘　勇、张　帅、徐　臻、王　祥
184	一种用于新移栽树木的护理架	内蒙古农业大学职业技术学院	CN211210807U	实用新型	宝秋利、代海燕、梁显丽、刘银鸽、赵　君
185	一种畜牧兽医用口腔撑开装置	内蒙古农业大学职业技术学院	CN211243896U	实用新型	郭志凯
186	一种立体几何图形的虚拟展示装置	内蒙古农业大学职业技术学院	CN210896112U	实用新型	于荣娟、郜宏宽、周艳秋
187	一种组装温室大棚	内蒙古农业大学职业技术学院	CN210726181U	实用新型	姚　彤、张富荣、贾永红、贺亮生

（续表）

序号	专利标题	申请人	公开号	专利类型	发明人
188	一种配备电击马刺的功能性马靴	内蒙古农业大学职业技术学院	CN209915125U	实用新型	赵宇飞、吴倡毓、王怀栋、郭永清
189	一种脉冲式振动深松机	内蒙古农业大学职业技术学院	CN211557889U	实用新型	赵永来、牛文学、张　旭、翟　鹏、高　伟、王利鹤、丁亚庆、蔺建波、刘志强、康　超、张　勇、苗　佳、刘晓宇
190	一种古典概型数学概率模拟装置	内蒙古农业大学职业技术学院	CN210955700U	实用新型	王瑞星、梁显丽、程慧娟
191	一种新型马匹眼罩	内蒙古农业大学职业技术学院	CN211020504U	实用新型	王晓铄、王怀栋、任　宏、王　勇
192	一种可旋转立体晾晒架	内蒙古农业大学职业技术学院	CN210746991U	实用新型	李　明、赵　君、刘金泉、胡　云、贺亮生
193	一种马匹保定装置	内蒙古农业大学职业技术学院	CN210077936U	实用新型	张小宇、文　强、郭永清、孔令海、郭　园
194	立交桥（城市）	内蒙古农业大学职业技术学院	CN305368069S	外观设计	吴晓丽、董素芹、康逢明、王志宇、宋贵文、宁建新、张宏妍、王建华
195	一种动力电池组应急灭火系统	内蒙古农业大学职业技术学院	CN210612730U	实用新型	刘志强、李国俊、张　艺、赵永来、刘　杰、牛文学、高　伟、李　盼、王利鹤、谭海鸥
196	一种郁金香专用植物组织培养装置	内蒙古农业大学职业技术学院	CN211430472U	实用新型	李发虎、鲁富宽、严海欧、李龙梅、侯　佳、李建文
197	一种椭圆的一次成型绘制工具	内蒙古农业大学职业技术学院	CN210911801U	实用新型	于荣娟、祝　鹏、王利鹤
198	一种新型雨水处理回用装置	内蒙古农业大学职业技术学院	CN211497200U	实用新型	岳志芳、王彦隽、杨海燕、闫永利、贾辛慧、韩　珍
199	一种马蹄钉收集装置	内蒙古农业大学职业技术学院	CN110253523A	发明申请	王　勇、杨　进、任　宏、杜立峰、郭永清、张小宇、赵宇飞、赵　旭、文　强、郭志凯
200	一种奶酪生产用杀菌装置	内蒙古农业大学职业技术学院	CN211558661U	实用新型	曹志军、刘　敏、赵雪平、韩　琬、刘春晓、郝　忠
201	一种橡木桶陈酿密封装置	内蒙古农业大学职业技术学院	CN209923305U	实用新型	赵雪平、李正英、王燕荣、刘　敏、曹志军、张美枝
202	一种水利工程用的梯形渠液压闸门	内蒙古农业大学职业技术学院	CN210194562U	实用新型	程慧娟、乔俊飞、胡　敏、张俊友、闫永利

（续表）

序号	专利标题	申请人	公开号	专利类型	发明人
203	一种高效饲喂圆盘猪栏	内蒙古农业大学职业技术学院	CN210746606U	实用新型	张燕斌、王彦隽、吴晓丽、于　洁
204	一种计算机机箱插孔用紧固装置	内蒙古农业大学职业技术学院	CN209606901U	实用新型	闫　凤
205	一种运动马运动量监测护腿	内蒙古农业大学职业技术学院	CN210286736U	实用新型	赵宇飞、郭永清、杜立峰、张小宇、高　伟、赵姝娴
206	一种配备电击马刺的功能性马靴	内蒙古农业大学职业技术学院	CN110089797A	发明申请	赵宇飞、吴倡毓、王怀栋、郭永清
207	一种植物组织培养容器	内蒙古农业大学职业技术学院	CN210445210U	实用新型	李发虎、刘金泉、侯　佳、李龙梅、李　明、李建文
208	一种自行车适配滑冰装置	内蒙古农业大学职业技术学院	CN110091941A	发明申请	王　东、王齐生、郝承宇、潘成龙、赵永来、李国俊、刘　杰、范　青、李　盼、刘志强
209	一种用于车门防撞系统的拉线离合装置	内蒙古农业大学职业技术学院	CN210178141U	实用新型	王　东、丛宇飞、王少博、赵永来、李国俊、王利鹤、刘　杰、范　青、李　盼、刘志强
210	一种新型递级卡滤式污水沉淀池	内蒙古农业大学职业技术学院	CN211611933U	实用新型	贾辛慧
211	一种装配式建筑混凝土剪力墙结构	内蒙古农业大学职业技术学院	CN211690919U	实用新型	寇俊敏、张俊友
212	一种畜牧兽医用药液搅拌装置	内蒙古农业大学职业技术学院	CN211329078U	实用新型	李国俊
213	一种电气自动化配电柜	内蒙古农业大学职业技术学院	CN209448267U	实用新型	苏　洁、吴晓丽、于　洁、吕彩霞、吴菲菲、赵　戎
214	利用生物炭肥提高受损农田有机质含量的改良设备及方法	内蒙古农业大学职业技术学院	CN110214501A	发明申请	赵永来、张　旭、王利鹤、李　颖、高　伟、牛文学、李国俊、宝秋利、王　新、高志发、刘　杰、王　东、岳进宝、张　艺、谭海鸥
215	一种汽车美容打蜡装置	内蒙古农业大学职业技术学院	CN211308514U	实用新型	苗　佳、蔺建波、厍银柱、李　盼、王　新
216	一种建筑用水泵过滤装置	内蒙古农业大学职业技术学院	CN211536744U	实用新型	岳志芳、杨海燕
217	一种自行车适配滑冰装置	内蒙古农业大学职业技术学院	CN210175032U	实用新型	王　东、王齐生、郝承宇、潘成龙、赵永来、李国俊、刘　杰、范　青、李　盼、刘志强
218	一种用于农产品电子商务的教学装置	内蒙古农业大学职业技术学院	CN210777224U	实用新型	康耀武

（续表）

序号	专利标题	申请人	公开号	专利类型	发明人
219	一种测量气吹式深松机作业土面抬升量的实验装置	内蒙古农业大学职业技术学院	CN210774007U	实用新型	牛文学、赵永来、谢玉辉、李国俊、宝秋利、张　旭、高　伟、王利鹤、张海东、吴岳志、刘向辉、麻如锦
220	一种立交桥外挂悬壁花坛	内蒙古农业大学职业技术学院	CN210726123U	实用新型	吴晓丽、董素芹、康逢明、王志宇、宋贵文、宁建新、张宏妍、王建华
221	一种拥有新型防护栏的立交桥	内蒙古农业大学职业技术学院	CN210288104U	实用新型	吴晓丽、董素芹、康逢明、王志宇、宋贵文、宁建新、张宏妍、王建华
222	一种水利工程用的管道闸门	内蒙古农业大学职业技术学院	CN209875989U	实用新型	程慧娟、胡　敏、闫永利、张俊友、乔俊飞
223	一种新型智能安全充电插头	内蒙古农业大学职业技术学院	CN209448084U	实用新型	吴晓丽、苏　洁、于　洁、康逢明、银　杰
224	一种奶酪乳清压榨装置	内蒙古农业大学职业技术学院	CN211882019U	实用新型	刘　敏、曹志军、刘春晓、韩　琬、赵雪平、胡炜东
225	一种训练马的胡萝卜喂食装置	内蒙古农业大学职业技术学院	CN211703278U	实用新型	王晓铄、王怀栋、任　宏、王　勇
226	一种自带食槽可拆装式分栏羊舍	内蒙古农业大学职业技术学院	CN210929039U	实用新型	张燕斌、王昭庆、王彦隽、银　杰
227	一种行距可调多用开沟器机架	内蒙古农业大学职业技术学院	CN211019952U	实用新型	高世华、杨　进、王富贵、马慧敏、王　勇、李　瑞、张海钊
228	一种葡萄酒瓶内壁清洗除垢装置	内蒙古农业大学职业技术学院	CN211027394U	实用新型	赵雪平、李正英、王燕荣、刘　敏、曹志军、张美枝
229	一种数据评估方法和系统	内蒙古农业大学，五原县农牧和科技局	CN110298596A	发明申请	王丽萍、屈忠义、马贵仁、刘永刚、李二珍、靳存旺
230	一种饼干自动成型装置	内蒙古农业大学，内蒙古吉勋农业科技有限公司	CN211241483U	实用新型	陈晓晶、徐忠山、刘景辉、赵宝平、杨彦明
231	一种用于杂粮饼干的原料搅拌装置	内蒙古农业大学，内蒙古吉勋农业科技有限公司	CN211064854U	实用新型	徐忠山、陈晓晶、刘景辉、赵宝平、杨彦明
232	一种羊肉的分割方法	内蒙古农业大学，内蒙古金莱牧业科技有限责任公司	CN109874850A	发明申请	张保军、王瑞军、苏　蕊、刘志红、王志英、张燕军、贺银凤、李金泉

（续表）

序号	专利标题	申请人	公开号	专利类型	发明人
233	包装盒（大青山山羊肉）	内蒙古农业大学，内蒙古金莱牧业科技有限责任公司	CN305592546S	外观设计	王瑞军、李广平、苏　蕊、张　磊、王凤红
234	一种排酸羊肉的制备方法及其得到的排酸羊肉	内蒙古农业大学，内蒙古金莱牧业科技有限责任公司	CN109770234A	发明申请	张保军、田建军、王志英、王瑞军、刘志红、苏　蕊、张燕军、贺银凤、李金泉
235	一种单板切削用木段处理条件的确定和处理效果评定方法	内蒙古农业大学	CN111308057A	发明申请	青　龙、王喜明、李哲锋
236	一种利用乳酸菌饲粮改善羊肉品质的方法	内蒙古农业大学	CN110915757A	发明申请	靳　烨、罗玉龙、王柏辉、赵丽华、苏　琳、田建军
237	用于检测马、驴、马骡以及驴骡源性成分的引物组及检测试剂盒	内蒙古农业大学	CN110964837A	发明申请	格日乐其木格、王希生、张心壮、神英超、纳日嘎、芒　来
238	一种纳米材料增强热处理木材室外耐久性的处理方法	内蒙古农业大学	CN110936453A	发明申请	邢　东
239	一种基于纳米石墨烯的多功能超分子组装体及其制备方法和应用	内蒙古农业大学	CN110152017A	发明申请	张玉辉、王　杰、王丽荣、盛显良、王李娟、姚文瀚
240	一种用于养殖牛的生态式养殖圈	内蒙古农业大学	CN110810253A	发明申请	张旭光、张　南
241	一种骆驼阴道蝇蛆病外用乳剂及其制备方法	内蒙古农业大学	CN111053805A	发明申请	何秀玲、哈斯苏荣、白努文其木格
242	一种园林设计学沙盘教具	内蒙古农业大学	CN111223378A	发明申请	武若栋
243	一种调理肉饼的制备工艺	内蒙古农业大学	CN111406900A	发明申请	赵丽华、孙学颖、苏　琳、吴　敏、田建军、靳　烨、段　艳、郭月英、杜　梅
244	一种移动RFID系统标签到达率的预测方法	内蒙古农业大学	CN110991204A	发明申请	张立倩、付学良、李宏慧
245	一种可控变量铺施机构	内蒙古农业大学	CN110999577A	发明申请	李　明、高　永、李丹岚、甄　琦、孙　凯、冬　梅、王海超

（续表）

序号	专利标题	申请人	公开号	专利类型	发明人
246	中间锦鸡儿 *CiCPK32* 基因在调控植物抗逆性的应用	内蒙古农业大学	CN110184253A	发明申请	李国婧、于秀敏、王瑞刚、杨飞芸、丛靖宇、红格日其其格、杨天瑞
247	一种用于养殖牛的生态式养殖圈	内蒙古农业大学	CN110741953A	发明申请	张旭光、张　南
248	一种荞麦气力脱壳装置及其脱壳方法	内蒙古农业大学	CN110773253A	发明申请	郭　芳、佟　鑫、张　晨、周云鹤、陈　智、慕厚春
249	基于多层虚拟拓扑节能的 SDN 数据中心网络流量调度算法	内蒙古农业大学	CN110765595A	发明申请	李宏慧、付学良、李炜东
250	一种基于 Hadoop 的基因组索引构建的分布式并行计算方法	内蒙古农业大学	CN111028897A	发明申请	冯晓龙、高　静
251	一种家畜牧食声音信号采集装置及使用该装置的采集方法	内蒙古农业大学	CN110856064A	发明申请	武　佩、王　奎、于文波、刘飞龙、薛　晶、宣传忠、苏　赫、王昊毅、杨建宁
252	基于吞噬的粒子群遗传混合算法的云任务调度方法	内蒙古农业大学	CN110851272A	发明申请	付学良、孙　扬、李宏慧
253	一种用于制备生防微胶囊菌剂的多孔造粒装置	内蒙古农业大学	CN111097342A	发明申请	周洪友、王　东、郑　伟、孟焕文、张　妞
254	一种选育高产文冠果品系的方法	内蒙古农业大学	CN110915450A	发明申请	麻云霞、李钢铁、郭欣宇、沈新然
255	一种体外分离培养蒙古马睾丸支持细胞的方法	内蒙古农业大学	CN111088215A	发明申请	李　蓓、宋连杰、张心壮、赵一萍、白东义、芒　来、任秀娟、崔迎迎、特日格乐
256	一种氧化铜和二氧化钛异质结复合催化剂及其制备方法和用途	内蒙古农业大学	CN110449154A	发明申请	史全全、平贵臣、巩　霞、李金梅、丁洪晶、许　辉
257	一种物料精准调节铺施机构	内蒙古农业大学	CN111083953A	发明申请	李　明、李丹岚、甄　琦、孙　凯、冬　梅、王海超
258	一种骆驼阴道蝇蛆病外用软膏剂及其制备方法	内蒙古农业大学	CN110974839A	发明申请	哈斯苏荣、何秀玲、白玉廷、白努文其木格
259	一株防控腐烂茎线虫的枯草芽孢杆菌 ZWZ-19 及其应用	内蒙古农业大学	CN110878272A	发明申请	王　东、周洪友、张　妞、孟焕文、赵远征

（续表）

序号	专利标题	申请人	公开号	专利类型	发明人
260	一种水酶法同时制备文冠果油和文冠果蛋白的方法	内蒙古农业大学	CN110862862A	发明申请	麻云霞、李钢铁、郭欣宇、沈新然
261	一株对杂花苜蓿有明显增产效果的根瘤菌株	内蒙古农业大学	CN111172041A	发明申请	石凤翎、闫　伟、钱亚斯、张雨桐、乔　雨
262	一种适用于制作马属动物卵巢石蜡切片的方法	内蒙古农业大学	CN110926907A	发明申请	格日乐其木格、神英超、陶　力、王希生、白东义、赵一萍、张心壮、李　蓓、芒　来
263	促进马铃薯试管苗繁育的复合菌剂及其制备和使用方法	内蒙古农业大学	CN111073832A	发明申请	唐　凯、李　蘅、路晓培、杨杉杉、冯福应、袁　博、云欣悦、郭慧玲
264	一种使用便携式钾离子计进行的马铃薯钾素营养快速诊断装置及方法	内蒙古农业大学	CN110455990A	发明申请	王娜娜、秦永林、李　利、石晓华、樊明寿
265	一种时间序列遥感影像降维方法	内蒙古农业大学	CN111062267A	发明申请	翟涌光、屈忠义、李瑞平、郝　蕾、张东华、罗艳云、闫志远
266	一株羊口疮病毒弱毒株及其应用	内蒙古农业大学	CN111139226A	发明申请	张　静、涂明亮、李　娜、仲　亮、安维雪、李　智、马　园、张七斤
267	一种石墨烯气凝胶及其制备方法和应用	内蒙古农业大学	CN110451493A	发明申请	郭泽宇、陈　鹏、武　洁、黄贺东、杨鹏艳、曹欣磊、刘宣材
268	一种燕麦杂交方法	内蒙古农业大学	CN111657137A	发明申请	韩　冰、融晓萍、薛春雷、安江红、于东洋、王　鑫
269	一种可变径无级变速器	内蒙古农业大学	CN111779808A	发明申请	刘海洋、佟　鑫、仇　义、张　晨、陈　智、郭　芳、戴念祖、周云鹤、豪宝尔、萨仁娜、汪文静、崔洪旭、张曦文
270	一种地下滴灌玉米开沟播种机	内蒙古农业大学职业技术学院，内蒙古自治区水利科学研究院，中国水利水电科学研究院	CN210275069U	实用新型	王荣莲、任志宏、莫　彦、王建东、宋日权、史吉刚

（续表）

序号	专利标题	申请人	公开号	专利类型	发明人
271	一种脉冲式振动深松机	内蒙古农业大学职业技术学院	CN111034398A	发明申请	赵永来、牛文学、张　旭、翟　鹏、高　伟、王利鹤、丁亚庆、蔺建波、刘志强、康　超、张　勇、苗　佳、刘晓宇
272	一种黄酒及酒曲的制备方法	内蒙古农业大学职业技术学院	CN110724615A	发明申请	曹睿亮、杨守娟、刘淑娟、任　霞、白会敏、荣　磊、吴聪辉、武小凯、卢金龙、孙可怡、武俊志、袁　旭
273	一种适于低温使用的戊二醛癸甲溴铵复合消毒剂	内蒙古农业大学，内蒙古益合技术服务有限公司	CN111096322A	发明申请	李培锋、尹凤民、毛　伟、何秀玲、王伊琴、关　红、于卫东
274	内蒙古阴山北麓滴灌马铃薯田施氮量优化模型及其应用	内蒙古农业大学，蒙来苏农业科技（苏州）有限公司	CN110999615A	发明申请	李　斐、杨海波、赵世翔、张加康

学生工作与招生就业工作

学生工作

概况

学生工作处以习近平新时代中国特色社会主义思想为指导，深入贯彻落实党的十九大和全国教育大会、全国高校思政会、学校第三次党代会精神，秉承“以铸魂之心教育学生，以责任之心管理学生，以仁爱之心服务学生”的工作理念，坚持育人为本，注重分类施策，着力提升了学校思想政治工作质量，促进了学生成长发展，对2019年工作计划进行了全面落实。

日常管理

加强对违纪学生的跟踪教育与管理。为违纪学生设立了文明督查岗、校园联防岗、信息联络员等多个锻炼岗位，帮助他们认识错误、改正缺点。年内，36名同学撤销了违纪处分。

学风建设

全校837个班级参加了优良学风班集体创建活动，标兵班35个、优秀班和进步班各96个。

国防教育工作

一是组织6 284名学生开展了为期10天的军训工作；二是承办了自治区征兵宣传教育进高校暨呼和浩特市大学生征兵启动仪式，开展“携笔从戎，爱国强军”大型诗朗诵“快闪”活动，105名学生应征入伍；三是认真落实入伍学生各项激励优惠政策，46名退伍军人复员复学。学校荣获自治区征兵工作先进单位。

易班工作

易班工作着力于围绕学生需求，整合信息资源，凸显学生主体地位，从学生中选拔热衷于互联网技术、具有服务精神和创新能力的优秀学生，进一步完善了易班学生工作站机构体系，充分发挥学生的创造性和能动性，共建共享，把易班真正建设成学生需要的、学生自己建设的网络平台。

易班校级学生工作站主干成员深入各个学院开展业务培训工作，强化了与学院工作站的联系，并为全校学生提供账号服务。全年梳理了所有在校生账号认证情况，指导学生完成校方认证。

5月开展了“弘扬身边先锋正能量，争做奋发有为新青年”为主题的征文评选及展示活动，掀起了同学们挖掘和学习身边优秀案例的热潮，共征集到百余件先进事迹。依托易班平台，针对2019级新生群体，开设了新生第一课——“安全知识教育”。同时，围绕迎新工作，线上开展校园生活攻略，新生适应性教育等活动。易班已经成为新同学了解农大、走进农大的第一张名片。

校易班发展中心采取线下线上相结合的形式开展了主题为“易起拼，拼祖国”献礼祖国70华诞活动。11月23日联合资助管理中心和草原与资源环境学院，开展了“情传千里，感恩永存”的线下活动。

心理健康教育工作

心理健康教育工作坚持育心与育德相结合、教育与咨询相结合、发展与预防相结合，积极构建教育教学、实践活动、咨询指导、预防干预“四位一体”工作格局。

推进知识教育。开设了大学生心理健康教育、心理学与大学生个人成长、大学生团体心理辅导、朋辈心理辅导基础等课程，通过课堂教学主渠道进行心理健康宣传和教育工作。参加了首届全国高等学校“大学生心理健康”教育教学研讨交流会，开展了首届大学生心理健康教育微课比赛。

开展宣传活动。举办了第十五届大学生心理文化活动月、第五届心理微电影大赛、心理健康教育讲座等形式多样的主题教育活动，以及“一院一精品”等各种有益于大学生身心健康的文体娱乐活动和心理素质拓展活动，共计48场，受众学生达1万人次。

强化咨询服务。继续打造高水平的专兼职心理咨询师队伍，保证每周12次每次3小时以上的咨询开放时间，提供了心桥邮箱、心理热线、网络咨询服务平台等多种咨询服务方式，全年咨询个案约500人次。

加强预防干预。应用《中国大学生心理健康筛查量表》和“中国大学生心理健康网络测评系统”开展了新生心理健康普查，建立了学生心理健康档案。对心理普查发现的1级、2级预警学生及时进行了谈心谈话，对心理危机及时进行了疏导和干预，实行了心理危机随时报和月报制度。校院协同开展危机干预工作，重点关注和疏导学生52名。

加强队伍建设。组织专兼职心理健康教育教师、班主任、辅导员外出参加专业培训、学术会议39人次。邀请中国农业大学心理素质教育中心主任施钢、上海交通大学学生处副处长汪雨申、沈阳工业大学建筑与土木工程学院党委副书记、副院长李青山、内蒙古公益大使寒星、内蒙古农业大学马克思主义学院教授段兴华等为学校辅导员和心理健康课专兼职教师作了大学生心理健康课互动体验式授课技能、辅导员谈心谈话职业技能、大学生潜在心理问题的识别与干预等方面的培训。每两周开展一次心理咨询个案研讨与督导活动，充分发挥相互督导的作用，促进咨询师共同成长，全年开展咨询个案研讨与督导活动10次。

助学工作

不断完善各项资助政策及以奖、贷、助、补、减、免、勤、偿及新生“绿色通道”的资助体系。评选出校级三好学生704人，优秀学生干部334人，2019届优秀毕业生220人；共评选出区级三好学生157人，优秀学生干部21人，优秀毕业生66人；完成国家开发银行生源地信用助学贷款网上回执5 740个，校本部共收到各地生源地贷款5 738笔，贷款金额3 990.53万元；共报送符合应征入伍服兵役国家资助应征条件的学生132人，资助金额共计159.46万元；报送符合退役士兵学费资助条件的学生2人，资助学费0.81万元；报送符合嘎查村任职贷款代偿条件的毕业生2人，代偿金额2.61万元。所有资助款在教育厅审核无误后已汇入学生本人或家长银行卡中。学校设有固定勤工助学岗位1 569个，临时岗位约1 720人次，发放勤工助学工资367.14万元；减免学费17人，减免金额21.48万元；发放困难补助29人，资助金额4.35万元；国家奖学金获奖学生51名，发放奖学金40.8万元；国家励志奖学金获得者749名，发放奖学金374.5万元；评选国家助学金受助学生7 487名，发放助学金1 235.36万元。发放校内优秀学生奖学金310.50万元，获奖学生24 308人次。

积极开展捐资助学活动。学校现有乌兰夫奖学金、蒙草抗旱励志奖学金、香港应善良助学金、何康奖学金等21项奖助学金；2019年共评选出企事业团体个人奖助学金787人次，发放奖助学金总额282万元。

坚持做实家庭经济困难学生的认定工作。严格按照《内蒙古农业大学家庭经济困难学生认定办法》，通过学生本人申请、班级（或年级或专业）民主评议、学院审核、院校两级公示的认定程序，建立了学校和学院两级家庭经济困难学生数据库。2019年认定家庭经济困难学生10 827人。

特色工作

人文关怀、贴近生活。2019年迎新期间，校领导为22名孤儿、残疾学生发放含有被品、服装以及生活用品购置卡的爱心大礼包；为24名报到当天过生日的新生发放了生日蛋糕。

自立自强、励志成才。在资助过程中，既教育学生消除“等、靠、要和悲观失落”的思想，同时又教育引导学生树立不被贫困压垮的精神。4月18日，邀请学校原副校长、博士生导师李金泉为学生作了专题报告——讲好农大故事。

诚信为本、立德树人。开展了“诚信为本、立德树人”诚信月系列活动，联合内蒙古银行业协会、内蒙古晨报社、国家开发银行内蒙古分行、中国人民银行呼和浩特中心支行举办了多场专题讲座。

感恩教育、爱的传递。各学院发扬“奉献、有爱、互助、进步”的志愿精神，组织学生深入老年公寓、社区街道，开展形式多样的志愿服务活动，培养受助学生对国家、社会、学校、父母的感恩之情。通过“致资助方的一封信”等活动，向资助方汇报其在受助期间的学习生活情况和毕业之后的工作意向，让学生审视自己，懂得感恩，诚信做人，回报社会。

资助工作由“济困型”向“发展型”转变。突破以往“济困型”资助模式，探索“发展型”资助工作高质量开展，遵循高等教育发展规律和学生成长成才规律，通过学业规划、社会实践、心理辅导、创新引领等方式，着力提高学生成长发展能力和社会竞争实力。积极与教务部门协作，为困难学生提供线上为主线下为辅的课程资源，有针对性地帮助他们提高专业学习能力、社会适应能力、创业就业能力。发挥学校、基金会、校友会等各方面力量，拓宽社会奖助学金等形式。探索社会奖助学金项目化管理模式，物质帮助和项目资金相结合，服务人才培养，强化育人目标。

利用大数据为精准资助助力。把资助育人的各方面资源，科学配置给最需要的人和事，变“大水漫灌”为“精确滴灌”，实现相对有限资源的效益最大化。11 月，学校共组织了 7 名老师和班主任深入走访湖南省邵阳市周边及 4 个县的 7 名家庭经济困难学生。

培养学生自立自强。学校定期召开孤儿、残疾学生等特殊困难群体学生座谈会，鼓励自立自强，学有所成，报效祖国；评选自立自强大学生和自立自强大学生标兵，学生自强有榜样。利用寒暑假开展资助走访活动；加大对家庭经济困难学生自立自强品格的培养强化，正向引导育人理念，充分发挥国家奖助学金、励志奖学金的导向作用，积极挖掘受助学生优秀事迹，加大宣传力度，组建学生资助宣传优秀学生成长事迹报告团，开展典型宣传、政策宣讲，提高学生自助与助人的意识和能力；对家庭经济困难学生进行科学有效的心理疏导和抗挫折能力教育，培育受助学生健康的心理品质。发挥心理健康课程和校园文化活动的教育疏导功能，帮助困难学生消除心理困难，缓解心理压力，引导学生积极乐观地面对生活。

班主任与辅导员队伍建设

完成了全校班主任和辅导员的考核工作，共评选出 212 名优秀班主任和 77 名优秀辅导员。举办了第七届辅导员职业能力大赛。

预科教育

秉承“不落下一个学生”的信念，以“强化学业，提升学生自我管理水平”为目标，通过严格日常行为管理，打造绿色课堂，培养独立学习能力，积极开展各类校园文化活动，努力使预科生从思想上、心理上、行为上全方面适应大学生活。

全年招收预科生 120 人，在校预科生人数 122 人（含 2018 级病休 2 人），其中男生 64 人，女生 58 人。2019 级预科生因病休学 1 人。2019 年度招录的预科生没有任何专业类别，蒙授理科招录 100 人，蒙授文科招录 20 人。

继续强化绿色课堂制度，学生上课期间做到人机分离，严格考勤制度。组织学生和任课老师开展座谈会 3 场，同外国语言学院座谈交流预科英语教学工作 1 次。

引入“产出导向”的教学理念。组织2018级预科生参加了英语应用能力考试（三级）。共有56名学生自愿报名，最终有31人通过考试。大学语文课已经在教学内容中增设了部分普通话的授课内容。预科数学授课内容中提高了高等数学部分的比例，将复习高中内容更多地融合到高等数学的实际应用中，将“补”和“预”更加有机地结合在一起。

长期开展“身边的美”图文征集活动；开展了6期“开讲啦”活动；邀请理学院党委副书记邹爱婕为预科生作了专业选择指导培训；6月5日，协同兽医学院呼格吉乐图老师邀请了蒙古国著名演讲家、演员班迪次仁，为全体预科生和部分兽医学院学生作了励志主题报告。开展了大学适应性讲座，“幸福与快乐”恋爱主题教育，并组织部分学生开展了正念练习。定期为学生播放励志题材电影，给学生传递正能量，培养学生敢于正视自己、接纳自己、塑造自己的能力。

举办了预科生新生晚会，诗歌朗诵会，英语阅读大会等，并组织学生参加了全校蒙古族大学生英语演讲比赛，博岩松和文奇分别获得第一名和第三名，往届预科生在比赛中也获得了第二名和第四名，代表学校参加自治区决赛的博岩松获得三等奖。

招生就业工作

概况

在学校党委和行政的领导下，招生就业处把“不忘初心、牢记使命”主题教育和日常工作紧密结合，努力培养提高职工政治素养和业务水平，进一步转变机关作风，切实增强管理服务能力。按照年度工作要点，有计划、有步骤地开展工作，圆满完成了各项任务。

招生工作

（一）围绕提高生源质量，加大宣传工作力度

利用新媒体技术积极开展线上招生宣传。改版和完善了学校招生网站和微信公众号，开通了手机版招生网，发布招生信息 278 条。在光明网的支持下，以网络直播的形式进行了招生宣传。使用中国教育在线“e 答”系统为考生在线答疑 158 个问题。

采取“走出去、请进来”的方式扎实做好线下招生宣传。从 6 月 9 日至 30 日，举办了 4 期中学生进校园活动，200 余名高中生走进内蒙古农业大学。招募 10 名学生志愿者，开通 2 部招生咨询电话，电话咨询考生与家长 3 000 余人次。组织 23 名干部教师组成招生宣传工作队，深入赤峰市、通辽市、呼伦贝尔市和兴安盟的 10 所蒙古族中学和 6 所汉授中学进行了招生宣传；宣传人员于 6 月 15 日至 27 日，赴呼和浩特、包头、乌兰察布等 7 个盟市和天津、安徽、湖北、河南等省市参加高招咨询会，发放报考指南 5 500 册，招生宣传折页 13 000 张，面对面为考生和家长答疑解惑、提供精准报考指导意见，为吸引大批优秀学子报考内蒙古农业大学，提高生源质量夯实基础。

（二）认真调查研究，合理制订招生计划

认真开展招生工作调研。3 月，在主管校领导带领下，深入 17 个学院对近 3 年各专业的招生规模、生源质量、存在问题进行了调研。

学校设置了招生计划 8 095 人（本科 7 095 人、专科 1 000 人），其中，校本部有 74 个本科和 1 个专科专业（体育特长生）招生，职业技术学院有 21 个本科和 38 个专科专业招生。校本部停招了 8 个本科专业（含 2 个中外合作办学专业）、新增了 2 个本科专业招生。75 个专业调整了招生计划，专业设置和招生计划更趋合理。

专业调整情况

调整招生	水产养殖学专业、森林保护专业将招生计划60人调减30人，法学专业将招生计划90人调减30人，木材科学与工程专业将招生计划130人调减30人
	英才基地班：2019年动物科学和动物医学专业蒙授、汉授各15人，总计划60人
停招专业	地质工程、化学工程与工艺、生物科学（生物科学类）、信息管理与信息系统、产品设计暂停招生
	2个中外合作办学项目（食品科学与工程类、自然保护与环境生态类）暂停招生
	网络工程（大数据开发方向）、信息管理与信息系统（大数据分析方向）2个校企合作专业方向停招
新增专业（专业方向）	新增本科招生专业2个（数据科学与大数据技术、家具设计与工程），按校企合作项目招生；新增专科招生专业1个（大数据技术与应用）
	新增本科招生专业方向1个［动物科学（马学）］
恢复招生	食品工程与科学学院酿酒工程停招2年后，2019年转入职业技术学院继续招生

（三）规范招生管理，努力完成招生任务

2019年实际录取8 031人（本科7 048人、专科983人），录取率99.21%（本科99.34%、专科98.30%）；实际报到7 891人（本科6 959人、专科932人），报到率98.26%（本科98.74%、专科94.81%），计划完成率97.48%（本科98.08%、专科93.20%）。另外，职业技术学院参加2019年高职扩招，不设定计划数，第一次录取107人，第二次录取1 132人。

本专科招生计划、录取、报到情况统计表

单位：人

	按层次分								按招生区域分				按授课语种分		按授课地点分						合计
计划	本科						专科		区内		区外		蒙授	汉授	本部		职院				8 095
	7 095						1 000		6 614		1 481		1 060	7 035	6 335		1 760				
	提前艺术	本科专项计划	本一	本二	预科转段	高职	普专	高职	本科	专科	本科	专科			本科	专科	本科		专科		
																	普高	高职	普专	高职	
	90	150	1 417	4 629	119	690	661	339	5 634	980	1 461	20	1 060	7 035	6 315	20	90	690	641	339	
	按层次分								按招生区域分				按授课语种分		按授课地点分						合计
录取	本科						专科		区内		区外		蒙授	汉授	本部		职院				8 031
	7 048						983		6 558		1 473		1 042	6 989	6 288		1 743				
	提前艺术	本科专项计划	本一	本二	预科转段	高职	普专	高职	本科	专科	本科	专科			本科	专科	本科		专科		
																	普高	高职	普专	高职	
	90	150	1 115	4 884	119	690	644	339	5 594	964	1 454	19	1 042	6 989	6 268	20	90	690	624	339	
	按层次分								按招生区域分				按授课语种分		按授课地点分						合计
报到	本科						专科		区内		区外		蒙授	汉授	本部		职院				7 891
	6 959						932		6 481		1 410		1 033	6 858	6 203		1 688				
	提前艺术	本科专项计划	本一	本二	预科转段	高职	普专	高职	本科	专科	本科	专科			本科	专科	本科		专科		
																	普高	高职	普专	高职	
	90	150	1 109	4 801	119	690	599	333	5 561	920	1 398	12	1 033	6 858	6 183	20	86	690	579	333	

2019 级（本专科）学生基本情况分专业统计表 单位：人

专业名称	批次	计划数	录取数	报到数
包装工程	本科二批	60	60	58
家具设计与工程	本科二批	60	60	59
材料科学与工程	本科二批	60	60	60
财务会计教育	本科二批	45	45	45
草业科学	本科二批	120	119	118
草业科学（蒙）	本科二批	30	30	30
测绘工程	本科二批	60	60	60
车辆工程	本科二批	35	35	32
城乡规划	本科二批	60	60	60
道路桥梁与渡河工程	本科二批	69	69	67
电子科学与技术	本科二批	35	35	35
电子商务	本科二批	60	60	60
动物科学	本科二批	140	140	138
动物科学（蒙牧医类）	本科二批	20	20	20
动物科学（马学）	本科二批	30	30	30
动物药学	本科二批	60	60	59
动物医学	本科二批	140	140	140
动植物检疫	本科二批	60	60	59
法学	本科二批	60	60	60
法学（蒙）	本科二批	30	30	30
给排水科学与工程	本科二批	60	60	59
工程造价	本科二批	35	35	35
工商管理	本科二批	97	97	96
工业设计	本科二批	35	35	35
行政管理	本科二批	60	60	60
行政管理（蒙）	本科二批	60	60	59
环境工程	本科二批	60	60	59
产品设计	本科二批	15	15	15
环境设计	本科二批	35	35	35
软件工程	本科二批	60	60	60
计算机科学与技术	本科二批	210	210	209
建筑学	本科二批	30	30	29

（续表）

专业名称	批次	计划数	录取数	报到数
交通工程	本科二批	60	60	60
交通运输	本科二批	60	60	60
经济学	本科二批	62	62	62
林学	本科二批	120	119	118
林学（蒙）	本科二批	60	60	59
旅游管理与服务教育（普高）	本科二批	30	30	28
旅游管理与服务教育	本科二批	40	40	40
木材科学与工程	本科二批	90	90	86
农学	本科二批	110	110	109
农业电气化	本科二批	60	60	60
农业电气化（蒙）	本科二批	30	8	8
农业机械化及其自动化（卓越）	本科二批	60	57	57
农业资源与环境	本科二批	90	89	89
农业资源与环境（蒙）	本科二批	30	30	30
汽车维修工程教育	本科二批	75	75	75
汽车维修工程教育（普高）	本科二批	30	30	28
人文地理与城乡规划	本科二批	90	90	88
乳品工程	本科二批	60	60	59
森林保护	本科二批	30	30	30
森林保护（蒙）	本科二批	30	30	29
森林工程	本科二批	30	30	29
设施农业科学与工程	本科二批	60	60	58
社会工作	本科二批	30	30	29
社会工作（蒙）	本科二批	30	30	30
生物技术	本科二批	90	90	88
生物工程	本科二批	60	60	60
食品科学与工程	本科二批	20	20	20
食品营养与检验教育	本科二批	20	20	20
食品质量与安全	本科二批	140	140	139
市场营销教育	本科二批	30	30	30
酿酒工程	本科二批	30	30	30
视觉传达设计	本科二批	15	15	15

（续表）

专业名称	批次	计划数	录取数	报到数
水产养殖学	本科二批	30	30	29
水利水电工程	本科二批	60	60	58
水土保持与荒漠化防治	本科二批	105	105	99
土地资源管理	本科二批	75	75	73
土木工程	本科二批	90	90	90
网络工程	本科二批	120	120	120
物联网工程	本科二批	60	60	60
物流管理	本科二批	60	60	59
消防工程	本科二批	60	60	60
信息管理与信息系统	本科二批	45	45	45
数据科学与大数据技术（校企合作）	本科二批	120	120	119
英语	本科二批	90	90	90
应用化学	本科二批	65	65	62
应用统计学	本科二批	60	60	56
园林	本科二批	80	80	77
园艺	本科二批	105	105	104
植物保护	本科二批	90	90	88
植物科学与技术	本科二批	60	60	58
制药工程	本科二批	90	90	90
种子科学与工程	本科二批	60	60	60
设计学类	本科提前A	90	90	90
新能源科学与工程	本科提前B	16	16	16
风景园林	本科提前B	15	15	15
食品科学与工程	本科提前B	20	20	20
机械设计制造及其自动化	本科提前B	17	17	17
农业水利工程	本科提前B	16	16	16
电气工程及其自动化	本科提前B	16	16	16
财务管理	本科提前B	16	16	16
农林经济管理	本科提前B	17	17	17
水文与水资源工程	本科提前B	17	17	17
财务管理	本科一批	46	46	46
测绘工程（民）	本科一批	25	25	25

（续表）

专业名称	批次	计划数	录取数	报到数
电气工程及其自动化	本科一批	104	104	102
动物科学（蒙）	本科一批	120	118	118
动物医学（蒙）	本科一批	60	58	58
动物科学（英才基地班）（蒙）	本科一批	15	15	15
动物医学（英才基地班）（蒙）	本科一批	15	15	14
动物科学（英才基地班）	本科一批	15	15	15
动物医学（英才基地班）	本科一批	15	15	15
风景园林	本科一批	45	45	45
会计学	本科一批	62	62	62
机械设计制造及其自动化	本科一批	113	113	110
机械设计制造及其自动化（民）	本科一批	25	25	25
金融学	本科一批	90	90	90
农林经济管理	本科一批	43	43	42
农林经济管理（蒙）	本科一批	60	60	60
农业机械化及其自动化（蒙）	本科一批	30	25	25
农业水利工程	本科一批	74	74	71
少数民族预科班	本科一批	120	120	120
食品科学与工程	本科一批	100	100	96
食品科学与工程（蒙）	本科一批	60	60	60
水文与水资源工程	本科一批	73	73	67
土地资源管理（蒙）	本科一批	31	31	31
新能源科学与工程	本科一批	46	46	46
园林（蒙）	本科一批	30	30	30
畜牧兽医	高职高专	23	23	22
畜牧兽医（蒙）	高职高专	30	30	30
畜牧兽医（运动马驯养与管理方向）	高职高专	93	92	83
软件技术	高职高专	20	20	19
电子商务	高职高专	25	25	24
给排水工程技术	高职高专	25	25	25
工程造价	高职高专	25	25	24
工商企业管理	高职高专	25	28	25
环境艺术设计	高职高专	30	30	30

（续表）

专业名称	批次	计划数	录取数	报到数
会计	高职高专	25	27	24
会展策划与管理	高职高专	30	30	27
计算机网络技术	高职高专	25	25	24
大数据技术与应用	高职高专	20	20	19
计算机信息管理	高职高专	20	20	18
家具艺术设计	高职高专	40	40	40
建设工程管理	高职高专	25	25	23
建筑电气工程技术	高职高专	25	25	25
建筑工程技术	高职高专	25	25	24
旅游管理	高职高专	55	55	49
汽车电子技术	高职高专	25	25	25
汽车检测与维修技术	高职高专	25	25	24
食品加工技术	高职高专	27	27	26
食品生物技术	高职高专	25	25	23
食品营养与检测	高职高专	30	30	27
市场营销	高职高专	45	45	42
农业装备应用技术	高职高专	25	5	5
数字媒体艺术设计	高职高专	40	40	39
饲料与动物营养	高职高专	25	25	25
文秘	高职高专	30	30	30
物流管理	高职高专	25	26	25
园林技术	高职高专	31	31	31
园艺技术	高职高专	31	29	25
种子生产与经营	高职高专	30	30	30
	本科高水平运动员	31	21	21
	预科转段	119	119	119
合计		8 095	8 031	7 891

研究生人数统计

单位：人

学院名称	硕士研究生			博士研究生			往届延期		合计	
	2017 级	2018 级	2019 级	2017 级	2018 级	2019 级	硕士生	博士生	硕士生	博士生
动物科学学院	29	77	77	16	16	16	9	16	192	64
兽医学院	37	87	102	14	13	10	10	20	235	57

（续表）

学院名称	硕士研究生			博士研究生			往届延期		合计	
	2017 级	2018 级	2019 级	2017 级	2018 级	2019 级	硕士生	博士生	硕士生	博士生
农学院	17	52	55	15	14	14	0	18	124	61
林学院	58	135	128	8	9	9	1	10	320	36
草原与资源环境学院	53	86	89	23	22	15	5	37	232	97
沙漠治理学院	42	74	71	9	8	10	8	4	193	31
机电工程学院	24	53	56	8	8	12	0	13	133	41
水利与土木建筑工程学院	42	70	71	10	12	12	4	15	186	49
材料科学与艺术设计学院	15	36	53	1	4	6	0	2	103	13
经济管理学院	69	142	177	10	10	10	7	20	392	49
食品科学与工程学院	59	145	144	9	15	18	2	19	346	61
计算机与信息工程学院	6	27	25	3	3	3	1	7	59	16
生命科学学院	14	39	44	5	7	11	1	10	98	33
人文社会科学学院	158	109	137	0	0	0	7	0	408	0
理学院	5	7	8	0	1	1	0	2	20	4
能源与交通工程学院	5	20	19	1	1	2	0	1	44	5
马克思主义学院	11	11	13	0	0	0	2	0	37	0
园艺与植物保护学院	24	56	56	0	7	6	1	8	136	21
合计	668	1 226	1 325	132	150	155	58	202	3 258	638

就业工作

（一）积极拓展就业市场，努力提升就业服务质量

全年举办综合类招聘会 5 场、学科和区域专场招聘会 4 场 120 家、企业专场招聘会

数190场，共计有985家企业入校招聘，招聘岗位28 510个。发布招聘信息数2 820余条。进校招聘用人单位数量、招聘会场次以及岗位需求和岗位质量进一步提高。11月1日举办了首届校友企业专场招聘会，有175家校友企业参会，提供岗位约4 000个。

（二）关注困难群体，实施困难帮扶促就业

为801名就业困难学生制定帮扶方案，采取心理辅导、能力提升、联系单位等措施，实施精细化帮扶。对1 561名有就业创业意愿的城乡居民最低生活保障家庭、贫困残疾人家庭、残疾毕业生、建档立卡贫困家庭、获得国家助学贷款的毕业生，每人发放一次性1 500元共计234.15万元求职创业补贴。

（三）认真开展2019届毕业生就业状况跟踪调查及用人单位满意度调查工作

开展了2019届毕业生就业状况跟踪及用人单位满意度调查。根据调查结果，撰写2019届毕业生就业质量报告。

（四）做好2019届毕业生就业基本情况统计工作

截至2019年9月1日统计，2019届毕业生8 551人，就业6 258人，就业率为73.18%。其中，专科毕业生1 268人，就业率为93.14%；本科毕业生6 470人，就业率为72.60%；硕士毕业生743人，就业率为46.84%；博士毕业生70人，就业率为45.71%。

（五）职业发展和就业指导教育

完成了44个教学班704学时的“大学生就业指导”教学，共计2 134名学生选修；完成了29个教学班464学时的“大学生职业生涯发展与规划”教学，共计1 468名学生选修。2019年下学期重新进行了师资的遴选。采取“送出去、请进来”的方式开展师资培训，10月10—12日举办了“课堂教学的技术与艺术和大学生就业指导技能”专题培训，52名任课教师和学院辅导员参加此次培训，97.88%的老师对本次培训感到非常满意；选派9名教师参加由自治区教育厅主办的职业生涯规划与就业指导骨干教师培训2场，提升了师资队伍教学质量，丰富了教学方法和内容。

创业工作

（一）重视师资队伍建设，积极开展相关培训工作

联合教务处招募了15名创新创业教育课程授课教师，安排25人次参加上海东华大学、天津青创园、自治区教育厅等单位组织的“创新创业基础”授课培训，取得较好效果。2019年上学期首次开设了4个课程班“创新创业基础”，共计117名学生选修。

（二）以“互联网+”大赛为引领，大力推进创新创业工作

认真组织和参加第五届“互联网+”大学生创新创业大赛。在自治区比赛中取得了3金5银、在国赛中取得了2银1铜奖的好成绩。2019年聘任创新创业导师211名，其中校内导师182人，校外导师29人。

（三）认真抓好校级和自治区级科创项目申报及结题工作

2019年学生申报的“研究人工湿地在污水深度处理中的应用”等19个项目被列为自治区创新创业训练计划，“基于斑马鱼模型研究马齿苋多糖的抗氧化作用”等40个项目被列为内蒙古农业大学2019年度大学生科技创新基金项目。对2016年和2017年的69项大学生科技创新基金项目和大学生创新创业训练项目进行结题验收，对评选优秀项目进行表彰，对不合格项目进行通报，并收回剩余研究经费。

其他工作

（一）机构设置

设立科级机构，完成科级岗位聘任工作。

（二）综合治理

制订了全年的综合治理工作和防火工作计划，并在与学校签订责任状的同时，将综合治理管理和防火工作任务分解到各办公室。

（三）党支部建设

完成支部换届工作，按照计划认真完成学习、调研、现场学习等各项任务，积极开展“不忘初心、牢记使命”主题教育。

各类奖、助学金情况统计表

序号	项目	资助人数（人）	资助标准		资助金额（元）
1	国家奖学金	51	本专科	8 000元/年	408 000
2	国家励志奖学金	749	本专科	5 000元/年	3 745 000
3	国家助学金	4 871	本专科	3 000元/年	24 707 200
4	专业奖学金	24 308	本专科		3 104 950
5	英才奖学金	494	本专科	5 000元/年	2 469 000
6	校友奖学金	80	本专科	3 000元/年	240 000
7	何康奖学金	8	本专科	4 000元/年	32 000
8	“蒙草抗旱”励志奖学金	40	本专科	4 000元/年	200 000
		10	研究生		
9	张光斗奖学金	3	本专科	8 000元/年	24 000
10	新兴铸管奖学金	12	本专科	3 000元/年	36 000
11	刘光文奖学金	1	本专科	2 000元/年	2 000
12	勤则通助学金	20	本专科	6 000元/学期	120 000
		20	本专科	6 000元/学期	120 000

（续表）

序号	项目	资助人数（人）	资助标准		资助金额（元）
13	应善良助学金	120	本专科	1 750 元/学期	210 000
		120	本专科	1 750 元/学期	210 000
14	新长城自强助学金	44	本专科	3 000 元/年	132 000
15	“凯虹成长”企业助学金	6	本专科	3 000 元/年	62 000
		13	本专科	2 000 元/年	
		18	本专科	1 000 元/年	
合计		30 988			35 822 150

校友会工作

校友会简介

内蒙古农业大学校友会成立于2012年8月1日，是具有独立法人的社会组织团体。母校设有校友总会，常设办公室1个，在北京市，天津市，山东省，广东省，内蒙古呼和浩特市，包头市、鄂尔多斯市、赤峰市、乌海市、通辽市、二连浩特市、呼伦贝尔市、满洲里市、乌兰察布市、巴彦淖尔市、阿拉善盟、锡林郭勒盟、兴安盟、牙克石林管局和深圳市20个地区单位设立了校友机构。各学院成立了由一名院领导和一名联络员组成的校友工作联络组织。校友会是依法在内蒙古自治区民政厅登记的非营利性法人社会团体。校友会是由符合校友会章程要求、承认并遵守章程的内蒙古农业大学校友组成。校友会活动遵守国家的宪法、法律、法规和国家有关政策，遵守社会道德风尚。旨在加强母校和校友以及校友间的联系，增强热爱母校的凝聚力、校友间的合作力，更好地为经济和社会发展服务。校友会接受内蒙古自治区教育厅和内蒙古自治区民政厅的业务指导和监督管理。

校友会章程

年内，组织完成第二届校友会理事会换届工作，改选各学院校友会负责人、联络员。修改了校友会章程（共八章，四十八条），具体为第一章总则；第二章业务范围；第三章会员；第四章组织机构和负责人的产生、罢免；第五章资产管理、使用原则；第六章章程的修改程序；第七章终止程序及终止后的财产处理；第八章附则。

校友活动

筹建整合校友分会。广东、北京校友分会相继进行分会改选，联合招生就业处举办首届校友企业家论坛和校友企业招聘会，参加全国教育协会举办的校友会与基金会年会。积极争取国内外团体和个人的捐助，筹备内蒙古农业大学新农科教育发展基金会。宣传学校20名校友荣获内蒙古自治区具有突出贡献专家事迹。编写100位校友名录，并对旗县以上知名校友、人大代表、劳动模范、二级以上教授、企业部分校友信息进行补充更新。邀请知名校友和校领导及有关处室的领导举办校友奖学金发放仪式大会及优秀校友报告会等四场相关活动。

完善校友网络，加强组织机构建设

校友会网站在原有基础上进行网页改造、完善建设，创建了70年校庆网络宣传板块，并对校友网站管理人员进行了培训。

学生工作表彰

2019 年学生工作先进单位

动物科学学院、林学院、草原与资源环境学院、沙漠治理学院、水利与土木建筑工程学院、经济管理学院、计算机与信息工程学院、能源与交通工程学院、职业技术学院。

2018—2019 学年度优秀辅导员

专职辅导员（20 人）

动物科学学院（2 人）

胡晓燕　　其力格尔

兽医学院（1 人）

宁宇晨

农学院（1 人）

张海杰

林学院（1 人）

王　雎

草原与资源环境学院（1 人）

刘李杰

沙漠治理学院（2 人）

娜　乐　　侯伟玮

机电工程学院（1 人）

张　楠

水利与土木建筑工程学院（1 人）

王　力

材料科学与艺术设计学院（1 人）

王雪鹏

经济管理学院（2 人）

徐金鹏　海日罕

食品科学与工程学院（1 人）

王彩霞

计算机与信息工程学院（1 人）

于　虹

生物科学学院（1 人）

孙丽鹏

人文社会科学学院（1 人）

潘　虹

外国语言学院（1 人）

孙玉伟

理学院（1 人）

宋　艳

能源与交通工程学院（1 人）

蔡璞瑛

学生辅导员（57 人）

梁水源　代　小　吴冰玉　辛　帅　张　力　韩宇婷　王　琦
宁可真　刘嘉方　刘启嵘　狄佳麟　白孟根　刘　洋　张　凤
王　玲　闫　旭　陈奕彤　吴佩瑶　宁　璐　于　洋　高昕毓
高理君　张　帆　王　萌　王　炳　李鑫磊　黄　馨　张帼荣
张乾惠　石震宇　章晨晖　刘集锋　陆鹏杰　圆　圆　张月彬
韩清江　孙　燕　陈　璐　周志敏　逯泽宇　白路平　要　铎
刘秀芳　李立敏　刘孟禹　何宗柏　雒　帅　赵霖卿　韩金良
任　健　胡　枫　于凤洋　李美玲　付永峰　李　昊　张成成
金额尔都木图

2018—2019 学年度优秀班主任名单

动物科学学院（8 人）

郭晓宇　玉　荣　白东义　胡晓燕　王志英　曹琪娜　其力格尔
哈斯额尔敦

兽医学院（6 人）

包花尔　王彩云　周伟光　刘永宏　高珍珍　呼格吉勒图

农学院（8 人）

张　胜　包海柱　马达灵　燕　飞　李立军　刘景辉　马艳红
秦永林

园艺与植物保护学院（8 人）

刘杰才　高　翔　路　妍　李晓艳　李正男　赵　君　霍秀文
张之为

林学院（15 人）

余瑞卿　常金宝　冯丽娜　韩胜利　金　娟　张　恒　张剑峰
海　明　白淑兰　张胜利　班擎宇　赵鹏武　白玉娥　聂　春
包文泉

草原与资源环境学院（5 人）

屈志强　赵　彦　袁　帅　刘美英　特木尔布和

沙漠治理学院（8 人）

赵杏花　郭晓虹　娜　乐　范淑花　许　丽　王海兵　吴月茹
苏德苏日古格

机电工程学院（9 人）

田海清　曲　辉　郭文斌　郝　敏　葛丽娟　孙芊芊　吴利斌
谢胜仕　斯日古楞

水利与土木建筑工程学院（19 人）

冯素珍　郭金燕　郭丽娟　贾永芹　李　昊　李　超　李　平
李瑞英　刘　霞　刘　禹　罗艳云　裴成霞　童　新　王　力
王利明　翟涌光　赵胜男　赵占彪　郑晓波

材料科学与艺术设计学院（8 人）

郝一男　邢　东　李维生　牛耕芜　郭　宇　陈　鹏　赵胜利
罗燕芳

经济管理学院（23 人）

黄　华　赵元凤　刘秀梅　张心灵　杜富林　张　立　喜　喜
石　芳　陶　华　包慧敏　田艳丽　王瑞梅　冯静蕾　田　洁
王智广　郭　慧　海日罕　徐金鹏　张旭光　高　博　郭祎天
李　颖　苏宁巴乐

食品科学与工程学院（14 人）

成培芳　苏　琳　双　全　孙文秀　陈　霞　王越男　田建军
殷文政　张凤梅　丹　彤　陈忠军　高爱武　段　艳　乌云达来

计算机与信息工程学院（4 人）

张文婧　郭　杰　李建荣　郜晓晶

生命科学学院（7人）

杨丽华　李国光　肖红梅　邵玉芳　巩　培　刘竟然　娜黑芽

人文社会科学学院（5人）

房文双　潘　虹　高翠玲　陈井平　刘漫中

外国语言学院（3人）

邢冠英　王晓慧　冯　利

理学院（6人）

解　云　李根小　海　波　张　强　多　喜　刘　芳

能源与交通工程学院（4人）

李丹岚　李丽丽　岳海军　解松芳

职业技术学院（52人）

侯　佳　宝秋利　姚　彤　胡晓龙　黄修梅　曹睿亮　陈玉洁
沈向华　贾俊涛　葛海燕　刘　燕　刘　敏　蔡永敏　邹　寅
张艳芳　胡炜东　杨　沁　魏　凤　张　帅　薛　琛　韩志非
吴光宇　郑　博　包海军　马静怡　武　芳　胡　敏　代海燕
闫永利　赵海州　于荣娟　祝　鹏　高宏伟　郎建华　周艳秋
董智勇　赵羽中　杨丹丹　宋　开　闫占军　李晓飞　周雪梅
库银柱　刘志强　李　盼　刘　杰　李金霞　王艳丽　刘学平
敖日格乐　赛吉拉夫　乌伦吉如嘎

2018—2019学年度优良学风班集体创建标兵班名单

动物科学学院	2016级动科汉1班	2017级英才（蒙）班
兽医学院	2017级动物医学英才基地班	
	2018级动物医学英才基地班	
农学院	2017级农学卓越班	
园艺与植物保护学院	2017级植物保护3班	
林学院	2016级园林1班	2017级园林1班
草原与资源环境学院	2017级草业科学卓越班	2016级草业科学蒙班
沙漠治理学院	2017级土管1班	2018级水保卓越班
机电工程学院	2016级机制1班	2017级电气1班
	2018级电气4班	
水利与土木建筑工程学院	2016级工程造价1班	
	2017级农业水利工程卓越班	
	2018级农业水利工程卓越班	

材料科学与艺术设计学院	2016级木材科学与工程双语2班	
	2017级木材拔尖创新班	
经济管理学院	2016级会计2班	2016级金融2班
	2017级会计2班	
食品科学与工程学院	2017级食品卓越班	2018级食品卓越班
计算机与信息工程学院	2017级软工2班	2018级计科卓越班
生命科学学院	2017级生科1班	2018级生科1班
人文社会科学学院	2017级行政管理2班	2017级法学2班
外国语言学院	2016级3班	
理学院	2016级应用统计学2班	
能源与交通工程学院	2016级森工1班	2018级交运1班

2018—2019学年度优良学风班集体创建优秀班名单

动物科学学院	2018级动科1班	2017级水产2班
	2017级卓越班	
兽医学院	2016级动物医学蒙1班	
	2016级动物医学英才基地班	
	2018级动物医学汉3班	2018级动物药学1班
农学院	2017级种工2班	2018级农学1班
园艺与植物保护学院	2016级园艺1班	2018级园艺1班
	2017级设施农业科学与工程1班	
林学院	2016级林学蒙班	2017级园林2班
	2018级林学卓越班	2018级城乡2班
草原与资源环境学院	2016级草业科学2班	
	2018级农业资源与环境2班	
	2017级草业科学2班	2018级草业科学蒙班
沙漠治理学院	2016级水保1班	2016级土管2班
	2017级水保卓越班	2018级城规1班
机电工程学院	2016级农电2班	2016级工设班
	2017级机制3班	2017级农电2班
	2016级农机卓越班	2018级机制1班
	2018级农机卓越1班	
水利与土木建筑工程学院	2016级土木工程1班	2017级测绘工程2班
	2017级水文与水资源工程1班	
	2018级工程造价1班	

	2017 级水利水电工程 1 班	2018 级建筑班
	2018 级测绘工程 1 班	2017 级环境工程 2 班
材料科学与艺术设计学院	2017 级木材应用技能班	2017 级产品设计 2 班
	2018 级风景园林 1 班	2016 级产品设计 1 班
	2018 级木材拔尖创新班	
经济管理学院	2016 级财管 1 班	2017 级金融 3 班
	2017 级金融 2 班	2017 级经济 1 班
	2018 级会计 2 班	2017 级财管 1 班
	2018 级金融 1 班	2016 级农经 1 班
食品科学与工程学院	2017 级食品 1 班	2017 级乳品 1 班
	2017 级食品 7 班（蒙）	2017 级包装 2 班
	2018 级食品 2 班	2018 级食安 1 班
计算机与信息工程学院	2018 级计科 2 班	2018 级计科 1 班
	2016 级软工 2 班	2016 级物联网 1 班
生命科学学院	2018 级制药 2 班	2017 级制药 1 班
	2017 级生技 2 班	
人文社会科学学院	2017 级法学 1 班	2017 级法学 3 班
	2018 级行政管理 1 班	2018 级法学 4 班
外国语言学院	2017 级 1 班	
理学院	2016 级应用统计学 1 班	
能源与交通工程学院	2018 级新能源 2 班	2018 级交工 1 班
2018 级新能源 1 班	2017 级交工 2 班	

2018—2019 学年度优良学风班集体创建进步班名单

动物科学学院	2017 级动科 7 蒙班	
兽医学院	2017 级动物药学 2 班	
农学院	2018 级植科 1 班	
园艺与植物保护学院	2018 级设施农业科学与工程 2 班	
林学院	2017 级消防 1 班	
草原与资源环境学院	2017 级农业资源与环境 1 班	
沙漠治理学院	2017 级水保 1 班	
机电工程学院	2016 级农机蒙 1 班	2016 级机制 4 班
水利与土木建筑工程学院	2018 级水文与水资源工程 3 班	
	2016 级给排水科学与工程 1 班	
材料科学与艺术设计学院	2017 级环境设计班	

经济管理学院	2018 级财管 2 班	2018 级农经 2 班
食品科学与工程学院	2018 级食安 3 班	
计算机与信息工程学院	2017 级软工 1 班	
生命科学学院	2018 级生工 1 班	
人文社会科学学院	2018 级法学 2 班	
外国语言学院	2018 级 2 班	
理学院	2017 级应用统计学 2 班	
能源与交通工程学院	2017 级道桥 1 班	

交流与合作

工作概述

学校历来重视国际交流与合作、开放办学，在建校初期，就选派青年教师到苏联学习深造，为学校培养了第一批青年学术骨干。改革开放以来，通过建立校际交流与合作关系、日本 JICA 项目和加拿大 CIDA 项目等途径，与国际高等教育发达国家的大学和机构进行了教学、科研、学术交流以及教师和学生互换等交流与合作。进入 21 世纪以来，学校大力引进国外优质教育资源，全面深入开展国际交流与合作，逐步增设英汉双语授课本科专业，加大引进国外高校的教授来学校开展教学和科研活动，应邀来学校任教、学术交流、科研合作和咨询活动的国外专家教授逐年增多。积极为中青年教师和学生创造条件，争取国家留学基金委各类公派出国项目，同时加大自筹资金，选派中青年教师和优秀学生赴海外进修、留学。积极推进构建“一带一路”教育共同体，加强与“一带一路”沿线国家特别是“中俄蒙走廊”国家的教育合作，扩大学生的双向流动、促进双边及多边科技合作、扩大援外教育和培训项目。加强出国师生的出国留学行前培训，加大平安留学的宣传。

国际交流与合作

学校与蒙古国生命科学大学、白俄罗斯莫吉廖夫国立大学、加拿大阿尔伯塔大学、摩尔多瓦科学院大学、塞尔维亚诺维萨德大田作物和蔬菜研究所 5 所大学与机构签订合作与交流协议。通过不断扩大国外校际友好学校，拓展国际交流与合作领域，在师生交换、学术交流、人才培养、科研合作等方面加强国际合作，提高学校的国际化水平和国际影响力。截至 2019 年，学校已与 24 个国家的 71 所大学和机构签订合作备忘录或协议。

年内，接待各国来访团组和个人共计 328 人次，比 2018 年增加 47%。其中，国外院校、政府机构等来访占比 55%；来校授课、讲座、科研合作占比 9%；学术交流、会议、实习等来访占比 36%。主要来自美国、日本、加拿大、荷兰、俄罗斯、蒙古国、沙特阿拉伯等十几个国家，既有发达国家，也有“一带一路”沿线国家。

全年学校共派出 66 人次专家学者参加国际学术会议、进行学术交流和培训等。共有 17 名教师和 11 名学生获得国家留学基金委各类项目的资助出国访学和攻读学位，21 名学生赴加拿大阿尔伯塔大学和新西兰梅西大学继续本科学习，3 名学生赴新加坡国立大学短期交流。

因公临时出国和出境人员名单

序号	姓名	职务/职称	所去国家和地区	出国和出境时间（年. 月. 日）	出访天数（天）	出访内容
1	乔光华	院长、教授	澳大利亚	2019. 02. 11	11	参会及学术交流
2	韩国栋	院长、教授	澳大利亚	2019. 02. 10	12	学术交流
3	赵萌莉	教授	澳大利亚	2019. 02. 10	12	学术交流
4	高聚林	校长、教授	阿根廷	2019. 03. 18	7	访问及参会
5	铁　牛	院长、教授	阿根廷	2019. 03. 18	7	访问及参会
6	孙云霞	副处长、翻译	阿根廷	2019. 03. 18	7	访问及参会
7	赵元凤	教授	美国	2019. 04. 03	28	参会
8	乔光华	院长、教授	土耳其	2019. 04. 23	6	参会
9	刘玉春	教授	土耳其	2019. 04. 23	6	参会
10	张美莉	教授	葡萄牙	2019. 06. 15	7	参会
11	申向东	教授	美国	2019. 07. 05	8	参会
12	赵满全	教授	美国	2019. 07. 05	8	参会
13	杨树青	教授	美国	2019. 07. 05	8	参会
14	李晓丽	教授	美国	2019. 07. 05	8	参会
15	格日勒图	教授	西班牙	2019. 07. 06	7	参会
16	张　玉	教授	澳大利亚	2019. 08. 13	7	参会
17	席锁柱	院长	蒙古国	2019. 05. 24	7	招生
18	芒　来	副校长、教授	蒙古国	2019. 07. 08	15	执行项目
19	格日乐其木格	讲师	蒙古国	2019. 07. 08	15	执行项目
20	张心壮	讲师	蒙古国	2019. 07. 08	15	执行项目
21	赵艳红	教授	西班牙	2019. 07. 08	7	参会
22	闫祖威	教授	新西兰	2019. 08. 25	8	参会
23	双　全	教授	澳大利亚	2019. 09. 22	7	参会
24	陈忠军	教授	澳大利亚	2019. 09. 22	7	参会
25	陈　霞	教授	澳大利亚	2019. 09. 22	7	参会
26	段开红	教授	澳大利亚	2019. 09. 22	7	参会
27	韩国栋	教授	美国	2019. 08. 08	13	学术交流
28	史　丽	教授	中国香港	2019. 08. 19	6	学术交流
29	格日勒图	教授	德国	2019. 08. 03	9	参会
30	王志刚	教授	塞尔维亚、荷兰	2019. 08. 24	9	学术交流及访问

（续表）

序号	姓名	职务/职称	所去国家和地区	出国和出境时间（年. 月. 日）	出访天数（天）	出访内容
31	于晓芳	副院长、副教授	塞尔维亚、荷兰	2019. 08. 24	9	学术交流及访问
32	孙继颖	副教授	塞尔维亚、荷兰	2019. 08. 24	9	学术交流及访问
33	苏治军	讲师	塞尔维亚、荷兰	2019. 08. 24	9	学术交流及访问
34	包海柱	研究员	塞尔维亚、荷兰	2019. 08. 24	9	学术交流及访问
35	马达灵	副教授	塞尔维亚、荷兰	2019. 08. 24	9	学术交流及访问
36	屈佳伟	讲师	塞尔维亚、荷兰	2019. 08. 24	9	学术交流及访问
37	姚利宏	教授	菲律宾	2019. 09. 01	7	学术交流
38	王　哲	讲师	菲律宾	2019. 09. 01	7	学术交流
39	史海滨	教授	摩洛哥	2019. 09. 08	8	参会
40	申向东	教授	摩洛哥	2019. 09. 08	8	参会
41	杨树青	教授	摩洛哥	2019. 09. 08	8	参会
42	李晓丽	教授	摩洛哥	2019. 09. 08	8	参会
43	王永明	主任、研究员	波兰	2019. 09. 24	4	参会
44	孙云霞	副处长、翻译	波兰	2019. 09. 24	4	参会
45	石凤翎	教授	荷兰	2019. 10. 01	10	学术交流及调研
46	云　岚	教授	荷兰	2019. 10. 01	10	学术交流及调研
47	王明玖	教授	荷兰	2019. 10. 01	10	学术交流及调研
48	红　梅	教授	荷兰	2019. 10. 01	10	学术交流及调研
49	赵　彦	副教授	荷兰	2019. 10. 01	10	学术交流及调研
50	张烨炜	教授	蒙古国	2019. 09. 22	5	执行任务
51	常　云	副院长、教授	英国	2019. 07. 14	36	短期研修
52	娜日苏	教 授	英国	2019. 07. 14	36	短期研修
53	何　英	教 授	英国	2019. 07. 14	36	短期研修
54	卢俊清	副教授	英国	2019. 07. 14	36	短期研修
55	史艳英	副教授	英国	2019. 07. 14	36	短期研修
56	杨　鹏	讲师	英国	2019. 07. 14	36	短期研修
57	徐丹丹	讲师	英国	2019. 07. 14	36	短期研修

（续表）

序号	姓名	职务/职称	所去国家和地区	出国和出境时间（年. 月. 日）	出访天数（天）	出访内容
58	张　茜	讲师	英国	2019. 07. 14	36	短期研修
59	陆冰心	讲师	英国	2019. 07. 14	36	短期研修
60	郭丽茹	副教授	韩国	2019. 06. 25	5	参会、学术交流及合作
61	根　锁	教授	蒙古国	2019. 08. 24	11	带学生实习
62	杨建国	讲师	蒙古国	2019. 08. 24	11	带学生实习
63	杜春玲	讲师	蒙古国	2019. 07. 15	11	带学生实习
64	张　微	教授	蒙古国	2019. 07. 15	11	带学生实习
65	朵　兰	讲师	蒙古国	2019. 07. 15	11	带学生实习
66	赵　洁	讲师	丹麦	2019. 07. 16	362	学术合作、学习

国家留学基金管理委员会资助出国人员名单（学生）

序号	姓名	留学身份	留学国别	留学院校	项目名称
1	吴　越	硕士	乌克兰	哈尔科夫国立大学	独联体互换奖学金
2	郑艺炜	硕士	乌克兰	国立哈尔科夫汽车道路大学	独联体互换奖学金
3	刘折倩	本科生	匈牙利	布达佩斯商学院	匈牙利互换奖学金
4	武　玥	硕士	匈牙利	欧布达大学	匈牙利互换奖学金
5	盛晓彤	硕士	匈牙利	布达佩斯考维纽斯大学	匈牙利互换奖学金
6	温　馨	汉语志愿者	菲律宾	菲律宾亚典耀大学	汉语志愿者
7	潘　霞	博士	美国	美国天普大学	国家建设高水平大学
8	靳　敏	博士	丹麦	丹麦哥本哈根大学	国家建设高水平大学
9	张　晶	博士	比利时	比利时根特大学	国家建设高水平大学
10	索荣臻	博士	加拿大	加拿大农业部莫登研发中心	中华人民共和国教育部与加拿大农业部合作项目
11	海　霞	博士	加拿大	加拿大渥太华研发中心	中华人民共和国教育部与加拿大农业部合作项目

“一带一路”交流合作

学校不断加强与“一带一路”沿线国家大学及科研机构的交流，在学术交流、科学研究、师生互派、人才培养培训、对外援助等方面广泛开展合作。加强“中俄蒙走廊”建设，将与蒙古国的合作放在“一带一路”合作优先位置，学校6个学院与蒙古国生命科学大学2个学院签署院际合作协议；组织学校中蒙合作摸底调查和建议会，召开“一带一路”合作成果汇报会，制作内蒙古农业大学与“一带一路”沿线国家合作成果宣传册；获批教育部2019年教育援外项目1项，项目名称为“一种抑制向日葵列当寄生的诱抗剂的防效研究和利用”；承担商务部援外培训10期，累计培训262名学员；积极参与国际联盟活动，赴阿根廷和波兰参加南南合作边会和“第四届丝绸之路农业教育科技合作论坛”，加强与“一带一路”沿线国家大学科研机构的联系，加大对学校的宣传，制作内蒙古农业大学宣传视频。派出44名学生赴蒙古国生命科学大学开展专业实习、蒙古国生命科学大学派出49名学生来校进行实习交流。

商务部援外培训项目一览表

序号	举办时间（年.月.日）	培训项目名称	类别	国家	人数
1	2019.05.21—2019.06.17（为期28天）	2019年蒙古国动物疾病防疫技术培训班	双边	蒙古国	30
2	2019.07.02—2019.07.29（为期28天）	2019年蒙古国乳制品与食品加工技术培训班	双边	蒙古国	25
3	2019.09.05—2019.10.02（为期28天）	2019年蒙古国农产品加工及安全质量控制技术培训班	双边	蒙古国	30
4	2019.09.10—2019.09.30（为期21天）	2019年蒙古国畜牧繁殖、生物技术、畜牧养殖和遗传培训班	双边	蒙古国	25
5	2019.09.16—2019.10.15（为期30天）	2019年蒙古国污水处理培训班	双边	蒙古国	25
6	2019.09.17—2019.10.07（为期21天）	2019年乳制品与食品加工技术研修班	多边	立陶宛、津巴布韦、古巴、坦桑尼亚、乌拉圭、约旦、巴拿马、美国、阿塞拜疆	25
7	2019.10.09—2019.10.29（为期21天）	2019年蒙古国现代饲草料产业体系建设研修班	双边	蒙古国	25
8	2019.10.10—2019.10.30（为期21天）	2019年蒙古国轻工业毛织品加工研修班	双边	蒙古国	25
9	2019.10.18—2019.11.16（为期30天）	2019年蒙古国城市居民点建立蓄水池并积聚地表水培训班	双边	蒙古国	30
10	2019.10.18—2019.11.07（为期21天）	2019年蒙古国性传播疾病及传染病领域从业人员研修班	双边	蒙古国	22

聘请外国籍专家教师

全年学校共聘请4名外国籍专家教师，包括续聘语言外教，外籍专家和科研人员3名，新聘语言外教1名。

出国留学行前培训

学校作为自治区唯一一家“教育部出国留学培训与研究中心”，承办两期教育部“平安留学”出国留学行前培训会。5月在学校举办第一场教育部“平安留学”出国留学行前培训会。培训会主要以专题讲座形式开展，包括国外生活分享、安全保护、心理健康及爱国主义教育等方面的通识类培训讲座和国别类培训讲座，同时新增因公临时出国（境）人员行前培训专场。制作并发放“内蒙古农业大学因公出国（境）人员行前培训手册”，提高出国人员政治意识和安全意识。6月，在呼伦贝尔学院举办第二场教育部“平安留学”出国留学行前培训会，培训采用实景培训的形式，送实景培训到基层。使得自治区东部地区不能到呼和浩特市参加培训的出国人员也得到了最新的行前培训信息。内蒙古农业大学出国留学培训与研究中心自2015年成立以来，与自治区教育厅协办，已经累计培训出国留学人员6 300多人次。

国际语言与文化论坛

4—6月举办第五届“内蒙古农业大学国际语言与文化论坛”，共邀请6名中外专家学者、举办6场专题讲座，为全程参与活动的学生颁发课程学习证书。论坛丰富了学校师生的外语学习生活、拓宽了师生的学习思路和方法、培养了师生用不同思维方式进行思考的习惯。

发展翻译人才队伍

学校于2016年组建翻译人才队伍，现有英语、日语、俄语、蒙古语、法语、德语、韩语、西班牙语和意大利语9个语种的85名翻译人员。超过1/4的翻译队伍成员是外语专业出身，超过2/3有海外留学或访学经历，在内蒙古农业大学推进“一带一路教育对外开放”和提高学校国际化水平的过程中日渐发挥积极作用；同时，因为他们的教师身份，又将对内蒙古农业大学“双一流建设”和提高教育教学水平和质量、加快相关学科与国际接轨起到一定的促进作用。派出参加国内高级别翻译培训9人次，涵盖英语、日语和法语3个语种。派出1名英语翻译承担自治区翻译任务。同时，利用该队伍进行语料库建设，邀请相关领域专家来校开展语料库建设讲座并进行指导，逐步制作符合学校需求的翻译语料库。

引智项目

学校共获批国家级和自治区级引智项目5项，合计引智经费69万元。

获批引智项目一览表

项目编号	项目名称	资助经费（万元）
G20190205007	复合微生物群落（SynComs）提高苜蓿耐盐性的分子机制及其体系构建	20
G20190205008	河套灌区地面灌溉技术要素控制与现代化灌溉决策技术引进	15
G20190205009	向日葵分子育种技术和兼具抗除草剂以及列当 G 小种向日葵新品种的引进	20
S2019150013	丝绸之路经济带智能菌肥与盐碱地改良技术引进	8
S2019150014	马属动物先进繁育技术的本土化建立与开发应用	6

国际会议

12 月 7—8 日，主办第八届蒙古高原牧区经济与社会可持续发展国际会议，来自中国、美国、俄罗斯、日本、澳大利亚、韩国、奥地利、蒙古国 8 个国家的 180 多名国际农业经济学者和高校代表参加会议。

管理与服务

发展规划工作

概况

发展规划处全体人员团结协作、密切配合、共同努力，坚决贯彻落实学校年度工作要点等有关文件精神，加强政治建设，不断增强“四个意识”，坚定“四个自信”，提高政治站位，坚决维护党中央权威和集中统一领导。对在“不忘初心、牢记使命”主题教育中发现的问题，加强整改，对内不断完善部门工作职能，努力提高工作水平与质量，对外积极争取社会支持，特别是在新农科建设、高等教育研究、教育统计、学校管理体制改革、黄河生态文明等重点项目申报、对口支援等几项重要工作取得较好的效果。

重点项目

结合学校学科专业实际，起草了自治区人民政府的“黄河流域生态文明建设”内蒙古段的建设项目报告；参加了成立内蒙古农业大学乳业学院建设方案的报告撰写工作；参加了“一带一路”南南农业教育科技联盟2019年年会，与国际交流与合作处等部门向大会提供了“草原生态文明与现代农牧业”建设项目；协同教务处、科技处、人事处等部门，制定了内蒙古农业大学2018年度专项考核评比工作方案，完成了2018教育年度专项工作的考核评比。完成农学院、园艺与植物保护学院筹备建设工作。

基层统计报表

填报完成2019年地方所属学校基本建设完成情况年报表。完成了2019年分类学生情况表。完成了2019年高等学校基层统计报表工作。发展规划处牵头会同教务处、图书馆、网络中心、研究生院、人事处、国有资产处、学生工作处等单位，编制形成了2019/2020学年初高等教育基层统计报表。完成了2019年高校本科教学基本状态数据采集工作。

高等教育研究工作

年内，承担了多项高等教育方面的研究课题。结合“新农科”建设，“十三五”规划的落实，重点对农业4.0、新农科建设等进行了跟踪和研究；积极开展高等教育研究工作。利用网络平台，归纳整理国家在教育方面的法规、高等教育最新政策、兄弟院校高教改革动态、专家学者相关研究成果等，为学校领导和有关部门决策提供参考；全年出版了10期《高教研究参考》，为学校领导、管理人员提供决策参考。组织专家评选推荐5篇优秀论文，报自治区高教学会参评2019年高等教育研究优秀论文。

政策法规与规划工作

修订了《内蒙古农业大学章程》；完成了“十三五”规划中期检查工作；办理了内蒙古自治区人民政府“放管服”的征求意见和相关调查文件工作。

省部共建

继续开展内蒙古自治区与教育部共建内蒙古农业大学的后续工作，争取进入共建高校行列；根据自治区政府与国家林业和草原局的共建协议，发挥好共建平台的作用，组织相关学院的教师积极申报国家林业和草原局的项目，寻求政策支持，为学校争取更多的资源，积极探索国家林业和草原局对学校卓越农林人才培养计划2.0的支持；继续推动中国荒漠化防治联盟组建工作。在联盟组建的基础上，协助沙漠治理学院与中国林业科学研究院、北京林业大学、亿利资源集团有限公司就中国荒漠化防治联盟的有关工作事宜，积极开展工作。

对口支援

积极协调中国农业大学，继续落实两校制定的《中国农业大学、内蒙古农业大学关于进一步深入开展对口支援工作的实施意见》。与青岛农业大学签订了为期5年（2019—2024年）的战略合作协议，完成了吉林大学对口支援内蒙古农业大学有关学科的协调、协议起草工作。

人事管理

概况

人事管理紧紧围绕学校的中心工作，结合自治区“双一流”建设目标和学科、师资队伍建设发展实际，依据《内蒙古农业大学吸引与鼓励高层次人才工作管理办法（试行）》和《内蒙古农业大学引进优秀博士人才管理办法（试行）》，围绕人才建设，促进学校内涵式发展。

岗位聘任、考核

完成专业技术资格申报、评审和认定工作，2019年度共121人通过学校专业技术资格的评审及考核认定，其中，正高级11人，副高级26人，中级83人。对岗位变动的89人进行了聘任。

加强教职工年度岗位考核，结合新一轮专业技术岗位聘任工作，继续实施《教学科研岗位考核办法的指导性意见》和教学科研岗位综合测评、业绩量化考核指标体系，指导学院制定了适合本学院学科建设与人才培养需要的岗位考核办法，并已备案实施。对全校各类岗位共计 2 090 人进行了年度岗位考核，其中，优秀 300 人，合格 1 689 人，基本合格 3 人，未定等次 93 人，未参加考核 5 人。

人事调配

各类新增 80 人。全年专任教师新增 50 人，其中博士 28 人，硕士 22 人。通过“绿色通道”引进优秀博士人才 1 人，接收转业军人 2 人。各类减员 95 人，其中退休 55 人，调出 5 人，去世 26 人，解除聘用 9 人。

劳资与社会保险

全校在职、离退休人员全年工资津贴、离退休费发放情况汇总结果：在职人员基本工资 11 178. 66 万元，基础性绩效工资 4 424. 33 万元，奖励性绩效工资 10 474. 42 万元（其中基础津贴 4 993. 06 万元、业绩津贴 2 549. 61 万元、课时津贴 2 559. 72 万元、导师津贴 372. 03 万元），国家规定的津贴补贴 692. 7 万元（妇女卫生费 6. 77 万元、艰苦边远地区补贴 685. 43 万元、劳模津贴 0. 50 万元），自治区规定的津贴补贴 1 264. 40 万元（误餐补贴 773. 82 万元、取暖补贴 490. 58 万元）。工资津贴中代扣养老保险 1 962. 27 万元、职业年金 940. 07 万元、基本医疗保险 488. 37 万元、失业保险 123. 54 万元、住房公积金 2 910. 13 万元。

其他校内津贴 1 974. 24 万元：即班主任津贴 475. 39 万元、在职研究生课时津贴 31. 22 万元、双学位课时津贴 160. 37 万元、监考阅卷费 207. 80 万元、教研室津贴 164. 73 万元、人文德育和职业生涯课时津贴 15. 75 万元、考核奖励津贴 50. 40 万元、特岗津贴 418. 59 万元、其他补发 449. 99 万元。

全年发放离休 18 人，离休费 290. 86 万元；退休 1 025 人，退休费 7 886. 30 万元（含 6 月一次性补发退休费 624. 22 万元）。发放离退休人员取暖补贴 239. 16 万元。发放遗属 55 人取暖补贴 8. 66 万元、生活补贴 90. 18 万元、物业补贴 24. 96 万元。完成去世教职工的抚恤金 165. 75 万元、丧葬费 61. 45 万元及校内医疗补助 42. 00 万元发放，共 28 人 269. 20 万元。

2012—2018 年度补充岗位备案 2 574 人次，其中第二轮自治区岗位聘任并备案共 2 084 人。职务晋升的 807 人中，2019 年 6 月时仍在职的 741 人，2014 年 10 月至 2019 年 6 月退休 66 人，人均月增 319. 47 元。

完成在编教职工和校内聘任人员及长期临时工的各类保险建账及缴费工作，按期办理非编人员的养老保险、生育及工伤待遇兑现事宜。完成在编在职人员 2 101 人的工伤保险缴费基数核定工作。完成职工基本医疗保险和工伤保险的分离工作。

养老保险制度改革的基础数据正在按上报的具体要求进行处理，2015 年 6 月的工资标准调整审批表格正在重新制作中，全校退休人员的退休审批表的收集整理工作正在进行，准备期业务的视同缴费认定工作持续进行。2010 年度以来的养老保险、失业保险暂付款清理的数据处理工作全部完成。全年社会保险的逐月账目核对工作全部完成。

单位部分缴费在编在职基本医疗保险 1 635. 56 万元，公务员医疗补助 1 179. 78 万元，生育保险 70. 92 万元，工伤保险 46. 79 万元，大额医疗补助 31. 93 万元，失业保险 118. 01 万元；校内聘任人员及长期临时工养老保险 358. 28 万元，基本医疗保险 139. 26 万元，生育保险 14. 41 万元，工伤保险 4. 19 万元，大额医疗补助 2. 23 万元，失业保险 9. 21 万元。

2019 年 1—4 月按自治区教育厅、财政厅要求，上报非统发单位养老金的申请。完成 2019 年度学校法人证的变更和年检及工资年报统计工作。召开工伤鉴定委员会工伤鉴定 1 人。呼和浩特市人力资源和社会保障局工伤备案 3 人。完成 2019 年度残保金的核定，已缴费残保金 226. 58 万元。

人事档案

年内完成了干部人事档案库房搬迁工作，同时按照自治区党委组织部《全区干部人事档案数字化方案》要求，组织开展干部人事档案数字化工作。目前干部人事档案数字化前期的材料查缺整理工作已结束，正在进行干部人事档案材料补充工作，已完成干部人事档案数字化扫描 400 余卷。

全年鉴别、收集、整理、归档个人零散档案（活页）7 500 余份。转递个人档案 12 卷，查（借）阅个人档案 900 余卷，接收 2019 年新入职专任教师（博士）档案 35 卷，专任教师（硕士）档案 24 卷，管理人员 19 卷，校聘岗位人员档案 12 卷，并完成档案初审工作。整理去世人员档案 32 卷，追收回去世人员生平 4 份，按照人事档案整理规定装订立卷归入校档案馆 32 卷。追收历年需入归档文书档案 190 余份。

人事信息平台

积极参与“内蒙古人事人才业务系统”建设工作，完成基本信息的审批、变更业务 583 次；建议教育部、教育厅“全国教师信息系统”数据管理维护模式变更，提交《关于全国教师管理信息系统存在问题的说明》；加强 OA 协同办公系统维护和建设工作，全年办理内农大人字文件 31 个、职改字文件 2 个；接收校内文件 43 个；分配文号、套红、封发和签收文件 261 次；发布公告 35 个；处理处级干部请假审批表 690 条，普通教职工请销假审批业务 927 条；处理考勤相关业务统计 26 902 条；更新人事处网页信息 60 篇；完成内蒙古人才信息库基本信息建库工作，导入全校教职工 2 267 人的 11 个字段共 24 937 条信息。

其他工作

及时进行全校教职工的年度考核备案和年度逐月考勤结果汇总工作。认真开展人员调动、教职工退休、新进教职工的去编、列编工作，及时完成教育厅、人社厅、财政厅部署的全校教职工基本信息的采集、整理、上报工作和财政供养人员信息的填报工作。认真完成分管校领导交办的其他日常性工作。

重大事件

完成了自治区设置岗位第二轮聘任备案工作，申请聘任专业技术岗位、管理岗位和工勤技能岗位共 2 088 个（含校领导 8 人在管理和专业技术岗位为“双主聘”），实际总聘任人数为 2 080 人。全校各类各级岗位聘任情况如下：管理岗位实际聘任 333 个（不含兼聘五、六级职员岗位），专业技术岗位实际聘任 1 614 个（不含兼聘二级、三级、四级、六级、七级专业技术岗位人员），工勤技能岗位实际聘任 133 个。

财务管理

概况

学校实行“统一领导、分级管理、集中核算”的财务管理体制，财务处是学校财务管理的职能部门，作为学校的一级财务机构，在校党委、行政的领导下，统一管理学校的各项财务会计工作，保证会计资料合法、真实、准确、完整。财务处负责全校的会计核算、资金运行以及各项财务管理工作，包括全校教育事业经费收支、专项经费收支、各非独立法人单位的财务收支、制订财务制度、编制财务收支预决算、开展财务分析等，实行财务监督，检查经济效益。

财务处下设 8 个直属科室和 3 个委派财务机构：财务管理科、事业经费核算科、专项资金核算科、收入管理科、基建财务科、出纳科、后勤财务科、校园卡服务中心、饮食服务中心财务部、校医院财务室、基础教育财务部。

经费收支情况

学校本级部门收入 106 209. 78 万元，其中，财政拨款收入 67 866. 39 万元，占总收入的 63. 9%；事业收入 31 071. 25 万元（其中，教育事业收入 17 454. 87 万元，科研事业收入 13 616. 38 万元），占总收入的 29. 3%；其他收入 7 272. 14 万元（其中，银行贷款收入 3 000 万元），占总收入的 6. 8%。

学校本级部门支出 126 080. 13 万元，其中，教育支出 69 245. 34 万元，占总支出的 54. 9%；科研支出 21 029. 79 万元，占总支出的 16. 7%；行政管理支出 7 756. 38 万元，占总支出的 6. 2%；后勤保障支出 23 362. 40 万元，占总支出的 18. 5%；离退休支出 1 297. 45 万元，占总支出的 1%；债务还本支出 1 261. 92 万元，占总支出的 1%；其他支出 2 126. 85 万元，占总支出的 1. 7%。

制度建设

根据国家新出台的财务管理制度和规定，结合学校自身发展特点和思路，完善学校的一系列财务管理制度。重新修订了《内蒙古农业大学经费支出审批制度》，2020 年 1 月 1 日开始执行；下发了《内蒙古农业大学贯彻落实〈行政事业单位内部控制规范（试行）〉工作方案》，进一步完善学校内控建设，提高内控水平。

财务预算管理

学校预算收入 6. 56 亿元，但各项事业发展资金需求较大，财务处与各部门充分讨论经校长办公会审定，校党委批准，2019 年预算支出安排 8. 32 亿元，赤字 1. 75 亿元。同时，认真分析各部门以前年度资金结余情况，较为科学合理地编制了学校《2019 年度教育事业经费收支预算方案》。

筹措资金

积极争取财政追加拨款，努力开拓财源、多渠道筹集资金。从财政部门取得的教育事业追加经费达到 35 359. 03 万元，为学校发展和建设提供了资金保障。

费用收缴与管理

学费是学校事业收入的重要来源，财务处不断完善各项收费制度和工作程序，认真做好各项费用的收缴与管理工作。学校继续采用网上直缴收费方式，校本部全年累计缴费人数 31 965 人，主要收取学费和住宿费两大类，收费总金额达 17 454. 79 万元；基础教育累计缴费 6 600 余人，收费总金额 3 867. 28 万元。

经费支出管理

财务处对一切经费支出严格按财务制度办理，同时尽可能为广大教职工和学生提供良好的服务。继续全面使用网上预约报账系统，大幅提高了报账效率，为教职工办理业务节约了时间。

科研经费管理

学校科研经费收入达到 2. 4 亿元，承担的科研项目和获得的科研经费呈持续稳定的态势。财务处积极配合科研项目负责人编制科研项目预算，按照项目预算认真审核每一笔项目开支，配合科技处进行科研项目中期检查、结题、验收、审计等各项工作。

资金支付管理

财务处继续使用“银校互联”系统，运用银行先进结算技术，真正实现无现金报账结算。学校全年资金流量达 13.27 亿元。通过银校互联系统，优化了财务流程，减轻了出纳的工作压力，提高了工作效率。同时，在有效防范职务犯罪、控制支付限额、减少现金保管的成本与风险、财务内控等方面都得以加强。

贯彻落实新《政府会计制度》

根据财政部要求，新《政府会计制度》于 2019 年 1 月 1 日起施行。为尽快适应财务新变化，财务处根据多方调研和学习情况，更换了财务管理软件，改变财务现有管理模式，进一步强化预算管理，保证新《政府会计制度》贯彻落实。

项目绩效监控及自评工作

根据自治区财政厅《关于组织自治区本级预算部门开展 2019 年财政项目支出绩效监控和自评工作的通知》要求，学校对 2018 年结转和 2019 年下达的财政项目开展了支出绩效监控和自评工作，项目主管部门对财政项目支出情况进行了自评并撰写了自评报告。此次是学校第一次较大规模地开展项目绩效评价工作，为今后开展绩效评价积累了经验。

其他工作

12 月，完成了科级干部聘任工作，科室机构从原来的 11 个合并为 6 个，对部分职工进行了轮岗。

国有资产管理

概况

学校国有资产管理坚持资产管理与预算管理、财务管理、价值管理、实物管理相结合的基本原则，实行“国家所有、统一领导、分级管理、责任到人”的管理体制。执行国有资产管理处统管，归口管理部门分管，领用单位直管，领用人具体负责的四级管理模式。在校党委和行政的正确领导下，国有资产管理处领导班子和全处工作人员较好地完成了全年的工作任务。

制度建设

在学校原有制度的基础上，修订了《内蒙古农业大学国有资产管理办法》《内蒙古农业大学固定资产验收管理办法》《内蒙古农业大学固定资产处置实施细则》《内蒙古农业大学固定资产二级管理员办法》。

政府采购管理

按照《内蒙古自治区财政厅关于进一步加强和改进自治区政府采购管理工作的意

见》（内财购〔2017〕1383 号）、《内蒙古自治区财政厅关于自治区本级预算单位政府采购实行备案制管理的通知》（内财购〔2017〕1495 号）等有关要求，出台了《关于编制 2019 年度教育事业费收支预算的通知》，确保政府采购预算编准、编细、编实，对应编未编、超预算采购项目将不予实施政府采购，夯实政府采购预算执行基础。落实政府采购主体责任，合理区分编报采购计划类型，缩短采购备案和批准周期，提高采购工作效率。规范政府采购程序，加强不相容岗位与职责分离的内部控制体系建设，进一步提高内部控制水平和效果。

年内，申报采购计划 69 项，采购预算 14 532. 37 万元。其中，中央财政专项，采购预算 400. 0 万元，自治区直属高校双一流学科、本科专项，自治区重点实验室建设及其他，采购预算 8 396. 8 万元，学校自筹资金（包括年初预算）62 项，采购预算为 5 735. 57 万元。

土地房产管理

严格按照《内蒙古农业大学土地、房屋和经营性资产管理规定》对学校出租的房屋进行管理，共收取租金 244. 777 8 万元。完成测量南校区下穿地道占用学校土地面积、航拍南校区及金岁小区的校土地边界；多次勘察农学院，协调呼和浩特市水文监测中心在学校边界上搭栅栏；多次向呼和浩特市国土资源局等单位咨询办理学校（三区）土地证事宜，保证了土地证办理有序进行；积极配合赛罕区法院的工作，在金岁小区现场办公，解决学校在土地权属方面存在的遗留问题。完成兽医学院的搬迁工作，测算了各教学单位公用房的额定面积和学生工作处、招生就业处、农林工程设计院等部门的房屋分配和调整工作。

固定资产管理

校本部固定资产总值为 2 213 047 136. 24 元。新增固定资产总值 220 056 102. 84 元，其中车辆增加 2 辆，账面原值 1 212 206. 90 元；构筑物增加 10 项，账面原值 32 111 996. 49 元；仪器设备增加 5 840 台件，账面原值 148 219 775. 35 元；家具增加 6 307 台件，账面原值 4 800 958. 91 元；图书增加 47 032 册，账面原值 7 588 202. 79 元；软件增加 102 套，账面原值 24 910 755. 50 元。

验收政府采购项目 88 个，项目资金总额 11 798 万元。起草了《内蒙古农业大学所属企业改革意向方案》。完成了机械厂税费清理工作，正在积极办理其他工商注销手续。按财政厅要求完成了校属企业 2019 年资本经营预算收益的核查工作和 2020 年国有资本经营预算的编报工作。

离退休管理工作

概况

全校离退休人员共计 1 051 人，其中离休干部 18 人，厅级退休干部 26 人，其他退休人员 1 007 人；工作人员 8 人，设党总支办公室、离休科、退休科 3 个科室，设 3 个正科级岗位、1 个副科级岗位。杨红蕾任副处长（主持工作）兼党总支书记，王雁任副处长。离退休人员工作处紧紧围绕学校中心工作，在校党委、行政的领导下，以习近平新时代中国特色社会主义思想为指导，深入贯彻党的十九大、十九届四中全会精神，全面落实全国、全区老干部局长会议精神，以精准化、信息化、规范化建设为抓手，秉持以人为本、服务为先的理念，不断推进离退休干部党的建设，注重发挥老干部、老专家的优势，切实提高离退休工作质量，为学校的人才培养、文明校园创建增添正能量。

党建与思想政治工作

离退休人员工作处党总支下设 18 个党支部，其中 1 个在职机关党支部，17 个离退休党支部，党员 532 名。党总支组织党员学习了习近平总书记两会期间重要讲话精神，为离退休党员开展了十三届全国人大二次会议和全国政协十三届二次会议精神专题报告会，发放了《习近平关于“不忘初心、牢记使命”论述摘编》和主题教育口袋书。各离退休党支部订阅了《离退休干部党支部学习参考》；组织党员观看了警示案例片、爱国主义影片；组织在职党员和部分群众利用“学习强国”平台进行学习；组织在职人员和部分离退休人员开展了学习习近平关于老干部工作重要论述答题活动；认真抓好“不忘初心、牢记使命”主题教育各个环节。完成了离退休人员工作处党总支委员会的换届选举工作，并对部分支部设置提出了调整意见，上报了校党委组织部；按照《关于做好全区党内关怀帮扶组织申报工作的通知》要求，对 17 个党支部的 532 名离退休党员进行了认真排查；按时完成了软弱涣散基层党组织整顿对象的统计工作；组织 130 余名离退休老同志参观红色教育基地——大青山红色文化公园；组织进行“思想再解放，笃行新发展理念，推动高质量发展大学习大讨论”；认真落实意识形态工作责任制；切实加强保密工作；贯彻落实扫黑除恶专项斗争；开展了整治漠视侵害群众利益问题工作专项整治，对违反中央八项规定精神突出问题进行了自查排查；重视稳定与综合治理工作，全年未发生治安案件，未发生火情。

离退休人员管理与服务

落实“两个”待遇，精准服务老同志。1 月，高聚林校长向离退休职工代表通报了学校 2018 年工作情况；订阅了报刊 13 种、杂志 18 种，供老同志阅读学习；坚持离休干部每月必访、生病住院必访、重大变故必访、重要节日必访。春节期间对 18 名离休老干部、26 名退休厅级老干部、32 名老干部遗孀进行了慰问并发放了慰问金；给 217 名患大病、常年卧床和 90 岁以上的老同志、114 名因病住院的老同志发放了慰问金；向所有离退休人员发放了春节慰问金。春节前夕共发放慰问金 242.29 万元。为有保健待遇的老同志进行了体检，为 73 位 70 岁、80 岁、90 岁生日的老同志发放了生日礼物。在停暖后、供暖前走访了部分身体不好、生活困难的老同志。全年接待来访的离退休老同志达 500 多人次。

老年文体协会

积极开展文体活动，助力文明校园创建。举办了形式多样的文体活动，主要包括迎接国庆文艺演出、门球邀请赛、书画作品展、台球邀请赛、竞技麻将邀请赛、乒乓球比赛等；面向全体老同志，组织了包括扑克、麻将、象棋、乒乓球、台球、网球、飞镖、掷准、门球等 10 个项目的文体系列比赛，共计有 600 余人次参加。

关心下一代工作委员会

校关工委以立德树人为根本任务，围绕学校中心工作，充分发挥老同志的优势，开展了一系列富有特色的思想教育活动，取得了良好的教育效果。开展了“读懂中国”纪念活动，举办了“爱我中华”知识竞赛，“我和我的祖国”访谈活动，开展了“讲好农大故事”系列活动；继续推动校园读书活动；加强学院二级关工委队伍建设，建立健全二级关工委工作职责，落实相关待遇。校关工委领导分别深入 20 个基层关工委开展调查研究指导工作，对二级关工委常务副主任进行了培训。

老教授协会

充分发挥老教授协会作为校党委和学校联系老教授的桥梁和纽带作用，团结广大离退休老教授为学校的人才培养贡献智慧和力量。继续加强对离退休老教授的关心、慰问，探视生病会员及去世会员家属，送去组织的温暖；为了更好地学习和发挥老教授协会的作用，加强与外界的沟通交流，先后派出 9 人参加全国和内蒙古老教授协会会议；组织会员参加党史讲座和“两会”精神辅导。

老年大学

进一步规范老年大学工作，制定了老年大学班主任工作管理办法、教务办公室工作职责等 10 余项规章制度；完成了新学年书画班、电子琴班的招生工作，目前共有书法、音乐、舞蹈、太极拳、电子琴 5 个专业，7 个班，312 名学员；开展了书画班毕业作品展、电子琴班毕业汇报演出、舞蹈班学期末汇报演出、音乐班年度音乐会等活动。

审计工作

概况

学校审计工作紧紧围绕学校中心工作，全面履行职责，完善体制机制，按照有关审计法规等制度，以学校经济责任审计、科研经费审计和基建（修缮）工程审计为重点，充分发挥保障教育经济活动健康运行的“免疫系统”功能，履行内部审计监督、评价与服务职能，有效促进学校内部管理，加强廉政建设，防范风险，提高资金使用效益，为学校健康高质量发展保驾护航。学校荣获2019年度全区内部审计先进集体。

财务审计

落实《内蒙古农业大学领导干部经济责任审计实施办法》，对2019年离任的63名领导干部开展组织离任经济责任审计。完成科研审签20项，审计资金总额320万元。

结算审计

深入开展基建（修缮）工程相关技术服务工作，提高建设资金使用效益。完成基本建设和修缮工程结算审核185项，项目报审总金额5 663.04万元，审定金额4 839.74万元，平均核减率14.54%，为学校节约资金823.30万元。

跟踪审计

以加强工程项目管理，提高建设资金使用效益为目的，充分发挥审计事前、事中的控制作用，对基建项目施工的各个环节进行跟踪审计，并及时提出审计建议，对项目的设计变更、总体造价和各种签证等方面实施重点审计监督。按照《内蒙古农业大学建设工程项目全过程跟踪审计实施办法》，继续对兽医实验楼建设项目、幼儿园综合楼建设项目和新建风沙物理实验楼项目开展跟踪审计，针对隐蔽工程、变更工程和原材料进行审计，对施工单位按月报送的工程进度进行审核，有效地保证了工程进度和实施质量。

自身建设

按照学校统一部署成立审计处，内设财务审计和工程审计两个科室，依法依规依纪行使学校内部审计工作职责。完成新一轮科级干部聘任。

网络信息工作

概况

信息与网络中心是学校信息化规划、建设、管理与服务的职能机构。信息与网络中心的前身是2000年成立的“网络与计算中心”（设在计算机与信息工程系）及2001年成立的“现代教育技术中心”。2007年撤销“现代教育技术中心”，成立“信息与网络中心”，2014年电化教育等相关科室调整至教务处，信息与网络中心调整为现行机构。中心现设主任1名，副主任1名，总工程师1名，下设中心办公室、信息系统部、网络运行部和维护服务部，现有工作人员12人，具有高级职称4人，中级职称6人，初级职称2人。

网络与信息化基本状况

校园网基础设施。校园网为核心、汇聚和接入三层结构的万兆网络。新校区与西校区建有校园网核心机房，两校区之间双万兆互联，构成校园网双核心架构，东校区建有汇聚机房；核心与汇聚间为双万兆连接；新校区万兆到楼宇、千兆到桌面，东、西校区为千兆到楼宇、百兆到桌面。有网络设备1 092台。布设信息点21 000多个，光缆长度132皮长公里，接入楼宇75栋。无线网络布设接入点（AP）共2 560个，基本覆盖了学校教学、办公楼宇以及部分室外场所。

校园网出口。校园网通过UGS 9560万兆防火墙连接3个出口，分别是：教育网400Mb，联通4 000Mb，电信3 000Mb，总出口带宽为7.4Gb。

信息化设施。数据中心拥有服务器80余台，其中物理服务器40余台。云服务平台虚拟化主机41台，CPU 1504核，内存8.64TB。有8GB光纤磁盘阵列6套（EMC VNX5500、HW5500 v3、HW5300 v3、EMC Unity400），存储容量为515Tb，分布式存储容量为255TB，合计存储容量770TB。

科研云平台。配置有各类计算服务器26台，可提供CPU 760核，内存10Tb，存储容量2.1PB的计算和存储资源。

网络及数据机房。新校区信息与网络中心机房位于综合教学楼B座，作为校园网及数据中心主机房，机房总面积为420平方米，配置机柜50个，配备2台120KVA UPS，3台60KVA和2台30KVA空调，有完善的消防、动力、环境、安防等监控系统。

西校区信息与网络中心机房位于图书馆三楼，作为数据中心灾备机房，面积260平方米。安装120KVA UPS 2套，2台100KVA机房精密空调和2台12.5KVA普通空调，实配机柜31个，有完善的消防、动力、环境、安防等监控系统。

应用系统与信息服务。用于公共网络服务的有网站群、域名服务、邮件服务、统一身份认证、服务门户、数据交换平台、微信服务平台、网络计费、正版化软件平台、

VPN 接入等。

用于职能处室业务服务的系统有人事管理系统、科研系统、协同办公系统、学工系统、迎新系统、宿舍管理系统、资产管理系统、图书管理系统、安保监控系统等。

用于教学管理的应用服务有本科生综合教务系统、网络教学平台、教学资源中心、实践教学管理系统、教材管理系统、双学位及转专业系统、平时成绩管理系统、研究生管理系统、多媒体教室管理系统、自助打印系统、仪器设备管理系统等。

用于财务相关业务服务的系统有财务报账系统、收费系统、支付系统、个人收入申报系统、工资账务查询系统、校园一卡通系统等。一卡通业务已覆盖了全校的就餐、消费、洗浴、打开水、会议、考勤、门禁、图书借阅、上机、上网等应用领域。

网络安全与运维。在校园网出口和数据中心前端部署了万兆下一代防火墙，实现内、外网和数据中心网络层的安全防护和隔离，数据中心防火墙还具备了 IPS、AV 和 URL 过滤等功能；在一卡通和财务专网边界部署了防火墙，统筹解决了西校区一卡通、财务专网的安全需求；网站群系统配备了网页防篡改系统，保证了学校网站系统的安全；使用校园网络认证管理系统，实现有线网络准出认证，无线网络准入认证，全校用户使用统一身份实名上网；使用计费日志系统实现上网日志的留存；部署 WEB 应用防火墙（WAF）功能，对 WEB 应用层进行防护。使用 SSL VPN 设备，并与校园网络认证管理系统对接，为学校用户提供校外安全访问接入。

网络安全等级保护定级备案三级系统 1 个，二级系统 12 个。

使用 Whatsup、CactiEZ 等自建网络管理系统，实现了流量监控、性能监控、拓扑监控和流量分析等功能。运用 iMC（智能管理中心）建成统一的校园网络运行、管理、监控平台。使用运维审计系统，对网络设备、服务器的运维实现统一管理，统一授权、认证和审计；部署了日志审计系统及 Panabit 海量日志系统，收集保存设备运行日志，用于安全审计。

校园网按流量计费，注册用户数 4 万余人，高峰并发在线用户 12 000 人。邮件系统采用腾讯企业邮箱，教师和学生都可以拥有一个不限容量的邮箱。

信息化建设

网络基础设施建设。对东区汇聚机房进行了改造，更换了空调制冷设备、UPS 供电设备；为新校区核心机房的电池组加装了电源故障检测系统，升级了环控系统。完成东、西校区部分学生公寓楼内的网络模块、面板的更新维修工作，补充了部分楼宇的有线信息点 100 多个。

校园网建设。完成新区兽医楼、风沙实验楼的校园网络建设工作，新增有线交换机 24 台，无线交换机 8 台。对西区图书馆密集书库、二楼东侧机房，经济管理学院等单位进行无线 AP 补点优化，三校区新增无线 AP 数量 120 个。对无线网络进行了优化，屏蔽公网的恶意攻击，对网络流量进行了数据引流策略配置，提升了出口带宽的使用效率，降低了用户的网络访问延迟。

华为云 CDN 本地化部署，引进优质华为云资源，提升师生访问华为应用资源的速度。

为教务处的考场监控系统建设了专网，将监控设备进行统一纳管，并提供日常技术保障。建设了团委的校园语音广播系统的专网，保障了校内语音广播安全。设计了人事专网、档案管理专网，保障了重要数据的安全隔离。为西区财务、一卡通、考场监控专网加装了防火墙，提升了财务、一卡通、考场监控专网的安全防护能力。

数据中心建设。建设科研云平台，其中虚拟化计算资源池由 12 台服务器组成，可提供 864vCPU（1 296GHz）、3T 内存的计算能力；大内存计算资源池共计提供：128vCPU（204.8GHz）、4T 内存的计算能力；同时初步提供 GPU、容器、大数据等服务能力；通过 5 台存储型服务器结合分布式存储软件组成存储资源池，提供 2 100Tb 裸容量存储空间；

智慧校园建设。梳理数据中心主数据，通过综合校情分析平台，进行校情基础数据、消费分析、上网分析、成绩关联分析等数据展示，制作毕业生画像和新生画像，通过微校园向学生推送个人画像。

整理信息化数据，编写印刷《智慧校园蓝皮书 2019》。

升级一站式服务大厅，新建研究生门户和职业技术学院学生门户；优化迎新系统业务流程，实现新生从录取、分学号、分班级、分宿舍、网上缴费、网上学习、现场报到、学籍注册的完整流程及数据流转；升级微校园平台，启用移动端服务大厅，启用研究生请销假、研究生成绩查询等微应用。完成 118 个网站、117 个信息系统的信息更新与年审工作。

网络信息安全与管理运维。进行了多次的安全漏洞排查工作，处理安全漏洞事件 20 余次，完成补丁升级、漏洞加固等危及网络信息安全的事件处理。举办网络信息安全、网站群建设等培训，面向广大师生开展了“文明上网、安全用网”的知识宣讲活动及《中华人民共和国网络安全法》宣贯培训活动。

开展了网络安全等级保护测评工作，对 1 个三级系统和 12 个二级系统进行了测评。部署了安全风险探知系统和攻防实训平台。对网站群等系统进行 HTTPS 改造，启用数字正书，实现由 HTTP 改为安全的 HTTPS 协议。

图书馆工作

概况

内蒙古农业大学图书馆成立于 1952 年，初为内蒙古畜牧兽医学院图书馆，1953 年随学校搬迁到昭乌达路 306 号，馆舍面积为 400 平方米，之后馆舍面积扩大达到 1 500 平方米，1958 年更名为内蒙古农牧学院图书馆。1999 年 4 月内蒙古农牧学院、内蒙古林学院合并，两校图书馆统一为内蒙古农业大学图书馆，2003 年新馆建成。新建图书馆坐落在内蒙古农业大学西校区，新馆面积 21 558 平方米，以收藏农牧业科学文献为主，是内蒙古自治区农、林、牧文献信息资源收藏最丰富的图书馆。

图书馆工作人员结构表

项目		数量	结构比例（%）
总人数		76	100
性别	男	27	35.53
	女	49	64.47
政治面貌	中共党员	34	44.74
	民主党派	2	2.63
	群众	40	52.63
民族	汉族	46	60.52
	蒙古族	24	31.58
	满族	3	3.95
	达斡尔族	2	2.63
	鄂温克族	1	1.32
年龄结构	55 岁以上	14	18.42
	50~55 岁	31	40.79
	40~49 岁	21	27.63
	30~39 岁	9	11.84
	30 岁以下	1	1.32
职称	正高级职称	2	2.63
	副高级职称	30	39.47
	中级职称	37	48.68
	初级职称	6	7.89
	管理岗	1	1.33
学历	博士研究生毕业	5	6.58
	硕士研究生毕业	14	18.42
	大学本科毕业	49	64.47
	其他	8	10.53
学缘	本校毕业	16	21.05
	外校毕业（境内）	58	76.32
	外校毕业（境外）	2	2.63

基础业务工作

全年共订购图书 17 287 种 48 338 册，价值 299. 9 万元，自然科学和社会科学图书的占比为 7 : 3。订购纸质期刊共计 1 122 种，其中社科类 282 种，占 25. 13%，自然类 840 种，占 74. 87%，全年中外文数据库的续订金额 388. 5 万元。完成芸台购读者荐购平台搭建工作。自建学位论文数据库收集博士、硕士论文总计 11 566 篇，当年新增学位论文数 812 篇。读者服务工作全年接待读者 727 760 人次，较 2018 年增长 3. 13%。

信息素养教育工作

信息素养教育教学两学期共完成 832 学时，选课学生共计 1 560 人；举办新生图书馆知识教育讲座 54 场，涵盖 18 个学院，涉及新生 6 008 人。

社会服务

4 月，由内蒙古知识产权局授权，在图书馆成立了自治区第一家高校知识产权信息服务中心。9 月，调整了原有部门设置，将之前的 7 个部门调整为 10 个业务部门，各部门工作人员相应进行了岗位调整，使图书馆文献信息工作更适应学校的新发展理念。全年外派参加国内学术交流与培训活动 34 人次。

档案馆工作

概况

内蒙古农业大学档案馆由原内蒙古农牧学院档案科与原内蒙古林学院档案科合并组建而成。前身为成立于 1988 年 1 月的内蒙古农牧学院档案科。

档案馆负责学校档案行政管理各种门类档案的业务管理工作。档案馆隶属党政办公室，馆长由党政办主任兼任。现有在职档案专兼职工作人员 12 人，其中研究员 1 人，研究馆员 1 人，副研究馆员 2 人，馆员 3 人，助理馆员 5 人；博士研究生学历 1 人，硕士研究生学历 2 人，本科学历 8 人。下设办公室、收集整理部、保管利用部、信息技术部。档案馆馆址设在学校西校区 6 号教研楼一楼，使用面积 900 平方米，其中 650 平方米为档案库房，库存档案 13 万余卷件。

档案馆 2000 年在内蒙古自治区高校中率先晋升为国家一级档案管理，并被评为“九五”期间全区档案工作先进集体；2002 年被内蒙古自治区档案局评为全区档案利用服务考核优秀单位；2010 年内蒙古农业大学档案馆党支部被评为内蒙古农业大学先进基层党支部；2009—2015 年，连续 7 年被评为内蒙古农业大学消防工作先进单位。

收集整理和查询利用

在学校各职能部门的大力支持和配合下，顺利完成2019年档案资料的收集、归档工作。共接收各门类档案12 998卷（件、张），其中教学档案4 862卷（件），PDF格式的学籍档案202件，党群、行政档案3 662卷（件），科研档案62卷（件），实物档案17件，财会档案（2017年）2 754卷，出版档案410卷（件），已故人员档案（2005—2016年）110卷，外事档案152件，基建档案628件，教师业务档案22卷，文件汇编51卷，声像档案（光盘）66张。已整理各门类档案11 418卷（件）。

在档案利用方面，围绕学校中心工作，大力开发利用档案信息资源，为学校相关部门和校友提供多种形式的档案利用服务。全年共接待查档利用者1 924人，利用档案7 857卷、695件、图纸921张（册）。其中，查阅档案1 860人，查阅档案7 514卷、989件、图纸341张（册）；借阅档案64人，借阅档案343卷、294件、580张（册）；出具学历/毕业证明、蒙授录取证明及大学外语四、六级成绩证明、已故证明等355份，提供档案复印件8 399页、拍照12 428张，为出国留学人员翻译中英文成绩表/毕业证/学位证108份，为教育部学位认证中心、教育厅就业指导中心等进行学历认证145份，发传真138页，电话查询600多次、咨询发邮件276封（其中扫描档案发邮件51封），为外地利用者寄快递23件。

完成学校《2018年度大事记》的编写和文件汇编。

制度和信息化建设

根据国家档案工作的相关法律法规，结合学校的档案工作实际，出台了《内蒙古农业大学档案管理办法（试行）》《内蒙古农业大学电子文件归档制度（试行）》《内蒙古农业大学档案鉴定销毁制度》。

按照档案数字化建设目标要求，档案馆2019年12月又开始对75万页教学、党群、行政等门类档案进行数字化加工。同时，在档案管理系统上完成对2018年已进行数字化加工的145 405件电子档案、2016年6 307件学籍卡和电子文件的挂接工作。修改、补充、重新上传档案目录178 303条。

为尽快实现档案管理和利用数字化，给全校各部门主要领导和分管档案工作的领导、专（兼）职档案员的IP地址，分别在档案管理系统中设置不同权限，以实现通过档案管理系统整理、上传和浏览、利用电子文件，为进一步推进学校档案数字化工作奠定基础。

管理工作

按照内蒙古自治区档案局的要求，统计汇总完成《内蒙古农业大学2018年档案事业统计综合年报》。档案工作实行部门立卷制度，学校各处级单位设专兼职档案人员100名，负责本单位形成档案的收集、积累、立卷和归档工作。全校已形成以档案为中心、专兼职档案人员相结合的档案管理网络。注重档案管理人员队伍建设，举办兼职档案工作人员培训，提高档案工作水平和服务水平。

重视保密宣传教育，组织学习保密工作相关文件，加强日常管理，进一步完善对档案库房的规范化管理，做好库房档案“八防”工作，对馆藏档案按目录抽查，及时发现存在的档案安全隐患，及时采取多种措施补救，保障档案的安全。年内未发生过泄密、丢失档案等事件。

学报期刊工作

概况

《内蒙古农业大学学报》创刊于 1957 年，当时刊名为《内蒙古畜牧兽医学院院刊》，这是内蒙古高校创办最早的学报，也是内蒙古创办最早的科技期刊之一，后停刊。1965 年复刊时刊名定为《教学与科研》，学报日常工作设在教务处科研科，共出版 2 期，于 1967 年停刊。1980 年复刊，同时更名为《内蒙古农牧学院学报》，复刊后为半年刊。1986 年 12 月被批准在国内公开发行，期刊登记号为内蒙古自治区期刊出期字第 102 号。1987 年经重新登记后，《内蒙古农牧学院学报》国内统一刊号为：CN15-1062。1990 年 12 月被批准在国内外公开发行，同时改为季刊发行。1999 年《内蒙古林学院学报》（哲社版）创刊，同年原内蒙古农牧学院和原内蒙古林学院合并成立内蒙古农业大学，并对原《内蒙古农牧学院学报》更名为《内蒙古农业大学学报》（自然科学版），国内连续出版物号为 CN15－1209/S，国际标准刊号为 ISSN 1009－3575，DOI：10. 16853/j. cnki. 1009-3575，现为双月刊；原《内蒙古林学院学报》（哲社版）更名为《内蒙古农业大学学报》（社会科学版），国内连续出版物号：CN15-1207/G，国际标准刊号：ISSN1009-4458，DOI：10. 16583/j. cnki. 1009-4458，现为双月刊。

2002 年创办《内蒙古农业大学学报》（蒙古文综合版），2017 年根据自治区新闻出版广电局要求更名为《内蒙古农业大学学术研究》，目前在内蒙古自治区内部交流发行，准印号为内蒙古自治区内部资料 15-031/C，现为半年刊。

内蒙古农业大学学报编辑部为学校直接领导的二级教学科研机构，编辑部下设 3 个编辑室，即社会科学版编辑室、自然科学版编辑室和蒙古文综合版编辑室。学报编辑部现有工作人员 9 人，其中编审 2 人，副教授 1 人，副编审 2 人，编辑 2 人，助理编辑 2 人。

编委会名单

《内蒙古农业大学学报》（自然科学版）编辑委员会

主　任：高聚林

副主任：芒　来　　苏德毕力格

委　员（按姓氏笔画排序）：

丁雪华　马　强　王明玖　王喜明　双　全　史海滨　芒　来
刘廷玺　齐景伟　闫祖威　牟献友　苏双平　苏德毕力格
杜健民　李国婧　张　生　张和平　武　佩　周欢敏　赵怀青
铁　牛　高　静　高聚林　曹金山　塔　娜　韩国栋　樊明寿
薛河儒

《内蒙古农业大学学报》（社会科学版）编辑委员会

主　任：高聚林

副主任：芒　来　苏德毕力格

委　员（按姓氏笔画排序）：

王小智　王永明　王忠东　王效亮　付建军　包庆丰　芒　来
吕清禄　乔　彪　乔光华　牟献友　苏双平　苏德毕力格
杜健民　李伟威　李俊霞　汪建平　张　文　郑培亮　赵柏峰
哈斯巴根　徐莉林　高聚林　席锁柱　盖志毅　彭　恩　靳小平
冀兆荣

《内蒙古农业大学学报》（蒙古文综合版）编辑委员会

主任委员：芒　来

副主任委员：苏德毕力格

委　员（以蒙古文字母排序）：

阿木古楞　额尔敦　额尔敦木图　敖特根巴雅尔　敖特根其木格　毕力格巴图
包庆丰　宝音都仍　布和额尔敦　格日勒图　芒　来　席锁柱　苏德毕力格
苏双平　双　全　塔　娜　特木尔布和　铁　牛

组织机构

根据学校机构调整，撤销学报编辑部处级建制，并入科技处，同时保留学报编辑部作为出版单位的独立运行机制。学报编辑部下设办公室、自然科学版编辑室、社会科学版编辑室、蒙古文综合版编辑室。

科技处副处长（分管学报编辑部工作）：苏双平

办公室主任：赵殿武

自然科学版编辑室

主　编：苏德毕力格

副主编：赵怀青

责任编辑：石　林　赵怀青　董泰音

社会科学版编辑室

主　编：苏双平

副主编：王小智

责任编辑：赵殿武　张　榕

蒙古文综合版编辑室

主　编：苏德毕力格

副主编：敖特根其木格

责任编辑：敖特根

主要工作

编辑出版《内蒙古农业大学学报》（自然科学版）6期，《内蒙古农业大学学报》（社会科学版）6期，1期增刊。《内蒙古农业大学工作动态》（蒙古文综合版）4期。《内蒙古农业大学学报》（自然科学版）2019年复合影响因子为0.644，排在全区第一，《内蒙古农业大学学报》（社会科学版）复合影响因子为0.378，在内蒙古自治区高校社会科学版学报中处于先进行列。各版学报通过了内蒙古自治区新闻出版广电局2019年度期刊核验。

组织编辑人员参加国家和自治区新闻出版业务培训和继续教育培训及相关会议学习交流共21人次。自治区新闻出版局换发由国家新闻出版署制发的新版《期刊出版许可证》。《内蒙古农业大学学报》（自然科学版）期刊出版许可证号为蒙期出证字第084号，《内蒙古农业大学学报》（社会科学版）期刊出版许可证号为蒙期出证字第083号。法定代表人均为高聚林。《期刊出版许可证》有效期自2019年1月1日至2023年12月31日。

党建与思想政治工作

加强党风廉政建设，严格规范内部管理，强化编辑队伍的服务意识和服务水平。按照内蒙古自治区新闻出版局、内蒙古自治区教育厅和内蒙古农业大学党委有关要求，严格落实意识形态工作责任制要求，强化过程管理，层层落实意识形态责任制，强化主体责任，坚守意识形态防线。严格落实“三审三校”制度和内部审读工作，认真把好政治导向关、价值取向关、内容题材关、出版质量关。《内蒙古农业大学学报》（社会科学版）在自治区新闻出版局的抽检中取得良好成绩。

荣誉与奖励

1月，经《中国知识资源总库》编辑委员会审核同意，《内蒙古农业大学学报》（自然科学版）被“中国学术期刊网络出版总库”全文收录。获《中国知识资源总库》编辑委员会、《中国学术期刊（光盘版）》电子杂志社有限公司颁发的“中国学术期刊网络出版总库”全文收录证书。“中国学术期刊网络出版总库”是“十一五”国家重大网络出版工程子项目，荣获首届中国出版政府奖网络出版物奖。

学报编辑部编辑董泰音、张榕在全国理工农医院校社科学报联络中心组织的全国理工农医院校社科学报“四优”评比中荣获优秀编辑奖。苏德毕力格荣获内蒙古高校学报研究会和高校学报事业发展“突出贡献奖”和首届内蒙古高校学报玉笔奖。苏双平和赵怀青荣获第三届内蒙古高校学报优秀主编奖。赵殿武、董泰音、张榕、敖特根荣获第三届内蒙古高校学报优秀编辑奖。《内蒙古农业大学学报》（自然科学版）荣获第三届内蒙古高校学报优秀学报奖。《内蒙古农业大学学报》（社会科学版）荣获首届内蒙古高校学报编辑出版质量优秀学报奖。《内蒙古农业大学学报》（社会科学版）“社会主义新农村建设”栏目荣获首届内蒙古高校学报特色栏目奖。

基础教育

概况

基础教育中心（党总支）是学校的教辅机构，李立峰任基础教育中心主任兼党总支书记，于涛任基础教育中心副主任。党总支委员会由李立峰、于涛、刘俊、张晓岚、胡燕组成，下设农大附中小学语文学科、小学数学学科、小学英语学科、综合学科、初中、科教服务党支部和幼儿园7个党支部，共有党员70名。所属附属中学和幼儿园两个单位，附属中学校长李立峰（兼），副校长王凤玲、刘俊、胡燕、于涛（兼）；幼儿园园长张晓岚，副园长李琼、刘丽敏。现有教职工436人，其中，正式职工45人（附属中学22人、幼儿园20人、行政3人），外聘工391人（附属中学317人，幼儿园74人）；附属中学95个班4 654名学生（小学共71个班3 296人，农大子弟349人；中学共24个班1 358人，农大子弟153人），幼儿园18个班660名幼儿（农大子弟154人）。

党建、思想政治教育和工会工作

党总支领导班子紧密结合实际，认真开展“不忘初心、牢记使命”主题教育，全年集中学习研讨50次，其中中心组扩大学习21次，集中学习研讨13次，专题研讨7次，党课4次，调研会5次。为党支部配备了党务工作学习光盘、购买了党务学习资料、制作了中国共产党发展党员工作流程图、参考书籍等，并且整理编印了《基础教育中心党总支2019年度党支部书记抓党建工作述职评议考核材料汇编》，重点学习了党的十九大报告、《中国共产党章程》、习近平总书记系列重要讲话精神和习近平新时代中国特色社会主义思想。收看了《自治区教育工作视频会议》《教育部、公安部召开全国学校安全工作紧急电视电话会议》《学习运用正反两个方面典型教育》、人民教育家于漪老师先进事迹、廉政警示教育片《初心的蜕化》《迷失初心的代价》和3D廉政教育展厅等视频学习内容。召开了关于全面从严治党、意识形态、师德师风建设、校园安全稳定等工作会议。

党总支不断增强党支部工作活力，立足实际开展丰富多彩的主题党日活动。如附属中学举行育新人战略顾问聘任仪式暨新时代育新人专题讲座，党总支所属附中6个党支部联合参加了农业大学组织部举行的“重温历史 感悟辉煌”主题党日活动，获得精品党日活动三等奖；召开了秋冬季传染病预防工作会议；邀请李鹏律师进行了《防校园欺凌》讲座；邀请李春林教授为基础教育中心党总支全体党员和骨干教师300余人作了《中国共产党十九届四中全会精神》宣讲报告；印发了《扫黑除恶专项斗争，应知应会知识》，全体教职工参与作答《赛罕区扫黑除恶专项斗争知识测试卷》。开展了党支部书记讲党课活动；参加了基层党组织书记专题培训、学习强国党员知识竞赛活动和农大党员读书分享交流活动，在农大党员读书分享交流活动中获得一等奖；组织进行了走访慰问老党员和困难党员活动、党员志愿者服务活动；组织全体党员开展庆祝党的生日和欢度国庆党日活动；学习全国优秀共产党员先进事迹；寻找身边的先进典型活动；党支部专题组织生活会等；附中党员教师放弃假期义务承担分拣教材、清洁校园户内外环境、党员义务铲雪、幼儿园党员教师带头承担实习生和青年教师培养任务。

党总支维护更新党员信息系统，建立递交入党申请书和积极分子信息库、加强了聘用工党员和组织关系未转来党员的信息统计和教育管理工作；坚持把意识形态纳入党建工作责任制、建立立行立改清单，落实好意识形态和主题教育整改责任清单。坚持巩固意识形态阵地，依法规范讲座、讲坛、报告会、研讨会等各类校内活动的审批和监管；持续加强网络阵地管理和网络安全员、管理员的培训；加强课堂教学过程监控，严格审核把关各类讲座报告内容，严格印刷室管理程序；坚决抵御和严格防范宗教渗透，校园内禁止从事宗教活动、散发宗教类出版物及宣传品。党总支结合附属中学和幼儿园实际，开展了社会主义核心价值观、依法治国、爱国主义、志愿者精神、社会公德、诚信意识、文明礼貌等系列思想政治教育活动。关注教职工特别是外聘工思想动态，加强教职工思想教育，做好教师教育过程记录。强化规矩和纪律意识，依法办学，规范办学行为，坚决杜绝有偿补课、体罚或变相体罚现象。

基础教育工会组织健全，按时按要求换届改选委员会委员，做到教职工入会及时，及时做好收缴会费工作，并定期向会员公布经费使用情况，接受会员的监督，年终向校工会以报表的形式汇报经费使用情况，年末向单位负责人进行年度工作汇报。定期召开全体教职工大会通报财务收支预算情况等重大事项，建设“教职工之家”，组织并完成了教职工个人体检，全年看望生病、困难职工、生育女教工共75人次，发放慰问金43 000余元。在基础教育中心网站、农大附中网站、幼儿园网站建设“网上职工之家”，每个工会小组都自觉运用改革创新精神谋划推进工会工作，运用网络技术手段，推动工会工作再上新台阶。以“立德树人”为核心加强教职工思想教育和师德建设，进一步开展好教职工“六大创建”活动，重点开展“文明科室、文明处室”竞赛活动。举行“做文明校园创建的践行者”、组织全体教职工参加了“凝心聚力”团建活动、举办了庆祝“三八妇女节”活动、庆祝教师节活动、组织观看《开国大典》、举行了教工趣味运动会、纪念毛泽东诞辰126周年文艺展演、迎新年音乐会等活动。10月，举行了青年教师教学基本功大赛。分会掌握群众信息，能及时向学校领导和上级领导反映困难教职工情况及教职工提出的问题、建议。建立了困难教职工详细情况统计表，以及离退休老教师慰问表，努力为教职工排忧解难。积极参加学校“书香校园”攀登读书会，全年共分享图书24本，参加了“不忘初心、牢记使命”红色经典诵读会，组织“博爱一日捐”活动，参加“红烛杯”教职工合唱大赛，教职工“乒羽杯”比赛。在“教职工万米接力赛”中荣获“第一名”，在校运会中，基础教育分会获得团体总分“第五名”、在“教工5人制足球赛”中获得“第五名”的好成绩。

附属中学

附属中学认真贯彻落实“精品办学、内涵发展”改革思路，以安全稳定为基础，教育教学为中心，管理服务与校园建设为保障，重点开展了以下工作。

一是筑牢安全教育体系，建设“平安校园”。着力构建全员化、全覆盖、全方位、全天候的安全教育模式，扎实推进平安和谐校园建设。抓好安全教育，形成主要领导亲自抓、分管领导具体抓、班子成员协同抓、各职能部门齐抓共管的工作格局，精心设计和组织好各类安全教育活动，定期进行专题安全教育讲座、检查学生物品携带情况、制定大型活动安全预案、组织消防演习等，培养学生应急自救互救能力；建立健全安全信息网络，随时报告重大治安、安全事件，采取措施及时解决重大隐患和突出治安问题。主动争取、积极配合公安、市监、交通、城管、卫生防疫等部门，开展学校周边环境综合治理；按照中小学、幼儿园安全技术防范系统国家标准要求，加大校园重点部位安防系统建设投入，学校实行封闭式管理，校门口安装了防冲撞设施，全时段、无空挡地监管，全方位、无死角地监控，加强校园内部保卫力量，加强专职安全保卫人员管理，门卫人员严格履行门卫职责，配齐必要的安全防护装备器械，坚持24小时值班值守。年内没有出现任何安全事故，实现了全年安全稳定无事故“平安文明校园建设”目标。

二是提高学生综合素质，创建“文明校园”。按照学校文明校园创建工作要求，在参与呼和浩特市“创文明城市”工作基础上，制订《文明校园创建方案》，开展了“弘扬核心价值观，展现青春活力”学雷锋团日、“携手芸公益，爱心永传递”学习雷锋捐助贫困学生等系列活动；组织在校团员成为注册志愿者，开展校志愿者走进农业大学西区图书馆等志愿服务活动；开展读书节、科技节、英语节、艺术节等活动，提高学生综合素质，促进学生乐学会学、全面发展；开展“预防校园欺凌、构建和谐校园法制安全教育”讲座、“珍爱生命、远离毒品、从我做起禁毒”讲座等系列讲座，提高师生校园安全意识；开启“传承红色基因”主题教育月，举行庆祝中华人民共和国成立70周年——唱响“我和我的祖国”大型快闪活动等系列活动。举行中国少年先锋队呼和浩特市赛罕区农大附中第一次代表大会。开展“扣好人生第一粒扣子”主题教育实践系列活动；开展“三城同创”系列活动；开展教职工基本功测试比赛、师德师风建设、校园文化建设规划、最美教师最美教室评比、中华优秀传统文化进校园、社会主义核心价值观教育和阵地建设等一系列工作。

三是严格方案和程序完成招生工作，目前附属中学在校生从2014年9月的5 509人缩减到4 654人。

四是加强工会和教代会工作，增加教职工获得感。为359人发放福利，工会慰问38人，参加农业大学运动会，取得团体第四名的好成绩。举办教工基本功大赛，共计211人参加。

五是加强师资队伍建设，推动教学改革。年内开展了教师基本功大赛、思维导图设计大赛和思维可视化展示课等课程，强化队伍建设，建设并完善骨干教师团队，12月成立“名师工作室”和“学科工作坊”，启动实施了《内蒙古农业大学附属中学名师工作室建设与管理实施方案》，并在部分学科试点“名师工作室”和“学科工作坊”。各教研室和学科组不断进行业务比武和技能比拼，教职工队伍爱岗敬业的氛围持续高涨，“名师工作室”和“学科工作坊”的作用逐渐显现。

六是全面提升学生体质，建设“健康校园”。持续开展“体质健康提升工程”，在学校“一校多品”的教学理念引领下，建设高效课堂，让每个学生积极参与到体育运动中，体会到运动带来的快乐。邀请呼和浩特市中小学体育教学专家莅临学校进行教研指导。参加了2019全国传统武术邀请赛、全市初中生篮球赛、内蒙古自治区中学生网球锦标赛等赛事，取得优异成绩。举办了附属中学第十届体育节暨第三届“校长杯”足球联赛、第三届阳光体育冬季越野赛、第十八届秋季田径运动会等赛事，开展了“相约‘十四冬’、魅力内蒙古”等主题活动。体育组组建了篮球、足球、网球、花样跳绳等训练队，学生跳绳个数每学期提升20个，在提高个数的情况下，学生跳绳由2017年的1分钟提高到1分30秒，生均98个增加到生均180个，实现2019年全部班级达标。“一个目标、二个机制、三项落实制度、四个品牌特色、五项具体措施”为主要内容的师生体质提升工程落实成绩显著。

七是细化教学过程监控，提升教育教学质量。2019届初中毕业生中考取得历史性突破，首次取得总均分全市第一名，各科成绩均居全市前列。出库率96.6%，一中、二中、附中统招、分招（含体艺特长生）共上线220人，比例达53.9%，优质高中录取率为90.6%。八年级生物地理会考成绩优异。

八是改善办学环境。年内共争取经费960多万元，暑期对乐学楼、智慧课堂以及校园监控摄像头等进行了维修改造，为全体师生提供了更好的学习生活和工作环境。进一步落实学校文明校园创建和呼和浩特市“三城同创”工作要求。

九是表彰奖励。学校被赛罕区教育局评为“2018—2019学年度教育工作先进集体”；获得内蒙古农业大学教工第八届万米接力团体第一名、内蒙古农业大学校运会教工乒乓球单打、羽毛球双打比赛团体第四名；荣获呼和浩特市啦啦操比赛团体第二名；荣获全国传统武术邀请赛团体三等奖；荣获呼和浩特市篮球比赛初中男子组第三名。多玉琴、白月英、巩慧峰、刘飞、张建英荣获赛罕区教育局“最美教师”；夏丹丹、董燕荣获赛罕区教育局“最美班主任”；白海霞荣获赛罕区民办教育首届“最美教师”、内蒙古农业大学“优秀女教工”、《爱祖国·爱家乡》赛罕区青少年书画艺术大赛“杰出导师”；董慧峰荣获呼和浩特市赛罕区教育局“优秀班主任”、所在团支部荣获赛罕区团委“五四红旗团支部”；王廉荣获呼和浩特市赛罕区教育局“优秀德育工作者”、共青团呼和浩特市赛罕区委员会“全区优秀共青团干部”、2019 丝路国家青少年国际摄影竞赛内蒙古分赛区“优秀指导教师”；赵燃荣获赛罕区教育局“优秀教师”、全市“优秀教练员”；马建华、高胜楠荣获内蒙古“草原娃·赞家乡”大型系列少儿春晚“优秀指导奖”；王丽、刘艳秋、陈璐荣获共青团赛罕区教育局委员会组织的《爱祖国·爱家乡》赛罕区青少年书画艺术大赛“杰出导师”；孙晓嫚、马建华、周秀然、李燕、闫峻、李千荣获呼和浩特市赛罕区教育局“优秀教师”；李静、焦颖荣获呼和浩特市赛罕区教育局“优秀班主任”；张丽娜荣获呼和浩特市赛罕区教育局“优秀德育工作者”；刘秋艳荣获呼和浩特市赛罕区教育局“优秀教育工作者”；海陆宇、李胜男、菅梦圆荣获赛罕区中学生网球锦标赛“优秀教练员”，“体彩杯”自治区青少年网球公开赛“优秀教练员”；张馨、赵静荣获第二届内蒙古自治区中小学生人工智能及创客教育创新实践活动“优秀指导教师”；原竹霞荣获呼和浩特市中小学班主任工作教育个案评比活动二等奖；董建义、闫月霞、李云峰、王艳宏、曹志荣获呼和浩特市第二届中小学教育机器人竞赛活动“优秀指导教师”；云瑞青、高胜楠荣获呼和浩特市啦啦操比赛“优秀指导教师”；李涛、秦荣荣获呼和浩特市中学生田径运动会“优秀教练员”。

幼儿园

幼儿园以安全稳定为基础，以改革创新为动力，加强教育教学研究、教学常规管理、加大教科研工作的力度，全面加强师资队伍建设，逐步提高保教质量，使各项工作步入制度化、科学化，办园水平不断提升。主要开展了以下几方面工作。

一是加强师资队伍建设，提高教师专业水平。加强后勤人员专业理论知识和业务技能的培训。在保育员中开展互相观摩学习活动，在活动中交流研讨工作亮点及不足，通过评比树立学习榜样，促进工作。

二是加强教学管理和研究，发挥教师的主观能动性。认真钻研《幼儿园游戏化学习课程》，积极营造良好的学习氛围，加强教师的教育活动、区角创设及室内外游戏和体育活动管理，在幼儿集体教学活动中，开展以游戏基本活动形式的幼儿活动，使教师课程观念和教育实践更顺应幼儿的活动特点和发展规律。教师合理设计好每日的户外体育活动内容和运动量，保证幼儿户外体育活动两小时，逐步提高幼儿的身体素质。加强全园观摩教学，创新听课模式，促进教师共同成长。围绕语言和数学领域，运用快乐课堂游戏化学习理念，强化趣味性教学。6 月，教师吕杨荣获呼和浩特市第四届学前教育优秀教学能手奖。

三是开展丰富多彩的主题活动，促进幼儿的能力发展。组织“三八”妇女节、“六一”儿童节、“全园师生喜迎祖国母亲 70 华诞”等节日主题活动，让孩子们领悟节日的内涵，使幼儿知礼、学礼、懂礼，感受中华文化的博大精深，增强爱国情怀，初步领悟社会主义核心价值观，为幼儿的终生发展奠定基础。

四是集合课题成果，构建园本文化。课题“6S 管理在农大幼儿园的应用”已进入结题阶段，20 位老师参与撰写的论文已修改完成。国家“十三五”重点课题“国学与美育教育在幼儿园的具体实施”研究已步入正轨。

五是严格方案和程序，完成了招生工作，共招收150名幼儿。

六是在家长合作中形成教育合力。本年度社区活动也得到家长的支持配合，进农场、进高级人民法院、走进草原与资源环境学院参观动植物标本等，扩展了幼儿视野，培养幼儿多方面能力和兴趣，促进了幼儿的全面发展。

七是充分发挥园所示范引领作用。作为内蒙古师范大学国培基地和内蒙古丰州职业学院的实习基地，接收了内蒙古丰州职业学院的20名实习生为期一个月的实习，22名内蒙古师范大学国培生来园跟岗学习两周，2名乌拉盖管理区同行跟岗学习一周，在示范引领中相互提高进步。

八是重视卫生保健管理，确保幼儿身体健康。细化卫生保健管理制度，规范卫生消毒环节，保证卫生消毒工作更加制度化、规范化、精细化。定时为教职工和幼儿进行健康检查，并做到了检查结果有统计、有分析、有反馈，根据体检分析结果，有针对性地调整幼儿膳食结构，确保幼儿营养均衡。请专业机构为全体保教人员进行幼儿常见传染病防控知识和意外急救知识培训，园内保健医每月对保育员进行一次业务实操培训和一次幼儿常见病、意外伤害的急救培训。

九是后勤工作。幼儿园制定了各项工作预案，确保新楼施工、厨房送餐、搬迁、各功能室的布局和规划、旧楼的维修、设备的招标采购等各项工作持续进行，使各项工作顺利开展。

十是安全管理工作。继续推行园长责任制和幼儿园安全工作层级责任制，安全工作实行了“一岗双责”，分工负责，责任到人。建立和完善了各类工作、活动安全预案和岗位安全责任制，并层级签订责任书，确保幼儿园一切教育教学活动安全有序进行。

科技园区工作

概况

科技园区围绕“十三五”规划建设目标，以工程建设、园区绿化、美化为重点，抓好园区基础设施、道路、灌溉管网等建设，进一步夯实园区发展基础，加快园区教学科研服务功能的完善和提升。园区重点推进项目规划建设及智慧农牧业项目的进展，继续加大力度开展种植养殖项目，优化园区生态环境。加快园区基础设施建设，增强综合配套能力。加强海流图园区和东园区的日常管理，提高实践教学科研服务的质量和水平。

海流图园区建设工作

工程项目方面：能源与交通工程学院彩钢板房及猪场附属彩钢板房工程竣工验收并投入使用；建设完成1 260平方米大棚区人行道路；完成了猪舍地面翻修工程及18平

方米彩钢板房卫生间工程；网络入园工程办公区域已投入使用；启动海流图园区农业综合生产能力改造提升项目。水利建设及其他方面：对7台变压器、现有机井、管网和约5公里的线路进行管理和维护；土默特左旗发展改革委二期项目对海流图园区北区明渠（50厘米槽）进行承砌共计铺设2.6公里。对海流图园区内所有机械和农具进行了修理和维护。土地整理方面：共整理和改良1 000余亩土地。种植方面：对现有的250亩苗圃及3万余株行道树、防护林、绿化带进行正常养管；种植杨树2 156株，樟子松106株；种植青贮玉米440亩，明地蔬菜，小麦，莜麦共计60余亩，对已种植的苜蓿2 400亩进行正常管理和收获，补种苜蓿500余亩；对14栋温室、3个大棚和1个连栋大棚约30亩进行改良整理并试种少量蔬菜，同时启动了智能化温室，进行育苗和水肥一体化种植蔬菜和花卉，供学生参观实习和教师科学研究使用。养殖方面：8个鱼池共计67亩，养殖各种鱼。少许养殖牛、羊、猪、驴。教学科研服务方面：种植燕麦、高丹草、油菜100亩，各种牧草300亩，养殖骆驼10峰，供学生教学实习和教师进行科学研究。为农学院教师提供一座温室，50亩明地进行药材的育苗和种植；为草原与资源环境学院提供160亩明地进行草种驯化、种植，供相关专业学生实习和教师科研使用；为食品科学与工程学院教师提供一座智能化温室，10亩明地；为机电工程学院教师提供3栋温室进行温室传感器采集及日光温室水热耦合研究；为沙漠治理学院教师提供5栋温室用于科研育苗；为水利与土木建筑工程学院提供30亩地建蒸渗实验室；材料科学与艺术设计学院用地10亩种植杨树、云杉进行科学研究。农学院、草原与资源环境学院、林学院、机电工程学院等学院学生在基地教学和科研实习的人数约3 500人次，能源与交通工程学院学生在海流图园区集中实习，实习期15天，实习人数60人。

东园区建设工作

工程项目方面：东园区完成旧平房、猪舍、围墙等拆除工程面积约2 500平方米，拆除毛石基础约1 300立方米，清运建筑垃圾约6 500立方米，平整场地约10 000平方米。种植方面：新栽植乔木1 231株，其中云杉531株，樟子松259株，榆叶梅等其他乔木441株；新植绿化带1 100平方米，栽植各种花灌木32 300株。教学科研服务方面：承担了农学院、草原与资源环境学院、林学院等多个专业的本科生教学实习和科研任务，全年教学实习人数为37 433人次，支撑国家及省部级科研项目13项。

后勤管理工作

概况

内蒙古农业大学后勤管理处是学校后勤管理服务的职能部门，下设后勤党总支办公室、综合科、基本建设科、质量监管科、物资供应科、住房产权管理科、用能管理科7个科室和物业中心（修建中心）、水电中心、饮食中心、学生公寓中心、校医院、交通运输中心、交流中心 7 个服务实体。现有在编教职工 152 人。

党建、思想政治和工会工作

后勤党总支下设后勤机关、饮食中心、学生公寓中心、物业中心（修建中心）和水电中心、校医院 6 个党支部，党员 80 名。深入学习贯彻习近平新时代中国特色社会主义思想，组织学习党的十九大和十九届二中、三中、四中全会精神，学习《习近平关于“不忘初心、牢记使命”论述摘编》和习近平总书记考察内蒙古的指示批示精神和关于教育的重要论述，认真开展“不忘初心、牢记使命”主题教育。通过领读、集体自学、研讨、观看视频等形式，坚持学以致用，理论联系实际，自觉用新思想新理论新战略武装头脑，增强“四个意识”、坚定“四个自信”、做到“两个维护”，做合格的共产党员。与各中心负责人签订了《党风廉政建设责任书》《意识形态责任书》。重新设置了内部机构，完成了新一轮科级聘任工作。工会组织全体教职工进行了健康体检，看望慰问退休老职工，积极参加学校组织的文体活动，在本年度教职工五人制足球赛中取得了团体第一名、“乒羽杯”比赛中取得羽毛球团体第三名的成绩。

日常工作

发放已办理完结的房屋产权证 100 余本，新办不动产证 70 余本，审批完成 900 多名教职工住房补贴申请资料，涉及金额 1 100 余万元；完成水电暖设施设备检修、改造工程 40 余项，零星、紧急维修任务 400 多项，认真做好三校区 110 万平方米住宅区道路、广场、游园、办公楼、实验楼、教学楼等公共场所保洁工作；采取自主经营、目标管理和引进特色经营相结合的模式，基本大伙餐厅以保障型学生伙食为主，特色餐厅拓展为改善型伙食，每天饭菜花色品种有近 180 种，学生就餐率达 75%以上，满意率达 90%以上；组织各学院开展了宿舍文化活动月、“文明宿舍创建周”等活动，丰富学生的生活，受到同学们的欢迎和好评；校医院全年开展健康讲座、健康宣传活动 20 余场，为学校大型活动提供保健服务 80 余人次，全年日常门诊接诊患者 3 万多人次；完成新生及在校大学生健康体检近 3 万人次；全年教学、科研、公务用车共运行 36 万公里，用车 1 960 余台次；平均每天投递报纸 1 000 余份，投递信件和书刊 1 800 余份；认真做好军训教官、外教专家、单身职工的住房服务工作。

安全工作

与各部门签订了生产安全责任状，完成了全校区供水系统的净化、清洗、消毒和水质检验工作，定期对锅炉、配电室、露天箱式变电站、库房及车棚进行地毯式排查，杜绝安全隐患；建立食品安全快检室，加强对食品原材料管控，严格执行新版《餐饮服务食品安全操作规范》，积极推进 6T 管理，提升食堂管理水平，制定了水、电、蒸汽以及天然气安全生产管理办法；自治区教育厅在新校区餐厅召开全区食品安全现场观摩会；对学生宿舍进行违禁用品、防火防盗大检查，开展法制宣传和防火宣传活动，消除安全隐患，同时严格执行重大节日、夜间轮流值班制度，进行24小时值班，确保公寓区学生安全；交通运输中心成立安全检查小组，监督、检查驾驶员和车辆安全运行，全年无一起重大责任事故，安全、高效地完成了教学实习、科研用车任务；对师生开展公共安全卫生健康教育，举办多场健康讲座，严格按照卫生部门的相关规定做好传染病管控工作，及时网报并跟踪管理。

基建维修

新建兽医实验楼、幼儿园综合楼、风沙物理学实验楼工程竣工验收并交付使用；完成新校区新建足球馆、图书馆等6个基本建设项目立项的前期方案、论证工作；完成了动物科学学院整体维修改造设计方案、东校区食堂维修改造方案和东西校区学生公寓整体维修改造方案的设计工作；完成了农学楼整体维修改造工程及水利与土木建筑工程学院、理学院卫生间维修改造工程，完成3个校区的教学楼、住宅楼、学生公寓等41栋房屋修缮工作，防水修补约7 000多平方米、墙面修补约3 400多平方米，预算金额约280万元。

节约型校园建设

根据学校节约型校园建设规划，充分利用能耗监管平台，加强了全校水电暖的计量和监控，极大地减少浪费现象。完成东区煤改气开水项目，申报了国家级“能效领跑者”节能项目。为了进一步强化师生节能降耗意识，勤俭节约办教育，积极就推进教学科研单位用能定额管理进行前期验证性测算。

重要事件

1. 8人获得2019年度“全国高等农业院校后勤系统先进工作者”称号。
2. 校医院赵春慧获得“内蒙古自治区优秀医保专管员”称号。
3. 校医院杨更生获得内蒙古自治区综合疾病预防控制中心“先进个人”称号。
4. “青春健康俱乐部”获得国家级青春教育示范基地。
5. 学校“教职工五人制足球赛”团体第一名。
6. 学校“乒羽杯”团体第三名。

物业中心（修建中心）

中心承担着全校绿化、保洁任务，三校区设有绿化5个班组、保洁卫生5个班组，现有正式工22人，集体工7人，外聘工115人。

中心负责绿化养护面积共计40.6万平方米，保洁面积共计66.7万平方米，完成了西校区工科楼、新校区生命科学楼的保洁移交工作，将全校垃圾清运工作改为全封闭式清运，做到日产日清；对新校区地下隧道地面部分的绿地植被进行了恢复，完成了兽医大楼竣工后的周边绿化配套工作，补植了落叶乔木行道树；积极协调呼和浩特市园林局调拨给学校树苗 2 000 余株在三校区进行了补植；针对校区内多年退化的草坪选用耐旱新品种草坪在重点区域进行了补植，补植绿地 2 155 平方米；落实《呼和浩特市创建国家卫生城市》的工作要求，在社区居委会和学校保卫处配合下，牵头对东、西家属区的私搭乱建、楼道堆放杂物、乱贴乱画等不文明行为和防火隐患进行了为期 100 天的清理整治，达到了巡视检查要求；全年完成楼宇防水、线路和给排水改造、墙体粉刷、建筑物门窗及玻璃等维修任务约 180 余项，预算金额约 240 万元，涉及三校区教学楼、农学院、学生公寓、图书馆、外国语言学院、兽医学院、动物科学学院、林学院等 50 余座楼宇和公共设施。

配合学校部门搬迁工作，安装迁移办公电话、故障申报、实名登记等业务 160 余件，代办其他各类电信业务 60 余件，邮政服务、便民缴费等业务稳步发展。切实保证全校通信、邮件、档案的安全及时投递。

中心高度重视综合治理工作，将安全生产、防火、防盗等工作贯穿到日常管理工作当中，全年未发生任何安全生产事故。经常深入施工现场检查和落实安全生产工作，为高空作业人员购买了意外保险，对在工作一线管理人员和施工人员进行文明施工、安全生产、防火、防盗等安全教育，不断提高他们的安全生产意识，并对现场管理人员在生产安全方面进行了分工负责，责任到人。

水电中心

中心承担着全校供水、供暖、供电的任务，三校区设有水暖 4 个班组、供电 4 个班组，现有正式工 33 人，集体工 2 人，外聘工 59 人。

中心全年共完成水电暖日常维修、检修和抢修任务 700 余次，完成学校举办的各类大型会议、比赛、考试、文艺汇演等活动的保电任务 20 余次，完成维修工程项目共计 30 余项。完成博学楼、逸夫楼、动科医院、老干部活动中心、学生食堂、学生公寓 4 栋楼、家属区 17 栋楼供水管网改造工程；完成了图书馆、实验温室大棚、学生公寓 E 座和 D 座的暖气改造工程，家属区 10 栋楼宇的供暖管网抢修工程，外包抢修服务工程 41 项；完成外国语言学院、资产经营公司、交流中心、学生浴室配电箱改造工程，改造教学主楼前太阳能路灯系统；收缴商业店铺电费 49. 1 万元，缴纳水费 298. 6 万元、电费 1 220. 9 万元、采暖费 1 633. 2 万元。

饮食中心

中心下设采供部、维修保障部、食品安全监督部、综合办公室以及 14 个学生食堂（包括 3 个清真食堂），分布在 3 个校区。现有 A 级餐厅 5 个，B 级餐厅 6 个，C 级餐厅 3 个。食堂总面积 3 万余平方米，餐位 10 000 余个。正式职工 23 人，大集体职工 4 人，外聘工 175 人，为 3 万余名师生提供餐饮服务。年内参加社保人员 48 人。

中心采取自主经营、目标管理和引进特色经营相结合的模式，基本大伙餐厅以保障型学生伙食为主，特色餐厅拓展为改善型伙食。认真贯彻落实《中华人民共和国食品安全法》《学校食品安全与营养健康管理规定》《中华人民共和国食品安全法实施条例》等法律法规，建立了以校长为第一责任人的学校食堂食品安全责任制，制定出台了《关于进一步加强和规范食品卫生安全管理的规定》，逐级签订食品安全责任状，责任落实到人；进一步加大宣传教育和培训，提高从业人员食品安全意识；进行全体职工食品安全知识培训，选派业务骨干参加全国高校、农业院校、全区高校伙食管理专业委员会组织的培训研习班，努力提高食堂管理人员的食品安全管理水平；通过对炊具和加工区域等色标化管理，积极推进6T厨房现场管理，达到厨房透明化、工具色标化、库房超市化、管理规范化。

饮食中心高度重视食品安全工作，加强后厨基础设施修缮，建立了食品安全快检室，加强食品加工全过程管理，做好台账记录、留样记录、晨检记录、洗消记录、卫生检查记录、安全生产记录、食品添加剂使用等相关记录；为西校区3个餐厅配置超声波消毒喷淋烘干一体洗碗机，极大地提高厨具和餐具消毒效果，确保食材加工过程和餐具洗消过程厨具和餐具卫生安全；按照呼和浩特市公共事业管理局下发的有关文件精神，完成了强排风设备的设计，按照环保部门要求，完成了油烟在线监测设备的安装调试；利用暑假对饮食中心3个校区所有餐厅进行排油烟设备设施的清洗工作；按照后勤管理处的要求，完成了东校区老旧食堂后厨维修改造方案的设计工作。

学生公寓管理服务中心

中心全面负责学生公寓服务、管理和教育工作，目前主任、副主任各1名，设综合服务办公室、学生住宿管理部、物业维修部、学生教育管理部、国际教育部共5个部门。现有正式员工14人，本年度外聘人员共计195人（包括大集体4人）。

抓好日常管理。加强对管理员、值班员、保洁员的管理及业务培训，中心管理水平、宿舍楼安全、公寓楼内公共卫生明显改善；抓好公寓的安全管理，严抓门禁系统管理，禁止外来人员进入，实行值班员立岗制度，严抓施工及维修安全管理，杜绝施工及维修期间人员出现安全事故；联合学生工作处、保卫处对公寓进行违禁电器、管制刀具大检查，查处部分违禁用品，减少公寓的安全隐患；完成公寓区水痘预防、鼠疫预防消毒和部分宿舍臭虫的灭杀工作；提升公寓服务水平，更新扫码式洗衣机、增设扫码式吹风机，利用暑假完成了1 500间新生宿舍的维修，拆除、取消自行车棚5个，消除安全隐患，完成对迎新宿舍的整体维护，完成对公寓5 000多间宿舍的日常维护，圆满完成送老及迎新工作。

加强育人功能。成功举办“第二十一届学生宿舍文化节”系列活动，开展“星级文明宿舍”创建评比活动；首次组织学生在公寓区开展义工活动，全年参与2 000余人次；开通“内农大学子社区”公众号，编辑出版《学管会工作简报》；学生公寓开展爱心捐赠和有偿回收生活用品活动，把回收物品赠送给下学年的家庭经济困难学生；组织学管会在公寓区定期开展义务劳动。

校医院

中心现有职工 45 人，其中正式职工 21 人，外聘工 24 人（从事社区卫生工作 8 人），正高职称 2 人、副高职称 5 人，中级职称 16 人。医院始终坚持“立足校园、面向社区、服务大众、共享健康”的服务方向，坚持创新、协调、绿色、开放、共享的发展理念，坚持以群众为中心的发展思想，以提高师生员工健康素养、预防传染病发生为工作目标，开展多种形式的健康促进工作。作为自治区本级职工基本医疗保险定点医院，呼和浩特市城镇职工、居民基本医疗保险及城镇职工门诊统筹结算的定点医疗机构，服务广大师生员工及社区居民。全年总计接诊 3.6 万人次，完成研究生及新生体检 2.8 万人次，教职工及辖区居民体检近 3 000 人；接种甲肝及乙肝疫苗 8 000 针次；为新生 6 200 人进行结核菌素试验，筛查结核病，发现校园传染病 66 例；开设《大学生健康教育》选修课，承担 4 个班次的授课任务；核定 26 965 名大学生的参保基数；开展健康促进活动 13 场，健康宣传活动 8 场，为学校大型活动提供保健服务 82 人次。

交通运输中心

中心现有员工 16 人，其中正式职工 8 人，外聘人员 8 人。秉承“安全、快捷、服务”的方针，为全校师生提供安全、快捷的全天候用车服务，圆满完成了各项目标任务。

全年教学实习、公务用车共运行 36 万公里，运输教学实习师生 35 000 余人，用车 1 960 车次，全年零事故完成了学校的日常公务、科研、教学实习等用车任务。

中心通过进一步健全管理制度，明确工作流程，有效提高服务意识和质量。完善了《安全运行管理制度》，制定《交通运输中心安全管理办法》以及奖惩措施，签订《交通安全合同》和《消防安全责任书》，强化安全责任意识，保证了学生实习期间运输安全顺畅。节约成本，汽车维修保养除驾驶员自己按时进行日常维护保养外，中心安全委员会在几家修理厂中，从修理技术、维修价格、售后服务等几方面优中选优，有效降低运行成本，起到了很好的节约效果。中心坚持把安全运行、服务至上作为重点工作，在日常运输管理上，加大节油奖惩力度，节约运行成本，提高车辆的运行能力。

交流中心

中心现有职工 15 名，其中正式职工 1 名，临时工 14 名，共有客房 62 间，其中东区 50 套，西区 12 套，合计床位 130 个。

中心根据学校需要，认真做好学校招生和军训的接待服务工作，安排好外教专家的生活、居住服务工作，保持和发展中心与各院系单位的良好工作关系，同时积极开拓经营业务、提高服务理念，从而提高中心的收入。此外，中心要求广大职工高度树立安全第一、安全无小事的思想，把防火、防盗放在首位，采取领导和职工齐抓共管的方针，每个安全环节必须按要求做到位。

表彰与奖励

科研获奖情况

学校作为第一完成单位获得的省部级及以上科技奖

序号	获奖名称	获奖类别及等级	获奖人员	备注
1	马属动物基因组分析和注释研究	自治区自然科学奖一等奖	芒　来、李　蓓、赵一萍	2018 年度
2	内蒙古马铃薯水肥资源高效利用技术及应用	自治区科技进步奖一等奖	樊明寿、贾立国、秦永林、陈　杨、郝云凤、吴玉峰、邢　杰、张子义、于　静	2018 年度
3	生物基可降解沙障治沙关键技术创新及绿色治理应用	自治区科技进步奖一等奖	高　永、蒙仲举、原伟杰、党晓宏、胡生荣、李锦荣、袁立敏、杨　光、虞　毅	2018 年度
4	玉米“两改一增二保”丰产增效栽培理论及技术研究与应用	自治区科技进步奖二等奖	高聚林、王志刚、于晓芳、孙继颖、胡树平、苏治军、张宝林	2018 年度
5	俄蒙进口木材高效绿色加工技术及其产业化	自治区科技进步奖二等奖	王喜明、姚利宏、李丽丽、徐伟涛、王雅梅、于建芳、周志新	2018 年度
6	基于肠道菌群作用的益生乳酸菌精准筛选及产业化关键技术	教育部高等学校科学研究优秀成果奖技术发明奖一等奖	孙志宏、张和平、孙　健、高鹏飞、张文羿、王记成	
7	二氧化碳气体施肥技术研究与应用推广	农业农村部农牧渔业丰收奖农业技术推广成果奖三等奖	崔世茂、姜　伟、张称心、刘　燕、卫向东、宋　阳、王红彬、徐俊彩、于洪军、吕福虎、郭春梅、郭果枝、陈宏飞、赵　兵、贺勇鹏、于宏海、张凤云、翟永静、贾海霞、李忠强、赵东侠、皇甫武威、齐振新、刘　斌、张建兵	
8	春玉米“两改一增二保”丰产增效栽培技术体系研发及应用	农业农村部神农中华农业科技奖科学研究类成果三等奖	高聚林、王志刚、于晓芳、孙继颖、孟　德、胡树平、李金琴、苏治军、廉　博、屈佳伟	

自治区“三好学生”名单

动物科学学院（8人）

王志晶　薛雅之　马宏方　海　梅　刘朝乐门　盖宇欣　郑　越
杨劲浦

兽医学院（11人）

李陆陆　欣　欣　汤君宇　李胜杰　常宜睿　王梦旖　其　根
都　兰　刘凤羽　安　楠　吕梦圆

农学院（5人）

李　悦　王沛捷　鲍鑫茹　王　婷　石欣瑀

园艺与植物保护学院（5人）

张　影　徐立新　张海青　王双红　栗静雯

林学院（13人）

包志意　金雪颖　王玲玲　李祉淳　崔孟然　王海娇　曾玉桐
包福海　周昱彤　韩易伦　刘艳涛　马英超　王　丹

草原与资源环境学院（7人）

赵丹阳　董晨杰　李慧敏　刘亚娇　陈文美　张秋月　乌日古木拉

沙漠治理学院（9人）

林南屏　李明阳　苏日娜　刘春娇　霍沐晗　张　茜　郭文俊
赵文卓　任婧怡

机电工程学院（8人）

薛世熙　武　旗　温宏丽　曹寒冰　黄星星　马　宇　吴志强
杨静茹

水利与土木建筑工程学院（17人）

王倩玉　杜晓蕙　兰艳美　张幗荣　杨丽娜　王雪晴　贾宇坤
贾　斌　张炳然　王　馨　王银龙　焦可心　孙明正　张丽楠
杨月恒　梁娟英　赵明阳

材料科学与艺术设计学院（7人）

戴鑫建　章康乐　李　杰　胡帅奇　冯婧伊　温佳璐　张　静

经济管理学院（21人）

赵紫瑞　杜　森　左元玲　乌日恒　平　平　宋　远　夏掌权
唐珂儿　赵国华　赵　鑫　任书含　娥格茜格　李　赛　樊梦露
李　榕　张桐硕　欧　德　吴达布希拉图　张　玲　赵淑悦

黄军如

食品科学与工程学院（12人）

沈婷婷　格格日乐　王晨蕾　侯钰昆　那日松　王鹤静　孟雅楠
朱梦缘　韩　香　李艳艳　连维琪　张雨萌

计算机与信息工程学院（10人）

郭　静　刘　璐　任　健　刘　佳　李淑贞　朱　婧　张姝瑾
陈晓敏　秦彩凤　王　慧

生命科学学院（7人）

张红艳　任　静　刘新静　张晓凡　任国琳　王鸣沛　胡贝贝

人文社会科学学院（6人）

贺艳芳　小　梅　阿斯娜　李建华　苏日娜　赵　巍

外国语言学院（2人）

刘　微　高萌萌

理学院（2人）

杨欣悦　陈　瑶

能源与交通工程学院（7人）

黄　政　任启刚　李　榕　张含智　曹济鹏　舒立彬　马梦遥

研究生院（16人）

樊雪蓉　张　晔　郭宇泽　李　硕　潘　登　陈海燕　苏　馨
张　芳　郭子扬　吴东霖　赵浏寰　丁　坤　陈　磊　徐家琛
于浩然　刘小雨

职业技术学院（53人）

刘　鹏　李彦惠　夏灵石　张邱卓　高　悦　刘怡诗　张加宁
胡志明　李文旭　白丹丹　闫　睿　冀雪彬　武　娜　刘雪晴
张之玄　田彩彩　杨惠雯　白　梅　孙雪晴　王　赫　刘福菊
谭　月　曹雪梅　赵怀宇　王　智　陈　璐　史艳华　杨春宇
王伟玉　朱　乐　李梦月　侯　旭　张　强　李卫民　路　遥
徐　博　李　欣　吴玥婵　李　岩　周丽慧　冯　茹　冯万利
刘佳宏　张　裕　张　帅　牛　乐　薛　慧　雷聪颖　薛晓宇
李　波　周旭日　罗丽静　刘巧荣

自治区“优秀学生干部”名单

动物科学学院（1人）

徐佳纯

兽医学院（2人）

特日棍　　柳　洋

园艺与植物保护学院（1人）

赵　竞

林学院（2人）

刘鑫晔　　包明川

草原与资源环境学院（1人）

刘明昊

沙漠治理学院（1人）

王　楠

机电工程学院（2人）

尚洋洋　　朱立鑫

水利与土木建筑工程学院（3人）

张敬泽　　白媛圆　　黄　馨

经济管理学院（3人）

杨　鸣　　王璐瑶　　左元玲

食品科学与工程学院（1人）

张璐瑶

计算机与信息工程学院（1人）

马舒婷

生命科学学院（1人）

张　晰

人文社会科学学院（1人）

包叶茹

理学院（1人）

周广颖

研究生院（1人）

唐　悦

职业技术学院（8人）

吴新宇　　青　龙　　方旭东　　刘星月　　栗晓东　　王耀铎　　张　帅
张　晓

自治区“优秀大学毕业生”名单

动物科学学院（2人）

希　龙　　姜惺伟

兽医学院（3人）

甘迪嘎　　辛雅明　　王艺霏

农学院（2人）

边　敏　　金兴红

园艺与植物保护学院（2人）

陈　鹰　　黄晓雅

林学院（4人）

孙立娜　　李佳慧　　翟秀峰　　石玮琦

草原与资源环境学院（2人）

树　平　　方　爽

沙漠治理学院（3人）

马天阳　　郭欣宇　　施政乐

机电工程学院（6人）

陈　杰　　高昕毓　　张成文　　赵国锋　　郑庆旺　　刘志成

水利与土木建筑工程学院（6人）

王江涛　　王立波　　刘秀霞　　贾智富　　曹子文　　石震宇

材料科学与艺术设计学院（3人）

李　杨　　高　杰　　李振瑞

经济管理学院（7人）

阿如汗　　韩佳莉　　郝　冰　　杨　洁　　孙　燕　　孙　莹　　杜永悦

食品科学与工程学院（5人）

杨姝玉　　武　玥　　胡佳星　　王宏迪　　赵雪妮

计算机与信息工程学院（3人）

萨日娜　　朱福建　　穆丽娜

生命科学学院（2人）

杨　婷　　王月明

人文社会科学学院（3人）

婷　婷　　丛天一　　路如意

外国语言学院（1人）

刘思奇

理学院（1人）

何应春

能源与交通工程学院（3人）

王晨宇　王　凯　于长江

研究生院（8人）

王悦骅　王梦雅　胡天航　温　晶　张　超　李伟程　高思明　哈斯格日乐

2018—2019学年内蒙古农业大学“三好学生”名单

动物科学学院（31人）

岱红艳　包玉荣　王志晶　森　德　王　杰　李学科　董琛琳　陈莉莉　薛雅之　马宏方　孙云霄　毛金菊　阿迪亚　呼和木仁　海　梅　刘朝乐门　盖宇欣　张嘉欣　王俊兰　李淑琴　郑　越　马炳洁　邸正阳　敖晓芳　韩国丽　曹玉莹　张雨桐　杨玏浦　刘沛昊　朱陈圆　道力格日玛

兽医学院（38人）

卡楚拉　广烨蓉　孟朝霞　刘凤羽　吕梦圆　朝　宝　阿拉木苏　欣　欣　李易聪　李胜杰　张旭日　巩　娜　汤君宇　马秀玲　王德娟　其　根　都　兰　满都拉　温泽宇　李陆陆　王梦旖　魏梓恒　汪　超　钟依雯　薄　蓉　安　楠　乌英嘎　曹子凌　明　慧　孟丽娜　李银辉　常宜睿　蔺钰博　林欣然　王汐伊　周　凯　乔　畅　唐玉屏

农学院（21人）

卿香玉　程　茗　赵志燕　姜　琳　李　悦　王沛捷　鲍鑫茹　郝　琪　张宏杰　魏国珍　杨志雪　王　婷　李　欣　应　开　郝雨水　石欣瑀　刘　琼　杨昕宜　崔　彤　宋金微　冀泽宇

园艺与植物保护学院（26人）

那日苏　张　乐　张　影　陈　妍　赵晋哲　薛萌萌　张月容　齐　月　李亚琳　韩凯如　石丹妮　李相漉　史啸天　王　迪　徐立新　李善魁　张海青　王双红　杜雅楠　李子璇　王浩羽　袁和权　雷东宸　栗静雯　常传俊　马淑慧

林学院（49人）

包志意　韩易伦　陈俊兴　赵志敏　窦　静　张睿男　白珊丹
李祉淳　崔孟然　刘晏铭　王玲玲　王晓婷　金雪颖　贺　嵘
辛　玥　张新乾　张金钰　哈斯娜　哈斯宝力尔　赵晓敏
雷一婧　王海娇　张　敏　李星月　杨小珂　周昱彤　宋　洁
贺美娜　杨然迪　包福海　曾玉桐　高　茁　海日罕　董文洋
于文博　韩傲霜　萨日娜　阿利亚　吉雅胡　王　丹　崔舒涵
徐跃超　杨昕瑜　刘雅茹　薛丽丽　刘艳涛　马英超　刘　佳
陈华乐

草原与资源环境学院（35人）

姜晓红　达格尼　温增欣　常紫薇　刘　新　吕艳敏　陈国康
孙鹏波　孙　淼　孟　畅　门欣洋　苏德毕力格　李梦真
赵丹阳　刘雪婷　董晨杰　刘艺伟　张悦欣　李慧敏　爽　爽
乌日古木拉　刘亚娇　王　瑾　邹　涵　曹日格　曹景文
岳　梅　灵　艳　石红丽　陈文美　窦春宇　包学文　张秋月
查文西　赵　鑫

沙漠治理学院（35人）

娜仁格日乐　银　风　徐光甫　苏日娜　段晓婷　李明阳
杨伊钢　孙　冉　林南屏　李嘉璐　张士博　赛西雅勒图
司　陆　刘春娇　王婷婷　赵东颖　赵文卓　赵嘉琪　刘春颖
袁　静　霍沐晗　刘　亚　郭文俊　张　茜　安琪尔　余宙辉
任婧怡　任雅涛　董子涵　刘文静　田东倩　郑庆果　李茂华
曾晓伟　刘家亮

机电工程学院（58人）

张　云　李春星　赵文霞　张钰蓉　单肄超　贾宇峰　鲍志杰
任志琦　张玉风　储宏旭　青格勒　金　峰　修振东　包志远
王　旭　李　琦　张　锐　王泽亮　梅志勇　李亚敏　董德严
邓　洁　马　宇　孔玲怡　温宏丽　吴志强　黄星星　曹友缘
王召龙　陈丽莹　曹寒冰　于海东　孟克那木拉　卢昭杰
薛世熙　武　旗　霍令华　牛琳祥　王云霄　苏安龙　张国强
王辰宇　刘宝柱　吴永春　陈修泓　阿拉木斯　申智媛　张田煜
杨静茹　赵海明　于立坤　王齐维　苏麟超　张　兴　兰　嵘
李　祥　王思博　龙浩燃

水利与土木建筑工程学院（72人）

章晨晖　王倩玉　杜晓蕙　兰艳美　刘晓春　张帼荣　艳　艳

杨丽娜　刘　娜　任亚楠　高晓娜　王宏宇　王　瑶　王雪晴
贾宇坤　许雅婷　王福成　刘清格　薛中姝　王秋娜　贾　斌
王　鑫　杨　彪　刘云飞　杨建婷　乔明涵　王江龙　徐振耀
郝登程　张炳然　张宝奇　王　馨　齐凤英　王银龙　郭富有
范美玲　兰　浩　焦可心　张亚洲　鲍香云　乔建新　赵明阳
王　炳　白炎弘　杜泽宇　周　宇　贺　爽　吴宇辰　陈　宇
李典哲　王小双　王　坤　孙明正　张静之　张　菊　张丽楠
宋元赫　侯　聪　刘　健　杨学东　刘国宇　杨月恒　梁娟英
张星宇　田向哲　邸广骥　杨澳林　姚丁文　苑林枫　杨懿晨
张永亮　刘园园

材料科学与艺术设计学院（44 人）

乌云娜　贺彩云　殷家蕾　何赛伊　袁志磊　蔚智慧　尹丽娟
意日贵　史敏强　王晶文　戴鑫建　章康乐　樊鑫炎　郑帅帅
丁红敏　刘鑫钰　李梦洁　苏紫薇　冯婧伊　楠定桑德　李建蓉
云图孟　田慧敏　吕利沙　陈佳星　李　杰　胡帅奇　汪瑞泽
钟慧娴　任智超　赵红娜　陈　源　袁雨朦　张　静　王　硕
王雅星　菅星燕　温佳璐　武　昊　朱嘉琪　杨俊辉　徐　杰
樊军伟　罗　巡

经济管理学院（85 人）

梦　根　杜　娟　赵紫瑞　杜　森　耿　真　左元玲　温　晶
张羽彤　张　宁　武佳媛　丁　妮　何子阳　王志丹　王佳宇
乌日恒　扎拉嘎　平　平　汝忠伟　郃天旭　宋　远　常佳乐
王志娟　熊宇晨　白若琳　刘昱杉　李淑媛　夏掌权　王亚妮
王晓霞　包春霞　周雪辰　唐珂儿　郎月晨　刘春晖　赵国华
宋春楠　赵　鑫　杨　鸣　王璐瑶　任书含　朝勒门　娥格茜格
德力格尔夫　李　赛　李　枭　付　雯　杜　鹃　孙子雯
郭飞菲　赵雅琴　樊梦露　郭峥嵘　李　榕　徐　静　张桐硕
赵佳妮　郭　韵　杨欣悦　白　璇　王文佳　梅　晗　杨瑞敏
刘　超　王煜凯　张　涛　欧　德　白　峰　程佳楠　冯　燕
王　静　张　丹　凌佳旭　赵圆圆　呼和满都拉　吴达布希拉图
乔艳婷　张　玲　张素雅　马　丽　云雨杰　赵淑悦　黄军如
阮玉昭　穆秀丽　段慧芳

食品科学与工程学院（48 人）

孔萨仁高娃　沈婷婷　李树勋　王　敏　刘晓璐　格格日乐
周紫怡　杜　乐　张　娜　张敬雅　谭　琦　郭超男　杨淑婷

王雪岑　邵佳莉　王昕　李茹　王晨蕾　侯钰昆　张利妹
那日松　王鹤静　孟雅楠　滕飞　郑燕　郭嘉琦　李迎
高向新　姚建霞　冯亚男　张月　朱梦缘　韩香　关小燕
郭成成　李艳艳　苏隆高娃　吉宇　连维琪　杨龙　韩玉博
胡洁　张晶儒　邢慧捷　杨昊蓉　侯亚蓉　陆钒　张雨萌

计算机与信息工程学院（40人）

郭静　张子义　刘璐　肖芝栩　王路强　赵霖卿　胡枫
张庆哲　任健　张琪　陈小龙　蒋瑾萱　李淑贞　王璐
刘佳　邢文璇　李泽　杜佳磊　朱婧　孟然　刘雨硕
王鑫　高娜　杨志萱　王慧　孙致明　张姝瑾　陈晓敏
谢琪　任彦慧　陈蒙恩　高慧晨　姚云峰　刘欣悦　王炎冰
吴若雪　孙涛　秦彩凤　马宁涛　铁永康

生命科学学院（31人）

乌有汗　崔丽　李鑫淼　刘新静　张苗　王菲　张红艳
李聪　刘雨　唐海慧　安妮　王继宇　段海燃　任静
魏明星　刘楠　任国琳　孟钰棋　刘久帅　乔宇磊　张艳茹
张晓凡　李德爽　张昊　张文静　谢燮　王鸣沛　王子涵
胡贝贝　赵未青　许慧婷

人文社会科学学院（29人）

贺艳芳　其布日哈斯　邹梦迪　刘志辉　高宇婷　陈丽娟
王雅宁　阿斯娜　霍扬　王涵之　万乐　梁金妞　姚婕
小梅　韩科杨　萨娜娜　苏日娜　赵婧　敖恩达古拉
赵巍　伊波格利　毛志华　尚琪　那贺雅　王佳乐　李建华
苏日娜　李益仑　满都日娃

外国语言学院（9人）

刘微　高萌萌　白晓男　任静　何娜　霍敏　李晓宁
马洁　张欣

理学院（18人）

郝宇　刘林林　张小晶　杨欣悦　王杰　梁保帅　李倩
苏冬雪　宋艳华　张景华　徐耀伟　尹楠　陈瑶　巩旭英
王文鑫　李海涛　郭艺伟　张欣欣

能源与交通工程学院（35人）

陈毅　齐钰萌　曹道　刘志强　黄政　张影　周甜甜
韩佳晓　李海斌　吴树正　任启刚　邢志泰　李榕　张含智
王培　曹济鹏　朱萱　王晓庆　陈崎　李妍　舒立彬

廖雅青　刘　江　门欣悦　杨振武　徐　琨　赵虎威　薛志飞
李　艺　马梦遥　韩　涛　尹源浦　武海娟　任书伟　张　彪

研究生学院（77 人）

刘　洋　樊雪蓉　郝少荣　李英浩　刘小雨　卢倩倩　石慧敏
陈晓晶　徐忠山　万　芳　张　晔　孙冬杰　麻云霞　魏亚娟
冯旭东　冯玉梅　郭宇泽　张　静　李　硕　赵玉芬　翟斌涛
潘　登　王　莹　贾　燕　张　琳　刘玉玲　刘建林　陈海燕
侯普馨　杜　瑞　苏　馨　刘秀芳　赵景娜　刘　畅　郭富城
张　芳　张　玉　扈景晗　孙　松　郭子扬　胡　敏　刘　倩
张浩斐　王　子　于　洋　吴东霖　郭俊涛　何香凝　马佳欣
陈　浩　乌尔汗　贾云洁　解礼政　邢　霞　王　璐　赵浏寰
马如意　李艳勤　赵乌英嘎　李　珍　宋晓辉　于浩然　张　爽
张雨桐　刘　瑶　刘晓东　丁　坤　汪文静　王浩鹏　陈　磊
李可琢　徐家琛　赵培霞　蔺　超　朱鹏飞　王旭东　周宏冉

职业技术学院（152 人）

赵肖男　高　璞　翟晓宇　赵双双　刘　鹏　贾艳芳　李彦慧
高　悦　刘昌乐　刘淑娟　王鑫鑫　任益芳　张邱卓　张海钊
苏亚巴特尔　胡志明　武颖迪　李文旭　雪　梅　白丹丹
苏　莹　陈家圆　赵小强　刘欣悦　崔　洁　冀雪彬　白　梅
付　梅　石广生　刘星宇　桂超姝　张之玄　田彩彩　王　乐
苏　祺　张佳佳　裴启林　康　宇　张　鹏　孙雪晴　乔　莹
张新杰　董晓燕　任　燕　刘福菊　贺晓雪　曹雪梅　赵怀宇
谭　月　贾　乐　许彩云　陈　璐　乔金凤　韦佳丽　史艳华
李　静　刘欣禹　邢焱喆　蔺晓雨　丛倩倩　史家辉　曲志颖
李　琳　曹　磊　李梦月　侯　旭　李卫民　陈璐璐　闫　帅
张晓雅　李　琛　路　瑶　杨　颖　杨浩斌　赵晓燕　戚云杰
燕子盈　徐　博　周子琪　费　祥　石淑敏　牛苏荷　史殊林
杨明月　李　欣　范纯佑　王玙璠　刘　勇　刘章启　冯万利
李海啸　宁　宇　蒋雪斌　冯　茹　史宏飞　刘佳宏　宫兴杰
靳青林　牛　乐　周旭日　王　娟　薛晓宇　薛　慧　刘秀欢
贾丽敏　夏灵石　刘怡诗　张　楠　杨惠雯　纪　超　赵婷婷
高慧珍　赵国阳　张加宁　闫　睿　李晓敏　武　娜　张雅慧
周展鹏　葛秋洁　刘　强　张志彬　赵佳琪　刘雪晴　王　赫
王　智　程俊峰　方　辽　宋梦琪　高志桃　冯　铭　张　帅
李　娜　杨春宇　朱　乐　刘宵佚　贾佳佳　李　岩　张　裕

雷聪颖　王伟玉　张　强　刘宇超　周丽慧　吴玥婵　李　滢
罗丽静　陈佳悦　李　波　袁玉立　孙　悦　刘巧荣

2018—2019 学年内蒙古农业大学“优秀学生干部”名单

动物科学学院（11 人）

武仁茹拉　王浩然　杨　洋　信连震　姜韶华　刘晓辉　郭富荣
徐佳纯　曲比伍且　王　萌　荣锦富

兽医学院（16 人）

刘壮壮　特日棍　段学琴　王　楠　阿如罕　陈家丞　支美云
郝榕榕　王晶晶　李炎夫　柳　洋　弓玲玲　王利波　余跃波
杜成权　肖好好

农学院（12 人）

罗素菊　赵浩庚　王靖林　姜　琳　赵　轩　张　玥　张　乐
闫秀秀　常　荣　曹轲菲　王从旭　马赛亚

园艺与植物保护学院（14 人）

特日格勒　刘　娟　范俊臣　刘　荣　刘　萍　孔　茹　李文琦
李茂径开　杜翊菲　张　良　金　顺　于子洲　邓全才　赵　竞

林学院（22 人）

陈　锐　郝文颖　陈俊兴　张　彤　刘　磊　裴涵琨　西润其木格
程昕菲　胡斯乐　包明川　刘　欢　古丽娜　李　军　志　鹃
郑佳棋　小　红　李　倩　李　悦　吴　爽　李雨晴　刘鑫晔
崔舒涵

草原与资源环境学院（19 人）

包伟民　刘明昊　闫　旭　高佳荷　张雨琪　鲁香荣　安晶晶
麦拉苏　王　茂　刘婧禹　蔺　恺　安　琦　王语冰　李　鑫
乌日古木拉　李海菁　魏乐斯　张炜健　郭智恒

沙漠治理学院（14 人）

宋佳佳　张晶晶　赵金洋　张尚轩　付照琦　都　伦　亢学颖
李瑛迪　王玥欢　田　甜　高　琴　段亚茹　王　楠　额尔敦宝力高

机电工程学院（26 人）

朱明远　董彦博　张雪妍　孙　文　张宏伟　乔志杰　朱立鑫
董　振　赵志伟　李　澳　尚洋洋　喇向明　苍　喆　邢　佳
伊拉塔　郭文锴　许　怡　任兴盛　郭　欢　包青格乐吐

李易泽　王小龙　刘铁男　樊　琪　王永杰　胡日查毕力格

水利与土木建筑工程学院（38 人）

赵浩东　刘笑言　张　靖　崔芮彬　裘思谦　贾艳珺　谭春霞
李德鸿　王　昕　侯晴晴　黄　馨　巴科旭　张敬泽　白媛圆
沈　洁　赵　唯　冯铁林　刘　博　付立新　张好好　梁旭鸣
孙　武　马　程　季亚新　李　江　李世楠　刘　璐　毛子豪
袁　馨　张学良　越　柯　王　蕊　王致远　吕津昊　乔　彤
辛玉杰　徐其玉　姜彦同

材料科学与艺术设计学院（19 人）

孙布日　代树磊　杨玉培　杨懿琳　任志颖　刘晓鹏　王　荣
伊桂仙　张琛雪　张世琦　卢俊辉　郛　娜　刘博博　刘鑫雨
张建颖　李芸琪　蔡梦瑶　王爱玲　刘瑞祥

经济管理学院（39 人）

圆　圆　张　宁　梁　蓉　金　鸽　特日格乐　左元玲　任靖文
王佳宇　孔文婷　董志强　王　洁　田铭君　程　卓　王雨欣
白若琳　杨　祥　霍雨佳　丁昱晗　白银虎　王智艺　段晓梦
唐珂儿　王璐瑶　王　娟　康竹萱　李树林　任书含　杨　鸣
策勒莫格　徐　扬　刘莎莎　拱兴琦　刘靖雨　雷佳丽　孙子雯
郭飞菲　张桐硕　郭　韵　杨欣悦

食品科学与工程学院（21 人）

包兴安　张璐瑶　吕宝东　玉　霞　张文轩　邢倩南　康婧超
许　明　张　甜　魏　雨　刘彦芳　刘嘉琪　王睿旋　孙尔科
郑美丽　全星语　李芷欣　郑帅莉　德吉日娜　于　媛　杨　闯

计算机与信息工程学院（17 人）

王亚飞　李　楠　翟成轩　田　元　刘伟华　王梦瑶　吴　韩
张　涛　党春茹　景方聪　吴　涵　高欢龙　白晓璇　曹　勇
马舒婷　包晶文　赵泽江

生命科学学院（14 人）

李熙贤　刘天昊　田浩强　郝雅婷　张鹏燕　孙婷婷　苏　昕
张　晰　王玉敏　王之苑　相泓泽　刘　婕　范松华　张晓敏

人文社会科学学院（16 人）

娜日苏　好日娃　暴学宁　何雨竹　李　静　安　康　包叶茹
杜瑞波　程　芳　武文斌　杨　超　娜仁图雅　李　娜　吴姝函
胡朴勤　苏日娜

外国语言学院（5人）

徐　祯	杜　玉	江文博	姜若琨	娜日娜

理学院（10人）

李　飞	周广颖	赵丽媛	刘曼茜	张　禄	赵丽阳	刘晓婷
王潇男	阮　琳	宋　蕾				

能源与交通工程学院（19人）

刘雨萌	刘杨阳	王　帅	李　昊	尹　蒙	李　颖	孟皓玮
赵方州	杨媛媛	刘　哲	贾雪珊	王昕玮	李晨辉	麻一博
赵致焜	张艳茹	李　想	段寒波	李晓敏		

国际教育学院（1人）

张　颖

研究生学院（34人）

孙光明	安喆群	张钰乐	李鹏飞	吴　娟	梁钰镁	赵宏胜
贺丽娜	冯庆华	缪增强	丁学东	董立新	周志敏	张　悦
胡冠华	牛潇潇	唐　悦	苏文旭	孙慧慧	胡宇超	徐　萍
李　洁	袁小龙	薛　芳	曲　艳	乌音嘎	康　慧	马　欣
李　祥	雷禾雨	王永军	华佳文	石晓芳	杨尚臻	

职业技术学院（71人）

全宏伟	张国伟	王新园	吴新宇	胡　赫	陈　磊	王玉凤
徐东生	敖日格勒	迟金月	青　龙	苏建鑫	谢艳芝	苏渊皓
董树亮	张小瑞	马惠芳	吕　薇	樊星宇	张　鹏	范颖超
贾亮亮	梅　跃	赵怀宇	赵　鹏	于佳蕊	刘星月	张晓松
张　桐	纪秀艳	张美霞	赵　洋	张　伟	栗晓东	张佳琪
苏　敏	赵　琳	高田恬	周丽慧	徐　博	王耀铎	赵婷婷
刘昌欣	赵璇淇	王欣欣	冯　茹	韩汶芸	张　晓	刘　璐
白　苗	方旭东	高　幸	于颖男	李亚勋	李　岩	贾　婷
王　鹏	白育瑄	雷雪清	刘　静	燕子盈	李　欣	闫爱丽
阿鲁斯	康　宇	李学巍	王　旭	王海平	张　帅	张宝怡
智　乐						

内蒙古农业大学2019届“优秀大学毕业生”名单

动物科学学院（10人）

吴青春	陶　力	希　龙	聂瑞雪	姜惺伟	贺　霞	王丽华
陈秋燕	张小键	王　楠				

兽医学院（17人）

甘迪嘎　莫丽莫　王亚新　辛雅明　侯丽娜　杨　超　王　岩
于梦奇　王艺霏　王　振　张艳敏　翁　钰　孙伟姣　肖　克
尚柯含　王雪莹　蔡文慧

农学院（6人）

丛云鹤　薛如愿　金兴红　李乐乐　孙佳丽　李　敏

园艺与植物保护学院（9人）

陈　鹰　杨德志　黄晓雅　姚知含　乔予莘　龙　祥　葛礼姣
司德立　岳卓荦

林学院（17人）

柳淑婧　段嘉靖　孙立娜　金　莎　李　宇　康　平　祁来庆
李佳慧　张晓荣　马婷玉　李百和　李紫琳　刘　政　曹刘明
翟秀峰　石玮琦　李苏航

草原与资源环境学院（11人）

张秋歌　树　平　袁　帅　张　轲　孙珊珊　王春雯　陈　哲
鞠　馨　方　爽　连　植　泰尔格力

沙漠治理学院（20人）

智　强　包晓英　纪鑫娜　李　楠　徐雅洁　苏佳慧　李　祥
马天阳　郭欣宇　王晓敏　杨雅楠　聂红蕾　田　龙　张鑫宇
蔡　鹏　刘　凡　刘逸滨　陈　帅　杨淑淇　施政乐

机电工程学院（22人）

邓阿木古郎　刘天冉　王钰丰　隋明慧　郭　晓　陈　杰
高昕毓　刘　凯　杜志国　敖日格乐　察苏娜　张成文　赵海宽
李书博　赵国锋　郑庆旺　李欣统　刘志成　李佳杭　曹堉帅
郭　峰　吴　冲

水利与土木建筑工程学院（41人）

阿音嘎　王江涛　刘　颖　刘　露　张月红　王立波　张　璇
刘永红　张新磊　范智龙　朱伟航　邵　婷　张慧敏　袁　楠
范琴琴　邢怡超　黄金铭　边苗苗　白　露　郑殿利　郝常顺
宋倍贝　丁午阳　范锦麟　黄艳茹　李梦菲　陈华川　刘秀霞
刘　瑞　冯壮壮　贾智富　李　贺　曹子文　韩倩倩　高嘉瑞
董　健　张　鹏　王行梁　石震宇　黄文轩　孙明扬

材料科学与艺术设计学院（23人）

张百艳　温国庆　胡晓璐　高文利　田纪云　马毓言　王佳楠

周莹莹　李杨　刘璐　郎涵予　冯艳　高杰　永军
孙晓杰　武静　何林韩　李振瑞　单晓飞　郎真　王琦
范泽　周柁安

经济管理学院（31人）

杨慧博　李小伟　刘娜　陈利霞　马文倩　阿如汗　石璐
闫伟婷　韩佳莉　李泓颖　郝冰　蔡诗佳　陈阳　张宇
赵昊瓅　张苗　李彬彦　杨洁　郭琦　吕晓璐　郑伟然
孙燕　孙莹　洪思源　李青娟　张红艳　白乐　刘浩
刘欣哲　李明　杜永悦

食品科学与工程学院（12人）

杨姝玉　武玥　胡佳星　洋洋　陈乌云　刘洁颖　李伟娜
王宏迪　刘凯龙　赵雪妮　石敏　张静雯

计算机与信息工程学院（15人）

萨日娜　包八斤　苏德毕力格　乌日力嘎　翠英　刘晓玲
高明星　董彦男　冯柏杨　李智民　张斌　朱福建　孙昱霞
裴帅康　穆丽娜

生命科学学院（12人）

杨婷　张越　鲁娜　白嵘　张婷婷　邓茹　郝瑞花
高凤芝　国情文　谢永强　成功　王月明

人文社会科学学院（6人）

婷婷　苏日娜　师慧　丛天一　路如意　郝源源

外国语言学院（3人）

王惠婷　张倩楠　刘思奇

理学院（11人）

张娜娜　刘睿劼　张健婷　郝晓星　于申宜　范玲玉　倪鑫
崔俊杰　闫丝雨　艾天宇　何应春

能源与交通工程学院（15人）

刘慧芳　郭鹏飞　许婷婷　郑艺炜　丛扬　李文华　王晨宇
王凯　吴静　于长江　滕瑞　王波　赵国盛　孙鸣伟
张文杰

研究生院（63人）

王梦雅　张清月　兰雪　张鹏　吴强　李景伟　郝思文
李欣　刘畅　戴文昊　温晶　刘璇　贾丽欣　吴澜
张超　王悦骅　康静　李东泽　栗霞飞　杜晓雪　原奇

黄天宇　黎明扬　哈斯格日乐　刘　波　沈玉林　智　荣
折米娜　李伟程　王　宇　景智波　多拉娜　史宝珠　刘振羽
陈钰萌　崔家荣　婀妮尔　王　霞　高思明　赵学亮　白彬彬
范一星　周渊涛　李　玲　丁延龙　梁田雨　闫宝龙　都　帅
韩春雪　唐　凯　袁　鸣　金　鑫　张　曼　程　财　张辰熙
潘　晨　白超玙　呼　荣　胡天航　任志敏　段广东　尹相吉
李薛强

职业技术学院（51人）

吴丹阳　范志欢　弓云霞　李玉花　李　雪　陈文琳　王　英
李佩欣　岳丹丹　张书宇　白红瑞　范艺朦　李　宁　曹　洋
秦　冉　孔德时　姚志霞　魏玉晶　常佳悦　娜荷雅　杨丽静
秦　芳　郝佳乐　董晓霞　孙佳伟　张丽梅　程晓慧　李　宁
王宇生　李　洋　郭立伟　何　衍　关春雪　王宏宇　梁　莎
张宏秀　佟玲玲　穆文玉　赵明霞　汤诗瑶　蒋小宇　张　璐
徐慧玲　牟小芳　孙海莹　杨希坪　岳进宝　白　鸽　邬　卓
闫佳乐　张燕飞

2019年毕业生、学位获得者名单

授予博士学位人员名单

动物科学学院（10 人）

王　雪　王翠芳　苏少锋　范一星　李学武　白　雪　李倜宇
韩文静　桑　丹　张秀媛

兽医学院（11 人）

吴金迪　沈　媛　李婷婷　邓　洋　张　曼　金　鑫　程　超
祁有朝　吕天星　王艳芳　康桂英

农学院（8 人）

周　磊　赵　洲　李　智　陈龙涛　金晓蕾　郑　毅　张华英
马　斌

园艺与植物保护学院（5 人）

周渊涛　李　玲　张园园　秦立金　张晓艳

草原与资源环境学院（21 人）

李　瑞　高　娃　高艺宁　张　彬　刘菊红　武　倩　张　军
兴　安　闫宝龙　马少薇　刘哲荣　王　伟　都　帅　孟　凯
古　琛　石　亮　安海波　段　娜　梁田雨　春　风　阿拉坦其木格

林学院（3 人）

段国珍　吉仁花　魏光普

沙漠治理学院（5 人）

王　博　李　宽　王　考　陈　曦　丁延龙

机电工程学院（5 人）

吕少中　陈　伟　杨红艳　张文霞　吴英思

水利与土木建筑工程学院（9 人）

李根峰　郭富强　曹英楠　符　鲜　韩春雪　宋　爽　孙　驰
赵水霞　朱永华

经济管理学院（3 人）

张　宝　林海英　孟凡杰

食品科学与工程学院（16 人）

王越男　徐海燕　成培芳　何　静　李常坤　田建军　侯强川
潘　琳　赵晓峰　王政纲　苏日娜　罗玉龙　王柏辉　惠文彦
包维臣　Orgodol Khongorzul

生命科学学院（13 人）

杨飞芸　岳文冉　刘雨双　袁　鸣　李雨欣　曹　宇　庞新跃

薛　敏　任美艳　贾丽娟　唐　凯　潘　静　刘　治

计算机与信息工程学院（1 人）

冯晓龙

能源与交通工程学院（1 人）

王玉化

授予硕士学位人员名单

动物科学学院（55 人）

学术型硕士（24 人）

贺美玲　刘　波　米　璐　马丽娜　李　超　宋慧子　赵亚波
范泽军　张艳梅　包志碧　王梦雅　李　洋　刘俊阳　苏　芮
张东伟　马国强　张清月　幸　超　李杜文　康德措　王建蒙
王敬尧　姜宇晨　Tsograash Demidsereeter

全日制专业硕士（27 人）

于杉杉　徐腾腾　包健鹏　李　卿　程　财　杨　凤　康　京
乌日勒格　张俊杰　钦达木尼　林靖凯　敖　敏　唐斯嘎　卢洋洋
郝希然　傅　杰　王俊丽　牛　壮　李萌萌　阿苏日呼　谢铁柱
张　娟　李泽鑫　段　仕　郭富强　高燕云　张佳敏

在职专业硕士（4 人）

李俊霞　刘　磊　张　昕　查干巴拉

兽医学院（69 人）

学术型硕士（33 人）

付佳雯　高思明　张超思　王　超　王小虎　王灵芮　张　超
海丽丽　任书男　范峻豪　朝木丽格　赵洪哲　魏　鑫　郭伟强
赵学亮　方变变　魏　薇　王　鑫　支立康　张晓云　张　洁
程　铭　陈梦娟　王云鹤　游　祥　王　岩　李旭东　韩　天
张　静　黄　芳　宋前进　杨晶晶　Bayarmaa

全日制专业硕士（32 人）

秀仁高娃　徐文博　刘　欣　秦领兄　姬　智　杜　鹏　陈昕迪
张新竹　毕力格吐　张　晶　郝大成　程雪葳　单美洁　崔　莹
李薛强　孙志伟　王多智　李建功　范　维　曹　霞　聂福贵
尹相吉　马子鹏　王　昊　温婧怡　张　超　陈　云　于环宇
李晓燕　金　鹰　刘晓磊　朱相成

在职专业硕士（4 人）

张嘉玉　李洪庆　赵启华　欧阳焕强

农学院（42 人）

学术型硕士（20 人）

梁晓慧　徐晓阳　李　佳　张坤明　刘旭婷　贺　鑫　王　婧
王　卓　李景伟　张赛楠　张　鹏　刘坤雨　郭　岩　王祥植
吴　强　闫　威　任芹勇　李　涛　谢国辉　王庆宇

全日制专业硕士（15 人）

张　石　赵　卉　李　辉　马乃娇　王鹏伟　陈苏日娜　张海斌
王　敏　李建荣　贾　琦　国世佳　张子臻　魏永富　苑志强
刁生鹏

在职专业硕士（7 人）

王小峰　肖彦芳　杜　超　王佳骥　范健超　刘静云　朝　鲁

园艺与植物保护学院（54 人）

学术型硕士（24 人）

蔺予曼　任鹏达　张　欣　张林平　郇　燕　冯建雄　孙炜男
贾　冰　张梦靖　陶　丽　赵映雪　敖兰吉亚　代彩玲　孙彦敏
李鑫淳　张秀妍　侯丁一　崔伟国　赵英杰　崔伯阳　罗立平
武玉婷　郭振华　Addrah，Mandela Elorm

全日制专业硕士（20 人）

鱼　泳　张　鹏　袁学松　张孟韬　杨　晨　聂鑫磊　窦钰博
王　鹏　张　晗　鞠明岫　郭芳颖　郝梓博　刘　洋　杨　凡
刘庆岩　何国玮　梁　燕　柳慧卿　张方博　句梦娜

在职专业硕士（10 人）

何晓波　尤学静　胡　伟　聂彩华　赵亚楠　周　星　王浩然
王晓刚　奇　琦　张　宇

林学院（99 人）

学术型硕士（37 人）

云达娅　张　欣　郝思文　白　妍　刘睿静　米　洁　刘佳星
曹　伟　唐　琳　刘　畅　尚　鑫　王佳琛　刘　槟　李　欣
杨　菲　郑　燕　肖　涵　王志敏　赵今哲　娜苏勒玛　袁梦如
戴文昊　杨林林　张准霞　刘　璇　温　晶　刘春青　王晓倩
刘思源　林　帅　爱　华　阿荣娜　孟军贵　张佳敏　刘　慧
魏玉龙　桑萨尔珠拉

全日制专业硕士（49 人）

刘丽茹	孙　特	杨晓宇	王　洁	姜棹淇	曹　越	樊　蓉
刘子睿	赵洋阳	孙娅楠	郑　鑫	王哲颖	朱　敏	王　珏
张　昕	韩　璐	张辰熙	王安琪	张天琪	李凯旋	赵文文
贺　姣	何　畅	王　佳	张　爽	吴秀梅	张景花	付　琳
王丽丽	樊　瑾	马拉青呼	秦　帅	唐　乐	李　阳	张晓民
车亚超	曹　坤	仁庆苏娃	郭家源	张　荣	于欢欢	贾　磊
任建华	张赫岩	吕俊林	张玉琨	吴　浩	徐加睿	乌日嘎其其格

在职专业硕士（13 人）

吴宝山	董　莉	李　扬	张海霞	侯舜华	李远鑫	吕豆豆
王　平	张一帅	冯海霞	田　欣	郝　嘉	姜　楠	

草原与资源环境学院（71 人）

学术型硕士（40 人）

包　健	侯鑫狄	张　晶	康　静	富海江	王日辉	赵宏渊
王悦骅	丁莉君	王　伟	姜　珊	郭文静	郭　月	刘铁山
朱　琳	贾丽欣	冯倩倩	郝良杰	常　菲	高海燕	李青春
王丹斓	余雅婧	李晓敏	邹　蕴	苗　杰	于晓雯	吴　澜
王建阳	刘晓宇	降晓伟	张佳琦	王　莹	徐文艺	马香云
杨心如	王新宇	巴音德乐黑		Erdenechimeg		

Lkhagvasuren Ankhbayar

全日制专业硕士（14 人）

张　静	马　乐	李瑞静	刘志帅	倪　苗	达布拉嘎	郭宏宇
马紫怡	张红静	魏邦泰	刘　誉	赵　勇	王　娜	钟　磊

在职专业硕士（17 人）

云　航	云　蛟	刘宝玥	孙洪涛	田金鑫	杨秀鹏	信心博
刘金利	仪　宸	索明春	朱瑞君	蒋万英	康烨龙	王　宇
胡　杰	袁　伟	图娜拉金高娃				

沙漠治理学院（59 人）

学术型硕士（37 人）

张　驰	陈　婧	张　超	翟　波	邹　苗	田梦妮	张　强
王　燕	徐　涛	韩雪莹	牛晓乐	张丽娜	刘　龙	韩兆敏
程宇琪	韩雅璐	魏翔鸿	杨　洋	贾光普	乌　都	张歧岳
梁　超	程　波	杨　颖	王檬檬	童春元	武艺儒	刘嘉伟
党梦娇	刘力川	李晓琴	刘湘杰	尉迟文思	常　宏	阿斯那
牡　丹	兰亚男					

全日制专业硕士（13 人）

云景铎　王玉婕　郭威星　温　静　翟宇家　马　莹　郭向东
郭　宇　潘思涵　马潇潇　王艺璇　崔　蕊　马　慧

在职专业硕士（9 人）

李　东　乔金磊　王　鑫　许玉姣　李　娜　尚　宇　李　博
邹志鹏　张宇锋

机电工程学院（45 人）

学术型硕士（24 人）

陈红星　高亚楠　高　津　陈　震　杨　铮　刘　琦　丽　丽
朱相兵　刘　浩　贾勇晨　闻　萍　田伟娜　张馥荔　王　迪
王海庆　杜晓雪　李东泽　樊　琦　栗霞飞　杜　兰　牛文彩
孟庆鹏　金　旭　苏日嘎拉图

全日制专业硕士（17 人）

侯泽华　候宇凡　高盛博　刘坤宇　邢　凯　刘　聪　杨　磊
朱晓波　宋金宝　别镇江　琦格琦　景　智　杨海旺　李　建
于晓龙　于智坤　李松毅

在职专业硕士（4 人）

李　源　肖皓文　张晓敏　王　刚

水利与土木建筑工程学院（73 人）

学术型硕士（32 人）

张少敏　原　奇　贾腾月　王美荣　田　彤　杨　黎　丛培月
张金丁　王萌萌　潘春洋　武淑娜　梁珑腾　张　鹏　姚雨彤
刘晶晶　张　赢　郭雒敏　刘　强　田　鑫　冯　蕴　马雪鑫
包永志　黄天宇　黎明扬　程　功　姜　涛　徐　冉　张　瑶
闫泽宇　徐大为　韩天凯　哈斯格日乐

全日制专业硕士（16 人）

张聪慧　唐加俊　孙　娜　王　文　秦子元　赵　乐　杨　光
张雨强　侯　波　蒋鑫艳　杨　莹　李烁阳　吴　岚　肖　磊
王　飞　云子豪

在职专业硕士（25 人）

刘　琴　张　莹　贺　鑫　王雪薇　王　静　刘佳琳　胡丽媛
杨大鲸　刘　帅　杨　慧　哈　达　秦　磊　王晓霞　陆　玲
宁　博　康　乐　董婷婷　郝永平　赵曙光　徐继刚　张仁杰
刘　敏　杨玉白　田杰慧　刘彦琳

材料科学与艺术设计学院（27人）

学术型硕士（19人）

刘　波　王伟东　赵凯燕　王　浩　马　坤　颜　燕　沈玉林
宁国艳　康凯强　陶德亨　乌日晗　巴雅尔图　张瑞雪　王　玲
马婷婷　周　媛　特日格乐　牛　睿　白　璐

全日制专业硕士（8人）

冯　波　张　祺　李志洪　白　翔　张　威　唐　磊　王长健
李英洁

经济管理学院（144人）

学术型硕士（33人）

李鸿宇　智　荣　李亚军　王晓琴　高　芬　李　傲　李楚瑛
刘　丹　石　震　杜雪华　张一凡　张　静　韩国莹　刘　畅
杨成荣　韩天舒　刘雨萌　刘　妍　苏　慧　王攀先　邵子贞
王柳青　刘　芳　刘　姣　张亚茜　胡艳芳　都拉木罕达
玮丽斯　杜义日格其　Khurelchuluun Bolor　Ganbat Selengemurun
Badarch Nyamdavaa　Ganbold Ganchimeg

全日制专业硕士（48人）

刘　艳　卢进松　马　红　白超玙　杨　圆　尚凌宇　王晓宇
马媛媛　苗可嘉　刘惠婧　张娜娜　胡天航　沈　洁　卓　拉
荆茹潇　逯彦茹　赵聪莉　白　洁　郭鸿飞　呼　荣　宋　瑜
冯若晴　段晓霞　刘佳蓉　王子璐　张　乾　秦　臻　宋晶晶
朱玉泉　赵　婷　苏日雅　周　平　魏俊霞　苏雅萍　白　雪
程小原　潘　晨　郭瑞杰　张　艺　李杰磊　吴　楠　史文仪
董　璐　张　瑜　郭　芳　张晓宇　刘文文　王　兰

在职专业硕士（63人）

张雅琼　郝睿宣　张　敏　曹　喆　马春阳　梁煦喆　邱　霆
薛冠楠　朱晓鹏　张　瑶　陈树济　刘晓燕　马利平　孙立超
吴东杰　王　洋　杨蔚东　霍　波　问凯清　王　烨　王熙珏
周晓宇　侯迎亚　奚梦迪　许　超　侯　伟　王效文　丁春静
席鹏飞　李志伟　席皞江　张　星　胡潇蒙　高云龙　尚淑贤
韩植宇　代　旭　徐梓维　阿资亚　陈冠蒙　陈冠中　陈　可
冯　瑾　高　博　郭　然　黄玉慧　靳思琦　刘　璐　刘　璐
牛志伟　邬兴宇　邢月辉　张　涵　张文义　张　淼　赵　丹
周　瑾　纪新伟　马　哲　王　卉　颜　函　杨　嫣　张志芳

食品科学与工程学院（100 人）

学术型硕士（42 人）

李　艳　乔向宇　李　彤　刘丽君　方　舒　卓　娜　张　悦
郭　帅　张　杰　多拉娜　赵飞燕　杨瑞冬　王元弛　刘亚华
莫蓝馨　韩之皓　任为一　柴诗语　赵　娇　薛文俊　冯利芳
杨明阳　王　宇　景智波　折米娜　刘康玲　任　敏　李伟程
陈　境　张晓宁　屈　嫒　刘孟禹　王瑞雪　浩斯娜　翟钰佳
侯景清　Chuluun-Otgon Bolormaa　Battur Munguntsetseg
Ochirdanzan Munkhtsetseg　Bayarsaikhan Munkhsolongo　Battulga Otgonjargal
Baatarmunkh Dulamjav

全日制专业硕士（46 人）

陆　浩　李　婷　李梦媛　李　欢　武佳乐　武燕燕　其勒木格
徐　娜　任志敏　于一凡　春　艳　卢月圆　杨豫菘　郭利华
乌其尔·依热格吉牧　黄亚东　乌恩其　杨　帆　董　阳　孙　禹
戈美玲　钟华晨　李　静　佟臻昊　马志鹰　王　昆　李　磊
韩利伟　温雅骄　王　旭　南学敏　王　琪　肖　扬　吕　南
赵　敏　郭志敬　王　卉　刘晓娟　高亚娜　尚晨辉　石海鸽
周佳倩　董安利　杜　梅　辛晓琦　王　倩

在职专业硕士（12 人）

靳　苗　刘亚君　樊晓璇　张　悦　张　轲　海　鹏　吉文君
李明言　路　驰　张雪梅　马　昕　汪婷婷

计算机与信息工程学院（23 人）

学术型硕士（10 人）

徐　艳　王　晴　席毅堃　章潇俪　白明月　刘振羽　赵　芳
赵海平　史宝珠　杨　光

全日制专业硕士（8 人）

时海霞　邬学敏　佟　浩　田　润　刘　洋　彭晶晶　申云辉
段俊杰

在职专业硕士（5 人）

王晨阳　朱志英　刘　菲　陈思文　潘　贺

生命科学学院（36 人）

学术型硕士（25 人）

蒋　莹　王秀玲　鲁　姗　刘鑫阳　陈钰萌　于　爽　王燕飞
牛肖翠　王昕旭　赵　阳　王雪寒　赵彤彤　龙　鑫　于东洋

舒秋婷　林　睿　崔家荣　魏　奥　赵璞钰　孙　圣　李雪梦
王　双　唐宽刚　王　增　王海禄

全日制专业硕士（9人）

程永乐　孙艳芳　张京伟　牛俊美　张　凯　肖　迪　李春芳
果　冲　郭大双

在职专业硕士（2人）

段　彦　吕　芳

人文社会科学学院（34人）

学术型硕士（13人）

马霄云　苏日嘎　乌云那　于小丽　唐　帅　李艳娟　李　杨
武智林　婀妮尔　李　娜　乔　羽　白佳昕　Badarch Munkhdolgor

全日制专业硕士（21人）

白婷婷　刘　媛　岳箐怡　苏效恒　吴皆明　王　旸　张鹏茵
潘　甜　吴　琼　苏　和　栗晋泉　甄泳亮　徐浩伦　温　媛
李　倩　乌　兰　刘继雯　刘重庆　白　洋　韩　磊　冯海玥

理学院（9人）

学术型硕士（9人）

侯　娜　李明俊　谢卫霞　雷莉萍　王俊婷　王　霞　刘旭慧
路　平　朱广楠

能源与交通工程学院（9人）

学术型硕士（2人）

吴　明　杨春宇

全日制专业硕士（7人）

夏　天　何　宇　贺鹏宇　高树增　乔敬伟　段广东　赵玉芳

马克思主义学院（11人）

学术型硕士（11人）

包瑞芳　王彦儒　张慧妍　月　英　赵禹东　郭丽丽　科尔沁
路桂英　白彬彬　庞芸浩　珠　娜

普通高等教育本科毕业生名单

动物科学学院

动物科学（183人）

刘萨琪日　聂瑞雪　王　楠　夏紫豪　李月月　蔡亲宝　王宝林

游彩云	蒋冬莉	尹国琳	赵晨晨	张　芮	毕佳颖	曹流齐
唐　琪	何帮林	李帮银	张小键	吴玮琪	张　艺	秦宇龙
邵　凯	单新悦	郭瑞华	宫文典	赵　玮	母晓佳	连亚沁
张义语	代宇星	谢　祎	秦丹丹	杨素荣	侯娅君	曹　越
郭像东	袁　博	贺泽旭	王丽华	赵佳伟	文　亮	杨　静
刘　璐	敖　蕊	乔依娜	张明浩	刘燕坤	姚小鹤	孙倩雯
郭天鑫	孙海静	王晓渊	孟凡珠	周海涛	安　泽	郭文亮
高　畅	牛晓雨	卢泽宇	陈志蒙	姜惺伟	刘飞鸿	周　乐
李明琼	程雨辰	杨德智	唐　宁	贾舒然	刘虹夫	郝辉辉
冯彩蕊	刘金睿	张　禹	张玮航	范玉超	郭燕菲	宋　斌
伊敏娜	贾健鑫	王　乐	吴孟楠	赵飞飞	郭春红	乔亚杰
李　爽	黄开梦	蒙子雷	刘志成	岳世恒	赵　存	赵英棋
段玉琴	崔志洁	段嘉钰	许娇霞	刘子栋	赵子奇	张　佳
马　荣	常　成	郭　春	徐浩然	郭雅欣	钟振强	王　忠
姜　妍	张叶峰	李嘉文	郭子啸	刘　倩	莫淑晖	吴　璇
马　青	刘玉蓉	戴章誉	李鹏星	张利军	李克锐	道如娜
乌　云	锡尼胡	图门仓	娜木吉勒玛		吴青春	陶　力
马　桂	哈斯塔娜	萨　娜	陈志鹏	萨仁图雅	呼德日	那　木
旭　东	韦乐斯	陈智云	英克扎亚	包兴宇	吴小明	张晓慧
韩朝鲁门	乌达巴拉	朝鲁门	其波日哈斯		呼日登其木格	
朝洛门	萨日盖	王志民	苏日古嘎	苏日娜	吉日格乐根	
布音祖拉	那日苏	恩和吉雅	敖日其楞	萨仁高娃	巴特尔	沙出拉吐
浩毕太	那顺庆格勒		新苏登	敖登高娃	朝鲁门	满都拉
包志强	扎布拉	萨楚拉	哈斯高娃	希　龙	伊松其其格	
旦布尼玛	图门吉日嘎拉		森　达	吉日嘎拉其其格		娜日苏
白朝鲁蒙	谭小龙	兴　安	乌云苏都	黄秀琴	阿勇嘎	高玉韩
阿义萨	萨日娜					

水产养殖学（41 人）

王振原	鄂中原	李鸿伟	李振江	柳　帅	王翊帆	迎　归
杨小镭	梁　腾	陈艳婷	咸宇彤	苗　静	杨文磊	潘寒柏
余健煜	唐　云	吴秋梅	陈　涛	陈林歆	杨　欣	杨昊晨
蔺浩宇	朱　增	司　凡	卢淑珍	姜国旭	董　华	宋艳兵
贺　霞	刘明智	丁文淇	王佳成	陈国柱	陶家麒	陈秋燕
魏继尧	张　彬	林剑幸	王鑫杰	蓝桢宇	王　楠	

兽医学院

动物医学（119人）

张翔雨	王亚新	辛雅明	马茂云	崔美秋	庞忠宝	谭　卉
王　月	田广原	柴浩然	李欣悦	丛　帅	唐乾阔	宋雨欣
侯丽娜	侯俊竹	石雅琴	马晓彤	王艳云	刘重阳	巩志国
张　鹏	丁　鹏	王力强	朱倍宁	阮梦达	李鸿鹏	师敏敏
杜立廷	闫万昌	张　琳	云　燕	樊雅茹	王　璇	张　慧
毛晓伟	尚世杰	于国杰	吕振磊	乔淑媛	冯　伟	杨　敏
赵　丽	陈思旭	杨　超	曹艳晶	赵雅楠	彭镜澄	卢　辉
贺晓玲	胡小龙	巴音花	郑永康	李殊童	吴玘瑶	杜　姣
于思捷	宋　仿	刘笑笑	张媛媛	段　瑶	张　媛	王金星
宋文文	邱　敏	于英男	姜　珺	董月月	王文娇	白雪纯
杨文雅	孙　杉	易丹丹	宗敏波	于梦奇	卫振华	康秀秀
张　鹤	李　桑	陈洪才	包成林	唐克斯	特日格乐	巴音巴特
莫丽莫	包永胜	王　岩	刘静宇	王颜明	谢　飞	李一玄
孙福临	王　鑫	杜子凡	郝绍瑜	刘　晨	王艺霏	俞晓乐
董　晗	王　振	付　睿	澈力格尔	甘迪嘎	国　庆	特妮格尔
包青海	巴音宝力格		特日格乐	刘阿荣	白剑伟	阿古达木
白　龙	杨图力固尔		敖日格乐	梅　荣	阿勇嘎	胡日查
鲍萨查仁桂		金韦呈				

动植物检疫（57人）

张园园	曹　阳	刘晶磊	单春辉	张慧芳	刘　颖	杨　丹
常　城	王佳宁	程　雨	侯　斌	王　嫚	赵梦瑶	祁佳丽
孙伟姣	张晓刚	郝彦霞	米奕宣	丁　瑞	肖　克	于　跃
兰新然	李庆钵	白兆星	王雪莹	杨　雨	宋志杰	李承辉
王慧渊	闫燚彤	程　艺	胡一博	翁　钰	刘奕萱	那木热
贾怡敏	郭　昊	王亚璇	马　娇	韩二份	张凯铭	孙　悦
段嘉钰	张　磊	赵佳敏	郭铸苇	刘宏艳	吴贞思	康　宁
于　凯	谭　文	杨　朔	张　依	王振宇	尹志群	王宇琛
焦　明						

动物药学（63人）

张慧敏	薛　晨	段续接	张　凯	景丽荣	刘佳乐	李　腾
徐子萱	王旭芬	胡宇靖	刘　曼	张雪松	张　帆	张雪瑶
梁　茜	张英洁	段向欣	刘艳山	蔡文慧	李广鑫	张艳敏
徐　静	王浩东	白浩天	赵晨阳	王　超	李　悦	李梦思

王晨旭	赵甜宇	白　旭	白丹丹	张　敏	石光辉	王　楠
袁　也	贾　莹	于洪康	黄佳佳	聂祖德	李　航	徐浩敏
武英毅	尚柯含	王秀国	张　政	张立军	乌尼日其其格	
吴苏腰乐吐		席清天	包秀丽	乌日很	伊如勒	哈斯格日勒
乌恩吉雅	塔　娜	甘　迪	王美灵	哈斯额日登尼		乌依亨
艾如娜	阿鲁斯	藏达热				

农学院

农学（86人）

陈俊芫	詹　昕	李维琦	韩云飞	常　青	韩婉瑞	张　璐
史雅杰	李　琦	王　亮	秦榕嵘	孙　晨	张　茹	王佳楠
王　霞	孙佳丽	范银雪	曹　陆	纪　楠	戎美仁	李　越
章凌翔	陈敬川	陈　强	乔润猛	卢　辰	刘　福	欧阳一
丁明磊	张大志	高　敏	刘玉龙	张碧茹	韩广宇	刘振堂
陈佳萌	李　岩	刘丰毓	李海宝	王　博	张宇翔	曹　阳
刘恩硕	谢　贤	周元琦	苑雅俊	余志坚	贾冬雪	吴家祥
郑乃文	高宝瑞	陈　基	黄　珂	兰爱华	李　静	陈　雅
刘远剑	刘义强	王　梦	边　敏	田　磊	王　浩	丛云鹤
袁嘉磊	金佳鹏	李文硕	郭　佩	王佳明	许庚钦	马　超
薛如愿	蒋宇伦	赵志伟	肖坤武	周文康	赵　琰	韩大帅
林金坚	李均容	班文慧	袁玉英	车天宝	李　硕	郭才丽根
何　敏	李国强					

植物科学与技术（23人）

杨占坤	杨烜硕	张　帜	姜超建	姜维珊	闫　博	陈　浩
孙晓慧	郭　旺	关　婷	武文奇	王志强	王永峰	荆文旭
霍梦琪	杨　旭	余炜航	姜长青	蒋桂和	吕宛霞	贯娅君
王先虚	李　敏					

种子科学与工程（51人）

曹舒男	董　达	赵娜勤	张　霞	白　雨	高慧霞	赵宇飞
乔　悦	冯　驰	贾镇东	杨舒帆	燕　茹	王　猛	胡昊驰
钱　雪	张贵华	林　婧	安　哲	高　媛	张　陈	郑存萍
田弘烨	胡良松	戚志强	李星聪	王参观	田振东	赵雅杰
王小凤	赵铁男	陈彦琦	王钰枫	逯宏宇	于立霞	李　阳
金兴红	刘　港	赵轩微	刘　超	刘　泽	田欣宇	李乐乐
刘艳慧	王雅茹	武小娟	项伯媛	王思维	王琦琪	杨宇星
李浩鑫	郭佳欣					

园艺与植物保护学院

设施农业科学与工程（52人）

张宇　许珂　郭昊昱　杨德志　尚鹏　魏娜　张鹏程
陈佳新　郝震宇　常小瑶　李伟铭　高嘉曼　黄晓雅　张宇鑫
王燃　秦德天　卜令豪　王毅　岳卓荦　李鑫茂　李石恒
陈玥廷　刘娜　宋煜静　菅雨欣　张衡　白怡冬　于存浩
李昊　崔建　秦溥　李庆伟　周子健　秦天　杨超
薛静　何竹青　王钢　蔺浩　刘晓迪　于振同　杨怡娜
裴鑫　张俊峰　龙祥　于国晨　李鑫宇　楚顺鹏　司德立
田春哲　郭娜　陈宇飞

园艺（83人）

任淑媛　张玉楠　魏旭曼　吕欣乐　白雪　张宇航　吴淼淼
王雁莹　刘悦　续敏　郑永丽　范佳强　郭丹丹　贾慧
李杰　葛礼姣　夏玉凯　郭福珍　兰小妹　黄磊　伍梦玲
程艳艳　齐佳宁　唐磊　李重云　袁彧伟　塔拉　张婷婷
绳鹏　罗艳凤　邢丽南　杨波　毛双宇　葛明然　薛文静
狄晨璐　刘艳鹏　屈彬　段飞燕　杨蕊菠　纪相鑫　刘燕
黄科　马士颖　吴格　何德伟　朱由雄　李晗玥　白磊
邓茹捷　李婉晴　危晓依　周京　朱雪青　孙秀君　樊振磊
薛慧　马昕瑀　张辉　韩悦　吴怡超　张美超　李彦蓉
兰天　林金凤　车淇　白宇薇　马文轩　陈昭旭　宝日玛
王彩霞　李娜　段晓洁　郝易琛　郝璞　李亚东　李宪杨
李恺　费楠　刘畅　李鹏飞　张惠敏　赵红利

植物保护（72人）

齐慧　孟根　孟祥晨　关丽娟　苗丹　姚知含　陈思雨
张子玉　李科剑　张晓瑜　任浩　李娟　郑璐杰　刘辉
祁凯　李健文　刘君贤　曹晶　王文龙　占春阳　刘艳
王露　宋江江　吴进蓉　孟凡华　王欢　路宇　云飞
刘力　张铁敏　高静　崔兆鹏　孙宏威　彭娇　刘志达
王海霞　乔予莘　陈强　曹永红　赵凯　付宛琴　牛多邦
黄东霞　李文强　郝天琦　符运涛　韦丰霞　耿飚　陈磊
祁军邦　陈晓娜　伊晓梅　图门白拉　娜庆　于栋林　伊如勒
温都日木乐　乌日古木拉　欢欢　萨娜拉　陈超杰
苏尼日　陈山丹　叶银荣　陈鹰　高峰　白敖日格乐
吴其格其　阿乐木斯　吴潮洛蒙　陈雪平　特日贡

林学院

城乡规划（55人）

吴　杰	苏雪婷	赵红芳	李欣欣	赵永军	包丽欣	李晓晨
苏欢欢	弓如月	解宇龙	温　馨	柳淑婧	鲁雪妍	张嵘昊
郑　丹	高天依	刘　乐	邵建勋	王　宁	李　宁	胡佳乐
王　珽	赵　鑫	林雪莹	李彩熙	陈　健	王学琴	史　超
王兆宁	李坤鹏	赵　健	高晓红	白静冉	赵旭婷	李　敏
邢姣姣	夏韬循	宋梦楠	杨晓雪	刘　妍	席国坤	张　磊
杨少博	郭思琪	李嘉欣	周博文	靳佩林	郭景玮	于舒雅
尚静媛	如　杨	王　晗	张　梦	叶逢春	李元正	

林学（87人）

刘思琪	康　乐	李泓萱	乌雅瀚	崔　健	苗雪松	郭景怡
高继晨	韩　松	张永旺	陈源明	孙　楠	肖树东	李光新
王思琦	邹海冬	翟秀峰	王　进	汲国萍	张嫄爽	王一帆
李一杰	马　杰	冯淑敏	聂苗苗	任　重	王　群	薛　月
李兴邦	包　鹏	李家豪	段嘉靖	吴承泽	杜丽平	张　姝
白　瑞	张含眉	张佳乐	蔡艳清	胡江河	丁　浩	王雪鑫
杨柏楠	杜晓彬	燕　兴	刘　浩	孙　静	包新颖	张利婷
郝嘉鑫	禹明柱	王　蒙	马雪松	薄高峰	王文瑞	柴　静
丁洪新	石金永	关乃千	杨　浪	颜　啸	乌恩齐	阿木古楞
澈力木格	王小燕	乌云汗达	包满都拉	志　勇	敖日棋楞	贾文宝
乌义汗	图　亚	包亮亮	图格其	朱全宽	苏日娜	高青山
松布日	义如格乐图		苏日勒格	陈图力格尔		
额尔敦吐拉古日		爱勇其	命根其其格		赵　旭	吴晓萌
陈　雪						

消防工程（54人）

全振国	金　莎	刘鑫源	赵海博	崔　浩	刘国祥	张　昊
郝章旭	吴海斌	王旭浩	刘　洋	吕　凯	白　磊	金　补
马运佳	崔歆越	杨泽瑀	岳　阳	高一翔	刘晨昊	解曜华
王鹏智	霍少波	管立志	刘　政	贺　鹏	李苏航	强昱恺
王浩雨	孟　欣	刘佳乐	陈巨波	张振东	宋璐璐	李　宇
张兴龙	王　轩	邵天麟	史浩楠	刘原序	王飞宇	房　帅
齐恩铎	康　平	周　庆	张　威	安文武	范　民	贾浩然
霍瑞鑫	韩　霄	王　超	刘琛琦	邓黎明		

森林保护（56人）

许　琴	方　柯	刘瑞霞	常宇璇	陈志强	哈丽雅	姚儒雅

张书曼　刘彦多　孙立娜　孙　凯　王佳楠　王　可　李少鹏
李　敏　张　狄　燕　鑫　李金龙　刘伟宏　蔺佳玮　张梓洋
田　伟　董亚北　祁　磊　燕　婷　劳文浩　李雪儿　白　慧
田　茹　刘青娴　李　旭　陈　阳　史东明　李红娅　谭明涛
张　月　娜日苏　郑瑞峰　李　鑫　宝音得力根　青　兰
曹日古嘎　斯　琴　乌日娜　白雅斯古冷　青格乐　姚志明
萨如拉　吴汗盖　包朝鲁门　钢嘎拉　萨如拉　策勒很　包满意
陈芳彤　邢　爽

园林（133 人）

祁来庆　杜菲菲　潘　婷　李姝妤　丁子惠　高圆月　林晓鹏
刘震宇　张楚彤　郭旭辉　王　璐　安　恒　韩　冰　樊瑶瑶
李旻昊　张瑞曦　周志灵　赵家璧　李佳慧　张晓荣　蔚　鑫
娜赫娅　云　丰　陈淑华　庄德垚　张　梅　韦　健　刘　静
孙卫爽　陈　蕊　祖舒媛　吕泽民　孙　帅　徐　帅　陈佳佳
陈浩楠　李宁婧　孟　梦　侯异璇　朱　杰　武耀星　李文颜
郝晓媛　李　洁　杨　燕　杨　锦　殷婉懑　屈燕妮　张　梦
曲乘民　周雪薇　祝金博　李梦颖　周雨亭　郭　倩　于爱波
李如阳　马婷玉　苏丽春　卢玉婷　李百和　李紫琳　李春阳
陈佳璐　李　荣　张淑宁　许之荣　朱丽娜　卢娅娅　陈　陈
张　铃　侯丽丽　王　丹　杨彦博　刘佳琪　林　欢　于雨萌
石雨薇　周　宁　曹刘明　刘子琪　石玮琦　张鹏杰　张　皓
孙昊天　柳　硕　尤健安　纪栩悦　刘雅璐　姜叶芳　赵雅星
王露孜　张佳庆　吕旭冉　林泊序　徐嘉昕　张　璐　侯丽霞
张佳琪　巩　蕊　马乙丹　赵　丹　王佳琦　刘　婷　张　雪
杨　洋　王　翘　祖安琪　吴明月　李　妍　王　婧　刘丽丽
广　志　乌日罕　白明智　南德尔　乌日汗　佈仁满都呼
塔　拉　赵永江　扎拉嘎呼　张吉阳　车力木格　银　海　宝芳霞
乌日罕　额日敦其其格　巴图乌力吉　陈利华　安　丁
满都海斯琴　白雪娇　王　刚

草原与资源环境学院

草业科学（122 人）

韩家帆　郝　好　阿路斯呼德　崔媛媛　张昊婷　李　彦
高　雪　马琳萍　商正昊妮　董飞洋　赵　熠　赵晏平　杨　可
寇东升　韩慧杰　杨瑞婷　白　柳　刘启宇　张小雯　倪芳芳
孙珊珊　于志慧　谷玉梅　马超凡　范亚坤　王文博　王春雯

李雅男	刘海丽	赵宇彤	高志琦	魏雅洁	聂　磊	王姝惠
王　怡	邱文静	张雪薇	王晓宇	王冰莹	陈　哲	王黎梅
李　迎	高　远	王新雅	杜雨芊	李　峥	刘鹏博	杨　帆
鞠　馨	马　骁	韩　磊	孙　宇	冀　璇	张锦涛	乔子娇
郭　蕊	王　宇	王　雪	秦泽林	王德平	连　植	郭　凯
樊东昌	张一婧	范　琴	陈逸凡	穆赢通	曹全恒	泰尔格力
陈极极	李邵宇	聂宇东	韩晨昱	薛晓坤	郝　帅	李一尹
孙　珂	包燕娜	丁　柯	王梓凡	马　程	贾鹏飞	李浩铭
解玉杰	李　晨	王学冉	闫文宇	郑文洋	张杰一	王　婧
王丽洁	马金蕊	李旭东	刘泽锋	高嘉麟	杨胜顺	陈绍宽
方　爽	涂明亮	程诗宇	刘春麟	乌·乌德玛		蒋　斌
刘　涛	通拉嘎	潮力门	布　和	伟勒斯	树　平	开　心
阿拉坦嘎达苏		苏　民	莫德乐格	毕力格玛	胡海顺	钢苏和
穆　森	明　艳	朝　娃	仁　增	刘明洋	齐志伟	

农业资源与环境（69人）

张　如	阿力雅	成　凯	白颖慧	赵卉鑫	袁　帅	万力夫
齐　鹏	王智勇	齐　非	贺　瑶	白　颢	刘鸣晨	南迪娜
张　龙	刘　茜	曹　阳	张嘉開	张新胜	张　轲	关　森
张彩虹	王天宏	唐彧哲	周玉婷	黄　锐	车　燕	张　华
何振宇	赵　晶	王永庆	鞠浩天	郭　震	王　哲	李　龙
温于豪	刘立东	李　颖	王　磊	张秋歌	王德浩	刘锦昉
李俊文	高　飞	李佳琪	裴　震	李柏成	张　宇	郝嘉永
菅亦德	王　旭	梁志伟	韩海山	巴雅尔门德		孟根苏布达
阿拉泰	图日登布日勒		那木拉	白　雪	苏雅拉	苏日娜
秀　梅	海日罕	齐乐木格	格日乐吐	海　峰	苏德格日乐	
娜甫琪	谷云龙					

沙漠治理学院

人文地理与城乡规划（72人）

李　兴	那日格乐	高　睿	白　鹤	李旭新	程　涛	娜日莎
杜向南	田明杰	迟　旭	毕小童	宁　璐	杨锐婷	李　盟
梁建文	冯　晖	张鑫宇	顾明宇	游　敏	伍小莆	刘　佳
张　静	许　贤	何　凡	杨　荣	杨晓杰	李德丽	郝新艳
曹宇杰	李明英	李　祥	兰鹏波	李若玮	刘雨涵	马天阳
邵文倩	王　鑫	王曼宇	付东升	王　健	王以人	杨　奕
吴钟珐	王丰娇	刘逸滨	张　昊	李　松	杨淑淇	吴学敏

刘　彬　苏吾特　武努力特　骆　峰　黎奇峰　刘祥雨　包苏日娜
姚姝廷　池　旺　高漠冰　凌　凡　荀楷棋　张　密　王苠媛
李禹潼　路沐鑫　曹克璠　白远欣　王瑞普　杜钰璇　黄志凯
刘　悦　盛钰芳

水土保持与荒漠化防治（76人）

郭欣宇　任怀新　张天琪　俞燕琴　苗　林　马　帅　杨安琪
崔　健　张　峰　何晓峰　张宇鑫　王泽健　刘瑞瑶　董　鑫
姜　伟　丁兵兵　张　凯　高圣杰　席　成　赵　莼　陈　帅
刘　瑾　施政乐　郭　璐　王　宇　王晓敏　赵　晨　王天娇
尚思渊　奇　宇　乔永宏　张　亮　崔盛超　白　凤　王雪超
杨雅楠　王　涛　张政魁　张新蕾　刘禹辛　连　磊　那　顺
李浩年　卢旭东　王睿智　文　欢　张安安　胡　朝　李旭红
叶芝林　桑　洋　蔺　博　李国栋　徐文彬　纪鑫娜　张　萱
艾　丰　乔　硕　秦昊德　孙朋飞　王巴特　王　鑫　俞　潇
刘圆媛　徐雅洁　胡铁铮　郭振宁　刘子琦　潘　磊　蔺　悦
廉泓林　段鸿媛　张昱哲　甄　理　袁兆昱　黄　浩

土地资源管理（103人）

韩泽旗　吴　际　吴孟阳　呼啸天　燕　婷　萨仁高娃　李　月
孙佳彤　何自伟　赵泽亿　田　龙　关世羽　白　钰　郭　伟
杜晓娜　尚雪健　佟文哲　李　悦　赵　淼　刘　凡　李云飞
郑鹏飞　宋致远　盛兆钧　白　森　聂红蕾　王娅楠　杨丙琛
吴　霞　李　艳　国　庆　韩　晨　吴佩瑶　赵　琦　达古拉
高总元　刘璐伟　吴　冉　侯　瑨　李孟臻　肖　鹏　陈　冲
蔡　鹏　彭弋茹　闫　虎　崔曦丹　冯康康　林　悦　马俊胜
赵志杰　李子木　教潇萱　董英旭　张嗣强　赵可欣　王　蓉
张家硕　阿那尔　包晓英　王志超　孙嘉伟　李可心　冯志敏
吕利伟　张宇婷　郭　鑫　张瑜桐　张　澍　刘家昕　叶晓琴
路　鹏　郭彦佐　张若曦　巴　图　李　楠　左　郎　苑　欣
常志远　王俊懿　郝浩博　李　治　宝音夫　靳瑞瑞　赵振江
王奇凡　郁鑫明　曹亚鹏　董家赫　苏佳慧　包斯琴毕力格
代　小　包志鑫　潮洛蒙　常和平　伊日盖　明　明　新吉乐呼
那仁通力嘎　旭日汗　玲　玲　白　刚　桑其尔　玉　峰

机电工程学院

车辆工程（33人）

高　飞　单伟卓　谢琪兵　陈思远　李　凯　田　开　路晓双

范博文　孟繁哲　张雄峰　魏宏迪　宋晓夫　孙佳玮　刘凯旋
林潇雅　李小刚　耿　剑　李新宇　孙琢刚　张熙阳　黄东发
毕恩旭　刘俊杰　刘志成　马振洲　宋永超　谭巧灵　李学楠
石振权　李　涛　刘伦汉　李嘉庆　张　磊

车辆工程（与呼和浩特职业学院联合培养“3+2”职业教育本科 47 人）

张志刚　王晓静　毕明洋　李天宇　刘　磊　皇甫恩慧　张　振
张晶瑞　毕晓宇　屈　凯　孔令琦　李　伟　杨　帆　刘　钊
张东旭　樊泽鹏　王　璐　秦艺璇　刘进龙　孟令达　赵　帅
李文杰　赵文赫　刘俊川　刘昀轩　李　飞　孙文涛　满　达
王智鹏　王　轶　王佳伟　赵越超　陈　涛　李勇韬　苑少为
张晨曦　田雅鑫　王　威　孙文耀　王凯凯　皮永安　彭　鹏
邱雪江　李运强　陶国超　陈　希　郭培树

电气工程及其自动化（142 人）

贾凌飞　张　宇　刘赫升　刘天冉　王子阳　丁慧文　全　磊
曹智慧　张建国　戴维哲　闫　巍　常志远　赵　蕊　蒋后乐
王　瀚　马海亮　孙浩博　崔天锴　谢文渊　孙　浩　李　蒙
王　璞　郭明超　贺晓磊　张　谦　张兆颖　许馨予　邢　凯
李明哲　高铭逊　高铭谦　李　旭　刘　跃　袁佳慧　陈　瑶
李文杰　吴　冲　于　悦　武聪乐　郭婧婧　王　琦　王　璇
胡　亮　李德鹏　郭　晓　王思璇　韩　璋　王　祯　张　朝
刘　倡　刘艺田　王　昊　董嘉俊　王宏亮　秦　鹏　付景强
卢梓睿　杨宝旭　李海峰　郑　江　王鹏程　李　杨　陈　宇
刘传灿　王博可　徐新帅　薛　浩　薛　军　张冬伟　马洪祥
夏志鹏　王光楠　方永振　王　楷　张东旭　王万冬　王钰丰
李佰川　刘雨菲　李雪琪　李　博　陶鑫凯　朱焰光　王佳伟
李子扬　王国全　曹　越　贾丹琪　白银平　张振宇　刘名扬
王　照　叶腾飞　陈佳祥　赵万喆　王　浩　于雅楠　李家乐
尚佳璐　朱雁昊　李　阳　强雨乐　王鸣悦　曹堉帅　燕鹏宇
任中兴　薛广业　田旭东　张明宇　陈智超　隋明慧　李佩佩
满　伟　刘家瑞　郭雨晴　赵一宇　徐　可　范　派　刘佳琪
张嘉凝　张宇柯　徐志超　丁志超　吴文昊　马思民　曹光耀
李湘宁　巩　旭　陈　杰　张欣悦　李家兴　王　智　宋少远
何　政　毛佳敏　杨雁飞　宋子沅　余　硕　王艳国　李培东
崔彦茹　蒋来江

工业设计（32 人）

马小芳　毕鑫浩　王　超　李桂林　钱　蕾　贾雅莉　李洪旭

祁宏伟	井　乐	侯迎旭	晁东方	赵　达	司波波	刘彦君
卢艳超	刘　洁	刘艳欣	许　露	谌丹红	谢宇琪	孙海松
张　伟	赵柳苇	王同生	李欣统	王建岭	张　琦	薛　瑞
池嘉琪	田家辉	童显银	胡宏涛			

机械设计制造及其自动化（152 人）

欣　然	阿古拉斯	乌恩日	初　一	敖力格尔	敖日格乐	杨　勇
白彦扎	日嘎拉	付石强	朱斯琴毕力格		吴小龙	查力汗
苏格尔	哈力亚	白嘎力	代扎拉根白拉		豪乐搏夫	道日敖
原　平	韩图布新	柴志钢	杨苏都	乌恩其	樊志鹏	李恩泽
邬小波	李　旺	赵世伟	苏俊霖	张沐赫	杜一鹏	李文禄
孙　乾	张增慧	李亚波	梁云鹤	张宇航	张思聪	王泽华
刘　乾	时　雨	田　野	冯显东	白学龙	周慧楠	孟利强
马好科	马致远	张　尧	赵　臣	薛晨翔	杨　波	姜超基
曹志朋	李培义	于　辉	孙洋洋	梁志鹏	段鹏程	朱永杰
张建华	曲　兴	王　超	张　咪	武渊凯	李一铭	刘　潇
王世强	陈　浩	张浩田	倪东铭	王　蒙	鲁子骏	王彦军
李锦秀	刘子禄	王逸康	姜开鹏	衣婧豪	陈　旭	谭　俊
裴志明	马宏伟	丛日强	高新超	刘嘉彬	樊镒畅	李林鹤
王　龙	王旭峰	张　鑫	高昕毓	撖　卿	郭桓辛	苏浩泽
刘　磊	闫　松	杜晓辉	段永升	刘　洋	张志磊	赵志伟
车宇飞	李嘉伟	杜志国	宋嘉杰	李　朝	任祥涛	翟　鑫
郭　峰	张佳琪	吴家栋	刘　狄	王　洋	刘　阳	孙　阳
李欣宇	郭晨思	颉耀耀	吴　琼	王佳鹏	沈　瑞	刘　凯
白星宇	乔兴海	乔　杰	曲圆辉	王　超	张铁仁	徐文灯
孙鹏翔	吕广贤	郭聪聪	王钰乐	额尼日勒	邓阿木古郎	
朝　格	尚慧敏	包永福	哈斯础鲁	吴程格勒图		刘必力格
白　龙	包永胜	七十五	哈斯尔	斯琴毕力格		
梁额尔敦吉力合		敖日格乐	赵特日格乐		扎拉嘎木吉	
包呼格吉乐						

农业电气化（58 人）

郝　通	南海霞	杜　彬	王　伟	李景盛	张富禹	当　龙
张浩楠	韩旺德	雷　瑶	王植松	宋嘉栋	杨　渊	黄可心
张　璇	赵海宽	王龄婕	刘梦宇	张宏利	黄伟斌	岳洪利
杨海巍	刘亚魁	张文强	贾媛媛	王天予	刘文龙	马明军
张利娜	曹宏宇	冀　磊	张　芃	樊　榕	李　健	金叶秋

高　宇　焦　哲　左　鹏　张　丰　杨　硕　许　可　贾广磊
仲若雯　徐　耀　潘国伟　徐　悦　郑宇飞　黄学绅　李东旭
姚新恒　李佳杭　郭　月　张永国　杨金世　葛　凯　李元强
马丽影　唐一凡

农业机械化及其自动化（94人）

刘　华　王　新　李书博　柴　田　刘国强　纪连雪　韩志杰
宁科龙　王世超　王竞豪　高　波　姜　伟　李　磊　马　超
杨　丹　池　渊　许　硕　巴泽辉　吴文弟　郑庆旺　梁子安
李东阳　赵锦胜　赵　凯　吴　泽　李　敖　王真力　裴泽宏
肖子卿　杨伟浩　关　磊　李文建　牛艳龙　骞晓杰　刘少博
闫　旭　吴　韬　魏　超　陆海空　李志辉　张仁杰　贾　锐
彭泓越　赵国锋　白利成　翁　璐　张　旭　孙如意　苏润泽
计常骏　谢春晓　包立松　山地力格　王　铎　闫志鹏　何　丽
包胡日查　陈文星　佟红军　付万君　张　键　新吉乐　满　达
海　燕　赵晓亮　张成文　苏东浩　玉　龙　乌恩其　关宝音图
包玉田　索得玛　刘洪亮　闫佳楠　郭伟中　乌恩吉力根
伟　玉　启　蒙　白雪松　阿拉坦沙嘎　白建华　胡日查毕力格
那日满都拉　察苏娜　胡　春　李阿日本塔本　王光明
海图布心　胡斯乐吐　刘秋玲　尼玛·巴德木苏荣　层克力加　包宏垚
丁建平

水利与土木工程建筑学院

测绘工程（54人）

马　越　贾博中　姚舜禹　李文朔　张建成　曹兴伟　温宇星
包欣欣　辛懋鑫　刘永红　张志胤　王嘉鹏　武　昊　张　喆
郭晶晶　王禹森　丁国祥　井　浩　赵　杰　向睿明　王学宇
吴杰志　毛立超　占松柏　张馨月　曹子文　韩倩倩　杨　悦
顾东升　卢　强　赵　强　赵振中　常　鑫　李志勇　李鹏飞
杜昊容　王　微　丛玉凤　刘　翔　张新磊　宋青超　宋志勇
范智龙　李雄伟　郭悦楷　周　杰　苏阳阳　杨　彬　张祎蒙
刘笃学　梁小刚　王　燊　贺骄雨　刘　昭

给水排水科学与工程（60人）

郭子仪　田雨鑫　范宇彤　樊　玥　张洋洋　王文远　朱伟航
张　敏　陈　瀚　刘　东　胡　頔　马泽华　苏文成　张雪东
刘　杨　赵佳旭　王向洋　毕国鹏　刘利玲　高　原　任晓飞
范锦麟　罗春辉　徐　杨　郭文飞　逯　琦　梅飞龙　朱冰怡

黄文轩 王　超 李鑫州 利　辉 姚世雄 奇思辰 王洪达
张　婧 秦舒琳 胡　鹏 崔　昊 刘　旺 王学惠 朱昕宇
李玉泽 武雅琪 王　龙 杨晓磊 朱　贺 李春辉 齐翔宇
张晓宇 王松楠 彭行之 张　灿 王　宇 李　帅 王行梁
石震宇 李雪年 袁雨晨 孙明扬

地质工程（23人）

丁晨雨 许明明 张　超 包宇浩 魏振飞 郜起超 王玉鑫
刘普州 王少楷 宁继超 薛东雨 崔新磊 张浦政 孙志强
蒙　磊 卜青锋 吴　昊 徐先平 王　骞 黄艳茹 邵月卓
陈华川 王　正

工程造价（31人）

郭　英 王　鹏 杨兴旺 乔　敏 韩　雪 刘丁源 王　薇
王晶晶 陈志林 王　佳 邵　婷 张慧敏 张芷萌 陶　如
张　睿 何庆华 王小伟 渠　欢 孙文秀 赵甜甜 崔　煜
张丽丽 乔　鹭 郭生云 李海鹏 林　雪 吕华伟 王　磊
蔺晓婉 高嘉瑞 成小瑞

环境工程（51人）

肖碧琦 袁　楠 邢怡超 史少杰 杨　祎 谷亚男 窦　萍
蒙宇楠 张亚男 赵　旭 卢佳慧 王　录 林百达 任孟霄
武志超 庄　耀 肖　宁 邢宇航 宏　运 李佳乐 许　瑞
邓伟源 刘雅志 董　健 李昊杰 吴　敏 张　航 孙多丽
张景然 范琴琴 王　震 郑琳琳 王雨欣 任　慈 苏朝阳
班文洋 李近源 刘哲昊 韩雅婷 高梦悦 罗俊清 雷志涛
牛张彤 苏星宇 张　昊 蔡钦涛 王钰涵 曹锡旺 田　宇
王　华 高萌聪

建筑学（30人）

文嘉诚 雷　雯 张一丹 刘　颖 项　峰 辛　璐 耿智颖
李　鑫 孙丽丽 吴　昊 卢宝倩 赵媛媛 郭可心 张树军
李昀燊 柳晓磊 陈雪婷 尹兆升 扈金涛 羌香利 唐梁雨
卞炜钊 刘　爽 王威然 刘人杰 冯望星 梁继辉 张天琪
白天旭 王雨家

农业水利工程（94人）

周志明 何阿如汗 萨日胡 额日河查干 丽　丽 苏力德
楠　鼎 苏日力格 小　红 康凯利 乌云塔娜 涛格斯 巴达拉胡
金哈达 胡玲玲 罗同拉嘎 白彦青格乐 阿拉坦苏和

白力嘎　青特木尔　胡布日汗　刘　伟　姜嘉宾　刘亚辉　王文旭
孙　昊　张志民　焦艳婷　温晓雨　刘　露　宋凡凡　王明昊
王　宇　刘艺伟　冯宇晴　张月红　丁智冬　贾育松　刘　静
韩　磊　张国宇　王心月　王超乙　高浩宇　马　薇　梁　爽
范梦茹　冯壮壮　王小兵　武作栋　郭文雯　曹磊齐　陈　磊
张如鑫　张勤杰　其伊拉干　白乙斯勒　阿音嘎　张胡日查　秀　锋
王江涛　旭　东　包代钦　赛音吉亚嘎　刘纳钦　谢一飞
霍莫日吉乐　田格斯　郝日娃　嘎楚热　拜嘎礼　赵那布其
李星星　王志豪　陶　奇　周涟涛　计鹏飞　王麒源　赵洋洋
李瑞静　冯　梁　王国庆　陈宇龙　赵　莎　温环宇　苏英华
李梓婷　丁午阳　张梦瑶　李玉莹　王懋森　高　萌　刘秀霞
刘　瑞

水利水电工程（54人）

田艳星　樊文新　王晓艳　白瑞雪　黄金铭　张　伟　张宇伟
王　添　王冠琦　王　帅　李　龙　杨东东　王震宇　张连杰
乌日根　陈志武　袁子亭　朱　昂　陈土成　李　建　何莉莉
邹如龙　田蕴泽　张鸿声　陈　琼　高维举　杜文杰　周　涛
边苗苗　张　鑫　杨旖璇　吴　捷　武轩赫　白　露　刘慧智
常少博　崔海龙　王佳琳　关　彬　韩迎香　吕迎港　刘伟辉
李宏刚　康　震　刘　帅　李帅辰　杨世良　隋昊良　王　葵
孙龙飞　于方旭　郝　蕾　刘　柱　钟益民

水文与水资源工程（58人）

张　伟　曹　禹　林　汐　黄景石　张美桃　马牧伦　武　蓉
杨若雷　张　帆　彭　凯　牛　浩　谢　金　鞠晓兰　张　璇
寇子函　李文亮　陶　宇　沈凯琦　夏志恺　谢　龙　郑雅心
李瑞仓　许智鹏　刘　贺　申　雪　郭建锋　曲万圳　张　伟
张　鹏　刘学荣　郭宏宇　季艳玲　陈　旭　思　勤　张　磊
董力轩　曹继鹏　周　龙　王立波　付博玮　付芳竹　张苗苗
余　婷　纪凯凡　马晓阳　廖　雅　钱天音　王润壮　吴　斐
李梦菲　王子驰　吴　堃　刘梓健　张博尧　姬腾达　卢俊达
戴嘉璐　周慧华

土木工程（82人）

赵婷婷　白雪飞　王　蓉　张　波　赵增增　罗　鑫　刘　欢
王逸铎　李春雨　李　萌　谢江辉　李志鹏　焦学龙　张　招
塔　拉　李柏逸　贾宇恒　郝常顺　宋倍贝　张文榜　庞雅旭

苏　磊	潘永辉	袁一翔	张月明	张佳星	高　磊	胡云龙
孙　浩	王雪松	段志刚	朱　乐	吕雪飞	窦梓境	姚　猛
任贺峰	曲永乐	龙雨洋	郑建庭	弓冬雪	李昭源	耿金伟
于小飞	丛继强	纪鹏飞	汤天放	戚军委	贺旭东	王智涛
景宗伟	章达名	薛　柱	武长明	鲁华明	李晨雨	赵志强
王　柘	李　贺	李毓佺	郑殿利	张鸿旺	陈宏斌	黄继伟
杨明浩	万永妍	吴　增	李嘉欣	宋飞宇	樊家兴	郑　楠
徐立新	华振旭	张艳超	柳宗旭	龙　锋	张鑫哲	王宏坤
李先正	杜雨棋	吕建辉	贾智富	胡宏涛		

经济管理学院

工商管理（62 人）

李亚璇	玉雪霏	乔敏娜	方　耀	单光华	赵晓庆	张妍则
肖文娇	任婧轩	于家宁	罗　皓	李嘉成	王春华	陆春慧
董　爽	董家祯	李　艳	李　杨	徐淑杰	布特格其	王立娜
张　青	杨　洁	张　磊	郭　强	卢慧慧	沐汉臣	刘梦雅
李青娟	罗顺利	姜欣彤	张　婷	白雪原	骆逸轩	李广洋
魏晓宇	辛杜兰	张　杰	杨　莎	常　悦	陶　然	赵丽娜
朱　敏	付雨佳	刘路彬	吴镓宜	张　蕊	杨访利	袁晓茹
刘　菁	刘　媛	巴格纳	罗志敏	张新红	武丽娜	刘飞翔
刘鑫鑫	曲　植	呼布其	乌日罕	郑海蕾	齐　爽	

财务管理（87 人）

范丽霞	李　敏	刘　妍	刘俊杰	夏　天	吴　楠	刘松岩
范莎莎	李彩霞	刘　艳	贾宏星	韩　璐	李乐乐	王　静
谢继彤	张呈如	张　敏	李利霞	白跃宇	李志霞	苏　芮
陈　上	任晓杰	靳　磊	肖建鑫	杨艳飞	常皓祥	吴云娜
张艳尼	李秋实	于海峡	刘子钰	李甲源	郑思华	张晓慧
张　鹿	温兆春	冷超群	刘　涛	布拉达	贾慧芳	杜永悦
王　爽	王　燕	苏文玉	徐文赫	刘博瑞	杨高辉	刘　鑫
白亚婷	王雅君	陈　阳	雷娜娜	李　敏	李淑静	刘　磊
杨　悦	薛亚忠	全丹妮	乔万鹏	王　楠	徐　燕	张　静
贾永儒	王虹宇	崔惠平	王艳丽	刘小舟	刘泽坤	张　荣
邹佳妍	程　莹	王子荷	马晓艺	徐雅南	洪思源	冯泽蒙
牛　雨	张　鹏	刘英纯	张海旭	韩睿翔	侯玲玲	刘　静
田　颖	卢定邦	王佳昕				

电子商务（53 人）

郎露露	赵　镕	闫欣宇	王思雨	杨语心	高雅琪	林姝婧

丁　浩	韩清江	王丽丽	刘　璐	王丽丹	周绍哲	李红阳
侯东艳	贾德龙	徐　航	刘金泽	刘文超	王昊阳	曹贺婷
刘天翼	刘　霞	胡雨晴	刘志超	郭　林	耿艳兵	刘云飞
王思琪	菅子怡	贾晓宇	孟令佳	徐　阳	刘晓丽	陈静武
刘艾萱	李浩然	马　娇	张春萍	霍宇杰	石　悦	宋铭铭
梁雅慧	李峻闳	禚俭祥	郜湘胤	宋鸿柯	杨　盟	王　琨
林荣海	周　畅	周　航	杨紫亭			

会计学（101人）

焦　敏	刘　傲	陈震宇	周洪芳	刘　媛	于燕飞	宋宇秀
丁　琪	丁方航	史婧云	白瑞芳	赵　曜	樊雅玲	刘　娜
王玉颖	靳　瑜	石　璐	宣彦娜	王秀丽	孙　烨	汤　炜
王　璐	吕琦妍	曾庆月	岳　洋	代淑婷	于　欣	何梦甜
赵雅欣	杜雅芝	史慧茹	郗　净	刘延伟	李　敏	任冠男
刘思哲	武佳磊	闫　珊	陈　卓	马宇鹏	梁书楷	刘欣哲
阿如瀚	姚博仁	金婷婷	唐孟颖	白义雪	王晓彤	刘　姚
孙静瑶	贺　璐	宋亚飞	敖思汉	郭　欣	袁　喆	杨　峰
王宇静	李丹妮	王　萌	张玉秋	张珈宁	吴　捷	刘　茗
周鑫桐	闫伟婷	韩佳莉	郝斯佳	孙玉杰	郭雅倩	赵　宸
李琦玮	孙晓宇	孙　莹	赵梓钦	郭　臻	查祥蕊	马忠钰
萨仁图雅	苏日娜	包贵霞	斯琴呼	包红艳	雅　茹	图力古尔
乌云高娃	其　根	孟和伟勒苏		乌日木希乐		何乌尼日
特日格乐	包牡丹	乌日力嘎	伊日归	郑　丽	付美婷	嘎布拉
王沙出拉	达古拉	金运平	昂给拉玛	包泽阳		

金融学（102人）

赵亮亮	郭惠玲	张佳丽	侯香玲	赵　玲	艾慧娜	孙晓彤
刘婧伟	武春晓	吴宇琪	盛晓彤	李小伟	王小菁	王颖颖
张　扬	李满圆	张　蓉	陈瑞靖	王宇鸿	王　浩	白　蓉
丁宝华	高　彤	马嘉慧	孙小嵘	柴欣荣	田乐园	陈利霞
李　静	刘冬梅	索国荣	吴国启	李　鹤	刘丹妮	高雅静
罗旭芳	王皓璐	冯　慧	刘佳玲	杨　冰	张佳玉	岳　慧
于静怡	杜佳珊	李泓颖	高　旭	戴雅楠	高怡然	田艳林
蔡诗佳	苏　馨	王晓娜	张　肇	郁文慧	梁佳敏	韩　天
张　乐	李英杰	王亚平	刘　莹	王晨映	胡　坚	熊梦娇
王　栎	胡聆笛	崔凯渊	孙瑜洁	高琛祥	张卫东	张忻柔
窦方卿	陈星瑶	闫　成	李允婷	卢怡冰	杨慧博	张天伟

刘玉双　李思梦　袁　月　刘　蓉　李雪伊　武皓波　折　超
郝　冰　付雅彬　邵　涵　梁　威　崔子云　韩慧芬　杜丽娜
韩岳初　安珞厅　池名舒　王梦凡　张圆圆　李蕾奇　王　珂
王　华　朱育楼　韩　丹　王佳茗

经济学（68人）

王慧雯　任英杰　高绪东　王　杰　杨婷婷　郭　媛　田苏霞
刘　敏　张宏宇　贾文静　贺彦凯　胡　楠　丁泽学　刘童童
陈春燕　李鹤婷　包丹丹　石　慧　陈　宏　王　悦　王　琦
武妍兵　李东茹　张静静　薛　敏　白玉芳　张红艳　白　乐
刘烨赫　高明增　朝那森　陈　洁　苏　姣　胡斯楞　张宏宇
刘传婷　马晓梅　赵　玉　包淑珍　张中文　刘孟宸　王可心
张睿哲　赵　玥　王维东　顾浩源　李禹宣　李泽坤　李　乐
宋　欣　林丽媛　刘剑羽　王　浩　王恩佳　张　琳　蔺妃阳
王　蒲　张　帅　王　琛　孟飞飞　郭　琦　任　路　滕雨萌
杜佳伟　赵　轩　周泽伟　张　玉　张　欣

农林经济管理（109人）

邢鑫荣　董金静　李　敏　刘佳航　李翊达　周　涛　张　鑫
夏　迪　董　斌　辛晓旭　张　宇　孙雪嵩　谢　丹　周毅嵘
马　蕊　李彬彦　皮玉婷　王　谦　郑金泽　李　颖　贺笑一
孙亚宁　段超月　杨　洋　潘越升　富珍艳　袁　兆　刘育玮
张　冉　吕晓璐　刘　畅　陆　春　赵　军　尹慧才　韩晓曦
郑伟然　吕　月　吴　燕　徐小涵　张月彬　王若怡　孙　燕
郑东晖　刘嘉辉　咸锐琦　逯娅芯　吕佳怡　苏晓磊　张议文
林紫嫣　宝　乐　梁佳佳　陈俊杰　马佳慧　张　祎　王冀涛
陈相先　杜梦雪　边庆玖　韩　雪　池　静　付　伟　刘　浩
马文倩　木其儿　乌斯哈拉　敖　敏　阿如汗　白青云　李海泉
查苏娜　温　霞　包东挥　红　艳　乌敦敖其　阿鲁斯　温都日
德古仁色罕　李　娜　智　光　托娜拉　斯勒蒙　顺布尔
特尼格尔　依如勒　道茹那　彩　红　阿如汗　高　娃　敖日乐木
新苏德　阎　珍　乌云娜　依丽娜　麦拉苏　杨苏日娜　恩克白音
那日苏　阿丽亚　杭　盖　娜日苏　陈晓圆　斯特古乐　满都海
海　拉　哈力娜　乌吉斯古冷　韩永发　陈娜日苏

物流管理（36人）

赵昊瓅　宿文杰　安　娜　王雁龙　狄　煜　许英南　李彦辉
包祥飞　郭　庆　王梓璇　张　苗　张　娜　刘雅欣　郝佳敏

张海艳　任芸坤　胡　凯　王海洋　唐振强　范馨舒　杨　娇
赵书冉　付婷婷　武　霞　尹鹏飞　张　悦　马海艳　王小童
武炫霖　阿茹汗　韩鲜光　伊莉宫　乌日汉　吴乌仁高娃
齐萨出拉　陈春岭

材料科学与艺术设计学院

材料科学与工程（56 人）

刘成剑　张超杰　徐绍东　郭文琪　韩道顺　郭　翔　班　博
郝　渊　高　明　于浩洋　甄　义　张　倩　穆　荣　张　鑫
朱德明　刘冬梅　郑　凯　周慧东　徐新犬　陈永桓　徐腾飞
曾学胤　梅　超　潘　才　范　泽　谢鲁朋　肖桐雨　夏　彤
洪　福　赵雅婷　戴　鑫　唐子康　王志衡　董彦良　赵泽宇
宋鑫波　黄贺东　马久岩　刘　鸿　王文禹　王艳东　冯　艳
高　祥　高　杰　孟金平　李旭东　赵廷玉　孙　霖　田红旭
刘敬仪　王丽娜　杨秋凤　封春甫　胡求安　周柁安　曹欣磊

产品设计（67 人）

周晓玲　郝　伟　迟　铭　麻文文　闫　杰　郝艺涵　王峻仡
孟小慧　龙　威　刘建雄　李璐玥　白佳宜　张雨涤　黄斌韩
李培丞　张家苗　黄静博　王嘉玮　赵　婕　李志伟　胡仲鹏
姚钟寒　郭建新　靳雅岑　谢　晖　王林辉　张智博　马宏学
赵　磊　郝俊杰　韩小燕　韩　帅　高文利　刘　前　李绍广
李晓阳　陶　越　宁　静　萨其仁桂　张　旭　徐津阳　李昕辰
范明儿　唐伟东　刘雅君　李　敏　张新悦　常中旭　李子玄
王志鸿　张旭光　杨佳辉　王奕阳　侯志华　张百艳　任长青
刘　科　张瑾瑞　杨建昆　张　敏　宝依凡　董　浩　牛向龙
任慧华　陈四元　王　峥　王　宁

风景园林（56 人）

徐　冰　彭俊锋　汪春蓥　李宏达　陈　晨　杨　彤　张　丹
李　想　田　璐　常梓萱　周莹莹　孙雨欣　张　楠　李　杨
赵益岭　辛匡禹　赵雅欣　高　莹　王璐瑶　郎涵予　梁永健
王　浩　韩玉宇　张　维　马园婷　李朝君　樊　欣　苗延美
李兆君　张艳春　李　影　商碧玉　霍雪飞　康　柔　王佳楠
刘育琪　郭宇欣　杨倩玉　陈丽茹　刘集锋　李　鹏　荆　璇
刘　璐　裴蕾蒙　王美元　元博雅　杜益涵　刘玉芳　刘景武
苏旭东　王　婧　张晓龙　邱建平　胡　娜　李　珺　武　凯

环境设计（32 人）

单　瑾　张　澜　王佳磊　何　苗　刘子媛　李玉花　赵　璇

邓聪思	呼　婕	杨　静	麦丽斯	张馨元	张　帆	潘虹毓
李麟祥	郝　斌	张　悦	董浩宇	段柯冰	辛佳琦	袁淑昊
张　茹	胡晓璐	张铭甫	田纪云	马毓言	孙　佳	殷双双
张若洋	刘胤彤	周永彦	李炎臻			

木材科学与工程（93 人）

王金祥	杜丽娜	李建飞	何　亮	靳慧慧	赵晓东	迟浩然
刘　凯	贾星宇	于佳琪	荆佳敏	常　成	李文艳	侯俊龙
永　军	尹　杭	付长旭	杜鹏程	张晏恺	王雪琳	王艳飞
陈昱隆	苗　苗	张佳艳	崔晓旭	张　颖	邬林霞	魏　敏
倪慧斌	罗佳明	高嘉敏	刘亚妮	温　娜	贾岩林	武　静
张　婧	何林韩	曾国栋	吴栋垚	杨　硕	白树功	单晓飞
白顺龙	刘言冰	王　宁	闫　璐	胡朝龙	雒翠梅	陈强辉
贾　丹	张政化	赵海卿	夏迎芯	赵汇川	乔靖然	李敏春
段鹏飞	孟　昊	张文超	甘营业	王　斌	郝凤飞	吴一凡
孙　雪	张　超	梅思源	乔　宇	高腾宇	孙晓杰	关静函
高佳慧	闫睿敏	王　磊	陈靖南	张　晶	李静茹	霍彦君
白　月	孙　娟	白立伟	康鑫鑫	马永庆	邵丹彤	沈梦楠
鲁艳艳	李振瑞	郎　真	王　琦	魏　西	于　童	郑心怡
李文兴	袁　奇					

视觉传达设计（33 人）

陈　烨	李政昊	单婧涵	王文霞	刘丹妮	詹诗雨	王慧滢
苏日娜	高丽娜	李静茹	张瑞洁	杨舒帆	李　雪	陈　璟
周昀铎	周　颖	刘珉璐	史惠敏	侯　彬	于　敏	郝丽娟
郜美娜	杨娇娇	温国庆	范子誉	白荟蓉	黄　璐	马　震
甄皓蕾	赵玲伟	裴　宁	卢　璐	万莹莹		

食品科学与工程学院

包装工程（40 人）

李金钰	张茹茹	姚丽娟	罗云凤	王洋样	贾　璐	侯芳芳
刘　庆	张红梅	许冠荣	张　为	杨建新	刘宇鹏	刘安琪
王雪嵘	王腾飞	余　柳	吴　翔	张　萌	郝建平	王一涛
李双双	苏　丹	侯艳梅	侯存霞	邢雪娇	马　锐	杨冬冬
哪格乐特	乌仁塔娜	陈光明	李　平	李　玲	胡达古拉	苏日古嘎
田　丽	查和日嘎	文　霞	艳　霞	马元元		

酿酒工程（46 人）

沈建业	杨晓峰	李　敏	郭慧芳	赵雪妮	其力格尔	赵丹丹

徐正华	段明华	石　敏	郑凌会	王维维	张　宇	徐叶林
张爱鑫	林兰兰	曹良菊	张贵彬	齐　杰	武　跃	王冬冬
刘星雨	任宇婷	庞治超	石　岩	曹　洁	张　娜	高青云
崔占鑫	宋佳妮	李　娜	赵　怡	朱永亮	宋佳慧	解志圆
金晶晶	陈子尧	马彦飞	王凯民	周智超	陈春利	李玉亭
陶金山	刘旋旋	文红琴	李赟喆			

食品科学与工程（251 人）

任沛东	郭　进	殷佳棋	郭海玲	吴　琳	邢叶妮	安　荔
张少榕	武斌杰	吕　双	王　甜	钱玉娇	康淑芳	高　仙
杨姝玉	陈佳敏	武利春	李　宁	郑砚学	闫　肃	王　艳
曹凯慧	王　迪	贾利娟	袁文艳	阴贺扬	胡佳星	石　佼
贾　星	郑新飞	周艳芳	张静雯	梅迩蓝	周瑞雪	苗伟刚
陈　静	李庚迪	贾晓辉	木其尔	杨淑娟	董剑鸣	张雯雯
藏雅馨	王惠汀	王纯玮	董雅欣	吴婷媛	索慧敏	王潮姿
张晨旭	曹偌彤	张风亭	陆长坤	宋佳琦	张英萍	刘　畅
付加利	谢丽娜	李彩燕	孙　洁	郭凯勃	王乐乐	张新月
张婷婷	刘　蕾	张志颖	邢淑娟	韩宝玉	刘婧宇	韩汶荧
付皓政	郭新月	王　宇	卜学英	潘凌云	李婉秋	张竹惠
武　玥	李慧姣	吴宇昕	乔少婷	薛　璐	李　婷	杨致昊
郭　娜	李佳乐	杜欣欣	武沛萱	闫　娜	聂英杰	李一操
周　浩	许佳欣	马牧然	关钧元	郭廷宇	陈杜岚	刘　婷
潘佳伟	王　宇	张　悦	李　璇	王　斑	赵湘寰	徐媛泽
郭　蛇	李　蓓	刘洁颖	樊文罡	张屹凡	姜　可	王　杰
何　雨	董　雪	李曼竹	弓　曦	杨东辉	高慧敏	庄　璐
冯佳城	张雪锋	郭艳茹	王紫璐	杨雄州	张春颖	马佳庆
李景峰	康　佳	高　原	岳　灵	王　刚	张嘉辰	王松莹
王　栋	张文博	郭佳琦	塔林夫	高梦雪	樊　华	王秀玲
王妍蓉	孙智信	史学敏	杨　旭	王禹迪	于　童	王梦曦
周小慧	党宇博	李　瑜	于学良	董　娜	安　玲	刘鸣鹤
张佳伟	闫玉婷	鲁雨龙	赵云囡	孙昕宇	荆艳芳	高嘉艺
陈子超	米　雪	谢瑞鹏	张丽娜	袁鲸杰	苗壮壮	贾　宁
王　璐	李　瑞	刘怡婷	于瑛琪	刘　琛	闫可欣	王　欢
张欣宇	张　帆	孙　萍	张　帅	高　扬	孙震宇	索　然
王宇欣	段　蕾	唐子璐	王莉婷	张继鑫	李颖琪	皇甫超亚
王佳新	王钰含	李鹏飞	李　悦	杨　晨	李　龙	黄江敏
刘晓波	范泽坤	马晓雪	刘凯龙	王雪莲	李建威	萨础拉

宏　生　乌有娜　其布勒　乌日汗　奇　美　祖　拉　迎　春
莫日根　敖日格勒　洋　洋　萨仁毕力格　格根哈斯　红　梅
古斯愣图　萨哈热　南　丁　格西格布仁　唐冬梅　陈乌云
青格勒　刘美玲　海　丽　道力格日　赵　琦　苏　都　都日玛
苏日娜　李俊斌　李艳平　娜木日　新　哪　包文晶　浩日娃
苏日娜　萨仁通嘎拉嘎　义日贵　南　丁　王晓丽　赵飞飞
牧　兰　温都苏　那日苏　李小娟　九　梅　吴丹丹
艾来西·卡努尔　白　杨　吕中天

食品质量与安全（95 人）

陈　静　刘晓雪　郝世奇　秦钲懿　高招弟　张丹阳　秦晓霜
胡鑫宇　张　月　鲁　燕　李　乐　马宇轩　武　婷　赵琦琦
樊鑫怡　陈柏廷　邢柯欣　吴　艳　张珂榕　张思彤　黄　超
李梓豪　王吉琳　罗钦文　王钰雯　范强强　朱　浩　李函睿
陈奕杉　郝文芳　韩　笑　李　斌　赵予婕　李　宇　邵冬蕊
王　静　张　浩　贾木春　王佩瑶　呼　静　邱桐宇　杨　慧
庞冬梅　武旭悦　杜　权　宋　歌　霍　瑞　张　静　冯志宁
王清月　杨　晶　刘淑昕　于佳鑫　赵鹏健　王瑞雨　孙亚君
刘玉婷　王毛毛　杨　浩　汪　妮　焦晓田　肖旭臣　国笑情
宋　晔　姜屹华　李　伟　冯　燕　田　昊　李佳琦　于　哲
任丽娜　李　影　李伟娜　王　彤　张琳璐　王乃慧　阿斯汗
孙晓光　葛芮瑄　高　翔　王宏迪　李　鑫　魏晓毅　王泽栋
张奋搏　张　旗　任锐兴　王健男　王　乐　李多多　董益宁
池星瀚　李　琪　高光皓　马晓雨

计算机与信息工程学院

计算机科学与技术（77 人）

王丽娅　李天卿　郝文轩　杨飞虎　刘美辰　萨日娜　贺　静
许铂晨　周慧颖　刘可新　秦　瑞　逯　杰　陈永浩　宁　晶
董　洁　张瑞雪　武哲楷　郜鹏飞　梁智勇　王　洁　贠　钦
薛有为　卢　浩　张宏坤　滕兆阳　刘江珊　裴帅康　郝　印
冯柏杨　张凯杰　奥　运　赵　伟　李昊东　白泽宇　刘　畅
付　彬　王佳浩　郝　宁　何梦颖　汪春苗　刘倍麟　林立飞
王　婷　赵景龙　赵　丰　李泽琦　安宏宇　樊艳红　康燕妮
袁嘉怡　邵珠琳　蔡忠旺　王子旭　刘晨茜　张丽苗　盖乐班
萨日娜　阿斯如　包八斤　康俊峰　包灵灵　苏德毕力格
白金金　陈建军　韩永生　乌日力嘎　翠　英　乌达木塔拉

诺　民　白平平　朝鲁门　曹文娟　皑　润　韩国军　白阳阳
乌亚罕　沈孟和

软件工程（61 人）

戴诗伟　竺星媛　张新颖　杨学成　杨　阳　杨晓飞　姚冰冰
刘　叶　杜会城　李智民　梁　佳　闫　堃　张佳颖　李雪琪
郭　硕　马志云　张雨春　闫　桐　苏若淞　冯继苗　郝利斌
向益华　付文萍　王　政　朱福建　渠美丽　许　钊　张泽慧
司亚茹　邸沛宏　柴　萍　王玉伟　朱巧玲　李　娜　王　朋
王玥茹　张智超　刘希芳　杜尚壑　郝旭暾　李庆连　陶　禛
杜国伟　谢补员　韩新宇　惠晓芳　任燕东　柴岳辛　付铭东
李　静　蒋皓天　王　森　狄洪亮　谢文策　国　慧　高诗茹
龚　芳　张文文　翁兴娜　宋有利　王浩宇

网络工程（53 人）

罗　超　董雨欣　周尚亨　马茹茹　周鹏宇　李　航　郝文杰
段国柱　王　璐　段　毅　周明杰　兰井致　赵越如　乔柏嘉
李　捷　梁嘉丽　王彩凤　王　杰　袁弘洋　张维航　陶茜茜
王奕轩　杨仟仟　马鹏飞　穆丽娜　南小飞　杨晓娣　龚雅若
贾　艳　高永祥　曲可心　崔海霞　刘宇辉　李　璐　袁智波
赵丽晶　吴雅慧　于忠剑　张艳霞　梁　帆　王　静　马　乐
曹越洋　王文杰　刘洋洋　陈俊全　王　鹏　刘家赫　向　南
李青松　武锦秀　梁家升　路强虎

信息管理与信息系统（86 人）

乔　喆　刘旭华　巩金明　王仙立　苗　静　倪雅丽　饶佳伟
赵宇蓉　史亚婷　代荣荣　楼轩宇　马潇然　高明星　马萧萧
马佳钰　郭新波　张宏博　李玲凤　余　洋　呼　何　李傲雪
陈　强　冉晓芳　孙昱霞　韩雯雯　郭菲菲　姚盼盼　陈中剑
徐仲炜　翟佳琪　刘晓玲　朱　函　薛利霞　邢　雪　索　妮
辛林萱　吕嘉敏　王露彬　赵力功　牛明月　董彦男　赵亚南
张庆港　田思雨　刘　敏　杨志勇　刘　宇　王　宇　郝媛媛
郝玉红　秦　一　张海燕　王玮婕　孙　迁　杨乐乐　杨　画
高文浩　吕　霖　李佳琪　杨　烁　高　皓　杨帼婧　张宇燕
许　彤　李佳瑞　赵天明　吴祎璠　付东霞　窦向新　王乌云
白琛皓　王海辕　郝晓敏　程　前　李文静　苏　靖　刘佳宇
梁茜瑶　刘　玥　张　斌　郝雅琼　王鹏聪　何文东　史竟儒
左玉晖　王亚楠

生命科学学院

生物工程（56人）

李秀杰	弓正威	姜婉清	赵丽丽	王　宇	柴瑞兰	杨　婷
鲁　娜	赵　敏	白　嵘	丁　悦	董佳楠	周新玲	郑金浩
赵蒙娜	杨　婷	赵东旭	王　晗	何东辉	牛旭东	杜昕冉
贺　丹	杨　坤	刘　楠	闫　媛	李晓琳	刘玉珍	安成兄
赖亚文	高　凤	朱　旭	杨　磊	韩　雪	贾超伟	胡　洋
樊丽婷	张雪春	王昱东	张婷婷	侯丽丽	扈天成	叶杉杉
朱　梦	丁　凯	张佳媛	刘紫佳	茹　莎	王春生	郭俊芳
穆青慧	王波涛	罗培钿	邓嘉辉	李世荣	陈天宇	史苏苏

生物技术（60人）

格　根	姚重阳	杜孟欣	周佳欣	宋欣泽	谢永强	成　功
李　娜	赵雅君	刘　晶	李雪梅	赵新月	郑晓帆	石　晓
侯　娜	魏新华	肖南西	王芙美	许　可	孙彤彤	郭　横
云欣悦	李凤妍	张　敏	张　静	赵晓倩	翟逸群	徐黄纬
荣　安	刘　洋	肖作可	汪昕珑	井申文	卢凯文	高　娜
郭雨晴	刘亚楠	国情文	王　玮	杨　闯	窦　数	邢丽华
袁鑫宇	刘雅娜	欧阳瑞培	曹　婕	辛诗旭	刘春艳	何琦奇
秦雅丽	吕宏杰	刘碧桐	卫雅迪	张　晓	杨爱慧	谭　芳
窦鹏飞	杨广森	闫光因	武欣艳			

生物科学（46人）

乌吉莫	召　拉	钢　刚	查　娜	代其乐木格		策丽美格
乌仁苏德	巴雅斯乐	玛　努	关天舒	刘冬美	田　媛	樊晓娟
王璐瑶	裴　婷	程　琛	刘　佳	张燕燕	张敏娜	韩再强
安　欣	张　宇	刘佳慧	朱　敏	何小龙	俞卓然	龙　雪
侯　前	邓　茹	张梦圆	郝瑞花	吴小南	高凤芝	敖敦格日勒
胥　洁	苏诺尔	王　萌	孔伶瑞	贾翠红	娜力格尔	张　弛
王笑冰	辛　亮	毕南南	董鉴霄	刘诗尧		

制药工程（40人）

蔺宏伟	颜咏雪	郑昊楠	赵燕燕	刘宇佳	韩建飞	季岗鹏
刘晓朦	李　欣	苏晓艺	闫　斌	陈志远	白　璐	何书宁
周　健	袁嘉璐	盛乐庆	张　甜	徐秋韵	李鑫羽	苏　畅
赵　欢	杜　阳	张　越	李默然	王瑞强	马熙影	薄　洋
王恩飞	郭　越	曹云竹	宋钰琪	韩　冬	朱文博	王　玲
张学梅	王　琨	王月明	郑茹月	崔逸凡		

人文社会科学学院

法学（90人）

师　慧　刘　畅　塔　娜　刘　旺　韩征宇　赵　琦　杨　洋
崔　浩　姜春旭　贾雪晨　高　雪　刘啸风　李晓玮　徐莉冰
郎雪辰　王智媛　张露文　王　欣　王栋楠　王　月　李文昕
韩欣原　丛天一　白浩炜　候　燕　李璐璐　白雪龙　黄靖璇
王佳祺　苗皓晨　韩丽媛　丁　怡　萨荷雅　孟　浩　张燕霞
韩　晶　尹凯楠　郭　娜　陈伊琳　李镜虹　刘雨佳　王国栋
王宁骏　王文芳　田雨辰　贾媛媛　雷亚丽　董　睿　黄　悦
王　权　胡佳馨　郭　静　王　瑶　高彦立　刘嘉夫　曾　进
刘雪辰　史亚茹　马春宇　田嘉懿　刘姝玥　任艺伟　谢　宇
李红莉　任　璐　张　娥　付震寰　尚　思　王宏伟　胡佳敏
郭宏志　张淑贤　常鑫娜　魏胜英　李　帅　王　丹　张妍娜
串颜茹　赵倩儒　秦　韵　高艳萍　韩成彪　曹健瑞　李书渊
张　佳　陈博超　张　超　张济伦　苏彦桦　李欣航

行政管理（98人）

刘　阳　李晓菲　李　阳　张心愿　雷雪婷　丁佳伟　秦　敏
李　敏　张瑞雪　李亚楠　薛茜文　郭晓君　张嘉瑞　陈国飞
翟　微　叶惠婷　孟　绚　康欣宇　耿冬雪　安雯昕　何　佳
包小梅　赵慧敏　张佳慧　武黎明　赵　源　崔丹妮　张丰滢
祁　宇　石晟宇　胡　睿　吕丹阳　乔丹妮　王　丹　蔺心愿
田雯雯　李相宇　刘　佳　冯　涵　赵　旭　邵泽华　韩建欣
乌仁图雅　康　昊　赵　邈　沈佳瑶　李　瑞　唐书华　王思宇
张子莹　张晨婧　常子怡　赵　柠　苏亚妮　张耀文　张作宇
查苏娜　崔学青　阿伦高娃　朝鲁门其其格　础鲁门　乌云格日乐
阿如娜　查　娜　银　兰　乌日娜　萨仁娜　乌日根毕力格
额日敦敖其尔　图布欣巴图　敖　敏　温都日玛　婷　婷
娜布其　刘志文　吉　雅　胡兰兰　赵永兰　吴红林　朝　克
崔　英　乌日嘎　萨其日娜　张小杰　萨如拉　欢　欢　张青梅
巴义斯胡朗　塔　拉　苏伦高娃　阿拉德尔图　李春艳
吉木色　胡日查　哈　图　乌日吉木　巴德玛朝

社会工作（41人）

孟　浩　翟爱清　路如意　郝源源　王　妍　赵鹏飞　韩淑敏
李嘉欢　高政扬　冯景怡　王玉珏　张宇涵　程晓芰　石曼昱宇
李朋龙　吕晓龙　王佳乐　袁　婷　王　丹　刘春卉　张煜东

杨　宇　马俊杰　高雅荔　刘思怡　朝鲁门　伊日贵　洪格日呼
席凤泉　恩和其其格　萨础拉　包常明　苏日娜　乌日嘎
齐冬梅　锡　妮　陈明珠　萨　娜　凤　英　敖日格乐　王正斌

外国语言学院

英语（90人）

曹　慧　李　雪　李　豆　陈佳慧　王　彦　赵珊珊　袁　博
韩　旭　杨　茹　汪文静　杨雅琴　苏小彤　翟丽莉　韩佳月
张倩楠　李　颖　张　洁　牟慧敏　方雨浓　贾娅丽　席嘉璐
马佳萍　迟　蕊　张金梅　陈玉玉　赵　娇　纵蒋雨彤　张　杨
王佳婕　张郁婷　安雨娟　叶一然　贾　雪　杨　艳　张艳文
王文辉　张　丹　薛宏菲　盖佳艺　王佳美　李　苑　李雨甜
李雅男　李　敏　董楠楠　辛荟钰　韩　雪　格日勒　张潇敏
田雨静　刘宇蓉　郝旭东　李　雪　池　洁　王　艳　李佳欣
杨　静　崔靖雪　刘文杰　李柳花　吕祺悦　贲　腾　赵丽娜
高文杰　李　怡　王惠婷　白　月　智子洋　范雨奇　张凤雪
杨哈斯　王大鹏　张雪梅　王　煜　王雅田　梁乐萌　杨倩丹
刘思奇　苏　娜　叶化囡　孙雪薇　郭　乐　刘旭东　李梓萌
单毕盈　张佳宇　卫　爽　王咏祺　温　馨　杨　丹

理学院

电子科学与技术（27人）

佟文超　闫　婷　蔡丰裕　田宝生　周海川　张莉雅　张娜娜
周　鑫　李俊超　吴尚荣　陈宇轩　黄　杰　刘志生　翟忱斌
武媛媛　曹　雄　潘　恒　王　松　张绪成　李　震　马厚杰
张　浩　杜国豪　马　海　刘振华　韩　哲　张　可

化学工程与工艺（29人）

李　伟　田　芳　李燕雨柔　张　宇　焦　蕊　高韶辉　詹雄飞
张　厅　冯晓飞　刘睿劼　冯仁杰　丰　华　杨浩冉　高建鹏
张健婷　温昊翔　刘一朦　鲁雅宁　崔俊杰　刘　超　张宗玉
李　超　刘仕杰　蒋文壮　边永升　李　涛　陈　晨　李　洁
张万奇

应用化学（28人）

李成博　张志英　辛　颖　张　俭　金晓伟　王晓佳　敖　薇
赵　薇　李海杰　麻寿翔　崔佳琦　贾国鑫　郭晓萱　王羽晴
李昱伟　刘文星　姚文翰　高志鹏　艾天宇　任涛涛　李继博
李　瑾　郭　泽　侯永霞　张新悦　任　镭　何应春　徐选亮

应用统计学（58 人）

石磊磊	苏　倩	郝晓星	于申宜	温璐璐	刘梦娜	马　铮
朱建英	吴佩章	冯雅琪	何寰宇	胡思梅	张家骏	全可然
张　月	崔恩泽	刘　婷	王　璇	于心蕊	康　玥	侯晓琳
徐子皓	倪　鑫	许允策	赵依静	闫丝雨	李月影	李向瑞
尚好玲	朱　杰	赵　旭	陈　晨	甘普超	杨　婧	陈雨芳
王瀚纬	薛燕慧	高　悦	杨　鑫	贺小兵	刘家明	杜　娟
孟庆宇	张　浩	范玲玉	侯智力	杨诗聪	秦　怡	赵芳丹
王梓晗	谢晓欢	赵天宇	曹欣欣	张有会	郝　璐	樊禹泽
张紫藤	吕怡楠					

能源与交通工程学院

道路桥梁与渡河工程（78 人）

郭俊庭	郄晓东	王艳超	乔立冬	银旭东	荆瑞莹	邵志达
景志敏	魏同玄	周　亮	杨德森	侯景元	刘晓东	乔浩东
刘　伟	张　捷	贾文杰	秦　超	刘　鑫	李博文	桂立群
于长江	郑祖佳	曹提坤	田赢钱	郭欣悦	王俊男	李贵宾
任卫华	吕开宇	陈一锋	赵　桥	张静波	李　阳	庄敏达
王　磊	陶凤磊	李志宏	刘　昊	曹学磊	阿如汗	刘宇飞
林海潮	王晓宇	郝文喆	田海涛	贾鑫磊	张　科	孔境葆
李树豪	孙信龙	张圣进	姜　扬	李　杨	滕　瑞	孙鸣伟
刘孝林	乌云达来	淖敏珠热	哈斯塔	赵毕力格	李志才	何呼斯乐
陈春青	额尼日乐	白贺喜格吐		陈阿永嘎	包呼斯乐	其力格尔
王亮亮	高萨如拉	张晓亮	阿萨其	乌　嘎	丁超文	刚鲍力道
何海宝	高　峰					

交通工程（52 人）

张华新	赵　增	刘小东	郭鹏飞	杨岳飞	张　宇	刘振宇
李　峰	杨　梓	孟春晖	张志强	薛　宁	米　奇	乔浩东
侯昊波	王　蕊	李　鹏	于　健	潘海岳	邹书银	于凤楠
徐梦陶	赵新宏	王　波	张文杰	熊敏颢	武　东	王　靖
薛　跃	薛　涛	苗　卓	罗太平	孟显韬	许婷婷	陈国印
杨天嘉	李森淼	李学峰	李　帅	尹建慧	李一鼎	孙佳民
张　宇	柳　祥	陈从飞	冯　岩	李国鹏	韩艳文	李昊城
黄　鹏	张海元	宿晓振				

交通运输（60 人）

刘雨薇	白路川	张　琳	李瑞恒	孙永强	吴晶新	卢红亮

刘　浩	郭常青	赵翠平	关秋冬	何　雄	盛明明	郑艺炜
刘浩波	高　雪	王丽颖	任　华	李文东	钱　晶	高泽明
张君雅	吴金钊	何俊杰	缪　铭	高思博	郭丛华	武　帅
师路详	王华龙	耿苏月	滕　帅	程学海	张文杰	宋　娇
王　皓	白　雪	王继琛	蔺青霞	唐佳林	张　威	程学敏
张雨新	吕红霞	刘昱忻	谢　昂	靳彩虹	薛秋杰	褚天殊
林浩东	蒋琼娅	欧阳绍波	韦喜华	吴　静	张　奕	孙振兴
马浩源	李秀耀	姚世杰	杨维龙			

森林工程（44人）

王子明	杨　颖	岳　洋	武　越	乔浩东	李文华	洪增祺
任建光	马　超	王丰年	刘则亨	段凯博	常乐乐	王晨宇
董　帅	王云峰	付茜雅	王思凯	王作豪	秦东伟	李一泽
赵国盛	苏　悦	洪德岩	崔万新	赵　越	刘新波	阎秋硕
丛　扬	王睿霄	张智娇	张鹏浩	张恩泽	张　彤	刘吉德
梁睿瑞	李　谦	呼　伦	李书轩	于成行	叶　涛	冯凯文
高彩霞	杨君宇					

新能源科学与工程（31人）

刘慧芳	王　鹏	苏震宇	刘羽峰	高　伟	吴　越	郭丽欣
呼日查	王　晶	刘亚男	赵祥凯	王浦钊	高健凯	庞　坤
石乃玉	马　帅	任耀文	刘雅静	王智嵘	刘宇桐	李　硕
杨吉群	韩旭光	范沛文	张哲童	王品舒	周明月	张志宏
王　凯	王　皓	滕　瑞				

国际教育学院

金融学（6人）

李　仪	何温心	黄俊卿	铁米尔泰	于　菲	袁　瑗

农林经济管理（4人）

武　鑫	吴汉中	王慧敏	邱占祥

食品科学与工程（1人）

郑同凯

环境工程（1人）

尚士博

职业技术学院

园艺园林技术系

园艺（46人）

徐　丹	董浩明	任宇妮	孙伟琪	王　荣	张冬梅	乔利飞

姜　涛	柴媛媛	张春丽	徐圆红	谷　雨	孙志华	裴学红
王晓如	陈　敏	康　娟	朱丽雅	王胜楠	赵雅茹	施博亚
贺　龙	张　磊	马燕南	班慧婷	苗春慧	张红梅	张鲜新
王佳兰	迟彩霞	罗可新	王文贞	董丽娜	侯晓丽	谭　香
马芯茹	祁　成	华建龙	石慧鹏	卢　欢	任小虹	郭世超
何雅苹	史俊杰	王辰晨	徐凯雯			

园艺专升本（1人）

宋佳泽

园林（60人）

范显良	李梓荣	卢海月	高启园	杨彩霞	张丽丽	霍威衡
于鹏程	魏佳丽	高　丹	封海东	单晶东	姜琳琪	杜治国
吴　帅	曹晓佩	张　昂	张帅帅	乔　宇	高　鹏	李　超
郭宁宁	丁　雪	袁孝理	张　佳	冯佳乐	王文涛	张姗姗
许　鑫	毛欣然	刘彩霞	王艳萍	王海波	杜　娟	宋丽丽
鲍　燕	丁　岚	周　杰	王舒峣	张　悦	于军涛	高　雅
马玉梅	王治强	白永伟	刘水源清	刘晓芳	常海燕	白彩霞
张　煊	康锦社	王　璐	付守静	陈占全	姜　尧	王建慧
高世璇	刘殿龙	石　科	肖宏伟			

园林专升本（3人）

骆泓旸　刘　凌　李彦蓉

园林技术（25人）

郑　伟	李　妍	刘治国	徐　洁	田　伟	张　璐	刘燕玲
王　旭	娜荷雅	吕　谱	李伟业	何大禹	郭殳杭	李慧娟
杨丽静	杨嘉琦	张振龙	那日苏	刘　霞	杜双全	房峻帆
郭学涛	刘恩逊	周瑞敏	芦婧颖			

园林技术“3+2”（35人）

包丽娜	陈　威	吉月红	赵　洋	甄丽丽	赵业成	张博浩
李赫然	李梓豪	廖　宇	毛峥嵘	申国政	卞浩东	陈世文
刁玉成	樊祥瑞	冯金鹏	韩鸿宇	贾丹丹	姜可新	金富旭
金振民	李　昂	刘恒言	刘　帅	卢春辉	隋　浩	王思北
魏晓通	吴涵钊	徐兴旺	张洪健	张　晶	张　鑫	张亚波

园艺技术（26人）

李葛津	李　薪	高嘉蔚	刘瑶娜	李　琪	刘冬雪	李介普
李昕晔	何　青	郭媛琪	杨旭明	刘　耀	郭雅楠	白　雪
李　颖	刘　畅	贾泽田	高秀欢	裴士策	马永刚	郝　越

董佳宁　李默馨　刘　龙　乌宇青　锡筱翙

种子生产与经营（23人）

韩玉先　孟祥桧　张宝玉　安　冉　孙　宇　郭文静　丛龙娟
付美玲　付　明　王佳鑫　付海军　刘　参　荆晓鹏　李　沛
张　峰　高　奇　徐赫涛　王继友　李　莎　马　瑞　刘　宽
代明慧　梁伟业

休闲农业（21人）

张汉清　樊佩文　张贤峰　王雁儒　孙　海　徐少鹏　史亚楠
李　聪　张鹏鹏　石　丹　刘燕平　秦　芳　李鹏飞　杨紫淇
杜艺方　朱嘉辉　孙　凯　贾朝晖　刘　畅　赵晓乐　武孟君

畜牧兽医技术系

动物科学（75人）

马东泽　呼布钦　樊　超　蔺　魁　陈资渊　李荣鹏　王　甫
刘志刚　马小凤　杨　莎　刘　阳　刁显慧　侯丽敏　张　波
沈　燕　王小琴　宫尚禹　田润青　云　龙　刘子华　田　雪
樊晓娟　刘　鹏　侯　庚　王志宏　孙卓岐　于冬雪　白红瑞
岁　英　魏雪梅　乌仁呼　史海英　刘嗣迪　韩文娟　薛彩娇
赵素香　王艳艳　菅文岳　史艳鹏　李　楠　高靖凯　付广飞
孙小荔　王德明　张永霞　王　璐　贾子义　刘　科　韩旭峰
王永伟　杨　娜　王惠敏　刘　巍　塔　娜　温都苏　张　万
乌伦花　萨其日　辛红艳　常小维　额尔敦其木格　钢胡乙嘎
苏日力格　通嘎拉嘎　张巴特尔　陶格特其　乌仁图雅　巴衣苏拉　萨仁高娃
娜仁图亚　哈斯其木格　乌云宝力格　呼和苏力德
那松巴雅拉　额乐德木图

动物科学专升本（3人）

孙凌炜　李　琦　杨慧亭

动物医学（28人）

刘昊东　王凤来　孙晓林　巴彦尔图　孙　静　陈文琳　贾云红
武利剑　张志勇　康　换　孙慧旺　王海涛　王　英　张晓云
邢宏磊　王　旭　徐家骐　姚佳哲　党亚杰　杨亚玲　刘庆贺
陈　靖　王建行　夏瑞楠　李欣怡　魏智超　牛晓悦　姜宇奇

动物医学专升本（1人）

穆嘉明

畜牧兽医（44人）

高　帅　朱　博　宋鹏志　赵　宇　于娇娜　金永平　陈　昊

马兆宏　刘庆超　徐雅慧　魏金花　李雪平　落玉然　沈　晨
穆文玉　朱海英　长　命　李源浩　拓伟伟　张宏强　李　庭
布　和　王　江　白青山　李　珍　张　茹　白　鸽　松布尔
道图那　吉　勒　孟根花　文　明　庄奥然　徐浩然　陈彩虹
苏尼汗　斯琴高娃　何满达胡　其勒木格　白音胡格　郝斯宝力道
白苏都毕力格　敖敦格日乐　宝音格希格　敖日格乐玛

饲料与动物营养（17人）

李婉婷　苏　凯　张百科　白浩宇　王宣豫　苏　波　祺乐格尔
张运泽　郝志永　包玉萍　张吉辉　李若楠　赵晓辉　海　莲
苏依拉　郭锐鹏　王　伟

畜牧兽医（运动马驯养与管理方向）（30人）

张李倩男　常佳悦　郭　悦　韩　伟　白国荣　祁晓斌　任　欢
贾世康　孟令欢　赵　琦　刘仲英　张宇霞　杨瑞东　王洪瑞
袁梦涵　刘　录　李春晓　宋家宝　赵俊鹏　李双辛　涂　瑞
陈邦博　罗春梅　窦金梦　孙铭栩湘　张俊杰　秦　鹏　王伯昭
李向东　李海鑫

畜牧兽医（运动马驯养与管理方向）“3+2”（12人）

阿布拉　白　威　丁利强　董海吉　关太闯　郭振东　韩志涛
彭　博　屈道亮　万　乾　辛佳伟　于　祥

食品工程技术系

食品科学与工程（51人）

耿丽鹏　郝慧君　刘向龙　潘　雪　刘　媛　吕孟瑶　贺春灵
韩春燕　王金荣　邬瑞明　范志欢　韩　丹　于艳霞　杨智慧
侯彦琳　张佳蕊　魏　茹　王　慧　钟海利　韩　磊　董　倩
吴剑光　赵　娜　王浩田　董丽茹　王美霞　杨　阳　张芳芳
徐　婷　赵洪宇　李亚楠　张秀英　方靖博　王　浩　岑小叶
张佳欣　周文杰　田淑玲　杨明凯　李心愿　韩　辉　弓云霞
翁彦静　王　帅　田　星　李嘉欣　秦小宇　仝彩峰　史加加
王广涛　林　雪

食品科学与工程专升本（5人）

吴锦程　柴雪莹　杨丽荣　郭丹丹　冯亮亮

食品营养与检验教育（60人）

吕文禄　贺小红　穆文静　王　坤　孙　鹤　白金玲　禹晓洋
张　欢　陈　悦　花　欢　王雨琴　邬　磊　刘志敏　孙　静
裴广震　毕新波　武素红　刘佳宁　张　宇　丛欢欢　秦燕飞

曹　乐　王　霞　国丽娜　朱　爽　马超跃　张榆欣　贾　娜
孟显然　刘旭银　梁晓明　姜惠敏　王　蒙　张香香　张　倩
高松艳　李玉花　丛龙新　宋　娜　刘丽芳　杨丽娟　巩晓新
胡春燕　周　洁　刘俊霞　李引弟　李　娜　廖雪飞　李晓雪
曹佳圆　陈　琳　李嘉宇　薛　娇　刘水清　王琛田　张艳红
丽　妍　刘　博　陈安琪　郭瑞杰

食品质量与安全（58 人）

牟　蓉　杜博林　牟艳丽　李　雪　杨　超　邓小霞　梁淑敏
杜叶霞　樊　娜　田慧芳　张　慧　郝　乐　李秋莹　宋　霜
李　娜　徐　畅　王文雅　林双青　李林杰　刘秀芳　郝　飞
孙小羽　任亮峰　杨　晨　马颢荣　张玮玮　樊　燕　林春梅
张兴华　徐国峰　李　静　刘　玮　张东方　马冬梅　刘　倩
康　媛　王　娟　陈婷婷　陈盼盼　曲晓雨　王　燕　孙雯雯
郭佳帅　周丽红　张文涛　李彦霖　朱文丽　王　强　刘　霞
王利萍　贺慧源　张　丹　范　娟　罗　颖　韩瑞清　李　敏
高　旭　刘　乐

食品加工技术（26 人）

黄　沙　马浦芳　周雪慧　郝佳乐　张　静　李　英　杨可欣
郭　慧　皇甫鑫　王　岩　吕　娜　赵斌鹏　朱　敏　魏小晶
吕　鑫　武英梅　郑彤彤　郭爱英　张　旭　董晓霞　丁冬旭
何　静　王　燕　董利春　崔　伟　李建泽

食品生物技术（24 人）

许文鹤　侯思慧　郭　燕　刘可新　李志超　孙成成　徐慧玲
邹德秋　牟小芳　谢雨欣　姚兴东　韩　悦　孙海莹　安艳雨
张美玲　李　宇　陈楸栎　郭容靖　安　鹏　李新河　张海燕
刘转岭　李　鑫　李小梅

食品营养与检测（29 人）

杨改燕　刘美娟　付玉芳　郭彩霞　宋美杰　李沁璇　王静杰
田宇瑞　张　雨　武　坤　冯　茹　郭永强　杨宇超　孙佳伟
闫　磊　薛　佳　马欣锐　刘　喆　李东梅　高新媛　郭朝钢
张丽梅　王　静　郭　红　肖　杨　贾　真　田呼晋　赵　颜
李圣圣

建筑工程技术系

土木工程（61 人）

王　辉　王建国　贾文翔　张　乐　张　朴　魏　巍　李建鑫

郝志刚　杜星灵　鲁家铭　张书宇　谢　娟　刘亚楠　高佳轩
李晓帅　刘鹏鹤　刘浩源　贾艳美　张靖毅　贺海龙　屈建文
任　雨　闫钰娟　包　松　张　浩　于志军　宋贵文　张亮亮
梁加敏　陈　瑞　赵娇娇　王　飞　秦佳媛　许　飞　薛　宇
白晓霞　李　想　王楷朋　张　野　宁建新　何晓玮　张旭东
沈利海　赵燕甫　孔庆贺　姚永霞　郝宇星　周进博　张文龙
杨　晓　王志宇　刘　倩　马　超　宋　乐　杨　乐　刘　琦
尤飞飞　张　凯　张志敏　杨宇芹　苏　光

土木工程专升本（16 人）

陈　耀　翟慧敏　张　梦　刘　洋　刘红利　董　皓　陈　宇
韩　祥　刘长艳　孙靖媛　邸志军　王振锐　范丽英　李向阳
张　静　哈　伦

给排水工程技术（19 人）

郭立伟　孙梦池　李　正　王羽东　任　强　谢欣雨　周　杰
徐明达　苏海东　郝志宇　刘大清　邢凯文　康　愉　魏仕杰
苏　敦　郭　凯　王　浩　王玉亭　刘　旭

工程造价（25 人）

董新月　王佳彤　意茹涵　解千慧　赵丹丹　徐嘉诚　施晓宇
田秉宸　管宗有　王　静　王　迪　杨春晖　盛元廷　马　静
李　洋　李小东　吕　慧　王　锐　刘　浩　王超冉　于浩然
尹广磊　王佳新　李　慧　徐博识

建设工程管理（26 人）

谢泽明　冷亚鹏　翟智锐　王洪伟　王洪宇　赵欣宇　邢旭东
沈新月　张冬梅　杨佳满　曹素霞　李　琦　肖　扬　李耀强
麻清伟　冯　浩　李　伟　侯玉莹　贾志杰　刘欣羽　曹秀颖
王　铭　王　跃　谷维伦　刘志鹏　叶威武

建筑工程技术（21 人）

邬彦超　辛来贺　宝晓峰　刘艳超　郑可心　娄云鹏　张　禄
白　雪　武剑岳　吴平平　刘建军　王恩涛　曹玥凡　金　浩
白音呼　张扬扬　陈　浩　王昱博　杨文志　张正阳　包一名

建筑电气工程技术（19 人）

段　飞　王　帅　赵佳伟　李　锋　黄　敬　刘　慧　王　睿
王　辉　董海星　慈天宇　额尔敦木图　贾宏宇　律　森
高振朋　何　衍　胡宇昂　蒋东楠　高　歌　陈　煜

建筑工程技术“3+2”（10 人）

郭　磊	苏　恒	孙智敏	王　波	董子鑫	邱伟玉	宋东哲
叶华龙	张正昊	周德才				

经济管理系

财务会计教育（60 人）

孙永华	李佩欣	张盼盼	刘红梅	张晓如	董立县	武　磊
韩　蕊	赵璐唯	韩　敏	陈　鹏	杨　阳	卜欣悦	乔佳璐
李文琴	马秀红	李　敏	王英英	高吊平	孟祥丽	文　雅
王雪娇	袁　凯	史丽娟	宋志媛	刘召弟	吴莹楠	尚礼红
边瑞霞	卢慧芳	范艳芳	曲立新	范　茹	韩佳茹	李秋红
卢学良	徐菁嵘	白艳梅	刘艳玲	郝二拴	历红艳	杨春芳
史美丽	段梦露	郭海纶	王　欢	刘燕霞	关丽蓉	任　乐
冯雅恬	闫海波	付艳丽	乔利虾	刘谨华	薛媛媛	曲宏博
鲁　旭	王晓燕	贺云云	王如玉			

财务会计教育专升本（30 人）

邬雪晴	辛　洁	王馨敏	崔　洋	韩国蓉	宋文文	陈　静
任志娟	贾艳婷	方　敏	解小娟	任晓星	李云华	武肖利
郭玉华	郭佳铭	杜晓庆	任婉婉	呼淑能	张晓霞	李晓同
高雨诗	刘　洋	徐　倩	池艺璇	马海霞	潘　燕	张学飞
陆　遥	张亚娟					

工商管理（61 人）

张　玲	张　雪	张　悦	胡学良	吕　超	刘力全	张龙伟
王介邦	王　轲	苏亚楠	高彦青	任梦彤	王恩慧	史彩莲
周慧茹	王　叶	岳丹丹	刘　慧	马文强	魏枢恒	秦艳梅
武海慧	吴莹莹	侯理君	张丽颖	刘璟华	段志刚	郭　安
张滢滢	刘　娟	武桂萍	刘　慧	冯金良	张　婷	李　静
郝艳彤	庄　乐	王富龙	魏　茹	贺娜娜	赵诗洁	吕　波
谢婉秋	解　洋	王舒鸿	王　燕	武静宇	毕福乐	申俊杰
郝　珂	郑　涵	侯　鑫	李青凤	魏敏敏	王晓宇	关晓艳
史敦文	刘晓玲	王　雅	高万利	任晓玉		

工商管理专升本（10 人）

马　旭	张亚楠	刘志红	刘　丹	陈丽丽	高福媛	魏凤娟
徐雅茹	冯一凡	戈日红				

市场营销教育（51 人）

马春艳	郭心鹏	樊晓芳	孙英杰	王　雪	徐文艳	吴雅梅

张 星　张 媛　李 茹　刘家利　李 娜　刘良慧　田 涛
郝嘉荣　温小雁　张玉婕　于 庆　张 咪　马金丽　丁 岩
刘晓燕　李丹妮　乔雪丹　张静波　辛 月　白丽娜　王亚琪
王月姝　许丽霞　张 金　任 莹　郝舒欣　杨向艳　王 宇
王晓雪　贾丽娜　冯 玲　徐广萌　高 鑫　温 晶　王 莹
康 静　杜 娇　杨慧芳　马桂园　李晓慧　焦 玥　刘 娜
杨 超　胡飞德

电子商务（24 人）

程晓慧　郑 健　白 洋　李 宁　翁永斌　刘 洋　何佳欢
赵静怡　温 东　张晓萍　廉明杰　王晓辉　岳凯旋　武东乐
姜 静　常 旭　石 娇　杨 丹　班 耀　刘 娜　李 杨
陈柏慧　康 娜　裴国花

工商企业管理（29 人）

范升格　王旭冉　弥庆茹　刘哲学　王宇生　李 洋　孙 萌
侯文杰　乔 远　石艳阳　宋 婷　杨雅婷　卢小雨　孙 雪
虎威廷　于美琦　张嘉玲　张春晖　罗秀洋　段梦慧　芦成龙
吴双玉　赵 鹏　范艺朦　闫晓彬　苏 杰　朱雯琪　齐 越
黄鑫丽

市场营销（23 人）

安晓燕　丁 田　王 昊　裴志颖　田 微　李 淼　李 宁
刘洪亮　席聪豪　董海洋　高婷婷　王 杰　张丝雨　王亚玲
郭辰东　何伟利　昌荣慧　王建苹　李 芳　徐宏霞　田 波
胡宇繁　张伟豪

物流管理（29 人）

李 娟　陈佳乐　麻芳菊　郭方正　李 壮　张 钊　胡梦响
王 烨　陈 真　边天琦　李雪松　罗 伟　王 震　刘晓敏
贾瑞华　李燕霞　武雪清　高艺源　张 钰　张洋洋　顾超凡
玛喜必力格　刘云鑫　马晓柱　麻宇佳　朱兴隆　王晓凤
葛斯尔　李 丹

会计（37 人）

席月新　金学文　王新悦　于 鸽　白 哲　张春红　冯庆莹
付 颖　陈慧敏　王智敏　郭永红　李培清　朱令玉　张丽华
张佳慧　陈亚楠　王秀娟　包建琳　吉冬旭　闫雅晶　王雅绮
张兴兴　丛秀红　牛靖靖　王昭君　王容孳　梁云鹏　郭艳慧
朱亚南　苏 颖　潘 娜　田 宇　张淑珍　刘 石　刘 畅

王默琳　陈　克

会计“3+2”（113 人）

云晓娜	张丽新	刘　烨	刘　苑	马　禄	萨日娜	苏志宣
孙耀星	秦婧歆	宋雅洁	唐　乐	王欢欢	王世聪	王　烁
郭　浩	王小慧	王卓义	温松霖	杨宁宁	张晶晶	赵拽弟
左成成	麻　颖	任思雨	孙　敬	王昌伟	王红丽	王　杰
张　培	赵慧敏	赵嘉卉	王　芳	王梦婷	徐嘉潞	赵凯莉
周慧婕	王秀娟	杨嘉欢	杨　萱	张佳颖	张雅丽	王嘉赫
张　帅	张雪梅	赵炳智	赵　倩	周瑞香	张国庆	张燕飞
王文涛	王振豪	吴明亮	徐　晨	张　欣	朱钰沚	弓正悦
郭欣玥	贺雅娇	高　晓	巩建业	郭　蕊	侯鹤玲	李倩楠
蔡宇航	曹　磊	车轶轩	陈文静	陈志伟	陈紫微	房婷玉
冯小铭	王雪娇	安舒楠	崔　磊	姜　浩	李嘉诚	王雪婷
常　青	郝雨青	曹天阳	陈清宇	陈　爽	韩　丹	韩　捷
何思源	李　佳	李梦瑶	孙继霞	李苏敏	李雅茹	刘　鹏
刘晓敏	李文勃	李新跃	李梓畅	刘宇泽	苗泽宇	齐　硕
刘　蓓	刘怡蒲	秦　帅	宋　娜	王竟敏	王　茜	王　倩
李　健	刘　洁	闫佳乐	李诗瑶	刘　丹	刘丹丹	刘　年
卢　瑞						

计算机技术与信息管理系

计算机科学与技术（60 人）

范　晟	潘　健	刘海娥	岑　英	杨晓慧	张　凯	侯晓艳
龚孟华	刘　欢	樊　敏	蒋　祺	高尚弘	陈怡巧	刘　洋
王　雪	李　龙	黄　翠	刘德威	张　欣	赵　敏	赵　娜
张春艳	岳　洋	张　欣	任　升	于丽平	吕　江	李书奋
李　娜	吴　江	吴丹阳	马　娜	靳苗苗	苏　炜	张景启
唐浩林	黄　睿	王木申	王　静	刘晓刚	汪　宇	鲍斯琴
兰敏敏	韩文艳	侯　磊	邬吉明	黄乐娟	曹　阳	冯丽娜
曾小倩	王　晨	鲁国平	刘　伟	李向河	王佳利	王维康
张　桃	李　旭	贺　月	杨伟杰			

计算机科学与技术专升本（14 人）

董　傲	侯酥梅	李　霞	李艳亮	李　娜	韩　栋	王燕波
苑亚男	陈聪华	赵培龙	吕东航	邬　卓	阮维耶	姚　澜

网络工程（28 人）

于英杰	李亚斌	杨　顺	李晓萌	李　远	李晓伟	吕文强

李秉奇	李　浩	杨　江	王铁聪	许　芮	苏会然	周　爽
温佳泰	苏　鹏	银志斌	郭明宇	郭　媛	孙树敏	旦　旦
温露露	高　娜	石　伟	张妙珍	张海麒	杨普渊	方　正

计算机系统与维护（21人）

马文慧	刘继龙	郭志帅	张学波	赵子雨	段旭明	王盼盼
杨继刚	李　鹏	米家兴	史建新	陈劲孝	訾　丹	王宇翔
吴　伟	蒋小宇	薛意进	吴家乐	刘浩东	马铭远	钱　勇

计算机信息管理（23人）

李　敏	刘江华	洪远远	佟玲玲	焦　阳	梁家成	张禹瑄
梁春涛	赵燕香	侯　璟	王晨旭	刘　超	刘泽敏	韩　婧
张济泽	包效忠	张　帅	李竹青	王彦辉	闫傲寒	姚彦芳
符金苗	张　麒					

软件技术（19人）

左秉鸿	闫　坤	侯慧敏	刘　杨	李少阳	陈　龙	云月林
刘　荣	王翠芳	陈云龙	邵亚浩	闻致慧	谢　蒙	范宏超
武璐璐	姜　旭	张　璐	王俊礼	吴　迪		

计算机网络技术（25人）

张厚超	马永来	关春雪	于颖骊	刘长江	鄂冬萌	任　超
张世军	郑博元	田伟伟	王宏宇	徐　超	武　鑫	刘　娜
姚　芳	梁　莎	杨钧翔	丁昱文	葛振涛	路建行	董　杰
张宏秀	常兴龙	张　媛	单晓磊			

计算机网络技术“3+2”（41人）

白　赫	陈志达	丛培轩	杜兆昱	范瑜瑄	冯英航	郭　旭
李红越	林丽媛	刘　燃	刘　澍	刘亚琦	刘子源	栾舒航
潘　磊	宋　阳	王　昊	王玉虎	魏明博	辛　猛	杨　欢
杨振宇	姚龄凯	于成龙	张泽雨	张祖赫	赵广新	周瑞琦
杜佳伟	耿思亮	孟祥宇	倪　坤	薛子成	敖宇达	白天超
刘文成	孙天宇	魏梦茹	于　猛	张　恒	赵文超	

艺术设计系

环境设计（32人）

卢　慧	杜义凡	刘洺郡	苏　蓉	孙　林	杨婉蓉	杨　林
郭兆雅	张继承	桂雅静	李　贺	李小桐	闫昕嵘	张凯丽
孙金陵	刘　白	李抒奇	郝苗苗	蒋　浩	隋　芳	李恒丽
张　甜	崔浩强	刘　源	李　婷	吴佳乐	沈　轩	卢　颖
赵　鑫	崔　慧	李俊稼	杨　剑			

环境设计专升本（9人）

冯程程　任逸波　王鑫玥　苗雨薇　康　倪　孟敏娜　武萌萌
王雪莹　蒋潇萱

视觉传达设计（28人）

王晓娜　付芪荣　燕　蒙　王艳荣　刘雅鑫　高　莎　杨　慧
杨雨厅　刘丽娜　曾冬梅　何亚亚　李恩长　王　星　杨文杰
顾　爽　张　露　杜花眼　孙晓娟　李颖琦　倪金枝　刘慧敏
白　龙　方圣洁　毛　锐　张嘉敏　何欣宇　王旭鹏　白燕妮

视觉传达设计专升本（3人）

张梦鸽　陈传敏　孙　涛

产品设计（31人）

赵小红　邢永花　李晓庆　田密斯　范竞匀　吴晶晶　王尚轩
全　强　董　婧　万继凤　张福玲　尹欢欢　李晓芳　宋雨宁
罗玉彬　张　蕾　薛志勇　李　杰　乔浩宇　倪爱敏　戈雪婷
白艾灵　宣　洁　王如月　丁小红　魏　蒙　司伟豪　杜　晶
刘晓娜　李舒晗　曹　婷

广告设计与制作（21人）

杜阳梦　郭　欣　程彦翔　刘　畅　杨　浩　畅　通　阿鑫博
张玉立　高　鹏　怀彦哲　柴春旭　张　颖　罗国师　宫家贤
赵明霞　苏　桁　朱　仪　李　娜　布　和　敖　其　潘　蕊

环境艺术设计（24人）

徐春雨　肖振乾　崔　钧　苗铎译　武嘉琪　云伊乐　王雪慧
苗旭娜　张浩堃　王嘉琦　苗　婷　张丽娟　吕　杨　张志伟
张　鑫　王　昕　刘佳欣　郭静欣　邱忠发　王建伟　王艳萍
罗明亮　张滋敏　李浩宁

艺术设计（24人）

张艳荣　王　静　梁乐乐　张媛媛　高浩真　胡大伟　杨秀欣
冯秋翰　王海洋　刘凤龙　赵方圆　申明磊　杨海庭　范鹏飞
许建平　李红霞　许　倩　王美丽　蔺　洁　刘　震　冯喜如
杨晓宇　杨安琪　丁　义

家具艺术设计（16人）

张建国　刘　喆　元喆星　尹雅楠　彭　慧　倪宾阳　左星达
童蕊蕊　梁正通　赵欣宇　李智媛　胡耀华　李苗苗　郭禹彤
王晓雅　逢志群

数字媒体艺术设计（19人）

焦　雷　郭恺婕　王　振　昕　宇　汤诗瑶　刘天意格　苏佳琪
郭学敏　于　飞　陈　雪　赵　军　侯杨一枭　苏日力格　董　钰
李建军　姚子昂　朱　标　王　雪　韩　娜

广告设计与制作“3+2”（10人）

蔡浩宇　陈　晶　葛慧敏　郝　蕾　贾雪茹　李天伊　田珂菁
王玉婷　王　玥　王　震

艺术设计“3+2”（4人）

白佳梦　刘　婕　阮　桃　杨　凯

旅游管理系

旅游管理与服务教育（60人）

杨青华　张牧田　张　晶　张泽丽　李慧芳　马　静　李　苑
王　敏　张　蕊　修占颖　梁　雪　李可心　刘　悦　胡哲沛
张少华　铁　悦　杲雅娜　李亚飞　高　英　刘　娜　李婷婷
张梦瑶　许玲娟　胡　乐　王凤英　雷亚玲　高　慧　曹露娜
苏文倩　王嘉蓓　闫小琴　李春雪　范宇翾　魏　莱　白文霞
赵雅茹　高　庭　刘思琪　兰晓杰　邱志敏　张照阳　芦　珊
王　野　张慧敏　方丽红　李雪影　贺秋喜　苏晓锋　张晨阳
刘丽婷　刘　瑞　杨　俊　马海霞　周昊天　王　瑄　赵　丹
赵雨娇　秦天祺　丁　宇　王晓娜

旅游管理与服务教育专升本（9人）

李子煜　成凌鹰　王　婧　张　瑶　曹晨宇　高明慧　武思媛
李　鑫　杜立梅

会展策划与管理（21人）

孙明阳　马　静　李佳敏　薄婉亭　曹　洋　吴学飞　韩　娜
包安琳　米薪宇　于冰雪　王　悦　刘　璐　闫嘉琪　邢　妍
祁学文　韩　旭　黄晓鹏　秦　冉　丛　悦　苗　晖　范　帅

旅游管理（42人）

王　齐　王明丽　杨　菁　孙琳茹　张美玲　薛　蕾　母惠芳
苏龙嘎　贺　蓉　袁苗苗　白艳清　冯贵花　王永庆　李艳玲
赵心雨　杨霞霞　王晓青　王宏宇　段　娟　訾艺璇　张　玲
董金梅　闫启超　闫永刚　杨希坪　刘德隆　陈文婧　李　娜
高　茹　武模豪　高　悦　高云枫　李　星　朱晓玲　王守哲
李会杰　杨玉敏　宋　健　张智慧　袁　鹤　陈　璐　段兆冉

旅游英语（17 人）

孔德时　贾舒其　王卓利　张　敏　马绍楠　菅　爱　王丽君
侯辛伦　邬丽娜　郭天媛　达　光　赵程程　姚　璐　叶　倩
荣吉娅　张　鑫　孙欣文

文秘（21 人）

姚志霞　范婷婷　赵米丰　仲领异　李明宇　于　洋　高　琪
魏玉晶　徐立腾　宋佳宁　张　荣　谷秋丽　吴子璇　石　敏
刘　柱　张　宇　牛　青　胡丽娟　苗若兰　杨丹丹　陈娅新

旅游管理“3+2”（5 人）

单　豫　康　健　杨文青　赵　蕊　智　钢

车辆工程技术系

汽车维修工程教育（39 人）

方建雨　刘　鹤　侯志勇　潘志成　李双庆　丛宇飞　张昊天
崔　浩　许维福　赵　伟　程艳金　孙　强　纪伟明　许广旭
陈　鹏　孙仙峰　王少博　李冬宝　王旭东　王　强　牛嘉宾
乔俊良　党向辉　乔俊平　顾向鹏　武文超　刘文超　刘玉鹏
康亦博　赵伟男　张学鹏　张海鑫　李　伟　王嘉伟　刘文昊
王旭彤　武　胜　刘　明　刘　阳

汽车维修工程教育专升本（4 人）

宋　伟　任　杰　王成成　徐　哲

汽车电子技术（23 人）

杨　洋　陈晓林　王紫真　郑　奇　臧晓飞　赵明阳　刘智伟
闫晓旭　强　汗　李克发　吕治国　李国鹏　岳进宝　王成成
李　丹　冯中军　王佳晨　段英男　朱贺龙　屈博宇　张海彬
郝春旭　兰井飞

汽车检测与维修技术（25 人）

李莹凯　赵彦琦　兰彩河　王相臣　王志旺　宋佰钏　温　波
汪泽瑞　仝　飞　李　柯　张　斌　金晨旭　赵　峰　韩　越
邓洪伟　张　宇　武皓宇　盖伟涛　冷冬雪　李　强　田林军
杨　志　王嘉伟　刘正阳　尉洪浩

汽车营销与服务（25 人）

韩　龙　吕　敏　荀炳乔　郭建新　邬　波　张　浩　于志峰
于明涛　鲍斯钦　单国强　王腾飞　尚金贵　冯　犇　马振伟
李新龙　及泽旭　常明强　白　宇　王星渊　柴宗仁　高　尚

张文祥　李多斌　王　亮　陈志煌

汽车检测与维修技术“3+2”（96人）

刘春文　吕　鑫　王　福　武宇璐　张昊伟　白　宇　郝　宇
王宇龙　袁凯强　赵　亮　范小宁　李　涛　王浩东　温　飞
张瑞宇　曹彦波　丛滋清　高　强　槐海懿　李宝祥　刘浩雷
刘禹博　张东华　王佳成　王　旭　吴亚男　徐雪松　张洪业
张鑫淼　赵　瑀　程　潜　付程博　李　博　李　龙　刘　国
马天宇　王轶鹏　熊　磊　张　辉　常晨阳　李世凯　王　永
王子璐　张秋慧　高　德　刘泽宇　王　鲲　邢鹏宇　赵雅波
曹　震　高思琪　姜成龙　姜宇辉　刘金喆　马　猛　孟照兴
孙　昊　汪东元　王　禄　王　杨　辛满意　许占宇　于容海
张小虎　刘　鹏　安伟楠　董泽辉　李鸿飞　李文龙　刘子琛
孙永杰　王　勇　张晓东　白步龙　刘　皎　张伟鹏　常　宸
郝建铖　李炳昊　王海东　王云飞　杨　浩　郑国华　敖友全
陈虹旭　蒋金山　马铁柱　孙浩淳　王新朋　魏彭新　徐盛卓
杨　辉　程家凯　黄艳祥　李　杰　佟吉日嘎拉吐

授予学士学位人员名单

动物科学学院

动物科学（182人）

刘萨琪日　聂瑞雪　王　楠　夏紫豪　李月月　蔡亲宝　王宝林
游彩云　蒋冬莉　尹国琳　赵晨晨　张　芮　毕佳颖　曹流齐
唐　琪　何帮林　李帮银　张小键　吴玮琪　张　艺　秦宇龙
邵　凯　单新悦　郭瑞华　宫文典　赵　玮　母晓佳　连亚沁
张义语　代宇星　谢　祎　秦丹丹　杨素荣　侯娅君　曹　越
郭像东　袁　博　贺泽旭　王丽华　赵佳伟　文　亮　杨　静
刘　璐　敖　蕊　乔依娜　张明浩　刘燕坤　姚小鹤　孙倩雯
郭天鑫　孙海静　王晓渊　孟凡珠　周海涛　安　泽　郭文亮
高　畅　牛晓雨　卢泽宇　陈志蒙　姜悍伟　刘飞鸿　周　乐
李明琼　程雨辰　杨德智　唐　宁　贾舒然　刘虹夫　冯彩蕊
刘金睿　张　禹　张玮航　范玉超　郭燕菲　宋　斌　伊敏娜
贾健鑫　王　乐　吴孟楠　赵飞飞　郭春红　乔亚杰　李　爽
黄开梦　蒙子雷　刘志成　岳世恒　赵　存　赵英棋　段玉琴
崔志洁　段嘉钰　许娇霞　刘子栋　赵子奇　张　佳　马　荣

常　成　郭　焘　徐浩然　郭雅欣　钟振强　王　忠　姜　妍
张叶峰　李嘉文　郭子啸　刘　倩　莫淑晖　吴　璇　马　青
刘玉蓉　戴章誉　李鹏星　张利军　李克锐　道如娜　乌　云
锡尼胡　图门仓　娜木吉勒玛　吴青春　陶　力　马　桂
哈斯塔娜　萨　娜　陈志鹏　萨仁图雅　呼德日　那　木　旭　东
韦乐斯　陈智云　英克扎亚　包兴宇　吴小明　张晓慧　韩朝鲁门
乌达巴拉　朝鲁门　其波日哈斯　呼日登其木格　朝洛门
萨日盖　王志民　苏日古嘎　苏日娜　吉日格乐根　布音祖拉
那日苏　恩和吉雅　敖日其楞　萨仁高娃　巴特尔　沙出拉吐　浩毕太
那顺庆格勒　新苏登　敖登高娃　朝鲁门　满都拉　包志强
扎布拉　萨楚拉　哈斯高娃　希　龙　伊松其其格　旦布尼玛
图门吉日嘎拉　森　达　吉日嘎拉其其格　娜日苏　白朝鲁蒙
谭小龙　兴　安　乌云苏都　黄秀琴　阿勇嘎　高玉韩　阿义萨
萨日娜

水产养殖学（38 人）

王振原　鄂中原　李鸿伟　李振江　柳　帅　王翊帆　迎　归
杨小镭　梁　腾　陈艳婷　咸宇彤　苗　静　杨文磊　潘寒柏
余健煜　唐　云　吴秋梅　陈　涛　陈林歆　杨　欣　杨昊晨
朱　增　司　凡　卢淑珍　姜国旭　董　华　宋艳兵　贺　霞
刘明智　丁文淇　王佳成　陈国柱　陶家麒　陈秋燕　张　彬
王鑫杰　蓝桢宇　王　楠

兽医学院

动物医学（119 人）

张翔雨　王亚新　辛雅明　马茂云　崔美秋　庞忠宝　谭　卉
王　月　田广原　柴浩然　李欣悦　丛　帅　唐乾阔　宋雨欣
侯丽娜　侯俊竹　石雅琴　马晓彤　王艳云　刘重阳　巩志国
张　鹏　丁　鹏　王力强　朱倍宁　阮梦达　李鸿鹏　师敏敏
杜立廷　闫万昌　张　琳　云　燕　樊雅茹　王　璇　张　慧
毛晓伟　尚世杰　于国杰　吕振磊　乔淑媛　冯　伟　杨　敏
赵　丽　陈思旭　杨　超　曹艳晶　赵雅楠　彭镜澄　卢　辉
贺晓玲　胡小龙　巴音花　郑永康　李殊童　吴玘瑶　杜　姣
于思捷　宋　仿　刘笑笑　张媛媛　段　瑶　张　媛　王金星
宋文文　邱　敏　于英男　姜　珺　董月月　王文娇　白雪纯
杨文雅　孙　杉　易丹丹　宗敏波　于梦奇　卫振华　康秀秀
张　鹤　李　桑　陈洪才　包成林　唐克斯　特日格乐　巴音巴特

莫丽莫　包永胜　王　岩　刘静宇　王颜明　谢　飞　李一玄
孙福临　王　鑫　杜子凡　郝绍瑜　刘　晨　王艺霏　俞晓乐
董　晗　王　振　付　睿　澈力格尔　甘迪嘎　国　庆　特妮格尔
包青海　巴音宝力格　特日格乐　刘阿荣　白剑伟　阿古达木
白　龙　杨图力固尔　敖日格乐　梅　荣　阿勇嘎　胡日查
鲍萨查仁桂　金韦呈

动植物检疫（57人）

张园园　曹　阳　刘晶磊　单春辉　张慧芳　刘　颖　杨　丹
常　城　王佳宁　程　雨　侯　斌　王　嫚　赵梦瑶　祁佳丽
孙伟姣　张晓刚　郝彦霞　米奕宣　丁　瑞　肖　克　于　跃
兰新然　李庆钵　白兆星　王雪莹　杨　雨　宋志杰　李承辉
王慧渊　闫燚彤　程　艺　胡一博　翁　钰　刘奕萱　那木热
贾怡敏　郭　昊　王亚璇　马　娇　韩二份　张凯铭　孙　悦
段嘉钰　张　磊　赵佳敏　郭铸苇　刘宏艳　吴贞思　康　宁
于　凯　谭　文　杨　朔　张　依　王振宇　尹志群　王宇琛
焦　明

动物药学（63人）

张慧敏　薛　晨　段续接　张　凯　景丽荣　刘佳乐　李　腾
徐子萱　王旭芬　胡宇靖　刘　曼　张雪松　张　帆　张雪瑶
梁　茜　张英洁　段向欣　刘艳山　蔡文慧　李广鑫　张艳敏
徐　静　王浩东　白浩天　赵晨阳　王　超　李　悦　李梦思
王晨旭　赵甜宇　白　旭　白丹丹　张　敏　石光辉　王　楠
袁　也　贾　莹　于洪康　黄佳佳　聂祖德　李　航　徐浩敏
武英毅　尚柯含　王秀国　张　政　张立军　乌尼日其其格
吴苏腰乐吐　席清天　包秀丽　乌日很　伊如勒　哈斯格日勒
乌恩吉雅　塔　娜　甘　迪　王美灵　哈斯额日登尼　乌依亨
艾如娜　阿鲁斯　藏达热

农学院

农学（85人）

陈俊芜　詹　昕　李维琦　韩云飞　常　青　韩婉瑞　张　璐
史雅杰　李　琦　王　亮　秦榕嵘　孙　晨　张　茹　王佳楠
王　霞　孙佳丽　范银雪　曹　陆　纪　楠　戎美仁　李　越
章凌翔　陈敬川　陈　强　乔润猛　卢　辰　刘　福　欧阳一
丁明磊　张大志　高　敏　刘玉龙　张碧茹　韩广宇　刘振堂
陈佳萌　李　岩　刘丰毓　李海宝　王　博　张宇翔　曹　阳

刘恩硕	谢　贤	周元琦	苑雅俊	余志坚	贾冬雪	吴家祥
郑乃文	高宝瑞	陈　基	黄　珂	兰爱华	李　静	陈　雅
刘义强	王　梦	边　敏	田　磊	王　浩	丛云鹤	袁嘉磊
金佳鹏	李文硕	郭　佩	王佳明	许庚钦	马　超	薛如愿
蒋宇伦	赵志伟	肖坤武	周文康	赵　琰	韩大帅	林金坚
李均容	班文慧	袁玉英	车天宝	李　硕	郭才丽根	何　敏
李国强						

植物科学与技术（23 人）

杨占坤	杨烜硕	张　帜	姜超建	姜维珊	闫　博	陈　浩
孙晓慧	郭　旺	关　婷	武文奇	王志强	王永峰	荆文旭
霍梦琪	杨　旭	余炜航	姜长青	蒋桂和	吕宛霞	贯娅君
王先虚	李　敏					

种子科学与工程（51 人）

曹舒男	董　达	赵娜勤	张　霞	白　雨	高慧霞	赵宇飞
乔　悦	冯　驰	贾镇东	杨舒帆	燕　茹	王　猛	胡昊驰
钱　雪	张贵华	林　婧	安　哲	高　媛	张　陈	郑存萍
田弘烨	胡良松	戚志强	李星聪	王参观	田振东	赵雅杰
王小凤	赵铁男	陈彦琦	王钰枫	逯宏宇	于立霞	李　阳
金兴红	刘　港	赵轩微	刘　超	刘　泽	田欣宇	李乐乐
刘艳慧	王雅茹	武小娟	项伯媛	王思维	王琦琪	杨宇星
李浩鑫	郭佳欣					

园艺与植物保护学院

设施农业科学与工程（52 人）

张　宇	许　珂	郭昊昱	杨德志	尚　鹏	魏　娜	张鹏程
陈佳新	郝震宇	常小瑶	李伟铭	高嘉曼	黄晓雅	张宇鑫
王　燃	秦德天	卜令豪	王　毅	岳卓荦	李鑫茂	李石恒
陈玥廷	刘　娜	宋煜静	菅雨欣	张　衡	白怡冬	于存浩
李　昊	崔　建	秦　溥	李庆伟	周子健	秦　天	杨　超
薛　静	何竹青	王　钢	蔺　浩	刘晓迪	于振同	杨怡娜
裴　鑫	张俊峰	龙　祥	于国晨	李鑫宇	楚顺鹏	司德立
田春哲	郭　娜	陈宇飞				

园艺（83 人）

任淑媛	张玉楠	魏旭曼	吕欣乐	白　雪	张宇航	吴淼淼
王雁莹	刘　悦	续　敏	郑永丽	范佳强	郭丹丹	贾　慧
李　杰	葛礼姣	夏玉凯	郭福珍	兰小妹	黄　磊	伍梦玲

程艳艳　齐佳宁　唐　磊　李重云　袁彧伟　塔　拉　张婷婷
绳　鹏　罗艳凤　邢丽南　杨　波　毛双宇　葛明然　薛文静
狄晨璐　刘艳鹏　屈　彬　段飞燕　杨蕊菠　纪相鑫　刘　燕
黄　科　马士颖　吴　格　何德伟　朱由雄　李晗玥　白　磊
邓茹捷　李婉晴　危晓依　周　京　朱雪青　孙秀君　樊振磊
薛　慧　马昕瑀　张　辉　韩　悦　吴怡超　张美超　李彦蓉
兰　天　林金凤　车　淇　白宇薇　马文轩　陈昭旭　宝日玛
王彩霞　李　娜　段晓洁　郝易琛　郝　璞　李亚东　李宪杨
李　恺　费　楠　刘　畅　李鹏飞　张惠敏　赵红利

植物保护（70人）

齐　慧　孟　根　孟祥晨　关丽娟　苗　丹　姚知含　陈思雨
张子玉　李科剑　张晓瑜　任　浩　李　娟　郑璐杰　刘　辉
祁　凯　李健文　刘君贤　曹　晶　王文龙　占春阳　刘　艳
王　露　宋江江　吴进蓉　王　欢　路　宇　云　飞　刘　力
张轶敏　高　静　崔兆鹏　孙宏威　彭　娇　刘志达　王海霞
乔予莘　陈　强　曹永红　赵　凯　付宛琴　牛多邦　黄东霞
李文强　郝天琦　符运涛　韦丰霞　陈　磊　祁军邦　陈晓娜
伊晓梅　图门白拉　娜　庆　于栋林　伊如勒　温都日木乐
乌日古木拉　欢　欢　萨娜拉　陈超杰　苏尼日　陈山丹
叶银荣　陈　鹰　高　峰　白敖日格乐　吴其格其　阿乐木斯
吴潮洛蒙　陈雪平　特日贡

林学院

城乡规划（55人）

吴　杰　苏雪婷　赵红芳　李欣欣　赵永军　包丽欣　李晓晨
苏欢欢　弓如月　解宇龙　温　馨　柳淑婧　鲁雪妍　张嵘昊
郑　丹　高天依　刘　乐　邵建勋　王　宁　李　宁　胡佳乐
王　珄　赵　鑫　林雪莹　李彩熙　陈　健　王学琴　史　超
王兆宁　李坤鹏　赵　健　高晓红　白静冉　赵旭婷　李　敏
邢姣姣　夏韬循　宋梦楠　杨晓雪　刘　妍　席国坤　张　磊
杨少博　郭思琪　李嘉欣　周博文　靳佩林　郭景玮　于舒雅
尚静媛　如　杨　王　晗　张　梦　叶逢春　李元正

林学（87人）

刘思琪　康　乐　李泓萱　乌雅瀚　崔　健　苗雪松　郭景怡
高继晨　韩　松　张永旺　陈源明　孙　楠　肖树东　李光新
王思琦　邹海冬　翟秀峰　王　进　汲国萍　张嫄爽　王一帆

李一杰　马　杰　冯淑敏　聂苗苗　任　重　王　群　薛　月
李兴邦　包　鹏　李家豪　段嘉靖　吴承泽　杜丽平　张　姝
白　瑞　张含眉　张佳乐　蔡艳清　胡江河　丁　浩　王雪鑫
杨柏楠　杜晓彬　燕　兴　刘　浩　孙　静　包新颖　张利婷
郝嘉鑫　禹明柱　王　蒙　马雪松　薄高峰　王文瑞　柴　静
丁洪新　石金永　关乃千　杨　浪　颜　啸　乌恩齐　阿木古楞
澈力木格　王小燕　乌云汗达　包满都拉　志　勇　敖日棋楞　贾文宝
乌义汗　图　亚　包亮亮　图格其　朱全宽　苏日娜　高青山
松布日　义如格乐图　苏日勒格　陈图力格尔
额尔敦吐拉古日　爱勇其　命根其其格　赵　旭　吴晓萌
陈　雪

消防工程（54人）

全振国　金　莎　刘鑫源　赵海博　崔　浩　刘国祥　张　昊
郝章旭　吴海斌　王旭浩　刘　洋　吕　凯　白　磊　金　补
马运佳　崔歆越　杨泽瑀　岳　阳　高一翔　刘晨昊　解曜华
王鹏智　霍少波　管立志　刘　政　贺　鹏　李苏航　强昱恺
王浩雨　孟　欣　刘佳乐　陈巨波　张振东　宋璐璐　李　宇
张兴龙　王　轩　邵天麟　史浩楠　刘原序　王飞宇　房　帅
齐恩铎　康　平　周　庆　张　威　安文武　范　民　贾浩然
霍瑞鑫　韩　霄　王　超　刘琛琦　邓黎明

森林保护（55人）

许　琴　方　柯　刘瑞霞　常宇璇　陈志强　哈丽雅　姚儒雅
张书曼　刘彦多　孙立娜　孙　凯　王佳楠　王　可　李少鹏
李　敏　张　狄　李金龙　刘伟宏　蔺佳玮　张梓洋　田　伟
董亚北　祁　磊　燕　婷　劳文浩　李雪儿　白　慧　田　茹
刘青娴　李　旭　陈　阳　史东明　李红娅　谭明涛　张　月
娜日苏　郑瑞峰　李　鑫　宝音得力根　青　兰　曹日古嘎
斯　琴　乌日娜　白雅斯古冷　青格乐　姚志明　萨如拉
吴汗盖　包朝鲁门　钢嘎拉　萨如拉　策勒很　包满意　陈芳彤
邢　爽

园林（133人）

祁来庆　杜菲菲　潘　婷　李姝妤　丁子惠　高圆月　林晓鹏
刘震宇　张楚彤　郭旭辉　王　璐　安　恒　韩　冰　樊瑶瑶
李旻昊　张瑞曦　周志灵　赵家璧　李佳慧　张晓荣　蔚　鑫
娜赫娅　云　丰　陈淑华　庄德垚　张　梅　韦　健　刘　静

孙卫爽 陈　蕊 祖舒媛 吕泽民 孙　帅 徐　帅 陈佳佳
陈浩楠 李宁婧 孟　梦 侯异璇 朱　杰 武耀星 李文颜
郝晓媛 李　洁 杨　燕 杨　锦 殷婉慿 屈燕妮 张　梦
曲乘民 周雪薇 祝金博 李梦颖 周雨亭 郭　倩 于爱波
李如阳 马婷玉 苏丽春 卢玉婷 李百和 李紫琳 李春阳
陈佳璐 李　荣 张淑宁 许之荣 朱丽娜 卢娅娅 陈　陈
张　铃 侯丽丽 王　丹 杨彦博 刘佳琪 林　欢 于雨萌
石雨薇 周　宁 曹刘明 刘子琪 石玮琦 张鹏杰 张　皓
孙昊天 柳　硕 尤健安 纪栩悦 刘雅璐 姜叶芳 赵雅星
王露孜 张佳庆 吕旭冉 林泊序 徐嘉昕 张　璐 侯丽霞
张佳琪 巩　蕊 马乙丹 赵　丹 王佳琦 刘　婷 张　雪
杨　洋 王　翘 祖安琪 吴明月 李　妍 王　婧 刘丽丽
广　志 乌日罕 白明智 南德尔 乌日汗 佈仁满都呼
塔　拉 赵永江 扎拉嘎呼 张吉阳 车力木格 银　海 宝芳霞
乌日罕 额日敦其其格 巴图乌力吉 陈利华 安　丁
满都海斯琴 白雪娇 王　刚

草原与资源环境学院

草业科学（120 人）

韩家帆 郝　好 阿路斯呼德 崔媛媛 张昊婷 李　彦
高　雪 马琳萍 商正昊妮 董飞洋 赵　熠 赵晏平 杨　可
韩慧杰 杨瑞婷 白　柳 刘启宇 张小雯 倪芳芳 孙珊珊
于志慧 谷玉梅 马超凡 范亚坤 王文博 王春雯 李雅男
刘海丽 赵宇彤 高志琦 魏雅洁 聂　磊 王姝惠 王　怡
邱文静 张雪薇 王晓宇 王冰莹 陈　哲 王黎梅 李　迎
高　远 王新雅 杜雨芊 李　峥 刘鹏博 杨　帆 鞠　馨
马　骁 韩　磊 孙　宇 冀　璇 张锦涛 乔子娇 郭　蕊
王　宇 王　雪 秦泽林 王德平 连　植 郭　凯 樊东昌
张一婧 范　琴 陈逸凡 穆赢通 曹全恒 泰尔格力 陈极极
李邵宇 聂宇东 薛晓坤 郝　帅 李一尹 孙　珂 包燕娜
丁　柯 王梓凡 马　程 贾鹏飞 李浩铭 解玉杰 李　晨
王学冉 闫文宇 郑文洋 张杰一 王　婧 王丽洁 马金蕊
李旭东 刘泽锋 高嘉麟 杨胜顺 陈绍宽 方　爽 涂明亮
程诗宇 刘春麟 乌·乌德玛 蒋　斌 刘　涛 通拉嘎
潮力门 布　和 伟勒斯 树　平 开　心 阿拉坦嘎达苏
苏　民 莫德乐格 毕力格玛 胡海顺 钢苏和 穆　森 明　艳

朝　娃　　仁　增　　刘明洋　　齐志伟

农业资源与环境（69 人）

张　如　　阿力雅　　成　凯　　白颖慧　　赵卉鑫　　袁　帅　　万力夫
齐　鹏　　王智勇　　齐　非　　贺　瑶　　白　颢　　刘鸣晨　　南迪娜
张　龙　　刘　茜　　曹　阳　　张嘉開　　张新胜　　张　轲　　关　淼
张彩虹　　王天宏　　唐彧哲　　周玉婷　　黄　锐　　车　燕　　张　华
何振宇　　赵　晶　　王永庆　　鞠浩天　　郭　震　　王　哲　　李　龙
温于豪　　刘立东　　李　颖　　王　磊　　张秋歌　　王德浩　　刘锦昉
李俊文　　高　飞　　李佳琪　　裴　震　　李柏成　　张　宇　　郝嘉永
菅亦德　　王　旭　　梁志伟　　韩海山　　巴雅尔门德　　孟根苏布达
阿拉泰　　图日登布日勒　　那木拉　　白　雪　　苏雅拉　　苏日娜
秀　梅　　海日罕　　齐乐木格　　格日乐吐　　海　峰　　苏德格日乐
娜甫琪　　谷云龙

沙漠治理学院

人文地理与城乡规划（71 人）

李　兴　　那日格乐　　高　睿　　白　鹤　　李旭新　　程　涛　　娜日莎
杜向南　　田明杰　　迟　旭　　毕小童　　宁　璐　　杨锐婷　　李　盟
梁建文　　冯　晖　　张鑫宇　　顾明宇　　游　敏　　伍小蒨　　刘　佳
张　静　　许　贤　　何　凡　　杨　荣　　杨晓杰　　李德丽　　郝新艳
曹宇杰　　李明英　　李　祥　　兰鹏波　　李若玮　　刘雨涵　　马天阳
邵文倩　　王　鑫　　王曼宇　　付东升　　王　健　　王以人　　杨　奕
吴钟珐　　王丰娇　　刘逸滨　　张　昊　　李　松　　杨淑淇　　吴学敏
刘　彬　　苏吾特　　武努力特　　骆　峰　　黎奇峰　　刘祥雨　　包苏日娜
姚姝廷　　池　旺　　高漠冰　　凌　凡　　荀楷棋　　张　密　　王苠媛
李禹潼　　路沐鑫　　曹克璠　　白远欣　　杜钰璇　　黄志凯　　刘　悦
盛钰芳

水土保持与荒漠化防治（76 人）

郭欣宇　　任怀新　　张天琪　　俞燕琴　　苗　林　　马　帅　　杨安琪
崔　健　　张　峰　　何晓峰　　张宇鑫　　王泽健　　刘瑞瑶　　董　鑫
姜　伟　　丁兵兵　　张　凯　　高圣杰　　席　成　　赵　莼　　陈　帅
刘　瑾　　施政乐　　郭　璐　　王　宇　　王晓敏　　赵　晨　　王天娇
尚思渊　　奇　宇　　乔永宏　　张　亮　　崔盛超　　白　凤　　王雪超
杨雅楠　　王　涛　　张政魁　　张新蕾　　刘禹辛　　连　磊　　那　顺
李浩年　　卢旭东　　王睿智　　文　欢　　张安安　　胡　朝　　李旭红
叶芝林　　桑　洋　　蔺　博　　李国栋　　徐文彬　　纪鑫娜　　张　萱

艾　丰　乔　硕　秦昊德　孙朋飞　王巴特　王　鑫　俞　潇
刘圆媛　徐雅洁　胡铁铮　郭振宁　刘子琦　潘　磊　蔺　悦
廉泓林　段鸿媛　张昱哲　甄　理　袁兆昱　黄　浩

土地资源管理（102 人）

韩泽旗　吴　际　吴孟阳　呼啸天　燕　婷　萨仁高娃　李　月
孙佳彤　何自伟　赵泽亿　田　龙　关世羽　白　钰　郭　伟
杜晓娜　尚雪健　佟文哲　李　悦　赵　淼　刘　凡　李云飞
郑鹏飞　盛兆钧　白　森　聂红蕾　王娅楠　杨丙琛　吴　霞
李　艳　国　庆　韩　晨　吴佩瑶　赵　琦　达古拉　高总元
刘璐伟　吴　冉　侯　瑨　李孟臻　肖　鹏　陈　冲　蔡　鹏
彭弋茹　闫　虎　崔曦丹　冯康康　林　悦　马俊胜　赵志杰
李子木　教潇萱　董英旭　张嗣强　赵可欣　王　蓉　张家硕
阿那尔　包晓英　王志超　孙嘉伟　李可心　冯志敏　吕利伟
张宇婷　郭　鑫　张瑜桐　张　澍　刘家昕　叶晓琴　路　鹏
郭彦佐　张若曦　巴　图　李　楠　左　郎　苑　欣　常志远
王俊懿　郝浩博　李　治　宝音夫　靳瑞瑞　赵振江　王奇凡
郁鑫明　曹亚鹏　董家赫　苏佳慧　包斯琴毕力格　代　小
包志鑫　潮洛蒙　常和平　伊日盖　明　明　新吉乐呼　那仁通力嘎
旭日汗　玲　玲　白　刚　桑其尔　玉　峰

机电工程学院

车辆工程（32 人）

高　飞　单伟卓　谢琪兵　陈思远　李　凯　田　开　路晓双
范博文　孟繁哲　张雄峰　魏宏迪　宋晓夫　孙佳玮　林潇雅
李小刚　耿　剑　李新宇　孙琢刚　张熙阳　黄东发　毕恩旭
刘俊杰　刘志成　马振洲　宋永超　谭巧灵　李学楠　石振权
李　涛　刘伦汉　李嘉庆　张　磊

车辆工程（与呼和浩特职业学院联合培养“3+2”职业教育本科 47 人）

张志刚　王晓静　毕明洋　李天宇　刘　磊　皇甫恩慧　张　振
张晶瑞　毕晓宇　屈　凯　孔令琦　李　伟　杨　帆　刘　钊
张东旭　樊泽鹏　王　璐　秦艺璇　刘进龙　孟令达　赵　帅
李文杰　赵文赫　刘俊川　刘昀轩　李　飞　孙文涛　满　达
王智鹏　王　轶　王佳伟　赵越超　陈　涛　李勇韬　苑少为
张晨曦　田雅鑫　王　威　孙文耀　王凯凯　皮永安　彭　鹏
邱雪江　李运强　陶国超　陈　希　郭培树

电气工程及其自动化（142 人）

贾凌飞　张　宇　刘赫升　刘天冉　王子阳　丁慧文　全　磊

曹智慧　张建国　戴维哲　闫　巍　常志远　赵　蕊　蒋后乐
王　瀚　马海亮　孙浩博　崔天锴　谢文渊　孙　浩　李　蒙
王　璞　郭明超　贺晓磊　张　谦　张兆颖　许馨予　邢　凯
李明哲　高铭逊　高铭谦　李　旭　刘　跃　袁佳慧　陈　瑶
李文杰　吴　冲　于　悦　武聪乐　郭婧婧　王　琦　王　璇
胡　亮　李德鹏　郭　晓　王思璇　韩　璋　王　祯　张　朝
刘　倡　刘艺田　王　昊　董嘉俊　王宏亮　秦　鹏　付景强
卢梓睿　杨宝旭　李海峰　郑　江　王鹏程　李　杨　陈　宇
刘传灿　王博可　徐新帅　薛　浩　薛　军　张冬伟　马洪祥
夏志鹏　王光楠　方永振　王　楷　张东旭　王万冬　王钰丰
李佰川　刘雨菲　李雪琪　李　博　陶鑫凯　朱焰光　王佳伟
李子扬　王国全　曹　越　贾丹琪　白银平　张振宇　刘名扬
王　照　叶腾飞　陈佳祥　赵万喆　王　浩　于雅楠　李家乐
尚佳璐　朱雁昊　李　阳　强雨乐　王鸣悦　曹堉帅　燕鹏宇
任中兴　薛广业　田旭东　张明宇　陈智超　隋明慧　李佩佩
满　伟　刘家瑞　郭雨晴　赵一宇　徐　可　范　派　刘佳琪
张嘉凝　张宇柯　徐志超　丁志超　吴文昊　马思民　曹光耀
李湘宁　巩　旭　陈　杰　张欣悦　李家兴　王　智　宋少远
何　政　毛佳敏　杨雁飞　宋子沅　余　硕　王艳国　李培东
崔彦茹　蒋来江

工业设计（32 人）

马小芳　毕鑫浩　王　超　李桂林　钱　蕾　贾雅莉　李洪旭
祁宏伟　井　乐　侯迎旭　晁东方　赵　达　司波波　刘彦君
卢艳超　刘　洁　刘艳欣　许　露　谌丹红　谢宇琪　孙海松
张　伟　赵柳苇　王同生　李欣统　王建岭　张　琦　薛　瑞
池嘉琪　田家辉　童显银　胡宏涛

机械设计制造及其自动化（152 人）

欣　然　阿古拉斯　乌恩日　初　一　敖力格尔　敖日格乐　杨　勇
白彦扎　日嘎拉　付石强　朱斯琴毕力格　吴小龙　查力汗
苏格尔　哈力亚　白嘎力　代扎拉根白拉　豪乐搏夫　道日敖
原　平　韩图布新　柴志钢　杨苏都　乌恩其　樊志鹏　李恩泽
邬小波　李　旺　赵世伟　苏俊霖　张沐赫　杜一鹏　李文禄
孙　乾　张增慧　李亚波　梁云鹤　张宇航　张思聪　王泽华
刘　乾　时　雨　田　野　冯显东　白学龙　周慧楠　孟利强
马好科　马致远　张　尧　赵　臣　薛晨翔　杨　波　姜超基

曹志朋　李培义　于　辉　孙洋洋　梁志鹏　段鹏程　朱永杰
张建华　曲　兴　王　超　张　咪　武渊凯　李一铭　刘　潇
王世强　陈　浩　张浩田　倪东铭　王　蒙　鲁子骏　王彦军
李锦秀　刘子禄　王逸康　姜开鹏　衣婧豪　陈　旭　谭　俊
裴志明　马宏伟　丛日强　高新超　刘嘉彬　樊镒畅　李林鹤
王　龙　王旭峰　张　鑫　高昕毓　撖　卿　郭桓辛　苏浩泽
刘　磊　闫　松　杜晓辉　段永升　刘　洋　张志磊　赵志伟
车宇飞　李嘉伟　杜志国　宋嘉杰　李　朝　任祥涛　翟　鑫
郭　峰　张佳琪　吴家栋　刘　狄　王　洋　刘　阳　孙　阳
李欣宇　郭晨思　颉耀耀　吴　琼　王佳鹏　沈　瑞　刘　凯
白星宇　乔兴海　乔　杰　曲圆辉　王　超　张铁仁　徐文灯
孙鹏翔　吕广贤　郭聪聪　王钰乐　额尼日勒　邓阿木古郎
朝　格　尚慧敏　包永福　哈斯础鲁　吴程格勒图　刘必力格
白　龙　包永胜　七十五　哈斯尔　斯琴毕力格
梁额尔敦吉力合　敖日格乐　赵特日格乐　扎拉嘎木吉
包呼格吉乐

农业电气化（58人）

郝　通　南海霞　杜　彬　王　伟　李景盛　张富禹　当　龙
张浩楠　韩旺德　雷　瑶　王植松　宋嘉栋　杨　渊　黄可心
张　璇　赵海宽　王龄婕　刘梦宇　张宏利　黄伟斌　岳洪利
杨海巍　刘亚魁　张文强　贾媛媛　王天予　刘文龙　马明军
张利娜　曹宏宇　冀　磊　张　芃　樊　榕　李　健　金叶秋
高　宇　焦　哲　左　鹏　张　丰　杨　硕　许　可　贾广磊
仲若雯　徐　耀　潘国伟　徐　悦　郑宇飞　黄学绅　李东旭
姚新恒　李佳杭　郭　月　张永国　杨金世　葛　凯　李元强
马丽影　唐一凡

农业机械化及其自动化（93人）

刘　华　王　新　李书博　柴　田　刘国强　纪连雪　韩志杰
宁科龙　王世超　王竞豪　高　波　姜　伟　李　磊　马　超
杨　丹　池　渊　许　硕　巴泽辉　吴文弟　郑庆旺　梁子安
李东阳　赵锦胜　赵　凯　吴　泽　李　敖　王真力　裴泽宏
肖子卿　杨伟浩　关　磊　李文建　牛艳龙　骞晓杰　刘少博
闫　旭　吴　韬　魏　超　陆海空　李志辉　张仁杰　贾　锐
彭泓越　赵国锋　白利成　翁　璐　张　旭　孙如意　苏润泽
计常骏　包立松　山地力格　王　铎　闫志鹏　何　丽　包胡日查

陈文星　佟红军　付万君　张　键　新吉乐　满　达　海　燕
赵晓亮　张成文　苏东浩　玉　龙　乌恩其　关宝音图　包玉田
索得玛　刘洪亮　闫佳楠　郭伟中　乌恩吉力根　伟　玉
启　蒙　白雪松　阿拉坦沙嘎　白建华　胡日查毕力格
那日满都拉　察苏娜　胡　春　李阿日本塔本　王光明
海图布心　胡斯乐吐　刘秋玲　尼　玛·巴德木苏荣　层克力加　包宏垚
丁建平

水利与土木工程建筑学院

测绘工程（54人）

马　越　贾博中　姚舜禹　李文朔　张建成　曹兴伟　温宇星
包欣欣　辛懋鑫　刘永红　张志胤　王嘉鹏　武　昊　张　喆
郭晶晶　王禹森　丁国祥　井　浩　赵　杰　向睿明　王学宇
吴杰志　毛立超　占松柏　张馨月　曹子文　韩倩倩　杨　悦
顾东升　卢　强　赵　强　赵振中　常　鑫　李志勇　李鹏飞
杜昊容　王　微　丛玉凤　刘　翔　张新磊　宋青超　宋志勇
范智龙　李雄伟　郭悦楷　周　杰　苏阳阳　杨　彬　张祎蒙
刘笃学　梁小刚　王　燊　贺骄雨　刘　昭

给水排水科学与工程（59人）

田雨鑫　范宇彤　樊　玥　张洋洋　王文远　朱伟航　张　敏
陈　瀚　刘　东　胡　峋　马泽华　苏文成　张雪东　刘　杨
赵佳旭　王向洋　毕国鹏　刘利玲　高　原　任晓飞　范锦麟
罗春辉　徐　杨　郭文飞　逯　琦　梅飞龙　朱冰怡　黄文轩
王　超　李鑫州　利　辉　姚世雄　奇思辰　王洪达　张　婧
秦舒琳　胡　鹏　崔　昊　刘　旺　王学惠　朱昕宇　李玉泽
武雅琪　王　龙　杨晓磊　朱　贺　李春辉　齐翔宇　张晓宇
王松楠　彭行之　张　灿　王　宇　李　帅　王行梁　石震宇
李雪年　袁雨晨　孙明扬

地质工程（23人）

丁晨雨　许明明　张　超　包宇浩　魏振飞　郜起超　王玉鑫
刘普州　王少楷　宁继超　薛东雨　崔新磊　张浦政　孙志强
蒙　磊　卜青锋　吴　昊　徐先平　王　骞　黄艳茹　邵月卓
陈华川　王　正

工程造价（31人）

郭　英　王　鹏　杨兴旺　乔　敏　韩　雪　刘丁源　王　薇
王晶晶　陈志林　王　佳　邵　婷　张慧敏　张芷萌　陶　如

张　睿　何庆华　王小伟　渠　欢　孙文秀　赵甜甜　崔　煜
张丽丽　乔　鹭　郭生云　李海鹏　林　雪　吕华伟　王　磊
蔺晓婉　高嘉瑞　成小瑞

环境工程（51 人）

肖碧琦　袁　楠　邢怡超　史少杰　杨　祎　谷亚男　窦　萍
蒙宇楠　张亚男　赵　旭　卢佳慧　王　录　林百达　任孟霄
武志超　庄　耀　肖　宁　邢宇航　宏　运　李佳乐　许　瑞
邓伟源　刘雅志　董　健　李昊杰　吴　敏　张　航　孙多丽
张景然　范琴琴　王　震　郑琳琳　王雨欣　任　慈　苏朝阳
班文洋　李近源　刘哲昊　韩雅婷　高梦悦　罗俊清　雷志涛
牛张彤　苏星宇　张　昊　蔡钦涛　王钰涵　曹锡旺　田　宇
王　华　高萌聪

建筑学（29 人）

文嘉诚　雷　雯　张一丹　刘　颖　项　峰　辛　璐　耿智颖
李　鑫　孙丽丽　吴　昊　卢宝倩　赵媛媛　郭可心　张树军
李昀燊　柳晓磊　尹兆升　扈金涛　羌香利　唐梁雨　卞炜钊
刘　爽　王威然　刘人杰　冯望星　梁继辉　张天琪　白天旭
王雨家

农业水利工程（93 人）

周志明　何阿如汗　萨日胡　额日河查干　丽　丽　苏力德
楠　鼎　苏日力格　小　红　康凯利　乌云塔娜　涛格斯　巴达拉胡
金哈达　胡玲玲　罗同拉嘎　白彦青格乐　阿拉坦苏和
青特木尔　胡布日汗　刘　伟　姜嘉宾　刘亚辉　王文旭　孙　昊
张志民　焦艳婷　温晓雨　刘　露　宋凡凡　王明昊　王　宇
刘艺伟　冯宇晴　张月红　丁智冬　贾育松　刘　静　韩　磊
张国宇　王心月　王超乙　高浩宇　马　薇　梁　爽　范梦茹
冯壮壮　王小兵　武作栋　郭文雯　曹磊齐　陈　磊　张如鑫
张勤杰　其伊拉干　白乙斯勒　阿音嘎　张胡日查　秀　锋　王江涛
旭　东　包代钦　赛音吉亚嘎　刘纳钦　谢一飞　霍莫日吉乐
田格斯　郝日娃　嘎楚热　拜嘎礼　赵那布其　李星星　王志豪
陶　奇　周涟涛　计鹏飞　王麒源　赵洋洋　李瑞静　冯　梁
王国庆　陈宇龙　赵　莎　温环宇　苏英华　李梓婷　丁午阳
张梦瑶　李玉莹　王懋森　高　萌　刘秀霞　刘　瑞

水利水电工程（54 人）

田艳星　樊文新　王晓艳　白瑞雪　黄金铭　张　伟　张宇伟

王　添　王冠琦　王　帅　李　龙　杨东东　王震宇　张连杰
乌日根　陈志武　袁子亭　朱　昂　陈土成　李　建　何莉莉
邹如龙　田蕴泽　张鸿声　陈　琼　高维举　杜文杰　周　涛
边苗苗　张　鑫　杨旖璇　吴　捷　武轩赫　白　露　刘慧智
常少博　崔海龙　王佳琳　关　彬　韩迎香　吕迎港　刘伟辉
李宏刚　康　震　刘　帅　李帅辰　杨世良　隋昊良　王　葵
孙龙飞　于方旭　郝　蕾　刘　柱　钟益民

水文与水资源工程（58人）

张　伟　曹　禹　林　汐　黄景石　张美桃　马牧伦　武　蓉
杨若雷　张　帆　彭　凯　牛　浩　谢　金　鞠晓兰　张　璇
寇子函　李文亮　陶　宇　沈凯琦　夏志恺　谢　龙　郑雅心
李瑞仓　许智鹏　刘　贺　申　雪　郭建锋　曲万圳　张　伟
张　鹏　刘学荣　郭宏宇　季艳玲　陈　旭　思　勤　张　磊
董力轩　曹继鹏　周　龙　王立波　付芳竹　张苗苗　余　婷
纪凯凡　马晓阳　廖　雅　钱天音　王润壮　吴　斐　李梦菲
王子驰　吴　堃　刘梓健　张博尧　姬腾达　卢俊达　戴嘉璐
周慧华

土木工程（82人）

赵婷婷　白雪飞　王　蓉　张　波　赵增增　罗　鑫　刘　欢
王逸铎　李春雨　李　萌　谢江辉　李志鹏　焦学龙　张　招
塔　拉　李柏逸　贾宇恒　郝常顺　宋倍贝　张文榜　庞雅旭
苏　磊　潘永辉　袁一翔　张月明　张佳星　高　磊　胡云龙
孙　浩　王雪松　段志刚　朱　乐　吕雪飞　窦梓境　姚　猛
任贺峰　曲永乐　龙雨洋　郑建庭　弓冬雪　李昭源　耿金伟
于小飞　丛继强　纪鹏飞　汤天放　戚军委　贺旭东　王智涛
景宗伟　章达名　薛　柱　武长明　鲁华明　李晨雨　赵志强
王　栴　李　贺　李毓佺　郑殿利　张鸿旺　陈宏斌　黄继伟
杨明浩　万永妍　吴　增　李嘉欣　宋飞宇　樊家兴　郑　楠
徐立新　华振旭　张艳超　柳宗旭　龙　锋　张鑫哲　王宏坤
李先正　杜雨棋　吕建辉　贾智富　胡宏涛

经济管理学院

工商管理（62人）

李亚璇　玉雪霏　乔敏娜　方　耀　单光华　赵晓庆　张妍则
肖文娇　任婧轩　于家宁　罗　皓　李嘉成　王春华　陆春慧
董　爽　董家祯　李　艳　李　杨　徐淑杰　布特格其　王立娜

张青	杨洁	张磊	郭强	卢慧慧	沐汉臣	刘梦雅
李青娟	罗顺利	姜欣彤	张婷	白雪原	骆逸轩	李广洋
魏晓宇	辛杜兰	张杰	杨莎	常悦	陶然	赵丽娜
朱敏	付雨佳	刘路彬	吴镓宜	张蕊	杨访利	袁晓茹
刘菁	刘媛	巴格纳	罗志敏	张新红	武丽娜	刘飞翔
刘鑫鑫	曲植	呼布其	乌日罕	郑海蔷	齐爽	

财务管理（86人）

范丽霞	李敏	刘妍	刘俊杰	夏天	吴楠	刘松岩
范莎莎	李彩霞	刘艳	贾宏星	韩璐	李乐乐	王静
谢继彤	张呈如	张敏	李利霞	白跃宇	李志霞	苏芮
陈上	任晓杰	靳磊	肖建鑫	杨艳飞	常皓祥	吴云娜
张艳尼	李秋实	于海峡	刘子钰	李甲源	郑思华	张晓慧
张鹿	温兆春	冷超群	刘涛	布拉达	贾慧芳	杜永悦
王爽	王燕	苏文玉	徐文赫	刘博瑞	杨高辉	刘鑫
白亚婷	王雅君	陈阳	雷娜娜	李敏	李淑静	刘磊
杨悦	薛亚忠	全丹妮	乔万鹏	王楠	徐燕	张静
贾永儒	王虹宇	崔惠平	王艳丽	刘小舟	刘泽坤	张荣
邹佳妍	程莹	王子荷	马晓艺	徐雅南	洪思源	冯泽蒙
牛雨	张鹏	刘英纯	张海旭	韩睿翔	侯玲玲	刘静
田颖	卢定邦					

电子商务（53人）

郎露露	赵镕	闫欣宇	王思雨	杨语心	高雅琪	林姝婧
丁浩	韩清江	王丽丽	刘璐	王丽丹	周绍哲	李红阳
侯东艳	贾德龙	徐航	刘金泽	刘文超	王昊阳	曹贺婷
刘天翼	刘霞	胡雨晴	刘志超	郭林	耿艳兵	刘云飞
王思琪	訾子怡	贾晓宇	孟令佳	徐阳	刘晓丽	陈静武
刘艾萱	李浩然	马娇	张春萍	霍宇杰	石悦	宋铭铭
梁雅慧	李峻闳	禚俭祥	郜湘胤	宋鸿柯	杨盟	王琨
林荣海	周畅	周航	杨紫亭			

会计学（100人）

焦敏	刘傲	陈震宇	周洪芳	刘媛	于燕飞	宋宇秀
丁琪	丁方航	史婧云	白瑞芳	赵曜	樊雅玲	刘娜
王玉颖	靳瑜	石璐	宣彦娜	王秀丽	孙烨	汤炜
王璐	吕琦妍	曾庆月	岳洋	代淑婷	于欣	何梦甜
赵雅欣	杜雅芝	史慧茹	郗净	刘延伟	李敏	任冠男

刘思哲　武佳磊　闫　珊　陈　卓　马宇鹏　梁书楷　刘欣哲
阿如瀚　姚博仁　金婷婷　唐孟颖　白义雪　王晓彤　刘　姚
孙静瑶　贺　璐　宋亚飞　敖思汉　郭　欣　袁　喆　杨　峰
王宇静　李丹妮　王　萌　张玉秋　张珈宁　吴　捷　刘　茗
周鑫桐　闫伟婷　韩佳莉　郝斯佳　孙玉杰　郭雅倩　赵　宸
李琦玮　孙晓宇　孙　莹　赵梓钦　郭　臻　查祥蕊　马忠钰
萨仁图雅　苏日娜　包贵霞　斯琴呼　包红艳　雅　茹　图力古尔
乌云高娃　其　根　孟和伟勒苏　乌日木希乐　何乌尼日
特日格乐　包牡丹　乌日力嘎　伊日归　郑　丽　付美婷　嘎布拉
王沙出拉　达古拉　金运平　昂给拉玛

金融学（101 人）

赵亮亮　郭惠玲　张佳丽　侯香玲　赵　玲　艾慧娜　孙晓彤
刘婧伟　武春晓　吴宇琪　盛晓彤　李小伟　王小菁　王颖颖
张　扬　李满圆　张　蓉　陈瑞靖　王宇鸿　王　浩　白　蓉
丁宝华　高　彤　马嘉慧　孙小嵘　柴欣荣　田乐园　陈利霞
李　静　刘冬梅　索国荣　吴国启　李　鹤　刘丹妮　高雅静
罗旭芳　王皓璐　冯　慧　刘佳玲　杨　冰　张佳玉　岳　慧
于静怡　杜佳珊　李泓颖　高　旭　戴雅楠　高怡然　田艳林
蔡诗佳　苏　馨　王晓娜　张　肇　郁文慧　梁佳敏　韩　天
李英杰　王亚平　刘　莹　王晨映　胡　坚　熊梦娇　王　栎
胡聆笛　崔凯渊　孙瑜洁　高琛祥　张卫东　张忻柔　窦方卿
陈星瑶　闫　成　李允婷　卢怡冰　杨慧博　张天伟　刘玉双
李思梦　袁　月　刘　蓉　李雪伊　武皓波　折　超　郝　冰
付雅彬　邵　涵　梁　威　崔子云　韩慧芬　杜丽娜　韩岳初
安珞厅　池名舒　王梦凡　张圆圆　李蕾奇　王　珂　王　华
朱育楼　韩　丹　王佳茗

经济学（68 人）

王慧雯　任英杰　高绪东　王　杰　杨婷婷　郭　媛　田苏霞
刘　敏　张宏宇　贾文静　贺彦凯　胡　楠　丁泽学　刘童童
陈春燕　李鹤婷　包丹丹　石　慧　陈　宏　王　悦　王　琦
武妍兵　李东茹　张静静　薛　敏　白玉芳　张红艳　白　乐
刘烨赫　高明增　朝那森　陈　洁　苏　姣　胡斯楞　张宏宇
刘传婷　马晓梅　赵　玉　包淑珍　张中文　刘孟宸　王可心
张睿哲　赵　玥　王维东　顾浩源　李禹宣　李泽坤　李　乐
宋　欣　林丽媛　刘剑羽　王　浩　王恩佳　张　琳　蔺妃阳

王　蒲　张　帅　王　琛　孟飞飞　郭　琦　任　路　滕雨萌
杜佳伟　赵　轩　周泽伟　张　玉　张　欣

农林经济管理（105人）

邢鑫荣　董金静　李　敏　刘佳航　李翃达　周　涛　张　鑫
夏　迪　董　斌　辛晓旭　张　宇　孙雪嵩　谢　丹　周毅嵘
马　蕊　李彬彦　王　谦　郑金泽　李　颖　贺笑一　孙亚宁
段超月　杨　洋　潘越升　富珍艳　袁　兆　刘育玮　张　冉
吕晓璐　刘　畅　陆　春　赵　军　尹慧才　韩晓曦　郑伟然
吕　月　吴　燕　徐小涵　张月彬　王若怡　孙　燕　郑东晖
刘嘉辉　咸锐琦　逯娅芯　吕佳怡　苏晓磊　张议文　林紫嫣
宝　乐　梁佳佳　陈俊杰　马佳慧　张　祎　王冀涛　杜梦雪
边庆玖　韩　雪　池　静　付　伟　刘　浩　马文倩　木其儿
乌斯哈拉　敖　敏　阿如汗　白青云　查苏娜　温　霞　红　艳
乌敦敖其　阿鲁斯　温都日　德古仁色罕　李　娜　智　光
托娜拉　斯勒蒙　顺布尔　特尼格尔　依如勒　道茹那　彩　红
阿如汗　高　娃　敖日乐木　新苏德　阎　珍　乌云娜　依丽娜
麦拉苏　杨苏日娜　恩克白音　那日苏　阿丽亚　杭　盖　娜日苏
陈晓圆　斯特古乐　满都海　海　拉　哈力娜　乌吉斯古冷
韩永发　陈娜日苏

物流管理（36人）

赵昊瓅　宿文杰　安　娜　王雁龙　狄　煜　许英南　李彦辉
包祥飞　郭　庆　王梓璇　张　苗　张　娜　刘雅欣　郝佳敏
张海艳　任芸坤　胡　凯　王海洋　唐振强　范馨舒　杨　娇
赵书冉　付婷婷　武　霞　尹鹏飞　张　悦　马海艳　王小童
武炫霖　阿茹汗　韩鲜光　伊莉宫　乌日汉　吴乌仁高娃
齐萨出拉　陈春岭

材料科学与艺术设计学院

材料科学与工程（56人）

刘成剑　张超杰　徐绍东　郭文琪　韩道顺　郭　翔　班　博
郝　渊　高　明　于浩洋　甄　义　张　倩　穆　荣　张　鑫
朱德明　刘冬梅　郑　凯　周慧东　徐新犬　陈永桓　徐腾飞
曾学胤　梅　超　潘　才　范　泽　谢鲁朋　肖桐雨　夏　彤
洪　福　赵雅婷　戴　鑫　唐子康　王志衡　董彦良　赵泽宇
宋鑫波　黄贺东　马久岩　刘　鸿　王文禹　王艳东　冯　艳
高　祥　高　杰　孟金平　李旭东　赵廷玉　孙　霖　田红旭

刘敬仪	王丽娜	杨秋凤	封春甫	胡求安	周桤安	曹欣磊

产品设计（67 人）

周晓玲	郝　伟	迟　铭	麻文文	闫　杰	郝艺涵	王峻仡
孟小慧	龙　威	刘建雄	李璐玥	白佳宜	张雨涤	黄斌韩
李培丞	张家苗	黄静博	王嘉玮	赵　婕	李志伟	胡仲鹏
姚钟寒	郭建新	靳雅岑	谢　晖	王林辉	张智博	马宏学
赵　磊	郝俊杰	韩小燕	韩　帅	高文利	刘　前	李绍广
李晓阳	陶　越	宁　静	萨其仁桂	张　旭	徐津阳	李昕辰
范明儿	唐伟东	刘雅君	李　敏	张新悦	常中旭	李子玄
王志鸿	张旭光	杨佳辉	王奕阳	侯志华	张百艳	任长青
刘　科	张瑾瑞	杨建昆	张　敏	宝依凡	董　浩	牛向龙
任慧华	陈四元	王　峥	王　宁			

风景园林（55 人）

徐　冰	彭俊锋	汪春蓥	李宏达	陈　晨	杨　彤	张　丹
李　想	田　璐	常梓萱	周莹莹	孙雨欣	张　楠	李　杨
赵益岭	辛匡禹	赵雅欣	高　莹	王璐瑶	郎涵予	梁永健
王　浩	韩玉宇	张　维	马园婷	李朝君	樊　欣	苗延美
李兆君	张艳春	李　影	商碧玉	康　柔	王佳楠	刘育琪
郭宇欣	杨倩玉	陈丽茹	刘集锋	李　鹏	荆　璇	刘　璐
裴蕾蒙	王美元	元博雅	杜益涵	刘玉芳	刘景武	苏旭东
王　婧	张晓龙	邱建平	胡　娜	李　珺	武　凯	

环境设计（32 人）

单　瑾	张　澜	王佳磊	何　苗	刘子媛	李玉花	赵　璇
邓聪思	呼　婕	杨　静	麦丽斯	张馨元	张　帆	潘虹毓
李麟祥	郝　斌	张　悦	董浩宇	段柯冰	辛佳琦	袁淑昊
张　茹	胡晓璐	张铭甫	田纪云	马毓言	孙　佳	殷双双
张若洋	刘胤彤	周永彦	李炎臻			

木材科学与工程（93 人）

王金祥	杜丽娜	李建飞	何　亮	靳慧慧	赵晓东	迟浩然
刘　凯	贾星宇	于佳琪	荆佳敏	常　成	李文艳	侯俊龙
永　军	尹　杭	付长旭	杜鹏程	张晏恺	王雪琳	王艳飞
陈昱隆	苗　苗	张佳艳	崔晓旭	张　颖	邬林霞	魏　敏
倪慧斌	罗佳明	高嘉敏	刘亚妮	温　娜	贾岩林	武　静
张　婧	何林韩	曾国栋	吴栋垚	杨　硕	白树功	单晓飞
白顺龙	刘言冰	王　宁	闫　璐	胡朝龙	雒翠梅	陈强辉

贾　丹	张政化	赵海卿	夏迎芯	赵汇川	乔靖然	李敏春
段鹏飞	孟　昊	张文超	甘营业	王　斌	郝凤飞	吴一凡
孙　雪	张　超	梅思源	乔　宇	高腾宇	孙晓杰	关静函
高佳慧	闫睿敏	王　磊	陈靖南	张　晶	李静茹	霍彦君
白　月	孙　娟	白立伟	康鑫鑫	马永庆	邵丹彤	沈梦楠
鲁艳艳	李振瑞	郎　真	王　琦	魏　西	于　童	郑心怡
李文兴	袁　奇					

视觉传达设计（33人）

陈　烨	李政昊	单婧涵	王文霞	刘丹妮	詹诗雨	王慧滢
苏日娜	高丽娜	李静茹	张瑞洁	杨舒帆	李　雪	陈　璟
周昀铎	周　颖	刘珉璐	史惠敏	侯　彬	于　敏	郝丽娟
郜美娜	杨娇娇	温国庆	范子誉	白荟蓉	黄　璐	马　震
甄皓蕾	赵玲伟	裴　宁	卢　璐	万莹莹		

食品科学与工程学院

包装工程（40人）

李金钰	张茹茹	姚丽娟	罗云凤	王洋样	贾　璐	侯芳芳
刘　庆	张红梅	许冠荣	张　为	杨建新	刘宇鹏	刘安琪
王雪嵘	王腾飞	余　柳	吴　翔	张　萌	郝建平	王一涛
李双双	苏　丹	侯艳梅	侯存霞	邢雪娇	马　锐	杨冬冬
哪格乐特	乌仁塔娜	陈光明	李　平	李　玲	胡达古拉	苏日古嘎
田　丽	查和日嘎	文　霞	艳　霞	马元元		

酿酒工程（45人）

沈建业	杨晓峰	李　敏	郭慧芳	赵雪妮	其力格尔	赵丹丹
徐正华	段明华	石　敏	郑凌会	王维维	张　宇	徐叶林
张爱鑫	林兰兰	曹良菊	张贵彬	斉　杰	武　跃	王冬冬
刘星雨	任宇婷	庞治超	石　岩	曹　洁	张　娜	高青云
崔占鑫	宋佳妮	李　娜	赵　怡	朱永亮	宋佳慧	解志圆
金晶晶	马彦飞	王凯民	周智超	陈春利	李玉亭	陶金山
刘旋旋	文红琴	李赟喆				

食品科学与工程（251人）

任沛东	郭　进	殷佳棋	郭海玲	吴　琳	邢叶妮	安　荔
张少榕	武斌杰	吕　双	王　甜	钱玉娇	康淑芳	高　仙
杨姝玉	陈佳敏	武利春	李　宁	郑砚学	闫　肃	王　艳
曹凯慧	王　迪	贾利娟	袁文艳	阴贺扬	胡佳星	石　佼
贾　星	郑新飞	周艳芳	张静雯	梅迩蓝	周瑞雪	苗伟刚

陈　静	李庚迪	贾晓辉	木其尔	杨淑娟	董剑鸣	张雯雯
藏雅馨	王惠汀	王纯玮	董雅欣	吴婷媛	索慧敏	王潮姿
张晨旭	曹偌彤	张风亭	陆长坤	宋佳琦	张英萍	刘　畅
付加利	谢丽娜	李彩燕	孙　洁	郭凯勃	王乐乐	张新月
张婷婷	刘　蕾	张志颖	邢淑娟	韩宝玉	刘婧宇	韩汶荧
付皓政	郭新月	王　宇	卜学英	潘凌云	李婉秋	张竹惠
武　玥	李慧姣	吴宇昕	乔少婷	薛　璐	李　婷	杨致昊
郭　娜	李佳乐	杜欣欣	武沛萱	闫　娜	聂英杰	李一操
周　浩	许佳欣	马牧然	关钧元	郭廷宇	陈杜岚	刘　婷
潘佳伟	王　宇	张　悦	李　璇	王　斑	赵湘寰	徐媛泽
郭　蛇	李　蓓	刘洁颖	樊文罡	张屹凡	姜　可	王　杰
何　雨	董　雪	李曼竹	弓　曦	杨东辉	高慧敏	庄　璐
冯佳城	张雪锋	郭艳茹	王紫璐	杨雄州	张春颖	马佳庆
李景峰	康　佳	高　原	岳　灵	王　刚	张嘉辰	王松莹
王　栋	张文博	郭佳琦	塔林夫	高梦雪	樊　华	王秀玲
王妍蓉	孙智信	史学敏	杨　旭	王禹迪	于　童	王梦曦
周小慧	党宇博	李　瑜	于学良	董　娜	安　玲	刘鸣鹤
张佳伟	闫玉婷	鲁雨龙	赵云囡	孙昕宇	荆艳芳	高嘉艺
陈子超	米　雪	谢瑞鹏	张丽娜	袁鲸杰	苗壮壮	贾　宁
王　璐	李　瑞	刘怡婷	于瑛琪	刘　琛	闫可欣	王　欢
张欣宇	张　帆	孙　萍	张　帅	高　扬	孙震宇	索　然
王宇欣	段　蕾	唐子璐	王莉婷	张继鑫	李颖琪	皇甫超亚
王佳新	王钰含	李鹏飞	李　悦	杨　晨	李　龙	黄江敏
刘晓波	范泽坤	马晓雪	刘凯龙	王雪莲	李建威	萨础拉
宏　生	乌有娜	其布勒	乌日汗	奇　美	祖　拉	迎　春
莫日根	敖日格勒	洋　洋	萨仁毕力格		格根哈斯	红　梅
古斯愣图	萨哈热	南　丁	格西格布仁		唐冬梅	陈乌云
青格勒	刘美玲	海　丽	道力格日	赵　琦	苏　都	都日玛
苏日娜	李俊斌	李艳平	娜木日	新　哪	包文晶	浩日娃
苏日娜	萨仁通嘎拉嘎		义日贵	南　丁	王晓丽	赵飞飞
牧　兰	温都苏	那日苏	李小娟	九　梅	吴丹丹	
艾来西·卡努尔		白　杨	吕中天			

食品质量与安全（94人）

陈　静	刘晓雪	郝世奇	秦钲懿	高招弟	张丹阳	秦晓霜
胡鑫宇	张　月	鲁　燕	李　乐	马宇轩	武　婷	赵琦琦
樊鑫怡	陈柏廷	邢柯欣	吴　艳	张珂榕	张思彤	黄　超

李梓豪　王吉琳　罗钦文　王钰雯　范强强　朱　浩　李函睿
陈奕杉　郝文芳　韩　笑　李　斌　赵予婕　李　宇　邵冬蕊
王　静　张　浩　贾木春　王佩瑶　呼　静　邱桐宇　杨　慧
庞冬梅　武旭悦　杜　权　宋　歌　霍　瑞　张　静　冯志宁
王清月　杨　晶　刘淑昕　于佳鑫　赵鹏健　王瑞雨　孙亚君
刘玉婷　王毛毛　杨　浩　汪　妮　焦晓田　肖旭臣　国笑情
宋　晔　姜屹华　李　伟　冯　燕　田　昊　李佳琦　于　哲
任丽娜　李　影　李伟娜　王　彤　张琳璐　王乃慧　阿斯汗
孙晓光　葛芮瑄　高　翔　王宏迪　李　鑫　魏晓毅　张奋搏
张　旗　任锐兴　王健男　王　乐　李多多　董益宁　池星瀚
李　琪　高光皓　马晓雨

计算机与信息工程学院

计算机科学与技术（74 人）

王丽娅　李天卿　郝文轩　杨飞虎　刘美辰　萨日娜　贺　静
许铂晨　周慧颖　刘可新　秦　瑞　逯　杰　陈永浩　宁　晶
董　洁　张瑞雪　武哲楷　郜鹏飞　梁智勇　王　洁　贠　钦
薛有为　卢　浩　张宏坤　滕兆阳　刘江珊　裴帅康　郝　印
冯柏杨　张凯杰　奥　运　赵　伟　李昊东　白泽宇　刘　畅
付　彬　王佳浩　郝　宁　何梦颖　汪春苗　刘倍麟　林立飞
王　婷　赵景龙　赵　丰　李泽琦　安宏宇　樊艳红　康燕妮
袁嘉怡　邵珠琳　蔡忠旺　王子旭　刘晨茜　张丽苗　盖乐班
萨日娜　阿斯如　包八斤　包灵灵　苏德毕力格　白金金
陈建军　韩永生　乌日力嘎　翠　英　乌达木塔拉　诺　民
白平平　曹文娟　皑　润　韩国军　白阳阳　乌亚罕

软件工程（61 人）

戴诗伟　竺星媛　张新颖　杨学成　杨　阳　杨晓飞　姚冰冰
刘　叶　杜会城　李智民　梁　佳　闫　堃　张佳颖　李雪琪
郭　硕　马志云　张雨春　闫　桐　苏若淞　冯继苗　郝利斌
向益华　付文萍　王　政　朱福建　渠美丽　许　钊　张泽慧
司亚茹　邸沛宏　柴　萍　王玉伟　朱巧玲　李　娜　王　朋
王玥茹　张智超　刘希芳　杜尚壑　郝旭暾　李庆连　陶　禛
杜国伟　谢补员　韩新宇　惠晓芳　任燕东　柴岳辛　付铭东
李　静　蒋皓天　王　森　狄洪亮　谢文策　国　慧　高诗茹
龚　芳　张文文　翁兴娜　宋有利　王浩宇

网络工程（52 人）

罗　超　董雨欣　周尚亨　马茹茹　周鹏宇　李　航　郝文杰

王　璐　段　毅　周明杰　兰井致　赵越如　乔柏嘉　李　捷
梁嘉丽　王彩凤　王　杰　袁弘洋　张维航　陶茜茜　王奕轩
杨仟仟　马鹏飞　穆丽娜　南小飞　杨晓娣　龚雅若　贾　艳
高永祥　曲可心　崔海霞　刘宇辉　李　璐　袁智波　赵丽晶
吴雅慧　于忠剑　张艳霞　梁　帆　王　静　马　乐　曹越洋
王文杰　刘洋洋　陈俊全　王　鹏　刘家赫　向　南　李青松
武锦秀　梁家升　路强虎

信息管理与信息系统（83 人）

乔　喆　刘旭华　巩金明　王仙立　苗　静　倪雅丽　饶佳伟
赵宇蓉　史亚婷　代荣荣　楼轩宇　马潇然　高明星　马萧萧
马佳钰　郭新波　张宏博　李玲凤　余　洋　李傲雪　陈　强
冉晓芳　孙昱霞　韩雯雯　郭菲菲　姚盼盼　陈中剑　徐仲炜
翟佳琪　刘晓玲　朱　函　薛利霞　邢　雪　索　妮　辛林萱
吕嘉敏　王露彬　赵力功　董彦男　赵亚南　张庆港　田思雨
刘　敏　杨志勇　刘　宇　王　宇　郝媛媛　郝玉红　秦　一
张海燕　王玮婕　孙　迁　杨乐乐　高文浩　吕　霖　李佳琪
杨　烁　高　皓　杨帼婧　张宇燕　许　彤　李佳瑞　赵天明
吴祎璠　付东霞　窦向新　王乌云　白琛皓　王海辕　郝晓敏
程　前　李文静　苏　靖　刘佳宇　梁茜瑶　刘　玥　张　斌
郝雅琼　王鹏聪　何文东　史竟儒　左玉晖　王亚楠

生命科学学院

生物工程（56 人）

李秀杰　弓正威　姜婉清　赵丽丽　王　宇　柴瑞兰　杨　婷
鲁　娜　赵　敏　白　嵘　丁　悦　董佳楠　周新玲　郑金浩
赵蒙娜　杨　婷　赵东旭　王　晗　何东辉　牛旭东　杜昕冉
贺　丹　杨　坤　刘　楠　闫　媛　李晓琳　刘玉珍　安成兄
赖亚文　高　凤　朱　旭　杨　磊　韩　雪　贾超伟　胡　洋
樊丽婷　张雪春　王昱东　张婷婷　侯丽丽　扈天成　叶杉杉
朱　梦　丁　凯　张佳媛　刘紫佳　茹　莎　王春生　郭俊芳
穆青慧　王波涛　罗培钿　邓嘉辉　李世荣　陈天宇　史苏苏

生物技术（59 人）

格　根　姚重阳　杜孟欣　周佳欣　宋欣泽　谢永强　成　功
李　娜　赵雅君　刘　晶　李雪梅　赵新月　郑晓帆　石　晓
魏新华　肖南西　王芙美　许　可　孙彤彤　郭　横　云欣悦
李凤妍　张　敏　张　静　赵晓倩　翟逸群　徐黄纬　荣　安

刘　洋　肖作可　汪昕珑　井申文　卢凯文　高　娜　郭雨晴
刘亚楠　国情文　王　玮　杨　闯　窦　数　邢丽华　袁鑫宇
刘雅娜　欧阳瑞培　曹　婕　辛诗旭　刘春艳　何琦奇　秦雅丽
吕宏杰　刘碧桐　卫雅迪　张　晓　杨爱慧　谭　芳　窦鹏飞
杨广森　闫光因　武欣艳

生物科学（46 人）

乌吉莫　召　拉　钢　刚　查　娜　代其乐木格　策丽美格
乌仁苏德　巴雅斯乐　玛　努　关天舒　刘冬美　田　媛　樊晓娟
王璐瑶　裴　婷　程　琛　刘　佳　张燕燕　张敏娜　韩再强
安　欣　张　宇　刘佳慧　朱　敏　何小龙　俞卓然　龙　雪
侯　前　邓　茹　张梦圆　郝瑞花　吴小南　高凤芝　敖敦格日勒
胥　洁　苏诺尔　王　萌　孔伶瑞　贾翠红　娜力格尔　张　弛
王笑冰　辛　亮　毕南南　董鉴霄　刘诗尧

制药工程（40 人）

蔺宏伟　颜咏雪　郑昊楠　赵燕燕　刘宇佳　韩建飞　季岗鹏
刘晓朦　李　欣　苏晓艺　闫　斌　陈志远　白　璐　何书宁
周　健　袁嘉璐　盛乐庆　张　甜　徐秋韵　李鑫羽　苏　畅
赵　欢　杜　阳　张　越　李默然　王瑞强　马熙影　薄　洋
王恩飞　郭　越　曹云竹　宋钰琪　韩　冬　朱文博　王　玲
张学梅　王　琨　王月明　郑茹月　崔逸凡

人文社会科学学院

法学（87 人）

师　慧　刘　畅　塔　娜　刘　旺　韩征宇　赵　琦　杨　洋
崔　浩　姜春旭　贾雪晨　高　雪　刘啸风　李晓玮　徐莉冰
郎雪辰　王智媛　张露文　王　欣　王栋楠　王　月　李文昕
韩欣原　丛天一　白浩炜　候　燕　李璐璐　白雪龙　黄靖璇
王佳祺　苗皓晨　韩丽媛　丁　怡　萨荷雅　孟　浩　张燕霞
韩　晶　郭　娜　陈伊琳　李镜虹　刘雨佳　王国栋　王宁骏
王文芳　田雨辰　贾媛媛　雷亚丽　董　睿　黄　悦　王　权
胡佳馨　郭　静　王　瑶　高彦立　曾　进　刘雪辰　史亚茹
马春宇　田嘉懿　刘姝玥　任艺伟　谢　宇　李红莉　任　璐
张　娥　付震寰　尚　思　王宏伟　胡佳敏　郭宏志　张淑贤
常鑫娜　魏胜英　李　帅　王　丹　串颜茹　赵倩儒　秦　韵
高艳萍　韩成彪　曹健瑞　李书渊　张　佳　陈博超　张　超
张济伦　苏彦桦　李欣航

行政管理（98 人）

刘　阳　李晓菲　李　阳　张心愿　雷雪婷　丁佳伟　秦　敏
李　敏　张瑞雪　李亚楠　薛茜文　郭晓君　张嘉瑞　陈国飞
翟　微　叶惠婷　孟　绚　康欣宇　耿冬雪　安雯昕　何　佳
包小梅　赵慧敏　张佳慧　武黎明　赵　源　崔丹妮　张丰滢
祁　宇　石晟宇　胡　睿　吕丹阳　乔丹妮　王　丹　蔺心愿
田雯雯　李相宇　刘　佳　冯　涵　赵　旭　邵泽华　韩建欣
乌仁图雅　康　昊　赵　邈　沈佳瑶　李　瑞　唐书华　王思宇
张子莹　张晨婧　常子怡　赵　柠　苏亚妮　张耀文　张作宇
查苏娜　崔学青　阿伦高娃　朝鲁门其其格　础鲁门　乌云格日乐
阿如娜　查　娜　银　兰　乌日娜　萨仁娜　乌日根毕力格
额日敦敖其尔　图布欣巴图　敖　敏　温都日玛　婷　婷
娜布其　刘志文　吉　雅　胡兰兰　赵永兰　吴红林　朝　克
崔　英　乌日嘎　萨其日娜　张小杰　萨如拉　欢　欢　张青梅
巴义斯胡朗　塔　拉　苏伦高娃　阿拉德尔图　李春艳
吉木色　胡日查　哈　图　乌日吉木　巴德玛朝

社会工作（41 人）

孟　浩　翟爱清　路如意　郝源源　王　妍　赵鹏飞　韩淑敏
李嘉欢　高政扬　冯景怡　王玉珏　张宇涵　程晓芠　石曼垚宇
李朋龙　吕晓龙　王佳乐　袁　婷　王　丹　刘春卉　张煜东
杨　宇　马俊杰　高雅荔　刘思怡　朝鲁门　伊日贵　洪格日呼
席凤泉　恩和其其格　萨础拉　包常明　苏日娜　乌日嘎
齐冬梅　锡　妮　陈明珠　萨　娜　凤　英　敖日格乐　王正斌

外国语言学院

英语（90 人）

曹　慧　李　雪　李　豆　陈佳慧　王　彦　赵珊珊　袁　博
韩　旭　杨　茹　汪文静　杨雅琴　苏小彤　翟丽莉　韩佳月
张倩楠　李　颖　张　洁　牟慧敏　方雨浓　贾娅丽　席嘉璐
马佳萍　迟　蕊　张金梅　陈玉玉　赵　娇　纵蒋雨彤　张　杨
王佳婕　张郁婷　安雨娟　叶一然　贾　雪　杨　艳　张艳文
王文辉　张　丹　薛宏菲　盖佳艺　王佳美　李　苑　李雨甜
李雅男　李　敏　董楠楠　辛荟钰　韩　雪　格日勒　张潇敏
田雨静　刘宇蓉　郝旭东　李　雪　池　洁　王　艳　李佳欣
杨　静　崔靖雪　刘文杰　李柳花　吕祺悦　贲　腾　赵丽娜
高文杰　李　怡　王惠婷　白　月　智子洋　范雨奇　张凤雪

杨哈斯	王大鹏	张雪梅	王　煜	王雅田	梁乐萌	杨倩丹
刘思奇	苏　娜	叶化囡	孙雪薇	郭　乐	刘旭东	李梓萌
单毕盈	张佳宇	卫　爽	王咏祺	温　馨	杨　丹	

理学院

电子科学与技术（27人）

佟文超	闫　婷	蔡丰裕	田宝生	周海川	张莉雅	张娜娜
周　鑫	李俊超	吴尚荣	陈宇轩	黄　杰	刘志生	翟忱斌
武媛媛	曹　雄	潘　恒	王　松	张绪成	李　震	马厚杰
张　浩	杜国豪	马　海	刘振华	韩　哲	张　可	

化学工程与工艺（29人）

李　伟	田　芳	李燕雨柔	张　宇	焦　蕊	高韶辉	詹雄飞
张　厅	冯晓飞	刘睿劼	冯仁杰	丰　华	杨浩冉	高建鹏
张健婷	温昊翔	刘一朦	鲁雅宁	崔俊杰	刘　超	张宗玉
李　超	刘仕杰	蒋文壮	边永升	李　涛	陈　晨	李　洁
张万奇						

应用化学（28人）

李成博	张志英	辛　颖	张　俭	金晓伟	王晓佳	敖　薇
赵　薇	李海杰	麻寿翔	崔佳琦	贾国鑫	郭晓萱	王羽晴
李昱伟	刘文星	姚文翰	高志鹏	艾天宇	任涛涛	李继博
李　瑾	郭　泽	侯永霞	张新悦	任　镭	何应春	徐选亮

应用统计学（58人）

石磊磊	苏　倩	郝晓星	于申宜	温璐璐	刘梦娜	马　铮
朱建英	吴佩章	冯雅琪	何寰宇	胡思梅	张家骏	仝可然
张　月	崔恩泽	刘　婷	王　璇	于心蕊	康　玥	侯晓琳
徐子皓	倪　鑫	许允策	赵依静	闫丝雨	李月影	李向瑞
尚好玲	朱　杰	赵　旭	陈　晨	甘普超	杨　婧	陈雨芳
王瀚纬	薛燕慧	高　悦	杨　鑫	贺小兵	刘家明	杜　娟
孟庆宇	张　浩	范玲玉	侯智力	杨诗聪	秦　怡	赵芳丹
王梓晗	谢晓欢	赵天宇	曹欣欣	张有会	郝　璐	樊禹泽
张紫藤	吕怡楠					

能源与交通工程学院

道路桥梁与渡河工程（77人）

郭俊庭	郄晓东	王艳超	乔立冬	银旭东	荆瑞莹	邵志达
景志敏	魏同玄	周　亮	杨德森	侯景元	刘晓东	乔浩东
刘　伟	张　捷	贾文杰	秦　超	刘　鑫	李博文	桂立群

于长江　郑祖佳　曹提坤　田赢钱　郭欣悦　王俊男　李贵宾
任卫华　吕开宇　陈一锋　赵　桥　张静波　李　阳　庄敏达
王　磊　陶凤磊　李志宏　刘　昊　曹学磊　阿如汗　刘宇飞
林海潮　王晓宇　郝文喆　田海涛　贾鑫磊　张　科　孔境葆
李树豪　孙信龙　张圣进　姜　扬　李　杨　滕　瑞　孙鸣伟
刘孝林　淖敏珠热　哈斯塔　赵毕力格　李志才　何呼斯乐　陈春青
额尼日乐　白贺喜格吐　陈阿永嘎　包呼斯乐　其力格尔　王亮亮
高萨如拉　张晓亮　阿萨其　乌　嘎　丁超文　刚鲍力道　何海宝
高　峰

交通工程（49人）

赵　增　刘小东　郭鹏飞　杨岳飞　张　宇　刘振宇　李　峰
杨　梓　孟春晖　张志强　薛　宁　米　奇　乔浩东　侯昊波
王　蕊　李　鹏　潘海岳　邹书银　徐梦陶　赵新宏　王　波
张文杰　熊敏颢　武　东　王　靖　薛　跃　薛　涛　苗　卓
罗太平　孟显韬　许婷婷　陈国印　杨天嘉　李森淼　李学峰
李　帅　尹建慧　李一鼎　孙佳民　张　宇　柳　祥　陈从飞
冯　岩　李国鹏　韩艳文　李昊城　黄　鹏　张海元　宿晓振

交通运输（57人）

刘雨薇　白路川　张　琳　李瑞恒　孙永强　吴晶新　卢红亮
刘　浩　郭常青　赵翠平　关秋冬　何　雄　盛明明　郑艺炜
刘浩波　高　雪　王丽颖　任　华　李文东　钱　晶　高泽明
张君雅　吴金钊　缪　铭　高思博　郭丛华　武　帅　师路详
王华龙　程学海　张文杰　宋　娇　王　皓　白　雪　王继琛
蔺青霞　唐佳林　张　威　程学敏　张雨新　吕红霞　刘昱忻
谢　昂　靳彩虹　薛秋杰　褚天殊　林浩东　蒋琼娅　欧阳绍波
韦喜华　吴　静　张　奕　孙振兴　马浩源　李秀耀　姚世杰
杨维龙

森林工程（44人）

王子明　杨　颖　岳　洋　武　越　乔浩东　李文华　洪增祺
任建光　马　超　王丰年　刘则亨　段凯博　常乐乐　王晨宇
董　帅　王云峰　付茜雅　王思凯　王作豪　秦东伟　李一泽
赵国盛　苏　悦　洪德岩　崔万新　赵　越　刘新波　阎秋硕
丛　扬　王睿霄　张智娇　张鹏浩　张恩泽　张　彤　刘吉德
梁睿瑞　李　谦　呼　伦　李书轩　于成行　叶　涛　冯凯文
高彩霞　杨君宇

新能源科学与工程（31 人）

刘慧芳　王　鹏　苏震宇　刘羽峰　高　伟　吴　越　郭丽欣
呼日查　王　晶　刘亚男　赵祥凯　王浦钊　高健凯　庞　坤
石乃玉　马　帅　任耀文　刘雅静　王智嵘　刘宇桐　李　硕
杨吉群　韩旭光　范沛文　张哲童　王品舒　周明月　张志宏
王　凯　王　皓　滕　瑞

国际教育学院

金融学（6 人）

李　仪　何温心　黄俊卿　铁米尔泰　于　菲　袁　瑗

农林经济管理（4 人）

武　鑫　吴汉中　王慧敏　邱占祥

食品科学与工程（1 人）

郑同凯

环境工程（1 人）

尚士博

职业技术学院

园艺园林技术系

园艺（46 人）

徐　丹　董浩明　任宇妮　孙伟琪　王　荣　张冬梅　乔利飞
姜　涛　柴媛媛　张春丽　徐圆红　谷　雨　孙志华　裴学红
王晓如　陈　敏　康　娟　朱丽雅　王胜楠　赵雅茹　施博亚
贺　龙　张　磊　马燕南　班慧婷　苗春慧　张红梅　张鲜新
王佳兰　迟彩霞　罗可新　王文贞　董丽娜　侯晓丽　谭　香
马芯茹　祁　成　华建龙　石慧鹏　卢　欢　任小虹　郭世超
何雅苹　史俊杰　王辰晨　徐凯雯

园艺专升本（1 人）

宋佳泽

园林（60 人）

范显良　李梓荣　卢海月　高启园　杨彩霞　张丽丽　霍威衡
于鹏程　魏佳丽　高　丹　封海东　单晶东　姜琳琪　杜治国
吴　帅　曹晓佩　张　昂　张帅帅　乔　宇　高　鹏　李　超
郭宁宁　丁　雪　袁孝理　张　佳　冯佳乐　王文涛　张姗姗
许　鑫　毛欣然　刘彩霞　王艳萍　王海波　杜　娟　宋丽丽

鲍　燕　丁　岚　周　杰　王舒峣　张　悦　于军涛　高　雅
马玉梅　王治强　白永伟　刘水源清　刘晓芳　常海燕　白彩霞
张　煊　康锦社　王　璐　付守静　陈占全　姜　尧　王建慧
高世璇　刘殿龙　石　科　肖宏伟

园林专升本（3 人）

骆泓旸　刘　凌　李彦蓉

畜牧兽医技术系

动物科学（73 人）

马东泽　呼布钦　樊　超　蔺　魁　陈资渊　李荣鹏　王　甫
刘志刚　马小凤　杨　莎　刘　阳　刁显慧　侯丽敏　张　波
沈　燕　王小琴　宫尚禹　田润青　云　龙　刘子华　田　雪
樊晓娟　刘　鹏　侯　庚　王志宏　辛红艳　常小维　白红瑞
岁　英　魏雪梅　乌仁呼　史海英　刘嗣迪　韩文娟　薛彩娇
赵素香　王艳艳　訾文岳　史艳鹏　李　楠　高靖凯　付广飞
孙小荔　王德明　张永霞　王　璐　贾子义　刘　科　韩旭峰
王永伟　杨　娜　王惠敏　刘　巍　塔　娜　温都苏　张　万
乌伦花　萨其日　额乐德木图　额尔敦其木格　钢胡乙嘎
苏日力格　通嘎拉嘎　张巴特尔　陶格特其　乌仁图雅　巴衣苏拉　萨仁高娃
娜仁图亚　哈斯其木格　乌云宝力格　呼和苏力德
那松巴雅拉

动物科学专升本（3 人）

孙凌炜　李　琦　杨慧亭

动物医学（28 人）

刘昊东　王凤来　孙晓林　巴彦尔图　孙　静　陈文琳　贾云红
武利剑　张志勇　康　换　孙慧旺　王海涛　王　英　张晓云
邢宏磊　王　旭　徐家骐　姚佳哲　党亚杰　杨亚玲　刘庆贺
陈　靖　王建行　夏瑞楠　李欣怡　魏智超　牛晓悦　姜宇奇

动物医学专升本（1 人）

穆嘉明

食品工程技术系

食品科学与工程（51 人）

耿丽鹏　郝慧君　刘向龙　潘　雪　刘　媛　吕孟瑶　贺春灵
韩春燕　王金荣　邬瑞明　范志欢　韩　丹　于艳霞　杨智慧
侯彦琳　张佳蕊　魏　茹　王　慧　钟海利　韩　磊　董　倩
吴剑光　赵　娜　王浩田　董丽茹　王美霞　杨　阳　张芳芳

徐　婷　赵洪宇　李亚楠　张秀英　方靖博　王　浩　岑小叶
张佳欣　周文杰　田淑玲　杨明凯　李心愿　韩　辉　弓云霞
翁彦静　王　帅　田　星　李嘉欣　秦小宇　仝彩峰　史加加
王广涛　林　雪

食品科学与工程专升本（5 人）

吴锦程　柴雪莹　杨丽荣　郭丹丹　冯亮亮

食品营养与检验教育（59 人）

吕文禄　贺小红　穆文静　王　坤　孙　鹤　白金玲　禹晓洋
郭瑞杰　陈　悦　花　欢　王雨琴　郇　磊　刘志敏　孙　静
裴广震　毕新波　武素红　刘佳宁　张　宇　丛欢欢　秦燕飞
曹　乐　王　霞　国丽娜　朱　爽　马超跃　张榆欣　贾　娜
孟显然　刘旭银　梁晓明　姜惠敏　王　蒙　张香香　张　倩
高松艳　李玉花　丛龙新　宋　娜　刘丽芳　杨丽娟　巩晓新
胡春燕　周　洁　刘俊霞　李引弟　李　娜　廖雪飞　李晓雪
曹佳圆　陈　琳　李嘉宇　薛　娇　刘水清　王琛田　张艳红
丽　妍　刘　博　陈安琪

食品质量与安全（58 人）

牟　蓉　杜博林　牟艳丽　李　雪　杨　超　邓小霞　梁淑敏
杜叶霞　樊　娜　田慧芳　张　慧　郝　乐　李秋莹　宋　霜
李　娜　徐　畅　王文雅　林双青　李林杰　刘秀芳　郝　飞
孙小羽　任亮峰　杨　晨　马颢荣　张玮玮　樊　燕　林春梅
张兴华　徐国峰　李　静　刘　玮　张东方　马冬梅　刘　倩
康　媛　王　娟　陈婷婷　陈盼盼　曲晓雨　王　燕　孙雯雯
郭佳帅　周丽红　张文涛　李彦霖　朱文丽　王　强　刘　霞
王利萍　贺慧源　张　丹　范　娟　罗　颖　韩瑞清　李　敏
高　旭　刘　乐

建筑工程技术系

土木工程（59 人）

王　辉　王建国　贾文翔　张　乐　张　朴　魏　巍　李建鑫
苏　光　杜星灵　鲁家铭　张书宇　谢　娟　刘亚楠　高佳轩
李晓帅　刘鹏鹤　刘浩源　贾艳美　张靖毅　杨宇芹　屈建文
任　雨　闫钰娟　包　松　张　浩　于志军　宋贵文　张亮亮
梁加敏　陈　瑞　赵娇娇　王　飞　秦佳媛　许　飞　薛　宇
白晓霞　李　想　王楷朋　张　野　宁建新　何晓玮　张旭东
沈利海　赵燕甫　孔庆贺　姚永霞　郝宇星　周进博　张文龙

杨　晓　王志宇　刘　倩　马　超　宋　乐　杨　乐　刘　琦
尤飞飞　张　凯　张志敏

土木工程专升本（16人）

陈　耀　翟慧敏　张　梦　刘　洋　刘红利　董　皓　陈　宇
韩　祥　刘长艳　孙靖媛　邸志军　王振锐　范丽英　李向阳
张　静　哈　伦

经济管理系

财务会计教育（60人）

孙永华　李佩欣　张盼盼　刘红梅　张晓如　董立县　武　磊
韩　蕊　赵璐唯　韩　敏　陈　鹏　杨　阳　卜欣悦　乔佳璐
李文琴　马秀红　李　敏　王英英　高吊平　孟祥丽　文　雅
王雪娇　袁　凯　史丽娟　宋志媛　刘召弟　吴莹楠　尚礼红
边瑞霞　卢慧芳　范艳芳　曲立新　范　茹　韩佳茹　李秋红
卢学良　徐菁嵘　白艳梅　刘艳玲　郝二拴　历红艳　杨春芳
史美丽　段梦露　郭海纶　王　欢　刘燕霞　关丽蓉　任　乐
冯雅恬　闫海波　付艳丽　乔利虾　刘谨华　薛媛媛　曲宏博
鲁　旭　王晓燕　贺云云　王如玉

财务会计教育专升本（30人）

邬雪晴　辛　洁　王馨敏　崔　洋　韩国蓉　宋文文　陈　静
任志娟　贾艳婷　方　敏　解小娟　任晓星　李云华　武肖利
郭玉华　郭佳铭　杜晓庆　任婉婉　呼淑能　张晓霞　李晓同
高雨诗　刘　洋　徐　倩　池艺璇　马海霞　潘　燕　张学飞
陆　遥　张亚娟

工商管理（61人）

张　玲　张　雪　张　悦　胡学良　吕　超　刘力全　张龙伟
王介邦　王　轲　苏亚楠　高彦青　任梦彤　王恩慧　史彩莲
周慧茹　王　叶　岳丹丹　刘　慧　马文强　魏枢恒　秦艳梅
武海慧　吴莹莹　侯理君　张丽颖　刘璟华　段志刚　郭　安
张滢滢　刘　娟　武桂萍　刘　慧　冯金良　张　婷　李　静
郝艳彤　庄　乐　王富龙　魏　茹　贺娜娜　赵诗洁　吕　波
谢婉秋　解　洋　王舒鸿　王　燕　武静宇　毕福乐　申俊杰
郝　珂　郑　涵　侯　鑫　李青凤　魏敏敏　王晓宇　关晓艳
史敦文　刘晓玲　王　雅　高万利　任晓玉

工商管理专升本（10人）

马　旭　张亚楠　刘志红　刘　丹　陈丽丽　高福媛　魏凤娟

徐雅茹	冯一凡	戈日红				

市场营销教育（51人）

马春艳	郭心鹏	樊晓芳	孙英杰	王　雪	徐文艳	吴雅梅
张　星	张　媛	李　茹	刘家利	李　娜	刘良慧	田　涛
郝嘉荣	温小雁	张玉婕	于　庆	张　咪	马金丽	丁　岩
刘晓燕	李丹妮	乔雪丹	张静波	辛　月	白丽娜	王亚琪
王月姝	许丽霞	张　金	任　莹	郝舒欣	杨向艳	王　宇
王晓雪	贾丽娜	冯　玲	徐广萌	高　鑫	温　晶	王　莹
康　静	杜　娇	杨慧芳	马桂园	李晓慧	焦　玥	刘　娜
杨　超	胡飞德					

计算机技术与信息管理系

计算机科学与技术（60人）

范　晟	潘　健	刘海娥	岑　英	杨晓慧	张　凯	侯晓艳
龚孟华	刘　欢	樊　敏	蒋　祺	高尚弘	陈怡巧	刘　洋
王　雪	李　龙	黄　翠	刘德威	张　欣	赵　敏	赵　娜
张春艳	岳　洋	张　欣	任　升	于丽平	吕　江	李书奋
李　娜	吴　江	吴丹阳	马　娜	靳苗苗	苏　炜	张景启
唐浩林	黄　睿	王木申	王　静	刘晓刚	汪　宇	鲍斯琴
兰敏敏	韩文艳	侯　磊	邬吉明	黄乐娟	曹　阳	冯丽娜
曾小倩	王　晨	鲁国平	刘　伟	李向河	王佳利	王维康
张　桃	李　旭	贺　月	杨伟杰			

计算机科学与技术专升本（14人）

董　傲	侯酥梅	李　霞	李艳亮	李　娜	韩　栋	王燕波
苑亚男	陈聪华	赵培龙	吕东航	邬　卓	阮维耶	姚　澜

网络工程（28人）

于英杰	李亚斌	杨　顺	李晓萌	李　远	李晓伟	吕文强
李秉奇	李　浩	杨　江	王轶聪	许　芮	苏会然	周　爽
温佳泰	苏　鹏	银志斌	郭明宇	郭　媛	孙树敏	旦　旦
温露露	高　娜	石　伟	张妙珍	张海麒	杨普渊	方　正

艺术设计系

环境设计（32人）

卢　慧	杜义凡	刘洺郡	苏　蓉	孙　林	杨婉蓉	杨　林
郭兆雅	张继承	桂雅静	李　贺	李小桐	闫昕嵘	张凯丽
孙金陵	刘　白	李抒奇	郝苗苗	蒋　浩	隋　芳	李恒丽
张　甜	崔浩强	刘　源	李　婷	吴佳乐	沈　轩	卢　颖

赵　鑫　　崔　慧　　李俊稼　　杨　剑

环境设计专升本（9 人）

冯程程　　任逸波　　王鑫玥　　苗雨薇　　康　倪　　孟敏娜　　武萌萌
王雪莹　　蒋潇萱

视觉传达设计（28 人）

王晓娜　　付芪荣　　燕　蒙　　王艳荣　　刘雅鑫　　高　莎　　杨　慧
杨雨厅　　刘丽娜　　曾冬梅　　何亚亚　　李恩长　　王　星　　杨文杰
顾　爽　　张　露　　杜花眼　　孙晓娟　　李颖琦　　倪金枝　　刘慧敏
白　龙　　方圣洁　　毛　锐　　张嘉敏　　何欣宇　　王旭鹏　　白燕妮

视觉传达设计专升本（3 人）

张梦鸽　　陈传敏　　孙　涛

产品设计（31 人）

赵小红　　邢永花　　李晓庆　　田密斯　　范竞匀　　吴晶晶　　王尚轩
全　强　　董　婧　　万继凤　　张福玲　　尹欢欢　　李晓芳　　宋雨宁
罗玉彬　　张　蕾　　薛志勇　　李　杰　　乔浩宇　　倪爱敏　　戈雪婷
白艾灵　　宣　洁　　王如月　　丁小红　　魏　蒙　　司伟豪　　杜　晶
刘晓娜　　李舒晗　　曹　婷

旅游管理系

旅游管理与服务教育（60 人）

杨青华　　张牧田　　张　晶　　张泽丽　　李慧芳　　马　静　　李　苑
王　敏　　张　蕊　　修占颖　　梁　雪　　李可心　　刘　悦　　胡哲沛
张少华　　铁　悦　　杲雅娜　　李亚飞　　高　英　　刘　娜　　李婷婷
张梦瑶　　许玲娟　　胡　乐　　王凤英　　雷亚玲　　高　慧　　曹露娜
苏文倩　　王嘉蓓　　闫小琴　　李春雪　　范宇翾　　魏　莱　　白文霞
赵雅茹　　高　庭　　刘思琪　　兰晓杰　　邱志敏　　张照阳　　芦　珊
王　野　　张慧敏　　方丽红　　李雪影　　贺秋喜　　苏晓锋　　张晨阳
刘丽婷　　刘　瑞　　杨　俊　　马海霞　　周昊天　　王　瑄　　赵　丹
赵雨娇　　秦天祺　　丁　宇　　王晓娜

旅游管理与服务教育专升本（9 人）

李子煜　　成凌鹰　　王　婧　　张　瑶　　曹晨宇　　高明慧　　武思媛
李　鑫　　杜立梅

车辆工程技术系

汽车维修工程教育（39 人）

方建雨　　刘　鹤　　侯志勇　　潘志成　　李双庆　　丛宇飞　　张昊天

崔　浩　许维福　赵　伟　程艳金　孙　强　纪伟明　许广旭
陈　鹏　孙仙峰　王少博　李冬宝　王旭东　王　强　牛嘉宾
乔俊良　党向辉　乔俊平　顾向鹏　武文超　刘文超　刘玉鹏
康亦博　赵伟男　张学鹏　张海鑫　李　伟　王嘉伟　刘文昊
王旭彤　武　胜　刘　明　刘　阳

汽车维修工程教育专升本（4 人）

宋　伟　任　杰　王成成　徐　哲

大事记

2019 年大事记

一月

1 月 4 日 内蒙古农业大学九三学社内蒙古直属高教二支社举办畅谈改革开放 40 周年座谈会。

1 月 5 日 内蒙古自治区党委宣布干部任职决定：黄龙海同志任内蒙古农业大学党委委员、副书记。

1 月 6 日 农业农村部科技发展中心对内蒙古农业大学作为第一完成单位、参与完成的科技成果“燕麦产业关键技术创新及应用”进行质询评价。

1 月 7 日 内蒙古农业大学向农业农村部承诺及时将“农业农村部奶制品加工重点实验室”“发酵乳制品加工技术集成科研基地”列入建设规划，并将学校西区乳品大楼 4 000 平方米实验室用于该项目建设用房（内农大函字〔2019〕2 号、3 号）。

1 月 10 日 内蒙古自治区乳酸菌与发酵乳制品协同创新中心认定专家论证会在内蒙古农业大学召开，学校申报的“内蒙古自治区乳酸菌与发酵乳制品协同创新中心”通过专家论证。

1 月 19—20 日 中国共产党内蒙古农业大学第三次代表大会召开，212 名代表出席大会。大会选举产生中国共产党内蒙古农业大学第三届委员会委员和第三届纪律检查委员会委员。

1 月 22 日 内蒙古自治区科技重大专项“草食家畜智慧养殖关键技术开发与示范”项目进展会在内蒙古农业大学召开。

1 月 22 日 内蒙古农业大学党委副书记黄龙海率党政办公室、学生工作处等相关部门负责人赴学校扶贫定点帮扶村四子王旗吉生太镇公合成建制村开展扶贫调研，并进行新春慰问。

1 月 23 日 内蒙古农业大学党委书记王万义主持召开学校 2018 年度党委领导班子民主生活会，校党委领导班子成员出席会议。

1 月 29 日 内蒙古自治区教育厅公布 2017—2018 年度自治区高等学校教学改革科学研究项目结题验收结果（内教高函〔2019〕6 号），内蒙古农业大学 4 个计算机“教改项目”通过验收结题，其中：付学良主持的“农林类大学生计算机基础教育混合教学模式研究和应用”（项目编号 2017NMGJ032）、白云莉主持的“基于 MOOC+SPOC 实施大学计算机基础（农林类专业）翻转课堂的教学方法研究”（项目编号 2017NMGJ033）、李宏慧主持的“基于 SPOC 的高等农林院校‘C 语言程序设计’教学改革研究与实践”（项目编号 2017NMGJ037）、王德刚主持的“高等学校非计算机专业本科 Visual Basic 程序设计数字化课程建设”（项目编号 2017NMGJ038）4 个课题验收鉴定等级为合格。

二月

2月3日　内蒙古农业大学校领导看望慰问春节期间坚守岗位的一线教职工，考察春节期间校园安全保障工作。

2月10—21日　内蒙古农业大学韩国栋教授一行2人应邀赴澳大利亚参加中澳合作项目——“中国和蒙古国改进天然草地管理的激励措施研究”项目中期汇报及学术交流活动（内政出字〔2019〕0130号）。

2月15日　内蒙古农业大学张文广、李国婧入选内蒙古自治区2018年享受国务院政府特殊津贴人员（内人社发〔2019〕7号）。

三月

3月1日　内蒙古农业大学召开2019年学生安全教育工作会。

3月2日　内蒙古农业大学举行2019年春季食品安全、生产安全和消防安全培训会。

3月5日　内蒙古农业大学举行“学雷锋志愿服务月”启动仪式。

3月5日　内蒙古农业大学党委副书记、校长高聚林带领学校师生代表参加2019年“天赋河套”品牌建设、“四级联创”全域绿色可持续发展、科技小院启动仪式暨全区标准化生产春播第一耧现场会，并开展科技服务。

3月6日　内蒙古农业大学兽医学院周雨霞负责的“病毒的血凝及血凝抑制虚拟仿真实验教学项目”、草原与资源环境学院贺晓负责的“植物根的结构与功能虚拟仿真实验教学项目”被教育部认定为2018年度国家虚拟仿真实验教学项目，并颁发证书。

3月6日　内蒙古农业大学举办纪念“三八”国际劳动妇女节109周年专题讲座，邀请内蒙古中华传统文化全职志愿者、推动者，呼和浩特社会化教育研究会常务理事、中华文化女学教育践行者贾敏为学校女教职工作讲座。

3月6日　蒙古国生命科学大学校长特木尔巴特尔·和如嘎率团一行4人访问内蒙古农业大学。双方签署两校合作协议、校际合作谅解备忘录和学生交流项目谅解备忘录。

3月6日　内蒙古农业大学经济管理学院与蒙古国生命科学大学经济商学院、中国农业科学院海外农业研究中心、内蒙古民族大学经济管理学院签署《四方共建东北亚农业与农村发展研究院的协议》。

3月7日　内蒙古自治区党委高校工委研究决定：包庆丰同志任内蒙古农业大学纪委副书记（内党高工函〔2019〕55号）。

3月8日 内蒙古农业大学对2017—2018年度女教职工工作成绩突出的动物科学学院分会等5个单位、王乃凤等36位同志进行表彰奖励（内农大工字〔2019〕4号）。

3月10—15日 由内蒙古农业大学草原与资源环境学院赵萌莉教授主持的2018年度国家自然科学基金国际合作交流项目“阴山北麓农牧交错带生物多样性与生态系统功能及恢复机制研究”和韩国栋教授主持的内蒙古自治区科技重大专项课题“内蒙古中西部生态脆弱区‘草—畜’生产体系关键技术研究与示范”启动会召开。

3月12日 在内蒙古自治区高校网络新媒体评选活动中，内蒙古农业大学的微信公众号“内蒙古农业大学团委”被评为“十佳官方微信公众号”，团委郭倩被评为“十佳优秀网络新青年”，作品《浓情端午，尽情放“粽”》被评为“易班网十大创新应用”；在全区高校网络文化作品评选活动中，内蒙古农业大学荣获微电影（视频）作品“最佳组织奖”，史学伟的作品《校园剪影》获得网络创意文化产品摄影类三等奖；在全区高校优秀网络思想政治教育成果评选活动中，常亮的作品《青春的赞歌》获得网络育人文章一等奖（内教学工函〔2019〕7号）。

3月13日 教育部发布《教育部高等教育司关于公布有关企业支持的2018年第二批产学合作协同育人项目立项名单的函》，内蒙古农业大学与北京慕华信息科技有限公司合作的“基于学堂在线慕课平台的在线课程建设模式实践”等6个项目获批立项。其中，教学内容和课程体系改革1项，师资培训1项，实践条件和实践基地建设4项。

3月16日 内蒙古自治区第四届大学生工程训练综合能力竞赛在内蒙古农业大学开幕，内蒙古农业大学获得大赛优秀组织单位，机电工程学院3支参赛队取得“8”字型赛道常规赛、物流搬运机器人国赛资格。

3月16日 内蒙古农业大学党委副书记、校长高聚林应邀出席2019年爱尔兰国立科克大学中国行见面会。

3月18日 内蒙古农业大学职业技术学院教师代表贺斐赴北京参加中共中央总书记、国家主席、中央军委主席习近平主持召开的学校思想政治理论课教师座谈会。

3月18—24日 内蒙古农业大学党委副书记、校长高聚林受邀率团一行3人赴阿根廷出席第二届联合国南南合作高级别会议（BAPA+40）边会、参加“一带一路”/南南合作农业教育科技创新联盟边会，作主题报告，并访问布宜诺斯艾利斯大学（内政出字〔2019〕0047号）。

3月20日 在内蒙古自治区第十一届大学生运动会乒乓球比赛中，内蒙古农业大学乒乓球代表队荣获3块金牌、1块银牌。其中，女子单打、男子双打、女子双打均获得冠军，女子团体获得亚军，男子团体获得第六名。

3月21日 内蒙古农业大学举办辅导员职业素养提升培训会。

3月21—24日 在内蒙古农业大学召开由草原与资源环境学院承办的国家重点研发计划“西北粮食主产区面源污染农田综合防治技术示范”2019年度工作推进会。

3月25日 内蒙古农业大学附属中学、内蒙古农业大学幼儿园被评为2018年度呼和浩特市赛罕区教育系统“校园安全管理先进集体”，附属中学常轶宏、幼儿园李琼被评为“校园安全管理先进工作者”（呼赛教工委〔2019〕8号）。

3月25日　内蒙古农业大学主管主办的期刊《干旱区资源与环境》第六次入选（2019—2020版）“中文社会科学引文索引”（CSSCI来源期刊）自然资源与环境学科核心库。

3月29日　内蒙古农业大学应邀参加以“推进科技创新 助力脱贫攻坚 支撑乡村振兴”为主题的2019赤峰·中国北方农业科技成果博览会，12项农业科技成果在博览会上展示。

3月29日　爱尔兰国立科克大学北京代表处主任张蓓、项目专员房子涵、爱尔兰贸易与科技局高级顾问杨杰一行3人访问内蒙古农业大学。

3月29日　内蒙古农业大学与内蒙古广拓农牧业股份有限公司签订肉牛项目战略合作框架协议。

3月29日　内蒙古农业大学举办党风廉政专题报告会，校党委委员、纪委书记、监察专员哈斯巴根作报告。

3月　中共青年团内蒙古自治区委员会对共青团内蒙古农业大学委员会工作考核结果进行通报，学习宣传贯彻“7·2”重要讲话及青年大学习情况考评结果为较好，青年马克思主义者培养工程开展情况较好，改革攻坚方面考评结果较好，“三下乡”工作开展情况好，重点工作及上级团组织部署情况考评结果较好，团学代会召开情况考评结果一般，总体工作考评结果较好。

四月

4月1日　国家林业和草原局荒漠化防治司副司长（正司级）胡培兴一行7人来到内蒙古农业大学考察调研。

4月1日　内蒙古自治区科学技术奖励委员会公布2018年度自治区科学技术奖励成果（内政发〔2019〕6号），内蒙古农业大学作为第一完成单位的成果有5项，其中自然科学一等奖1项，科技进步奖一等奖2项、二等奖2项；作为主要完成单位获得的授奖成果有3项，其中科技进步奖一等奖2项、三等奖1项。

芒来、李蓓、赵一萍完成的“高分宽测新体制SAR信号处理理论与方法”被授予2018年度自治区自然科学奖一等奖；赵宝平参与完成的“燕麦加工链提质增效关键技术研究应用”，樊明寿、贾立国、秦永林、陈杨等完成的“内蒙古马铃薯水肥资源高效利用技术及应用”，高永等完成的“生物基可降解沙障治沙关键技术创新及绿色治理应用”，史海滨参与完成的“内蒙古新增四个千万亩节水灌溉工程科技支撑项目”，张少英参与完成的“基于全程机械化的甜菜新品种引育及节本增效综合栽培模式的研发与推广”5项成果被授予2018年度自治区科学技术进步奖一等奖；高聚林等完成的“玉米‘两改一增二保’丰产增效栽培理论及技术研究与应用”、王喜明等完成的“俄蒙进口木材高效绿色加工技术及其产业化”2项成果被授予2018年度自治区科学技术进步奖二等奖。

4月2日 鄂尔多斯应用技术学院党委委员、副校长何鹏带领该校学生工作处、团委、后勤管理处等负责人来内蒙古农业大学调研。

4月3日 内蒙古自治区教科文卫体工会学习贯彻全国学校思想政治理论课教师座谈会精神研讨会在内蒙古农业大学召开。

4月3—30日 内蒙古农业大学经济管理学院赵元凤教授受邀赴美国参加“农业与自然资源风险经济和管理”2019年年会，作学术报告，并赴普渡大学开展农业领域合作研究，进行学术交流（内政出字〔2019〕0096号）。

4月4日 中共内蒙古农业大学委员会组织部同意成立草原与资源环境学院党委、沙漠治理学院党委（内农大党组发〔2019〕4号）。

4月8日 内蒙古自治区教育厅公布2018年度普通高等学校专业备案和审批结果，内蒙古农业大学新增4个备案本科专业：“风景园林”（专业代码：082803）、“数据科学与大数据技术”（专业代码：080910T）、“工艺美术”（专业代码：130507）、“酒店管理”（专业代码：120902），新增1个审批本科专业“家具设计与工程”（专业代码：082404T），撤销“应用生物科学”（专业代码：090109T）本科专业（内教高函〔2019〕14号）。

4月9日 内蒙古德晟集团董事长孙兆元一行3人来到内蒙古农业大学调研，洽谈校企合作事宜。

4月10日 在内蒙古自治区第十一届大学生运动会羽毛球项目比赛中，内蒙古农业大学羽毛球代表队取得1块金牌、3块铜牌。其中，女子单打获得金牌、铜牌，女子团体和女子双打均获得铜牌。

4月10日 内蒙古自治区党委统战部常务副部长金满仓一行4人来到内蒙古农业大学调研统战工作。

4月10日 内蒙古农业大学人文社会科学学院社会工作专业教师汪海玲被评为“2018年度中国百名社工人物”，是内蒙古唯一获此殊荣的候选人。

4月12日 内蒙古农业大学举办佟程浩先生彩铅、钢笔画艺术展。

4月12—14日 内蒙古农业大学举办第十七期青年马克思主义培训工程大学生骨干培训班。

4月13日 内蒙古农业大学举行2019届毕业生春季“双向选择”洽谈会。

4月13—14日 内蒙古农业大学副校长芒来应邀出席“助力民企促发展、就业启航惠民生”2019内蒙古自治区春季招聘年“春风送暖”就业创业服务暨就业创业推广民营企业招聘月启动仪式和现场招聘会，并与内蒙古伊利集团签订校企合作框架协议。

4月13日—6月28日 内蒙古农业大学举办“名师讲堂”系列讲座，分别邀请学校博士生导师、全国劳动模范张和平教授，博士生导师、副校长芒来教授，博士生导师、草地资源教育部重点实验室主任韩国栋教授担任主讲人，为2016级“英才基地班”“卓越班”的350余名师生讲解专业领域知识，分享学术研究的心路历程。

4月14日　在2018—2019年“体彩杯”内蒙古自治区女子室内五人制足球冠军杯赛中，内蒙古农业大学女子足球队荣获冠军。经济管理学院2018级李特日格乐、2016级萨日古拉分别获得最佳射手、最佳球员的荣誉称号。

4月14日　内蒙古农业大学举办第八届教职工万米接力赛。

4月14日　全国人大代表、内蒙古伊利实业集团股份有限公司质量检验控制中心主任、内蒙古农业大学校友李翠枝应邀为学校师生宣讲第十三届全国人大二次会议精神。

4月15日　内蒙古自治区党委组织部、宣传部和自治区党委高校工委组成的考核组一行8人对内蒙古农业大学领导班子及班子成员2018年度工作进行考核。

4月15日　内蒙古农业大学举行“4·15”全民国家安全教育日主题活动。

4月16日　新疆巴音郭楞蒙古自治州教育局、新疆巴州人力资源和社会保障局与内蒙古农业大学签署定向培养人才协议书。

4月18日　内蒙古农业大学举行老教授“我的农大之路”师德师风专题报告会。

4月18日　内蒙古农业大学九三学社内蒙古直属高教二支社举办纪念五四运动100周年活动。

4月19日　商务部下达2019年度首批援外培训项目实施任务的通知，内蒙古农业大学2个来华双边培训项目“2019年蒙古国现代化饲草料产业体系建设研修班”“2019年蒙古动物疾病防疫技术培训班”获得批准立项。

4月19日　中国香港德贞女子中学代表团一行40余人来内蒙古农业大学参观交流。

4月20日　内蒙古农业大学举办青年教师教学技能大赛培训。

4月21日　2019年内蒙古自治区征兵宣传教育进高校暨呼和浩特市大学生征兵启动仪式在内蒙古农业大学举行。

4月21日　内蒙古农业大学举办第十四届大学生程序设计竞赛。

4月21日　内蒙古农业大学举办第五届语言与国际文化论坛，俄罗斯符拉迪沃斯托克国立经济与服务大学外语学院预科部主任索列伊尼克·维多利亚（Soleinik Viktoriia）女士一行为学校师生作专题报告。

4月21—24日　在2019年中国工程机器人大赛暨国际公开赛中，内蒙古农业大学机电工程学院付亮亮、陈正毅、彭晓军设计制作的“Neversaynever”仿人竞速机器人和陈天健、康瑞浩、李佳炜设计制作的“超能陆战队”仿人竞速机器人荣获国家级二等奖；由赵希潼、杨晓宇、王明洋设计制作的“Innovation”搬运工程光电车和高东旭、孔玲怡、朱国芳设计的“March forward”双足竞步窄足机器人以及王皓宇、李炎、路凯亮设计制作的“Skyline”双足舞蹈机器人荣获国家级三等奖。

4月22日　内蒙古农业大学排球队获得内蒙古自治区第十一届大学生运动会本科校园组排球总决赛女子组冠军，男子排球队获得第五名。

4月23日　内蒙古农业大学举行2019年内蒙古自治区知识产权宣传周暨内蒙古农

业大学第五届读书月启动仪式。

4月23—28日 内蒙古农业大学经济管理学院乔光华、刘玉春教授应邀赴土耳其参加第三次食品和农业经济学国际学术会议，作口头学术报告，开展学术交流（内政出字〔2019〕0096号）。

4月24日 内蒙古自治区总工会授予内蒙古农业大学驻村工作队2019年自治区“五一”劳动奖。

4月24日 内蒙古自治区教育厅批准2019年度自治区高校大学生思想政治教育专题研究项目立项，内蒙古农业大学孙玉伟负责的项目“探赜新时代内蒙古高校辅导员职业发展长效机制”（NJSZ1903）被批准立项（内教学工函〔2019〕16号）。

4月25日 内蒙古自治区高校百场形势政策报告会在内蒙古农业大学举办。内蒙古自治区党委书记、人大常委会主任李纪恒视察内蒙古农业大学，并为师生作题为《强信仰 强信念 强信心——为坚持和发展中国特色社会主义接力奋斗》形势政策报告，纪念五四运动100周年。

4月26日 内蒙古农业大学成立“内蒙古农业大学知识产权信息服务中心”（内农大校发〔2019〕7号）。

4月27日 第九届全国大学生市场调查与分析大赛内蒙古自治区选拔赛在内蒙古农业大学举行。内蒙古农业大学参赛的“星空”队、“西红柿炒鸡蛋不加番茄”队、“都挺好”队、“猪联璧合”队、“浪纸回头”队获得分赛区选拔赛一等奖，6支队伍获得二等奖，7支队伍获得三等奖。

4月27日 内蒙古农业大学举办第十五届“大学生心理文化活动月”开幕式暨大型现场心理教育活动。

4月28日 内蒙古库布齐沙漠技术研究院与内蒙古农业大学林学院签署合作协议书。

4月28日 内蒙古农业大学授予冯福应等10人和毕力格巴图等20人（团队）内蒙古农业大学“助力大学生创新创业”突出贡献和贡献奖荣誉称号，分别奖励6 000元和3 000元（内农大工字〔2019〕6号）。

4月28日 内蒙古农业大学经济管理学院代表队荣获第十届（2019）全国高等院校企业竞争模拟大赛全国赛总决赛一等奖。

4月29日 内蒙古农业大学动物科学学院团总支获得“全区五四红旗团总支”荣誉称号。

4月29日 内蒙古农业大学举办辅导员心理健康教育专题培训会。

4月30日 内蒙古农业大学监察审计处荣获“2017—2018年度内蒙古自治区内部审计先进集体”荣誉称号。

4月30日 内蒙古农业大学承担的内蒙古科技重大专项“禽畜养殖废弃物资源化利用研究与示范”项目启动会召开。

4月30日 在内蒙古自治区第十一届大学生运动会武术项目比赛中，内蒙古农业大学武术队侯钰昆获得男子自选刀术、男子自选南拳第一名，刘晓辉获得男子二十四式太极拳、三十二式太极剑第二名；武术队获得本科校园组集体套路第二名，男女团体总成绩第三名。

4月 博尔塔拉蒙古自治州人力资源和社会保障局与内蒙古农业大学签署普通高等学校定向就业招生协议书。

五月

5月4日 内蒙古农业大学授予9个团委（团总支）“五四红旗团委（团总支）”荣誉称号，授予28个班集体“五四红旗团支部”荣誉称号，授予27个班集体“学业进步先进团支部”荣誉称号，授予54个宿舍“五四红旗团小组”荣誉称号，授予13名同志“优秀团干部（教师）”荣誉称号，授予161名学生“优秀团干部（学生）”荣誉称号，授予101名学生“优秀学生会干部”荣誉称号，授予312名学生“优秀团员”荣誉称号，授予297名学生“学业进步先进个人”荣誉称号（内农大团发〔2019〕5号）。

5月5日 内蒙古农业大学向四子王旗吉生太镇公合成村定点扶贫村捐赠春耕良种。

5月5—6日 在第二届中国高校智能机器人创意大赛中，内蒙古农业大学机电工程学院代表队获得创意格斗类开放部件组轮式自主格斗项目一等奖一项、二等奖一项，统一部件轮式自主格斗项目二等奖一项；创意设计类二等奖一项。

5月6—14日 在内蒙古自治区“主席杯”校园足球四级联赛大学本科超级组比赛中，内蒙古农业大学代表团获得女子组亚军、男子组第四名。

5月6—15日 在2018—2019年度全国青少年校园足球联赛大学本科校园组西北区决赛中，内蒙古农业大学校园男队获得季军。

5月7日 内蒙古农业大学举办首届创新创业教育活动月暨“互联网+”大赛培训会。

5月9日 内蒙古农业大学举行以“爱祖国、担大任、做新人”为主题的纪念五四运动100周年表彰会暨第33届“金马杯”文艺会演。

5月10日 内蒙古农业大学召开2017—2018年度维护稳定和校园治安综合治理表彰大会暨2019年工作部署会。对2017—2018年度10个维护稳定和校园治安综合治理工作先进集体、3个落实消防工作责任先进单位进行表彰。

5月12日 内蒙古农业大学举行2019全民营养周内蒙古联动启动仪式暨第十三届校园饮食文化节开幕式。

5月12日 内蒙古农业大学经济管理学院代表队荣获第四届全国大学生人力资源管理知识技能竞赛第一大区赛及高峰论坛二等奖。

5月12日 在第七届中国TRIZ杯大学生创新方法大赛（中国创新方法大赛大学生

TRIZ 专项赛）总决赛中，内蒙古农业大学机电工程学院北纬 41°车队选送的作品《一种基于 TRIZ 的后置发动机自动灭火装置》获得创新设计组二等奖。

5 月 13 日　内蒙古农业大学授予职业技术学院等 10 个单位为 2017—2018 年度维护稳定、校园治安综合治理工作先进单位，各颁发奖金 3 000 元；授予林学院等 3 个单位为防火工作先进单位，各颁发奖金 2 000 元（内农大综字〔2019〕4 号）。

5 月 15 日　内蒙古农业大学职业技术学院召开 2017—2018 年度维护稳定、校园治安综合治理总结表彰大会暨 2019 年工作部署会，对 4 个维护稳定、校园治安综合治理工作先进集体和 2 个防火工作先进单位进行表彰。

5 月 15 日　美国南达科他州立大学农业与生物科学学院 Bob Thaler 教授、Sharon Clay 教授带领 19 位学生来内蒙古农业大学参观交流。

5 月 15 日　内蒙古农业大学组织师生赴内蒙古展览馆参观内蒙古自治区成立 72 周年图片展。

5 月 15 日—6 月 2 日　内蒙古农业大学举办第二十届大学生宿舍文化节。

5 月 17 日　内蒙古农业大学举办 2019 届毕业生夏季“双向选择”洽谈会。

5 月 17 日　内蒙古农业大学举行 2018 年度精品党日评选表彰大会。

5 月 17—22 日　在内蒙古自治区第十一届大学生运动会网球校园组比赛中，内蒙古农业大学男子网球队分别获得男团、男双、男单冠军。

5 月 18 日　内蒙古自治区教育厅公布 2019 年度自治区高校思想政治工作项目计划，内蒙古农业大学被列为自治区高等学校“三全育人”综合改革试点（学校试点），马克思主义学院被列为自治区高校马克思主义学院标准化建设项目，贺斐被列为自治区高校思想政治工作中青年骨干队伍建设项目，贺斐负责的网络育人项目“依托名师工作室构建少数民族地区网络育人”被列为自治区高校思想政治工作精品项目（内教学工函〔2019〕18 号）。

5 月 18 日　内蒙古师范大学附属中学 40 余名师生走进内蒙古农业大学参观学习。

5 月 18 日　内蒙古农业大学举办第二届“奔跑吧！IMAU”校园定向赛。

5 月 20 日　内蒙古蒙荣园林绿化工程有限责任公司与内蒙古农业大学林学院签署合作协议书。

5 月 21 日　内蒙古农业大学举办网络信息安全培训。

5 月 21 日—6 月 17 日　内蒙古农业大学承办 2019 年蒙古国动物疾病防疫技术培训班。

5 月 22 日　内蒙古农业大学举行第二届教授委员会主任委员聘任仪式。

5 月 22 日　二连浩特市园林局与内蒙古农业大学林学院签署加快推进园林绿化病虫害防治科技发展合作框架协议。

5 月 23 日　内蒙古自治区教育厅公布 2019 年自治区级大学生创新创业训练计划项目名单，内蒙古农业大学报送的创新训练项目 8 项、创业训练项目 2 项、创业实践项目 2 项通过审核。

5月23日 内蒙古农业大学举办第三届“农大朗读者”决赛暨2019年读书月闭幕表彰大会。

5月24—25日 内蒙古农业大学举办第五十四届田径运动会。

5月25—26日 在第九届全国大学生市场调查与分析大赛总决赛暨第八届海峡两岸大学生市场调查与分析大赛大陆地区选拔赛中，内蒙古农业大学理学院2支学生代表队获得一等奖，学校获得最佳院校组织奖。

5月26日 在第二十四届中国大学生网球锦标赛华北赛区比赛中，内蒙古农业大学男子网球队获得分区赛亚军，进入全国总决赛。

5月26日 内蒙古农业大学确定2019年本专科招生计划，面向内蒙古、北京、天津、新疆、西藏等30个省（区、市）计划招生8 095人。其中，计划招生本科7 095人（含蒙古语授课1 030人，其中民族预科班120人、民族班70人、预科计划转段119人；对口中职本科690人；汉授美术90人；校企合作办学120人）；高职高专1 000人（其中蒙古语授课30人，对口高职专科315人，单独考试64人）。新增本科招生专业“家具设计与工程”“数据科学与大数据技术”。

5月27日 内蒙古农业大学与白俄罗斯莫吉廖夫国立大学签署合作协议。

5月31日 内蒙古农业大学举行庆祝中国计划生育协会“5·29”会员日暨第三届青春健康文化节闭幕式。

5月 共青团内蒙古自治区委员会公布《关于表彰2018年度“全区优秀共青团员、团干部”和“全区五四红旗团委、团支部”的决定》。内蒙古农业大学团委获得“全区五四红旗团委”荣誉称号；动物科学学院团委获得“全区五四红旗团支部”荣誉称号；能源与交通工程学院团委书记柴志虹获得“全区优秀共青团干部”荣誉称号；林学院2016级消防工程1班学生张鑫、食品科学与工程学院2016级酿酒工程1班学生游明坤获得“全区优秀共青团员”荣誉称号。

5月 内蒙古农业大学沙漠治理学院2015级水土保持与荒漠化防治专业学生郭欣宇获得“第十四届中国大学生年度人物”入围奖。

六月

6月1日 内蒙古农业大学林学院与内蒙古厚德职业培训学校签署合作办学协议。

6月2日 内蒙古农业大学举办留学生消防安全知识讲座，并进行灭火逃生演练。

6月3日 内蒙古自治区教育厅公布2019年本科高校校企合作举办专业备案名单（内教高函〔2019〕29号），内蒙古农业大学申报的校企合作举办专业“数据科学与大数据技术”被批准备案。

6月3日 内蒙古自治区教育厅批准内蒙古农业大学高丽萍负责的自治区高校人文社会科学重点研究基地“社会主义意识形态研究基地（培育）”和闫素梅、刘景辉负责的自治区高校重点实验室（工程研究中心）“动物营养与饲料科学重点实验室”“燕麦工程研究中心”立项建设（内教高函〔2019〕66号）。

6月3日 内蒙古自治区教育厅认定内蒙古农业大学“现代马业健康发展协同创新培育中心”为2019年自治区协同创新培育中心（内教技函〔2019〕65号）。

6月3日 内蒙古农业大学授予动物科学学院乌达巴拉等865名学生“三好学生”荣誉称号，授予兽医学院侯丽娜等437名学生“优秀学生干部”荣誉称号（内农大校发〔2019〕18号）。

6月6日 内蒙古农业大学召开“勤则通”助学金座谈会。

6月6日 内蒙古农业大学举办“母校情 创业路”优秀校友主题形势政策报告会。邀请北京绿京华生态园林股份有限公司董事长李夺校友、天津市现代天骄农业科技有限公司创办人兼董事长孙超校友回校，为学校师生作报告。

6月6日 内蒙古农业大学举办2019年第二期高中生进校园活动，邀请乌拉特前旗蒙古族中学的50余名师生来校参观学习。

6月6日 内蒙古农业大学举行以“爱祖国、担大任、做新人”为主题的第14届“十佳毕业生”颁奖典礼，对10名获得“十佳毕业生”提名奖学生进行表彰。

6月8—14日 在内蒙古自治区第十一届大学生运动会大学本科组篮球比赛中，内蒙古农业大学男子校园组代表队获得冠军，男子超级组和女子超级组代表队均获得亚军。

6月10日 内蒙古农业大学召开校领导“大学习大讨论”调研工作总结会暨校党委理论学习中心组研讨会。

6月10—11日 内蒙古农业大学组织20余名来华留学生赴鄂尔多斯市鄂托克旗开展“感知内蒙古——乡村振兴行动”主题活动。

6月11日 内蒙古师范大学党委组织部部长褚亚申一行14人来内蒙古农业大学进行调研交流。

6月12—15日 内蒙古农业大学4名留学生受邀参加国家留学基金委第四届“感知中国——首都行”活动。

6月13日 内蒙古农业大学授予动物科学学院吴青春等394名学生2019届优秀毕业生荣誉称号（内农大校发〔2019〕19号）。

6月13日 内蒙古农业大学联合内蒙古银行业协会、内蒙古晨报社举办普及金融知识万里行大学生宣讲活动。

6月13日 蒙古国生命科学大学副校长巴图楚伦率团一行10人访问内蒙古农业大学，并签署校际合作协议。

6月15日 内蒙古师范大学附属中学、呼和浩特市第十四中学、呼和浩特市第二职业中等专业学校家长与学生共52人走进内蒙古农业大学，参加第三期高中生进校园活动。

6月15日 内蒙古农业大学党委副书记、校长高聚林主持召开学科建设专题报告会。中国工程院院士李坚，东北林业大学木材科学与技术学科主任郭明辉，南京林业大学材料科学与工程学院院长梅长彤，浙江农林大学工程学院院长金春德作为报告人出席活动。

6月15—21日 内蒙古农业大学食品科学与工程学院教授张美莉应邀赴葡萄牙波尔图参加第20届欧洲食品化学大会、提交论文并开展学术交流（内政出字〔2019〕0130号）。

6月16日 内蒙古农业大学举办夏季实习·就业洽谈会。

6月17日 2018—2019年度阿迪达斯全国青少年校园足球联赛大学男子校园组总决赛在内蒙古农业大学举行。

6月17日 内蒙古农业大学邀请“时代楷模”、大连海事大学曲建武教授为师生作专题报告。

6月17—18日 内蒙古农业大学沙漠治理学院承办第25个世界防治荒漠化与干旱日纪念大会暨荒漠化防治国际研讨会。

6月18日 在校地企合作共建内蒙古农业大学清水河县乡村振兴综合试验站、特色产业基地、科技服务点签约及揭牌仪式上，内蒙古农业大学分别与清水河县政府、内蒙古草原同源牧业有限公司、内蒙古颐康牧业有限公司、内蒙古博煜农林牧开发有限公司、内蒙古蒙清农业科技开发有限责任公司签订共建内蒙古农业大学清水河县乡村振兴综合试验站、肉驴产业、奶羊产业基地、海红果产业基地、杂粮产业基地等多项战略合作协议。

6月18日 内蒙古农业大学举办诚信教育主题活动——“贷款伴你成长 诚信引领未来”毕业生征信知识专题讲座。

6月18日 内蒙古农业大学联合内蒙古自治教育厅协办2019年第二期教育部“平安留学”行前培训会。

6月20日 内蒙古农业大学举行毕业典礼暨学位授予仪式，欢送毕业的820名博硕士研究生、7 031名本专科生。

6月20日 在全国农科学子联合实践行动华北片区启动仪式暨第二届创新创业大赛华北片区复赛中，内蒙古农业大学农学院推选的参赛项目“碳索未来”获得大赛一等奖，“扶贫之路——‘油’然而生”“农柏除草”获得大赛二等奖，“脱贫攻坚，忆苦思甜”获得大赛三等奖，创新论文《燕麦耐盐内生真菌的分离与鉴定》获得优秀奖，学生郭丹、赵鑫瑶获得知识竞赛二等奖。

6月21日 “十三五”国家重点研发计划课题“木材细胞壁结构调控对性能的影响机制”中期检查评估会在内蒙古农业大学举行。

6月21日 内蒙古农业大学党委副书记、校长高聚林赴京参加“一带一路南南合作农业教育科技创新联盟”平台项目合作推进会，并在会上做了项目介绍和推广。

6月21—23日 由内蒙古农业大学承办的内蒙古自治区第七届“路达杯”大学生结构设计竞赛在内蒙古农业大学举办。学校获得优秀组织单位奖，参赛队在本届竞赛中获得二等奖1项、三等奖3项。

6月22日 内蒙古农业大学举办第五届“互联网+”大学生创新创业大赛决赛。

6月23日 商务部下达2019年度第二批援外培训项目实施任务的通知，内蒙古农业大学10个来华双边培训项目获得批准立项。

6月23日 在内蒙古自治区“主席杯”校园足球四级联赛大学本科校园组女子比赛中，内蒙古农业大学女子足球队获得亚军。

6月24日 “国家艺术基金2019年度艺术人才培养项目——蒙古族传统工艺美术与创新应用设计人才培养项目”启动仪式在内蒙古农业大学举行。

6月24日 2018—2019年度阿迪达斯全国青少年校园足球联赛大学男子校园组总决赛在内蒙古农业大学举行。内蒙古农业大学获得比赛第四名，并获得“比赛道德风尚奖”荣誉称号。

6月26日 内蒙古农业大学公布2019届毕业生优秀学士学位论文评选结果，“malat1对小白鼠肠道健康的影响”等153篇论文被评为优秀论文（内农大教字〔2019〕16号）。

6月27日 内蒙古自治区人民政府、内蒙古军区对征兵工作先进单位和个人进行通报表彰，内蒙古农业大学学生工作处教育管理科科长段晓梅被评为征兵工作先进个人（内征〔2019〕17号）。

6月27日 内蒙古农业大学举行“A+学科的创生与内驱动发展”主题学科建设报告会，邀请中国工程院院士、第十二届国际油菜大会科学委员会主席官春云院士作学术报告。

6月27日 内蒙古农业大学党委书记王万义参加教育部2018—2022年高等学校专业设置与教学指导委员会第一次全体会议，被聘为“教育部高等学校专业设置与教学指导委员会委员”。

6月28日 内蒙古农业大学党委书记王万义、党委副书记、校长高聚林受邀参加由教育部高等教育司指导、教育部新农科建设工作组主办的新农科建设安吉研讨会。

6月28日 内蒙古农业大学与内蒙古自治区统计局、内蒙古财经大学共同举行“共建实践教学基地”签约揭牌仪式。

6月29日 内蒙古农业大学举办第五届师生党员知识竞赛，主题是“学习强国，党员先行；奋进追梦，争做先锋”。

6月29日—7月7日 内蒙古农业大学举办第三届教职工五人制足球比赛。

6月30日 内蒙古农业大学理学院数学与统计学系副主任苏金梅被内蒙古自治区党委评为“内蒙古自治区优秀共产党员”（内党字〔2019〕27号）。

6月30日 内蒙古农业大学举办校园开放日暨高考招生咨询会活动。

6月30日 在“正大杯”大学生创新创业实战营销大赛北方区总决赛中，内蒙古农业大学“属意正浓”代表队获得冠军，内蒙古农业大学职业技术学院“凌云战队”获得亚军。

6月 内蒙古农业大学机电工程学院辅导员许驭获得教育部颁发的“第十一届高校

辅导员年度人物”入围荣誉证书。

七月

7月1日 内蒙古农业大学马属动物研究中心邀请马遗传学与基因组学专家、法国Ludovic Orlando教授和马遗传学家、日本Teruaki Tozaki教授来校作马科学研究专题报告。

7月2日 内蒙古农业大学对学校第七届200间“百佳宿舍”、2018—2019年度113名“优秀宿管干部”以及获得“服务之星”称号的17名公寓管理员进行表彰通报，其中值班员8名、卫生员9名。

7月2日 内蒙古农业大学举办第四届“爱祖国、担大任、做新人”主题学生党员观影交流会。

7月2日 “2019高校招生服务光明大直播”全媒体团队走进内蒙古农业大学，了解学校各学院专业设置情况。

7月2日 内蒙古农业大学党委副书记、校长高聚林主持召开期末考试及实习安全布置工作会。

7月2日—8月23日 内蒙古农业大学2019年本、专科录取8 327人，其中本科7 237人，高职高专983人，高职扩招107人。本科招生录取涉及艺术类、国家专项、地方专项、本科一批、本科二批、中职本科、校企合作、八省区对等计划、博州专项、巴州专项、高水平运动员、专升本、预科转段等多个招生类别批次。本科涉及全国30个省（区、市）89个专业，专科涉及全国6个省（区、市）33个专业。

7月4日 内蒙古农业大学党委书记王万义将全校教职工捐赠的救灾款18.2万元及各类救灾物资，捐赠给遭遇洪涝灾害的学校定点帮扶四子王旗吉生太镇公合成建制村村委会。

7月4日 中国动物疾病预防中心副主任、中国兽医协会副会长兼秘书长、内蒙古农业大学兽医学院1987届优秀校友辛盛鹏来校作专题报告。

7月5日 内蒙古农业大学公布第二批示范课程验收结果，“分析化学”等7门验收合格的课程被授予“示范课程”称号（内农大教字〔2019〕17号）。

7月5日 浙江大学校长助理、新农村发展研究院院长陈昆松教授一行4人来内蒙古农业大学调研交流工作。

7月5—7日 内蒙古农业大学承办虚拟仿真实验教学创新联盟“西部行”活动暨内蒙古虚拟仿真教学建设及应用研讨会。

7月6日 2019年度国家社会科学基金项目、2019年度内蒙古自治区社会科学规划项目评审结果公布，内蒙古农业大学共15个项目获批立项。

董捷主持的“银行贷款利率管制放松对西部地区实体经济影响研究——基于准自然实验的证据”、范斌主持的“大数据环境下的少数民族特色文化课程建设与数字化教材开发研究”2个青年基金项目和高丽萍主持的高校示范马克思主义学院和优秀教学科研团队建设项目“西部地区高校思想政治理论课教学创新研究”获批教育部人文社会科学研究项目立项；盖志毅主持的“改革开放40年内蒙古库布齐沙漠生态环境保护研究”2个一般项目获批国家社科基金年度项目和青年项目立项。

于翠英主持的“内蒙古东部盟市脱贫攻坚与土地经营权流转有机融合研究”等3个重点项目、闫晔主持的“内蒙古农业碳中和的概念模型、减排机制与补偿机制研究”等5个一般项目、亓丹主持的“民族地区红色资源融入高校思想政治理论课教学路径研究”等2个青年项目，获批内蒙古自治区社会科学规划项目立项。

7月6—8日 全国农林院校研究生教育思政工作2019年年会在内蒙古农业大学召开。

7月7—12日 应“美国农业与生物工程师协会2019国际学术年会”大会组委会主任杰西卡·贝尔教授的邀请，内蒙古农业大学史海滨教授一行5人赴美国波士顿参加会议，提交论文并开展学术交流（内政出字〔2019〕0198号）。

7月8—22日 应蒙古国科技大学副校长那恩·铁木尔普日布的邀请，内蒙古农业大学副校长芒来教授率2名教师、2名学生赴蒙古国就蒙古马马奶马肉开发开展学术技术交流，并根据2018—2020年政府间国际科技创新合作重点专项——《马奶马肉产品综合开发及其相关基因的挖掘研究》科研课题开展学术研究（内政出字〔2019〕0291号）。

7月9日 内蒙古农业大学举行2019届少数民族预科生结业典礼。

7月9日 “内蒙古历史文化及自然生态探索之旅”香港师生交流团一行90余人来内蒙古农业大学参观交流。

7月11日 国家自然科学基金委员会计划局成果与评估处、科学技术部国家评估中心相关负责人一行5人来内蒙古农业大学调研，听取学校相关专家对国家自然科学基金绩效评价的意见和建议。

7月12日 内蒙古农业大学与达拉特旗人民政府举行校地企合作共建内蒙古农业大学达拉特旗乡村振兴综合试验站、特色产业基地、科技服务点签约及揭牌仪式。

7月13—16日 内蒙古农业大学联合中国林业科学研究院举办森林草原交错区火灾防控技术研讨会。

7月13—16日 在第六届全国大学生水利创新设计大赛中，内蒙古农业大学水利与土木建筑工程学院推选的2个作品“基于USAB+MBR的乳制品废水处理装置”“污泥两相厌氧发酵产电装置”获得特等奖，1个作品“离心式油水分离装置”获得一等奖，学校荣获优秀组织奖。

7月14日 内蒙古农业大学同意职业技术学院组建作物育种科技创新团队、家畜（禽）繁殖与育种科研团队、农产品加工与贮藏科研团队、中国·敕勒川现代农业博览园运营管理及信息化研究创新团队、新农村发展建设及乡村旅游科技创新团队、内蒙古民间工艺美术研究团队6个科技创新团队（内农大校发〔2019〕22号）。

7月15日 内蒙古农业大学举办寒旱区园艺植物保护学科发展论坛暨内蒙古农业大学园艺与植物保护学院成立揭牌仪式。

7月16日 国家林草局北方抗旱耐寒草品种育繁工程技术研究中心评审会在内蒙古农业大学召开。国家林业和草原局科技司组织专家组对内蒙古农业大学草原与资源环境学院申报的“国家林草局北方抗旱耐寒草品种育繁工程技术研究中心”进行评审。

7月17日 河南农业大学纪委副书记、监察处处长王宾齐一行3人来内蒙古农业大学调研交流工作。

7月17日 “鹍鹏会中国台湾青年学生内蒙古研习营”一行32人来内蒙古农业大学参访交流。

7月17—18日 教育部草学类专业教学指导委员会2019年第一次全体会议在内蒙古农业大学召开。

7月22日 内蒙古农业大学动物营养与饲料科学重点实验室、燕麦工程研究中心、社会主义意识形态研究基地（培育）、内蒙古农村牧区发展研究所4个自治区高校科技创新平台通过内蒙古教育厅评估。

7月23日 内蒙古农业大学批准“智慧化猪场养殖生产观摩”等11个项目为2019年度校级虚拟仿真实验教学项目（内农大教字〔2019〕21号）。

7月24—31日 内蒙古农业大学开展“青年红色筑梦之旅——百名博士兴安行”活动。

7月25日 内蒙古农业大学开展大学生志愿者暑期文化科技卫生“三下乡”社会实践活动。

7月25日 “香港教育科技菁英力量内蒙古学习考察团”一行20人来内蒙古农业大学参观交流。

7月26—28日 “十三五”国家重点研发计划项目“严重危害畜禽的寄生虫病诊断、检测与防控新技术”中期交流会暨2019年度项目交流会在内蒙古农业大学举行。

7月27日 内蒙古农业大学举行2019届赴新疆和田地区工作毕业生欢送会。

7月27—29日 由内蒙古农业大学经济管理学院承办的全国高端会计人才培养工程学术七期集训营暨内蒙古高校会计学者学术研讨会召开。

7月28日 甘肃农业大学党委书记钟福国一行8人来内蒙古农业大学考察调研、交流工作。

7月28日 青岛农业大学校长宋希云一行3人来内蒙古农业大学交流考察。

7月30日—8月1日 内蒙古农业大学派出石岭教授、李小燕教授、张玉教授3位专家，与内蒙古医科大学6位专家组成“内蒙古统一战线专家服务团”，赴赤峰市林西县开展为期3天的综合服务。

7月31日—8月2日 内蒙古农业大学承办“第三届作物黄萎病研究专题学术研讨会”。

八月

8月1日　内蒙古自治区党委组织部公布第九批“草原英才”工程评审结果（内组通字〔2019〕23号），内蒙古农业大学孙志宏带头的“中国母乳中乳酸菌和双歧杆菌多样性——益生乳酸菌与肠道微生物”团队入选常规评审类产业创新创业人才团队一层次，史彬林、张峰带头的“动物环境与营养研究创新人才团队”、张峰带头的“纳米生物医药产业创新人才团队”入选二层次；白玉娥、郭金丽、马龙、史小红、孙继颖、王志刚、张圣微、张心灵、周洪友9人入选常规类“草原英才”培养人才，格日乐其木格、唐芳入选刚性引进人才；闫素梅带头的“改善奶牛乳腺健康和乳品质的营养调控技术研究创新人才团队”、石凤翎带头的“内蒙古高原乡土草种质资源遗传改良与利用创新人才团队”、王喜明带头的“沙生灌木纤维化能源化开发利用创新人才团队”、刘淑英带头的“羊疫病防控关键技术与装备研发创新人才团队”4个团队入选滚动支持计划产业创新创业人才团队、高层次人才创新创业基地二层次；陈永福、李国婧、史海滨入选滚动支持计划“草原英才”培养人才；张和平、周欢敏入选领军人才；“畜禽安全生产与健康养殖协同创新人才团队”“土默川平原盐碱地生态修复机理与技术创新集成团队”“现代农牧业工程技术研发及应用”“盐渍化灌区水盐运移机理与盐碱障碍生态调控技术创新人才团队”4个团队入选第八批“草原英才”工程常规团队，王喜明、陈霞、赵宝平、王忠武、赵元凤、云岚、李小燕、格根图、赵明敏、任海燕10人入选常规个人，“玉米高产高效创新人才团队”“高效绿色肉与肉制品生产和加工关键技术与产业化开发创新人才团队”“河湖湿地水环境保护与修复技术研究创新人才团队”3个团队入选滚动团队，张峰、张和平入选滚动个人。

8月1—2日　内蒙古农业大学承办“全球变化下土壤物理学的机遇与挑战”学术研讨会。

8月6日　内蒙古农业大学与荷兰瓦赫宁根大学联合举办“分子植物育种技术专题研讨会”。

8月8日　中国科学技术交流中心党委书记陈志敏一行4人来内蒙古农业大学参观考察，参观乳品生物技术与工程教育部重点实验室。

8月12日　内蒙古农业大学与加拿大阿尔伯塔大学签署本科生交换项目协议。

8月13—19日　内蒙古农业大学动物科学学院张玉教授应邀赴澳大利亚昆士兰州参加“农场动物福利科学与人类义务国际研讨会”，宣读学术论文并开展学术交流（内政出字〔2019〕0217号）。

8月14日　罗马尼亚农业科学和兽医大学葡萄栽培和酿酒学博士Cintia Colibaba教授访问内蒙古农业大学园艺与植物保护学院。

8月16日　内蒙古农业大学教师张文羿负责的项目“乳酸菌资源开发的组学基础研究”获得国家优秀青年科学基金项目资助。

8 月 18 日 内蒙古农业大学与通辽市科尔沁区举行校地企合作共建乡村振兴综合试验站、特色产业基地、科技服务点签约及揭牌仪式。

8 月 18 日 在包头国际马拉松比赛中，内蒙古农业大学经济管理学院学生史立莹以 2 小时 49 分 25 秒的成绩夺得冠军。

8 月 19—24 日 内蒙古农业大学园艺与植物保护学院史丽教授应邀赴中国香港进行昆虫鉴定及交流工作（内政出字〔2019〕0326 号）。

8 月 20—22 日 内蒙古农业大学承办“2019 年国际奶牛新技术大会暨奶牛绿色发展技术集成模式研究与示范项目会”。

8 月 21—24 日 内蒙古农业大学职业技术学院派师生全程参与“永远的蒙古马——与世界共享”第二届中国马文化节暨首届内蒙古国际马文化博览会系列活动之 2019“一带一路”马球公开赛（内蒙古站）。

8 月 23 日 在第二届全国农科学子创新创业大赛中，内蒙古农业大学申报的 2 个项目“碳索未来”“扶贫之路——‘油’然而生”分别获得“未来农业”奇思妙想赛道二等奖和“中国农业 2025”乡村振兴赛道二等奖；农学院 2018 级植物科学与技术 2 班学生杨春红和 2017 级农学卓越班学生付瑞芳分别获得农业微课程竞赛个人赛一等奖和优秀奖。

8 月 24 日—9 月 1 日 内蒙古农业大学农学院王志刚一行 7 人应邀赴塞尔维亚诺维萨德大田作物和蔬菜研究所及荷兰瓦赫宁根大学进行玉米、向日葵育种栽培方面的学术交流，讨论学术合作，实地调研实验室（内政出字〔2019〕0373 号）。

8 月 25 日 在第五届中国“互联网+”大学生创新创业大赛中，内蒙古农业大学选送的农学院项目“科技扶贫，以麦相传”（青年红色筑梦之旅赛道）、“马铃薯产业数字革命”（高教主赛道）和职业技术学院项目“农大 1 号——植物源复合不育剂”（职教赛道）获得大赛金奖，并被推荐参加全国决赛。农学院项目“高原圣米，粮中贵族—蒙农大燕麦”“碳索未来”、材料科学与艺术设计学院项目“游幕智能科技”、林学院项目“动作类体育智能纠错教学系统”（高教主赛道）和研究生院项目“百名博士兴安行”（青年红色筑梦之旅赛道）获得大赛银奖。

8 月 25 日—9 月 1 日 内蒙古农业大学理学院闫祖威教授应邀赴新西兰克莱斯特彻奇市参加国际会议，并访问相关实验室（内政出字〔2019〕0301 号）。

8 月 26—28 日 内蒙古农业大学召开“不忘初心、牢记使命；以本为本、质量立校”处级干部专题研讨班。中国农业大学党委常委、副校长王涛应邀为研讨班作报告。

8 月 29 日 内蒙古农业大学申报的“新工科背景下电器类专业校企协同育人探索研究”等 30 项课题通过评审被列为内蒙古自治区教育科学“十三五”规划立项课题，1 项课题“基于翻转课堂的混合式大学英语写作课实践研究”被列为自治区教育科学“十三五”规划外语、艺术教育研究专项立项课题（自筹）（内教科规划办〔2019〕5 号）。

8 月 29 日 科技部科学技术交流中心欧洲处处长董克勤等一行来内蒙古农业大学

对中蒙政府间合作项目进展情况进行调研。

8月29日 日本京都大学近藤直教授、圣母清心女子大学二階堂裕子教授、冈山大学難波和彦、駄田井副教授等一行6人访问内蒙古农业大学。

8月29日 在第七届感动内蒙古人物颁奖盛典上，内蒙古农业大学原副校长李金泉教授荣获感动内蒙古人物称号。

8月30日 内蒙古农业大学举行秋季食品安全、生产安全和消防安全培训会。

8月30日 内蒙古农业大学举行2019级新生班主任培训会。

九月

9月1日 内蒙古农业大学党委书记王万义，党委委员、副校长乔彪一行深入教学一线，全面检查和指导新学期各项准备工作的开展情况。

9月1—7日 应菲律宾贸易与工业部标准局主任詹姆斯·E. 艾丕诺工程师的邀请，内蒙古农业大学材料科学与艺术设计学院姚利宏教授一行2人赴菲律宾马尼拉市参加国际标准化组织竹藤技术委员会2019年工作组会议，进行学术交流（内政出字〔2019〕0384号）。

9月2日 内蒙古农业大学在3个校区同步举行2019—2020学年度“开学第一课”主题升国旗仪式。

9月3日 内蒙古农业大学韩国栋被国家林业和草原局确定为第二批“全国林业和草原教学名师”（林人发〔2019〕86号）。

9月3日 内蒙古自治区党委组织部组织三处处长郃立群等一行4人来内蒙古农业大学进行高校党建调研。

9月3日 内蒙古自治区教育厅公布2019—2020年度自治区高等学校教学改革科学研究立项结果（内教高函〔2019〕43号），内蒙古农业大学苏颖主持的“基于微课的混合式大学英语听说课程的实践研究”（项目编号2019NMGJ016）、田原主持的“线上+线下混合教学模式下通过公外学生听力水平的行动研究”（项目编号2019NMGJ021）、职业技术学院文梅主持的“‘产出导向法’视域下高职英语有效学习路径研究”（项目编号2019NMGJ031）3项英语课题，王焕主持的“混合式教学在《大学物理》课程中应用与实践”（项目编号2019NMGJ060）、李凤敏主持的“大学物理课程教学改革研究与实践”（项目编号2019NMGJ063）2项物理课题，被批准为政策支持课题立项建设；高静主持的计算机课题“‘新农村’背景下农林专业‘Python+数据库吸引到课程’的线上线下混合式教学研究与实践”（项目编号2019NMGJ036）被批准为重点项目课题立项建设。

9月3—4日 内蒙古农业大学开展2019级6 000余名新生迎新工作。

9月6日 内蒙古农业大学举行2019级新生开学典礼暨军训动员大会。

9月8—15日 内蒙古农业大学水利与土木建筑工程学院史海滨教授一行4人应邀

赴摩洛哥拉巴特市参加国际农业与税务系统工程学会第五届国际会议，提交论文并开展学术交流（内政出字〔2019〕0378号）。

9月8日 蒙古国食品农业轻工业部部长乌兰等一行6人访问内蒙古农业大学。

9月10日 内蒙古农业大学附属中学、内蒙古农业大学幼儿园被评为呼和浩特市赛罕区2018—2019学年“教育系统先进集体”，附属中学孙晓嫚、马建华、周秀然、李燕、闫峻、李千被评为“优秀教师”，附属中学刘秋艳、幼儿园康英英被评为“优秀教育工作者”，附属中学李静、焦颖、董慧峰、武永兰被评为“优秀班主任”，附属中学王廉、张丽娜被评为“优秀德育工作者”（呼赛教工委〔2019〕25号）。

9月10日 内蒙古农业大学党委副书记、校长高聚林就人才培养、科学研究、人员交流以及共建“一带一路”青岛研究院等方面赴青岛农业大学调研，双方签署战略合作框架协议。

9月10日 内蒙古农业大学对第五届校级10名“教学名师”和10名“教坛新秀”进行表彰（内农大教字〔2019〕25号）。

9月10日 内蒙古农业大学印发《关于在全校青年学生中开展“懂农业、爱农村、爱农民”系列主题团日活动的通知》（内农大团发〔2019〕10号）文件，组织全校青年学生分层次、分阶段、多形式开展“一懂双爱”主题团日活动。

9月11日 内蒙古农业大学林学院教师高润红、张秀卿、周梅、段广德、高永、刘殿国当选内蒙古自治区自然保护地评审委员会专家委员（内林草保函〔2019〕329号）。

9月12日 内蒙古农业大学附属中学对2018—2019学年度各方面表现突出的先进教师进行表彰（内农大附中校发〔2019〕3号）。

9月15日 内蒙古农业大学举行2019级学生军训成果总结汇报大会。对10个学生军训工作先进单位、11个歌咏比赛优胜单位、25个会操优秀连队、21名帮训教官、24名优秀指导员、123名军训标兵进行表彰（内农大学字〔2019〕16号）。

9月16日 教育部办公厅发布《教育部办公厅关于认定2019年度省部共建协同创新中心的通知》，内蒙古农业大学申报的“乳酸菌与发酵乳制品省部共建协同创新中心”获批，实现学校国家认定的省部共建协同创新中心零突破。

9月16日 新西兰梅西大学副校长Stephen Kelly教授一行访问内蒙古农业大学。

9月16日 内蒙古农业大学举行“一带一路”暨中蒙合作成果总结汇报会。

9月18日 内蒙古农业大学召开“不忘初心、牢记使命”主题教育动员部署会和巡回指导组工作培训会。

9月18日 内蒙古农业大学邀请香港城市大学岳晓东教授围绕“心理教育与师生发展”开展主题系列讲座。

9月19日 呼和浩特市赛罕区民政局准予内蒙古农业大学附属中学科教服务中心注销登记（呼赛民政许准注字〔2019〕第005号）。

9月22—28日 内蒙古农业大学双全教授一行4人应邀赴澳大利亚墨尔本参加

“第 13 届国际工程与食品大会”，提交论文并开展学术交流（内政出字〔2019〕0356 号）。

9 月 24 日 内蒙古自治区财政厅总会计师高迎光一行来内蒙古农业大学调研交流，检查指导马属动物研究中心工作。

9 月 24 日 内蒙古农业大学 2018 级 114 名优秀本科生转专业录取（内农大教字〔2019〕27 号）。

9 月 24—27 日 内蒙古农业大学党政办公室主任王永明一行 2 人应邀访问波兰波兹南生命科学大学，参加第四届“2019 年丝绸之路农业教育科技合作论坛创新联盟”年会暨丝绸之路农业教育科技合作论坛（内政出字〔2019〕0451）。

9 月 25 日 内蒙古农业大学选送的 2 个项目“马铃薯产业数字革命”和“科技扶贫以麦相传”入围第五届中国“互联网+”大学生创新创业大赛全国总决赛，并代表自治区参加高校主赛道和青年红色筑梦之旅赛道全国总决赛。

9 月 26 日 内蒙古农业大学被人力资源和社会保障部批准设立第九批国家级专业技术人员继续教育基地，获得中央财政一次性补助经费 300 万元。

9 月 26 日 内蒙古农业大学王志刚、李瑞平被内蒙古自治区人力资源和社会保障厅确定入选 2019 年度自治区“新世纪 321 人才工程”第一层次人选，刘文俊、姚利宏、贾立国、史小红、马艳红、于晓芳入选第二层次人选（内人社发〔2019〕46 号）。

9 月 27 日 内蒙古农业大学离退休人员工作处党总支联合老年书画协会举办了“农苑心向党 丹青颂中华”庆祝中华人民共和国成立 70 周年书画展、“爱祖国”歌舞会。

9 月 28 日 内蒙古农业大学举办 2020 届毕业生秋季人才供需洽谈会。

9 月 29 日 内蒙古农业大学刘景辉被内蒙古自治区人民政府授予 2019 年度“内蒙古自治区杰出人才奖”（内政字〔2019〕75 号）。

9 月 29 日 内蒙古自治区总工会副主席傲木格、自治区教科文卫体工会主席温岚来内蒙古农业大学为张和平教授颁发“庆祝中华人民共和国成立 70 周年”纪念章和“张和平创新工作室”牌匾。

9 月 29 日 在第八届中国创新创业大赛沙产业大赛中，内蒙古农业大学沙漠治理学院 2019 级水保硕士研究生郭欣宇、2017 级土管 1 班本科生卓拉分别获得全国二等奖和优秀奖。

9 月 29 日 蒙古国驻呼和浩特总领事馆领事钢图拉格给内蒙古农业大学发来蒙中建交 70 周年和中华人民共和国成立 70 周年贺信。

9 月 29 日 内蒙古农业大学举办庆祝中华人民共和国成立 70 周年“我和我的祖国”教职工合唱比赛。

9 月 30 日 内蒙古农业大学举办第四届党员读书交流会。

十月

10月1日 内蒙古农业大学举办庆祝中华人民共和国成立70周年升国旗、唱国歌、朗诵等系列活动。

10月3日 内蒙古农业大学林学院张文波教授在湖北宜昌见义勇为，抢救落水者不幸辞世，享年48岁。

10月8日 内蒙古农业大学靳烨被内蒙古自治区人民政府授予2019年度“内蒙古自治区突出贡献专家”荣誉称号（内政字〔2019〕77号）。

10月8日 内蒙古自治区社会科学界联合会建议内蒙古农业大学将内蒙古社会科学基金项目按照省部级项目对待。

10月9—11日 内蒙古农业大学副校长芒来应邀参加高等学校新农村发展研究院第二届乡村振兴论坛并作交流发言。

10月10日 内蒙古自治区政府副主席欧阳晓晖一行3人来内蒙古农业大学调研，考察学校内蒙古自治区乳品生物技术与工程教育部重点实验室和内蒙古自治区水资源保护与利用重点实验室建设运行情况。

10月10日 正大集团卜蜂国际（中国区）首席执行官，正大集团农牧食品企业（中国区）资深副董事长白善霖来内蒙古农业大学作“农业4.0与现代农业新商业文明”专题报告。

10月10—12日 内蒙古农业大学举办大学生职业生涯规划与就业指导课程师资培训班。

10月11日 摩尔多瓦科学院大学原校长玛丽亚·杜卡（Maria Duca）、罗马尼亚农业科学院向日葵研究所研究员玛丽亚·乔塔·帕库兰努（Maria Joita-Pacureanu）、助理研究员弗洛林·加布里埃尔·安东（Florin Gabriel Anton）一行3人访问内蒙古农业大学，双方签署中国内蒙古农业大学和摩尔多瓦科学院大学合作协议。

10月11日 内蒙古农业大学第十一届农艺文化节开幕。

10月12日 内蒙古农业大学举办“不忘初心、牢记使命”于海俊同志先进事迹报告会。

10月12—13日 在第六届全国高校“联盟杯”互联网+虚拟仿真经营大赛中，内蒙古农业大学经济管理学院代表队获得全国总决赛团队二等奖、三等奖，教师郑喜喜和郭晓春荣获优秀指导教师二等奖、三等奖。

10月13日 内蒙古农业大学党委书记王万义主持召开“不忘初心、牢记使命”主题教育校领导调研成果交流会。

10月14日 内蒙古农业大学党委副书记、校长高聚林主持召开校友会理事会。

10月14日 内蒙古农业大学与鄂托克前旗举行共建来华留学生“感知内蒙古”实践实习基地揭牌仪式。

10月14日 内蒙古农业大学举办校园网络安全专题讲座。

10月15日 在第五届中国“互联网+”大学生创新创业大赛中，内蒙古农业大学2个参赛项目“马铃薯产业数字革命”和“科技扶贫 以麦相传”分别获得高教主赛道和青年红色筑梦之旅赛道银奖。

10月16日 内蒙古农业大学农学院教授刘景辉主持申报的国家重点研发计划国际合作重点专项“燕麦抗逆种质资源创新及抗逆栽培生理调控”通过中国科学技术交流中心评审并获批，批准经费420万元。

10月16日 在内蒙古自治区第二批主题教育推进会上，内蒙古农业大学党委书记王万义作为高校代表在会上作典型交流发言。

10月17日 内蒙古农业大学沙漠治理学院2015级水保专业郭欣宇同学被评为2018内蒙古年度大学生“桃李之星”，材料科学与艺术设计学院2018级设计艺术学专业研究生樊雪蓉入选提名奖（内党宣发〔2019〕22号）。

10月17日 内蒙古农业大学党委书记王万义带领党政办公室党支部、动物科学学院动物营养党支部党员干部，赴学校扶贫点四子王旗吉生太镇公合成建制村，开展“不忘初心、牢记使命”主题教育党日活动。

10月17日 内蒙古自治区高校辅导员思想政治工作交流研讨会在内蒙古农业大学召开。

10月18日 内蒙古农业大学乡村振兴研究院副院长（主持工作）、农学院教授刘景辉获得2019年度“内蒙古自治区杰出人才奖”（内政字〔2019〕75号）。

10月18日 内蒙古农业大学国际交流与合作处副处长（主持工作）孙云霞参加第二届“‘一带一路’南南合作农业教育科技创新联盟”大会暨2019“‘一带一路’农林技术推广与合作论坛”（第二届BRSSCAL联盟大会）。

10月19—20日 在“中国梦·劳动美”第十一届内蒙古自治区高等院校青年教师教学技能比赛中，内蒙古农业大学理学院教师霍冉获得理科组一等奖，能源与交通工程学院教师吕贞获得工科组二等奖，林学院教师伊伯乐获得蒙古语组二等奖，人文社会科学学院教师珠乐花获得文科组三等奖。

10月19—26日 内蒙古农业大学组织各教学单位负责毕业生就业工作的相关负责人和工作人员深入乌海市、巴彦淖尔市、鄂尔多斯市等地考察调研，开展毕业生就业市场拓展工作。

10月20日 在第十三届全国大学生结构设计竞赛中，内蒙古农业大学水利与土木建筑工程学院代表队荣获三等奖和优秀组织奖。

10月20日 内蒙古农业大学举行“我和我的祖国”主题宣传教育系列活动之第十二届校园那达慕大会。

10月20—21日 内蒙古农业大学举办“不忘初心、牢记使命”主题教育第一期党支部书记培训班，组织分党委（党总支）71名基层党支部书记赴德胜沟红色教育基地开展素质能力培训。

10月21日 加拿大阿尔伯塔大学农业、生命与环境科学学院副院长维克·阿达莫维奇教授（Professor Vic Adamowicz）访问内蒙古农业大学。

10月22日 内蒙古农业大学举行2019年度暑期“三下乡”社会实践总结表彰会，对8个优秀组织单位、9支优秀实践分队、18名优秀指导教师、19名优秀组织者、208名优秀志愿服务队员、27名优秀挂职副村主任、115名优秀论文作者、19名优秀宣传报道员进行表彰（内农大团发〔2019〕12号）。

10月22—29日 内蒙古农业大学材料科学与艺术设计学院申报的国家艺术基金2019年度艺术人才培养资助项目——“蒙古族传统工艺美术与创新应用设计人才培养”作品展在内蒙古美术馆举办。

10月24日 内蒙古农业大学后勤管理处与内蒙古自治区呼和浩特市仲泰公证处签署公证合作协议书。

10月25日 内蒙古农业大学公布2019年实验教学仪器设备研制与标本制作项目立项名单，批准“水生生物浮游动植物标本采集”等15项予以立项，其中重点项目5项，一般项目10项，项目总经费45.1万元（学校资助经费20万元，所属单位资助经费25.1万元）（内农大教字〔2019〕33号）。

10月25日 在内蒙古自治区高教学会学生工作专业委员会及学生心理工作专业委员会上，增补学校党委副书记黄龙海为自治区高教学会学生工作专业委员会副理事长，增补韩瑞平为自治区高教学会学生工作专业委员会副秘书长，内蒙古农业大学学生工作处处长韩瑞平被自治区高教学会学生工作专业委员会评为2019年度学会工作先进个人，学生工作处佟晶被自治区高教学会心理工作专业委员会评为2019年度学会工作先进个人。水利与土木建筑工程学院王力、赵晓泽、梁文等提交的学术论文《大学生就业价值取向特点及引导机制研究》被评为一等奖；兽医学院云鹏提交的学术论文《“95”后大学生思想政治教育个性化教育探究》被评为二等奖；职业技术学院贺斐、亓丹等提交的学术论文《大思政视阈下高校诚信教育研究》被评为三等奖。

10月25日 内蒙古农业大学举办2019级学生干部安全知识培训会。

10月25—26日 内蒙古农业大学举办第二期“不忘初心、牢记使命”主题教育党支部书记素质能力培训班，70余名基层党支部书记赴德胜沟红色教育基地参加培训。

10月26—28日 在全国农业工程类专业教育研讨会暨首届全国农业工程类专业青年教师教学竞赛中，内蒙古农业大学机电工程学院青年教师刘飞、郝敏分别荣获一等奖和二等奖。

10月27日 在成都国际马拉松比赛中，内蒙古农业大学高水平运动员史立莹以2小时36分41秒的成绩夺得国内女子组冠军。

10月28日 在2019中国学术期刊未来论坛上，内蒙古农业大学主管的综合性学术刊物《干旱区资源与环境》入围2019年世界学术影响力指数（WAJCI）Q2区中国科技期刊目录，获得自然地理学领域中国期刊第5名。WAJCI指数1.022，学科内WAJCI世界排名44/88。

10月28日 内蒙古农业大学党委书记王万义给大学生讲授“不忘初心、牢记使命”主题教育专题党课。

10月29日 内蒙古农业大学信息与网络中心组织全校网站管理员、安全信息员等涉密工作人员约70人前往内蒙古自治区国家保密局进行学习培训。

10月31日 日本冈山大学教授、日本鸟取大学教授、日本科学技术振兴机构（JST）合作顾问、日本Cosmo信息系统股份公司董事长、日本计划美好生活有限公司董事长等组成的日本农业研究视察团一行7人访问内蒙古农业大学。

10月31日 内蒙古农业大学召开思想政治理论课教师社会实践考察报告会。

十一月

11月1日 内蒙古农业大学举办首届校友企业家论坛。

11月1日 内蒙古自治区28所高校的近40名档案学会同人莅临内蒙古农业大学，参观考察学校档案馆。

11月1日 内蒙古农业大学学生工作处（部）处（部）长韩瑞平和职业技术学院教师贺斐应邀参加中国教育电视台主办的思政公开课节目研讨会，学校成为“中国教育电视台高校辅导员联盟”首批成员单位，贺斐被聘为首批报告团成员。

11月2日 内蒙古农业大学举办首届校友企业专场招聘会。

11月2日 内蒙古农业大学副校长芒来应邀出席河南科技学院80周年校庆纪念大会，并在服务乡村振兴高峰论坛上作“扎根内蒙古，助力乡村振兴”的主旨发言。

11月3日 在2019北京国际马拉松暨2019全国马拉松冠军赛中，内蒙古农业大学高水平运动员经济管理学院学生史立莹以2小时32分27秒的成绩夺得全国马拉松女子冠军、北京国际马拉松第六名。

11月4日 内蒙古农业大学举办“学习强国，学习强我”——学习达人挑战赛暨“爱我中华”知识竞赛。

11月4日 内蒙古农业大学党委书记王万义主持召开学校“不忘初心、牢记使命”主题教育校领导调研成果交流会。

11月5日 内蒙古自治区党委副书记、自治区主席布小林一行，来到内蒙古农业大学达拉特旗乡村振兴试验站的盐碱地综合治理与水盐循环利用试验区进行调研。

11月5日 内蒙古农业大学党委书记王万义主持召开学校“不忘初心、牢记使命”主题教育工作推进会。

11月5日 内蒙古农业大学追授张文波教授“教书育人”先进个人荣誉称号（内农大党发〔2019〕17号）。

11月7日 内蒙古农业大学党委书记王万义主持召开校党委对照党章党规党纪找差距专题会议。

11月8日 内蒙古农业大学组织离退休党总支12名党支部书记参观乌兰夫故居。

11月8日 内蒙古农业大学举办“不忘初心、牢记使命”主题教育专题讲座，中央统战部宗教研究中心副主任加润国研究员应邀作专题报告。

11月9日 内蒙古农业大学党委副书记、校长高聚林出席中国高等农林教育校（院）长联席会第十九次会议暨大学校长论坛，并主持论坛主旨报告会。

11月9—10日 内蒙古农业大学接受教育部专家组《国家学生体质健康标准》测试数据抽查复核。

11月10日 内蒙古农业大学举办第二届“读经典、颂中国、赞家乡”中华优秀经典诵读大赛决赛。

11月11日 在内蒙古农业大学承办的内蒙古自治区大学生篮球锦标赛暨第二十二届中国大学生篮球二级联赛（内蒙古赛区）中，内蒙古农业大学男子篮球队获得冠军。

11月12日 内蒙古农业大学与四子王旗政府举行校地企合作助力乡村振兴综合试验站、特色产业基地、科技服务点签约揭牌仪式，成立四子王旗吉生太镇公合成村乡村振兴科技服务点。

11月13日 内蒙古农业大学举办“不忘初心、牢记使命”女教职工红色经典诵读会。

11月13日 内蒙古农业大学组织师生代表同步收看全国科学道德和学风建设宣讲教育报告在线直播。

11月14日 在全国农业专业学位研究生教育指导委员会立项研究课题申报中，内蒙古农业大学3个申报研究课题获批立项。其中，研究生院副院长郭政文的研究课题“协同创新视野下农业硕士思想政治教育的探索与实践”（编号为2019-NYZD-24）获批为重点课题立项，农学院党委副书记郭文瑞“专业学位研究生培养助力脱贫攻坚的新模式研究”、计算机与信息工程学院薛河儒教授的研究课题“基于‘混合式+案例驱动’教学法在农业硕士《多元统计及SAS应用》课程中的应用研究”获批为一般课题立项。

11月15日 内蒙古农业大学与兴安职业技术学院签署两校战略合作框架协议。

11月15日 内蒙古农业大学党委副书记、校长高聚林为学校300余名学生作题为“乡村振兴的时代意义与规划蓝图”的形势与政策报告。

11月16日 内蒙古农业大学分别与兴安盟扎赉特旗人民政府、呼伦贝尔市阿荣旗人民政府和当地企业签署校地合作助力乡村振兴综合试验站、特色产业基地及科技服务点合作协议。

11月17日 在第十五届全国大学生“新道杯”沙盘模拟经营大赛（本科组）全国总决赛中，内蒙古农业大学经济管理学院代表队荣获全国总决赛一等奖。

11月19日 中共内蒙古自治区委员会决定：刘廷玺同志任内蒙古农业大学副校长，任职时间从2018年7月算起（内党干字〔2019〕274号）。

11月19日 内蒙古农业大学党委副书记黄龙海以“传承红色基因，不忘初心使命”为题，为学校教职工党员讲授主题教育专题党课。

11月20日 内蒙古自治区教科文卫体工会主席温岚、副主席张国丽带领直属单位工会主席来内蒙古农业大学调研。

11月21日 内蒙古农业大学举办“不忘初心、牢记使命”主题教育师生党员知识竞赛。

11月21—25日 内蒙古农业大学组织相关单位5名教师赴湖南省国家级重点贫困县、革命老区开展“情传千里，感恩永存”主题家访活动。

11月22日 内蒙古农业大学与塞尔维亚诺维萨德大田作物和蔬菜研究所签署关于研究和发展项目合作框架协议。

11月22日 内蒙古农业大学召开学习贯彻党的十九届四中全会精神专题报告会。邀请自治区党的十九届四中全会精神宣讲团成员、内蒙古师范大学马克思主义学院院长李春晖教授为学校师生作报告。

11月22日 中国工程院公布2019年院士增选结果，内蒙古农业大学优秀校友张涌教授当选中国工程院院士。

11月26日 内蒙古自治区第十届纪委常委会第212次会议暨自治区监委委员会第119次会议研究决定：哈斯巴根同志任自治区监委驻内蒙古农业大学监察专员（内纪干〔2019〕136号）。

11月27日 正大集团农牧食品企业（中国区）资深副董事长、内蒙古农业大学客座教授白善霖一行9人来校洽谈校企合作事宜。

11月27—28日 内蒙古农业大学党委组织统一战线专家服务团赴呼和浩特市武川县开展农牧业知识培训、种养殖指导、防鼠疫培训、送医送药服务和医务工作者培训等活动。

11月28日 内蒙古自治区科学技术厅公布第一批自治区重点实验室评估结果（内科发基字〔2019〕11号），内蒙古农业大学的“内蒙古自治区水资源保护与利用重点实验室”被评为优秀，“内蒙古自治区沙生灌木资源纤维化和能源化开发利用重点实验室”“内蒙古自治区风沙物理与防沙治沙工程重点实验室”“内蒙古证券土壤质量与养分资源重点实验室”被评为合格。

11月28日 内蒙古农业大学举办教师职业能力提升专题报告会。

11月28日 内蒙古农业大学举办大学生职业生涯规划大赛。

11月28—29日 内蒙古农业大学承担的2017年度文化创新工程项目“基于特征数据信息采集的民族工艺美术品知识产权保护创新型模式研究”，通过文化和旅游部科学教育司验收。

11月29日 在内蒙古自治区高等院校领导班子、领导干部和脱贫攻坚工作总队2018年度考核中，内蒙古农业大学职业技术学院领导班子考核结果为优秀，内蒙古农业大学领导班子考核结果为良好，内蒙古农业大学驻四子王旗工作总队考核结果为优秀；内蒙古农业大学副校长乔彪考核结果为优秀，王万义、高聚林、芒来、哈斯巴根、刘廷玺为合格，职业技术学院党委书记王效亮考核结果为优秀，王怀栋为合格（内党字〔2019〕52号）。

11月30日 内蒙古农业大学举办“爱祖国、担大任、做新人”第十七届社团文化节开幕式。

11月30日 内蒙古农业大学举行“心中的旋律”大学生蒙古语歌唱大赛十周年纪念晚会。

11月30日—12月2日 内蒙古农业大学举办大学生心理健康互动体验式授课技能培训。

十二月

12月1日 世界马文化论坛代表一行80人来内蒙古农业大学参观交流。

12月2日 内蒙古农业大学党委领导班子召开“不忘初心、牢记使命”主题教育专题民主生活会。

12月2日 内蒙古农业大学召开拟建设“乳品科学与技术省部共建国家重点实验室”自评估会议。

12月3日 内蒙古农业大学确定立项教学改革研究项目86项，其中重点项目13项，一般项目73项（内农大教字〔2019〕41号）。

12月3—4日 蒙古国生命科学大学研究生院院长巴图图日·巴扎勒各齐、工程技术学院院长恩和巴雅尔等一行6人访问内蒙古农业大学。

12月3—9日 内蒙古农业大学联合举办内蒙古高校统一战线两支队伍学习贯彻党的十九届四中全会精神培训班。

12月4日 内蒙古农业大学党委副书记、校长高聚林教授、副校长芒来教授、国务院学位委员会学科评议组成员、内蒙古农业大学教授李金泉、韩国栋当选内蒙古自治区人民政府学位委员会委员（内学位〔2019〕6号）。

12月4日 内蒙古农业大学公布第三批示范课程建设立项结果，对“植物学”等16门课程予以立项建设（内农大教字〔2019〕42号）。

12月4日 内蒙古农业大学选拔2名学生转入“英才基地班”、6名学生转入“卓越班”学习（内农大教字〔2019〕43号）。

12月5日 内蒙古农业大学党委专题会议研究决定，对机械厂进行清产核资及财务审计，注销内蒙古农业大学机械厂。

12月5日 内蒙古农业大学举办“金课”建设专题讲座，邀请清华大学教育技术研究所乔洋作专题报告。

12月5—7日 内蒙古农业大学园艺与植物保护学院承办第一届植物病毒前沿论坛。

12月6日 教育部下发2019年度教育援外项目立项通知，内蒙古农业大学申报的项目“一种抑制向日葵列当寄生的诱抗剂的防效研究和利用”获得批准立项。

12月6日 内蒙古农业大学对2018—2019学年度77名优秀辅导员进行表彰（内农大学字〔2019〕24号）。

12月6日 内蒙古农业大学评选出2018—2019学年优秀试卷22套，其中，蒙古文试卷4套（内农大教字〔2019〕45号）。

12月6日 内蒙古农业大学举办发展党员工作专题培训会，邀请内蒙古自治区党委高校工委组织部闫志宏同志作专题报告。

12月7日 内蒙古农业大学举行第十届生命科学创新创业大赛。

12月7日 内蒙古农业大学举办第十八届“新星魅力秀”校园主持人大赛。

12月7—8日 内蒙古农业大学与蒙古国生命科学大学联合主办第八届蒙古高原牧区经济与社会可持续发展国际会议。

12月8日 内蒙古农业大学举办第六届大学生计算机应用技能竞赛。

12月9—11日 美国肯塔基大学动物与食品工程学院院长理查德·康菲博士教授等一行6人访问内蒙古农业大学。

12月10日 内蒙古农业大学、内蒙古农业大学职业技术学院分别荣获第十一届“挑战杯”内蒙古自治区大学生课外学术科技作品竞赛本科组和专科组“优胜杯”，李伟威、柴志虹被评为大赛“优秀工作者”。

其中：《蒙古高原反刍家畜基因序列比对分析云计算平台》等5项作品获得本科组特等奖，《胡麻油掺假菜籽油NIR模型鉴定研究》等8项作品获得本科组一等奖，《内蒙古中西部地区在校大学生对食源性寄生虫的认知情况调查》等13项作品获得本科组二等奖，《生物菌肥对两种土壤条件下燕麦叶片生理特性及产量的影响》等14项作品获得本科组三等奖；职业技术学院《汽车开门防撞装置》等4项作品获得专科组一等奖，《犬细小病毒分子荧光探针检测试剂盒的研发》等12项作品获得专科组二等奖，《美丽乡村建设》等21项作品获得专科组三等奖（内团联发〔2019〕32号）。

12月11日 内蒙古农业大学给予动物科学学院陈莉莉等30名学生颁发“乌兰夫奖学金”（内农大校发〔2019〕31号）。

12月11—18日 内蒙古农业大学举办第七届辅导员素质能力大赛。

12月12日 教育部发布关于第二批新时代高校党建示范创建和质量创优工作结果，内蒙古农业大学机电工程学院社会实践临时党支部被评为“全国党建工作样板支部”。

12月12日 内蒙古农业大学公布实验教学仪器设备研制与标本制作项目结题验收结果，“细菌教学标本片与细菌特殊结构标本的制作”等17个项目通过验收（内农大教字〔2019〕47号）。

12月12日 内蒙古农业大学举办首届“乌兰夫奖学金”颁发仪式。

12月12日 内蒙古农业大学举办大学生文明礼仪大赛。

12月12日 内蒙古农业大学举办第五届“心悦杯”心理微电影大赛。

12月12日 内蒙古自治区学生体质健康监测数据管理平台使用培训在内蒙古农业

大学举行。

12月12—13日　内蒙古农业大学党委书记王万义为学生上形势与政策课。

12月13日　内蒙古农业大学公布“新农科”“新工科”“新文科”建设教学综合研究项目名单，校本部设立10个本科教学综合改革重大研究项目，职业技术学院设立7个高职教学综合改革重大项目（内农大教字〔2019〕49号）。

12月13日　内蒙古农业大学定点精准扶贫单位、乌兰察布市四子王旗吉生太镇公合成建制村党支部书记孙德宽等一行4人，为学校送来锦旗，感谢学校对公合成村扶贫工作的关心和支持。

12月15日　在内蒙古自治区大学生职业生涯规划大赛中，内蒙古农业大学职业技术学院计算机技术与信息管理系2017级学生侯旭获得三等奖；机电工程学院2017级学生彩虹获得优秀奖；草原与资源环境学院2017级学生张冠杰和材料科学与艺术设计学院2017级学生曹子涵荣获自治区生涯规划之星，学校荣获自治区优秀组织高校奖，职业技术学院计算机技术与信息管理系郎建华荣获优秀指导教师奖。

12月19日　内蒙古农业大学举办大学生优秀校友报告会暨第六期校友奖学金颁奖仪式。

12月19日　内蒙古农业大学公布教育教学改革研究项目结题验收结果，“民族预科班学生学风问题分析与对策研究”等46个项目通过结题验收（内农大教字〔2019〕50号）。

12月19日　内蒙古农业大学给予动物科学学院马宏方等100名学生颁发“校友奖学金”（内农大校发〔2019〕33号）。

12月19日　内蒙古农业大学举行党外人士学习党的十九届四中全会精神辅导报告会。

12月20日　内蒙古农业大学确定24门课程为学校研究生重点建设课程，并予以经费支持（内农大研字〔2019〕15号）。

12月20日　内蒙古农业大学分别与鄂尔多斯生态环境职业学院、锡林郭勒职业学院、扎兰屯职业学院、赤峰红山区继续教育培训中心、鄂尔多斯文远职业培训学校、内蒙古煤化专修学院、巴彦淖尔市临河区众鑫职业培训学校、内蒙古对外商务专修学院、乌兰察布市易创职业培训有限公司、通辽市科尔沁区德邦教育咨询中心签署合作办学协议书。

12月21日　内蒙古农业大学林学院秦富仓教授荣获“海峡两岸林业敬业奖励基金”。

12月23—24日　内蒙古农业大学召开九届一次教职工代表大会暨十五届一次工会会员代表大会，225名正式代表、126名列席人员和特邀人员共400余人参加会议。

12月24日　教育部办公厅下发《关于公布2019年度国家级和省级一流本科专业建设点名单的通知》（教高厅函〔2019〕46号），内蒙古农业大学动物科学、动物医学、农学、林学、草业科学、水土保持与荒漠化防治、农业机械化及自动化、水文与水资源工程、农林经济管理、食品科学与工程10个专业获批国家级一流本科专业建设点；农业水利工程、木材科学与工程2个专业获批内蒙古自治区级一流专业建设点。

12月24日 民进内蒙古农业大学支部召开学习中国共产党十九届四中全会精神座谈会。

12月24日 内蒙古农业大学举办第八届“乒羽杯”教职工乒乓球、羽毛球团体比赛。

12月27日 内蒙古农业大学对第七届辅导员素质能力大赛优秀个人进行表彰（内农大校发〔2019〕38号）。

12月27日 内蒙古农业大学举办马克思主义学院建院十周年暨学习十九届四中全会精神座谈会。

12月28日 内蒙古自治区高校硕士博士毕业生就业专场双选会在内蒙古农业大学举行。

12月29日 共青团内蒙古自治区委员会对2019年度全区高校团委工作进行表彰，内蒙古农业大学团委被评为全区青年马克思主义者培养工程研究培训示范基地、2019年度全区高校共青团“第二课堂成绩单”工作优秀组织单位、2019年度全区高校共青团“青年大学习”网上主题团课工作优秀组织单位。

12月31日 内蒙古自治区精神文明建设委员会授予内蒙古农业大学“内蒙古自治区文明校园”称号并予以表彰（内文明委字〔2019〕4号）。

12月 内蒙古社会治安见义勇为基金会授予内蒙古农业大学教授张文波“全区见义勇为先进分子”称号，颁发奖金10万元。

附　　录

党政工作要点

学校工作的总体要求是：以习近平新时代中国特色社会主义思想为指导，深入学习贯彻落实党的十九大、全国教育大会精神，按照学校第三次党代会部署，以实施乡村振兴战略为契机，以推进巡视整改、本科教学审核评估整改工作和加强一流学科建设为重点，继续调结构、抓内涵、固基础、提质量、补短板、求突破、谋长远，以改革创新的精神全面推进各项工作，不断提高学校的综合实力和办学水平。

1. 强化理论武装。认真学习贯彻习近平新时代中国特色社会主义思想、党的十九大和全国教育大会精神，加强“学习讲堂”和“新时代讲习所”建设。抓好“两学一做”学习教育常态化制度化建设、中心组学习研讨和师生员工政治理论学习，开展教育观念大讨论活动。围绕“中国梦·尽责圆梦”主题，开展以“敦品励学·成才圆梦”“德育先导·以文化人”等教育活动，积极培育和引导师生树立社会主义核心价值观。抓好“学习强国”平台学习使用，深入推进习近平新时代中国特色社会主义思想入心入脑。

2. 加强思想政治工作。落实巡视整改任务，逐步配强配齐专职思政和党务工作队伍，统筹做好培训学习、职称评定、岗位聘任等工作。深入贯彻落实学校《思想政治工作质量提升工程实施细则（试行）》，实施并推动思想政治理论课“创优行动”和思想政治工作项目化申报与研究，组织开展“三全育人”评选表彰活动。组织开展立德树人根本任务“大学习、大讨论、大落实”“弘扬爱国精神，建功立业新时代”等庆祝中华人民共和国成立70周年系列活动。健全教育引导、制度规范、监督约束的师德建设机制。

3. 落实意识形态责任制。按照意识形态工作“一岗双责”的要求，严格落实学校《意识形态工作责任清单》《意识形态责任制管理办法》《网络意识形态责任清单》和《舆情应急处置预案》等文件。组织开展意识形态工作自查和巡察，抓好巡视整改意识形态专项整治内容，规范学校信息发布和舆论引导，使自媒体、课堂言论、文化活动、文印场所、广告橱窗等意识形态工作责任到人。做好师生学习生活场所违规宣传物品清理工作，严格落实意识形态工作在干部党建述职、年度考核和民主生活会中的占比要求。

4. 加强领导班子和干部队伍建设。严格执行干部请销假、离任经济责任审计等管理制度，做好个人事项报告、因私出国管理等日常监督工作，完善干部日常和年度考核工作。有计划地选派干部参加学习培训。做好新任处级干部培训工作。加大党外干部的培养选拔使用力度。完善校院两级党外知识分子联系制度。加强对年轻干部和后备干部的培养，做好新一轮科级干部聘任和后备干部调整补充工作。推进干部档案信息化建设，完成处级干部任免等相关工作。

5. 加强基层党组织建设。全面加强学校党建工作顶层设计，进一步完善“1234”党建工作思路，选齐配强基层党组织书记，完成分党委（党总支）换届改选工作。继续推进基层党支部书记轮训工作，加强教师和学生党支部规范化、制度化建设。建立健全发展党员工作制度，做好发展党员工作。加大培训力度，抓好党支部书记和科级干部培训。加强以项目为重点，主动对标争先，加强示范引领，推广建设成果。

6. 深化党风廉政建设。召开全面从严治党工作会议，签订党风廉政建设责任状。加强对执行政治纪律和规矩情况的监督检查，加强对学校重要决策部署落实情况的督查。对干部队伍中存在的庸官、懒官、乖官、巧官等“四官”问题突出反映出的干部不作为、慢作为、乱作为、假作为的行为进行集中整治。加强干部离任审计、科研经费、基本建设项目以及改扩建及零星维修工程项目审计工作。加强物资采购、验收监督工作。继续开展巡察工作，加大追责问责力度。

7. 加强一流本科建设。全面贯彻落实“新时代高教40条”和卓越农林人才教育培养计划2.0意见，筑牢本科教育在人才培养中的核心地位，实现一流学科和一流本科协同发展。制定并启动《一流本科专业建设规划》和《专业设置及优化调整实施方案》，建立专业建设、评估、调整机制，开展专业结构优化与布局调整工作，重点调整重复设置、就业率低、与社会需求不相适应的专业。推进工程教育专业认证、农林专业三级认证，对具备条件的专业稳步推进认证工作。凝练办学优势和特色，持续培育教学成果奖。

8. 深化教育教学和人才培养模式改革。依据本科教学工作审核评估反馈意见，确定人才培养类型定位、培养目标和毕业要求，进一步突出差异化培养，形成符合自治区经济社会发展需求和学校本科教学实际、满足学生多样化成长的个性化培养实施方案，完善拔尖创新型、复合应用型和应用技能型人才培养模式及标准体系，整合完善英才基地班、卓越班人才培养模式改革。启动人才培养方案和课程大纲修订工作。深入推进产教融合、科教结合，健全协同育人机制，完善校企合作专业建设和企业班、订单培养等多种合作育人模式改革。启动教学改革计划，规划实施教改项目。

9. 加强教学管理。修订《教学事故认定与处理办法》《本科教学奖励办法》《教师规范》等制度。完善本科教学质量监督监控与保障体系以及综合评价使用和持续改进办法，修订教师教学工作量计算与课酬分配办法；优化试卷、毕业设计（论文）等教学档案，完善课程教学评价办法，建设课程评价平台。召开本科教育工作、审核评估整改动员暨总结表彰工作会议，制订审核评估反馈意见整改方案，积极推进审核评估整改工作。以学生为中心，深入推动课堂教学改革，提升课堂效果；制定课堂教学质量标准和效果评价体系；加大在线课程建设与应用力度，继续建设“云畜牧平台”，推进智慧课堂、智慧实验室和智慧教室建设，打造精品慕课，推动教师用好慕课和各种数字化资源，强化混合式、研讨式、互动式等教学方法和手段改革。

10. 强化实践教学。搭建学科大类实验实训平台，与地方政府、企业联合共建实习实训基地。加强实验教学和管理的信息化建设。加强实验教学资源开放共享，推动国家级实验教学示范中心、虚拟仿真实验室全天候开放。加强教师实践能力培养，完善专业实践教学方案，改革实践教学考核方式方法，加大实验人员的培养培训力度。

11. 加强民族教育。落实《关于加强民族教育工作的实施方案》和相关配套制度，做好民族教育工作顶层设计，加强民族教育专业建设、蒙古语基础课和蒙古文教材系列配套建设，推进蒙古文教学资源建设。

12. 办好职业教育。加快应用型本科专业转型发展，做好应用型本科转型试点评估验收工作。持续推进与土默特右旗政府合作共建包头市国家农业科技园区核心区暨中国敕勒川现代农业博览园建设，积极推进筹备农博园成果展示会。加强运动马学院建设，推进“罕堡酒庄”整体项目实施。

13. 巩固继续教育和基础教育。拓展继续教育培训领域，加快建设立足内蒙古、面向全国的云畜牧、云农业大数据培训平台，为自治区和国家培训新型职业农民、农村牧区实用人才与基层农技推广人才，创新培训方式。贯彻落实“适度规模、精品办学、特色发展”的要求，探索完善动商、情商和智商协调发展的育人体系，着力提高教育教学和保教质量。

14. 积极推进一流学科建设。按照“有所为，有所不为”的学科建设思路，进一步优化结构、凝练方向，加快学科团队和平台建设，提升学科整体水平，稳步推进“三代”学科、学术带头人并存机制，为国家第五轮学科评估做好准备。

15. 推进研究生培养综合改革。落实研究生教育综合改革实施方案。制定以质量为导向的研究生招生指标分配办法，探索“本—硕—博”联动机制。加大学位论文审核力度，建立质量跟踪—反馈机制，完善学位论文评价监督和质量保障体系。改革导师管理体制，以岗位管理取代身份管理，预防和惩治学术不端行为，实行学术不端导师一票否决制，实现导师队伍的动态管理。以实施国家“一带一路”倡议为契机，进一步完善留学生的培养方案和管理模式，实现留学生教育数量和质量的双提高。

16. 加大科研项目申报力度。凝练优势特色学科研究方向，做好国家自然科学基金项目申报指导和初审把关工作，提升推荐上报项目的总体质量，培育形成突破性重大科研成果。加强科技项目的过程管理和结题验收工作。继续加强人文社会科学研究工作的支持力度，围绕“一带一路”和草原畜牧业文化建设，做好重点社科基金的申报与立项工作。

17. 加强科技创新与成果推广转化。加强创新平台与基地的建设与管理，组织申报国家和省部级科研平台（基地）及自治区协同创新中心。围绕实施乡村振兴战略，主动加强学校与企业及地方的科技合作，协同推进技术推广与成果转化工作。加强知识产权的保护与成果转化的管理。

18. 加强乡村振兴研究院建设。全面整合资源，创新体制，搞活机制，强化测试分析服务功能。根据国家和自治区农牧业经济社会发展的重大问题、区域经济社会发展规划，成立三生共同体研究院，深入开展“三农（牧）”问题与破解路径研究，通过“学校—地方政府—企业”合作，共建乡村振兴综合试验站、特色产业基地与科技服务点，成立种业协同创新中心或创新战略联盟，实现产教融合和一、二、三产融合，为自治区乡村振兴战略和经济社会发展提供模式和典型。加强现代农业产业技术体系建设，充分发挥农业创新成果的示范和带动作用，形成新一轮农村牧区改革的典型范式。

19. 加强招生就业工作。加大招生专业计划间的调整力度，调、停、并、转同步进行。继续拓展优质生源输送基地，走访百所中学。制定《鼓励毕业生到基层就业的意见》，推动毕业生服务乡村振兴战略。进一步落实学校《蒙古语授课学生就业能力提升项目实施方案》。建立未就业毕业生、贫困家庭毕业生和蒙古语授课毕业生帮扶档案。加强大学生创业孵化园等创新创业平台建设力度，推动各类研究基地、实验室、仪器设备等教学资源向创新创业学生开放，支持大学生自主创业。

20. 加强人才队伍建设。成立教师发展中心、人才交流中心和教师工作部，实施“263”人才工程，开展高层次人才特别是引进人才的动态管理和跟踪服务工作。围绕“立德树人”，深入开展师德师风建设；弘扬老教师的优良传统，发挥“传帮带”作用，着力落实青年教师培养导师制；着力推进“双师型”师资队伍建设，选派青年教师进企业实践锻炼，选聘企业家、行业专家兼职教学。拓展教师到国外教学研修的渠道。

21. 加强对外交流与合作。加强与国外高校、科研机构和“一带一路”联盟的交流，推进教师、学生的交流和科研项目的国际合作。争取国家留学基金委师生出国项目，组织推荐科研人员申报自治区引智项目。引进国际交流合作的信息化管理平台，加强学校翻译队伍培训，做好出国留学行前培训。实施好援外培训项目。举办第五届国际语言与文化论坛。拓展留学生招生渠道，改善留学生结构，提高留学生培养水平。

22. 加强团学工作。加强团学干部队伍建设，组织专题学习、培训和交流等活动，进一步提升业务素质和能力，不断改进工作作风。加强一二课堂协同联动，组织开展“一院一品”系列活动和“现代农业发展”大讨论，引导学生主动承担社会责任，将个人兴趣爱好与社会需求有机结合起来，努力成为懂农业、爱农村、爱农民的优秀“三农”人才。加强基层团学组织建设，实施“三会两制一课”制度，构建“一心双环”工作格局。加强班主任日常管理与考核，充分发挥班主任教育管理学生的积极作用。扎实开展信教大学生的思想教育工作，做好建档立卡工作。成立“易班”发展中心，加快推进“易班”网建设，打造大学生网络思政工作新平台。加强“思想政治工作名师工作室”“学生发展指导室”建设，加强心理危机筛查与潜在危机个体的预警干预工作。优化资助体系，精准助学济困。

23. 推进内部管理改革。完善内控制度建设，强化管理，防范风险，实施轮岗制。修订《岗位设置管理实施暂行办法》《教学科研岗位业绩量化考核指标体系》。修订完善绩效工资分配制度，加强绩效考评考核。规范临时用工人员社会保险核定和缴纳工作。制订后勤改革方案，推进服务外包。优化后勤保障机构设置，强化岗位管理，完善职工考核评价机制，完善薪酬分配办法。完成新一轮全员岗位聘任工作。

24. 加强财务和国有资产管理。修订完善财务管理制度。积极争取各类项目资金。严格控制“三公”经费，公开学校决算、预算信息以及“三公”经费支出情况。建立资产使用单位二级资产管理员制度。做好国有资产清查核资，整合资源共享平台。处置资产申报和销账处理及校属国有企业改革、处置工作。实施政府采购计划年初预算制度，优先一流学科建设等政府采购项目的审批和组织实施。深化资产经营职能，提升经营性资产服务能力，盘活非经营性资产使用效率。

25. 推进校区建设项目。推进兽医实验楼、风沙物理学实验楼、幼儿园综合楼等项目建设，积极推进新校区足球馆、风雨操场前期准备工作。完善园区基础设施建设，推进校本部科技园区和海流图科技园区实践教学基地条件建设。规划设计乳品楼续建、动科楼维修和新校区图书馆等建设方案。

26. 加强公共服务体系建设。建设“双一流”学科大数据平台，智慧校园大数据展示系统，升级数据中心的应用管理中心和统一身份认证系统。筹建学校知识产权信息服务中心。继续推进密集库图书回溯建库工作，加强文献资源建设，加大学生荐购图书采购力度。开展学科服务宣讲活动，提升师生文献信息检索能力。推进档案数字化建设，完成干部人事档案数字化建设工作。推进智慧校园建设。出版《内蒙古农业大学年鉴·2017卷》。拓宽稿源渠道，办好特色栏目，不断提高学报论文质量和学术影响力。

27. 加强文明校园、平安校园创建工作。紧紧围绕“六个好”的标准，深入推进文明校园创建工作。继续推进“三争两创”活动，积极完善校区、楼宇、道路等文化设施建设。抓好精品校园文化项目申报和建设。启动学校成立70周年纪念活动筹备工作。召开九届一次教职工代表大会暨十五届一次工会会员代表大会。支持校关工委、老教授协会和老年文体社团开展活动。抓好民族团结进步教育，开展校园禁烟等基础文明教育以及诚信教育等文明创建活动。抓好重大时间节点安全稳定工作，建立严密的安全防控体系和快速反应机制，完善《突发事件应急预案》，开展安全隐患大排查和安全警示教育宣传活动，做好各类矛盾纠纷化解调处工作。

党政工作总结

一年来，校党委认真贯彻落实中央和自治区党委的决策部署，按照年初的工作要点，圆满完成了各项工作，成效明显。

一、完成的主要工作

1. 理论学习全面深化。扎实开展“思想再解放、笃行新发展理念，推动高质量发展大学习大讨论”；为推动学习宣传贯彻党的十九届四中全会精神，成立宣讲团。通过党委理论学习中心组、思想政治理论课、教职工理论学习日、形势政策报告会、党团校培训等形式推动习近平新时代中国特色社会主义思想“三进”工作。年内，宣讲团开展校内理论宣讲 37 场，培训师生 3 200 余人次；组织各类形势政策报告会 16 场，培训师生 4 500 余人次；全年校党委中心组集中学习 18 次。

2. 思想政治工作不断加强。深入学习贯彻中央和自治区党委关于加强和改进高校思想政治工作的有关文件精神，推进马克思主义理论研究和建设工程教材使用及培训工作。25 位教师参加教育部“马工程”重点教材示范等培训，修订了思政系列职称评定条件。全年新进思政理论课教师 6 人、辅导员 14 人，“2+2”模式优秀研究生担任专职辅导员 6 人。选聘了 22 名兼职思政理论课教师。为庆祝中华人民共和国成立 70 周年，以国旗下的演讲等多种形式，开展中国特色社会主义和中国梦宣传教育系列活动，引领师生培育和践行社会主义核心价值观。《歌唱祖国》微视频快闪被教育厅选送在“学习强国”推出。

3. 持续发力做好宗教工作。不断完善基层宗教工作校、院、班级三级管理体系，信教师生做到逐人建档立卡。加大宗教知识培训力度，邀请了中央统战部等领导为处级以上干部、班主任和学生干部进行宗教政策法规专题培训 2 次，加强对学生的正面教育引导。信教师生做到逐人建档立卡。

4. 意识形态工作扎实开展。根据中央和自治区党委意识形态工作有关文件精神，修订了学校《意识形态工作责任制管理办法》等 15 个文件，落实意识形态工作在干部党建述职评议、年度考核、民主生活会和纪律监督检查中的占比要求。建立了意识形态工作网格化管理体系，开展了意识形态工作专题培训和校内督查、巡察。按照“属地管理、主管主办”原则，建立健全了学校课堂教学、校报校刊、报告讲座、橱窗显示屏等管理制度。出台了《网络意识形态责任清单》和《网络舆情处置预案》，加强了校内门户网站、局域网等各类网络平台的报备监管。

5. 领导班子和干部队伍建设不断加强。年初召开了学校第三次党代会，完成校党委、纪委换届工作。完成了全校处级机构设置和处级干部聘任工作，210名处级干部走上新岗位。推荐12名优秀党外知识分子参加自治区统战部等部门组织的各类培训。修订了处级领导班子考核指标体系和内设处级机构工作职责，完善了处级领导班子和领导干部量化考核办法。制定了《内蒙古农业大学领导干部配偶、子女及其配偶经商办企业禁业范围》。选派14名干部分别参加国家教育行政学院、自治区党校和扶贫点等单位培训、锻炼。

6. 党组织建设稳步推进。年底召开了学校九届一次教代会暨十五届一次工代会。完成了全校40个分党委（党总支）的换届选举工作。举办了全校党支部书记素质能力培训班，270余名党支部书记参加了培训。积极推进教师党支部书记“双带头人”培育工程。举办了“不忘初心强信念、牢记使命勇担当”党员读书交流会、“奋进追梦，争做先锋”师生党员知识竞赛等庆祝中华人民共和国成立70周年系列活动。机电工程学院社会实践临时党支部被教育部评为“全国党建工作样板党支部”，林学院张文波教授被授予“全区见义勇为先进分子”称号，驻四子王旗扶贫工作队获自治区“五一劳动奖”。

7. 全面从严治党持续深化。深化纪检监察体制改革，撤销监察审计处，成立监察专员办公室、纪检监察处和审计处。继续开展校内巡察，对林学院等12个处级班子和37名处级领导干部进行了巡察。对校本部146名处级干部办公用房进行了专项检查，对11名处级干部下达了整改通知书，7名处级干部已整改到位。运用监督执纪“四种形态”，对9名干部分别给予党内严重警告、通报批评、约谈和提醒谈话。

8. 主题教育扎实开展。下半年，校党委把“不忘初心、牢记使命”主题教育作为重点工作。班子成员聚焦主题主线，深入展开调研。结合自治区巡视整改和自治区纪委《专报》等内容，累计深入77个单位调研。访谈师生257人次，召开2次调研成果交流会，形成9份专题调研报告，讲专题党课10次。处级以上领导班子对照党章党规党纪找差距，召开专题会议，逐一检视问题，深刻剖析原因，明确整改措施。校党委领导班子通过“开门纳谏”、检视问题和专项整治共梳理出问题66条，办结46件，正整改的20件。

9. 人才培养模式不断创新。以落实“以本为本、四个回归”为契机，推动“新农科”“新工科“新文科”建设和“卓越计划2.0”实施，制订《审核评估整改方案》。启动2020版人才培养方案修订工作。推进以复合应用型人才培养为主，适度探索拔尖创新型和应用技能型人才培养模式改革。实施卓越人才培养计划，制定卓越班人才培养方案，完善课程体系和人才培养机制。实行“英才基地班”“卓越班”淘汰制、导师制，设立“名师讲堂”；启动“蒙汉语兼通骨干教师中外联合培养项目”。

10. 本科专业建设成效显著。制定了《一流本科专业建设规划》，动物科学、动物医学、草业科学、农学、林学、食品科学与工程、水文与水资源工程、农业机械化及自动化、水土保持与荒漠化防治、农林经济管理10个专业成为国家级一流本科专业建设点；农业水利工程、木材科学与工程成为自治区级一流本科专业建设点。优化调整专业结构，停止“产品设计”等不适应社会需求的5个专业招生，增加“大数据科学与技术”“家具设计与工程”专业招生，申报“马业科学”专业。积极推动专业认证工作，农业水利工程专业等2个专业通过中国工程教育专业认证。

11. 教育教学质量稳步提升。加大课程建设力度，投入专项资金289.8万元，推进“金课”建设。获批国家虚拟仿真实验教学项目“金课”2个，自治区级“五类金课”立项30门，自治区教育厅推荐参评国家级“金课”7门；建成云畜牧平台2.0和智慧教室。3位教师分别获“国家林草局林业教学名师”“自治区教学名师”“自治区教坛新秀”称号，2位教师获教育部在线教育研究中心“智慧教学之星”称号。获自治区教学团队1个、“全国生态文明信息化教学成果”B级奖项课程团队1个。在“全国大学生数学建模竞赛”等10余项大学生学科竞赛中，获全国一等奖2项、二等奖2项，自治区一等奖5项、二等奖10项。

12. 民族教育工作稳步发展。召开民族教育教学工作研讨会。修订了《内蒙古农业大学少数民族预科班管理办法》。设立“中国少数民族汉语水平等级考试（MHK）（四级）及口语考试考点”，首次组织356名少数民族学生参加了该项考试。成立民族教育教学督查小组。

13. 职业教育成绩突出。以“产教融合、校企合作”为主线，职业教育实施了“工学交替、三岗递进”等人才培养模式。职业技术学院被确定为自治区退役军人职业技能培训承训机构。完成高职扩招任务近1 300人。成立了全国第一个大学生马球队和马产业人才培养教育联盟。与土默特右旗人民政府共建“中国·敕勒川现代农业博览园”，并获批包头国家农业科技园区核心区。

14. “招生、培养、就业创业”联动机制不断深化。全年招收学生9 257人，其中，全日制硕士研究生1 004人、博士研究生156人、外国留学生56人。举办各类招聘会199场，提供岗位28 510个。帮扶“双困”学生1 561名，发放求职创业补贴234.15万元。获第五届“互联网+”大学生创新创业大赛决赛国家银奖2项、铜奖1项，自治区金奖3项、银奖5项。19个项目被列入自治区教育厅资助的创新创业训练计划。

15. 人才队伍和学科建设有效加强。举办了“A+学科的创生与内驱动发展”学科建设系列报告会，推动创新团队与科研平台（基地）深度融合。启动第五轮学科评估工作。在全国学位点合格评估工作中，被抽评的农业工程、蔬菜学和作物学3个学科均为合格。农业科学学科再次进入ESI全球排名前1%。建立专业学位研究生实习实践基地94个，“内蒙古大兴安岭森林生态系统国家野外观测研究站”被评为2018年全国林业硕士示范基地。新增博士研究生指导教师43人、硕士研究生指导教师76人。新进教师79人，其中，博士岗位专任教师35人，硕士岗位专任教师24人，管理岗位人员20人。71人通过学校专业技术资格的评审（正高级16人，副高级35人，中级20人）。获内蒙古自治区杰出人才奖与突出贡献专家各1人。“草原英才”创新团队7个、“草原英才”称号19人。

16. 科技成果丰硕。获国家重点研发计划、国家自然科学基金等项目431项，科研经费进账突破 2.48 亿元。其中国家自然科学基金 63 项（国家优秀青年基金项目 1 项，重点项目 1 项），国家重点研发计划重点专项 1 项，科技部国际合作专项 2 项；自治区重大专项 5 项，自治区自然科学基金项目 88 项。作为第一完成单位获教育部高等学校科学研究优秀成果技术发明奖一等奖 1 项，自治区科学技术奖 5 项，其中自然科学奖一等奖 1 项，科技进步奖一等奖 2 项、科技进步奖二等奖 2 项。作为合作单位获教育部高等学校科学研究优秀成果技术发明奖一等奖 1 项、科技进步奖二等奖 1 项，自治区科学技术奖 3 项，其中一等奖 2 项，二等奖 1 项。获第四届中国林业产业创新奖 1 项。组织申报专利 43 项，授权专利 122 项。获批自治区专利费用资助项目 26 项。完成自治区科技成果登记 21 项。获批中国—蒙古生物高分子应用“一带一路”科技部联合实验室、教育部“乳酸菌与发酵乳制品省部共建协同创新中心”。高校“社会主义意识形态研究基地”列入培育计划。获批自治区财政厅重点实验室建设项目经费 1 800 万元。农业农村部“饲草栽培、加工与高效利用重点实验室”和“发酵乳制品加工技术集成科研基地”获中央预算内投资计划 2 683 万元建设资金。

17. 成果推广转化和社会服务能力显著提升。制定了《科技成果转化与社会服务项目管理及经费分配办法（试行）》等规章制度。获批自治区科技成果转化专项 9 项，金额 1 970 万元。签约管理和登记社会服务科研项目 50 余项，合同总金额 2 000 余万元。持续投入 200 万元支持 27 个学校动植物新品种的培育和选育项目。完成了服务地方政府区域经济发展和特色产业发展的高质量设计和规划项目 10 余项。建立了 7 个综合试验站、24 个特色产业基地、8 个科技服务点。11 名教师担任呼和浩特市科技特派员，深入现场技术指导、培训 12 次，累计培训 500 余人次。生命科学科普示范基地、乳品生物技术与工程教育部重点实验室获批自治区科普示范基地。

18. 继续教育和基础教育得到巩固。举办继续教育培训班 23 个，培训学员 1 677 人。2019 年继续教育学院被人力资源和社会保障部批准为国家级专业技术人员继续教育基地并获资助经费 290 万元。获内蒙古自治区职教师资培训项目包 7 个，计划培训学员 539 人。在 2019 年全国高校远程与继续教育创新研讨会上，获线上教学优秀成果奖。内蒙古农业大学附属中学教育教学质量显著提高，中考总均分位列呼和浩特市第一名。

19. 国际交流与合作不断拓展。与蒙古国生命科学大学等 5 所大学签署校际合作协议。18 人获国家留学基金委和学校资助出国进修资格，派出国外留学生 33 人，招收来华留学生 56 人。首次派出 1 名汉语教师赴俄罗斯孔子学院执教，1 名汉语志愿者赴菲律宾孔子学院工作。获批教育部援外项目 1 个、国家级引智项目 3 项、自治区引智成果推广项目 2 项。举办援外培训项目 10 期，培训学员 262 名。学校在自治区涉外院校信誉等级评定中以满分被评定为一等。

20. 团学工作扎实开展。以校园十大品牌、一院一品为龙头，深入推进一二课堂协同联动，开展线上青年大学生活动 31 期，覆盖团员近 3 万人。获全区青年马克思主义者培养工程研究培训示范基地、全区高校共青团“第二课堂成绩单”工作优秀组织单位等奖项。举办了第七届辅导员素质能力大赛，邀请“时代楷模”“全国师德标兵”大连海事大学曲建武等专家开展专题培训 13 场，培训人数约 1 700 人次。成为首批“中国教育电视台高校辅导员联盟”成员单位。发放勤工助学补助 367.95 万元、奖学金 2 598.93 万元。被自治区人民政府授予全区征兵工作先进单位。校团委获内蒙古自治区“五四红旗团委称号”。获自治区第 11 届大学生运动会校园组团体总分第二名。在 CUBA 西北赛区预选赛中校园组男篮获三连冠，进入全国总决赛；超级组女篮获亚军，晋级西北赛区总决赛。校园男足进入全国总决赛四强；获华北区农业高等院校足球比赛冠军。

21. 财务和国有资产管理不断完善。修订了《内蒙古农业大学经费支出审批管理办法》《内蒙古农业大学公用房出租（借）管理办法》。争取财政追加教育事业经费 3.46 亿元，核算经费支出 8.32 亿元。新增固定资产值 1.56 亿元。继续实施政府采购计划年初预算制度，完成采购计划 61 项，采购预算 1.45 亿元。制定了学校所属企业体制改革实施方案，完成了僵尸企业的注销工作。

22. 工程项目管理稳步推进。兽医实验楼、幼儿园综合楼、风沙物理学实验楼交付使用。完成了农学院办公大楼整体维修改造工程、水利与土木建筑工程学院和理学院卫生间维修改造工程以及动科楼整体维修、东区食堂后厨维修改造设计方案。新校区足球馆项目等前期工作均已完成，正在准备招投标相关手续。

23. 文献资源建设不断拓展。订购图书 17 287 种 50 838 册，纸质期刊 1 122 种。订购中文数据库 42 个，外文数据库 34 个，自建数据库 9 个，试用数据库 9 个。自建畅想之星随书光盘数据库图书 12 867 册。编辑出版了《内蒙古农业大学学报》12 期、增刊 1 期。在自治区高校学报研究会评奖中，获 1 个特色栏目奖，2 个版本学报同时获出版质量奖。制定了《内蒙古农业大学电子文件归档制度（试行）》等。收集各门类档案 12 804 卷（件、张）、利用档案 28 531 卷（件、张）。完成《内蒙古农业大学年鉴·2017 卷》初稿。

24. 公共服务能力不断提升。推进网络运维系统和智慧校园建设。对迎新系统的处理流程、移动服务大厅和一站式服务大厅的服务功能进行了优化和升级。建设校园大数据分析系统，初步形成了综合校情分析平台，有效地保障了校园网络的安全运行及信息安全。发布智慧校园蓝皮书，进一步规划、规范智慧校园建设。完善后勤各服务实体运行机制，扩大物业外包范围，提升物业管理服务，推进后勤社会化改革。

25. 文明校园、平安校园、智慧校园创建初见成效。深入开展“文明校园”创建活动，学校被评为“内蒙古自治区文明校园”。全校教职工在“法宣在线”上参加了在线学法及考试。全校 30 000 余名学生参加全国青少年普法网线上学习活动。启用了百事通智能应答系统，发挥“校园 110”联网联动作用，有效预防校园欺凌和学生参与网贷情况的发生。校关工委、老教授协会和老年文体社团开展了丰富多彩的活动。

二、工作中存在的主要问题

一是全面从严治党任务仍然艰巨，主题教育成果还需进一步巩固。

二是人才培养模式改革创新还不够深入，教育教学质量还需进一步提高。

三是一流学科（专业）建设力度还不够大，优势特色还需进一步培育。

四是人事制度改革力度（如岗位聘任考核、绩效工资分配制度）还不够大，人才引进的质量还需进一步提高。

五是科技原创能力不足，科技成果推广转化和社会服务能力还需进一步提高。

学校制发的管理文件索引

2019年党发文件

序号	发文日期	文号	文件标题
1	2019年1月2日	内农大党发〔2019〕1号	关于召开2018年度处级以上党员领导干部民主生活会的通知
2	2019年1月8日	内农大党发〔2019〕2号	关于做好中共内蒙古农业大学第三次代表大会代表选举工作的通知
3	2019年1月9日	内农大党发〔2019〕3号	关于调整校领导分工和联系单位的通知
4	2019年3月8日	内农大党发〔2019〕4号	关于印发《内蒙古农业大学2018年党政工作总结》和《内蒙古农业大学2019年党政工作要点》的通知
5	2019年3月28日	内农大党发〔2019〕5号	关于印发《内蒙古农业大学处级领导干部问责实施办法》的通知
6	2019年4月4日	内农大党发〔2019〕6号	关于徐睿智等同志的通报批评
7	2019年4月22日	内农大党发〔2019〕7号	关于废止并启用公章的通知
8	2019年5月20日	内农大党发〔2019〕8号	关于印发《内蒙古农业大学建设一流学科和特色发展引导资金管理办法》等制度的通知
9	2019年5月24日	内农大党发〔2019〕9号	关于印发《中国共产党内蒙古农业大学第三次代表大会报告》的通知
10	2019年5月24日	内农大党发〔2019〕10号	关于印发《内蒙古农业大学关于开展思想再解放、笃行新发展理念，推动高质量发展大学习大讨论的工作安排》的通知
11	2019年5月30日	内农大党发〔2019〕11号	关于开展2019年巡察工作的通知
12	2019年6月11日	内农大党发〔2019〕12号	关于印发《内蒙古农业大学扫黑除恶专项斗争工作实施方案》的通知
13	2019年9月11日	内农大党发〔2019〕13号	关于印发《内蒙古农业大学关于开展“不忘初心、牢记使命”主题教育的实施方案》的通知
14	2019年10月21日	内农大党发〔2019〕14号	关于印发对林学院等12个单位巡察反馈意见的通知
15	2019年10月29日	内农大党发〔2019〕15号	关于印发《关于整治贯彻落实习近平新时代中国特色社会主义思想和党中央决策部署存在突出问题的工作方案》的通知

（续表）

序号	发文日期	文号	文件标题
16	2019 年 10 月 30 日	内农大党发〔2019〕16 号	关于印发《关于集中整顿软弱涣散基层党组织的工作方案》的通知
17	2019 年 11 月 5 日	内农大党发〔2019〕17 号	关于追授张文波教授“教书育人”先进个人荣誉称号的决定
18	2019 年 11 月 13 日	内农大党发〔2019〕18 号	关于印发《内蒙古农业大学处级机构工作职责》的通知
19	2019 年 11 月 18 日	内农大党发〔2019〕19 号	关于召开内蒙古农业大学九届一次教职工代表大会暨十五届一次工会会员代表大会的通知
20	2019 年 11 月 26 日	内农大党发〔2019〕20 号	关于印发《中共内蒙古农业大学委员会关于开展专题民主生活会的实施方案》的通知
21	2019 年 12 月 9 日	内农大党发〔2019〕21 号	关于调整学校部分内设机构的通知
22	2019 年 12 月 12 日	内农大党发〔2019〕22 号	关于印发《内蒙古农业大学 2019 年科级干部聘任工作实施方案》的通知
23	2019 年 12 月 17 日	内农大党发〔2019〕23 号	关于启用公章的通知
24	2019 年 12 月 20 日	内农大党发〔2019〕24 号	关于职业技术学院新增纪检监督检查处机构设置的批复
25	2019 年 12 月 22 日	内农大党发〔2019〕25 号	关于印发《内蒙古农业大学 2019 年度党组织书记抓基层党建述职评议考核工作实施方案》的通知
26	2019 年 12 月 25 日	内农大党发〔2019〕26 号	关于做好“不忘初心、牢记使命”主题教育评估工作的通知

2019 年校发文件

序号	发文日期	文号	文件标题
1	2019 年 1 月 16 日	内农大校发〔2019〕1 号	关于按期解除白英霞同志行政警告处分的决定
2	2019 年 1 月 16 日	内农大校发〔2019〕2 号	关于体育教学部教师高旭辱骂殴打校男篮队员问题的处理决定
3	2019 年 1 月 18 日	内农大校发〔2019〕3 号	关于在校生数据信息核准和补录的通知
4	2019 年 1 月 25 日	内农大校发〔2019〕4 号	关于对曹金山等通报批评的决定
5	2019 年 3 月 6 日	内农大校发〔2019〕5 号	关于印发《内蒙古农业大学高等学校青年骨干教师出国研修项目校内评审办法》的通知
6	2019 年 4 月 25 日	内农大校发〔2019〕6 号	关于自治区设置岗位第二轮聘任结果的通知

（续表）

序号	发文日期	文号	文件标题
7	2019 年 4 月 26 日	内农大校发〔2019〕7 号	关于成立内蒙古农业大学知识产权信息服务中心的通知
8	2019 年 4 月 28 日	内农大校发〔2019〕7 号	关于举办第五届“互联网+”大学生创新创业大赛的通知
9	2019 年 4 月 30 日	内农大校发〔2019〕8 号	关于 2012 年度自治区设置岗位聘任备案结果的通知
10	2019 年 4 月 30 日	内农大校发〔2019〕9 号	关于 2013 年度自治区设置岗位聘任备案结果的通知
11	2019 年 4 月 30 日	内农大校发〔2019〕10 号	关于 2014 年度自治区设置岗位聘任备案结果的通知
12	2019 年 4 月 30 日	内农大校发〔2019〕11 号	关于 2015 年度自治区设置岗位聘任备案结果的通
13	2019 年 4 月 30 日	内农大校发〔2019〕12 号	关于 2016 年度自治区设置岗位聘任备案结果的通知
14	2019 年 4 月 30 日	内农大校发〔2019〕13 号	关于 2017 年度自治区设置岗位聘任备案结果的通知
15	2019 年 4 月 30 日	内农大校发〔2019〕14 号	关于 2018 年度自治区设置岗位聘任备案结果的通知
16	2019 年 4 月 30 日	内农大校发〔2019〕15 号	关于对各学院第二届教授委员会组成人员进行备案及聘任主任委员的通知
17	2019 年 5 月 14 日	内农大校发〔2019〕16 号	关于印发《内蒙古农业大学贯彻落实〈行政事业单位内部控制规范（试行）〉工作方案》的通知
18	2019 年 5 月 22 日	内农大校发〔2019〕17 号	关于内蒙古农牧渔业生物实验研究中心开展对外检测业务的授权说明
19	2019 年 6 月 3 日	内农大校发〔2019〕18 号	关于表彰 2017—2018 学年度“三好学生”“优秀学生干部”的决定
20	2019 年 6 月 13 日	内农大校发〔2019〕19 号	关于表彰 2019 届优秀毕业生的决定
21	2019 年 7 月 7 日	内农大校发〔2019〕20 号	关于印发《内蒙古农业大学少数民族预科班管理办法（试行）》的通知
22	2019 年 7 月 8 日	内农大校发〔2019〕21 号	关于聘任创新创业导师的通知
23	2019 年 7 月 14 日	内农大校发〔2019〕22 号	关于职业技术学院组建作物育种等 6 个科技创新团队的批复
24	2019 年 7 月 19 日	内农大校发〔2019〕23 号	关于开展 2019 年度专业技术资格评审工作通知
25	2019 年 7 月 29 日	内农大校发〔2019〕24 号	关于印发《内蒙古农业大学学科建设责任人遴选与管理办法（试行）》等制度的通知

（续表）

序号	发文日期	文号	文件标题
26	2019年9月12日	内农大校发〔2019〕25号	关于增列史树德等119人为研究生指导教师的通知
27	2019年9月17日	内农大校发〔2019〕26号	关于印发《内蒙古农业大学档案管理办法（试行）》等制度的通知
28	2019年9月17日	内农大校发〔2019〕27号	关于印发《内蒙古农业大学公务用车管理办法》等制度的通知
29	2019年9月23日	内农大校发〔2019〕28号	关于对王顺德乐等24名学生作退学处理的决定
30	2019年11月5日	内农大校发〔2019〕29号	关于印发《内蒙古农业大学乌兰夫奖学金评定办法》的通知
31	2019年12月9日	内农大校发〔2019〕30号	关于印发《内蒙古农业大学传染病预防控制管理暂行办法》的通知
32	2019年12月11日	内农大校发〔2019〕31号	关于颁发2019年“乌兰夫奖学金”的决定
33	2019年12月11日	内农大校发〔2019〕32号	关于做好校本部2019年科级机构设置工作的通知
34	2019年12月19日	内农大校发〔2019〕33号	关于颁发2019年“校友奖学金”的决定
35	2019年12月20日	内农大校发〔2019〕34号	关于印发《内蒙古农业大学科研平台负责人变更办法（试行）》等制度的通知
36	2019年12月21日	内农大校发〔2019〕35号	关于调整内蒙古农业大学社会科学界联合会组成人员的通知
37	2019年12月24日	内农大校发〔2019〕36号	关于调整《内蒙古农业大学学术委员会成员》的通知
38	2019年12月25日	内农大校发〔2019〕37号	关于编制2020年度教育事业费收支预算的通知
39	2019年12月27日	内农大校发〔2019〕38号	关于表彰内蒙古农业大学第七届辅导员素质能力大赛优秀个人的决定
40	2019年12月30日	内农大校发〔2019〕39号	关于印发《内蒙古农业大学经费支出审批管理办法（修订）》的通知

2019年党政办发文件

序号	发文日期	文号	文件标题
1	2019年3月6日	内农大党政办发〔2019〕1号	关于组织开展升国旗仪式的通知
2	2019年4月2日	内农大党政办发〔2019〕2号	关于抓紧落实2019年党政工作要点的通知

（续表）

序号	发文日期	文号	文件标题
3	2019 年 4 月 3 日	内农大党政办发〔2019〕3 号	关于调整学校非常设机构组成人员的通知
4	2019 年 4 月 16 日	内农大党政办发〔2019〕4 号	关于开展 2019 年度“博爱一日捐”活动的通知
5	2019 年 4 月 28 日	内农大党政办发〔2019〕5 号	关于开展全校保密工作自查的通知
6	2019 年 6 月 3 日	内农大党政办发〔2019〕6 号	关于做好 2019 届毕业生离校教育工作的通知
7	2019 年 6 月 15 日	内农大党政办发〔2019〕7 号	关于做好 2019 届毕业生毕业典礼工作的通知
8	2019 年 9 月 18 日	内农大党政办发〔2019〕8 号	关于印发王万义同志在学校“不忘初心、牢记使命”主题教育动员部署会议上的讲话的通知